基坑工程设计与施工实践

陈家冬　薛志荣　主　编
别小勇　吴　亮　赵志敏　副主编

中国建筑工业出版社

图书在版编目（CIP）数据

基坑工程设计与施工实践/陈家冬，薛志荣主编
．—北京：中国建筑工业出版社，2021.10
ISBN 978-7-112-26228-1

Ⅰ.①基… Ⅱ.①陈… ②薛… Ⅲ.①基坑工程-工程设计②基坑工程-工程施工 Ⅳ.①TU46

中国版本图书馆 CIP 数据核字（2021）第 113786 号

本书第一部分简明介绍了深基坑工程主要的计算理论与方法，归纳分析了基坑工程目前采用的各种应用计算软件的适用性及特点，提出了深基坑工程设计与施工互相紧密结合的方法，对深基坑工程信息化施工以及智慧施工的一些新技术也做了简要说明。

本书第二部分从无锡地区近千个基坑工程项目中筛选出 38 个基坑工程成功案例，详细介绍了基坑方案制定、设计、计算、施工、监测效果并包含有限元模拟分析计算内容，反映出无锡地区近年来基坑支护工程的发展脉络，其中不乏地区性创新技术，如竹筋喷锚支护技术、深大基坑管桩支护技术、双排桩与锚杆结合的联合支护技术等。本书工程实例部分内容翔实，图文并茂，工程特点点评到位，可读性与启发性较强。

本书适合地基基础工程尤其是深基坑工程设计、施工、监理、检测及科研人员阅读，也可供高等院校相关专业师生参考。

责任编辑：赵　莉　吉万旺
责任校对：党　蕾

基坑工程设计与施工实践
陈家冬　薛志荣　主　编
别小勇　吴　亮　赵志敏　副主编
*
中国建筑工业出版社出版、发行（北京海淀三里河路 9 号）
各地新华书店、建筑书店经销
霸州市顺浩图文科技发展有限公司制版
廊坊市海涛印刷有限公司印刷
*
开本：787 毫米×1092 毫米　1/16　印张：28½　字数：707 千字
2021 年 9 月第一版　　2021 年 9 月第一次印刷
定价：**98.00** 元
ISBN 978-7-112-26228-1
（37814）

《基坑工程设计与施工实践》编委会成员

主　编：陈家冬　薛志荣

副主编：别小勇　吴　亮　赵志敏

编　委：（按姓氏拼音排序）

别小勇　陈家冬　陈亚新　程红梅　储　洁　褚衍坡

崔延恒　丁绚晨　范　屹　洪　慧　惠　刚　蒋国春

蒋俏静　蒋绍勤　刘朝阳　刘建忠　罗良华　罗克勇

罗元笑　任　峰　任　渊　芮凯军　尚学伟　史晓忠

孙　玉　汤庆声　王　岩　王　振　王军培　汪小健

王小敏　吴　亮　徐　坤　许金山　薛志荣　张　亮

张道政　张国忠　张立聪　张颖君　赵志敏　周　峰

周满清　朱荣胜　宗长青

顾　问：（排名不分先后）

叶观宝　刘松玉　施建勇　姜晨光　张二光　承明秋

陶进贤　沈福良　彭广源　王胜天　邹晓戎　杨智敏

序一

江苏省是建筑大省，也是建设大省，近年来建成了具有国际领先水平的跨江大桥和隧道工程，城市化率超过了70%，江苏省会南京和其他5个地级市均在进行大规模轨道交通建设，给土木工程界提供了难得的挑战和发展机遇。

江苏土木工程界十分重视岩土工程技术的进步与发展，多年来在土力学理论和岩土工程技术领域取得了大量创新成果，在国内形成了鲜明特色，如复合桩基理论与技术、桩基动力学、现代岩土工程原位测试技术（CPTU）、劈裂真空与气动排水真空预压淤泥固结技术、变截面双向搅拌智能化施工技术、整体搅拌技术、劲性复合桩技术、预应力管桩技术等。

无锡地处长江三角洲核心位置，北倚长江、南滨太湖，水网交错，境内以长江三角洲太湖流域冲积平原为主，星散分布着低山残丘，工程地质和水文地质条件较为复杂，近年来城市和轨道交通建设有力地促进了地下空间开发利用技术的发展。《基坑工程设计与施工实践》一书从该地区近千基坑工程项目遴选出38个基坑工程成功案例，对提升无锡市和江苏省基坑工程和地下工程技术水平、推动我国基坑工程理论和技术研究发展具有重要意义。

本书凝聚了无锡地区岩土工程师们的智慧和敬业精神，遴选出的每个基坑工程各有特点，作者精心收集了资料，详细介绍了基坑方案制定、设计、计算、施工、监测效果等，包含有限元模拟分析计算、智慧施工技术等，内容翔实，图文并茂，并对基坑工程特点进行评价总结，可读性和启发性甚强，在岩土工程领域发扬了无锡“尚德务实”精神！

本书主要汇集无锡地区的基坑工程实例，精选一个地区的基坑工程实例出版在江苏省是首次，这是无锡市土木建筑工程学会地基基础专业委员会长期辛勤工作的集中体现，也是对无锡市和江苏省岩土工程事业发展做出的重要贡献，本次组织出版《基坑工程设计与施工实践》，彰显了无锡市土木建筑工程学会地基基础领域专家为地区建设和行业发展所做的贡献，可供江苏省及国内基坑工程设计与施工同行们参考。

岩土工程尤其是基坑工程是土木工程与环境结合的艺术，个性化强、风险性高，需要岩土工程师们将理论与实践密切结合，只有实践-理论-实践，才能实现理论与技术升华！我衷心希望这本书早日付梓出版，以飨读者。是为序。

江苏省土木建筑学会地基基础专业委员会　顾问主任
江苏省岩土力学与工程学会　理事长

辛丑年二月于东南大学

序二

无锡是一个经济较为发达的江南城市，其国民经济总量一直名列国内城市的前位，无锡地处中国华东地区，位于江苏省南部，属长江三角洲平原，是扬子江城市群重要组成部分。无锡北倚长江、南滨太湖，被誉为“太湖明珠”，京杭大运河从无锡穿过，境内以平原为主，星散分布着低山、残丘，属亚热带湿润季风气候区，四季分明，热量充足。无锡也是国家历史文化名城，自古就是鱼米之乡，素有布码头、钱码头、窑码头、丝都、米市之称。无锡是中国民族工业和乡镇工业的摇篮，是苏南模式的发祥地。2017 年 11 月复查确认继续保留全国文明城市荣誉称号。2018 年，被评为 2018 中国大陆最佳地级市第三名、2018 年中国创新力量最强的 30 个城市之一、2018 年中国最佳旅游目的地城市第 17 名、2018 年“中国外贸百强城市”排名第 11 名。

无锡新一轮城市现代化建设围绕三年目标任务，坚持“集中投入、集中建设、集中见效”的原则，以拓骨架、建新城、塑形象、优环境为突破，突出重点，整体推进。无锡的城市建设近期目标主要有以下几个方面：一是强力推进大交通建设，提高对外联系辐射的能力；二是完善城市路网结构，扩展城市骨架；三是加强生态环境建设，提高环境质量；四是实施南进战略，着手打造蠡湖新城；五是加强城市历史文化建筑修纂和重大功能设施建设步伐，提升城市综合功能的形象品位。

在新的一轮城市现代化建设过程中，无锡建设系统的广大工程技术人员是工程项目建设的主力军，他们肩负着工程建设过程中疑难技术问题攻关及圆满处理解决的责任。重大建设项目中尤其是地下空间综合利用的地下工程是工程建设项目技术难题较为集中的领域。为了实现地下工程的建设内容，基坑工程支护是一道重要而特殊且必不可少的工序。基坑开挖越深其工程难度会越大，需要去攻关解决的技术难题也会更多。

《基坑工程设计与施工实践》一书的正式出版，反映出了无锡市住房和城乡建设局对无锡地下空间利用及研究的重视，也体现出了无锡建设系统广大科技人员解决与处理地下工程疑难技术问题付出的心血。书中反映出的一些工程项目，浓缩了无锡近二十年来建设领域地下工程基坑设计与施工的范例。同时也是无锡城市建设成绩的一个真实写照与缩影。

无锡工程建设领域《基坑工程设计与施工实践》一书正式出版是继《无锡工程地质》一书正式出版后的第二本工程技术书籍。凝聚了建设领域广大科技人员的心血。在此特向参与本书出版、辛勤工作编著的科技人员致以崇高的敬意！

无锡市住房和城乡建设局副局长 何炎平
研究员级高级工程师

前言

基坑工程是岩土工程的一个重要分支，由于其处理手段的多样性，所处工程地质、水文地质的复杂性及施工过程中偶发的不可控因素，基坑工程具有较高风险，属于工程建设重大危险源之一。

正如钱七虎院士所说，21 世纪是地下空间开发利用的世纪。无锡地处我国经济活跃的长三角地区，近年来随着城市建设的发展，建设了许许多多关系到国计民生的重大工程，地下空间的开发利用也朝着规模大、深度深、用途多的方向发展，深基坑支护工程已达数千项。即使在无锡地区，由于项目地质条件、周围环境、地下空间结构形式的不同，深基坑支护工程的设计与施工方法也不尽相同。这使得众多深基坑工程都有其各自的特色与特点。

本书首先简明扼要介绍了目前深基坑工程主要的计算理论与方法，归纳分析了基坑工程目前采用的各种应用软件的优缺点，提出了深基坑工程设计与施工互相紧密结合的方法与观点。介绍了深基坑工程信息化施工以及智慧施工的新技术。

其次，本书收集的 38 篇基坑工程实例，反映出本地区近年来基坑支护工程的发展脉络。其中不乏地区性创新技术，如竹筋喷锚支护技术、深大基坑管桩支护技术、双排桩与锚杆结合的联合支护技术等。涉及的项目类型有大型住宅区项目、大型综合体项目、工业设备项目、地铁工程项目、医院及商业体项目等。每篇工程实例的内容比较全面，分析计算较细，大多数实例都采用了有限元进行设计分析。

地下空间开发利用中的深基坑支护工程涉及工程地质、地下水、工程结构、土力学、材料力学、结构力学、有限元分析计算等方方面面的知识。基坑工程地区方面的经验尤为重要，目前国内地区性的基坑工程应用实例汇编正式出版的较少，致使各地区虽具有适应本地区基坑工程的成熟经验，但地区特色新技术难以推广应用。

本书中的每篇工程实例都具有各自的特色与特点，因地制宜、巧妙的设计方法，创新的施工手段使本书的基坑工程实例具有鲜明的地区特色。因此我们非常有必要以图书出版的形式保存这些渗透着工程建设者心血的工程实例作品。本书出版后也可供全国其他地区的基坑工程应用实践者参考，抛砖引玉并使各地区基坑工程应用技术水平更上一个台阶。

本书在编写期间得到了无锡市人民政府朱爱勋副市长，无锡市住房和城乡建设局何跃平副局长、王达副局长，同济大学叶观宝教授，东南大学刘松玉教授，河海大学施建勇教授，江南大学姜晨光教授，无锡市土木建筑工程学会陈凤军理事长、承明秋副理事长等的关心与指导，为本书编写提供技术资料的单位有：无锡市建筑设计研究院有限责任公司、江苏博森建筑设计有限公司、无锡水文地质工程勘察院有限责任公司、无锡市勘察设计研究院有限公司、江苏中设集团股份有限公司、中铁第四勘察设计院集团有限公司、中铁第六勘察设计院集团有限公司和无锡市大筑岩土技术有限公司等，在此一并致以感谢。

由于编者水平有限，加之时间仓促，书中难免存在疏漏和错误，敬请读者批评指正。

编　者

2021. 2. 25

目录

第二部分　基坑工程实例

第一部分

基坑工程设计及施工

第一章

基坑工程设计理论概述

§1.1 基坑工程的重要性及其发展概述

§1.1.1 深基坑工程的重要性

工程建设中深基坑支护是一项较为复杂的专项设计施工内容，是确保地下结构顺利施工的一项重要施工措施。由于支护体承受水平向的水土压力，因此在基坑工程设计与施工过程中，工程技术人员必然要与岩土及地下水打交道，应正确掌握各种岩土的特性，正确判断岩土物理力学指标及地下水参数的合理性，合理地选择支护体系，在此基础上建立支护体系的结构计算模型并进行分析。在上述过程中工程设计人员要熟悉工程地质的知识，要熟悉受力结构体系的知识，只有把二者有机结合起来的基坑工程设计才是合理的设计。基坑工程的施工也充满着风险，也要求施工技术人员对工程地质及地下水情况比较了解，同时对施工各工序要掌握先后次序，对每道工序应十分重视。

深基坑工程施工对环境的影响是非常大的，主要是在深基坑开挖到一定深度后基坑周边地层可能会发生沉降及水平位移，其中包括降低地下水后土中附加应力增加引起周边地层的下沉，在位移影响范围内有房屋及地下管线时，则会引起房屋及地下管线开裂从而影响正常使用，严重时会使房屋倒塌、地下管线漏水漏气。每年都有深基坑工程事故发生，所以控制深基坑变形是深基坑工程的一项重要工作内容。

在城市中深基坑发生坍塌事故后造成的后果是非常严重的，财产的损失也是巨大的，况且人的生命失去了不可能再重生，所以本着对国家、对人民负责任的态度，近几年住房和城乡建设部发出了多个管理文件，如2009年《危险性较大的分部分项工程安全管理办法》(建质〔2009〕87号文)、2018年《危险性较大的分部分项工程安全管理规定》(中华人民共和国住房和城乡建设部令第37号)。同时全国各地也相继根据本地的实际情况颁发了适合本地区的相应危大工程管理实施细则，如江苏省2019版的《江苏省房屋建筑和市政基础设施工程危险性较大的分部分项工程安全管理实施细则》等。2014年专门针对深基坑安全的中华人民共和国行业标准《建筑深基坑工程施工安全技术规范》JGJ 311—2013发布并实施，从施工安全管理文件到安全管理技术规范反映出了国家对深基坑工程安全重要性的重视程度。这些文件或规定的颁布执行有效遏制了重大工程事故的发生。

§1.1.2 基坑工程发展概述

无锡市基坑工程的发展是从20世纪70年代末逐渐兴起，刚开始一般设计半地下室作为自行车库，地下室开挖深度也很浅，基坑支护形式基本以自然放坡考虑，放坡后坡体使用水泥砂浆抹面作为简单的支护体。20 世纪 80 年代开始，随着建筑业的发展，高层建筑越来越多，根据结构埋深的要求，高层建筑都需要设置地下室，作为车库与设备层功能使用，地下室开挖深度一般为 5m 左右，基坑支护形式基本以土钉墙为主，部分深度超过 5m 时开始采用桩锚支护。20 世纪 90 年代随着社会经济的发展及人民生活水平的改善，新建地下室的数量增多并且规模变大，基坑开挖深度向更深发展，土钉墙和桩锚支护形式得到更广泛的应用，部分基坑开始采用内支撑。

进入 21 世纪以来，建筑业在国民经济中的比重越来越大，随着汽车保有量的逐步增多，居民小区地下停车场面积也相应增大，深度也增加至 2～3 层的地下室。同时高层建筑、超高层建筑数量猛增，地下室深度逐步加深，4～5 层地下室比比皆是。轨道交通也进入了发展时期，除了一线城市外，二线城市也把地铁作为城市交通的首选，地下轨道交通工程的车站基坑普遍开挖深度在 16～18m，部分换乘站甚至超过 20m。随着基坑工程规模与体量的发展，基坑支护技术与理念也得到了多方面的发展，如 SMW 工法（图 1-1）、PCMW 工法（图 1-2）、CSM 工法、地下连续墙、咬合桩等。在支撑体系方面，除了常规的混凝土支撑外，也出现了多种钢支撑体系，如预应力鱼腹式钢支撑（图 1-3）、装配式预应力张弦梁钢支撑（图 1-4）、组合式型钢钢支撑等。在这个阶段，随着绿色、低碳、节能环保理念的兴起，基坑工程体系也有较多的创新点，如无支撑体系、自锚式无支

图 1-1　SMW 工法

图 1-2　PCMW 工法

图 1-3　预应力鱼腹式钢支撑

图 1-4　装配式预应力张弦梁钢支撑

撑体系、全回收支护体系、与永久结构相结合的支护体系等。

近几年来深基坑工程的快速发展，使深基坑工程变得更有挑战性，为安全和节能环保考虑的新技术、新工艺、新方法不断涌现，通过全国及省市学术交流平台反映出的技术成果对深基坑的技术发展起到了很大的推动及促进作用，减少碳排放、保护青山绿水是基坑工程发展中必须要重视与考虑的方面。

§1.2 基坑支护设计理论概述

§1.2.1 基坑支护计算理论概述

基坑支护计算的关键在于土压力的计算。目前土压力计算中的主动土压力与被动土压力采用的是库仑土压力理论与朗肯土压力理论，库仑土压力理论是从滑动楔体处于极限平衡状态时力的静力平衡条件考虑，从而求解主动与被动土压力值的，用库仑土压力理论进行计算有 3 个计算假定：①挡土墙是刚性体，墙后填土是无黏性土；②当墙身向前或向后移动以产生主动土压力或被动土压力时，滑动楔体是沿着墙背和一个通过墙踵的平面发生滑动；③滑动楔体可视为刚体，库仑土压力理论计算的假定也是按平面问题来考虑的。采用朗肯土压力理论计算是假定墙背和填土间没有摩擦力，再按墙身的移动情况根据土体内任一点处于主动或被动极限平衡状态时最大和最小主应力间的关系求得主动或被动土压力值，由于没有考虑墙背与填土之间的摩擦力，计算出的主动土压力值偏大，而被动土压力值则偏小。朗肯土压力计算公式较为简单、便于记忆，偏大或偏小的误差可根据长期的工程实践积累对理论公式计算值加以修正。

支护结构的内力计算也是一个比较复杂的问题。由于支护结构是嵌固在土体中的，而土体提供的约束不像结构工程中梁板柱之间的铰支座、固定支座这么简单明了，因此难以准确计算其内力。对于悬臂式支护结构，其嵌固长度应根据主动土压力与被动土压力之间的平衡条件确定，即满足以支护结构底端为转动点的力矩平衡条件，然后再根据结构力学截面法求解支护结构内力。对于单支点形式的支护结构，可用等值梁法原理根据弯矩平衡条件计算其嵌固深度，具体计算方法为：将主动土压力与被动土压力的相等点作为反弯点，将反弯点作为弯矩零点，据此求解支点力，再用结构力学截面法求出支护结构各截面的内力。等值梁法是一种力的平衡算法，无法计算支护结构的变形。对于多支点形式的支护体，采用简单的力系平衡的方法是难以计算出支护体的内力值的，必须要用弹性地基梁的变形方程与不同的边界条件分段列出其变形微分方程来进行计算，在求解此方程过程中再简化成杆系有限元方法求解其支护体的内力值与变形值，以上方法俗称为弹性支点法，在上述微分方程与杆系有限元方程中，有支护体的刚度因素，有地基土水平抗力系数的比例系数 m，有支撑体的弹簧刚度值的因素，所以采用弹性支点法求解出的支护体内力值与变形值具有相当的工程上的精确度，经过大量的基坑工程应用，实践证明采用弹性支点法进行理论计算是可靠合理的。

弹性支点法是基坑工程全量法的一种计算模式，计算过程与基坑工程开挖支撑等实际受力情况还有较大的差距，2004 年广东省水利水电科学研究院杨光华教授根据基坑开挖的实际情况提出了弹性支点法增量法的计算理论，此计算理论一改全量法的不足，使基坑工程弹性支点法的计算理论更具实际性，也使计算出的内力值和变形与实际情况更具一致性。

§1.2.2　地下水对基坑影响概述

地下水对基坑开挖的影响主要有突涌、流土、管涌等。

（1）突涌：当坑底以下有水头高于坑底的承压含水层，且未用截水帷幕隔断其基坑内外水力联系时，承压水作用下的坑底有突涌的可能性。坑底突涌验算如下（图 1-5）：

$$\frac{D\gamma}{h_{w}\gamma_{w}} \geqslant K_{h}=1.1$$

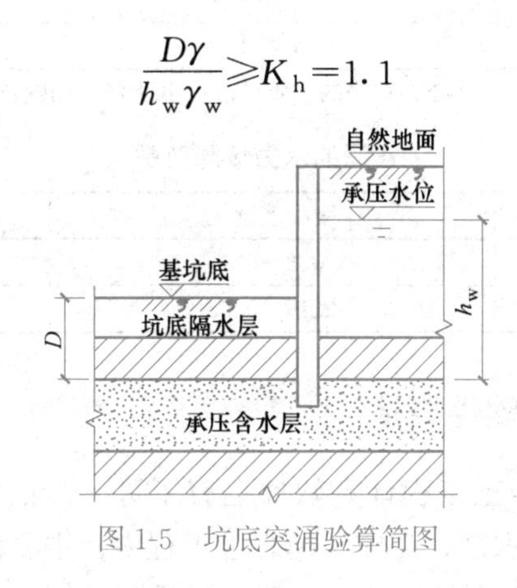

图 1-5　坑底突涌验算简图

（2）流土：在向上的渗透水流作用下，表层土局部范围内的土体或颗粒群同时发生悬浮、移动的现象即为流土。任何类型的土，只要水力坡降达到一定的大小，都会发生流土破坏。因此流土稳定必须满足：

$$i \leqslant i_{cr}$$

当基坑悬挂式截水帷幕底端位于碎石土、砂土或粉土含水层时，对均质含水层，地下水渗流的流土稳定性验算如下：

$$\frac{(2l_{d}+0.8D_{1})\gamma'}{\Delta h\gamma_{w}} \geqslant K_{f}（K_{f}\text{ 取值}1.6、1.5、1.4\text{分别对应一级、二级、三级}）$$

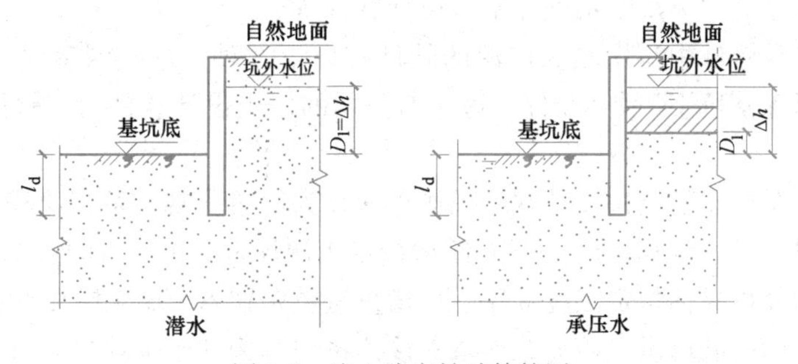

图 1-6　流土稳定性验算简图

（3）管涌：在渗流作用下，一定级配的无黏性土中的细小颗粒在较大颗粒所形成的孔隙中发生移动，最终在土中形成与地表贯通的管道，从而引发地基破坏。

坑底以下为级配不连续的砂土、碎石土含水层时，应进行土的管涌可能性判别。发生管涌必须具备相应的几何条件和水力条件，如表 1-1 和表 1-2 所示。

无黏性土发生管涌的几何条件　　表 1-1

<table>
<tr><th colspan="2">级配</th><th>孔隙直径及细粒含量</th><th>判定</th></tr>
<tr><td colspan="2">较均匀土($C_u \leqslant 10$)</td><td>粗颗粒形成的孔隙直径小于细颗粒直径</td><td>非管涌土</td></tr>
<tr><td rowspan="6">不均匀土
($C_u > 10$)</td><td rowspan="3">不连续</td><td>细粒含量>35%</td><td>非管涌土</td></tr>
<tr><td>细粒含量<25%</td><td>管涌土</td></tr>
<tr><td>25%≤细粒含量≤35%</td><td>过渡型土</td></tr>
<tr><td rowspan="3">连续
$D_0 = 0.25d_{20}$</td><td>$D_0 < d_3$</td><td>非管涌土</td></tr>
<tr><td>$D_0 > d_5$</td><td>管涌土</td></tr>
<tr><td>$d_3 \leqslant D_0 \leqslant d_5$</td><td>过渡型土</td></tr>
</table>

注：D_0——孔隙平均直径；d_{20}——小于该粒径的土质量占总质量 20%的颗粒粒径。

管涌的水力坡降范围　　表 1-2

水力坡降	级配连续土	级配不连续土
破坏坡降 i_{cr}	0.2～0.4	0.1～0.3
允许坡降[i]	0.15～0.25	0.1～0.2

§1.2.3 基坑计算分析软件概述

经过近 20 年的发展，岩土工程计算软件也有了进一步的完善，在正确性、操作性、完善性等方面达到了一定的水准，目前我国岩土工程中，主要包括工程设计计算和工程模拟分析两方面内容，故计算软件也分为两大类，即设计计算软件和有限元分析软件。在岩土工程内容中的深基坑工程目前采用的计算软件如下所示。

1. 设计计算软件

在深基坑工程设计使用的计算软件主要有以下几款：北京理正软件股份有限公司编制的理正深基坑支护结构设计软件 F-SPW 版，目前已升级到 7.5 版本；上海同济大学杨敏教授团队编制的同济启明星深基坑 JK 系列软件，主要包括深基坑支挡结构设计计算软件 FRWS 和内支撑结构设计计算软件 BSC 等，目前 FRWS 和 BSC 已分别升级到 9.0 版本和 5.0 版本；杭州品茗安控信息技术股份有限公司编制的品茗基坑计算软件；武汉市建委开发的针对湖北地区的“天汉”系列深基坑设计软件等。

在深基坑设计软件中运用较为广泛的软件有以下 3 种：理正深基坑支护结构设计软件、同济启明星深基坑 JK 系列软件、迈达斯公司的岩土设计软件。各软件的特点和功能分述如下：

北京理正深基坑支护结构设计软件操作界面较为简单直观，可视化程度较高，4.3 版本前是采用全量法进行计算，此法不能任意指定工况顺序，4.3 后的版本增加了增量法，这样对基坑工程就可灵活指定工况顺序了。增量法就是在各个施工阶段对各阶段形成的结构体系施加相应的荷载增量，该荷载增量对该体系内各构件产生的内力与结构在以前各阶段中产生的内力叠加，作为构件在该施工阶段的内力，这样基本能反映出分阶段施工内力与变形值的真实性，在增量法中外力是相对前一个施工阶段完成后的荷载增量，所求得的围护结构的位移与内力也是相对于前一个施工阶段完成后的增量，当墙体刚度不发生变化时，与前一个施工阶段完成后已产生的位移和内力叠加，可得到当前施工阶段完成后体系的实际位移和内力。北京理正深基坑支护结构设计软件经计算后输出的基坑工程计算书较为全面。输入的各种材料信息、地质地层信息、坑边荷载信息、基坑支护与剖面信息，同时输出的内力值信息、变形信息、安全系数信息都比较全面。以排桩、连续墙为例，计算内容包括：(1) 土压力计算，(2) 嵌固深度计算，(3) 内力及变形计算，(4) 截面配筋计算，(5) 锚杆计算，(6) 整体稳定、抗倾覆、抗隆起、抗管涌、承压水验算等。理正深基坑支护结构设计软件还有强大的整体协同设计计算功能，能够将断面、支撑协同计算，分析支护及支撑各构件的内力及变形情况，并提供分工况的 3D 视图，直观反映基坑内力及变形情况。

同济启明星深基坑 JK 系列包括深基坑支挡结构设计计算软件 FRWS、内支撑结构设计计算软件 BSC 和重力式挡墙设计计算软件 GRW，同济启明星深基坑 JK 系列软件是国内研发较早的基坑设计软件，自 1995 年推出 JK 1.0 版以来，时隔 26 年已升级到 FRWS 9.0 版本，软件的输入界面简单明了，人机对话具有较好的亲和力。以 FRWS 9.0 版本为例，软件增加了以下特色的计算内容：(1) 有限土体土压力情况的计算内容，(2) 邻近基坑开挖卸载后对本基坑支护影响的计算内容，(3) 坑中坑的设计计算内容，(4) 多级基坑的设计计算内容，(5) 反分析的设计复核内容，(6) 盆式开挖留土对支护体影响的内力与位移计算的内容，(7) 超前斜撑——一种新的施工工法的设计计算的内容。作为姊妹软件的同济启明星 BSC 5.0 版是专门针对任意材料的内支撑结构内力值、位移值计算分析的软件，可结合支撑立柱进行综合分析计算，从而得到内支撑系统的水平竖向位移、弯矩、剪力、轴力等参数值，还增加了分析钢管内支撑稳定性的功能。BSC-3D 版提供建模、分析、设计、施工图、工程量统计等一体化整体解决方案，提供 3D 视图，可任意选取剖面，设计工作简单明了。

迈达斯公司岩土设计软件中提供深基坑分析计算模块，其中包括 GeoX 和 XD 等。MIDAS GeoX 是一款非常出色的基坑支护设计平台。该软件由排桩、土钉墙、复合土钉墙、地下连续墙、SMW 法、上土钉下排桩复合支护、双排桩、放坡及上述各种方案的组合支护设计构成。迈达斯公司的 MIDAS XD 是一款针对基坑工程设计的一体化软件，目前已经研发到 MIDAS XD6.0 版本，该软件提供建模、分析、设计、施工图、工程量统计等一体化整体解决方案，可适用于岩土深基坑的设计，能够通过便捷的前处理建模功能，自动完成分析、设计、出图、工程量统计等一系列基坑设计作业，并且可以自动生成 3D 深基坑支护视图，直观明了。MIDAS XD 在满足国内基坑规范中要求的传统计算方法的同时，还包含了剖面连续介质平面有限元法、内支撑平面杆系有限元法等 FEM 计算，提供了更多、更丰富的计算解决方案，同时对基坑内降水引起的周边环境的沉降也提供了有限元模拟结果，内容较为全面。从而简化了深基坑设计和制图之间的程序，加强了深基坑设计的自动化和数字化进程，节省了工程师在方案必选阶段的设计绘图时间，3D 视图也方便了对方案进行直观探讨。

2. 有限元分析软件

深基坑工程模拟分析软件主要有以下几款：韩国浦项制铁开发公司属下的 MIDAS IT 公司开发的 MIDAS GTS NX 是一款针对岩土工程领域的通用有限元分析软件；荷兰 PLAXIS B. V. 公司编制的 PLAXIS 2D/3D 通用岩土有限元计算程序软件；美国 ANSYS 公司开发编制的 ANSYS 有限元分析软件；由达索 SIMULIA 公司（原 ABAQUS 公司）开发的 ABAQUS 非线性有限元分析软件；美国 Itasca 公司开发编制的 FLac 2D/3D 岩土

工程软件；由 Edwards Wilson 创始开发的 SAP2000 有限元结构分析设计软件；由加拿大 Waterloo 公司开发编制的地下水模拟软件 Visual Modflow 软件等。

在深基坑的有限元分析软件中，几款大型通用软件如表 1-3 所述。

深基坑有限元分析软件适用范围及特点一览表 **表 1-3**

软件名称	特点情况	适用性描述	开发研究者	计算分析原理	与其他软件兼容性
PLAXIS 2D/3D	是一款功能强大的通用岩土有限元计算软件，用于各种复杂岩土工程项目的有限元分析中，如用于大型基坑与周边环境相互影响的分析，盾构隧道施工与周边既有建筑物相互作用影响的分析，基坑降水渗流分析及完全流固耦合的分析，边坡加固后稳定性的分析，大型桩筏基础与邻近基坑相互影响的分析等	在岩土工程领域广泛适用于地铁、隧道、边坡、基坑、桩基等方面的建模与分析。软件有着诸多岩土工程领域的本构模型，适用于各种较为复杂的岩土工程分析	荷兰 PLAXIS B. V. 公司	在最小势能原理和虚功原理的条件下进行数值积分的有限元计算	支持 CAD 图形导入、命令流（API 远程脚本），支持 DXF、DWG、3DS 及地形图导入
MIDAS GTS NX	是一款针对岩土工程领域研发的通用有限元分析软件，支持静力分析、动力分析、渗流分析、应力-渗流耦合分析、固结分析、施工阶段分析、边坡稳定分析等多种分析类型，并提供了多种专业化建模助手和数据库	在岩土工程领域广泛适用于地铁、隧道、边坡、基坑、桩基、水工、矿山等实际工程的准确建模与分析	韩国 MIDAS IT 公司	在最小势能原理和虚功原理的条件下进行数值积分的有限元计算	能与 CAD 软件进行数据交换，模型数据也可以与 BIM 设计软件交互共享
ABAQUS	是国际上功能强大的大型通用有限元软件，是用于工程模拟的有限元软件，其解决问题的范围从相对简单的线性分析到复杂的非线性问题。ABAQUS 包含一个丰富的、可模拟任意几何形状的单元库，并拥有各种类型的材料模型库	可模拟典型工程材料的性能，其中包括金属、橡胶、高分子材料、复合材料、钢筋混凝土、可压缩超弹性泡沫材料以及土壤和岩石等地质材料。除了能解决结构（应力/位移）问题，还可以模拟其他工程领域如热传导、质量扩散、热电耦合分析、声学分析、岩土力学分析（流体渗透/应力耦合分析）等问题。在岩土工程领域既可以较为准确地模拟土体的本构关系，其求解高度非线性问题方面的能力十分优异，也可以模拟土体与各结构体的相互作用，通过生死单元的设置可以模拟填土或开挖等边界条件，在隧道、边坡、基坑、桩基等领域的科研和工程模拟应用广泛	达索 SIMULIA 公司	在最小势能原理和虚功原理的条件下进行数值积分的有限元计算	ABAQUS 为 MOLDFLOW、MSC. ADAMS 和第三方 CAD 软件之间提供了接口，实现数据共享

续表

软件名称	特点情况	适用性描述	开发研究者	计算分析原理	与其他软件兼容性
ANSYS	大型通用有限元分析软件，是世界范围内著名的计算机辅助工程(CAE)软件，是融结构、流体、电场、磁场、声场分析于一体的大型通用有限元分析软件。ANSYS功能强大，操作简单方便，现在已成为国际最流行的有限元分析软件	在核工业、铁道、石油化工、航空航天、机械制造、能源、汽车交通、国防军工、电子、土木工程、造船、生物医学、轻工、地矿、水利、日用家电等领域有着广泛的应用。ANSYS对非线性问题的求解收敛性较差，故其在岩土工程领域应用性一般	美国ANSYS公司	在最小势能原理和虚功原理的条件下进行数值积分的有限元计算	能与多数计算机辅助设计(CAD，Computer Aided Design)软件接口，实现数据的共享和交换
SAP2000	SAP2000是通用的结构分析设计软件，适用范围很广，主要适用于模型比较复杂的结构，如桥梁、体育场、大坝、海洋平台、工业建筑、发电站、输电塔、网架等结构形式。高层民用建筑也能方便地用SAP建模、分析和设计。SAP2000最大的特点是可进行结构计算与设计，包含了中国以及欧美的常用设计规范	在我国，SAP2000程序也在各高校和工程界得到了广泛的应用，尤其是航空航天、土木建筑(包括悬索桥、斜拉桥等大跨桥梁)、机械制造、船舶工业、兵器以及石油化工等行业。在岩土工程中的桩基础、地铁隧道衬砌、深基坑支护结构以及支撑分析、软土加固等领域均有运用	由美国Edwards Wilson创始的SAP(Structure Analysis Program)系列程序发展而来	在最小势能原理和虚功原理的条件下进行数值积分的有限元计算	可以导入导出AutoCAD等的常用格式数据文件
FLac 2D/3D	FLac 2D/3D是岩土工程专业分析程序。FLac 3D采用了显式拉格朗日算法和混合-离散分区原理，能够非常准确地模拟材料的塑性破坏和流动。由于无需形成刚度矩阵，基于较小内存空间就能够求解大范围的三维问题。与大多数程序采用数据输入方式不同，FLac采用的是命令驱动方式，命令控制着程序的运行。在必要时，尤其是绘图，还可以启动FLac用户交互式图形界面	FLac 2D可以进行两相流的模拟，适用于非饱和土的研究。FLac 3D能够进行土质、岩石和其他材料的三维结构受力特性模拟和塑性流动分析。Flac 3D包含有4种结构单元：梁单元、锚单元、桩单元和壳单元。可用来模拟岩土工程中的人工结构如支护、衬砌、锚索、岩锚、土工织物、摩擦桩、板桩等	美国Itasca公司	基于连续介质及有限差分原理的有限差分程序软件，主要依据显式拉格朗日算法和混合-离散分区原理	内置了文本编辑工具(如fish编程)，FLac 3D可以独立进行文本编辑或者与用户喜爱的第三方工具一起运行

第二章

基坑工程施工与实践

§2.1 深基坑施工方法综述

深基坑施工方法的选取应符合以下原则：工程质量有保证原则、施工顺序合理原则、施工安全有保障原则、施工方法先进性原则、环保节能减排原则。随着我国技术创新的发展，施工中的新技术、新工艺、新方法、新设备在深基坑施工中得到了广泛的应用，实现了许多大国工程、世纪工程，使深基坑施工达到了一定的水平。

深基坑支护的竖向挡土构件有以下基本形式：钻孔灌注桩支护体、预应力管桩支护体、钢板桩支护体、型钢及钢管支护体；与止水相结合的施工方式有：咬合桩支护体、三轴搅拌桩中插 H 型钢的 SMW 工法、三轴搅拌桩中插预制管桩及工字钢筋混凝土桩的 PCMW 工法、双轮铣水泥土搅拌墙（SMC 法）中插型钢及管桩的工法、地下连续墙施工方法；型钢及钢管作为支护体的施工方法有：H 型钢与钢板桩相结合的 HUW 方法、钢管桩与钢板桩相结合的 PC 工法；与结构主体相结合的支护体有：地下连续墙双墙合一、钻孔灌注桩与结构外墙连成一体形成的抗侧力抗浮力结构。抗侧力支护体的发展主要是考虑全回收和作为结构体的一部分永久使用的发展方向。

深基坑支护的支撑体系主要有：常规的混凝土支撑结构体系、可实现较大的施工空间的预应力混凝土支撑结构体系、钢支撑结构体系等。目前钢支撑使用较多的有钢管支撑结构体系、组合型钢支撑结构体系、预应力鱼腹式钢支撑结构体系及近两年发展的张弦梁钢支撑结构体系等。纵观各种支撑体系的特点，发展方向应该是可以回收多次反复使用的钢支撑结构体系。钢支撑结构体系的优点是可以施加预应力，对支护结构起到主动变形控制作用，可以实现装配式施工，加快施工速度和精度，因此受到业主与施工企业的欢迎。

大部分深基坑施工是采用顺作方法，但对于像地铁车站的深基坑开挖施工，考虑占用交通道路的时间不能太久，也常常采用盖挖法，盖挖法的第一层结构梁板形成，重新覆土即可恢复交通，与此同时可进行剩余地下结构施工。在密集的城市群中进行地下结构施工，有时需要采用逆作法，结构的楼板体系从上往下进行施工，施工好的楼板体系既起到支撑体的作用，又是永久的结构体。逆作法施工由于挖土空间不大，施工十分困难，出土又是在几个有限的出土口，所以整个施工周期会很长。由于能有效控制深基坑的变形，保护周边环境，不至于产生较大变形，逆作法施工还是受到岩土工程界的欢迎，并作为城市密集区域开挖深基坑的主要施工方式。

地下水控制也是深基坑工程的一个重要环节，目前截水帷幕施工方法主要有双轴搅拌桩、三轴搅拌桩、多轴搅拌桩、高压旋喷桩、MJS 工法等。上述方法中三轴搅拌桩为一般建筑深基坑止水的常用方法，止水效果也相当显著，能达到较高的抗渗指标。MJS I法是性能很高的施工方法，止水效果显著，尤其在空间环境受到限制及对周边环境保护要求较高时其更具适用性。

地下水降水目前在深基坑中常用的是管井降水，基坑地下含水层浅时也采用轻型井点降水。管井降水可分为减压、疏干降水等。承压水降水管一般采用直径 273mm、壁厚 4mm 以下的螺旋或无缝钢管作为井管材料。加肋的井管，其管材抗压能力更强，可作为 40m 以上的降承压水管井材料使用，如图 2-1 所示。疏干井可采用加强型的 PVC 材料作为管井材料，但用于真空型的疏干井宜采用直径 273mm、壁厚 3mm 的螺旋或无缝钢管作为管井材料。目前管井降水的发展方向主要是自动化管理与控制。

图 2-1 新型薄壁加肋降水井管图片

近年来施工机械的改进与发展，使超深基坑施工成为可能。如超深的地连墙成槽施工机械，使地连墙施工深度达到 100m 以上，超长的三轴搅拌桩机械可施工深度超过 40m 的止水桩。

§2.2 深基坑工程施工发展方向展望

§2.2.1 深基坑工程施工与设计相结合

深基坑工程在岩土工程中较具特殊性，不但要考虑支护结构和支撑结构的问题，同时还要考虑地下水及各种土层与支护结构相互作用的问题。然而，到目前为止土的力学计算模型还处于半经验半理论的状态，因此在深基坑工程中，实践经验及工程实施过程中的施工与设计相互协调显得尤为重要。对于深基坑工程施工与设计相互协调要考虑以下几方面的问题。

技术交底工作。基坑工程施工前由设计人员把基坑的特点、要点、难点一一向施工单位进行交底，让施工单位全面了解基坑详细关键点。设计单位每一工序、工况都要有详细的步骤与计算分析，在技术交底中应明确施工应遵循的步骤。深基坑工程是易发生重大危险的项目，交底中应把设计上理出的风险源、危险源清单一一交代给施工方，促使施工方对每一风险内容采取相应施工措施及方法去规避。技术交底应把本基坑工程施工质量的要求交代给施工方，应把控制本基坑变形的设计要点说清楚，并要求施工方采取相应施工方法与措施应对。

设计中应对要采纳的施工技术等有全面的了解。各个地区地质水文情况差异大，各个地区也具有适合本地区的成熟施工方法，设计中应选择施工技术有保障、较为成熟的施工方法。要进行多种设计方案的比较探讨，选定经比较后得分最佳的施工技术设计方案。

设计单位要审核施工单位编制的施工技术方案。施工单位应编制详细的施工技术方案，在编制前应吃透设计施工图的设计意图，根据设计单位技术交底的特点、要点、难点来进行编制。设计要重点审核施工方案是否满足设计要求，对周边建（构）筑物、地下管线所采取的保护措施是否合理，拆撑换撑工况是否与设计一致。尤其拆撑换撑应控制其受力点转换的可靠性，既要保证支护体失撑后不产生大的变形，又要保证传力块转换撑后地下结构体不产生变形破坏。

应对关键工种、关键工序按规范要求进行质量验收。在工序方面，上一道工序没有达到规范要求就不能施工下一道工序，此时设计人员应到场与施工单位一起对质量验收内容进行核实，确保设计单位对施工质量的认可。对于施工安全与风险控制内容，设计人员也应经常去工程现场检查与核实。施工单位若在施工中碰到难以按设计要求施工或施工图存在风险的问题也应积极向设计单位提出，并请设计单位重新调整方案，消除不合理的因素及存在的风险隐患，确保施工过程中及施工完成后基坑工程的安全。

在施工过程中若需增加坑边荷载，应及时告知设计人员并将增加的实际荷载值反馈设计单位进行复核，确认要加强的相关设计措施。对于基坑某些部位尤其是边侧部位由于调整了施工深度也应及时告知设计单位，请设计人员进行加深复核计算，并出具符合安全的设计变更图纸。施工单位应将施工过程中出现的施工质量问题及缺陷及时告知设计单位，并请设计单位提出针对性的补救修改意见。

在深基坑工程施工中应积极推广各项新技术、新工艺。在选用施工方法、桩工机械等工程施工行为中多选用“四节一环保”的施工方法、施工机械。总之，在深基坑施工过程中与设计单位进行紧密配合、协调是保证深基坑施工的重要条件与因素。

§2.2.2 深基坑工程的信息化施工

信息化施工是基坑工程所强调的施工要求，当深基坑向下一层层挖土时，支护体、支撑体在不断地产生变形，影响着基坑本身，也会引起周边产生较大的沉降与位移。在基坑工程实践中，大变形引起基坑坍塌的事故经常发生。为避免重大事故发生我们必须重视信息化施工，必须认识信息化施工的重要性。所谓信息化施工就是在深基坑施工过程中，将施工的步骤、施工的内容与深基坑监测的变形紧密结合起来，一句话概括就是按减少基坑变形的基本要求进行施工。信息化施工中的监测数据来自于变形监测，监测数据是信息化施工的重要依据。信息化施工逻辑如图 2-2 所示。

在信息化施工中，若某些监测指标出现了较大的偏差或反常，在调整下一步施工方案时应重点关注以下几个方面的问题：①工程地质水文是否发生变化，由于地质钻探点布置有一定的距离，钻探点的密度无法实现几米钻一个点，在此情况下地质地层发生较大的变

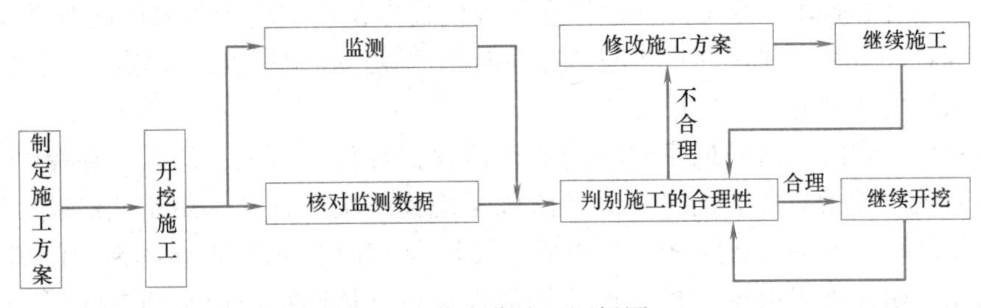

图 2-2　信息化施工逻辑图

化就难免会从监测数据上反映出来。②土层物理力学指标取值是否合理。如根据基坑设计规范要求土层的 c、ϕ 指标值应采用三轴固结不排水抗剪强度指标或直剪固结快剪强度指标。由于指标值获取的方法不规范，有些地质钻探报告中的物理力学指标值与实际状况有很大的偏差，导致基坑产生了很大的变形。③支护体、支撑体是否存在施工质量问题。支护体在质量检查方面存在疏忽。有缺陷的支护体在挖土面以下是看不出的。支撑体因暴露在外用肉眼就可对其外形缺陷、节点缺陷作出判断，确认其存在的质量问题。④工序施工是否合理。基坑施工应严格按合理的施工工序进行，不能盲目施工，如支撑未撑之前就着急开挖土方等。⑤基坑周边环境条件是否有较大的变化，如在基坑边堆土或超重车辆频繁行驶等。

在信息化施工的同时我们也非常关注信息化设计的问题。所谓信息化设计就是在基坑整个施工过程中不断去校核与调整设计的内容与方法。通过设计上的调整来减少基坑的变形。这种设计上的调整前提应该是下道工序还未施工，如在第一道支撑施工后要更进一步控制支护体的变形，考虑采用再增加一道支撑的方法，或把支撑标高位置适当抬高或降低来减少支护体的变形。信息化设计说起来容易做起来难，因为岩土工程基坑设计图纸在施工前已通过审图等手续定局了。考虑到岩土工程的特殊性，岩土工程因其在地下地层中建造，地质地层具有明显的不均匀性和不确定性，可能使得用作设计依据的基础资料具有片面性、不准确性。所以有必要根据地质地层条件的变化修改原来的设计方案。信息化设计也包含施工中出现一些合理的施工变化而产生的设计方案的调整。严格地讲信息化设计应该是设计工作的一个重要步骤，可防止与减少基坑工程发生较大变形而引起的工程事故。

反分析方法也是信息化设计与施工的一项重要内容。其包括两个方面：①位移反分析内容，在基坑及岩土工程中已得到了广泛应用，有逆反分析方法、正反分析方法等多种分析方法。逆反分析是直接建立量测位移与理论待求量之间的显式关系，便于分析此种关系量值的偏差性。正反分析法比逆反分析法具有更广泛的适用性，它既适用于位移是参数的线性函数，也适用于位移是参数的非线性函数。②内力值的反分析计算内容，通过调整位移值的反分析必定会引起内力值发生变化。力、位移、刚度三者的关系是密切相关的。内力的变化值可能会引起原有选定的杆体材料不能满足其强度容许值，从而产生强度的破坏。所以内力值反分析后的变化值若加大，则应复核其材料强度抵抗能否满足要求，若减小则可判定原有材料的选定是安全的。

§2.2.3　深基坑工程的智慧施工、建筑智能化工程施工技术

基于当今科学技术的发展，建筑业借助于 BIM 技术、物联网技术、智能化技术、大

数据技术、云计算技术、移动互联网技术等现代技术在数字建造领域内起步并迅速发展。深基坑工程跟随着数字建造的步伐同样也在向前发展。智能建造、智慧建造是深基坑工程施工技术发展的两大方向与目标。

建筑基坑工程的生命周期主要分为 3 个阶段：设计、施工、运营。在每个不同阶段 BIM 技术都有其主要工作方向。在设计阶段考虑到基坑工程是一个空间结构，且基坑的施工与工作阶段都面临空间问题，这些都比较符合 BIM 技术精确立体模型的概念。在基坑设计的初步阶段首先根据支护支撑原始数据进行立体建模，把空间有限元分析软件嵌入，并在模拟建造工况下对基坑进行空间受力的精确分析计算，确定其各阶段的支护与支撑体的内力值与相应的配筋量，再根据基坑位移变形的要求，精确分析计算出每个支护体的位移与变形量值。BIM 的三维设计模型是一个整体，每处位置每个受力构件包括支护体、支撑体在模型中都是唯一的，其杆件的受力与变形性状也是唯一的。BIM 三维设计模型的建模与运作，使基坑支护的每一构件尺寸与受力状况都能可视，便于分析与交流，便于发现基坑体系存在的不足，并能快速修正，如图 2-3 所示。

由于 BIM 模拟建造的过程较为明确，模拟的施工过程为编制符合实际的施工组织设计提供了非常精确的施工步骤。这些施工方法与步骤又通过了设计计算模拟的检定，其检定结果是在构件受力容许与变形容许范围内，使得所有项目参与方对本基坑工程有了全过程的了解。在模拟建造中，我们可以把工序施工过程中容易引起质量事故及安全事故的问题清晰地反映出来，可使施工人员在这些方面加以重视与改进。BIM 技术中的各建筑构件都是唯一的，使我们能很有效地控制其工程量，一旦其工程量超用立即就能发觉。BIM 技术可以很轻松地分析与统计基坑工程中的各种数据，方便地从 BIM 模型数据库中提取信息，根据每天的施工情况与要求，可迅速统计出每天需要的材料、人工、机械明细，并随时调整供应量，做到按需按时供材、供人员、供机械，如图 2-4 所示。

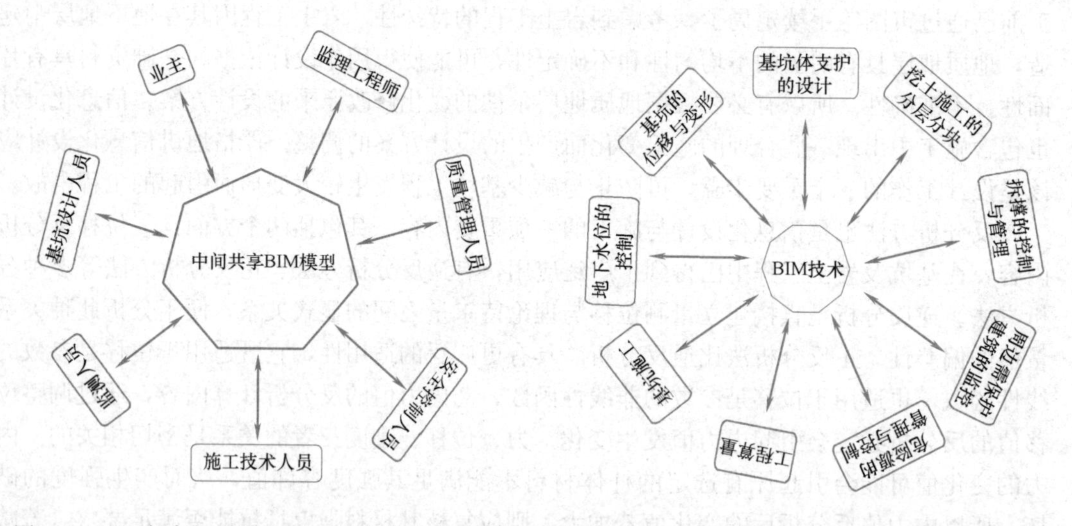

图 2-3 基坑各参与人员与 BIM 技术的关联示意图　　图 2-4 基坑中与 BIM 技术关联的内容示意图

在施工过程中依据 BIM 技术提供的基础数据，通过三维模型与时间相结合形成的四维空间可以把施工时间精度精确到分钟、小时，有效地提升施工管理效率。在基坑支撑拆除过程中，可通过模拟拆除受力分析，建立可靠的拆除次序，使支撑系统安全平稳退出工作状态。基坑过程中的地下水控制可通过 BIM 技术随时随地对整个基坑降水作出三维模型的评价，甚至可根据各管井降水坡力线的水位状况，实现自动开关降水井的抽水泵，达到全自动地下抽水的控制。再根据基坑地下水的降水深度，可分析与计算出任何坐标点处的地表下沉量，包括降水对周边建筑物的沉降影响数据。

BIM 技术可根据本基坑的工程特性及周边环境现状精确编制应急预案，并对每个不同危险源进行分级管理，对危险源的危害性分析可采用蒙特卡洛模拟法等安全评价方法进行安全度分析评价，由 BIM 施工模型来确定其可靠性，并调整到满足可靠的程度。BIM 技术运用于安全管理体系，可有效对基坑工程进行安全管理，在安全管理方面可充分利用 BIM 技术的数字化、空间化、定量化、全面化、可操作化、持久化、及时化等优点进行可靠性工作，包括危险因素识别、危险区域的划分与划定、施工空间安全冲突判断、安全措施的制定等详细内容。

大型机械施工过程中的智能化控制包括智能化质量控制内容，如支护桩打桩深度的自动监测及监测数据通过互联网自动化的传递；智能化安全控制内容，如吊机起重、桩机倾斜度超安全的及时报警及纠正等。

现场施工人员智能化定位技术可精确判断每一位现场施工人员所处施工位置是否是岗位地，是否是非安全的区域位置，并能针对性地自动发出警报，促使该施工作业人员转入安全地带。

智能化定放桩位技术，对于施工放桩位可采用无人机利用 GPS 定位技术进行放点，不需要采用测量仪器放线，可减少人为放线定位的不足，达到点位的智能化施工要求。

施工现场远程视频监控技术，在智能监控过程中能及时判别分析出施工现场所有操作人员、施工机械的不安全行为，并及时报警提出纠正口令。

智能化、智慧化施工中与机器人技术相结合也是一个发展方向，如施工现场机器人能替代现场安全人员对施工现场进行安全检查，检查中发现的不足可通过物联网技术及时传到云网上，并及时告知现场施工负责人提出纠正警告。

第三章 无锡地区工程地质与水文地质特点

§3.1 地形地貌

无锡市区总体上属苏南水网平原区，地势平坦，原始坡降在万分之一左右。在滨湖区的太湖沿岸、惠山区的阳山地区、锡山区的吼山地区、芙蓉山等处断续分布有一些低山丘陵。平原地区的原始地面高程在1～5m（除特殊说明外，本书中的高程均采用的是“1985国家高程基准”），其中惠山区圩区内地势较低，地面标高一般在2.0m以下，锡山区临近江阴张家港位置，地面标高较高，一般在4.0m以上。其余地区相对较高；低山丘陵海拔最高在328.98m（惠山三茅峰），低山丘陵与周围原始地面的自然坡度一般在30°左右。由于人类活动的影响，特别是近年来城市建设的大推进，原始地形已经变化较大，尤其在几个中心城区和丘陵地区。中心城区目前建筑密集，道路等市政工程众多，对地形的改造较大，特别是太湖新城、新区等处，如人工堆山工程对地形的改造尤其巨大。低山丘陵地区由于前几十年的人为开山取石，近年来的人工复绿工程的影响，原始地形很多都已遭到破坏。

无锡市区地貌按成因类型、地形高差以及形态差异来划分，总体上可分为两大类：其一是低山丘陵剥蚀构造区，主要分布在太湖沿岸山体和区内出露的孤山（例如阳山、吼山、三山）位置，属新构造运动上升区，风化剥蚀强烈；其二是长江三角洲太湖流域冲湖积平原区，除山区外，其余地区均属本地貌，属新构造运动长期沉降区，第四系堆积较厚。

根据山体形态和出露的位置，对低山丘陵剥蚀构造区可以进一步细分为3个亚区，分别为：①低山区，主要分布在太湖沿岸，包括锡山、舜柯山、雪浪山、军嶂山、马山等，这些山体基本能形成自身的一段山脉形态并能互相串联，总体上形成环抱太湖的形态，基岩大部分由泥盆纪石英砂岩组成，抗风化能力较强，该地貌形态受人为影响相对较小，基本能辨析出原始的地貌状态；②残丘区，主要分布在区内平原上，包括吼山、芙蓉山、嵩山等，这些残丘基本呈零星分布，相互之间存在的关系不明显，海拔高度小于100m，山顶基本呈浑圆状、馒头状，基岩以砂岩、灰岩为主，该地貌形态受人为影响大，由于采石和建设发展等多种原因，已遭到较大破坏，很多残丘如果不注意已很难辨析；③孤岛区，主要指分布于太湖水域中的孤山小岛，如三山岛、拖山岛、龟山岛等，岛上基岩裸露、山顶大多呈馒头状，海拔高度小于50m，该地貌形态基本未受到大的影响。

根据平原区不同的生成机理、物质来源、沉积环境、地形高低，对冲湖积平原区可以进一步细分为 3 个亚区，分别为：①高亢平原区，主要指低山、残丘的山麓地段，与冲湖平原区相接，地面高程相对较高，一般不小于 5m，地表覆盖上更新统的黄土等堆积物，地形坡降平缓；②冲湖平原区，为无锡市区分布最广的地貌形态，区内地势低平，一般在 2.5～5.0m，地表由全新统冲湖积形成的黏性土为主，侵蚀和堆积作用明显；③湖沼平原区，主要分布在前洲、洛社、市区西北（梁溪区）一线，新区荡口及以东片区及马山、五里湖人工地积区，区内地势低洼，地面一般在 1.0～2.5m，地表由全新统湖沼积形成的黏性土、淤泥、淤泥质土为主。

§3.2　区域地质

无锡市区位于新华夏系第二巨型隆起带和秦岭东西向复杂构造带的交接部位。构造体系主要包括东西向构造，华夏系及华夏式构造，新华夏系构造和北西向构造，且以北东向华夏式构造为主要格架。分别以北西角的和桥—北涸断裂和南东角的湖苏断裂为界。组成锡虞华夏式隆起（皱褶带）。

新华夏系构造活动较晚，它切割东西向及华夏式构造，多数也切割北西向断裂，起始于燕山早期，主要活动在燕山晚期。

西北向构造以断裂为主，区内分布广泛，具有一定规模，延长几公里到几十公里，走向多在 310°～330°间，它经历了张—扭—压扭—张几个阶段，其中张性活动主要为华夏式构造作用，扭性可能是东西向构造应力作用结果，压性、压扭性活动则是独立于其他构造体系的一次运动。从晚白垩世开始，至晚近时期又多处于引张阶段，并对中新生代断陷盆地的沉积起一定的控制作用。

无锡市区的前第四纪地层隶属江南地层区，修水—钱塘分区。基岩露头主要分布在惠山、马山、军嶂山、查桥、张泾、八士、安镇等地，余者皆掩覆于第四系松散层之下。从老到新主要有泥盆系、石炭系、二叠系、三叠系中下统、侏罗系上统、白垩系和第三系。

地表出露的地层主要为泥盆系石英砂岩、粉砂岩、泥岩等。碳酸盐岩类地层除查桥有零星出露外，均覆盖于第四系地层之下，据钻孔资料，主要分布于钱桥—藕糖、长安桥、堰桥、张泾—羊尖、查桥—甘露、中桥—方桥等 6 个块段。荡口一带白垩系地层中夹多层砾岩，砾石成分以灰岩为主，钙质、粉砂质胶结为主。

§3.3　工程地质分区

根据地貌形态、成因类型、第四纪岩性成因、古地理环境、岩土体结构类型及水文地质条件等变化规律，可划分为 2 个工程地质区、5 个工程地质亚区。

1. 低山丘陵剥蚀构造工程地质区（Ⅰ区）

分为 2 个亚区，分别是：

（1）坚硬厚层状砂岩为主的工程地质亚区（Ⅰ1 区）

主要分布在舜柯山、鸡笼山的北坡、马山的秦巷、雪浪山、龙王山等地，基岩裸露，且以泥盆纪五通组中粗粒石英砂岩、含砾石英砂岩为主，中厚层状～块状，坚硬、性脆，抗风化能力强。在长期的构造作用下，节理裂隙较发育，主要有北西西向、北北西向和北东

3个方向，其中北西西向和北东向常为互切。倾向南为主，倾角较陡，节理面较光滑，延伸较长，节理较密集，在太湖沿岸由于受湖水的长期冲蚀，常沿裂隙面塌落，形成陡岸。

(2) 软软相间的中厚层～薄层状泥砂岩为主的工程地质亚区（Ⅰ2区）

分布沿太湖周围的低山丘陵区，湖中的孤岛及市区北东向的几个残丘，出露标高一般100～150m，最高是惠山的三茅峰，高程329m，岩性以泥盆系茅山群的中厚层状细粒石英砂岩为主，夹多层的薄层状粉砂岩、粉砂质泥岩、泥岩。硬质岩石和软质岩石相间出现，岩体接近各向异性介质，其变形和强度特征受层面和岩层组合的控制，工程地质条件较复杂。

区内节理裂隙也较发育，主要有3组，即北西西向、北北西向和北东向。前两组节理面平直光滑，延伸稍长，后一组节理一般短、密，呈波状、延伸较差。

2. 冲湖积平原工程地质区（Ⅱ区）

分为3个亚区，分别是：

(1) 高亢平原为主的工程地质亚区（Ⅱ1区）

本亚区分布范围较小，主要分布在低山丘陵、残丘的坡麓和山前地带，出露高程一般在10～25m。除地表存在①层人工形成的素填土外，下部缺失全新统和晚更新统地层，直接表现为中更新统网纹状红土和上更新统棕黄色黏土为主，坚硬密实、土质均匀。局部有少量钙质结核，厚度较大，一般层底存在一层含碎石黏土层，为一含水量低、承载力高的低压缩性土。

(2) 冲湖平原为主的工程地质亚区（Ⅱ2区）

本亚区为无锡市区分布范围最大的工程地质区，地势平坦、河网密布，地面高程大多在3～5m。除②层外，其余的各个工程地质层组基本齐全组成。其中第③工程地质层组，以黏土、粉质黏土为主，底部为饱和粉质土夹粉土层，该层的厚度一般为6～10m。第④工程地质层组岩性为粉土、粉砂，厚度一般为2.3～5.3m，部分位置厚度较大，与下部砂性土连成一体。主要分布于全新世河道分布地段，饱水，松散～中密状态为主。第⑤工程地质层组以粉质土为主，局部地为泥质粉质黏土，以软塑为主，中～高压缩性，该层层间夹有一层厚薄不均的粉土粉砂。第⑥工程地质层组岩性以黏土、粉质黏土为主，局部为粉土。其中该层上部为黄褐、暗绿、灰绿色黏土为主，含铁锰结核，厚度一般为5～10m，可塑～硬塑，偏硬塑，低压缩性，为强度大的硬土层。

(3) 湖沼平原为主的工程地质区（Ⅱ3区）

本亚区分布范围较小，主要分布在平原地区的较低洼地带，主要分布在惠山区前洲、石塘湾、市区梁溪区、锡山区荡口—甘露以及市区滨湖区马圩、五里湖沿岸一带。地势低洼，地面标高一般在1～3m，如马圩、前洲一带本来就是现代湖泊分布范围，后经人工围堤、排水变为陆地，因此表部为现代湖沼沉积物。

自上而下的土层序列除③层外基本完整，其中在②层土厚度较大的地段，存在③层缺失，甚至部分地段④层也缺失的情况，由于沉积环境的影响，在该区域水平向上及垂直向上的土层分布变化较大，相邻很近的距离内可能存在土层剧烈变化的情况，垂直向上同样存在土层混乱变化的情况。

§3.4 工程地质层组

主层序的划分按沉积时代、成因类型、沉积环境，同时考虑到对浅部土层研究较多，兼对工程建设影响大，因此上部划分相对细，下部土层划分相对较粗。亚层序的划分，按岩土层的岩性、颜色、状态，其中岩性主要包括黏土、粉质黏土、粉土、粉砂、细砂、淤泥质土等；颜色主要区分氧化环境系列（灰黄、褐黄、棕黄等）、还原环境系列（灰、青灰、灰黑等）；状态主要区分软硬程度、密实程度等。具体的分层情况如下（图 3-1）：

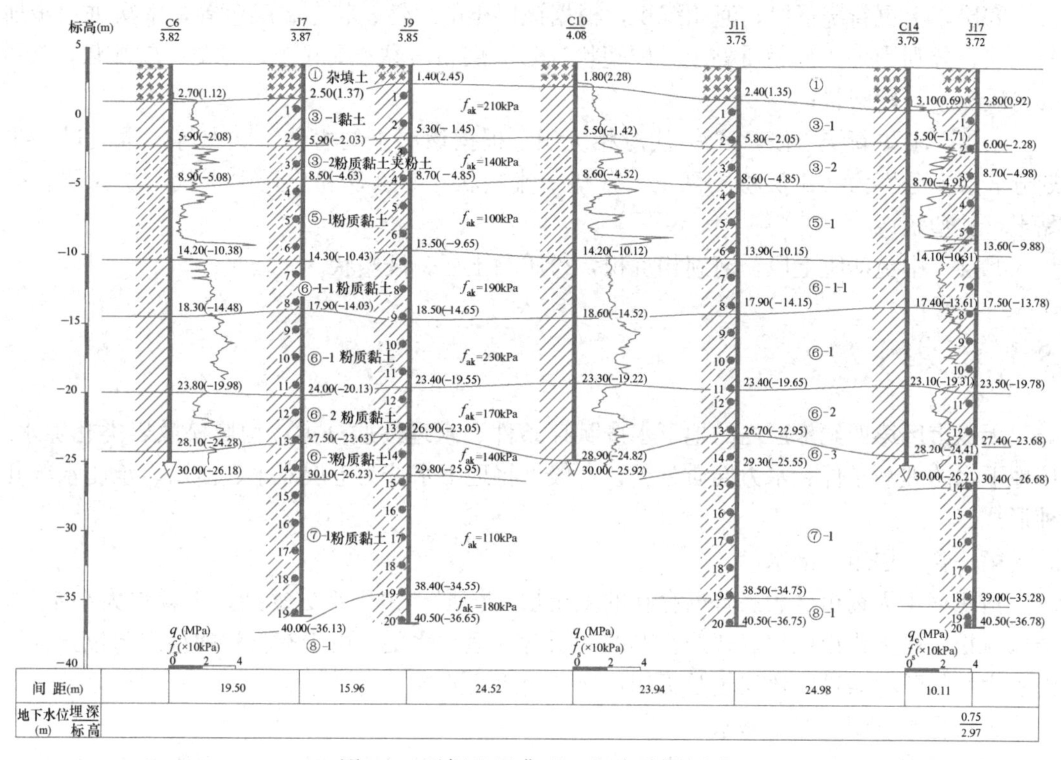

图 3-1　无锡地区典型工程地质剖面图

①层均为人类活动期内，现代人工堆填，按照该层的岩性、所处的地形地貌等，根据工程需要可进一步划分，本次暂进一步划分 2 层，分别为①-1 层杂填土，①-2 层素填土；

②层，属全新统上段，湖沼相沉积，根据该层土的岩性、状态等，本次进一步划分 3 层，分别为②-1 层粉质黏土，软塑状，相对硬壳层，②-2 层淤泥质粉质黏土，流塑状，②-3 层粉质黏土，软塑～可塑状；

③层，属全新统中段，河湖相沉积，根据该层土的岩性、状态等，本次进一步划分 2 层，分别为③-1 层黏土，可塑～硬塑状，③-2 层粉质黏土夹粉土，可塑～软塑状，具体项目中可根据实际工程需要作进一步细分；

④层，全新统中段，河湖相沉积，粉土粉砂层，根据该层土的岩性、状态等在具体项目中可根据实际工程需要作进一步细分；

⑤层，全新下段，滨海-浅海相沉积，根据该层土的岩性、状态等，本次进一步划分 3 层，分别为⑤-1 层粉质黏土，软塑～流塑状，⑤-2 层粉土，稍密～中密状，⑤-3 层粉质黏土，软塑～流塑状；

⑥层，上更新统上段，河湖相沉积，根据该层土的岩性、状态、颜色等，本次进一步划分 4 层，分别为⑥-1 层粉质黏土，硬塑状，⑥-2 层粉质黏土，可塑～硬塑状，⑥-3 层

粉土，中密状，⑥-4 层粉质黏土，可塑状；

⑦层，上更新统上段，滨海-浅海相沉积，根据该层土的岩性、状态等，本次进一步分 3 层，分别为⑦-1 层粉质黏土，软塑～流塑状，⑦-2 层粉土，中密状，⑦-3 层粉质黏土，软塑～流塑状；

⑧层，上更新统下段，河相沉积，根据该层土的岩性、状态、颜色等，本次进一步划分 3 层，分别为⑧-1 层粉质黏土，硬塑状，⑧-2 层粉质黏土夹粉土，可塑～软塑状，⑧-3 层粉质黏土，硬塑状；

⑨层，上更新统下段，滨海-浅海相沉积，根据该层土的岩性、状态等，本次进一步划分 3 层，分别为⑨-1 层粉质黏土，软塑～流塑状，⑨-2 层粉土，中密状，⑨-3 层粉质黏土，软塑状；

⑩层，中更新统上段，河湖相沉积，粉质黏土层，硬塑状。

§3.5 地下水

无锡市区第四纪地层内的地下水按赋存条件、水理性质分类，均属松散岩类孔隙水。按地下水的埋藏条件、水力性质分类，一般可将地下水分为上层滞水、潜水、承压水等几种形式。

第一含水层组：潜水

指赋存于无锡市区表层普遍存在的填土层，该层土由于组成复杂，土颗粒大小不一，结构疏松，是无锡市区地表普遍存在的一层含（透）水层，由于有自然的稳定水位，根据潜水含水的赋存条件，该层土是无锡市区的潜水含水层。

第二含水层组：微承压水

指赋存于③-2、④、⑤-2 层中的地下水，这 3 个工程地质层，由于主要由粉土或粉砂组成，渗透系数高，能在自然条件下析出自由水，同时根据无锡市区第四纪土层的情况，这 3 层土的上部一般普遍存在隔水层③-1 层黏土、下部普遍存在隔水层⑥-1 层粉质黏土，且这 3 层土具有一定的分布范围，因此将其认为是统一的水层组，且在一定的场地范围内，由于上部有隔水层组，水头高度大于含水层的顶面，因此，应该将其认定为承压水，但考虑到其上部的③层黏土地表的河流、湖塘等切割严重，地表水与该层含水层在切割位置有很强的水力联系，同时，无锡农村普遍存在的浅层民用水井，也将该层含水层与地表水或填土层中的潜水沟通。此外，在枯水期，该层承压水的水头标高也经常性地会出现低于含水层面的情况，因此参照无锡市区的传统做法，将这个含水层组定名为微承压含水层组。

图 3-2 为无锡地区潜水及微承压水分布典型剖面。

第三含水层组：第Ⅰ承压水层组

指赋存于⑥-1 层粉质黏土以下，⑩层粉质黏土以上，具有一定含水量的含水层组，主要包括⑥-3、⑧-2、⑨-2 层等粉土粉砂层，这些含水层由于上部存在隔水层，且具有一定的水头的高度，因此，将其认定为承压水层组，但相对而言，这些含水层的分布范围较小，同时土层中也以粉土颗粒为主，平面上没有形成一个整体，因此含水量一般偏低，开采价值较低。

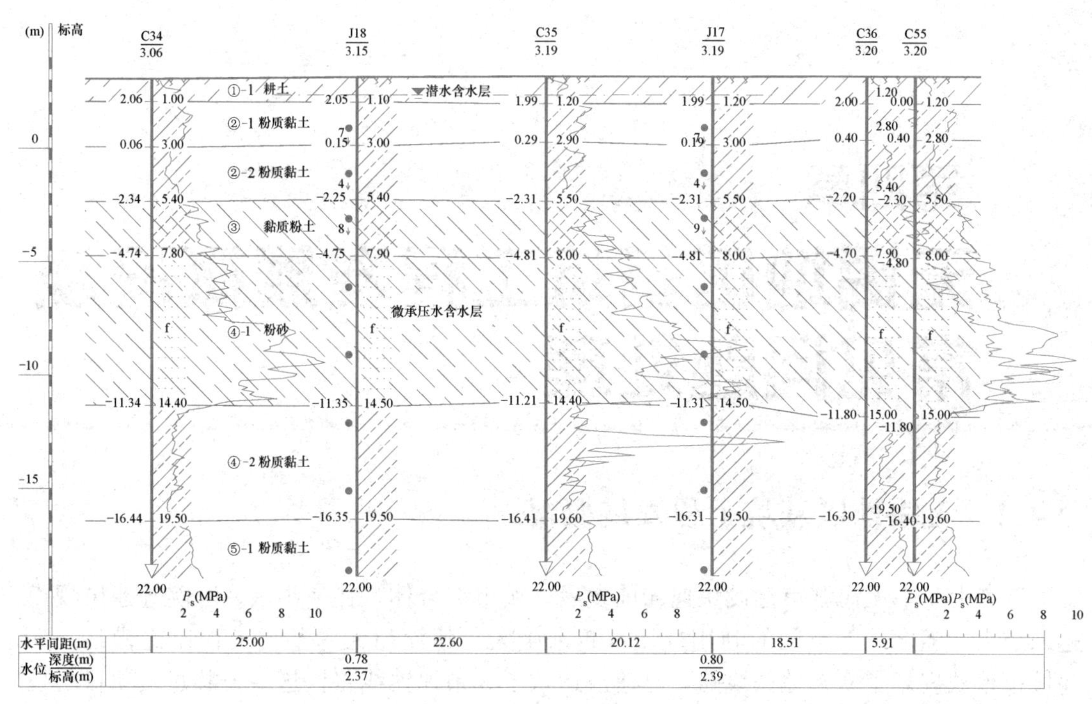

图 3-2　无锡地区潜水及微承压水分布典型剖面

第四含水层组：第Ⅱ承压水层组

指赋存于⑩层粉质黏土以下，主要以粉砂为主的含水层组，该含水层组上部有多层隔水层覆盖，自身厚度较大，含水量也较大，曾经是无锡深井水的主要取水层。

第四章

无锡地区基坑工程发展概况及常见问题处理

§4.1 无锡地区基坑工程发展概况

近二十年来无锡城市建设快速向前发展。城市综合体、住宅小区、医院等建设规模越来越大，随之地下空间的利用规模也越来越大，超深超大深基坑工程比比皆是。无锡城市地铁规划了 9 条地铁线路，已建成运营了 3 条地铁线路。这些公共建设项目的投入使用，大大方便了全市居民的生活，使其步入了购物方便、出行方便的幸福生活时代。

目前无锡地下空间的开发利用主要反映在地下商业街、商场、地下停车场、地下地铁车站。许多地下空间利用是考虑了平战结合的使用功能，即在战时可作为地下防空设施使用。居住小区的基坑工程已基本覆盖了全部的建设用地，做成整个居住小区的一个大地库、一个大基坑。如考虑 1 层地下室则基坑深度为 5m 左右，如考虑为 2 层地下室，则基坑深度达 8～9m，对于城市综合体的基坑工程基本深度达到 10～15m 深，为 3 层或 4 层地下层数。在地铁沿线及地铁车站附近的综合体、商业体基本都有连接口与地铁车站相连接，连接通道基坑深度一般为 10m 左右。无锡地铁车站基坑深度一般为 18～20m 深，换乘站的深度为 26～28m 深。

除了民用及公共建筑深基坑外，某些市政设施的深基坑工程也较具特点，如污水泵站、城市地下管廊等，采用沉井或深基坑支护施工的污水泵站深度也达到 15～20m 深。一些工业建筑内的设备深基坑也具有其自身的特点，其深度深，并紧靠着已建的工业厂房，也就是说深基坑是在室内或厂房内进行开挖的。施工中对原有房屋的影响及完善的保护措施是此类基坑的关键问题。

在基坑工程新技术应用与创新方面，开创性地采用预应力高强混凝土管桩作为支护桩体，充分发挥了高强预应力管桩的材料特性，由于是空心的，既节约了材料使用总量，也符合环保节能的理念（图 4-1）。在基坑边坡支护中，独创性地采用了竹筋喷锚施工技术以代替钢筋（图 4-2）。采用全竹材的施工方法，竹筋、竹锚杆的使用，节省了大量钢筋，达到了环保节能的效果。在支撑系统中，独创性地提出了大跨度预应力钢筋混凝土支撑体系的理论，将用于上部结构的钢筋混凝土预应力结构移到深基坑支撑体系中，扩大了基坑的开挖空间，减少了钢筋混凝土支撑的工程量，节约了材料，在达到同等强度、抗弯刚度

图 4-1 预应力混凝土管桩支护照片

图 4-2 竹筋喷锚支护照片

的情况下节约了钢筋，降低了工程造价，达到了节能节材的环保节能效果。在双排支护桩应用方面，提出了双排桩与锚杆相结合的新支护体系技术，在超深基坑中应用此技术能更好地控制其基坑变形，对周边建构筑物和周边环境保护起到了一定的作用。

在支护桩体方面，采用地连墙支护体的二墙合一技术（结构体与支护体合一），在超深基坑工程中得到应用，可合理利用地连墙自身很强的抗侧刚度。采用 SMW 工法支护桩，其中 H 型钢在基坑回填后可拔出，重复回收使用，同时也节省了工程造价。钢板桩、钢管桩、型钢桩以及这些材料的组合支护体都可回收重复使用，在今后基坑工程中可回收、重复使用将是一个基本的做法。

在支撑体方面，目前使用钢筋混凝土支撑的工程较多，但正在逐步向钢支撑方向过渡。钢支撑体系的优点是施工速度快，可回收重复使用。鱼腹梁钢支撑、张弦梁钢支撑是目前钢支撑工程中较好的施工技术，张弦梁钢支撑其加力概念比较清晰，受力杆件比较单一。钢斜抛撑也是基坑工程中常用的支护方式，在大面积的基坑工程中，斜抛撑支护可节省大量的支撑材料，只使用少量的支撑材料就能达到支撑体的效果。

在不出红线的情况下，桩锚结构支护形式也能得到好的应用，锚杆能较好地发挥其抗拉能力，也能节约工程造价。目前锚索、锚杆的可回收技术也有较大的进步，随着技术发展及可回收锚索规范的发布，其在基坑工程中具有广阔的应用前景。

§4.2 无锡地区基坑工程常见问题及处理

基坑工程的复杂性与地下工程地质水文因素、周边环境和施工的合理性相关联。在地下基坑开挖过程中，由于地质地层发生变化引起的工程事故屡见不鲜。基坑工程的信息化施工、动态设计、动态施工概念与实施是非常重要的。根据基坑工程事故的统计，导致事故发生占比较高的因素是施工与设计两方面的疏忽与缺陷。其次是监理方与业主的因素。在工程地质与水文方面，地下水（包括雨水）引起的基坑工程事故占绝对的比例。基坑工程中有句俗语，能把地下水处理好了，基坑工程事故基本就能控制了。

1. 坡体与坡脚的稳定问题及处理

在无锡地区，1层地下室的基坑工程占了很大的比例。基坑工程的方案大都采用放大坡及土钉结合放坡设计。坡体塌落及失稳的主要原因是土坡区段内存在局部的不良土层，挖土时土体坡度太陡达不到自稳状态，周边环境中有老的下水管道系统，在挖土时没有察觉而使管内一有水就会冲垮边坡，持续下雨造成土坡内的土体力学性能下降。

处理方法：存在不良土层时，应在开挖前做地层调查，对重要段应增加现场的探测点，查清后应采取对局部不良地层做加固或在土坡中增加注浆锚杆等处理措施。周边环境中可能有老的下水管道系统，应在开挖前做较为细致的调查，尽可能查明老的管道的走向，查清后可直接在管道处设置引流管，一旦有水可引流抽走。若无法查清则可在疑似段较多增设排水管及渗水孔，这样可把管道内的水通过众多出水口引流出来。持续下雨引起坡体变软的土坡失稳处理，可根据基坑施工期是否在雨季，若在雨季开挖，则在设计上对土的 c、φ 取值适当调低，使设计上的安全度能提高到抵抗土坡失稳。坡脚的失稳破坏处理，防止坡脚失稳的主要对策是在坡脚处设置超前注浆花管或木桩，在土体坡度方面尽量放大坡比，在基坑深度超过8m时不采用放坡与土钉喷锚的支护形式。

2. 支护体变形过大或强度破坏的问题及处理

支护体变形过大是基坑工程中普遍存在的问题。其主要原因包括：支护体的抗弯刚度较小；支护体插入深度不够；土体抗剪强度指标 c、φ 值选取不当，土压力计算时的水土合算与分算假定不当。

处理方法：支护体的抗弯刚度不能太小，在选择支护体时应考虑一个构造上的限值，如6m深的基坑选用悬臂桩，在较好土层条件下，其选用的钻孔桩作支护体时桩径不宜小于650mm，同样考虑的插入比也不能小于1.2。关于 c、φ 值偏差的解决，最好采用类比法与经验法判断，可参考相近工程不同钻探单位的地质报告作对比性参考，或参考区域或地区的经验数据，这是经过许多工程实践证明可行的数据。水土分算、合算应考虑从严不从宽，对于如杂填土、素填土、粉质类土（包括粉土）应考虑采用水土分算。桩锚支护体的强度破坏比较少见，但偶尔也会发生，只有当支护体内力远远超过其承载能力时才会发生此类问题。解决方法为应加强锚索抗拔承载力的检查及锚索施工质量控制，当锚索抗拔承载力没有达到设计要求时不能向下开挖土方。

3. 支撑体系变形过大或支撑失效的问题及处理

支撑体系变形过大主要发生在钢支撑的布置体系，而钢筋混凝土支撑由于其整体刚度大，支撑系统发生的变形不会很大。钢支撑体系产生大变形的主要原因为钢支撑体系支撑刚度较弱，钢支撑的整体组合性能相对较弱，钢支撑的节点不具有完全刚性节点的特性，无法形成多次超静定的结构体系。

处理方法：从平面结构布置方面，应进行合理的平面结构布置，增加钢支撑的截面刚度，加强钢支撑节点刚性处理。钢筋混凝土支撑由于其整体刚度较大，失效与破坏的概率较钢支撑体系低。控制支撑失效与破坏是结构方面最应关注的内容，对地铁车站基坑而言，第1道支撑必须采用钢筋混凝土支撑，以下几道可采用钢支撑。支撑系统失效与破坏主要发生在地层是软土的工程中或坑外出现异常大量不明水冲入的情况。因此对于很厚的软土层的基坑工程，支撑设计要考虑有足够的结构冗余度和足够的支撑刚度。对于坑外异常水的问题，基坑开挖前应详细调查下水管道、自来水管道等水管系统的位置、埋深以及分析基坑开挖后水管系统的变形情况。有了足够的了解与详细的分析预测，就能控制坑外水对基坑支撑系统失效的影响。

4. 锚索系统的问题及处理

在不出施工红线范围的基坑工程，设计上考虑桩锚支护的方法是合理并节约工程造价的，尤其给施工开挖土方带来很大的方便。采用锚索的最大问题是锚拉力不足，使锚杆的抗拉力远远小于锚索承受的实际拉力值，其次是锚索锚头夹具的松懈，锚头锚具与围檩不密实接触（尤其是钢围檩），钢围檩与支护体脱开或不紧靠。

处理方法：对于锚索拉力不足，首先应从设计上对锚索长度进行正确计算，对于旋喷桩扩大头锚索，对扩大头应提供切实可行的施工参数，施工方面应严格按设计及施工规范要求进行施工，尤其是正确的施工工艺和足够的材料投入。为了避免基坑开挖后锚索拉力不足而引起工程事故，应对锚索进行抗拔基本试验和验收试验，在确保抗拔承载力满足设计要求后才能向下开挖基坑。对于锚头锚具的夹紧应有相应措施，应检查每根锚索的锚头锚具紧密度，与围檩的紧密度也应逐根检查，围檩与支护体的紧密度对于钢筋混凝土围檩无多大问题，但对于钢围檩应十分注意，所有与支护体接触处均应填密实，这样钢围檩才能发挥其围檩的作用。只有把上述锚索中的问题解决了，才能保证锚索的安全使用。

5. 基坑平面中的阳角应力集中问题及处理

由于基坑工程平面形状的不规则，在支护平面设计中会出现不少的平面阳角，这些角点在下雨后或在坑边有荷载情况下，会产生边坡的失稳与坍塌，造成基坑工程事故。在支撑平面布置中对于平面较为复杂、阴角阳角较多的基坑工程，角点处的加强措施往往会被忽略，在应力相对集中的角点上会产生很大的安全隐患。

处理方法：无支撑基坑工程中的阳角应进行切角处理，这样就把应力集中的根源扫除。在支撑阴角处的加强措施为增加阴角撑的密度及角撑的断面积，在角点增加厚板加强处理。在支撑阳角处的加强措施为在角点处基坑外进行坑外土的加固处理，若坑底下土质不好，在坑内侧对坑底下的被动土区域也应进行地基处理加固，同时在阳角处坑外增加钢筋混凝土拉梁或厚钢筋混凝土板，增加角点支撑的刚度。阴角、阳角处增加钢筋混凝土厚板以加强角点处的刚度，是稳定支撑角点非常有效的措施。

6. 基坑工程周边环境保护的问题及处理

开挖深基坑必然会对周边环境产生较大的影响，尤其在城市中的密集建（构）筑物区。紧靠已建地铁沿线和紧靠马路的区域会存在不少正在使用的地下管线，在这些周边敏感复杂的地方，会使保护对象产生较大变形，引起一些工程事故的发生，如周边建（构）

筑物变形过大，会影响周边居民的正常生活，地铁线发生大的变形则会中断地铁运行，地下管线变形过大则会产生漏水、漏电、漏气从而发生次生灾害事故。

处理方法：解决此类问题的方法必须具有针对性，而且要有保证。在城市建（构）筑物密集区设计上应对临基坑建（构）筑物做变形模拟分析（主要用有限元方法分析），再结合建（构）筑物的基础结构状况判别房屋的安全性。若变形过大则应调整支护形式与方法，直至产生的变形在周边建（构）筑物变形的容许值范围内。对于临地铁的深基坑工程，应采取多段分坑的设计方法来减少对地铁的影响，支护体应有足够的抗弯刚度。对于临基坑有重要地下管线的工程，应根据地下管线容许的变形限制，在支护设计上采用变形设计的方法来满足管线的变形要求。

7. 止水体系整体失效或部分失效的问题及处理

在基坑开挖深度范围内及坑底以下一定深度内存在含水层，一般处理的方法是采用止水桩来隔绝地下水对基坑开挖及施工的影响。许多基坑工程事故发生就是由止水失效引起的。止水体系的整体失效多是由于选择了不可靠的止水方式，止水体系的部分失效多是由于施工质量不佳。止水体系的整体失效的后果是极其严重的。

处理方法：在选择止水方法上应根据基坑所处的地质地层情况和周边复杂环境保护的重要程度来选择止水施工方法。高压旋喷止水桩不宜在止水要求高的基坑中应用，由于其施工方式的特点，止水的密闭性会比三轴止水效果差很多。较为重要的周边环境一般可采用三轴搅拌桩来施工，三轴搅拌桩的止水密闭性是较为有保证的。对于有特殊要求的工程可采用 MJS、TRD、双轮铣的止水方法进行止水，这 3 种方法的密闭性效果优于三轴搅拌桩。

8. 降水中的问题及处理

水的三大问题包括：①施工挖土至坑底过程中地下水及地表渗水会影响开挖土方，②深大基坑坑底以下承压水土层的高水头承压力破坏坑底土层，使坑内产生由承压水引起的流沙、管涌、突涌而对基坑造成破坏，③抽取基坑承压水、微承压水后对周边道路、地下管线及房屋产生较大的沉降从而引起周边环境的破坏。

处理方法：第一个问题一般情况是采用疏干降水，考虑到水力坡度的问题，管井与管井的间距不应太稀，应按四分之一的水力坡度布管井。在坑底以上存在淤泥质粉土类土时，应采取真空降水的方法进行降水并应适当加密管井的间距。第二个问题的解决，应根据地质报告反映出的地层承压水的水头高度、渗透性、承压水层厚度等具体情况进行详细降压管井设计。降压井设计的原则是降低承压水层的水头压力，井的数量不是越多越好，只需把水头压力降到不会产生突涌、管涌的状态即可。第三个问题要掌握按需降水原则，不能猛降，另外对降水应进行细致的理论计算，确认周边道路、地下管线、房屋水位下降后引起的垂直向变形量是多少，是否会影响正常使用，以此做出较为正确的判别。判别降承压水会产生较大影响时，则就应采取回灌井的布置与设计。回灌井的作用是保持降低的水位能迅速得到提高，保持受影响的道路、地下管线、房屋不产生大的变形。

9. 坑中坑问题及处理

在基坑工程中，坑中坑的设计与施工内容往往会被忽略，不予重视。边侧的坑中坑若缺乏设计内容和施工措施是极易引起基坑坍塌的。还有一种情况的坑中坑并不紧靠边侧，而是距离边侧不远的距离，这种坑中坑考虑电梯等因素其深度会很深，也极其危险，应给予足够重视。

处理方法：首先应从设计上对每一边侧坑中坑进行设计计算与分析，并应画出详细施工图纸。施工前应编制详细的针对性施工方案，并在施工中布置监测点进行必要的监测。远离基坑边侧的坑中坑也应作出针对性的设计，并应与结构底板的设计相结合进行边坡设计。坑中坑的设计主要是考虑支护的安全及地下水的合理处理两个方面。

10. 地铁工程有关问题及处理

地铁车站基坑工程所处的地理位置基本都在市内繁华地段，加上地铁车站基坑深度一般也要达到16～20m，所以对于基坑的变形控制要求特别严格。应该说地铁车站是以控制其变形为目标的设计。为了达到设计要求的这个目标，在无锡地铁1、2、3、4号线中，第1道支撑采用混凝土支撑加强围护结构整体刚度，第2～3道采用带有可预加力的钢管式支撑。支护结构大多数为地下连续墙，墙厚800～1000mm，以H型钢接头为主，为了加强止水帷幕体系的可靠性，地下连续墙接缝位置采取旋喷桩补强加固（锁口管接头应采取的补强措施），施工过程中，采取信息化施工及时对钢管支撑进行补加预加力，以控制支护体的变形。挖土中采用掏槽检缝的施工方法，从设计到施工形成了一整套针对无锡地铁深基坑盾构区间建设的指导性设计文件及施工方法，大大降低了基坑发生危险的万能性。

在无锡地铁施工过程中，也出现了一些问题，如二重管、三重管旋喷止水桩在含水砂层的止水效果差，桩体垂直度较难保证，容易导致基坑出现渗漏水，基坑内降水困难，盾构井加固质量难以保证等工程问题。

处理方法：解决上述问题的主要措施是对于二、三重管旋喷止水桩，在砂层中应减慢施工速度，并多进行一次或二次的复喷复搅。或采取较为可靠的MJS工法、RJP工法来代替高压旋喷的施工方法。由于地铁基坑深度深，宜采用先施工硬地坪的方法来保证施工机械的垂直度。基坑内降水困难，解决方法是详细核对工程地质报告，正确分析判断地质地层的含水层特性，确定其标高位置，对于渗透性不大的淤泥质类土，应采用真空降水的方法进行降水。盾构井加固应以三轴搅拌桩加固方法为主，并应准确确定含水层位置，在此标高位置应增加一次搅拌喷料。

第二部分

基坑工程实例

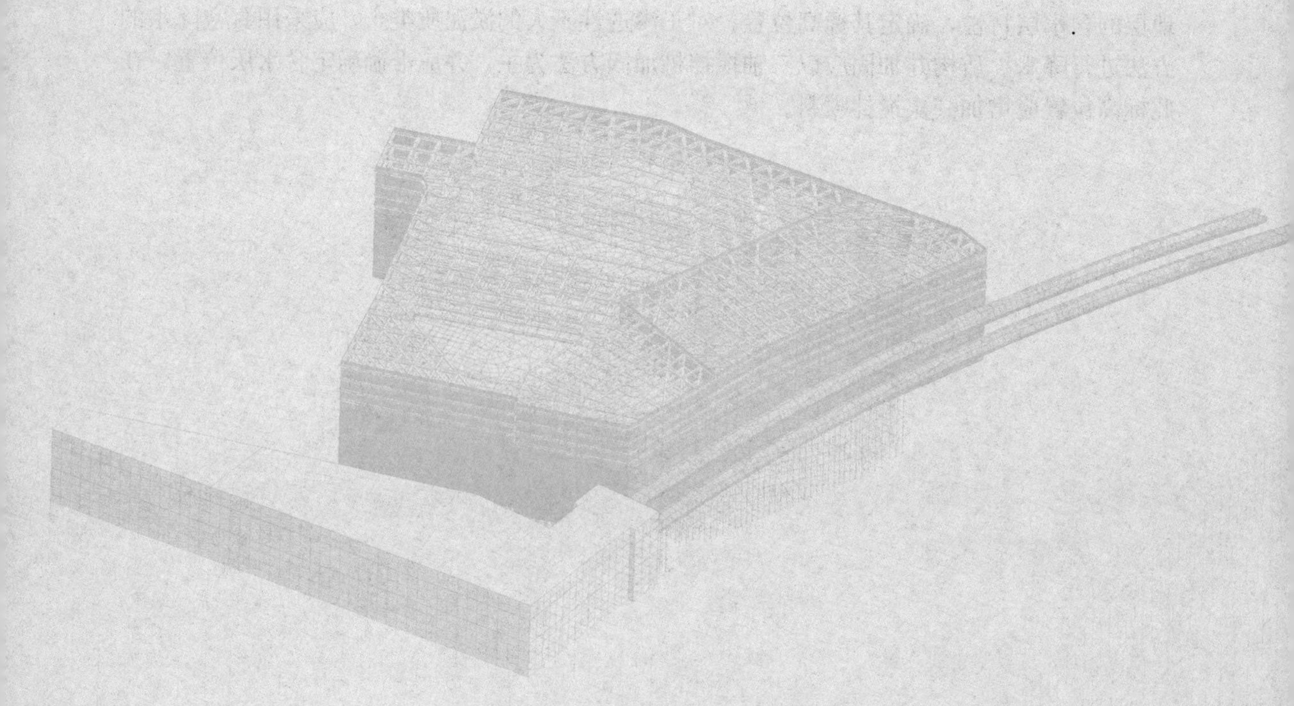

实例 1 茂业第一百货深基坑工程

一、工程简介

无锡茂业第一百货项目位于无锡老城核心区胜利门广场，紧邻地铁 1 号线胜利门站。总建筑面积约 14 万 m^2，由 1 幢 33 层酒店与 8 层百货裙房组成，下设满铺 3 层地下室，主楼位于地下室东北角，基础采用筏板＋钻孔灌注桩。

本项目裙楼及纯地下室位置基坑开挖深度 15m 左右，主楼位置基坑开挖深度 15.5m 左右，主楼核心筒位置基坑开挖深度达到 18m。基坑周长约 500m，面积约 13300m^2。图 1 为项目总平面图。

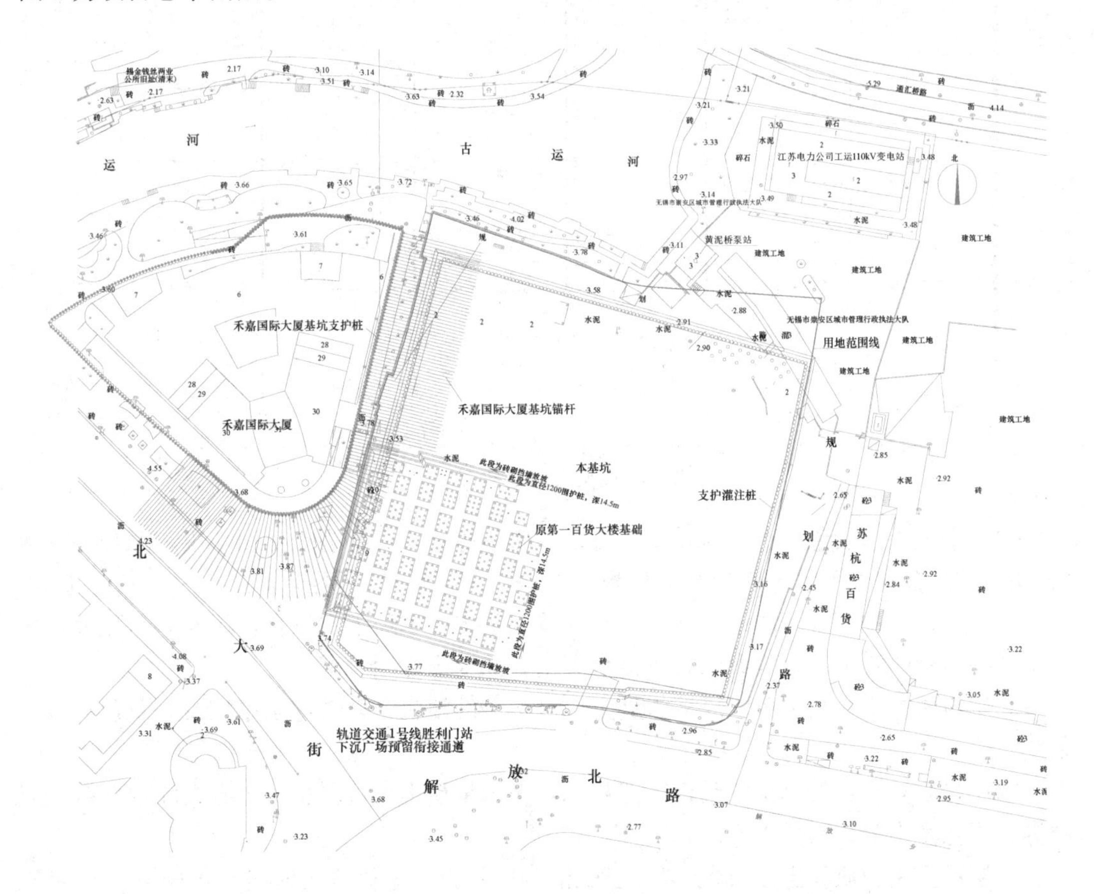

图 1　项目总平面图

二、工程地质与水文地质概况

1. 工程地质条件

本场地在勘探深度内全为第四纪冲积层，属长江中下游冲积沉积，地貌单元为冲湖积平原。基坑开挖影响范围内典型地层剖面如图 2 所示，基坑开挖影响范围之内的土层自上而下依次为：

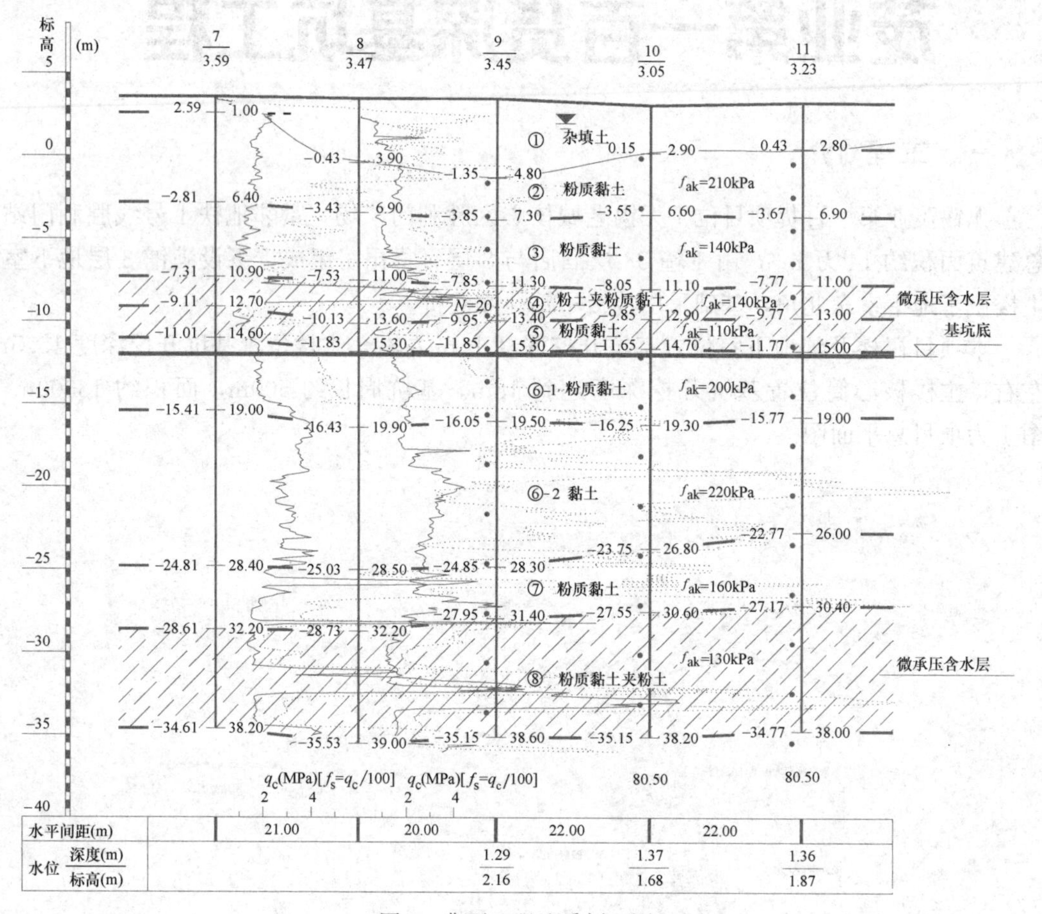

图 2 典型工程地质剖面图

①层杂填土：杂色，上部为建筑垃圾，含碎砖碎石，下部为人工回填土，原第一百货（集团）有限公司地下室基底为水泥地坪，松散，均匀性差。层厚为 1.00～7.50m 不等。因原第一百货大楼下设两层地下室，并且其范围基本与本地下室重合，局部甚至更大，除对本支护结构的施工带来很大困难外也增大了上部变形控制难度。

②层粉质黏土：灰黄色，局部为黏土，可塑～硬塑状，含铁锰质结核及青灰色高岭土条纹。

③层粉质黏土：上部灰黄色，下部灰色，夹少量粉土，可塑状，稍有光泽，摇振反应中等，干强度中等，韧性中等。

④层粉土夹粉质黏土：灰色，粉土稍密～中密状，粉质黏土软塑～可塑状，稍有光泽，摇振反应中等，干强度中等，韧性中等。

⑤层粉质黏土：灰色，局部夹少量粉土团块，软塑状，摇振反应中等，干强度中等，韧性中等。

⑥-1层粉质黏土：局部为黏土，灰绿色～灰黄色渐变，可塑～硬塑状，有光泽，无摇振反应，干强度高，韧性高。

⑥-2层黏土：局部为粉质黏土，灰黄色，可塑～硬塑状，有光泽，无摇振反应，干强度高，韧性高。

2. 水文地质条件

本工程场地勘探深度20m范围内主要含水层有：

（1）上部①层杂填土，属上层滞水，主要接受大气降水及地表渗漏补给，其水位随季节、气候变化而上下浮动，年变化幅度在1.5m左右。本地区历史最高水位3.35m，3～5年最高水位3.05m。采用挖坑法测得各钻孔附近地下水稳定水位为1.58～2.57m，初见水位为1.37～2.36m。

（2）中上部④层粉土夹粉质黏土，属承压水，补给来源主要为径向补给及上部少量越流补给。勘察期间采用套管隔断上部滞水的影响，测得该微承压水的水位为－0.50m左右。

（3）中下部⑧层粉质黏土夹粉土、⑩层粉土夹粉砂、⑫层粉土夹粉砂、⑭层粉土夹粉砂及⑰层粉细砂属承压水，因上覆较厚的粉质黏土层（⑥-2层黏土、⑦层粉质黏土），故该层地下水对基坑开挖及工程建造影响不大。

3. 土层物理力学参数

根据岩土工程勘察报告，本项目主要地层岩土工程设计参数如表1和表2所示。

场地土层物理力学参数表 **表1**

编号	地层名称	含水率	孔隙比	液性指数	重度	固结快剪(C_q)	
		w(%)	e_0	I_L	γ(kN/m^3)	c_k(kPa)	φ_k(°)
①	杂填土				17.0	5.0	8.0
②	粉质黏土	25.4	0.735	0.29	19.3	47.0	17.2
③	粉质黏土	30.3	0.854	0.59	18.7	26.0	16.9
④	粉土夹粉质黏土	28.4	0.821	0.62	18.6	5.0	27.1
⑤	粉质黏土	34.2	0.959	0.81	18.1	13.0	5.5
⑥-1	粉质黏土	25.0	0.714	0.27	19.4	47.0	17.3
⑥-2	黏土	25.2	0.723	0.18	19.5	48.0	16.3

场地土层渗透系数统计表 **表2**

编号	地层名称	垂直渗透系数k_V(cm/s)	水平渗透系数k_H(cm/s)	渗透性
①	杂填土			
②	粉质黏土	3.00E-07	1.00E-07	极微透水
③	粉质黏土	6.00E-06	5.00E-06	微透水
④	粉土夹粉质黏土	3.00E-05	3.00E-06	弱透水
⑤	粉质黏土	5.00E-07	5.00E-07	极微透水
⑥-1	粉质黏土	3.00E-07	4.00E-07	极微透水

三、基坑周边环境情况

本项目位于无锡市老城区，周边环境非常复杂，如图 3 所示。

图 3 周边环境实况

（1）场地东侧紧邻一条 8m 宽水泥道路，该道路下埋设有雨水、污水管线，是黄泥桥泵站和区城管大队进出唯一通道。道路以东为苏杭百货 2～3 层框架结构门面房，距离本项目地下室约 22m。苏杭百货所在地块已拍卖，后期规划 4 层地下室。

（2）场地东南角距离地下室外墙 2.2m 设有一座 3.3m×6.0m 箱变，该箱变不能挪走；整个南侧沿地下室外墙 4m 左右设有一条埋深 2m 高压电缆引入箱变。南侧距离地下室 9m 为无锡城区环线干道解放北路，连接中山路、工运路及地铁胜利门站，交通非常繁忙，道路下设雨水、污水、自来水、燃气等多种管线。此外，据调查解放北路所在位置原为一条河道连接古运河，河道清理后在河道内铺设一条地下防空洞，在地块位置设有接口与原第一百货大楼地下室连通；解放北路以南为地铁 1 号线胜利门站及胜利门广场，按照规划本地下室后期与胜利门站采用地下通道连接。

（3）场地西侧 14m 为 33 层禾嘉国际大厦，该大厦于 2005 年完工，下设 2 层地下室，深度 9m，其基坑支护采用钻孔灌注桩＋2 道预应力钢筋锚杆支护，其第二道锚杆间距 1m，长度 26m，于地面下 7m 左右密集侵入本场地，对后期的基坑支护结构施工影响非常大。此外，在本地块西侧红线与禾嘉国际大厦之间现状有一条 7m 宽道路，下设燃气、自来水管线等通往禾嘉国际大厦；禾嘉国际大厦的地下车库出入通道也在此道路。

（4）场地北侧 19m 为古运河及黄泥桥泵站。古运河在该位置自西而来 90°折往北流，在折角位置原有一条河道自东而来汇入古运河，该河道后改为地下箱涵，在汇入口设黄泥桥泵站调整内河水位。黄泥桥泵站地下为控制水闸，地上为两组 3 层砖混建筑呈“L”形分布，距离基坑 12m。目前在古运河和项目红线之间为沿河绿化带。

考虑到本基坑实际开挖深度较大，场地上部地质条件复杂，场地内第一百货大楼基坑支护形成的地下障碍物特别多，场地外既有城区干道，又有河道、防空洞等多种不利条件，同时又处于无锡核心城区，紧邻地铁胜利门站，人流密集，故本基坑各侧壁安全等级按“一级”考虑。

四、支护设计方案

1. 本基坑的特点

（1）前期调研工作量大：本基坑位于无锡市老城核心区，场地内原第一百货大楼地下室基坑支护资料不详，初步走访调查发现其支护形式为部分放坡，部分大直径悬臂灌注桩，在基坑开挖到底后因局部塌方又采用坑底扶壁式砖垛、编织袋内装砂石反压等多种抢险手段。由于原建设单位已不存在，需联系已退休多方参建人员综合各种信息逐步复原；南侧解放北路原为河道填筑而成，因道路建设年代久远，地下管线反复建设情况查明难度大，其下防空洞位置及结构资料缺失，初步了解为河道抛石挤淤后在河道内直接营建，也需要查阅大量资料及走访参建人员以充分掌握实际情况为后期设计提供参考；西侧禾嘉国际大厦基坑支护锚杆直接侵入本地块，需与其业主沟通取得支护设计、竣工资料后进行定位分析；北侧黄泥桥泵站及箱涵位置均不详，也需要查阅甚至现场试挖进行定位。

（2）基坑规模大：本基坑实际开挖深度15～18m，开挖面积13000多平方米，属于深大基坑；基坑开挖变形的空间效应非常明显。

（3）土压力传递和平衡难度大：本基坑东侧无建筑，南侧为解放北路及其下防空洞，西侧为33层禾嘉国际大厦及其2层地下室，北侧为古运河、黄泥桥泵站及改建箱涵，基坑周边土压力的传递和平衡问题处理复杂。

（4）既有地下障碍情况复杂：已建禾嘉国际大厦及原第一百货大楼土建结构及相关围护结构在基坑内外留有大量地下障碍物，包括原第一百货大楼大量围护桩、临时抢险采用的扶壁式砖垛、预制工程方桩等，由于资料缺失情况非常复杂。南侧防空洞结构及位置不详，西侧禾嘉国际大厦的预应力锚杆也侵入本场地，较为准确地掌握其分布情况以便在本次设计中选择合理的处理方案，如是清除、利用还是规避都需要进行大量的调查取证并做好相应的设计应急预案。

（5）紧邻市政干道、市政管线众多：基坑南侧解放北路为老城区解放环线之北环，并衔接放射状中山路和工运路（通往沪宁国铁、城铁无锡站和无锡中央汽车站），本次基坑开挖紧靠路边，路面以下存在众多市政管线，基坑开挖不能对道路交通造成影响，同时对于路面下各类管线需采取有效保护措施。

（6）公交人流密集及轨交保护要求高：基坑南侧解放北路在本基坑位置设有公交胜利门站，有数十条公交线停靠，每日人流密集；解放北路以南为既有轨道交通1号线及地铁站（胜利门站），轨道交通对基坑变形控制要求较高，对围护形式的选择也有较多要求。

（7）可用施工场地缺乏：本项目位于老城区，地下室基本沿用地红线布置，红线外均为建构筑物及市政道路，基本没有可用施工场地。基坑支护结构需结合总包场地利用规划进行设计，栈桥布置既要满足场地堆放建材需要也要考虑车辆在场地内的运输路线。

（8）地质情况复杂：本基坑上部填土层受周围项目基坑开挖及第一百货大楼地下室拆迁影响，上部填土厚度变化很大；基坑侧壁及坑底均位于第④大层，该层土软塑～流塑状，含水量大，粉粒含量高，极易发生流砂引起周边沉降，是市区基坑工程反复遇到的重大风险源。

（9）止水体系形式选择受限：本基坑开挖范围内局部存在渗透性大的④层粉土夹粉质

黏土，需要采取封闭止水措施，市区同类工程均需采用三轴搅拌桩方可处理；但是本项目受周边既有建构筑物影响，相当多地方无法采用三轴搅拌桩机进行施工，只能选择高压旋喷桩，因此对高压旋喷桩的设计方案、施工质量以及应急预案都要反复斟酌。

2. 基坑支护方案选型

（1）围护结构

本着“安全可靠、经济合理、施工方便”的设计原则，根据理正基坑支护设计软件反复试算，并采用平面有限元进行复核，确定本基坑支护形式采用 ϕ900 钻孔灌注桩加二层混凝土支撑。其中，西侧受禾嘉国际大厦锚杆影响无法在地面施工钻孔灌注桩，上部 9m 采用 ϕ1000 人工挖孔桩清理掉锚杆后再施工钻孔灌注桩。

（2）支撑平面布置

由于基坑形状近似正方形，故采用便于土方开挖的环形支撑方式，支撑材料采用钢筋混凝土，具有整体性好、刚度大，而且布置灵活等优点。在环撑 1/4 象限点位置设置 200 厚加强板带提高整体刚度并兼作挖土平台。

（3）拆撑与换撑

在底板位置采用换撑带，楼板位置采用换撑块，在楼板后浇带中设置传力型钢，在楼板大面积开洞位置设置临时传力梁进行换撑。

3. 基坑支护结构平面布置

根据选型分析思路，基坑支护结构平面布置如图 4 所示。

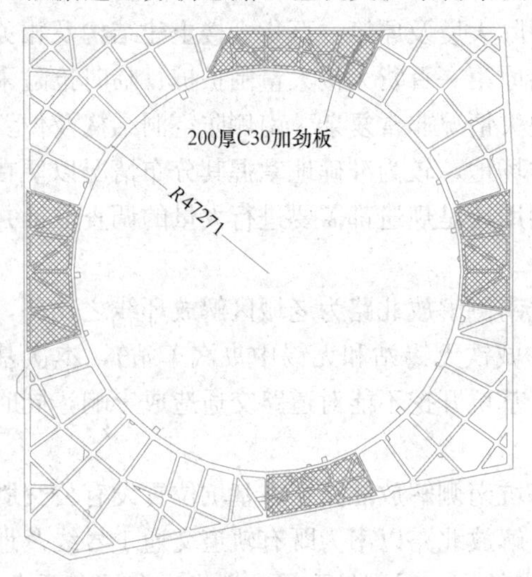

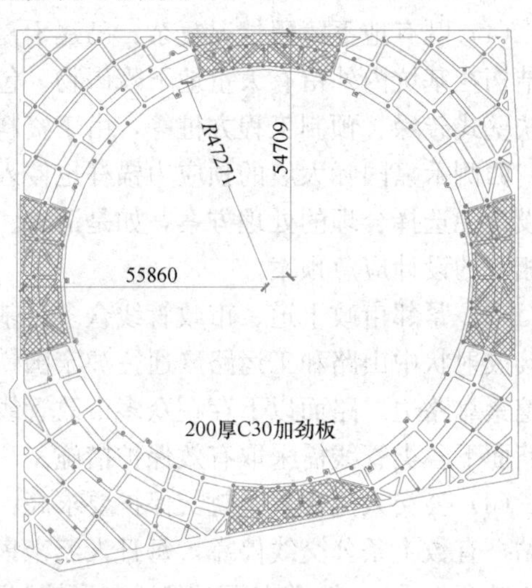

图 4　基坑支撑平面图
（a）第 1 层支撑平面图；（b）第 2 层支撑平面图

4. 典型基坑支护结构剖面

本基坑典型剖面如图 5、图 6 所示。

5. 几个设计细节处理

（1）圆环支撑的整体变形分析

考虑到基坑特点及挖土方便，本基坑设计采用圆环支撑。由于本基坑周边环境条件相

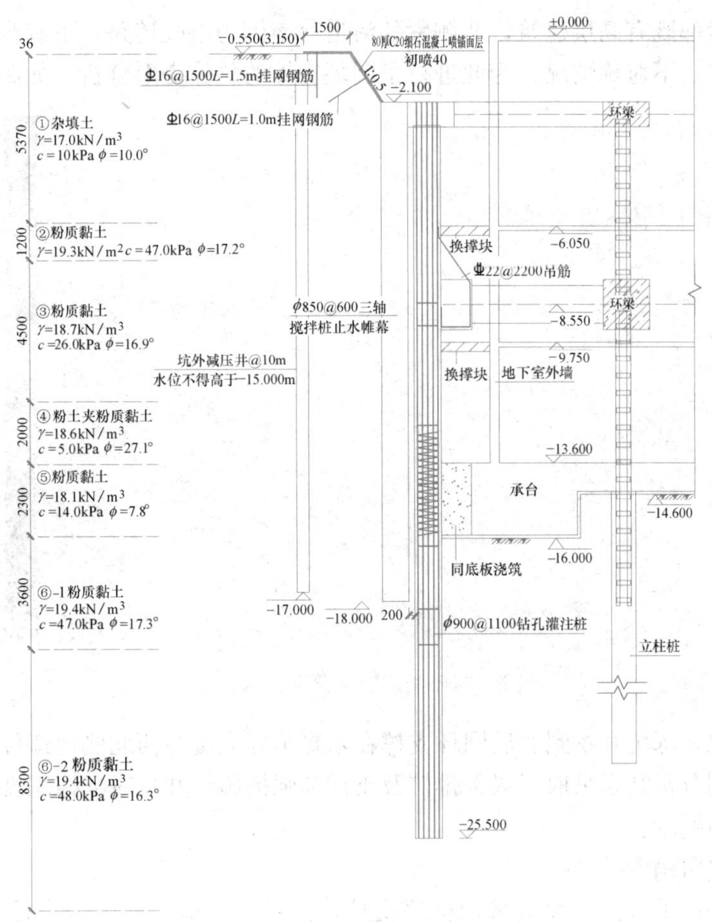

图 5　基坑典型支护剖面

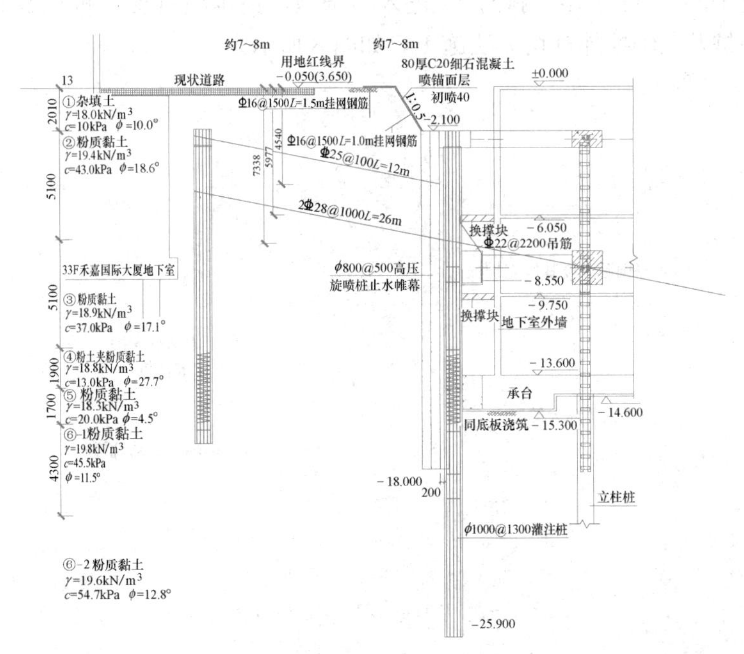

图 6　禾嘉国际大厦位置典型剖面

当复杂，西侧紧邻既有高层建筑，北侧紧邻河道，南侧为市政道路，下有废弃防空洞，圆环支撑受力有一定不对称情况，为此进行了圆环支撑的整体变形分析，如图 7 所示。

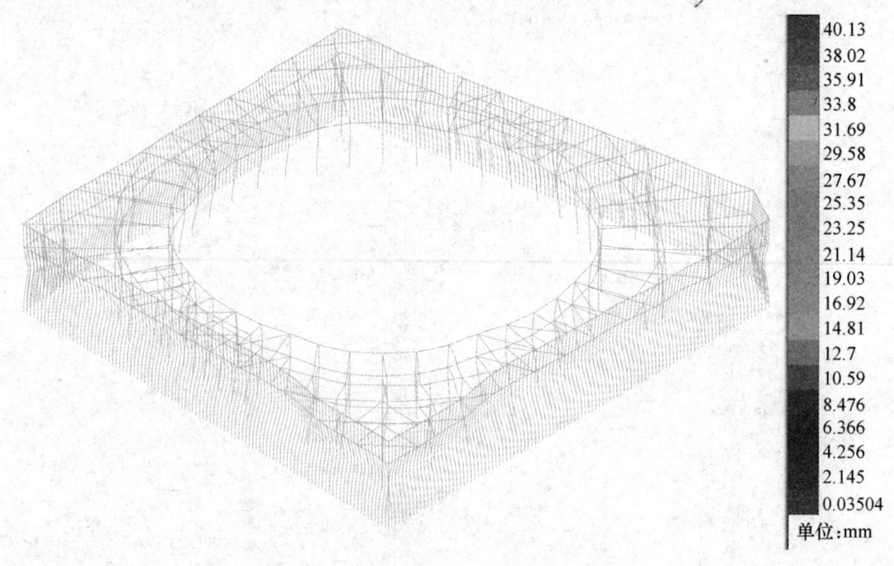

图 7 圆环支撑整体变形分析结果

由图 7 可见，基坑开挖到底后圆环支撑在禾嘉国际大厦与西北侧河道位置变形量相对较大，设计根据分析结果采取了局部排桩及支撑加强措施，并且对支撑刚度薄弱的位置采取整板加固提高刚度。

（2）西侧遗留锚索处理

本基坑西侧原禾嘉国际大厦采用桩锚支护，其锚杆 2 道，杆体为直径 28mm 钢筋双拼，水平间距 1m、长度 25m、斜向 25°进入本场地，在本项目支护桩位置其深度达 9m，导致本侧支护桩及三轴搅拌桩均无法施工，如图 8 所示。

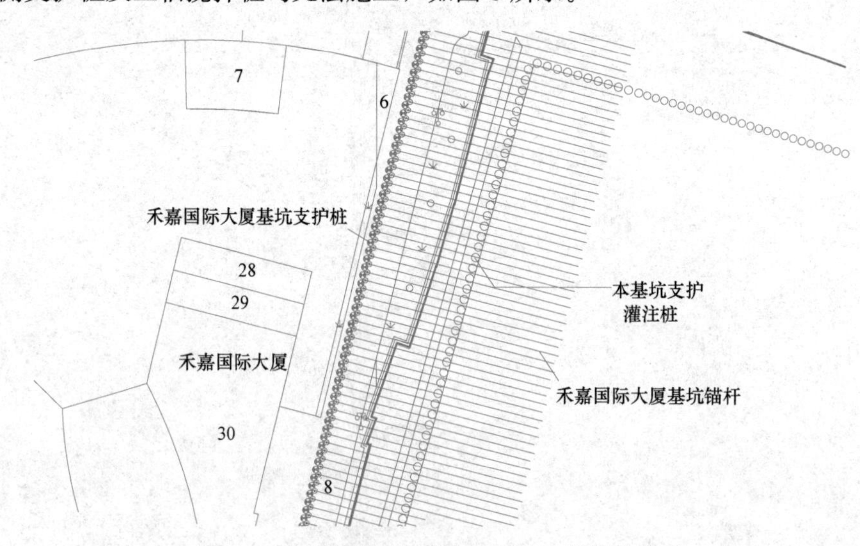

图 8 禾嘉国际大厦锚索与本基坑支护结构关系

结合项目特点经综合分析，确定：

1）本侧设计围护桩采用人工挖孔桩，挖孔至锚索位置，清理掉锚索后改为机械钻孔施工；为确保人工挖孔期间安全，本侧临时采用管井降水降低地下水位；

2）止水桩改为高压旋喷，考虑到高压旋喷的质量不可控，采用三重管高压旋喷，桩间一排与围护桩咬合，外侧增加一排连续咬合；

3）本侧基坑外侧增加应急降水井，基坑开挖期间一旦发生桩侧渗漏，立即封堵并启动应急降水工作。

本侧基坑开挖后总体情况良好，无变形及渗漏情况，确保了禾嘉国际大厦给水及燃气管道安全。实况如图 9 所示。

图 9 禾嘉国际大厦一侧开挖实况及残留锚杆实况

（3）基坑局部加深处理

本基坑支护桩施工完毕后因结构方案调整，主楼位置普遍加深 1m 左右，经复核支护桩配筋不满足规范要求，因桩端进入可塑～硬塑粉质黏土层，因此整体稳定性仍满足要求。

需对支护桩采取加强措施，方案一是考虑在第二道支撑位置增加一道锚索，但是其风险主要在于锚索位置位于流砂层内，施工过程极易发生流砂造成风险不可控；并且锚索进入相邻地块可能影响后期施工；方案二是采取坑外减压措施降低外侧水压力，该方案主要风险是减压可能导致外侧建筑物沉降。

经慎重权衡分析，认为结合本场地地层特点，短期减压降水并按需降水对周边的影响风险可控，因此确定采用坑外减压措施，待底板浇筑后停止降水，减压井布置如图 10 所示。

五、地下水控制方案

根据前述地下水情况，分别采取不同处理方案，简述如下：

（1）基坑上部杂填土由于无稳定补给来源，且厚度一般不大，水量有限，因此妥善做好填土内的潜水～滞水明排即设置排水系统、做好基坑周边地面截水——设置环向截水沟；

（2）基坑开挖侧壁有微承压含水层，下部有承压含水层。设计采用三轴搅拌桩全封闭止水帷幕，在施工受限位置采用多排高压旋喷桩。在坑内采用管井疏干。要求基坑侧壁在流砂层采用桩间挂网。并对流水流砂制定了完备的应急预案，大大减少了流水流砂对周边环境和施工进度的影响。整个项目地下水控制效果良好。

（3）基坑内采用管井疏干降水，坑外布置应急降水井，一旦侧壁发生流砂，降水井暂时应急启动至坑内流砂处理完成，如图 11 所示。

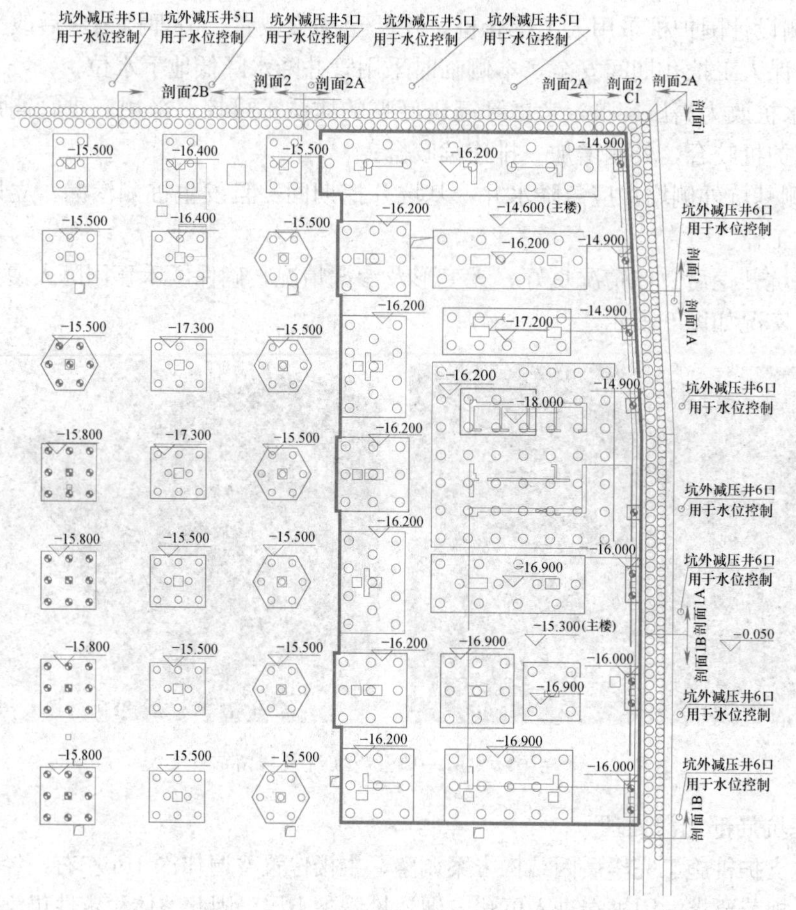

图 10 局部加深处理

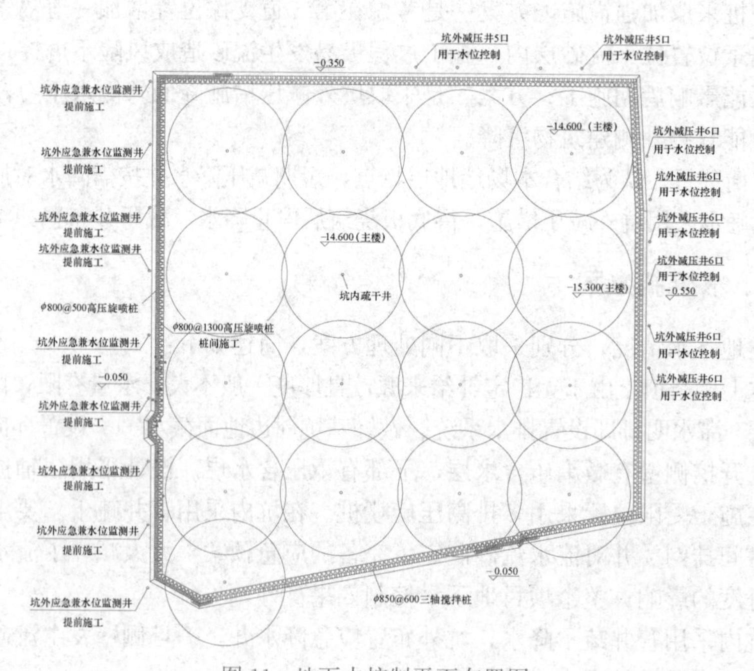

图 11 地下水控制平面布置图

六、基坑周边环境变形分析

本基坑西侧为禾嘉国际大厦，禾嘉国际大厦与本基坑之间分布一条 $DN200$ 供水管，距离基坑不足 7m，处于基坑开挖强烈影响范围内，根据自来水公司要求，基坑开挖引起的沉降量不得大于 20mm。

为确保工程安全，采用有限元法对管线变形进行分析计算，计算对土体采用小应变硬化模型，围护桩、支撑和管线采用线弹性模型；计算参数根据地勘报告选取，计算工况按实际施工模拟，计算结果如图 12 和图 13 所示。

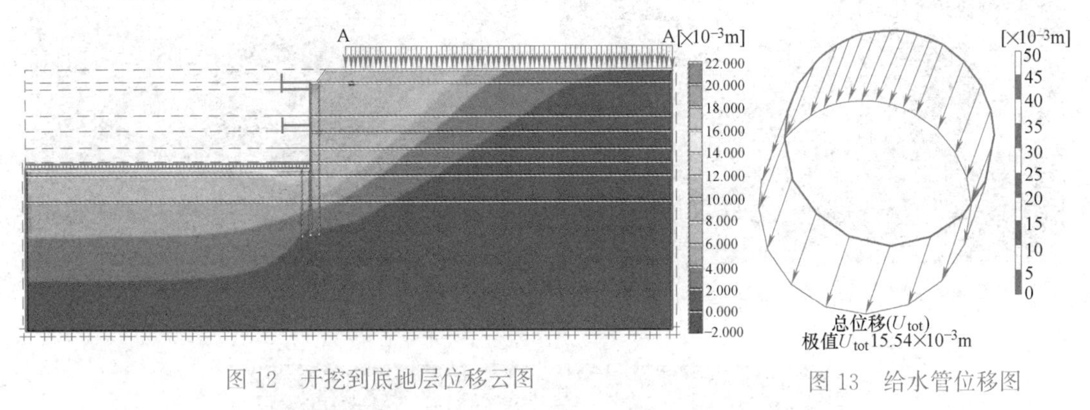

图 12 开挖到底地层位移云图

图 13 给水管位移图

从计算结果来看，管线沉降 15mm 左右，未超出许可限制，但是由于基坑深度较大，因此变形总量仍然比较可观，施工过程中需切实做好应急保护措施。

七、基坑实施情况分析

1. 基坑施工过程概况

本基坑 2011 年 8 月开始施工支护结构，期间因老地下室清障、南侧人防废弃接口处理等原因，2013 年 2 月初开挖到坑底，2013 年 7 月底完成负 2 层结构施工。

在基坑施工过程中，遇到最大的问题就是南侧坑外分布有废弃防空洞，该防空洞系老河道简单块石回填后施工，并与古运河存在水力联系。该防空洞原有接口通往本场地原第一百货大楼地下负 2 层，在开挖过程中防空洞周围肥槽的积水涌入基坑，导致桩间漏水严重。

发现漏水后首先采取回土反压，然后在漏点正上方的坑外用钻机引孔后埋设多根注浆管，注浆管深度为超过漏点深度 2m。对基坑内部浇筑的混凝土墙板细小缝隙作加固处理后，封堵导流钢管的同时，在外侧的注浆管内快速压注堵漏材料以填补漏水点在围护桩及止水帷幕外侧形成的水道。

为达到最好的效果，对比了不同品牌亲水性发泡聚氨酯的性能，采用的材料为我国台湾产亲水性发泡聚氨酯、水泥浆液、水玻璃 3 种浆液。注浆前的试验表明，单液、混合液的发泡及固结时间均约为 60s。可以在注入漏水水道后快速形成发泡的泡沫状固体和水泥块体，为在最短的时间内快速注入大量的混合液发泡后填充水道、导流管以堵塞漏水点外侧水道，采取了 3 台高流量的专业浆泵分管道同时加注。

导流钢管封闭的同时，3 台专业浆泵在 15min 之内一次性向漏水水道内注入了 2t 聚氨酯、6t 水泥调配的水泥浓浆以及 1t 水玻璃。最终成功封堵该漏点。

在此期间，加强基坑周边监测，最终封堵完成后地面无明显沉降，主要原因是该漏水来源为防空洞回填区积水，出水虽然水量大但是无泥沙现象。

后续整个施工过程比较顺利，无重大险情发生，特别是西侧禾嘉国际大厦及其管道无开裂变形。

基坑漏水点钢管阀门封堵及注浆如图 14 所示，基坑开挖到底实况如图 15 所示。

图 14 坑外注浆及坑内混凝土墙封堵＋阀门调节渗漏量实况

图 15 基坑开挖到底实况

2. 基坑变形监测情况

本基坑为一级基坑，监测等级一级，周边环境保护等级二级，为及时掌握基坑支护结构及周边环境变化情况，建设单位委托第三方监测单位承担该工程的基坑监测工作。

截至基坑回填，监测结果均在设计允许范围内，未出现险情，工程进展顺利，有效地保护了基坑和周边建筑、道路的安全。

典型桩身测斜曲线如图 16 所示。压顶梁水平位移曲线如图 17 所示。

八、本基坑实践总结

本基坑支护设计工程主要有以下几个显著特点：

（1）克服周边既有建筑结构、既有围护情况复杂带来的挑战：设计初期对禾嘉国际大厦、原第一百货大楼的建筑、结构、地下室围护图纸以及解放北路防空洞、黄泥桥泵站等

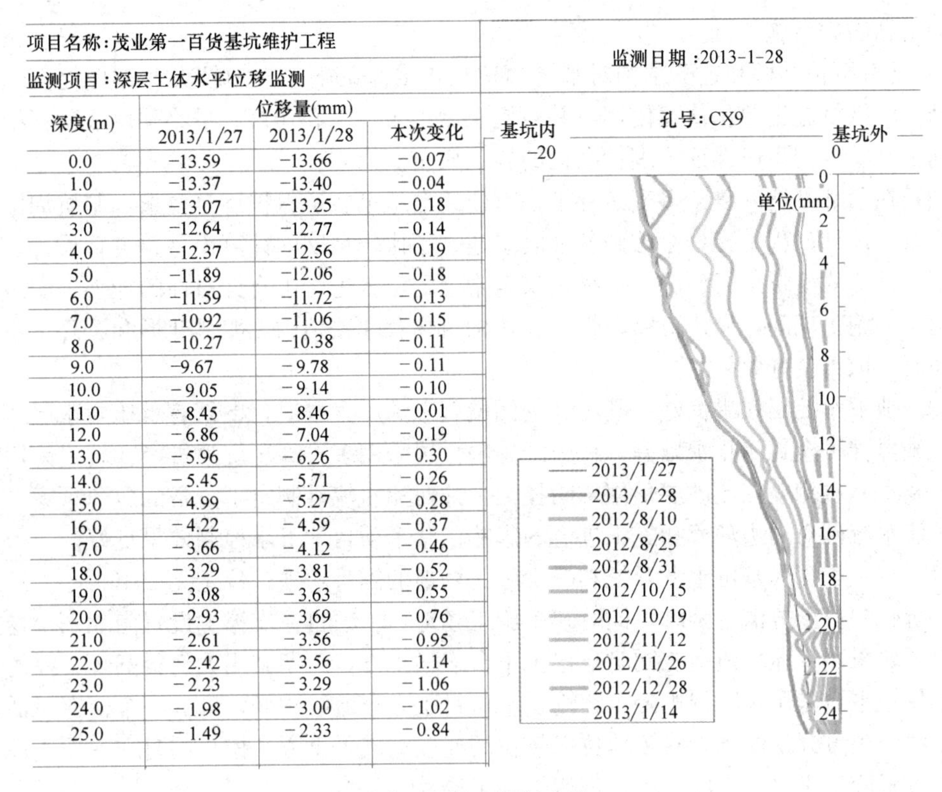

项目名称：茂业第一百货基坑维护工程			
监测项目：深层土体水平位移监测			
深度(m)	位移量(mm)		
	2013/1/27	2013/1/28	本次变化
0.0	−13.59	−13.66	−0.07
1.0	−13.37	−13.40	−0.04
2.0	−13.07	−13.25	−0.18
3.0	−12.64	−12.77	−0.14
4.0	−12.37	−12.56	−0.19
5.0	−11.89	−12.06	−0.18
6.0	−11.59	−11.72	−0.13
7.0	−10.92	−11.06	−0.15
8.0	−10.27	−10.38	−0.11
9.0	−9.67	−9.78	−0.11
10.0	−9.05	−9.14	−0.10
11.0	−8.45	−8.46	−0.01
12.0	−6.86	−7.04	−0.19
13.0	−5.96	−6.26	−0.30
14.0	−5.45	−5.71	−0.26
15.0	−4.99	−5.27	−0.28
16.0	−4.22	−4.59	−0.37
17.0	−3.66	−4.12	−0.46
18.0	−3.29	−3.81	−0.52
19.0	−3.08	−3.63	−0.55
20.0	−2.93	−3.69	−0.76
21.0	−2.61	−3.56	−0.95
22.0	−2.42	−3.56	−1.14
23.0	−2.23	−3.29	−1.06
24.0	−1.98	−3.00	−1.02
25.0	−1.49	−2.33	−0.84

图 16　桩身测斜曲线

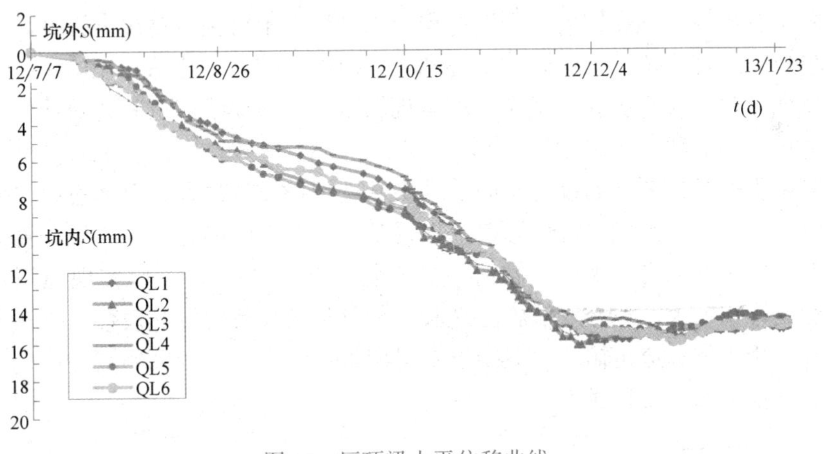

图 17　压顶梁水平位移曲线

图纸进行了搜集整理，部分图纸根据蓝图重新绘制。在对周边环境充分掌握后，较好地解决了以下相关技术难点：

1）南侧查明了解放北路地下防空洞出口结构形式、基础埋深及地基处理方式后在防空洞内砌筑挡墙拦截洞内积水、洞身外采用注浆封堵外侧来水解决防空洞漏水风险；箱变位置与结构设计单位协商后在底板外挑部分去掉围护桩紧贴地下室外墙，止水采用 2 道高压旋喷桩；西侧上部采用人工挖孔桩穿越禾嘉国际大厦锚杆后改为钻孔灌注桩，既保证了支护施工也加快了施工速度，局部原第一百货大楼预制桩及支护结构与现支护结构冲突，采用冲击钻破碎后施工。

2）已有围护结构和地下结构对基坑围护和止水体系施工影响较大，整理提供了详细既有结构图纸供施工单位清障使用，并对施工做出了要求和建议。最终采用浅部开挖、人工挖孔桩基结合的手段保证了围护结构的施工质量。

（2）在紧邻基坑的复杂多变条件下既有建筑与地下轨道保护满足要求：基坑周围环境条件复杂，设计过程中充分考虑到各种因素建立了比较精确的计算模型并进行设计，并采用有限元计算对变形进行预测，对存在安全隐患的位置进行了有针对性的加强。实践证明在长达1年施工期间，周边道路、管线、建构筑物及地铁结构无明显变形和沉降，不影响结构使用，取得良好效果。

（3）地下水控制效果良好：基坑开挖侧壁有微承压含水层，下部有承压含水层。设计采用三轴搅拌桩全封闭止水帷幕，在施工受限位置采用多排高压旋喷桩。在坑内采用管井疏干。要求基坑侧壁在流砂层采用桩间挂网。并对流水流砂制定了完备的应急预案，大大减少了流水流砂对周边环境和施工进度的影响。整个项目地下水控制效果良好。

（4）解决了深大基坑土方开挖和缺少施工场地的困难：项目位于无锡市中心，场地狭小，基坑较深，土方清运困难，同时缺少施工场地，本项目在支撑上设置南北两个挖土平台。一开始采用土体坡道南北同时自挖土平台运输土方，后期利用大直径圆环支撑的空间优势在挖土平台采用长臂挖机翻土运输，本项目土方车流线顺畅，形成一个富有灵活性的运输路线，土方开挖便利，施工单位以较快的速度完成了土方开挖。同时在一层支撑加强板带上设置施工平台，为施工单位创造了施工场地。

（5）充分做到信息化施工：本基坑在施工过程中由于复杂的周边环境、工程地质、场地条件，基坑围护施工挑战较大，开挖过程中遇到诸多不可预料情况，设计单位与监测单位、施工单位、监理单位、土建设计单位和业主协调一致，坚持信息化施工，设计人员在基坑开挖期间至少两天一次甚至每天一次至现场服务。确保了基坑和建筑物安全，获得了业主和施工单位的好评。

（6）坚持贯彻绿色节约的设计方向：本次基坑围护设计过程，总体思路为坚持安全情况下做到绿色、节约。因此在总体思路上根据基坑侧壁不同的地质、环境条件确定不同的安全等级并采取不同的支护手段，做到“重点突出、有主有次”，以实现经济、安全的设计方向。在设计细节上，充分发挥施工经验，如桩长设计考虑钢筋模数减少截断数量；土方开挖尽量采用土体坡道运输减少混凝土结构用量，对于深度较大的坑中坑，结合结构放坡采取自然开挖节约了支护成本。

实例 2 第三人民医院门急诊医技病房综合楼深基坑工程

一、工程简介

本工程场地位于无锡第三人民医院内，紧邻兴源北路与锡澄路。本工程综合大楼由 1 幢 23 层＋地下 2 层病房大楼、1 幢（3～5）层＋地下 2 层的门急诊综合楼、1 幢 3 层＋地下 2 层的急救中心及 2 层连体地下室组成，采用桩承台基础＋防水板。地下室面积约为 15127m^2，地上总建筑面积约 64000m^2。基坑深度较大，基坑边又分布有局部加深承台，实际挖深 11m 左右，基坑开挖面积约 8400m^2。项目总平面图如图 1 所示。

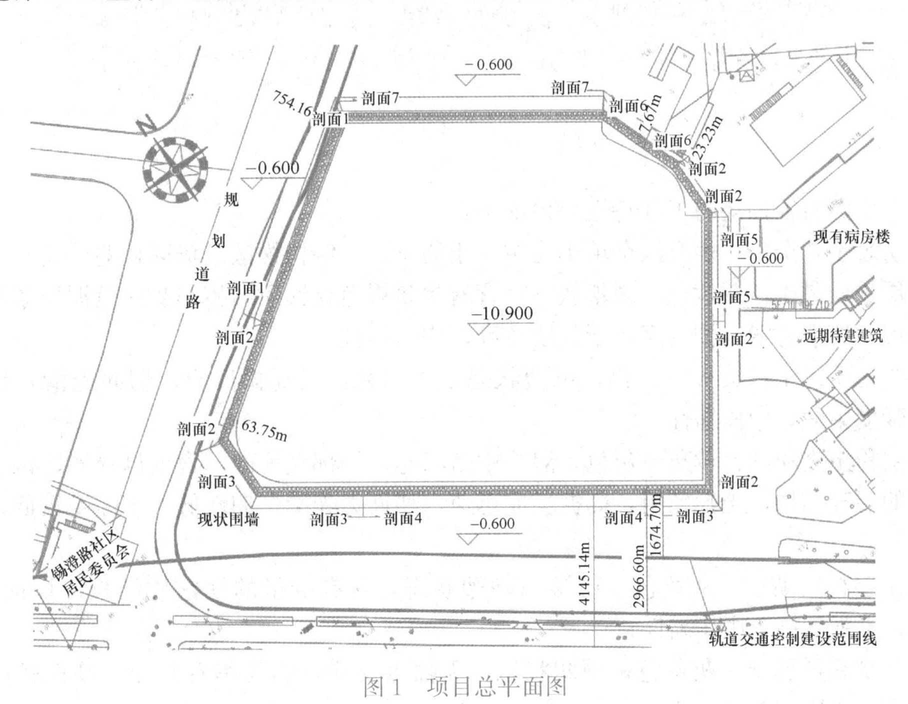

图 1　项目总平面图

二、工程地质与水文地质概况

1. 工程地质简介

无锡市区位于扬子台褶带东端。地质构造总体组成一背斜——梅园背斜（也称马山—

惠山背斜)。背斜轴在钱桥—梅园一线，向西南入太湖三山岛、掩山方向。境内断裂构造发育，断裂方向有北西向、北东向、北北东向以及东西向；断裂性质以扭性平移，兼具压或张性；断裂规模长可达数十公里，断距大可至 1km 以上。新构造运动表现为丘陵及岛状山体振荡上升，平原缓慢下降。本工程场地在勘探深度内全为第四纪冲积层，属长江中下游冲积沉积，地貌单元为冲湖积平原。基坑开挖影响范围内典型地层剖面如图 2 所示。

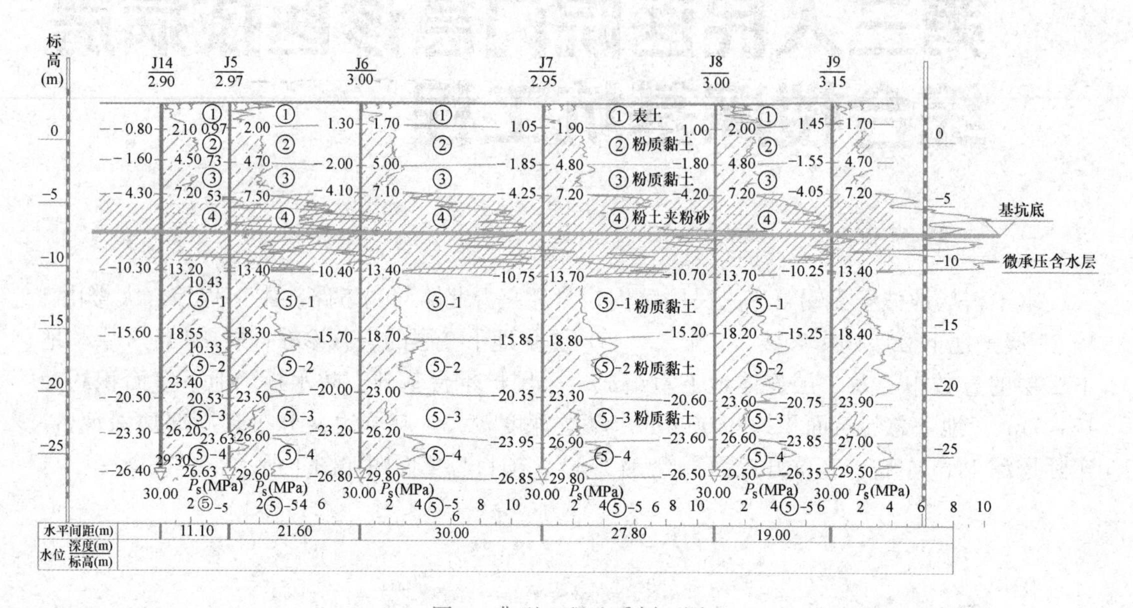

图 2 典型工程地质剖面图

各土层的特征描述与工程特性评价如下：

①层表土：杂色，表土以杂填土为主。土质不均，结构松散。场区普遍分布。

②层粉质黏土：灰黄色，硬塑状态，含有少量褐色铁锰质结核与灰白色泥质条纹，无摇振反应，切面光滑，韧性高，干强度较高，中压缩性。

③层粉质黏土：黄灰～灰色，可塑状态，含粉粒，无摇振反应，切面光滑，韧性中等，干强度中等，中压缩性。

④层粉土夹粉砂：黄灰～灰色，湿，中密状态，局部夹粉砂，含云母碎屑，该土层具有明显的层理结构，土颗粒粗，摇振反应迅速，切面无光滑，韧性低，干强度较低，中压缩性。

⑤-1 层粉质黏土：灰黄色，可塑～硬塑状态，含有少量的铁锰质结核，切面光滑，韧性高，干强度高，中压缩性。

⑤-2 层粉质黏土：灰黄色，硬塑状态，无摇振反应，切面稍有光泽，韧性较高，干强度较高，中压缩性。

⑤-3 层粉质黏土：灰黄色，可塑状态，无摇振反应，切面有光泽，韧性中等，干强度中等，中压缩性。

2. 地下水分布概况

本工程场地勘探深度范围内主要含水层有：

（1）地表水

本工程场区内无明河发育。

（2）地下水：上层滞水～潜水

本工程场地在勘察深度范围内地下水主要为赋存于第四系全新统及上更新统中的浅层含水层、浅层微承压水层共 2 个含水层。分别为①层表土中的上层滞水～潜水、④层粉土夹粉砂中的浅部微承压水。

勘察期间，采用挖坑法测得本工程场地①层表土中地下水水位埋深 1.5m 左右。其地下水类型为上层滞水～潜水型，地下水主要靠大气降水及地表径流补给，并随季节与气候变化，水位有升降变化，变化幅度一般最高为 3.00m，本场地 3～5 年内最高潜水水位标高 3.00m 左右。

（3）地下水：微承压水

勘察期间在钻孔内（干钻法）采用套管止水，间隔不少于 8h 后观测，测得④层粉土夹粉砂中的浅部微承压水平均标高 1.50m，该层地下水主要靠大气降水和地表水体侧向补给，透水性较强、富水性中等。

3. 岩土工程设计参数

根据岩土工程勘察报告，本项目主要地层岩土工程设计参数如表 1 和表 2 所示。

场地土层物理力学参数表　　表 1

层号	地层名称	含水率	孔隙比	液性指数	重度	固结快剪(C_q)	
		w(%)	e_0	I_L	γ(kN/m^3)	c_k(kPa)	φ_k(°)
①	表土				17.0	8	5
②	粉质黏土	22.9	0.679	0.11	19.6	60	19.5
③	粉质黏土	26.4	0.766	0.49	19.1	38	16.5
④	粉土夹粉砂	32.1	0.931	1.00	17.9	2	30.5
⑤-1	粉质黏土	22.9	0.682	0.12	19.6	57	18
⑤-2	粉质黏土	22.8	0.670	0.10	19.7	64	19.4
⑤-3	粉质黏土	29.3	0.841	0.47	18.8	41	18.5

注：④层粉土夹粉砂勘察报告建议参数系平均值，本设计按标准值。

场地土层渗透系数统计表　　表 2

编号	地层名称	垂直渗透系数 k_V(cm/s)	水平渗透系数 k_H(cm/s)	渗透性
①	表土			
②	粉质黏土	1.45E-07	2.42E-07	极微透水
③	粉质黏土	4.07E-06	1.24E-06	微透水
④	粉土夹粉砂	3.82E-04	3.83E-04	中等透水
⑤-1	粉质黏土	4.48E-07	3.80E-07	极微透水
⑤-2	粉质黏土	4.44E-07	3.59E-07	极微透水
⑤-3	粉质黏土	3.09E-06	1.27E-06	微透水

三、基坑周边环境情况

本项目位于无锡市老城区，周边环境非常复杂，如图 3 所示。

场地东侧北段为第三人民医院的保留宿舍楼（图 4），地上 4～5 层，框架结构，距离基坑开挖内边线 7m 左右；基础形式为天然地基，埋深在 2m 以内。

图 3 周边环境实况

图 4 场地东侧实况

基坑东侧中段为第三人民医院 18 层现有病房大楼住院部，住院部靠基坑一侧为 5 层裙房，基坑内边线与住院部大楼裙房间距不足 10m。整个住院部大楼设置 1 层地下室。

基坑南侧兴源路下有无锡轨道交通 3 号线规划路线，基坑内边线距离轨道交通 3 号线的轨道交通控制建设范围线约 17m，距离轨道线约 42m。

图 5 西侧热力管道实况

基坑西侧北段平行基坑分布 1 条热力管道（图 5），该管道原自西侧中部垂直进入基坑场地中间后向北折入医院；后改造为自基坑西侧壁中部沿基坑向北折行平行北侧接入医院。此热力管道距离基坑较近，是基坑设计保护的重点之一。

根据该基坑挖深、地质条件及环境条件，基坑东侧临近保留建筑处支护桩包括整个基坑支撑系统侧壁安全等级取“一级”，其余段支护桩侧壁安全等级取“二级”。

四、支护设计方案概述

（一）本基坑的特点及方案选型

基坑东侧距保留建筑较近，其中距离东北角宿舍楼仅 5m，距其室外楼梯仅 2m。该宿舍楼采用天然地基浅基础，基底与坑底高差将近 9m。建设单位要求基坑开挖和地下室施工期间，宿舍楼及 18 层病房大楼需正常使用，保留建筑安全无疑是本次支护设计保护的重点。

基坑设计要求在保证安全的前提下最大限度地降低施工造价，缩短工期。本基坑挖深10.85m，且东侧又紧贴保留建筑，附加荷载大，设计通常采用灌注桩加2层支撑挡土，但建设单位希望仅采用1层支撑，以节约施工造价，缩短施工工期。这些要求给设计带来很大难度和风险。

本基坑支护方案如下所示。

1. 挡土结构

本着“安全可靠、经济合理、施工方便”的设计原则，通过理正基坑支护设计软件试算，采用钻孔灌注桩加1层支撑挡土结构，虽有一定风险，但只要施工精心，措施得当，基坑的安全是有保证的。

2. 支撑平面布置

本基坑平面形状很不规则，常规的对撑和角撑难以布置。根据本工程平面特征，基坑采用圆环支撑。圆环支撑不仅空间大，挖土方便，而且经济。支撑材料采用钢筋混凝土，具有整体性好、刚度大，而且布置灵活等优点。

3. 拆撑与换撑

底板混凝土浇筑到支护桩边后，于地下1层楼板处进行换撑。换撑采用钢筋混凝土，并与地下1层楼板同时施工。当换撑达到设计强度后，拆除支撑。

4. 止水与排水设计

基坑坑底位于粉土夹粉砂微承压含水层中，该含水层厚度大，含水量丰富，透水性强，对基坑开挖影响较大，一旦发生流砂将影响东侧保留建筑的正常使用，且对地下结构的施工和施工工期有较大影响，因此基坑采用D850@600三轴搅拌桩止水。

（二）基坑支护结构平面布置

根据选型分析思路，基坑支护结构平面布置如图6所示。

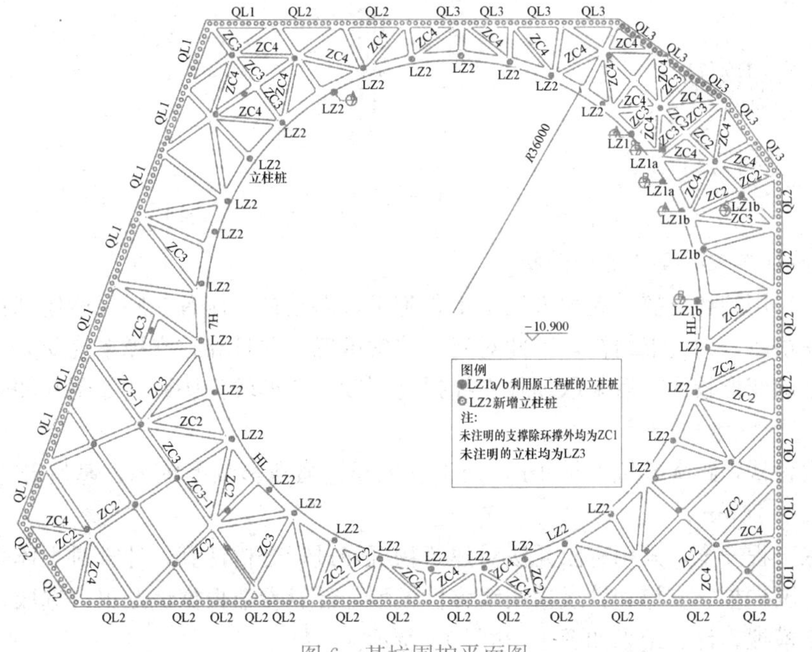

图6 基坑围护平面图

（三）典型基坑支护结构剖面

本基坑典型剖面如图 7、图 8 所示。

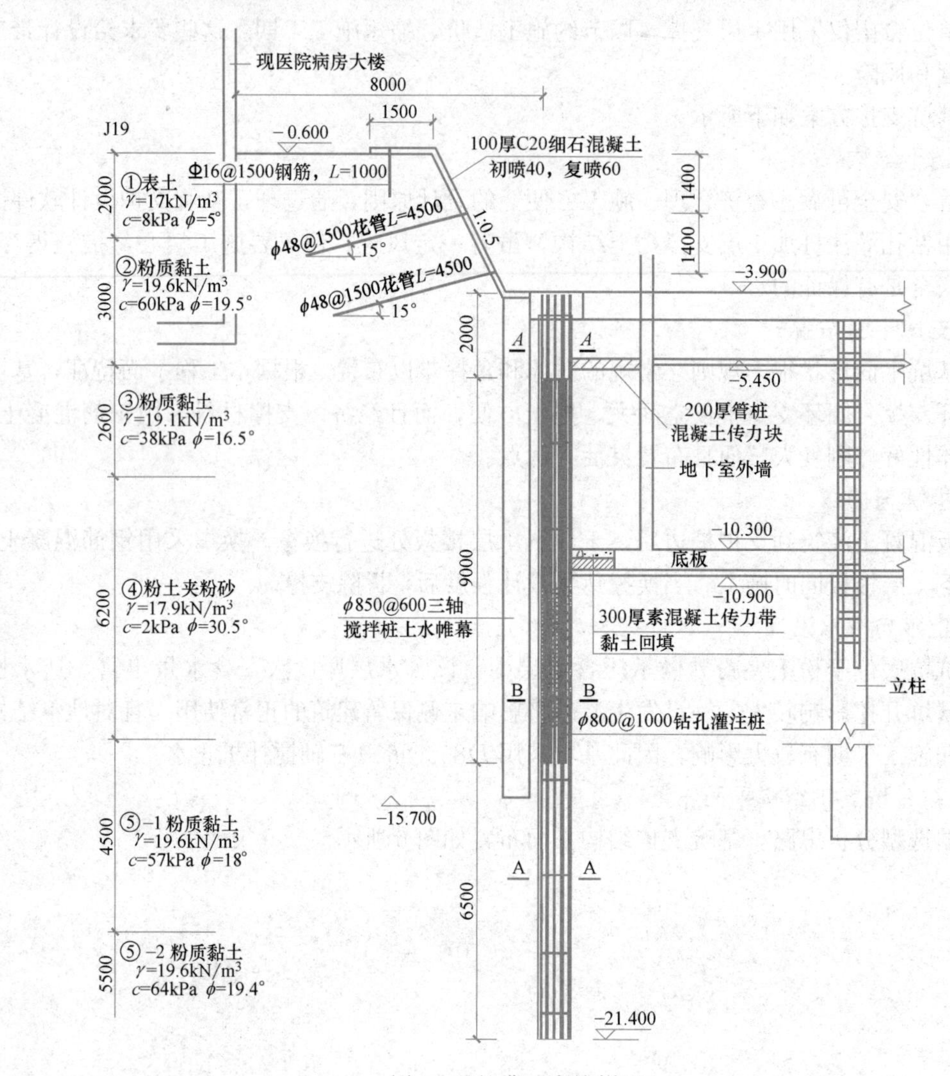

图 7 基坑典型支护剖面

（四）圆环支撑的整体变形分析

本基坑采用圆环支撑，大大方便了工程施工，但是在东侧有 5 层天然地基宿舍楼，并且基础埋深很浅，为砖混结构，因此对变形非常敏感，并且导致支撑系统受力不均衡，圆环支撑在东侧变形较大，后采取加强支撑提高刚度，变形较为协调，如图 9 和图 10 所示。

（五）东侧宿舍楼分析

东侧宿舍楼，距离基坑不足 4m，处于基坑开挖强烈影响范围内，基坑开挖引起的沉降量不得大于 20mm。

为确保工程安全，采用有限元法对建筑物沉降进行分析计算，计算对土体采用小应变硬化模型，围护桩、支撑和管线采用线弹性模型；计算参数根据地勘报告选取，计算工况按实际施工模拟，计算结果如图 11 和图 12 所示。

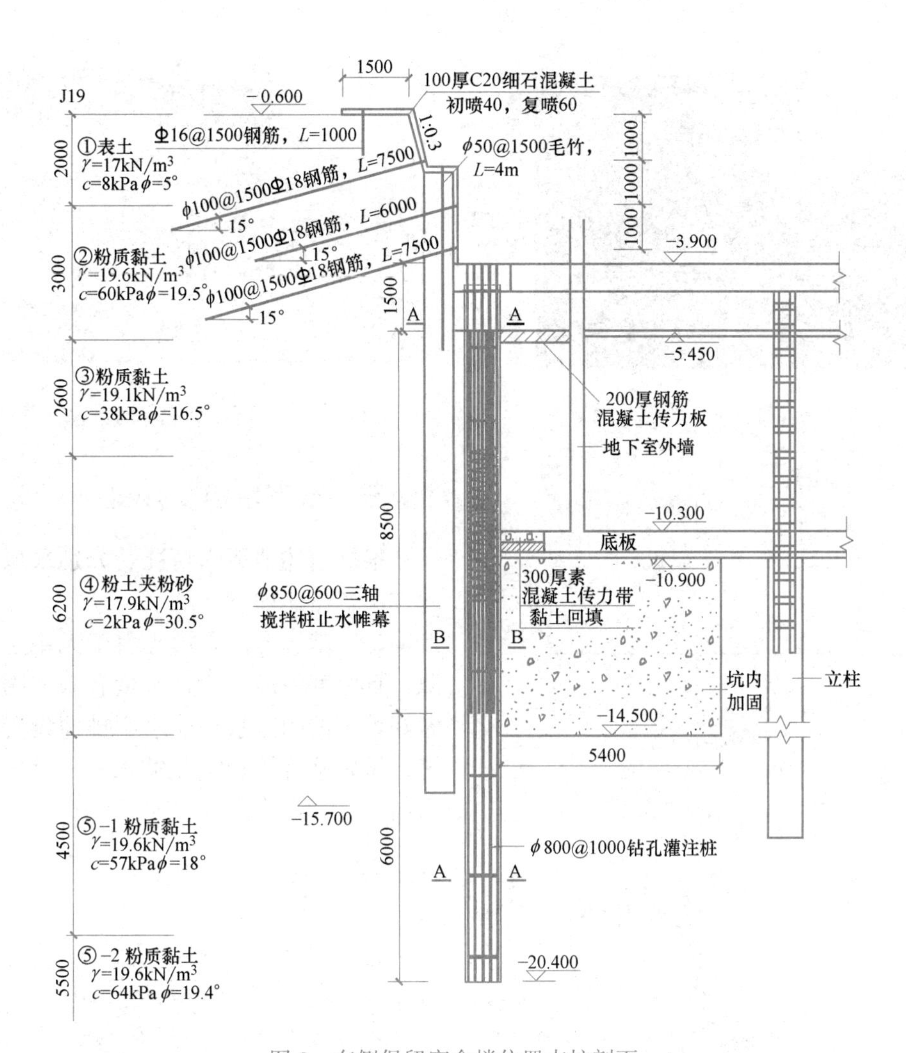

图 8 东侧保留宿舍楼位置支护剖面

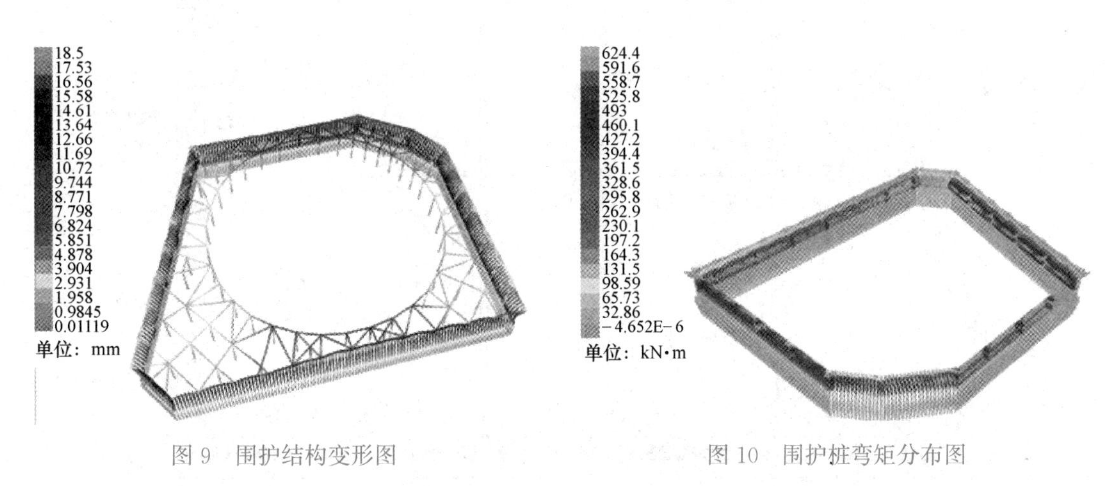

图 9 围护结构变形图

图 10 围护桩弯矩分布图

从图 13 的计算结果来看，建筑物沉降 15mm 左右，未超出许可限制，但是由于基坑深度较大，因此变形总量仍然比较可观，施工过程中需切实做好应急保护措施。

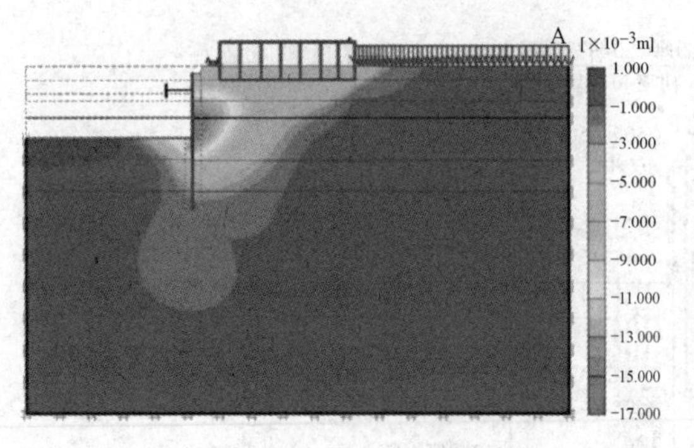

图 11 开挖到底水平位移云图

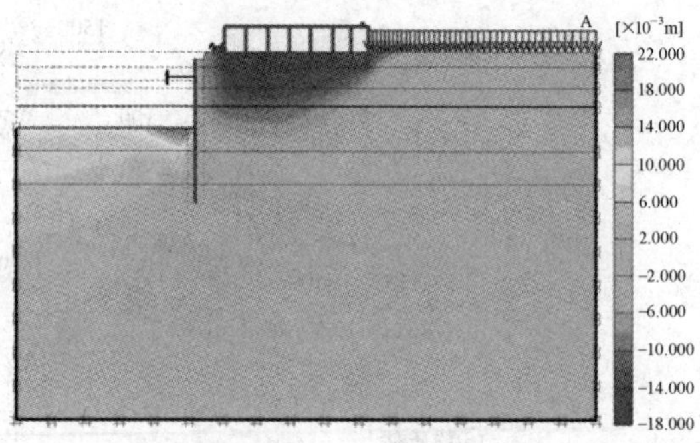

图 12 开挖到底竖向位移云图

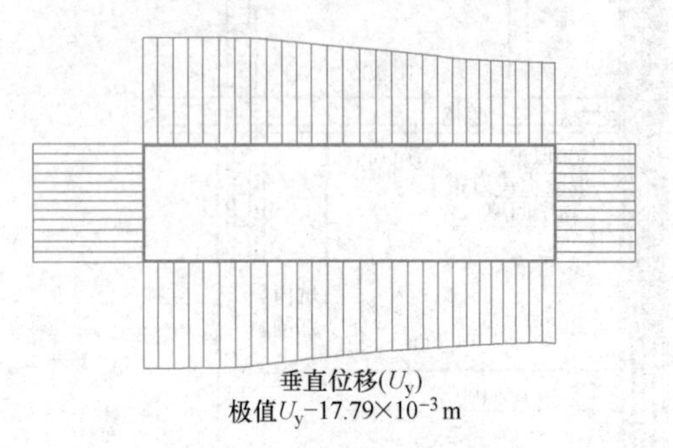

图 13 建筑物沉降图

五、地下水控制方案

根据前述地下水情况，分别采取不同处理方案，简述如下：

(1) 基坑上部杂填土由于无稳定补给来源，且厚度一般不大，水量有限，因此妥善做好填土内的潜水～滞水明排即设置排水系统、做好基坑周边地面截水——设置环向截水沟；

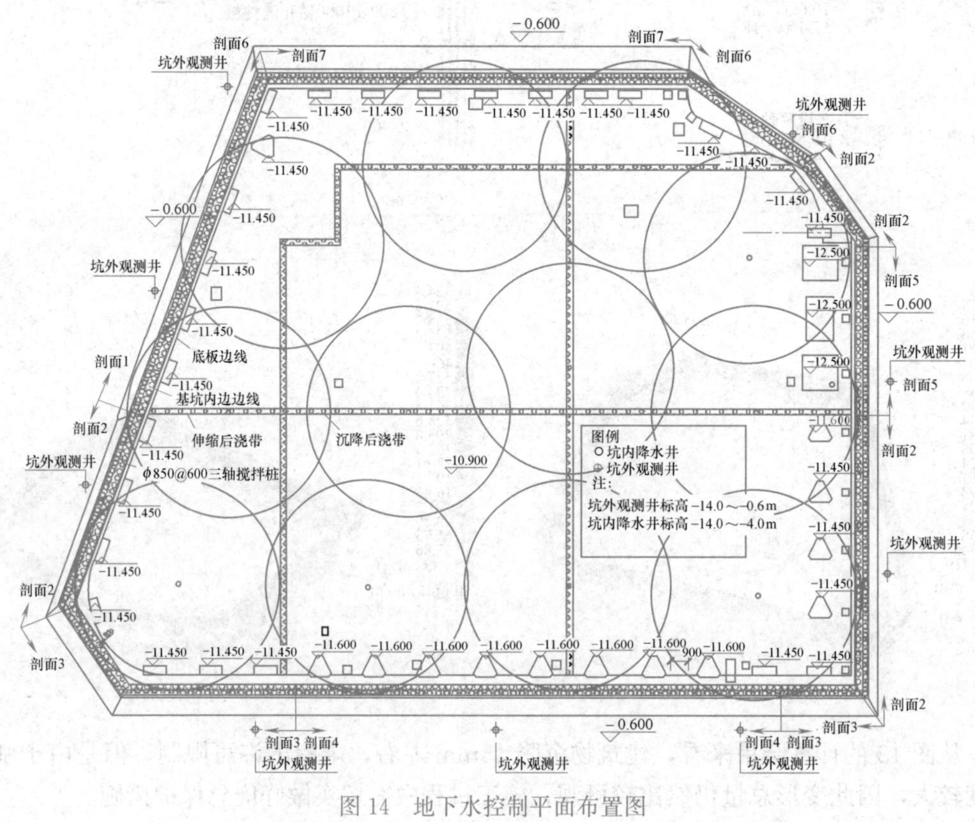

图 14 地下水控制平面布置图

（2）基坑开挖侧壁有微承压含水层，下部有承压含水层。设计采用三轴搅拌桩全封闭止水帷幕，在坑内采用管井疏干。要求基坑侧壁在流砂层采用桩间挂网，并对流水流砂制定了完备的应急预案，大大减少了流水流砂对周边环境和施工进度的影响。整个项目地下水控制效果良好，地下水控制平面布置如图14所示。

六、基坑实施情况分析

1. 基坑施工过程概况

本基坑2009年5月开始施工支护结构，2009年11月初开挖到坑底，如图15所示。当时岩土工程理论还不完善，本工程支撑体系又极为复杂，因此信息化施工尤为重要。在整个工程的实施过程中，建立了监测、设计、施工三位一体化的施工体系，通过及时反馈监测信息，指导设计和施工。

图15 基坑开挖到底实况

监测结果均在设计允许范围内，未出现险情，工程进展顺利，有效地保护了基坑和周边建筑、道路的安全。

2. 基坑变形监测情况

（1）本基坑为一级基坑，监测等级一级，周边环境保护等级二级，为及时掌握基坑支护结构及周边环境变化情况，建设单位委托第三方监测单位承担该工程的基坑监测工作。监测内容：

1）围护结构及支撑系统顶端水平位移观测；

2）立柱沉降观测；

3）周边建筑物及道路沉降观测；

4）周边管线沉降观测；

5）坑外地下水位观测。

（2）基坑监测范围为距离基坑开挖边线20m范围内的所有建构筑物，基坑监测测点间距不大于15m。开始挖土前需测量初始值，并对周边影响范围内建筑裂缝情况进行调查取证。监测频率为：正常情况下在挖土阶段每1～2d测量1次，基坑底板浇筑完毕后每2d观测1次。异常情况下应24h连续观测。

（3）报警值要求：

1）支护桩：桩身水平位移速率≥5mm/d，位移总量≥0.5%挖深；

2）坑外水位日均下降速率超过500mm/d，累计下降量达到1000mm；

3）周边道路、建筑物沉降总量或者不均匀沉降量达到规范许可值的80%；

4）周边管道、构筑物（塔式起重机、电线杆等）沉降总量或者不均匀沉降量达到相应规范许可值的60%。

（4）监测单位应据此制定详细的监测方案，并经各方确认后方可实施。截至基坑回填，监测结果均在设计允许范围内，未出现险情，工程进展顺利，有效地保护了基坑和周边建筑、道路的安全。

七、本基坑实践总结

(1) 复杂成分杂填土处理比较成功：由于本工程场地杂填土内成分复杂，厚度较大，废弃市政管线众多且难以查明，设计中对发现的废弃管线采取引流、反滤、灌浆等多种措施，确保本基坑在整个施工期间未发生任何险情；

(2) 紧邻基坑的复杂多变条件下既有建筑保护效果良好：本基坑东侧紧邻已有病房大楼住院部（18层，桩基础）、宿舍楼（4～5层，天然地基浅基础），距离宿舍楼最近处仅2m，设计过程中充分考虑到地基固结、桩土应力分担等因素建立了比较精确的计算模型并进行设计，实践证明建筑物在长达1年施工期间无明显变形和沉降，不影响结构使用，取得良好效果；

(3) 充分做到信息化施工：本基坑在施工过程中由于复杂的工程地质、场地条件，开挖过程中遇到诸多不可预料情况，设计单位与监测单位、施工单位、监理单位、土建设计单位和业主协调一致，坚持信息化施工，确保了基坑和建筑物安全；

(4) 坚持贯彻绿色节约的设计方向：本次基坑围护设计过程，总体思路为坚持安全情况下做到绿色、节约。因此在总体思路上根据基坑侧壁不同的地质、环境条件确定不同的安全等级并采取不同的支护手段，做到“重点突出、有主有次”，以实现经济、安全的设计方向。在设计细节上，充分发挥施工经验，如桩长设计考虑钢筋模数减少截断数量；对于深度较大的坑中坑，结合结构放坡采取自然开挖节约了支护成本。

实例 3
云蝠大厦深基坑工程

一、工程简介

无锡云蝠大厦为超高层公共建筑，总建筑面积 10 万 m^2。主楼 48 层，高度 250m；裙房 8 层，高度 44m。下设满铺地下室 3 层，东北侧为纯地下室。

本项目位于无锡老城核心区崇安寺，东为城中公园，东南为已建崇安寺一期（地下 1 层），西为城市主干道中山路（下有轨道交通 1 号线），北为已建崇安寺二期（地下 2 层）。本工程为崇安寺地区地下空间开发的关键节点，其南北侧与崇安寺一、二期地下室完全接通，西侧与中山路下既有地铁 1、2 号线三阳广场换乘站接通。

本基坑普遍开挖深度 16m，南侧设备用房位置深度 17.5m，主楼位置深度 18m，核心筒达 23m。基坑周长约 450m，面积约 10000m^2。

本工程总平面图如图 1 所示。拟建建筑效果如图 2 所示。现场区位及基坑深度平面图如图 3 所示。

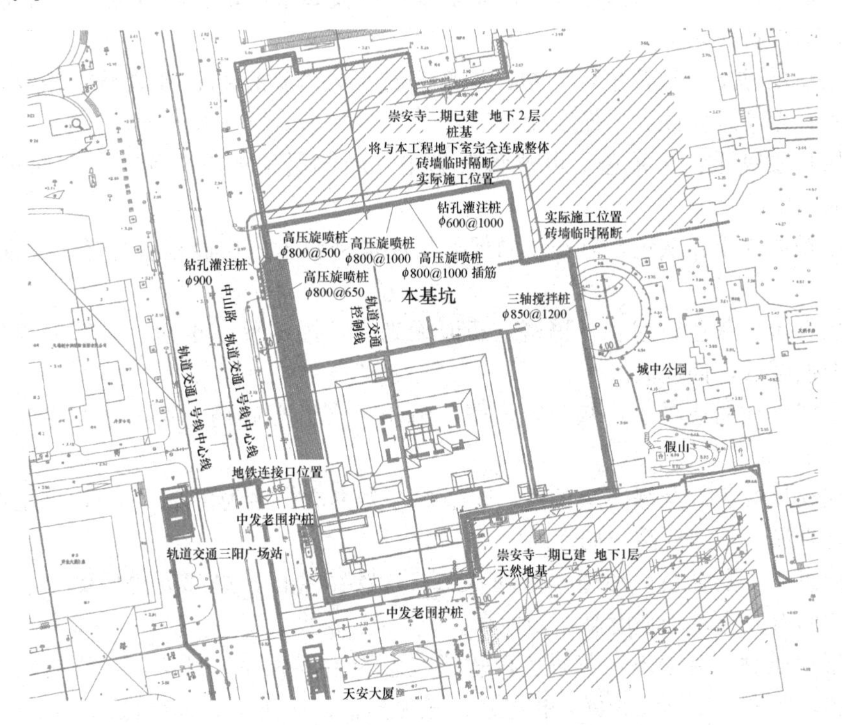

图 1 项目总平面图

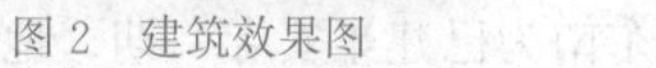

图2　建筑效果图　　　　图3　现场区位及基坑深度平面图

二、工程地质与水文地质概况

1. 工程地质条件

根据地质报告所述，本工程场地属三角洲冲积平原地貌类型，场地地势较平坦，上部地基土主要属第四纪冲积层，主要由黏性土、粉性土、砂土组成。基坑开挖深度范围内主要土层（图4）特征描述如下：

①层杂填土：杂色，结构松散，含大量建筑垃圾如水泥块、碎砖瓦等，含植物根茎，均匀性差，工程特性差。

②-1层粉质黏土：灰黄色，硬塑，局部为黏土，含铁锰结核及高岭土条纹，土质较均匀，切面有光泽，韧性、干强度高。

②-2层粉质黏土：黄褐色，可塑状态为主，局部层顶夹较多粉土，切面稍有光泽，韧性、干强度中等。

③-1层粉质黏土：灰色，软塑，局部夹灰色稍密粉土，切面稍有光泽，干强度中等，韧性中等。

③-2层粉土：灰色，饱和，稍密，切面无光泽，摇振反应迅速，局部夹灰色软塑粉质黏土，干强度低，韧性低。

③-3层淤泥质粉质黏土：灰色，软塑～流塑，含贝壳碎屑，切面稍有光泽，干强度中等，韧性中等。

④-1层粉质黏土：灰绿～灰黄色，硬塑状态为主，层顶为可塑（+），该土层颗粒较细，切面有光泽，干强度高，韧性高。

④-2层黏土：灰黄色，硬塑～坚硬状态，含铁锰结核，局部为粉质黏土，该土层颗粒较细，切面有光泽，干强度高，韧性高。

④-3层粉质黏土夹粉土：黄褐色，软塑状态为主，局部为可塑，一般夹较多黄褐色粉土，饱和，稍密，切面无光泽，摇振反应较迅速。干强度低，韧性低。

⑤-1层粉土夹粉质黏土：灰色，饱和，稍密～中密，均匀性差。切面无光泽，摇振

反应迅速，局部夹较多灰色软塑粉质黏土，干强度低，韧性低。向场地东北侧粉土含量降低。

⑤-2 层淤泥质粉质黏土：灰色，软塑～流塑，含贝壳碎屑，局部为粉质黏土，场地东侧该层中下部夹灰色粉土夹层，厚度 1.5m 左右，切面稍有光泽，干强度中等，韧性中等。

⑥-1 层粉质黏土：青灰色，可塑（+）状态为主；切面有光泽，韧性、干强度高。

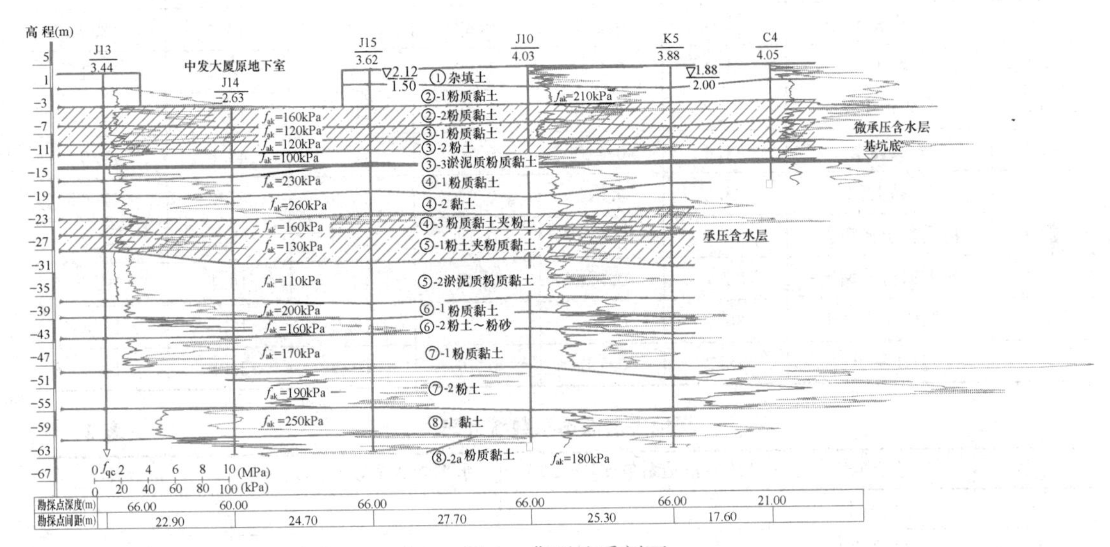

图 4 典型地质剖面

本次地下室坑底标高大部分为－11.90m/－12.20m，坑底位于③-3 层软流塑淤泥质粉质黏土层中；西南角降板落深处为－13.40m/－13.70m，位于③-3 层底部；主楼位置为－14.20m，坑底位于④-1 层硬塑粉质黏土层中。开挖深度范围内③大层整体较软弱。

2. 地下水分布概况

本工程场地勘探深度范围内主要含水层有：

（1）本工程场地上部表土中的地下水，属潜水，主要接受大气降水及地表渗漏补给，其水位随季节、气候变化而上下浮动，正常年变幅在 0.8m 左右。一般说来旱季无水，雨季会有一定地下水。勘察报告提供该层水位在 1.88～3.24m。

（2）②-2 层粉质黏土（局部粉性强）、③-1 层粉质黏土（局部粉性强）、③-2 层粉土中的地下水属微承压水，补给来源主要为横向补给及上部少量越流补给。其对基坑开挖有较大影响。勘察报告提供该层水位在 1.12～1.86m。

（3）④-3 层粉质黏土夹粉土、⑤-1 层粉土夹粉质黏土中的地下水，属承压水。勘察报告提供该层水位在－0.48～1.08m。

3. 岩土工程设计参数

根据岩土工程勘察报告，本项目主要地层岩土工程设计参数如表 1 及表 2 所示。

三、基坑周边环境情况

场地东侧为城中公园，人流密集。距离地下室外墙 7m 有一株古树，15m 有一座 4m 高假山。

场地土层物理力学参数表 **表 1**

编号	地层名称	含水率	孔隙比	液性指数	重度	固结快剪(C_q)	
		w(%)	e_0	I_L	γ(kN/m^3)	c_k(kPa)	φ_k(°)
①	杂填土				16	8	8
②-1	粉质黏土	24.4	0.696	0.20	19.7	52.7	17.1
②-2	粉质黏土	28.5	0.808	0.55	19.0	27.6	14.4
③-1	粉质黏土	31.4	0.887	0.82	18.6	18.4	13.9
③-2	粉土	31.4	0.900	1.22	18.5	16.8	17.1
③-3	淤泥质粉质黏土	37.2	1.008	1.06	18.2	16.3	12.5
④-1	粉质黏土	24.4	0.710	0.20	19.6	48.6	16.9
④-2	黏土	23.8	0.672	0.10	19.9	57.3	17.6
④-3	粉质黏土夹粉土	29.8	0.824	0.72	18.9	23.5	14.7
⑤-1	粉土夹粉质黏土	33.7	0.929	1.38	18.4	16.1	16.5
⑤-2	淤泥质粉质黏土	36.9	0.999	1.10	18.3	16.5	12.8
⑥-1	粉质黏土	28.3	0.797	0.46	19.2	33.8	14.4

场地土层渗透系数统计表 **表 2**

编号	地层名称	垂直渗透系数 k_V(cm/s)	水平渗透系数 k_H(cm/s)	渗透性
①	杂填土			
②-1	粉质黏土	7.20E-08～3.20E-06	4.58E-08～5.77E-06	极微透水
②-2	粉质黏土	1.22E-06～9.21E-06	4.15E-06～2.68E-05	微透水
③-1	粉质黏土	4.66E-06～7.10E-06	6.91E-06～9.90E-06	微透水
③-2	粉土	1.04E-05～8.20E-05	3.06E-05～1.06E-04	弱透水
③-3	淤泥质粉质黏土	2.07E-06～5.95E-06	2.13E-06～7.86E-06	微透水
④-1	粉质黏土	3.23E-08～3.95E-07	6.73E-08～6.15E-07	极微透水
④-2	黏土	2.15E-08～5.70E-06	2.13E-08～8.46E-06	极微透水
④-3	粉质黏土夹粉土	9.20E-08～3.15E-05	1.95E-07～6.35E-05	弱透水
⑤-1	粉土夹粉质黏土	7.80E-06～7.31E-05	8.10E-06～9.24E-05	弱透水
⑤-2	淤泥质粉质黏土	3.00E-06～5.75E-06	5.24E-06～7.77E-06	微透水
⑥-1	粉质黏土	8.99E-08～3.20E-06	1.77E-07～5.48E-06	极微透水

东南侧为已建崇安寺一期，地上 2～3 层，地下 1 层，天然地基筏板基础。在底板下设置了永久降排水系统解决抗浮问题，在整个一期商业街下形成排水通道。其原基坑采用上部土钉墙，下部钻孔桩＋锚杆支护，锚杆进入本场地内（图 5）。

西侧为主干道中山路，该侧地面设有数十条公交停靠的车站；下有大量市政管线，最近距离基坑不足 2m；同时中山路下为已建地铁 1、2 号线三阳广场换乘站和 1 号线轨道盾构区间，相距 17.5m。

北侧为已建崇安寺二期，地上 1～8 层，地下 2 层，预制方桩基础。其地下室与云蝠大厦地库 1、2 层完全接通。其原基坑采用上部放坡，下部钻孔桩＋锚杆支护，锚杆进入本场地内（图 6）。

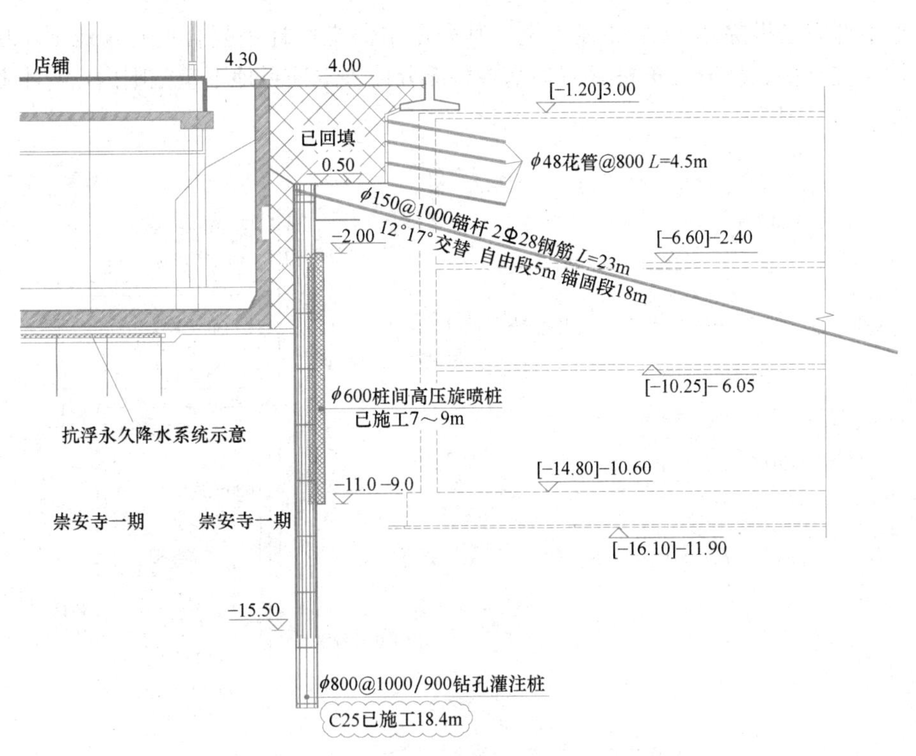

图5 崇安寺一期商业街原基坑围护结构

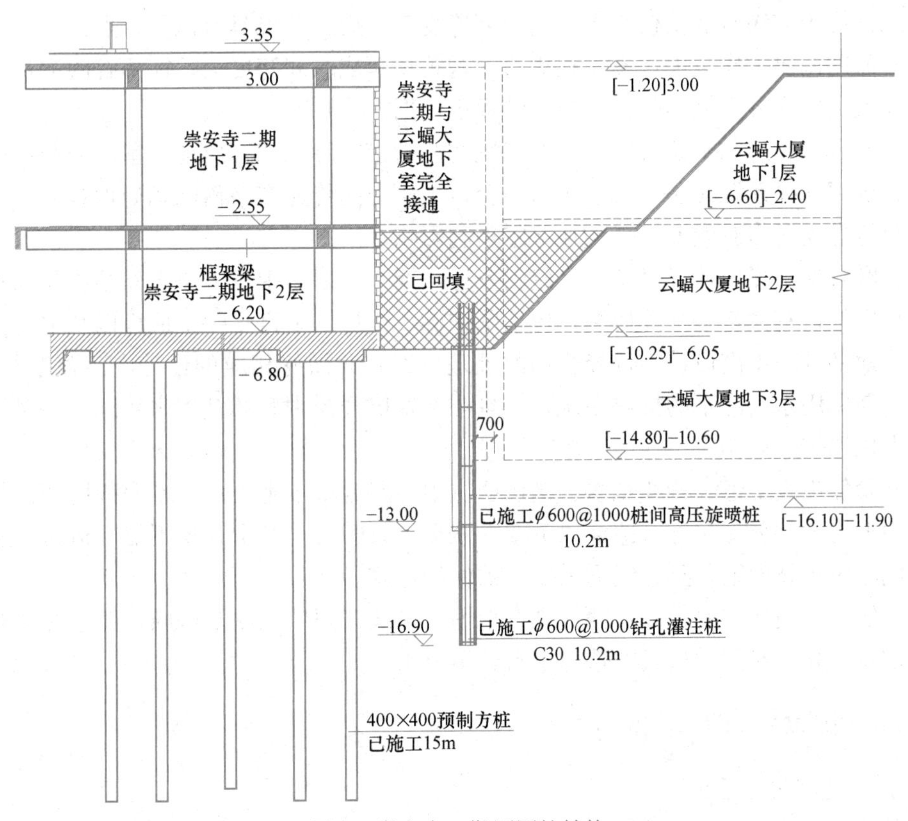

图6 崇安寺二期原围护结构

场地南部有已拆除的 11 层中发大厦，其采用水泥土搅拌桩复合地基，地下 1 层，采用悬臂钻孔桩支护。部分支护桩紧贴本基坑，部分伸入本项目地下室范围内，与本基坑围护有 2 处交错（图 7）。

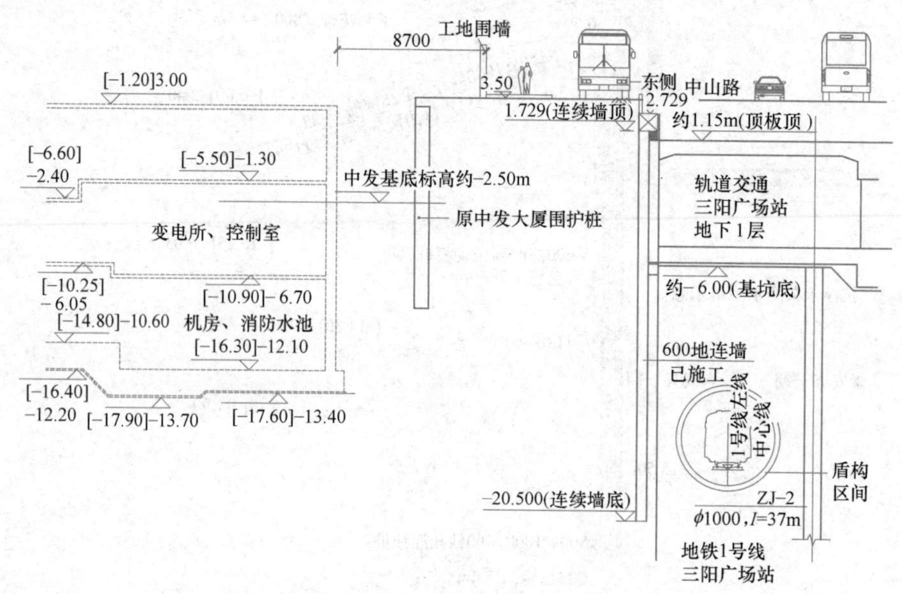

图 7 中发大厦原围护结构和轨道交通三阳广场站站厅层

本工程位于无锡市老城核心区，周边环境复杂，周边环境具有以下特点：

（1）前期调研工作量大：本工程周边建构筑物建成时间跨度大，需要查阅大量资料及走访参建人员以充分掌握实际情况为设计提供依据。

（2）土压力传递和平衡难度大：本基坑北侧为崇安寺二期 2 层地下室，因开挖后全部暴露导致坑内支撑系统无法形成土压力闭合，土压力的传递和平衡问题处理难度极大，并且需充分考虑土压力对崇安寺二期地下室不利影响。

（3）既有地下障碍情况复杂：已建崇安寺一期、二期及中发大厦土建结构及围护结构在本基坑内外留有大量地下障碍物，包括围护桩、锚杆、土钉、喷锚面板以及中发大厦搅拌桩复合地基等，本次设计需选择合理的处理方案，并做好相应的设计应急预案。此外，崇安寺一期采用永久降水的抗浮系统，一旦在本基坑开挖中破坏其排水系统，将对崇安寺一期长期抗浮带来影响。

（4）紧邻市政干道、管线众多：基坑西侧中山路为城市主干道，本次基坑开挖紧靠路边，路面上为大型公交车站，路面以下存在众多市政管线，基坑开挖不能对道路交通造成影响，同时对于路面下各类管线需采取有效保护措施。

（5）轨道交通保护要求高：西侧既有地铁 1 号线三阳广场站及区间，轨道交通对基坑变形控制要求高，对围护形式的选择也有较多要求。

四、支护设计方案概述

1. 方案选型总体思路

本基坑安全等级一级，总体采用钻孔灌注桩＋2 道混凝土支撑（南侧设备用房位置基坑深度较大采用3道混凝土支撑)。土方开挖及施工堆场采用在支撑上另设环通栈桥方式解决。

在查明原崇安寺一二期、中发大厦的支护桩施工和结构情况后，将其部分利用作为本工程支护结构。其中北侧与崇安寺二期相接位置采用原有已施工围护桩，施工上部牛腿、传力框架，解决南侧土压力的传递，同时将地下2层底板和预留围护桩连成一个整体，西段在崇安寺二期地下2层设第2层支撑传力框架，东段在崇安寺二期地下1、2层设第1层、第2层支撑传力框架。南侧临崇安寺一期，由于原有围护桩长度较短，重新打设围护桩，在第2层支撑标高设有支撑，考虑到崇安寺一期基底可能有大量地下水，将围护桩抬至第1道支撑标高，由于崇安寺一期内侧地下室外墙未封闭为悬臂，顶部圈梁按支撑考虑。西南临中发大厦，利用中发大厦围护桩作为首道支撑上部支护。

2. 基坑支护结构平面布置

由于周边围护体系的存在，本基坑充分利用既有围护并确保基坑安全，这毫无疑问是科学、合理、经济的方案。

本项目与崇安寺二期完全接通，经计算本基坑周边崇安寺一期、二期部分围护桩可利用，在经济的同时也带来支撑布置的困难，因为支撑无法充分布置。

在这种情况下，我们认为支撑布置应遵循以下原则（图8）：

（1）传力明确，受力可靠

宜采用对撑等形式，对于深度较大的基坑可避免诸多未知风险。尤其对于围护桩不能完全封闭，支撑不能满堂布置的情况，对撑由于受力明确，可避免围护桩断头位置变形的较大风险。

（2）支撑的道数与标高

由于本项目各层楼板在设备用房均有变标高，支撑标高布置需综合考虑。

根据经验和计算，16m深基坑采用2道支撑可满足安全要求，同时第2道支撑设置于地下2层楼板之上且有利于最下层的土方开挖，第2道支撑底距离地下2层楼板0.45m。

但是对于本基坑，局部深度为18m，并且加深位置紧邻中山路及崇安寺步行街，采用2道支撑基坑变形较大，需采用3道支撑体系确保安全。结合结构形式和施工顺序，采用在非降板区底板面上设置牛腿的形式设置第3道支撑，第3道支撑底距离坑底2.8m。

（3）需要考虑周边已有建筑物的影响

崇安寺二期为地下2层，崇安寺一期为地下1层，基坑无法封闭，且标高不同。第1道支撑南北均为地下室，仅需解决东西两侧的传力问题，但最北侧对撑于崇安寺二期传力较难解决。第2道支撑在崇安寺一期以下，将产生向北的推力，需要在对面崇安寺二期位置设置支点才能平衡支撑力。

设计在崇安寺二期预留的结构梁板上采用临时传力框架，将支撑力作用于地下结构框架。框架应在临时砖墙外解决以不影响崇安寺二期内部功能使用。计算时应对支撑力作用于崇安寺二期的地下结构安全性进行验算。对第1道支撑在东北侧设置支点解决东西向对撑传力，第2道除在东北侧设置支点外，在北侧设置支点解决南北向对撑传力。

（4）桁架需具备足够侧向刚度

在内力传递不甚明确的情况下，桁架体系应具备足够侧向刚度，避免侧向因变形引起失稳。因此宜侧向连接为整体。

（5）支撑布置需考虑场地实际和土方开挖

如前所述，本场地非常紧张，利用支撑作为堆载场地的可能性较大，因此支撑采用网格布置可确保刚度足够并随时可作为场地使用。

同时考虑土方开挖的情况，需设置一定的开洞区，作为出土临时坡道。

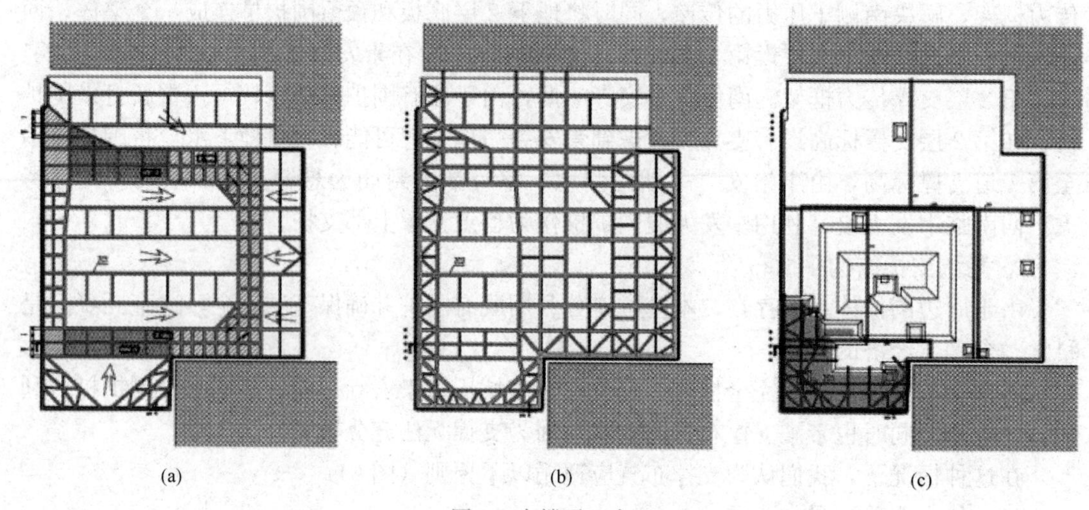

图 8 支撑平面布置

（a）第 1 层支撑；（b）第 2 层支撑；（c）第 3 层支撑

3. 典型基坑支护结构剖面

典型基坑支护结构剖面如图 9、图 10 所示。

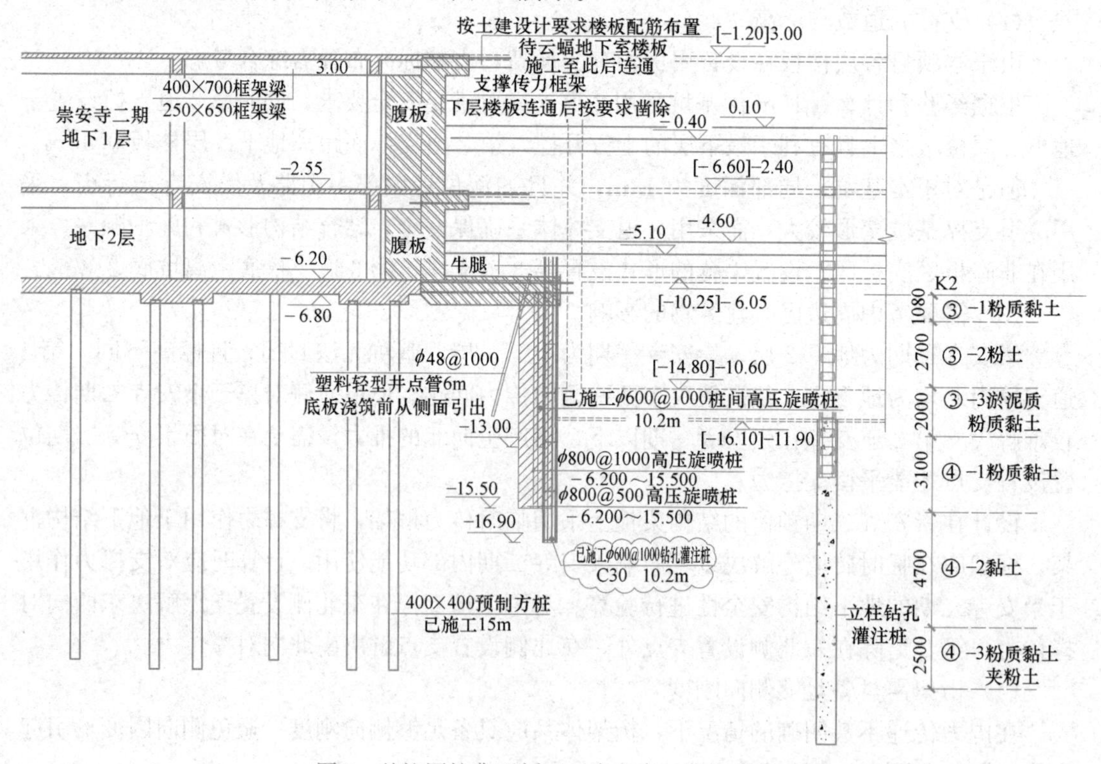

图 9 基坑围护典型剖面（崇安寺二期侧东段）

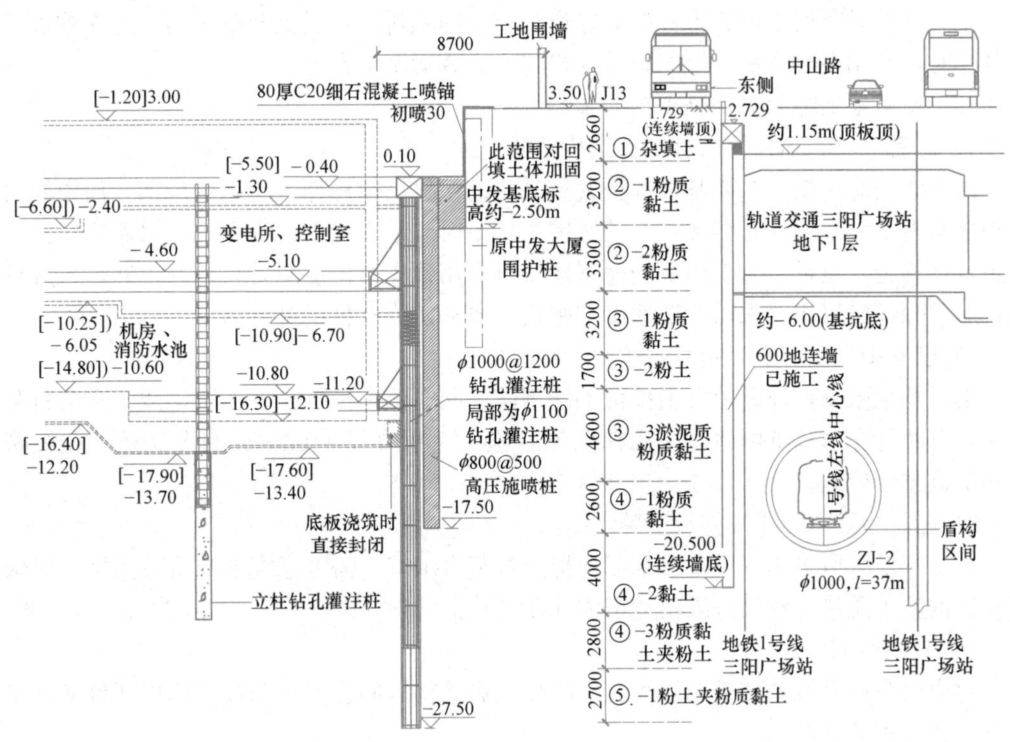

图10 基坑围护典型剖面（中山路侧南段）

4. 几个设计细节处理

（1）栈桥设计与土方开挖

由于场地狭小，基坑较深，采用土坡道长度较长，同时由于缺少施工场地，结合总包单位的要求，本项目在支撑上设置栈桥。合理的栈桥设计至关重要，尽量做到便于土方开挖，避免土方垂直运输；同时土方车流线应顺畅，形成一个富有灵活性的运输路线。

结合总包单位施工流线和荷载要求，在中山路两处出口设置位置，确定栈桥布置。

在西侧中山路南北各设一个进出口，在第1道支撑上形成“C”形回路。栈桥宽度结合支撑间距，约10m，可满足车辆双向通行，在转弯位置设置转角。由于第1道支撑标高0.10m，采用1∶10的斜坡道进入第1道支撑，在入口处设置平台，平台标高与外侧路面齐平为3.50m，并向基坑外侧延伸一跨，设置出入口加强桩。同时在中山路南北出入口之间的1层支撑上设置堆载施工平台。

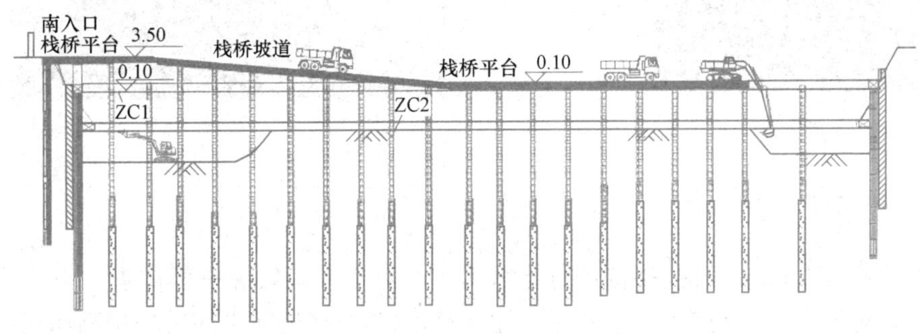

图11 栈桥布置剖面

土方开挖时利用不设联系杆的对撑通长空间向栈桥位置退土开挖。第 2 道支撑以下土方开挖时，利用在栈桥平台上的长臂挖机将土方翻运至平台上。

（2）遗留地下障碍对基坑支护的影响

1）已有土钉、锚杆等已有围护结构清障

由于崇安寺一期、二期基坑围护大量采用的土钉、锚杆伸入本基坑范围，而中发大厦围护桩与本基坑范围互有交叉，本基坑围护施工时应重点考虑清障方案，以保证围护结构与止水结构施工质量。对于浅部的障碍建议可采用预先开挖清障后采用好土回填再进行施工；对于深部障碍建议采用大功率旋挖桩机，或冲击成孔桩机进行施工。

2）已有中发围护桩穿越基坑侧壁

由于场地限制，外侧中发围护桩不能清除，同时该围护桩长度较短，浅于本项目基坑坑底，有两处穿越基坑侧壁，采用在两侧各施工 2 根直径 1100mm 的大直径钻孔桩跨过老围护桩进行处理。

3）已有中发水泥土搅拌桩清障

由于中发大厦采用满堂布置水泥土搅拌桩复合地基，需考虑穿越或清障措施，以保证立柱桩的施工质量。建议可采用冲击成孔工艺。

5. 有限元模拟

对中山路侧靠轨道交通 1 号线三阳广场站和盾构区间位置采用数值模拟评价各施工阶段对地铁工程的影响。

计算结果满足地铁结构变形 10mm 的要求，计算结果如表 3 所示。总位移云图如图 12、图 13 所示。

基坑开挖至坑底时地铁工程总位移有限元计算结果 **表 3**

位置	支护形式	左侧隧道最大总位移(mm)	右侧隧道最大总位移(mm)	站厅层最大总位移(mm)
西南，剖面 11	1000mm 桩＋3 道支撑	2.9	1.6	1.9
西，剖面 12	900mm 桩＋2 道支撑	3.5	1.8	

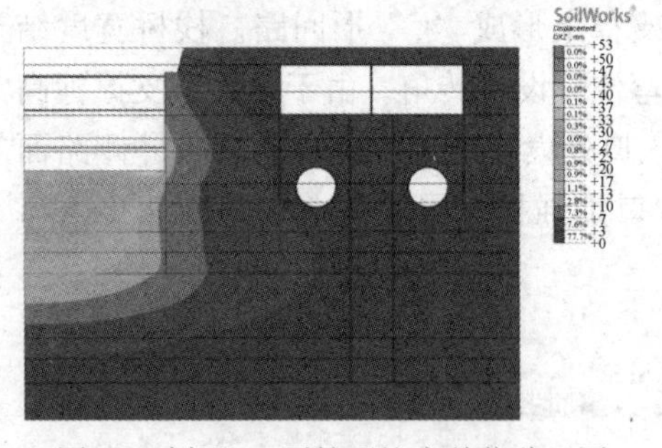

图 12 剖面 11 开挖至坑底总位移云图

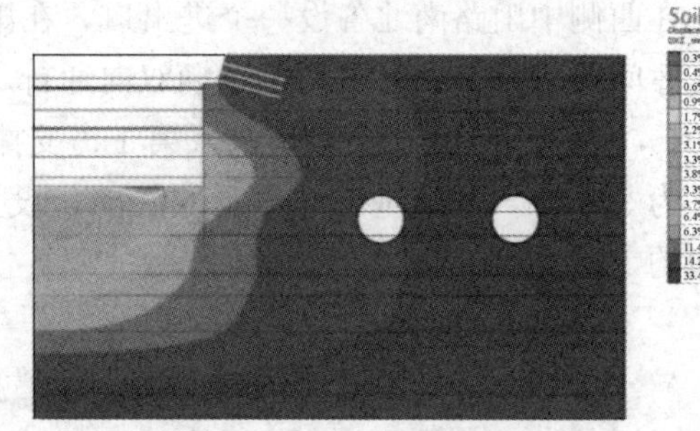

图 13 剖面 12 开挖至坑底总位移云图

五、地下水处理方案

采用直径 850mm 三轴搅拌桩进行止水为主。对于靠崇安寺一期位置，由于采用永久降水抗浮，对地下水控制要求较高，在围护桩与三轴搅拌桩间再加设一排高压旋喷桩。地下水控制平面布置如图 14 所示。

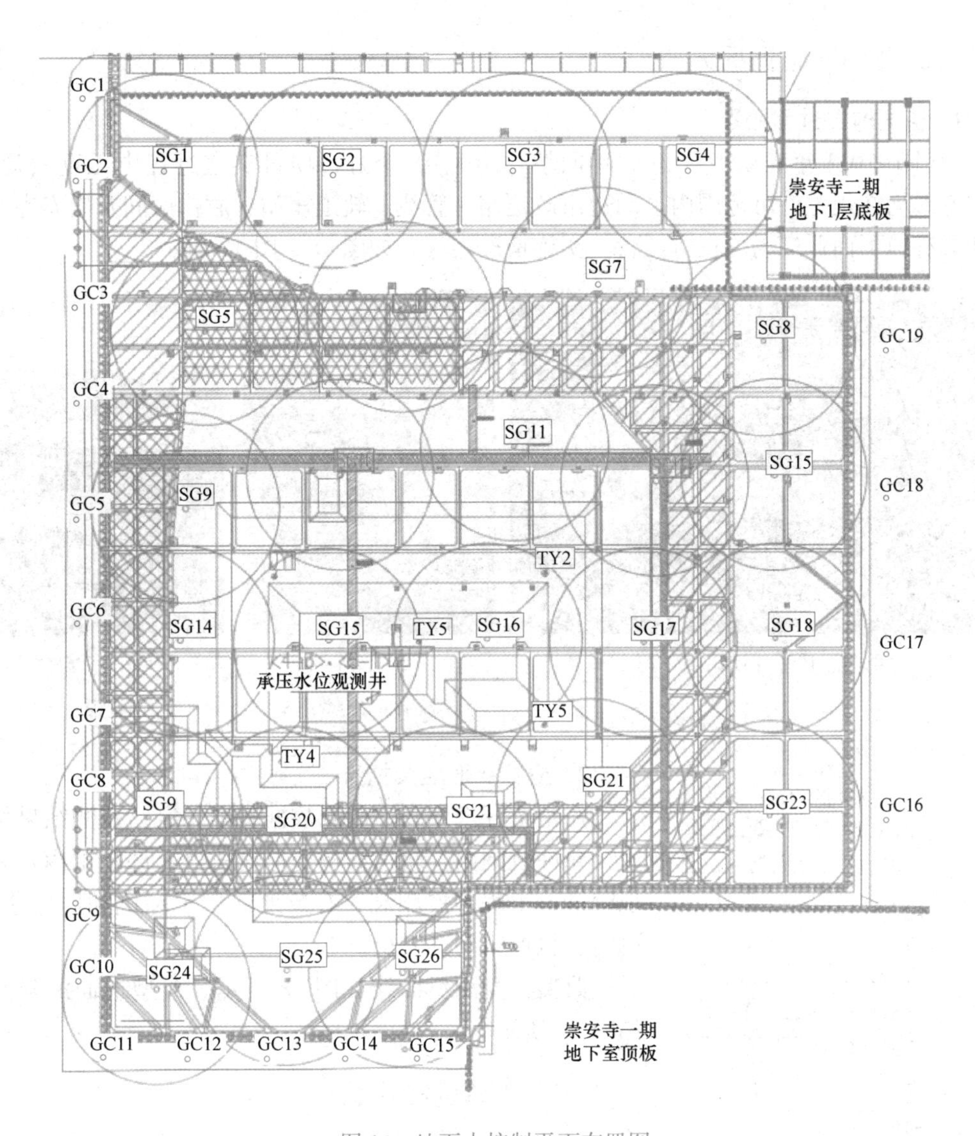

图 14 地下水控制平面布置图

但是对于崇安寺一期、二期和中发大厦的位置，局部由于场地周围已有建筑或已有地下障碍限制无法施工三轴搅拌桩，因此需施工高压旋喷桩。根据无锡地区土层经验，采用直径 600mm 高压旋喷桩往往难于彻底止水，因此本工程采用直径 800mm、间距 500mm 高压旋喷桩，以确保止水效果。同时考虑到高压旋喷桩止水效果较差，在单纯采用高压旋喷桩止水的位置，一般设置 3 排高压旋喷，支护桩间 1 排，桩后 2 排，连续搭接，并在最靠基坑内侧一排中插入钢筋加强。

止水桩插入深度穿过③-2 层粉土不少于 2.0m，一般情况下进入下部硬塑④-1 层硬塑粉质黏土，满足截水要求。

根据经验，本场地④-3、⑤-1 层承压水对本基坑大面积影响不大，但是对于局部深坑则存在隆起风险，因此在主楼核心筒深坑位置布置承压水降压井，并布置观测井进行观测，以满足降压目标为准，不应大量抽取造成地面下沉。

六、基坑实施情况分析

1. 基坑施工过程概况

项目于 2011 年底动工，2013 年回填，历时 18 个月，项目实施过程中无重大险情，实测变形均在规范许可范围内，周边市政道路、管线、轨道车站、盾构区间及崇安寺一期二期既有地下商业广场均正常运营，实施情况良好，如图 15～图 17 所示。

图 15 基坑开挖到底实况

图 16 崇安寺二期传力框架

图 17 南侧 3 层支撑实况

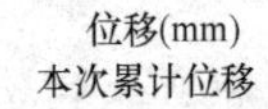

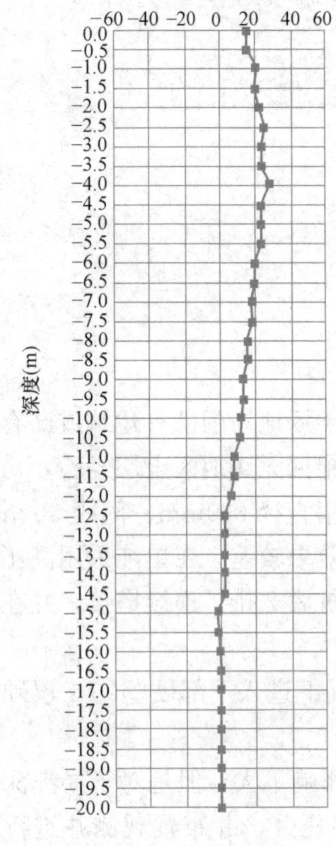

图 18 典型桩身测斜曲线

2. 基坑变形监测情况

在基坑开挖期间，监测数据基本稳定。监测结果均在设计允许范围内，轨道结构变形在轨道允许范围内，未出现险情，工程进展顺利，有效地保护了基坑和周边建筑、道路、轨道结构的安全。

典型桩身测斜曲线如图 18 所示。典型地面沉降曲线如图 19 所示。

七、本基坑实践总结

（1）克服周边既有建筑结构、既有围护情况复杂带来的挑战

设计初期对崇安寺一期、二期，中发大厦，轨道交通 1 号线三阳广场站的建筑、结构、围护图纸进行了搜集整理，走访相关参建人员，部分图纸缺乏 CAD 文件，根据蓝图重新绘制。在对周边环境的充分理解下，较好地解决了以下相关技术难点：

1）采用合理的以对撑、角撑为主的支撑体系，在崇安寺二期预留梁板位置采用临时支撑传力框架解决了基坑边线不封闭、无法传力、土压力不平衡的问题，将支撑力作用于崇安寺地下结构。同时保证了崇安寺二期内部空间在基坑开挖阶段的使用。

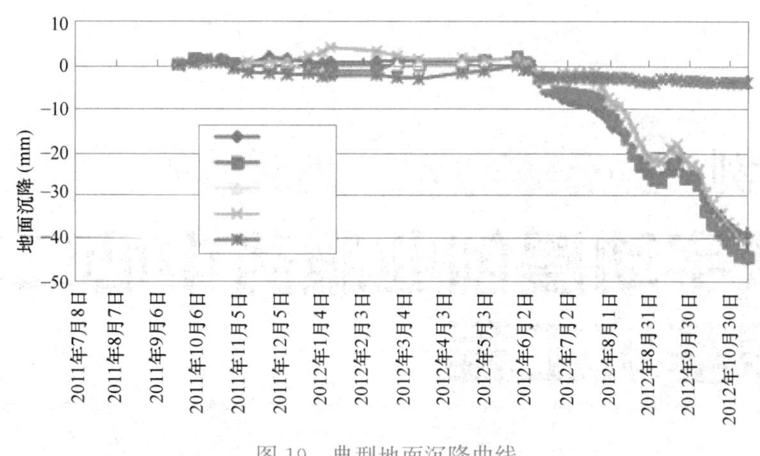

图 19　典型地面沉降曲线

2）对已有围护结构进行复核验算，利用了崇安寺二期和中发大厦已有的围护结构，节省了工程造价。

3）已有围护结构和地下结构对基坑围护和止水体系施工影响较大，整理提供了详细的既有结构图纸供施工单位清障使用，并对施工做出了要求和建议。最终采用浅部开挖、旋挖桩机、冲击成孔桩机结合的手段保证了围护结构的施工质量。

4）中发大厦原有围护桩与基坑围护侧壁有两处交叉，无法清障。采用两侧大直径钻孔桩穿越，对老围护桩底部进行支撑处理。

（2）复杂条件下既有建筑与地下轨道保护满足要求

基坑周围建筑物众多，有崇安寺二期，采用天然地基的崇安寺一期，轨道盾构区间和站厅层。设计过程中充分考虑到地基固结、桩土应力分担等因素，建立了比较精确的计算模型进行设计，并采用有限元计算对变形进行数值分析预测，对存在安全隐患的位置进行了有针对性的加强。实践证明建筑物在长达 1 年多施工期间无明显变形，不影响结构使用，取得良好效果。此外对古树位置浅部采用钢结构材料，避免碱性环境对古树的影响。

（3）地下水控制效果良好

基坑开挖侧壁有微承压含水层，下部有承压含水层。设计采用三轴搅拌桩全封闭止水帷幕，在施工受限位置采用多排高压旋喷桩。在坑内采用管井疏干，对主楼深部承压水进行减压。要求基坑侧壁在流砂层采用桩间挂网。并对流水流砂制定了完备的应急预案，大大减少了流水流砂对周边环境和施工进度的影响。整个项目地下水控制效果良好。特别是采用永久降水系统抗浮的崇安寺一期一侧，未发生止水帷幕失效。

（4）解决了深大基坑土方开挖和缺少施工场地的困难

项目位于无锡市中心，场地狭小，基坑较深，土方清运困难，同时缺少施工场地。本项目在支撑上设置栈桥。利用已确定的西侧中山路南北进出口位置，设置斜坡道进入场地，在第 1 道支撑上形成“C”形回路。栈桥宽度结合支撑间距，满足车辆双向通行，在转弯位置设置转角。土方开挖时利用不设联系杆的对撑通长空间向栈桥位置退土开挖。本项目土方车流线顺畅，形成一个富有灵活性的运输路线，土方开挖便利，施工单位以较快的速度完成了土方工程。同时在 1 层支撑上设置施工平台，为施工单位创造了施工场地。

实例 4

数字动漫创业服务中心二期深基坑工程

一、工程简介

本工程位于东亭路与二泉路交叉路口东南侧（原锡山区广播电视局内部），东临新兴塘河，东亭路以东，锡州路以北，二泉路以南，整个工程由 38 层办公、酒店、广播电视发射台主楼、酒店裙房组成，设有 3 层地下室。整个场地可建设用地面积 9067m^2，总建筑面积 99908m^2，地下建筑面积 30442m^2。主楼高度为 158.45m。

本工程均为桩基础，主楼桩基有效桩长 68m，桩径 1m；裙房及承台桩径 0.6m，有效桩长 32m。本工程±0.000 为 3.600m，本场地整平标高在 3.400m 左右，地下室板结构面相对标高为−13.150m，底板厚度主楼为 2.5m，其余位置均为 1.0m，其中主楼坑底开挖面标高为−15.50m；裙房及纯地下室部分为−13.80m。

基坑北侧紧靠二泉路的张周桥引桥位置，引桥与本工程场地高差最大约为 2.0m，基坑在该侧实际最大开挖深度为 16.3m；其余位置开挖深度为 13.6m。在主楼位置有 4 部电梯开挖深度 4m，位于基坑中间部分。基坑坡顶线周长为 480m，基坑总面积约 11000m^2。图 1 为项目总平面图及实景图。

二、工程地质与水文地质概况

1. 工程地质简介

本工程场地属三角洲冲积平原地貌类型，场地地势较平坦，地基土主要属第四纪冲积层，主要由黏性土、粉性土、砂土组成。基坑开挖影响范围内典型地层剖面如图 2 所示。

2. 地下水分布概况

本工程场地勘探深度范围内主要含水层有：

（1）地表水

无锡地处江南水网区，属长江水流域太湖水系，区内地表水系十分发育。场地东侧有一河道，场区地表水主要受大气降水的影响。

（2）潜水

上部杂填土层，属上层滞水～潜水，主要接受大气降水及地表渗漏补给，其水位随季节、气候变化而上下浮动，勘察期间测得水位标高为 2.5m 左右。一般说来该含水层旱季无水，雨季、汛期会有一定的地下水，其水位一般不连续。

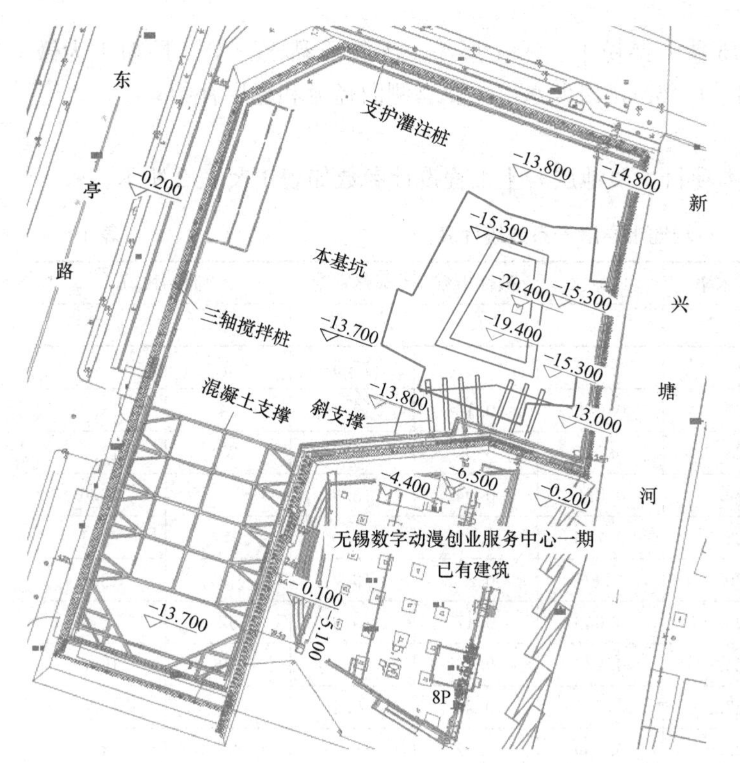

图1　项目总平面图及实景图

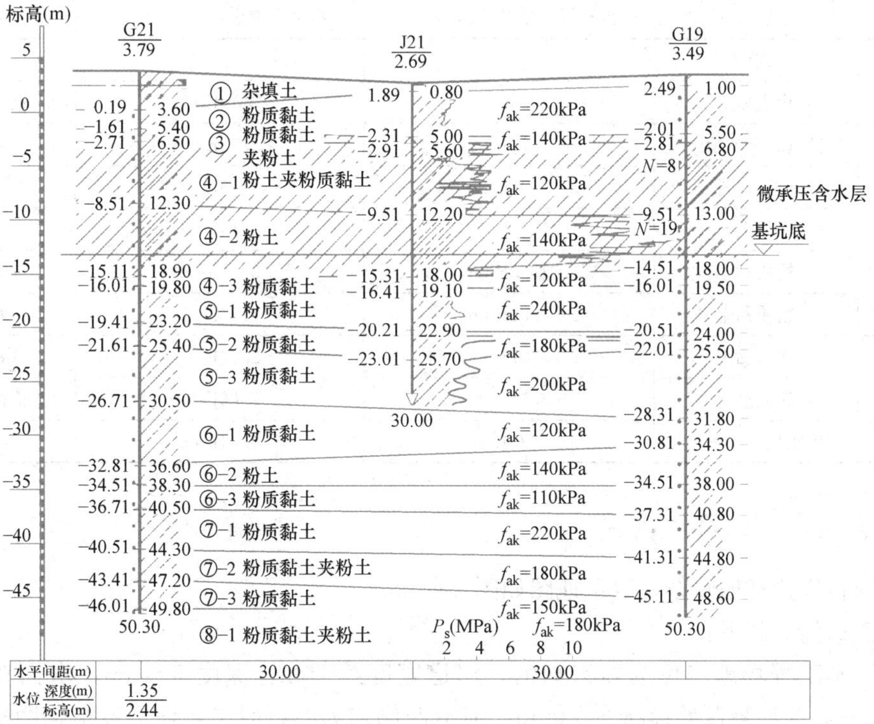

图2　典型工程地质剖面图

(3) 承压水

本工程场地中下部③层粉质黏土夹粉土、④-1层粉土夹粉质黏土、④-2层粉土为微承压含水层，水头标高为1.38～1.45m，该含水层主要靠侧向径流和越层补给。

3. 岩土工程设计参数

根据岩土工程勘察报告，本项目主要地层岩土工程设计参数如表1及表2所示。

场地土层渗透系数统计表 **表1**

土层号	土层名称	含水率	孔隙比	液性指数	天然重度	固结快剪	
		w(%)	e_0	I_L	γ(kN/m^3)	c_k(kPa)	φ_k(°)
①	杂填土				17.5	5	8
②	粉质黏土	23.9	0.688	0.16	19.7	54	15.2
③	粉质黏土夹粉土	28.0	0.797	0.56	19	27	17.9
④-1	粉土夹粉质黏土	29.1	0.828	0.94	18.8	7	23.6
④-2	粉土	26.8	0.766	0.99	19.0	4	27.1
④-3	粉质黏土	30.3	0.86	0.84	18.7	13	13.7
⑤-1	粉质黏土	23.0	0.649	0.17	19.9	52	15.2
⑤-2	粉质黏土	25.9	0.736	0.36	19.4	40	15.9
⑤-3	粉质黏土	27.2	0.775	0.24	19.2	51	15.1
⑤-4	粉质黏土夹粉土	29.4	0.839	0.72	18.7	22	14.5

场地土层渗透系数统计表 **表2**

编号	地层名称	垂直渗透系数k_V(cm/s)	水平渗透系数k_H(cm/s)	渗透性
①	杂填土			
②	粉质黏土	5.33E-07	7.19E-07	极微透水
③	粉质黏土夹粉土	2.77E-06	2.95E-06	微透水
④-1	粉土夹粉质黏土	2.04E-05	2.76E-05	弱透水
④-2	粉土	1.18E-04	1.19E-04	中等透水
④-3	粉质黏土	4.55E-06	5.35E-06	微透水
⑤-1	粉质黏土	1.01E-06	7.75E-07	微透水
⑤-2	粉质黏土	3.07E-06	2.50E-06	微透水
⑤-3	粉质黏土	8.07E-07	7.66E-07	极微透水
⑤-4	粉质黏土夹粉土	9.85E-06	1.74E-05	弱透水

三、基坑周边环境情况

本项目周边环境复杂，卫星地图如图3所示。

各侧壁情况如下：

(1) 本工程场地东侧为新兴塘河，河道宽度约20m，深度5～6m，水面在地面下1.5m左右，河底最深处标高−3.00m。河道两侧均为毛石驳岸，地下室结构距驳岸最近不足4m。沿驳岸栏杆有电缆线从北侧二泉路上变电箱通往已建的一期工程大楼，河岸对面为住宅小区，其中6层住宅楼距离地下室外墙最近约34.5m。

新兴塘河为无锡市市级河道，本段不承担航运功能，主要为市区行洪排涝之用。该河道驳岸结构简易，资料已缺失，极易受沉降影响破损，如有必要可做局部围堰导流，对河道功能影响不大。

图3　项目卫星图

(2) 本工程场地东南侧为已建一期工程。该建筑地上7～8层，设有1层地下室。一期工程采用天然地基筏板基础，地下室埋深约为2.8m。一期工程北侧与本工程塔楼相邻，距离地下室外墙为6～9m，本次拟建连接通道，距离地下室外墙为7.8～13.6m。

一期建筑北侧距离外墙不足2m范围内分布有雨污等市政管线以及消防水管，根据管线图资料，这些管线均为一期建筑所用，基坑开挖时需予以保留。

(3) 本工程场地南侧为B地块建设用地，现已拆空，地面平整。B地块地下室预计2层，为高端商务、办公及住宅项目，通过本次新建的连接通道与A地块无缝连接。

(4) 本工程场地西侧为东亭路，地下室外墙距离路边绿化带约为9.5m，道路与场地之间为围墙（北侧为铁栅栏，南侧为砖墙）。场地内距离围墙约1.5m处有一电力线路，从北侧国家电网4号环柜（随后在北侧情况中描述）通往南侧场地，电线埋深约0.5m。

东亭路下埋设有多种市政管线，*DN*500上水管距离围墙2m，电信管线距离围墙4m，人行道与慢车道间的绿化带下有煤气管线，距离基坑约13m，快车道下有污水和雨水管线。路对面为已建晶石国际商务大楼，塔楼21层，裙房3层。

(5) 场地北侧为二泉路，基坑正好位于张周桥引桥边，地下室外墙距离引桥6m，引桥为填土逐渐填高，浆砌块石挡墙支护。桥台采用天然基础，桥面高度较大，东北角最高位置比现有场地高1.9m。

路边上为铁栅栏式围墙，二泉路人行道、绿化带及快车道，沿围墙有两个变电箱（西边为国家电网4号环柜、东边为国家电网3号环柜，其中3号环柜位于人行道上，导致人行道局部拐弯），紧贴其下分布有电力管线，人行道及绿化带路面下有*DN*500上水管，快车道下有雨水管。

四、支护设计方案概述

1. 本基坑的特点及方案选型

本基坑特点如下：

(1) 本基坑开挖面积为11000多平方米，基坑开挖深度很大，普遍深度为14.05m，张周桥引桥位置坑内外高差最大达到17.25m；基坑形状不规则，东南角有受力不利的阳角。

（2）环境要素复杂：东南侧一期工程距离本基坑较近，一期工程采用天然地基筏板基础，地上层数较多，而地下室较浅，与本基坑地下室之间高差较大为12.45m，且一期工程位于本工程基坑阳角位置，设计时应充分考虑阳角位置应力集中对边坡产生的不利影响，该建筑为本次基坑支护重点保护对象。基坑北侧二泉路及西侧东亭路均为城市重要道路，本次基坑开挖紧靠路边，路面以下存在对变形特别敏感的自来水管、污水管、综合管廊等众多市政管线，基坑开挖不能对道路交通造成影响，同时对于路面下各类管线需采取有效保护措施，开挖过程应密切关注该侧变形，如发现异常情况应及时采取措施处理；基坑东侧为新兴塘河，该河道驳岸结构较差，并且渗透可能性极大；河道过水量大，河道深度大，需慎重考虑。

（3）作业场地：基坑周边除南侧B地块工程侧外，其余各边距离红线均很近，因此实际作业场地很小。

（4）工期紧张：本工程当时计划于2012年底完成地下室部分施工。考虑工程实际进度，基坑支护方案一方面需确保方便施工，尤其是方便土方开挖；另一方面需保证安全，避免因基坑问题导致进度拖延。

（5）土质情况：基坑开挖范围内土质为无锡市区典型地层，开挖深度范围内除②层粉质黏土工程特性较好外，其余各土层工程特性均一般。

（6）地下水：基坑开挖范围内存在渗透性大的粉土层，需要采取封闭止水措施；并且坑底位于④-2层粉土中，一旦降水措施不力非常容易导致基坑开挖到底后因流砂无法继续开挖。

基坑支护方案的选定必须综合考虑工程的特点和周边的环境要求以及地质情况，在满足地下室结构施工以及确保周边建筑安全可靠的前提下尽可能地做到经济合理，方便施工以及提高工效。结合项目特点，本基坑支护方案如下：

（1）北侧二泉路段：采用钻孔灌注桩挡土，塔楼范围采用5道锚桩控制变形，裙房范围采用4道锚杆控制变形，裙房集水坑位置加设一道锚桩。

（2）西侧裙楼范围：采用钻孔灌注桩挡土，3道旋喷锚杆控制变形，桩顶4.5m放坡，以减小土压力。

（3）西侧连接通道位置：也可采用3道锚桩；但是考虑到一期建筑下如在连接通道位置也是锚桩，则在阳角下会有不少于7道锚桩交汇，受力极为不利，因此采用1道支撑+1道锚桩。

（4）南侧与B地块衔接段：为避免锚桩影响B地块后期施工，上部充分放坡后采用1道支撑。

（5）东南侧与一期相邻范围：采用钻孔灌注桩挡土，1道锚桩+1道支撑，一方面可有效控制变形，同时也避免了阳角群锚效应。

（6）主楼与一期建筑衔接段：为兼顾安全与施工速度以及经济性，采用1道斜抛撑+4道锚桩方案。

（7）东侧河道范围：采用钻孔灌注桩+4道旋喷锚桩支护，考虑到锚桩避开河道后标高较低，为控制桩顶变形，在顶部设置角撑和抛撑。

（8）由于一期工程位于本基坑阳角位置，如果全部采用锚桩则将有7～8层锚桩在一期建筑下交汇，对一期建筑而言其受力是极不利的。因此在连接通道位置采用1道支撑，上部1道锚桩调整内力，可以确保既不影响一期建筑又确保基坑安全。同时1道支撑由于位于连接通道位置，不影响总体工期。

2. 基坑支护结构平面布置

根据选型分析思路，基坑支护结构平面布置图如图4所示。

3. 典型基坑支护结构剖面

本基坑典型剖面图如图5～图7所示。

4. 几个设计细节处理

（1）群锚效应分析与处置

群锚效应对围护体系的影响非常大，由于本基坑设计方案中锚桩较密，因此需要注意群锚效应。现行不同规范规程对锚索布置要求如下：

在《建筑基坑支护技术规程》JGJ 120—2012中，锚杆布置应符合以下规定：

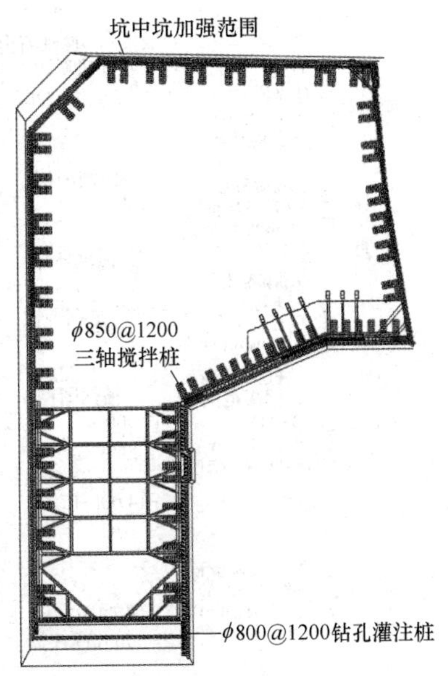

图4　基坑围护平面图

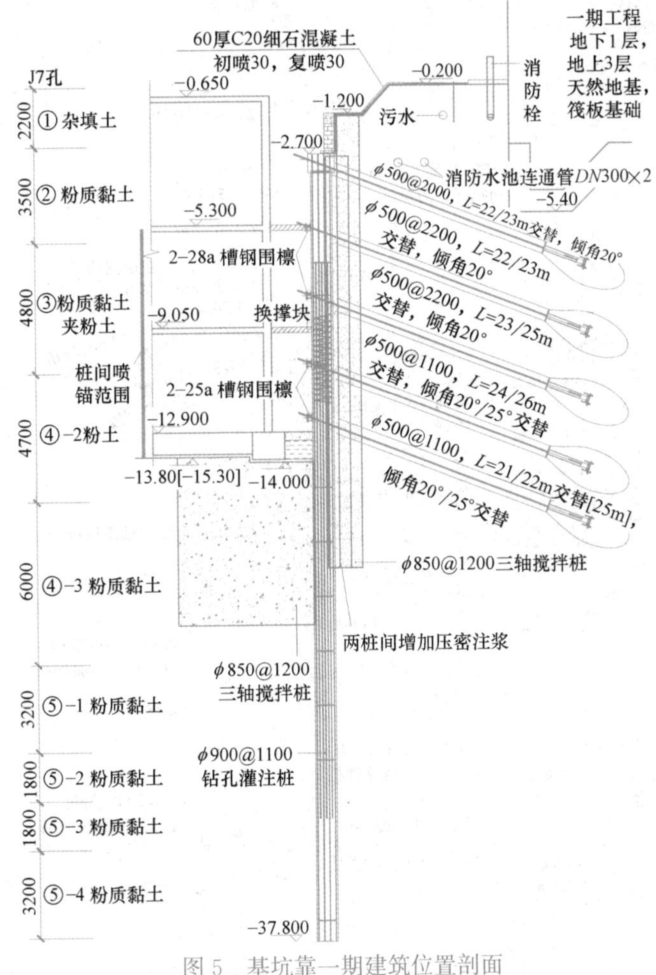

图5　基坑靠一期建筑位置剖面

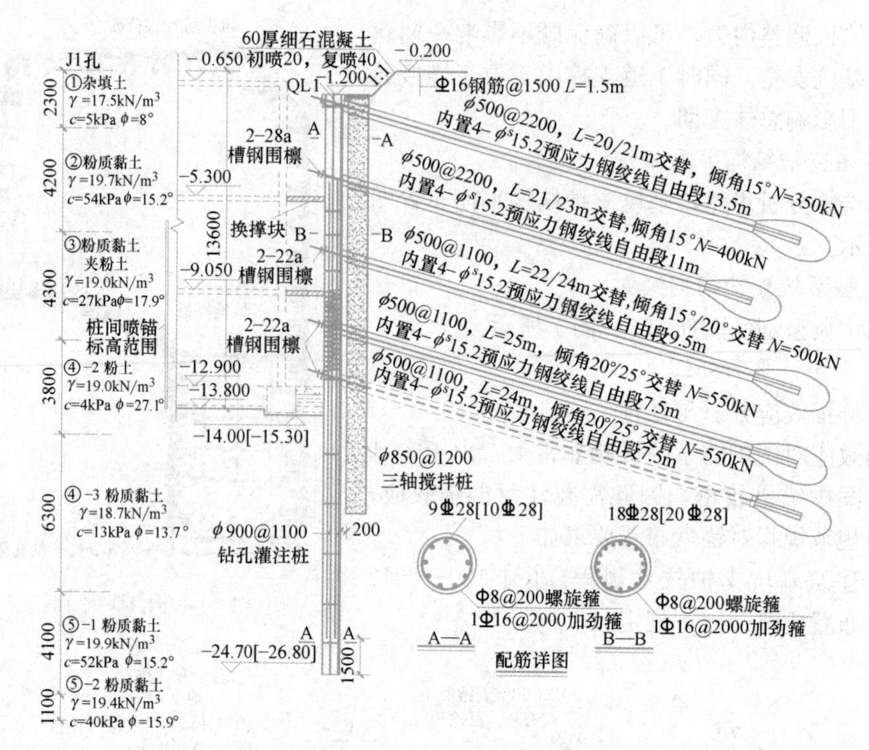

图6 基坑北侧靠张周桥位置支护剖面

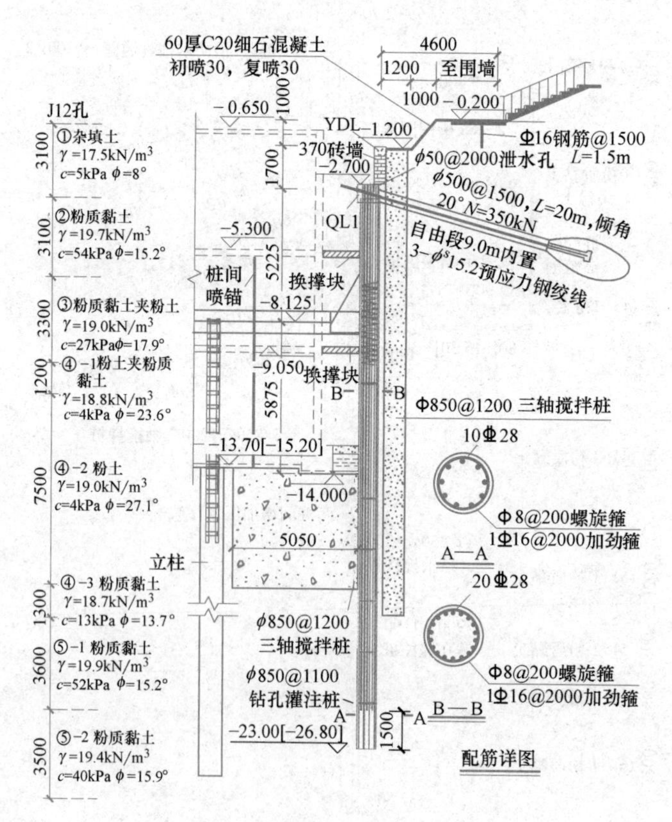

图7 基坑南侧连接通道位置典型剖面

1）锚杆上下排垂直间距不宜小于 2.0m，水平间距不宜小于 1.5m；

2）锚杆锚固体上覆土层厚度不宜小于 4.0m。

《加劲水泥土锚桩支护技术规程》CECS 147：2004 5.1.3 条规定：

高压旋喷加筋水泥土桩锚支护适用于软弱的淤泥层和松散的砂土层，桩锚长度应按计算确定桩墙体嵌固长度宜进入隔水层 1～2m，锚体长度不宜小于 1.0～1.5 倍基坑深度，间距不宜大于 1.5m，直径宜为 0.3～0.8m，按梅花形布置。

本次主要采取以下几个技术措施：

1）锚杆按隔一密一间距布置，水平方向确保锚桩间距；

2）竖向间距 2.5～3.0m；

3）锚杆角度调整，相邻锚杆角度相互错开；

4）自由段长度确保足够长，使得锚固段间距拉大；

5）第 1 道锚桩适当加长。

根据经验，锚固段距离 $4D$ 时可避免相互影响，经初步计算满足要求，因此不会发生群锚效应。

此外，在一期建筑位置是一个较大的阳角，应避免多道多层锚杆在建筑基础下交汇。故在连接通道位置采用支撑方案。

（2）河道渗漏与处置

新兴塘河距离本基坑地下室不足 4m，考虑到围护结构外包及原浆砌块石驳岸的结构，围护桩尤其是三轴搅拌桩施工可行性很小，即使能够施工其质量也无法保证；而且后期基坑开挖过程中一旦产生变形，发生渗漏甚至驳岸坍塌的概率极高，会造成很大的经济损失和不好的社会影响。

经与有关设计部门沟通，本河道采取局部围堰半幅导流是可行的，因此本基坑设计方案采取围堰方案，将河道半幅截断后拆除驳岸，这样既降低了土压力又防止河水涌入基坑。

（3）一期工程安全度与确保安全的处置措施

本工程自两个方向环绕一期工程，一期工程为筏板基础，基础埋深不大，距离基坑坑底很远，本工程开挖一期工程位于基坑开挖强烈影响范围内。因此我们采取如下技术措施确保工程安全：

1）坑底将第 5 道锚桩调整为斜抛撑，主要基于以下分析：

钢结构斜抛撑刚度大，可迅速安装，并可施加预加力，因此初始变形可迅速得到控制；

坑底土质较差，也是围护桩变形最大的地方，采用刚度大、受力简洁的斜抛撑可控制其长期变形；

自坑底下 20m 范围内土质均较差，由于 7 层建筑荷载很大，该处深层滑动圆弧半径达 33m，如采用斜抛撑底板分次浇筑可实现预先反压进而提高基坑整体稳定性。

采用斜抛撑后基坑地表沉降曲线如图 8 所示。

2）对第一道锚桩进行加长，在实际施工过程中提高其预加力比例，根据经验该措施可有效控制变形并避免群锚效应。

3）由于一期工程位于基坑的大阳角范围，为避免多道锚桩在一期工程基础下相互影

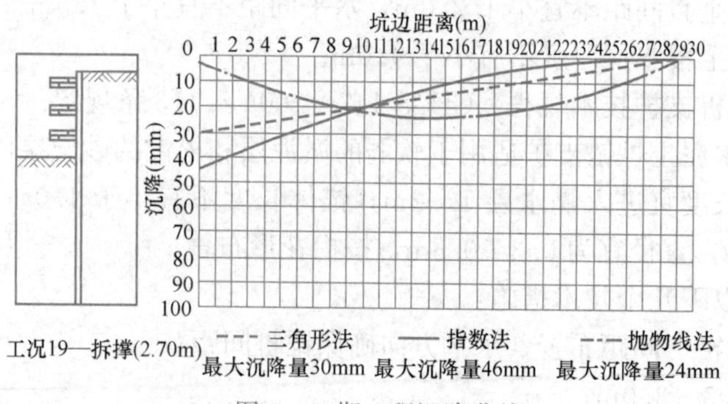

图 8 一期工程沉降曲线

响导致承载力降低，采用在连接通道位置布置支撑的方案，通过刚度较大的对撑有效控制一期工程下的土体应力状态。

4）在坑底采用被动区加固措施，进一步控制基坑围护桩的位移。

建立有限元分析模型如图 9 所示，分析结果如图 10～图 12 所示。

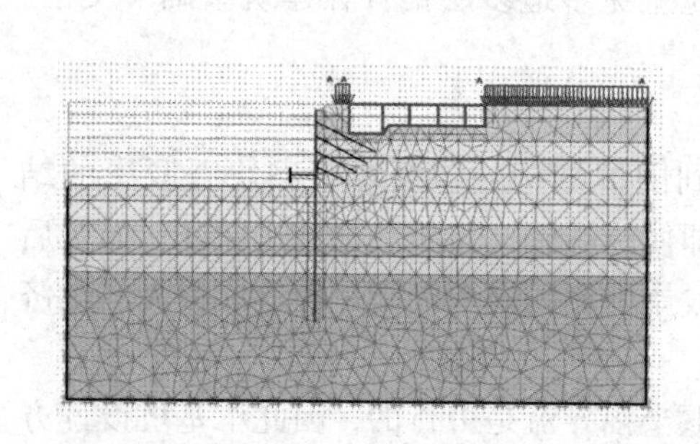

图 9 有限元分析模型

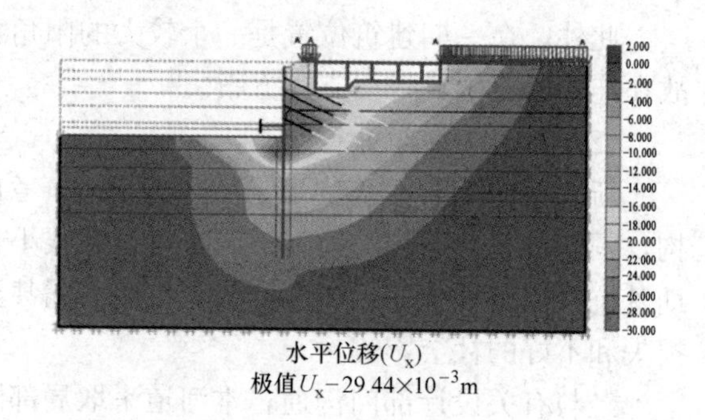

图 10 水平位移图

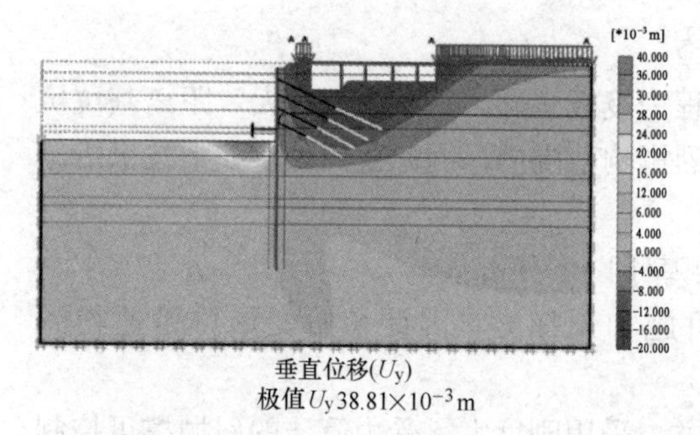

图 11 竖向位移图

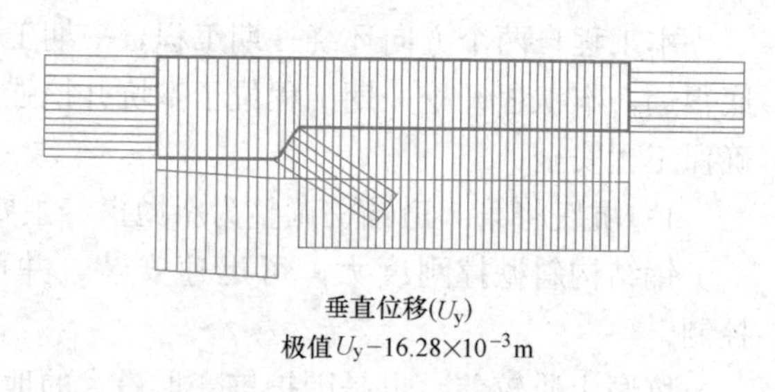

图 12 建筑物沉降图

开挖到底后建筑物位移 16.28mm，表明建筑物是安全的。

（4）锚桩长期工作下的应力损失及处置

依靠土体提供锚固力的锚桩支护，其长期工作下的应力损失一是来自于土体剪切变形后的应力松弛，二是围檩结构的变形调节。第一个因素与土质有关，实测表明无锡地区土质具有非高塑性，特别是粉土层其锚固力更为稳定，因此土体不存在应力松弛问题，如图 13 所示。

对于钢围檩的变形导致的应力损失，采取加强的混凝土垫墩，如图 14 所示。改进钢围檩的设计后，基坑变形较常规做法大大减小，并且造价增加不多，费效比相当显著。

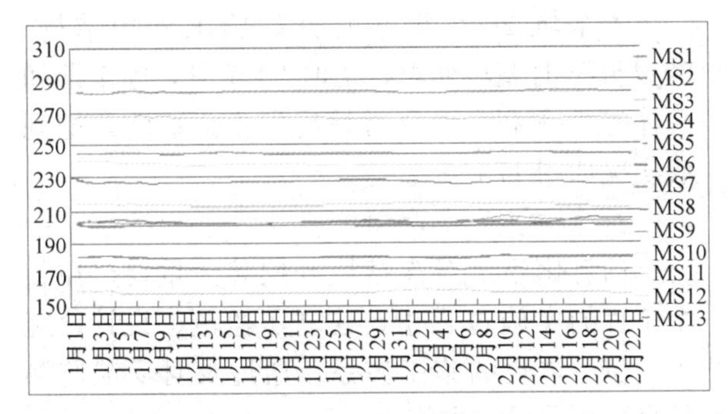

图 13 无锡地区锚固力随时间变化曲线

图 14 围檩下的混凝土垫墩

（5）桩间土保护处置

部分锚杆自由段位于粉土层中，微承压水可能会从搅拌桩孔口渗出，较长时间下形成通道会造成进一步流砂，因此改进设计工艺，在自由段采用 1.5mm 聚丙烯套管隔离，全长注浆填充孔洞，防止承压水从锚杆孔涌出造成地面沉降。本次设计采取以下措施：1）锚桩自由段全长注浆，套管隔离；2）桩间粉土段喷锚挂网护土（图 15）。

五、地下水控制方案

（1）基坑上部杂填土由于无稳定补给来源，且厚度一般不大，水量有限，因此妥善做好填土内的潜水～滞水明排即设置排水系统、做好基坑周边地面截水——设置环向截水沟、同时做好地面硬化后一般问题不大。

图 15 在粉土层中针对性地进行桩间喷锚

（2）基坑中下部存在微承压含水层，根据周边类似工程经验，该含水层含水量丰富，渗透性大，如不采取降水措施，会出现大面积流砂现象，影响地下结构施工和基坑安全，因此基坑开挖需采取大面积的疏水措施。由于基坑面积较大，地下水含量较多，因此地下水采用无砂管井进行疏干，基坑周边采用三轴搅拌桩全封闭止水帷幕。

（3）河道处理：东侧河道采用毛石驳岸，下部宽度较大，根据现有基坑与驳岸之间距离，无法按常规采用支护桩后侧施工止水桩的方案，因此采取在 2 排三轴搅拌桩中布置灌注桩的方法，解决场地较小的限制。

地下水控制平面布置如图 16 所示。

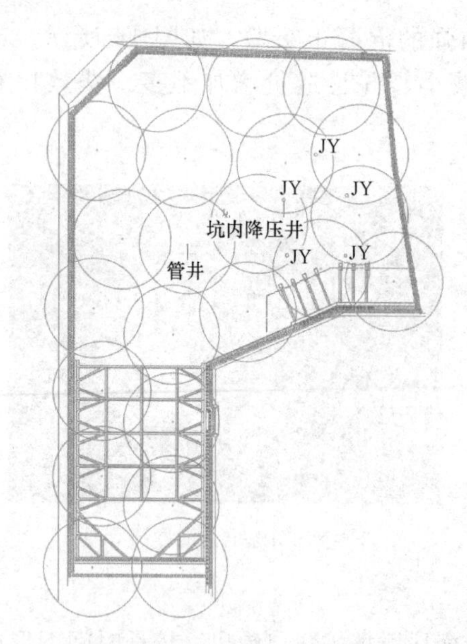

图 16 地下水控制平面布置图

六、基坑实施情况分析

1. 基坑施工过程概况

本基坑 2012 年 9 月开始施工支护结构，2014 年 8 月基坑回填，历时 23 个月，施工期间总体进展顺利，无异常情况发生。基坑开挖到底实况如图 17 所示。

2. 基坑变形监测情况

信息化施工对深基坑开挖尤为重要，在整个工程的实施过程中，建立了监测、设计、施工三位一体化的施工体系，通过及时反馈监测信息，指导设计和施工。

基坑施工期间共完成 286 期基坑监测，总体变形情况可控，最终监测数据汇总后如表 3 所示。

图 17 基坑开挖到底实况

监测数据统计表 **表 3**

监测项目	变化速率(mm/d)		累计变化量最大点	累计变化量(mm)	
	本期值	报警值		本期值	报警值
建筑物沉降	−0.10	2.0	JZ1	−39.6	20
道路沉降	0.10	3.0	DL13	24.4	30
坡顶垂直位移	0.20	4.0	PD6	32.8	0.4%H
坡顶水平位移	0.10	8.0	PD16	32.2	0.4%H
圈梁垂直位移		3.0	QL15	13.4	0.2%H
圈梁水平位移	0.2	3.0	QL6	42.9	0.3%H
管线沉降	0.13	/	GX1	28.3	/
坑外水位	16	−500	SW6	−2760	−1000
深层位移	0.13	3.0	CX4	37.1	0.4%H

注：沉降正值为下降，负值为上升（水位正值为上升，负值为下降）；水平位移正值为向坑内；H 为基坑开挖深度。

典型桩身测斜曲线如图 18 所示，建筑物沉降如图 19 所示。

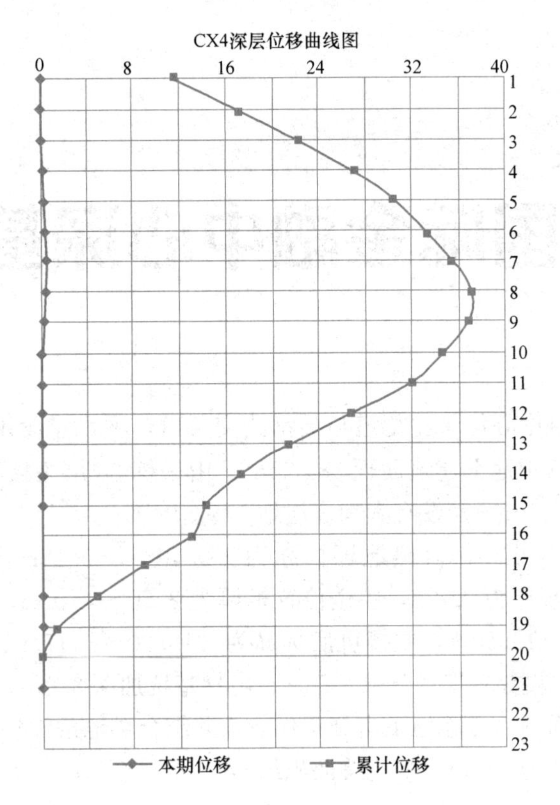

图 18 桩身测斜曲线

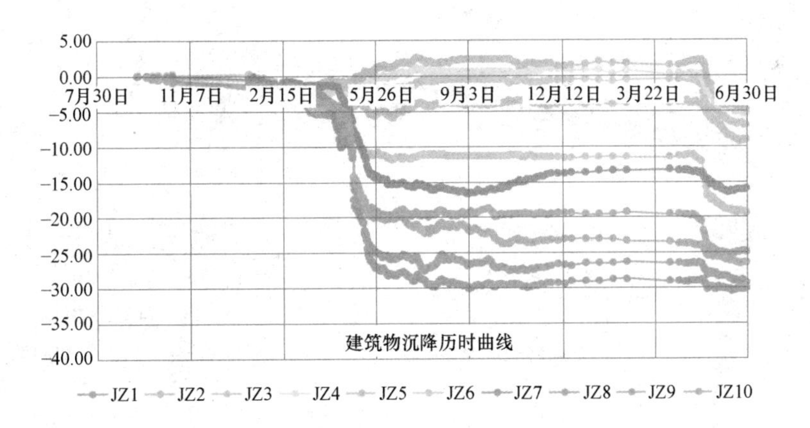

图 19 建筑物沉降曲线

实例5 宝能国际金融中心深基坑工程

一、工程简介

无锡宝能国际金融中心位于立德道与吴都路交叉口，项目建设用地面积 7587m^2，总建筑面积 98479m^2，其中地下建筑面积 18477m^2。由一栋 38 层主楼和 4 层裙楼组成，主楼建筑外观总高度为 175.5m，设有满铺 3 层地下室。

本项目±0.00 为 3.60m，自然地坪标高为－0.40～－0.10m，地下室板面标高为－14.60m，纯地下室板厚为 0.8m，主楼位置板厚为 2.80～3.10m，垫层厚度 0.1m，基坑大面积坑底标高为－15.50m，主楼坑底标高为－18.20～－17.65m。基坑实际开挖深度在主楼为 17.80m，裙楼为 15.25～17.80m，电梯基坑加深 3.0m。

根据基础结构平面图，考虑地下室施工作业面并结合场地条件外扩后得到基坑平面范围，本基坑坡顶线周长为 330m，基坑总面积约 6800m^2（图 1）。

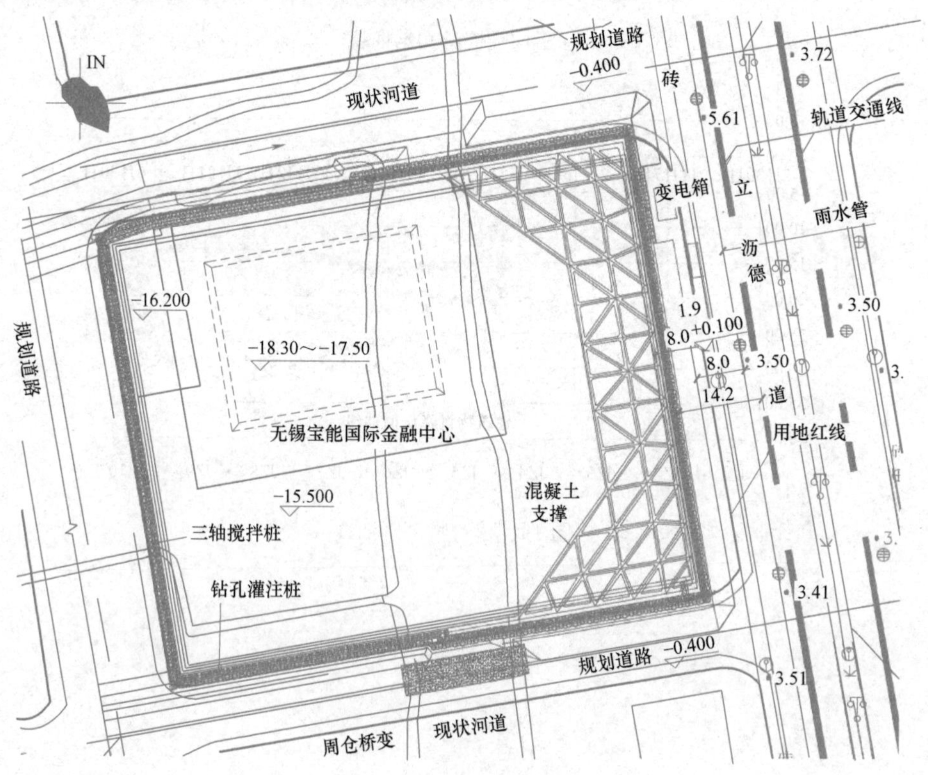

图 1　项目总平面图

二、工程地质与水文地质概况

1. 工程地质简介

本工程场地属太湖流域冲湖积平原、江南地层区江苏部分。区内第四纪沉积物覆盖广泛，沉积连续，层序清晰，覆盖厚度大于 50.0m。

本场地位于太湖冲积平原区，地势平坦，地表水系发育，第四系覆盖层厚度较大，各土层水平向分布较稳定。本次勘察揭示 115.3m 的浅岩、土层有第四系全新统（Q_4）至更新统（Q_2）冲湖积沉积物和滨海相～河流相沉积物、三叠系下统青龙组（T_{1q}）厚层状白云质灰岩，按其时代、成因及土的物理力学性质，可分为 12 个工程地质层，21 个工程地质亚层。基坑开挖影响范围内各土层分布规律如图 2 所示。

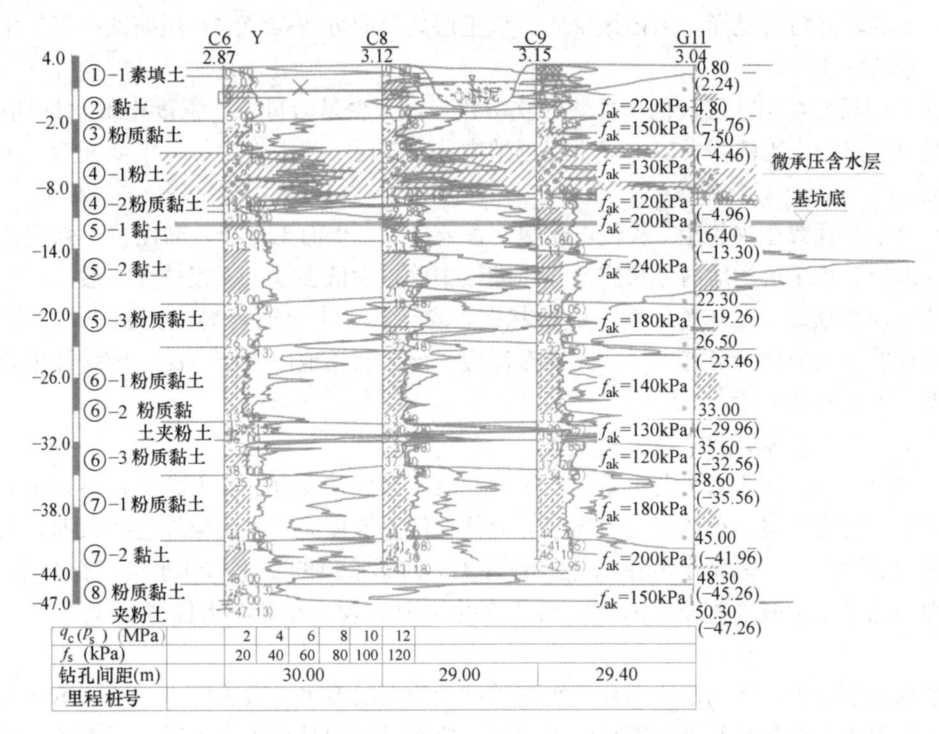

图 2 典型工程地质剖面图

各地层自上而下描述如下：

①-1 层素填土：灰色，松散，成分以黏性土为主，局部夹少量碎石，土质均匀性差。该土层场地内均有分布，压缩性不均，工程特性差。

①-2 层淤泥：灰黑色，流塑，含有机质，有臭味，土质均匀性差。该土层场地内仅分布于河道部位，高压缩性，工程特性差。

②层黏土：灰黄色，可塑～硬塑状态，含铁锰质结核。干强度、韧性高，土面光滑有光泽，无摇振反应。该土层场地内分布较稳定，仅河道部位厚度变薄、缺失，压缩性中等，中高强度，工程特性良好。

③层粉质黏土：灰黄色，可塑状态，含铁锰质氧化物，干强度中等，韧性中等，土面较光滑，无摇振反应。该土层场地内分布较稳定，压缩性中等，中等强度，工程特性中等。

④-1层粉土：灰色，稍密～中密状态，湿，含云母片，切面粗糙，韧性、干强度低，摇振反应迅速。该土层场地内均有分布。中低压缩性，中低强度，工程特性一般。

④-2层粉质黏土：灰色，软塑，夹少量云母碎片，土面较光滑有光泽。该土层场地内分布广泛，压缩性中等，中低强度，工程特性一般。

⑤-1层黏土：青灰色夹灰黄色条纹，可塑，质较纯，干强度中高、韧性中高，土面光滑有光泽，无摇振反应。该土层场地内分布较稳定，压缩性中等，中等强度，工程特性中等。

⑤-2层黏土：灰黄色，硬塑，含铁锰质结核物，干强度高、韧性高，土面光滑有光泽，无摇振反应。该土层场地内分布较稳定，压缩性中等，中高强度，工程特性良好。

⑤-3层粉质黏土：灰黄色，可塑，偶夹少量铁锰质氧化物，干强度较中等，韧性较中等，土面较光滑有光泽，无摇振反应。该土层场地内分布较稳定，压缩性中等，中等强度，工程特性中等。

⑥-1层粉质黏土：浅灰色，可塑～软塑状态，含少量云母，干强度中低、韧性中低，土面光滑有光泽，无摇振反应。该土层场地内分布广泛，压缩性中等，中低强度，工程特性一般。

⑥-2层粉质黏土夹粉土：灰色，软塑，含云母片，土面无光泽，韧性、干强度低，摇振反应迅速。该土层场地内分布广泛，压缩性中等，中低强度，工程特性一般。

⑥-3层粉质黏土：灰色，软～流塑状态，含云母，夹贝壳，局部夹粉土，干强度中低，韧性低，土面稍光滑有光泽，无摇振反应。该土层场地内分布广泛，压缩性中高，中低强度，工程特性一般。

2. 地下水分布概况

无锡市地处长江流域太湖水系区，区内地表水系极其发育，除太湖外，有京杭大运河横贯全区，锡澄运河、东清河、伯渎河等通往长江，五里河、梁溪河等连接太湖，太湖水域面积为2250km^2，总蓄水量在90亿m^{3}左右，河湖水位的变化与降水量变化基本一致，由于地势低平，水网水体径流迟缓，河床变化主要表现为淤积，水位变化于1.9～3.0m之间。

根据勘察资料，本场地浅部地下水按类型分为上层滞水、微承压水、第一承压水及碳酸盐溶裂隙水。对基坑开挖有影响的含水层主要有潜水和微承压含水层，深部第一承压含水层及碳酸盐溶裂隙水对基坑开挖没有影响，不再详述。

（1）潜水主要赋存于浅部土层中，富水性差；主要受大气降水入渗及地表水的侧向补给，以地面蒸发为主要排泄方式，透水性不均，场地内有一条河道，勘察时测得潜水水位与河水面基本持平，勘察期间雨量充沛，测得其稳定水位标高为2.15～2.35m，近3～5年最高上层滞水位约为3.25m，最低上层滞水位标高为1.23m，年变幅为1m左右。

（2）微承压水主要赋存于④-1层粉土中，富水性及透水性一般。勘察期间测得稳定水位标高为1.25～1.55m，近3～5年最高微承压水水位为2.10m，最低微承压水水位为0.80m，年变幅0.70m左右。该层地下水主要接受侧向径流和河水潜水的越流补给，排泄主要以侧向径流方式排出区外，地下水位受河水位及季节性降水控制。

3. 岩土工程设计参数

根据岩土工程勘察报告，本项目主要地层岩土工程设计参数如表1及表2所示。

场地土层物理力学参数表 **表1**

编号	地层名称	含水率	孔隙比	液性指数	重度	固结快剪(C_q)	
		w(%)	e_0	I_L	γ(kN/m^3)	c_k(kPa)	φ_k(°)
①	素填土						
②	黏土	24.4	0.703	0.19	19.5	60.1	16.4
③	粉质黏土	29.8	0.822	0.71	19.2	22.1	14.1
④-1	粉土	29.5	0.848	0.92	18.9	10.5	23.7
④-2	粉质黏土	32.3	0.894	0.76	19.0	21.8	11.3
⑤-1	黏土	22.7	0.636	0.16	20.5	52.8	17.0
⑤-2	黏土	24.7	0.699	0.17	20.2	59.6	17.4
⑤-3	粉质黏土	31.0	0.885	0.59	19.7	37	14.4

场地土层渗透系数统计表 **表2**

编号	地层名称	垂直渗透系数 k_V(cm/s)	水平渗透系数 k_H(cm/s)	渗透性
①	素填土			
②	黏土	3.60E-08	4.00E-08	极微透水
③	粉质黏土	6.20E-07	7.00E-07	极微透水
④-1	粉土	4.70E-05	5.00E-05	弱透水
④-2	粉质黏土			
⑤-1	黏土	6.40E-08	3.10E-08	极微透水
⑤-2	黏土	4.50E-08	4.00E-07	极微透水

三、基坑周边环境情况

(1) 本工程场地原为农田，场地内有T形河道，河道主要为南北走向，在北侧沿基坑边有一垂直分叉，河道深4～5m，如图3所示。

(2) 本工程场地东侧为立德道，地下室外墙距离立德道人行道（用地红线）8m左右，人行道下有一个3m×5m的共同管沟，埋深约4.6m，管沟内有自来水管、通信线、110kV电缆线等市政管线，此外在快车道下分布有雨水管。场地东北角有一变电箱，距离地下室外墙仅4m。立德道下有拟建轨道交通线，距离地下室外墙约16m；根据施工单位现场布置，东侧沿基坑边还需布置2层的临时板房。实况如图4所示。

图3 场地内河道实况

图4 东侧立德道实况

(3) 场地其余 3 侧地下室外墙距离用地红线为 3～4m，3 侧均为规划市政道路，本基坑施工期间均为空地，根据业主与政府相关单位协商结果，3 侧施工道路将在基坑回填后再进行施工。

本基坑总体场地条件较好，在基坑开挖深度影响范围需对东侧立德道下的共同管沟和变电房进行有效保护，且该侧支护结构不得对后期轨道交通线施工造成影响；基坑其余位置无重要建构筑物需要保护，围护设计需结合周边场地条件，按变形与强度控制相结合，以节约工程造价。

四、支护设计方案概述

1. 方案选型总体思路

本着"安全可靠、经济合理、施工方便"的设计原则，按照常规设计，本基坑采用灌注桩＋2 道支撑的形式可保证基坑的安全，采用全支撑方案由于基坑开挖面积小而土方开挖难度很大，且纯地下室与主楼只能同时施工，后期还需拆除支撑，周期较长，无法满足业主的工期要求。

根据本基坑特点，基坑南侧、北侧及西侧可充分利用场地空旷的有利条件。基坑顶部可放坡 6m（放坡过多则承压水会绕止水桩进入基坑，影响基坑安全）以降低围护成本，基坑下部采用围护桩＋锚桩支护形式，坑内没有支撑阻碍，挖土非常方便，后期不存在拆撑的工序，施工周期相对较短；开挖至坑底后可先施工主楼，满足了业主对工期的要求。但东侧有规划轨道交通线，不允许采用锚桩等可能影响轨道交通建设的支护结构，且场地很小，因此东侧只能采用支撑的支护形式，由于基坑开挖深度较大，而顶部放坡场地有限，需布置 2 道支撑才能满足要求。

因此本基坑东侧采用支撑，西侧采用锚桩的支护形式最为合理。主楼位于西侧锚桩区，可以避开支撑先行施工，满足业主对工期的要求；锚桩位置充分利用周边场地，顶部尽量放坡，达到降低围护造价的目的；东侧采用支撑方案不影响轨道交通的建设。但该种支护形式的支撑无法形成一个封闭的框架体系，对于第 1 道支撑，土压力由围护桩传递给支撑，支撑力通过圈梁传递给围护桩逐步消散，但在第 2 道腰梁位置支撑存在两侧受力不平衡的情况，即东侧土压力通过支撑传递至南北侧的腰梁，腰梁东西向内力无法平衡，受力后整个支撑体系可能会向西侧移动，无法保证基坑安全。

经反复计算分析，确定将东侧支撑腰梁与西侧锚桩位置的圈梁设置在同一标高，且在两种不同支护形式交界位置将支撑范围的围护桩向基坑外侧错开，使支撑腰梁与相邻桩顶圈梁在同一中心线上，支撑腰梁与桩顶圈梁形成一个闭合的整体，解决了支撑腰梁内力传递不平衡的难题。

基坑东侧地下室紧靠用地红线，采用围护桩后侧施工止水桩的形式将超出用地红线，因此该侧先施工 2 排止水桩，然后在止水桩内施工围护桩，解决了场地小以及止水的问题。

南侧河道回填土质量较差，而现场无法进行换填处理，其又位于锚桩区，桩顶放坡较多，为确保边坡安全，在施工道路下采用压密注浆加固处理，并且在施工道路浇筑时路面增加钢筋网片进行加强。

北侧部分边坡正好位于河道内，而本次开挖范围不得超过道路中心线，场地有限，因此在河道位置采用场地内2层黏性土进行换填，再进行放坡开挖。

基坑开挖需穿越④-1层粉土，属于微承压含水层，该含水层厚度大，含水量较高，透水性较好，对基坑开挖影响较大，一旦发生流砂，对基坑安全、地下结构的施工和工期有较大影响，因此基坑采用 *D*850@600 三轴搅拌桩止水帷幕。

2. 基坑支护结构平面布置

根据选型分析思路，基坑支护结构平面布置如图5所示。

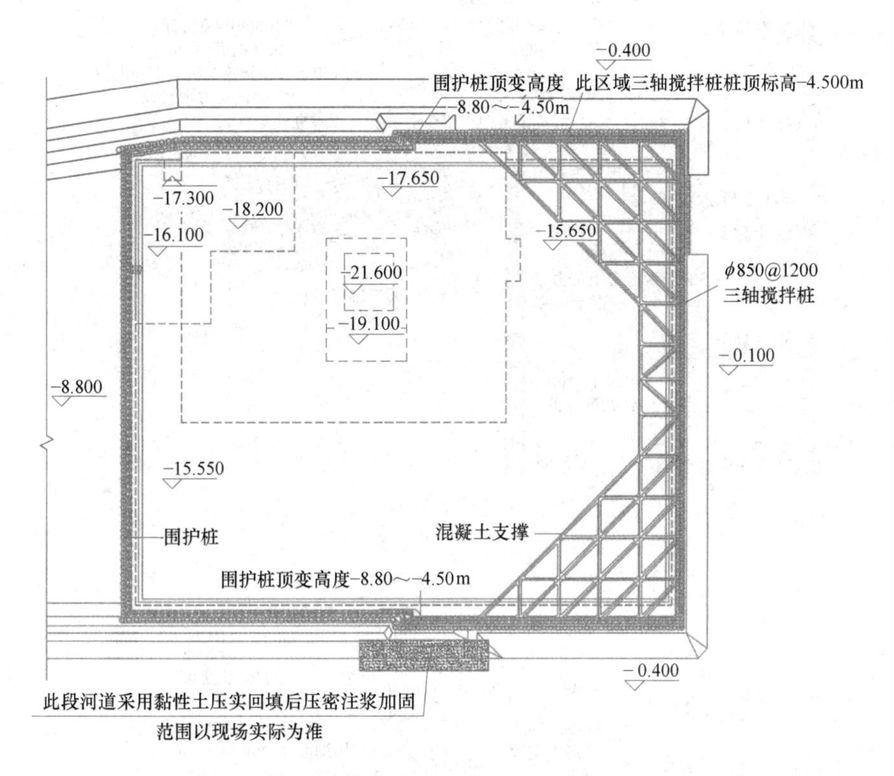

图5 基坑围护平面图

从图中可以看出，在支撑与锚索交界位置支护桩错开一倍桩径以实现第2道角撑平衡。

3. 典型基坑支护结构剖面

本基坑典型剖面分为两种，东侧靠近立德道采用上部放坡下部2道混凝土支撑；西侧场地较大位置采用上部放坡下部多道预应力锚索方案，典型剖面如图6、图7所示。

4. 几个设计细节处理

（1）坑中坑问题

本基坑有深达3m坑中坑，本坑中坑主要有两个问题：一是坑中坑开挖是否影响外侧支护桩进而需要进行设计加强；二是本坑中坑深度很大，应确定保证安全、快捷施工的处理方案。对于第1个问题，经分析，本坑中坑距离支护桩14m左右，坑中坑开挖对支护桩的安全度影响不大；对于第2个问题，根据太湖新城基坑开挖经验，首先保证坑中坑降水有效，只要坑内降水有效，即使在粉土中以较大角度放坡也可确保安全，放坡对于坑中坑而言是最为快捷、经济的。

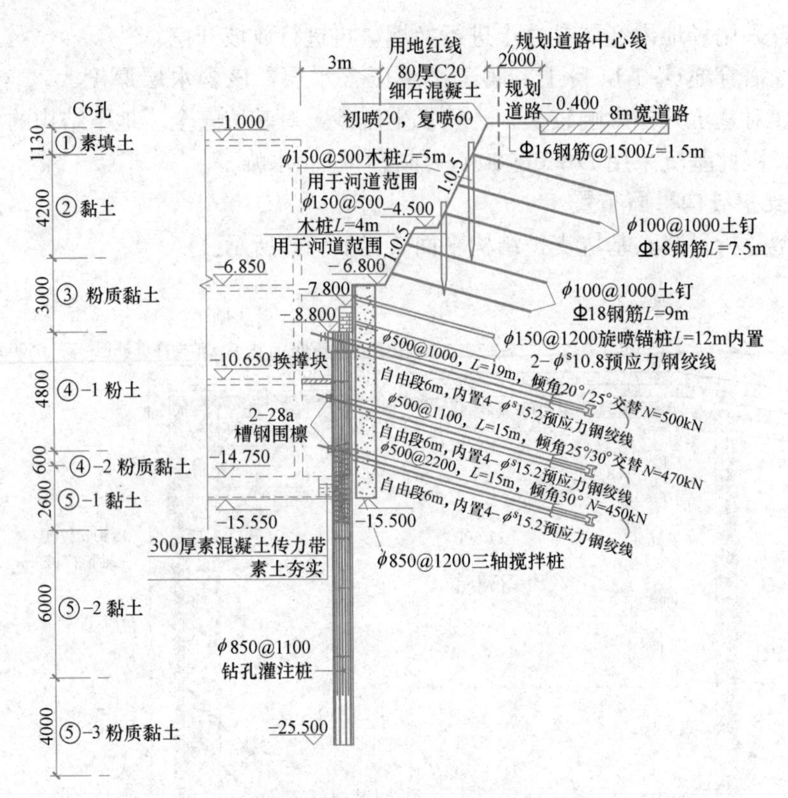

图 6 基坑围护典型剖面一

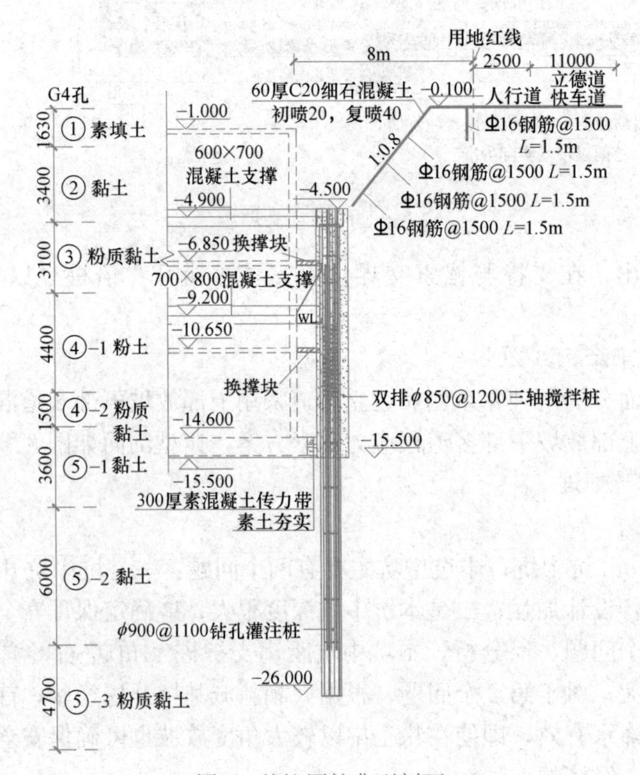

图 7 基坑围护典型剖面二

设计要求在开挖到主楼筏板标高后立即施工轻型井点，轻型井点后期埋置于底板下，预降水3天后进行开挖，开挖角度60°，到底后立即砌筑砖胎膜，实践效果良好。图8为坑中坑开挖实况。

图8　坑中坑开挖实况

（2）桩间土保护

本基坑部分锚杆自由段位于粉土层中，微承压水可能会从搅拌桩孔口渗出，较长时间下形成通道会造成进一步流砂，本次在自由段采用1.5mm聚丙烯套管隔离，全长注浆填充孔洞，防止承压水从锚杆孔涌出造成地面沉降。

同时考虑围护桩穿越粉土段桩间土掉落后止水帷幕容易暴露变形，止水帷幕变形后会开裂导致渗漏，并引起地层变形。

针对上述问题，本次设计采取以下措施：

1）锚桩自由段全长注浆，套管隔离；

2）桩间粉土段喷锚挂网护土。

实践表明采取上述措施对支护桩间土保护作用很大。

（3）角支撑的内力平衡

本工程在立德道采用角支撑，由于为不闭合支撑体系，土压力如何平衡将非常关键。

第1道支撑由于锚固于围护桩桩顶，土压力可通过围护桩平衡；第2道支撑为外贴于围护桩的腰梁系统，其土压力的平衡常规措施是通过围檩在桩间设置抗剪钢筋等，由于本基坑深度较大，第2道支撑力较大，为确保安全，本次创造性地将围护桩错开，第2道围檩端部顶在桩锚体系的围护桩上，可对围檩的纵向变形起到很好的约束作用。

节点设计方案如图9所示，实况如图10所示。

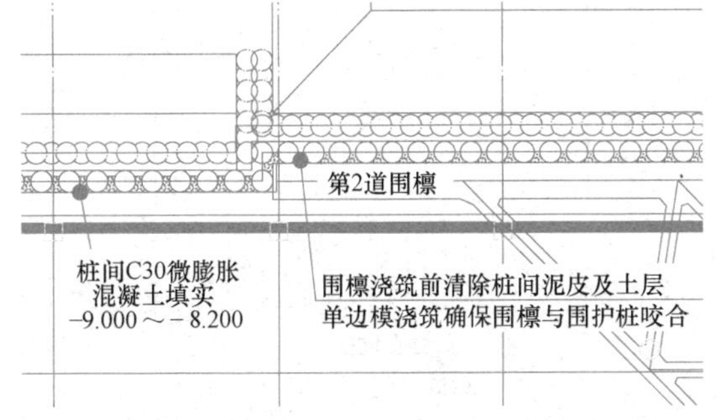

图9　第2道围檩的土压力平衡措施

图10　支撑与锚索节点设计实况

(4) 锚索的应力损失

依靠土体提供锚固力的锚桩支护在长期工作下的应力损失一方面来自于土体剪切变形后的应力松弛，另一方面来自于围檩结构的变形调节。

第一个因素与土质有关，实测表明无锡地区土质属于非高塑性，特别是粉土层其锚固力更为稳定，因此土体不存在应力松弛问题。

图11 钢围檩下的混凝土垫墩

对于钢围檩变形导致的应力损失，本次采取加强的混凝土垫墩而非仅仅填充混凝土，实践证明效果良好，如图11所示。

5. 综合管廊变形分析

本基坑东侧为立德道，立德道下综合管廊距离基坑不足8m，处于基坑开挖强烈影响范围内，根据相关部门要求，本管廊沉降不得大于20mm。

为确保工程安全，采用有限元法对管廊变形进行分析计算，计算时对土体采用小应变硬化模型，围护桩、支撑和管廊采用线弹性模型；计算参数根据地勘报告选取，计算工况按实际施工模拟，计算结果如图12～图15所示。

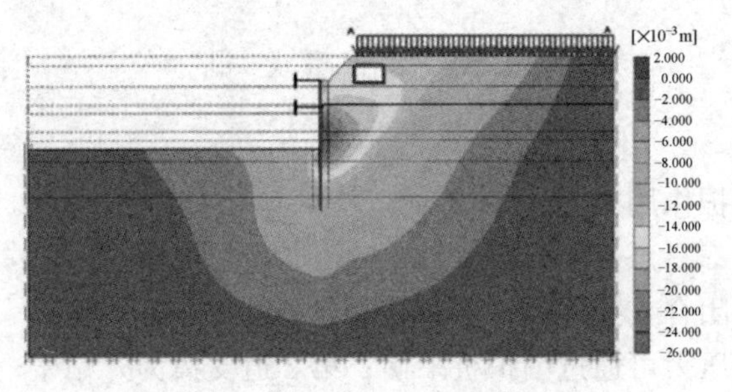

图12 立德道水平位移云图

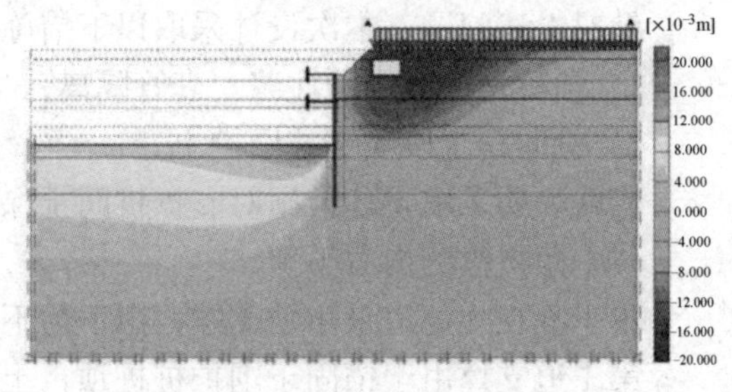

图13 立德道竖向位移云图

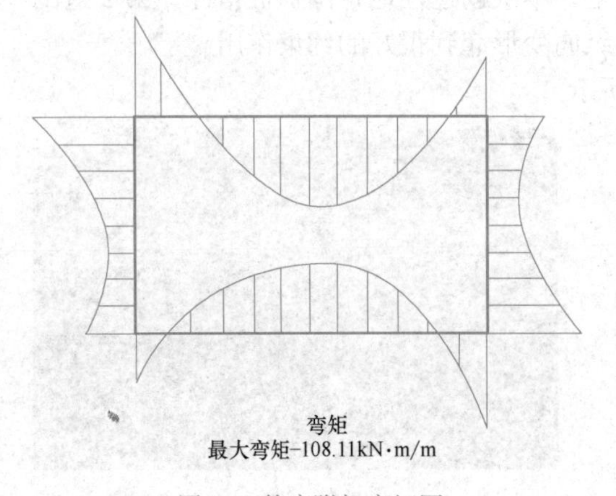

图14 管廊附加弯矩图

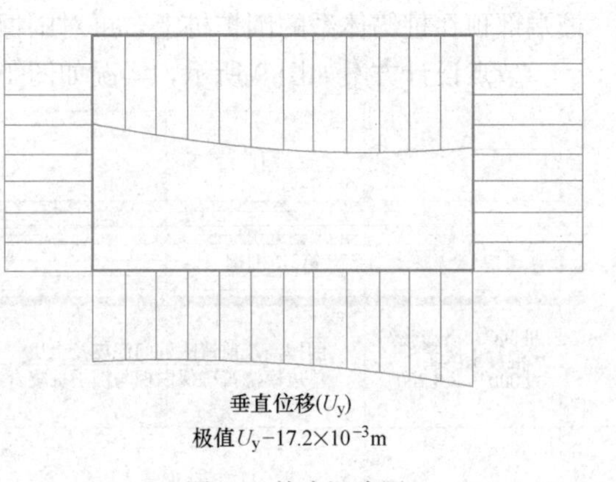

图15 管廊沉降图

从计算结果看，围护桩最大水平位移为26mm，这与监测的最大水平位移24mm基本吻合，管廊沉降17mm，附加弯矩137kN·m，经相关设计单位复核安全可控。

五、地下水处理方案

根据前述地下水情况，分别采取不同处理方案，简述如下：

(1) 基坑上部杂填土由于无稳定补给来源，且厚度一般不大，水量有限，因此妥善做好填土内的潜水～滞水明排即设置排水系统、做好基坑周边地面截水——设置环向截水沟；

(2) 基坑中下部存在微承压含水层，根据周边类似工程经验，该含水层含水量丰富，渗透性大，如不采取降水措施，会出现大面积流砂现象，影响地下结构施工和基坑安全，因此基坑开挖需采取大面积的疏水措施。由于基坑面积较大，地下水含量较多，地下水采用无砂管井进行疏干，基坑周边采用三轴搅拌桩全封闭止水帷幕。

无锡地区常规止水帷幕包括双轴、三轴搅拌桩以及高压旋喷桩等。根据经验，采用双轴搅拌桩受功率限制无法满足长度要求；采用高压旋喷桩则止水帷幕难以有效封闭，往往导致基坑侧壁流砂，因此本工程选用无锡地区比较可靠且经验丰富的三轴搅拌桩止水。三轴搅拌桩采用ϕ850@1200规格，主要考虑到随着开挖深度的加大，水压增大，应适当增大止水帷幕的厚度确保基坑侧壁止水帷幕的连续性。

场地开挖深度内含有粉土粉砂层，含水量丰富，透水性强，但本设计深搅桩止水帷幕已进入相对不透水层，在空间上形成一个相对完全封闭的止水结构，故深基坑内侧仅需采用管井进行疏干即可。地下水控制平面布置如图16所示。

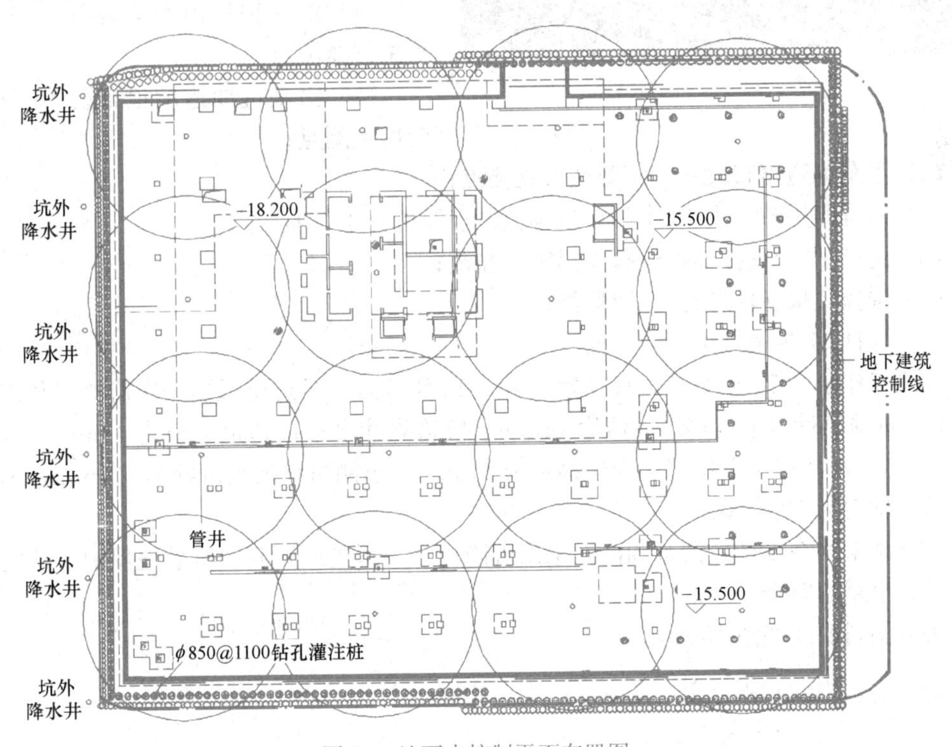

图16　地下水控制平面布置图

六、基坑实施情况分析

1. 基坑施工过程概况

本基坑2013年2月开始施工支护结构，2013年7月初开挖到坑底，2013年7月底完成负2层结构施工，在基坑施工过程中，遇到的主要问题就是止水帷幕局部有一定渗漏，现场做好了注浆及封堵等应急预案，因此及时控制了问题的进一步发展。

此外开挖到坑底后由于部分降水井被破坏，个别位置地层含水量大并有轻微流砂，采取了轻型井点降水局部处理方案。

总体而言，整个施工过程比较顺利，无重大险情发生，保证了工程的进度计划，并且与紧邻场地同类基坑相比，造价仅为其1/3，取得了良好的社会经济效益。

基坑开挖到底实况如图17所示。

图17 基坑开挖到底实况

2. 基坑变形监测情况

信息化施工对深基坑开挖尤为重要，在整个工程的实施过程中，建立了监测、设计、施工三位一体化的施工体系，通过及时反馈监测信息，指导设计和施工。

为真实了解支护结构和周围道路的变形，以及支护结构实际受力情况，建设单位委托第三方监测单位承担该工程的基坑监测工作。监测内容包括：

(1) 沿支护桩顶圈梁共布置18个水平位移监测点；

(2) 沿基坑周边坡顶布设16个沉降变形观测点；

(3) 沿东侧道路布设6个沉降变形观测点；

(4) 基坑四周布设了10个深层位移监测点及坑外水位监测点；

(5) 选择12个支撑断面进行支撑轴力监测；

(6) 选择7根立柱进行沉/隆监测；

(7) 选择17根锚桩进行内力监测。

监测工作于2013年2月1日开始，至2014年6月1日进行最后一次监测，共监测了111期。桩顶累计水平位移最大值为14mm，坡顶累计水平位移最大值为41mm（南侧填埋河道位置），深层水平位移最大位移量为24 mm，东侧道路最大沉降为5.4mm，第2道支撑最大轴力为5946.4kN。

监测结果均在设计允许范围内，未出现险情，工程进展顺利，有效地保护了基坑和周边建筑、道路的安全。

桩身测斜曲线如图18所示。

七、本基坑实践总结

本基坑支护设计工程主要有以下几个显著特点：

（1）在无锡地区首次在3层地下室基坑中将支撑与锚桩两种支护形式结合使用，在支撑与锚桩两种不同支护形式交界位置将围护桩前后错开，支撑中部腰梁与锚桩位置圈梁设置在同一直线上形成一个整体，将支撑腰梁轴力传递至锚桩位置圈梁内，有效解决了开口式支撑腰梁不平衡内力传递的难点，为目前基坑支护中的首创，为类似围护设计积累了宝贵经验。

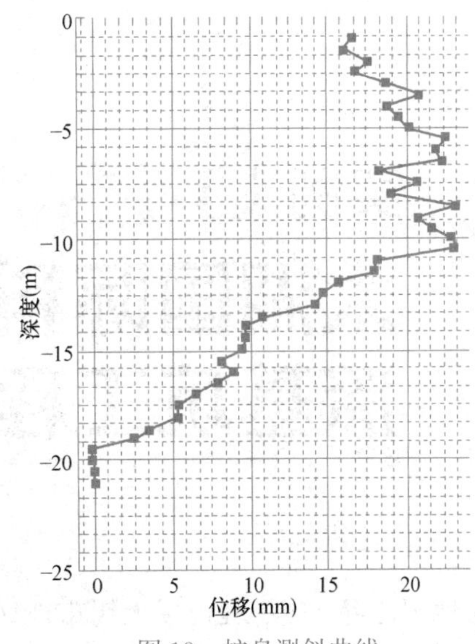

图18　桩身测斜曲线

（2）充分做到信息化施工：本基坑在施工过程中由于复杂的工程地质、场地条件，开挖过程中遇到诸多不可预料情况，设计单位与监测单位、施工单位、监理单位、土建设计单位和业主协调一致，坚持信息化施工，确保了基坑和周边环境的安全。

（3）坚持贯彻绿色节约的设计方向：本次基坑围护设计过程，总体思路为坚持安全情况下做到绿色、节约。因此在总体思路上根据基坑侧壁不同的地质、环境条件确定不同的安全等级并采取不同的支护手段，做到“重点突出、有主有次”，以实现经济、安全的设计方向。在设计细节上，充分发挥施工经验，如桩长设计考虑钢筋模数减少截断数量，本基坑支护工程造价与相邻地块支护造价相比仅为其1/3，取得了良好的社会经济效益。

实例 6 太湖国际科技园金融服务区深基坑工程

一、工程简介

地理位置：本工程位于无锡市新区，和风路北侧、科研北路东南侧、净慧东道西南侧，本工程与和风路、科研北路及净慧东道紧邻。场地地势平坦，交通便利，城市基础设施比较完善，地理位置与自然条件十分优越。

本工程建筑物的性质：本地块包括 8 幢 2～18 层的商业办公用房，满铺的南北两个 3 层地下室以及场地中间为下沉广场。其中 1 号为地上主楼 11 层，裙楼 2 层和 7 层，地下 3 层；3 号、6 号为地上主楼 18 层，裙楼 11 层，地下 3 层；8 号为地上主楼 15 层，裙楼 6 层和 8 层，地下 3 层；2 号、4 号、5 号、7 号为地上主楼 9 层，裙楼 7 层，地下 3 层。4 号和 5 号之间以地上 5 层建筑相连。建筑占地总面积为 15066.4m^2，总建筑面积 261633.1m^2。

地下室开挖深度为 11.00～11.25m（不包括周边坑中坑），基坑周长约为 1090m，基坑总面积约 39000m^2。

本项目地理位置如图 1 所示。

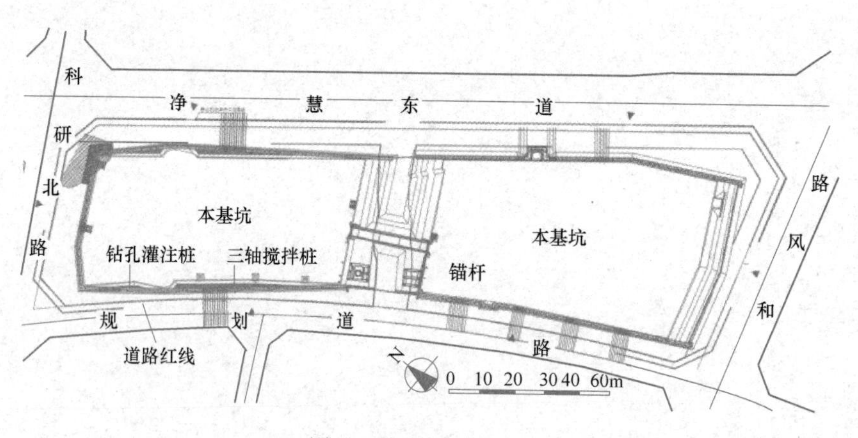

图 1 项目地理位置图

二、工程地质与水文地质概况

1. 工程地质简介

根据 70m 深度内所揭露的土层，按沉积环境、成因类型以及工程地质性质，对各土层的基本性质描述如下：

① 层素填土：杂色，湿，主要为灰～灰黄色的黏性素填土，土层松散，均匀性差。局部地段为含碎砖等建筑垃圾的杂填土。

②-1 层粉质黏土：灰黄色，湿，可塑（+）～硬塑（−），土质较均匀，切面有光泽，干强度、韧性高，工程特性较好。

②-2 层粉质黏土夹粉土：灰色，很湿，可塑（−）～软塑状态，从上向下粉粒含量逐渐增加，局部夹薄层粉土，切面稍有光泽，干强度、韧性低，工程特性一般。

③-1 层粉土夹粉质黏土：灰色，稍密状态，饱和，摇振反应迅速，含云母片，夹粉质黏土薄层，干强度、韧性低，工程特性较差。

③-2 层粉土～粉砂：灰色，稍密～中密状态，饱和，摇振反应迅速，含云母屑，干强度、韧性低，工程特性一般。

③-3 层粉质黏土：灰色，很湿，软塑～软塑（−）状态，切面稍有光泽，干强度、韧性低，工程特性差。

④-1 层粉质黏土～黏土：灰绿色～黄灰色，湿，可塑（+）～硬塑，层顶局部土体松散，呈可塑状，切面有光泽，干强度、韧性高，工程特性较好。

④-2 层粉质黏土：黄褐色，湿，可塑状态为主，切面稍有光泽，干强度、韧性低，工程特性差。

④-3 层粉质黏土：黄色～灰黄色，湿，可塑～硬塑，切面有光泽，干强度、韧性高，工程特性较好。

④-4 层粉质黏土夹粉土：黄褐色，很湿，可塑（−）状态为主，切面稍有光泽，局部夹薄层粉土，干强度、韧性低，工程特性差。

典型地层分布剖面如图 2 所示。

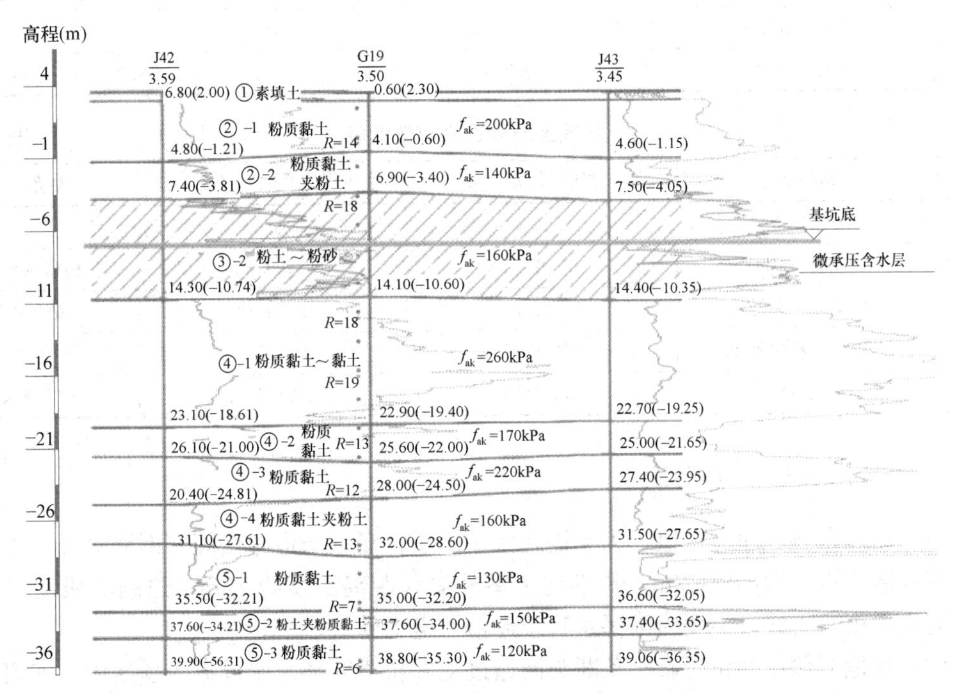

图 2 典型工程地质剖面图

2. 地下水分布概况

场地上部①层素填土中的地下水，属上层滞水，主要接受大气降水及地表渗漏补给，其水位随季节、气候变化而上下浮动，正常年变幅在1.0m左右。一般说来旱季无水，雨季、汛期会有一定的地下水，其水位一般不连续。勘察期间选取了部分勘探孔，对②-1层粉质黏土以上地下水进行观测，结果测得上层滞水～潜水位埋深为0.80～1.00m，场地北侧人工开挖小河，深约2m，河水面标高为1.83m。本次勘察期间正值下雨，在雨后存留场地的雨水面标高在3.00m左右，与场地基本持平。根据相关资料，场地3～5年平均地下水位为2.00m左右。根据场地内土层的分布及场地情况，设计地下水位可按3.05m计，抗浮设计地下水位可按室外地坪标高低0.5m计。

中上部③-1层粉土夹粉质黏土、③-2层粉土～粉砂中的地下水，属微承压水（为同一含水层），补给来源主要为横向补给及上部少量越流补给。野外勘察过程中，选择了部分钻孔采用套管隔断上部杂填土层，干钻至③-2层后静止12h（第二天）测量水位，测得的该层水位标高在－2.50～－2.00m，该水位基本反映了该段微承压水稳定水位。

3. 岩土工程设计参数

根据岩土工程勘察报告，本项目主要地层岩土工程设计参数如表1及表2所示。

场地土层物理力学参数表 **表1**

编号	地层名称	含水率	孔隙比	液性指数	重度	固结快剪(C_q)	
		w(%)	e_0	I_L	γ(kN/m^3)	c_k(kPa)	φ_k(°)
①	素填土				16.0	10.0	10.0
②-1	粉质黏土	25.7	0.723	0.28	19.5	55.3	16.6
②-2	粉质黏土夹粉土	29.5	0.821	0.64	19.0	31.7	14.4
③-1	粉土夹粉质黏土	32.4	0.904	1.11	18.5	15.6	13.3
③-2	粉土～粉砂	32.3	0.898	1.50	18.5	12.5	17.5

场地土层渗透系数统计表 **表2**

编号	地层名称	垂直渗透系数 k_V(cm/s)	水平渗透系数 k_H(cm/s)	渗透性
①	素填土			
②-1	粉质黏土	7.00E-07	5.00E-07	极微透水
②-2	粉质黏土夹粉土	5.00E-06	8.00E-06	微透水
③-1	粉土夹粉质黏土	6.00E-05	2.00E-05	弱透水
③-2	粉土～粉砂	3.00E-04	2.00E-04	中等透水

三、基坑周边环境情况

（1）场地东侧为净慧东道，为无锡新区主干道，场地与道路之间有围墙隔开，本工程地下室外墙线距离围墙约17m，局部地下室外墙线距离围墙约12m。道路非机动车道上分布有大量市政管线，主要为雨污水管及通信、电力管线。

（2）场地东侧中间位置有一条断头河通过慧谷桥横穿净慧东道进入场地内，河道进入场地内约10m。慧谷桥采用承台＋桩基础的基础形式。

（3）场地北侧为无锡东华厂房，厂房与场地之间有一条宽约 20m 道路隔开，道路上分布有一些市政管线，主要为雨水管、电力管。场地与道路之间有围墙隔开，本工程地下室外墙线距离围墙约 17.5m。

（4）场地西侧为在建一支路。本工程地下室边线距离在建一支路约 11.7m，距离现状围墙很近，局部位于地下室内。据与甲方协商，该围墙需拆除，再建轻质钢板网围墙，移位后轻质钢板网围墙距离本工程地下室边线最近约 5.5m。道路上分布有一些市政管线，地下室边线距离污水管约 14m。该侧也有一座桥梁，场地调查时桥梁正在施工，桥梁采用承台＋桩基础的基础形式，承台底标高为相对标高－6.850m。

（5）场地南侧为和风路。场地与道路之间有围墙隔开。地下室边线距离现状围墙最近约 24.6m。围墙向场地内约 2m 处有一根高压电线杆。

总体而言，基坑周边环境条件复杂，基坑开挖需保护好周边道路、管线、桥梁的安全。由于临建、施工道路的布置，可用支护场地有限，需采取直立支护的措施。

四、支护设计方案概述

（一）本基坑的特点及方案选型

1. 本基坑特点

（1）规模深大：本基坑周长近 1100m，基坑总面积约 39000m^2，一次性开挖，开挖深度接近 12m，属于深大基坑；

（2）工期紧迫：本项目属重点工程，基坑工程包含支护施工、土方开挖，需在 2 个月内完成，按照进度计划，在本地区同类常规的支护方案无法满足工期要求；

（3）地质条件复杂：本基坑场地原分布有不规则暗浜及待改建河道，基坑侧壁及底部为③-1 层粉土夹粉质黏土和③-2 层粉土～粉砂组成的微承压含水层，该含水层补给充足，水量丰富，但是渗透性一般，降水难度大，易发流砂；

（4）支护实施方案无规范可依：受工期制约，经多方案对比采用双排桩＋1 道锚杆方案可满足工期进度要求。在 2011 年，当时的《建筑基坑支护技术规程》JGJ 120—99 尚无双排桩及双排桩＋锚杆支护此类支护算法，如何进行合理的计算以确保基坑的安全非常重要。

2. 支护方案选型

（1）支护结构

本着“安全可靠、经济合理、施工方便”的设计原则，为满足业主的工期要求，加快施工进度，同时保证基坑侧壁的安全，本设计创新采用双排桩＋1 道锚杆的支护形式。

基坑围护结构主要采用前排 ϕ800@1500 钻孔灌注桩、后排 ϕ700@1500 钻孔灌注桩＋1 道旋喷锚桩的支护形式，前后排排距 2m，双排桩采用矩形布置和梅花形布置两种形式。局部坑中坑位置桩间距加密至 1300mm，并增设一道旋喷锚桩以控制桩身弯矩及变形。由于前后排桩桩径不同，双排桩桩顶冠梁采用非等截面冠梁设计，前排桩冠梁高度 600mm，后排桩冠梁与连梁高度 500mm。

基坑南侧由于具备场地条件，采用放坡土钉墙的支护形式。南、北地下室之间采用放坡土钉墙以及悬臂桩的支护形式。

（2）止水与排水设计

基坑开挖需穿越③-1层粉土夹粉质黏土、③-2层粉土～粉砂，属于微承压含水层，该含水层厚度大，含水量高，透水性好，开挖过程中极易发生流砂，并进而造成水土流失、地面沉降，本设计采用D850@600三轴搅拌桩止水帷幕。

基坑内部采用管井疏干降水，管井间距约20m。基坑周边设置一排轻型井点辅助降水。局部坑中坑位置外侧布置管井降水，有效降低坑外水压力，减少围护结构体的受力。

3. 重难点分析

（1）地质条件复杂

1）东北角存在已填埋暗浜：暗浜区域回填土厚度较厚，回填土成分以建筑垃圾为主，该层土离散性大，强度低，工程特性不佳，处理不当则易发生浅部边坡滑移及边坡渗水。

2）净慧东道侧中间局部段有老河道穿越：净慧东道中段有一桥梁横跨，桥梁下部为一河道，河道从东往西伸进场地内一定距离，导致净慧东道侧中间局部段原始土层被切割，基坑开挖前施工单位以建筑垃圾简单填埋，由于填埋时间短、填埋方式粗糙，该处土质情况相比东北角暗浜更差，加上外侧河道河水的冲刷，处理不当的话，极易发生边坡滑塌以及河水向基坑内的渗流。

3）基坑侧壁中下部存在粉土、粉砂层，该层土渗透性好，富含地下水，富水状态下土质软弱，为无锡地区较难处理的一层土。若处理不当的话，基坑侧壁极易发生流砂进而造成水土流失、地面沉降，土方难以顺利开挖至坑底，垫层难以施工。

（2）无规范可依的支护计算方法

本项目常规设计采用单排钻孔桩＋3道锚桩支护，锚桩道数多，养护时间长，无法满足业主对工期的要求；本项目基坑平面规模大，外侧周边环境保护要求一般，采用围护桩＋内支撑支护造价过高并且存在过度保护的问题，而且土方开挖困难，施工工期同样无法满足业主的要求。而双排桩支护由于是自立式围护结构，一般在9m左右深基坑中应用，桩体变形可控，而对于11m左右深基坑，在外侧场地不是很富裕的情况下，双排桩直立高度达到8.7m，桩体变形将难以控制。以上难点为本工程基坑支护设计提出了极大的挑战，需在传统支护基础上进行创新方可满足工期的要求。为此，本设计依据项目特点，创新性地采用双排桩＋锚杆的支护形式，为无锡地区首次。此外，由于场地受限，上部可放坡高度较小，围护桩桩顶距坑底8.7m，本设计创新性地采用桩顶1道锚杆的单支点支护形式，对如此大直立高度的围护桩进行计算以确保基坑安全非常重要。

在2011年，双排桩＋锚杆的支护设计计算理论尚不成熟，需在既有理论的基础上确定合理的计算模型、选取合理的计算参数以得到可靠的计算结果，确保计算既能满足基坑安全的要求，又能兼顾经济性。结合本工程的特点，本设计提出了一种新的双排桩＋锚杆的支护计算方法。本设计围护结构计算采用多种计算方法组合印证的方式，将理正软件直接建模的计算结果，与等效刚度法和前后排桩按分配土压力分别计算法组合使用。具体方法为：结合等效刚度法的计算结果对锚杆体系及围护结构体系的稳定性进行设计计算，结合前后排桩按分配土压力分别计算法对围护桩的桩身配筋进行设计。

（3）大规模基坑的流砂防治

本基坑开挖面积大，揭露大厚度粉土粉砂层，因此基坑的流砂防治非常重要，在工期紧迫情况下须综合考虑各种措施以确保工程进度。本设计在常规外侧止水＋坑内管井疏干降水的基础上，沿基坑周边增设轻型井点降水，可快速有效地抽降坑内土体的地下水、增加被动区土体的抗力同时对坑外潜在渗漏点进行预处理。

（4）南北地下室之间连接结构复杂

南北地下室之间设计有负 2 层地下通道连通，通道底板底标高为相对标高－11.270～－9.920m。4 号、5 号楼之间设计有连廊连接。连廊基础底标高为相对标高－9.850m。设计需处理好各结构的高差、施工先后关系并选择合理的支护形式。

（二）基坑支护结构平面布置

根据选型分析思路，基坑支护结构平面布置如图 3 所示。

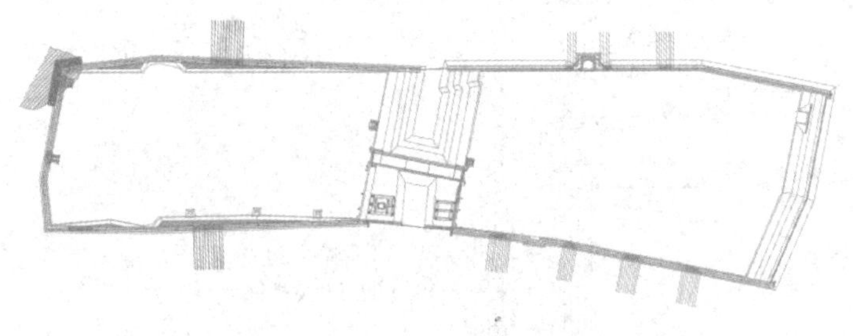

图 3　基坑围护平面图

（三）典型基坑支护结构剖面

本基坑典型剖面如图 4～图 6 所示。

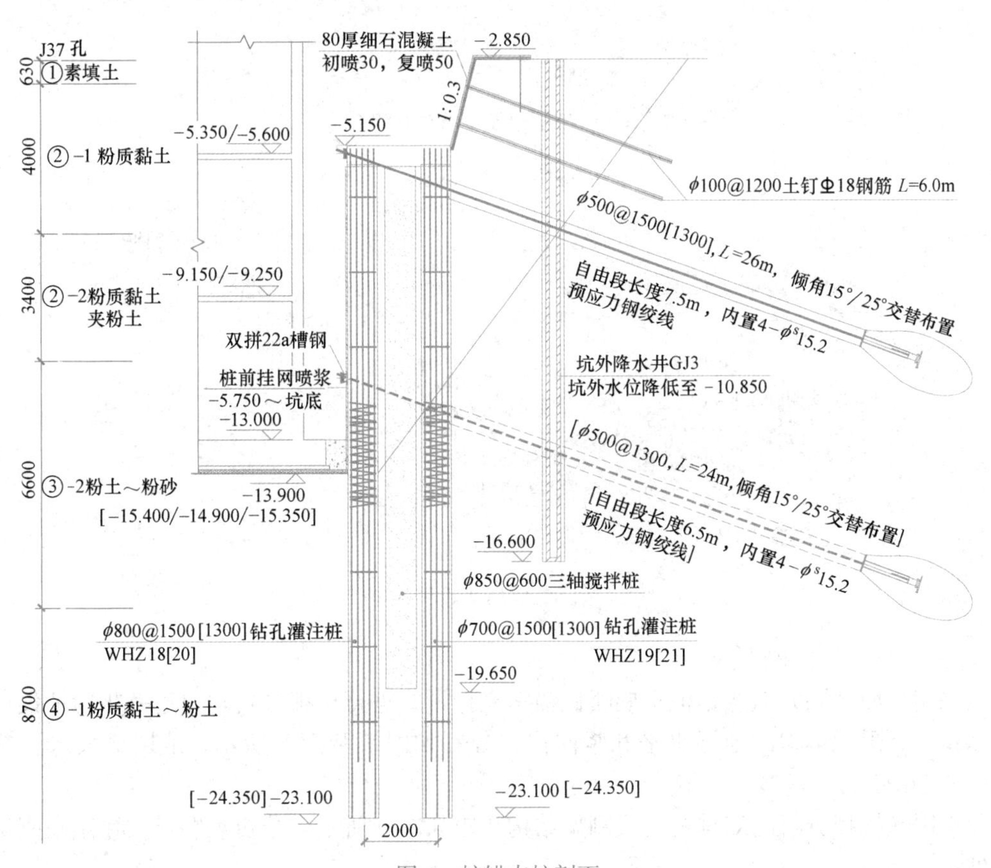

图 4　桩锚支护剖面

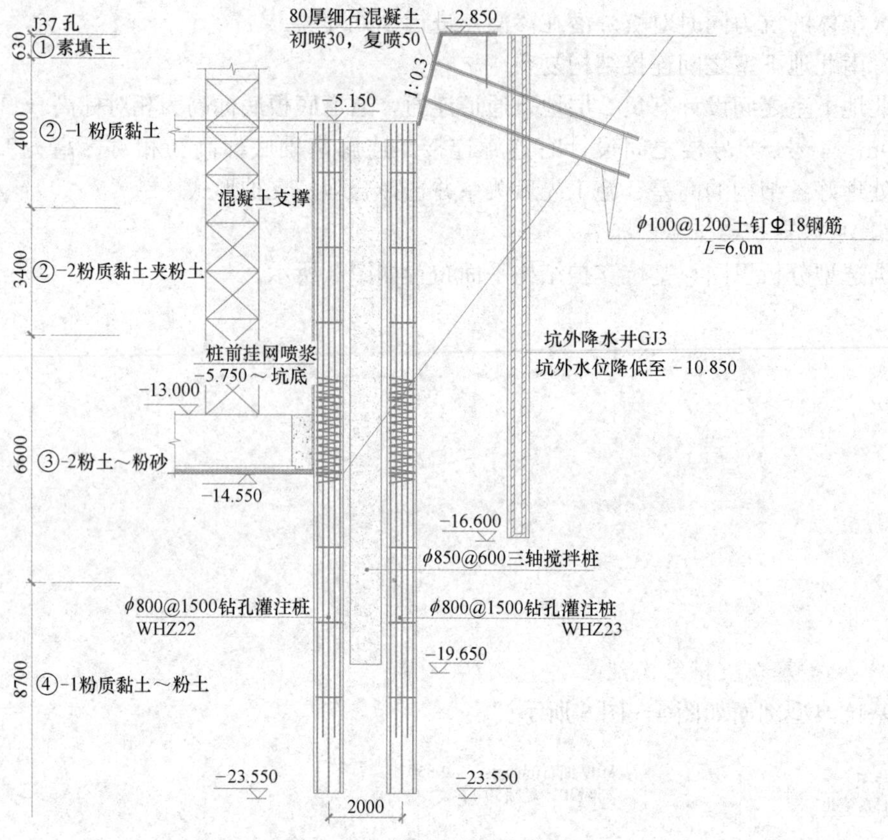

图5 与宿舍楼位置衔接剖面

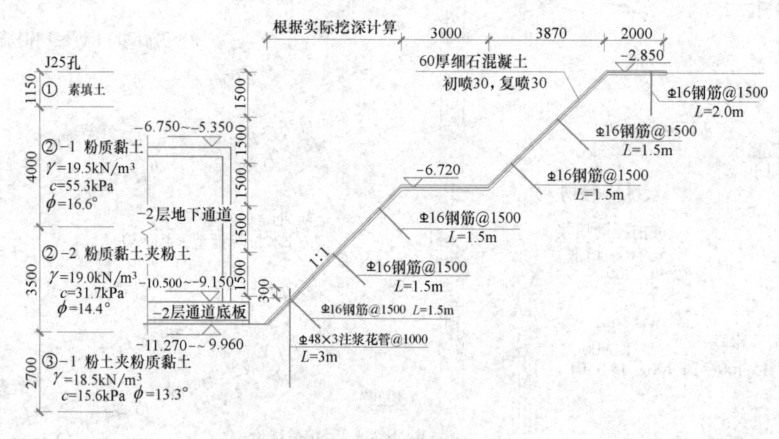

图6 放坡典型剖面

（四）有限元模拟

采用平面有限元对双排桩+旋喷桩锚索支护形式进行模拟分析，以进一步验证设计的可靠性。有限元模拟的地层水平和竖向位移分别如图 7 和图 8 所示，地层最大水平位移为 18.85mm。

有限元模拟分析的双排桩门式刚架结构弯矩如图 9 所示，分析表明最大弯矩在刚架节点处。

图7　地层水平位移云图

图8　地层竖向位移云图

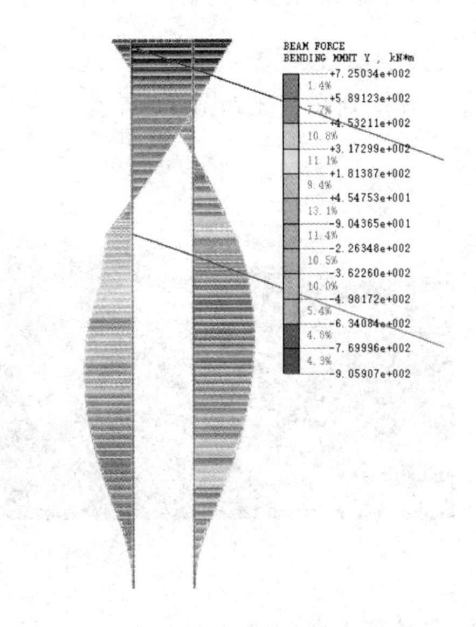

图9　双排桩门式刚架弯矩图

五、地下水处理方案

基坑开挖需穿越③-1 层粉土夹粉质黏土、③-2 层粉土～粉砂，属于微承压含水层，该含水层厚度大，含水量高，透水性好，开挖过程中极易发生流砂，并进而造成水土流失、地面沉降，本设计采用 *D*850@600 三轴搅拌桩止水帷幕。

基坑内部采用管井疏干降水，管井间距约 20m。基坑周边设置一排轻型井点辅助降水。局部坑中坑位置外侧布置管井降水，有效降低坑外水压力，减少围护结构体的受力（图 10）。

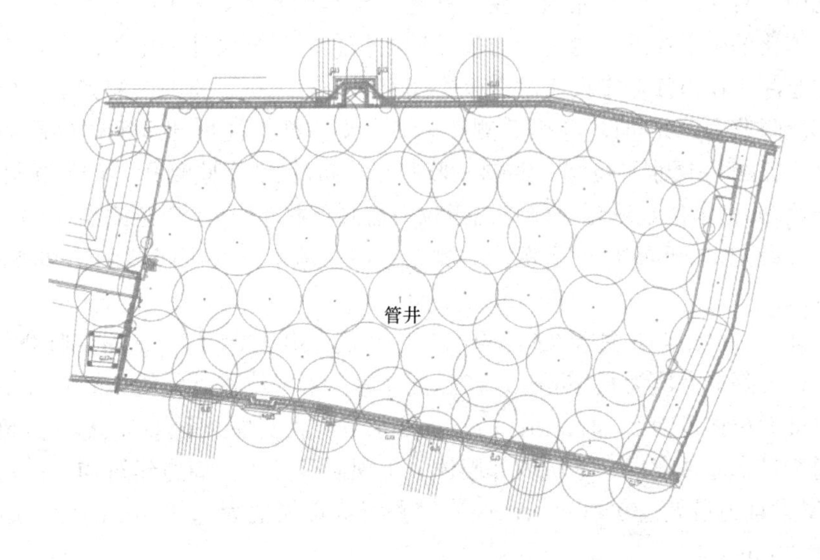

图 10　地下水控制平面布置图

六、基坑实施情况分析

1. 基坑施工过程概况

基坑开挖到底实况如图 11 所示。

图 11 基坑开挖实况

2. 基坑变形监测内容

（1）基本内容：本基坑应按照国家相关规程要求进行基坑监测，以根据监测信息指导施工、预测和分析基坑围护结构工作性能，监测内容根据当时的《建筑基坑工程监测技术规范》GB 50497 制定。

（2）基坑监测范围为距离基坑开挖边线 2～3 倍基坑开挖深度范围内的所有建构筑物，基坑监测测点间距不大于 20m。开始挖土前需测量初始值，并对周边影响范围内建筑裂缝情况进行调查取证。监测频率为：正常情况下在挖土阶段每 1～2d 测量 1 次，基坑底板浇筑完毕后每 2d 观测 1 次。异常情况下应 24h 连续观测。

3. 基坑监测成果

信息化施工对深基坑开挖尤为重要，在整个工程的实施过程中，建立了监测、设计、施工三位一体化的施工体系，通过及时反馈监测信息，指导设计和施工。

本基坑监测工作由江苏中设工程咨询集团有限公司承担，监测内容如下：（1）基坑支护结构顶部沉降监测，共布设 44 个监测点。（2）支护结构柱顶部水平位移监测，共布设 44 个监测点。（3）深层水平位移（测斜）监测，共布设 22 个监测孔。（4）坑外地下水位监测，共布设 26 个水位观测孔。（5）锚索拉力监测，共布设 61 个监测点。（6）周边地表沉降监测，布设 47 个断面共 96 个沉降监测点。（7）地下管线沉降监测，共布设 43 个管线沉降监测点。

监测工作于 2012 年 6 月至 2012 年 11 月开展，共监测了 176 期。监测结果如下：（1）桩顶累计沉降最大值为 5.65mm；（2）桩顶累计水平位移最大值为 6.02mm；（3）深层水平位移最大位移量为 26.47mm；（4）坑外水位最大变幅为下降 1.3m（虽超过累计控制值，但通过日常巡视发现，基坑内部墙体未出现明显渗水，周边建筑物及道路未出现裂缝）；（5）锚索轴力最大值 93.60kN；（6）道路沉降最大值为 4.95mm；（7）周边管线沉降最大值 4.20mm。

监测结果基本在设计允许范围内，未出现险情，工程进展顺利，有效地保护了基坑和周边建筑、道路的安全。

七、本基坑实践总结

本基坑支护设计工程主要有以下几个显著特点：

（1）在无锡地区首次采用双排桩＋锚杆的组合支护形式，由于采用1道锚杆支护，减少了锚杆养护时间，加快了土方开挖进度，使施工工期大大缩短，满足了业主对工期的要求，创造了良好的经济效益，并为双排桩＋锚杆支护方法的使用积累了一定的实践经验。

（2）当时双排桩＋锚杆支护计算理论并不成熟，本设计围护结构计算首次采用多种计算方法组合印证的方式。将理正软件直接建模的计算结果，与等效刚度法和前后排桩按分配土压力分别计算法组合使用。为双排桩＋锚杆支护形式计算理论的发展做出了一定贡献。

（3）地下水控制效果良好：基坑开挖侧壁存在较厚的粉土、粉砂层，极易发生流砂。设计采用三轴搅拌桩全封闭止水帷幕，结合坑内管井疏干的措施对地下水进行处理，设计强调搅拌桩在粉土、粉砂层段严格控制提升、下沉速度，做到充分搅拌，以确保搅拌桩在该2层土的止水质量。同时针对流砂制定了完备的应急预案，大大减少了流水流砂对周边环境和施工进度的影响。整个项目地下水控制效果良好。

（4）充分做到信息化施工：本基坑在施工过程中由于复杂的工程地质、场地条件，开挖过程中遇到诸多不可预料情况，设计单位与监测单位、施工单位、监理单位、土建设计单位和业主协调一致，坚持信息化施工，确保了基坑和周边环境的安全。

（5）坚持贯彻绿色节约的设计方向：本次基坑围护设计过程，总体思路为坚持安全情况下做到绿色、节约。因此在总体思路上根据基坑侧壁不同的地质、环境条件确定不同的安全等级并采取不同的支护手段，做到“重点突出、有主有次”，以实现经济、安全的设计方向。在设计细节上，充分发挥施工经验，如采用坑外降水的方式减少水压力，从而减少围护桩的配筋。

（6）本项目实现了工读结合的目标，依据本项目平台，培养了硕士研究生1名及发表论文1篇。

实例 7 瑞金医院无锡分院一期深基坑工程

一、工程简介

本工程为上海瑞金医院无锡分院（一期）项目，项目地址位于无锡市鸿山镇锡东大道与锡贤路交叉口东南侧，本工程场地为农田，场地平坦、周边开阔。本工程主要由1幢20层的病房楼、3栋4～5层的附属楼及满铺2层地下车库组成，本项目地理位置如图1所示。

图1　本项目地理位置图

本工程±0.00为6.50m，地下室底板板面标高为相对高程－11.500m，地下室筏板厚度有0.5m、0.8m、1.2m三种，垫层厚0.15m。场地周边自然地坪标高3.9～4.4m，场地内有一条现状河道，水面标高约1.61m，水深1.2m左右。基坑开挖深度在9.55～10.05m之间。

根据建筑平面图地下室外墙范围，考虑地下室施工作业面并结合场地条件外扩后得到基坑平面范围。确定基坑坡顶线周长约为1000m，基坑总面积约42000m^2。项目总平面图如图2所示。

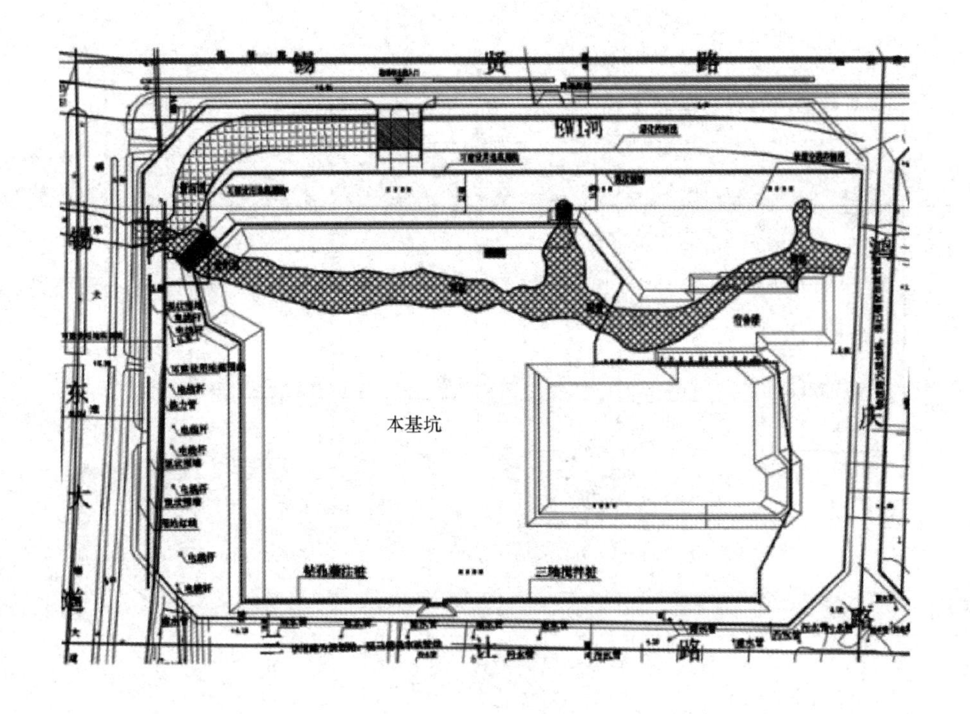

图 2　项目总平面图

二、工程地质与水文地质概况

1. 工程地质简介

根据无锡市勘察设计研究院有限公司提供的岩土工程勘察报告，本工程场地地层分布情况如下：

① 层素填土：杂色，场区河道部分上部为人工填土，含碎砖石，其余部分上部为耕植土，下部为灰黄色黏性素填土，松散状。土层厚度 0.2～1.9m。全场分布。工程地质特性较差。

② 层黏土：灰黄色，局部呈黄灰色，可塑～硬塑状，絮状结构。全场分布，土层厚度 2.3～4.1m。属中压缩性土，工程地质特性较好。

③ 层粉质黏土夹粉土：灰黄～灰色，粉质黏土呈软塑状，絮状结构，底部夹粉土，稍有光泽。全场分布，土层厚度 1.4～2.5m。属中压缩性土，工程地质特性较差。

④ 层粉细砂：灰色，稍密状，蜂窝状结构。全场分布，土层厚度 2.7～5.0m。属中压缩性土，工程地质特性较差。

⑤ 层细砂：灰色，中～密实状，蜂窝状结构，无光泽。全场分布，土层厚度 4.7～8.0m。属中压缩性土，工程地质特性一般。

⑥ 层黏土：灰黄色，硬塑状，絮状结构，有光泽。全场分布，土层厚度 6.4～9.5m。属中压缩性土，工程地质特性较好。

典型地层分布剖面如图 3 所示。

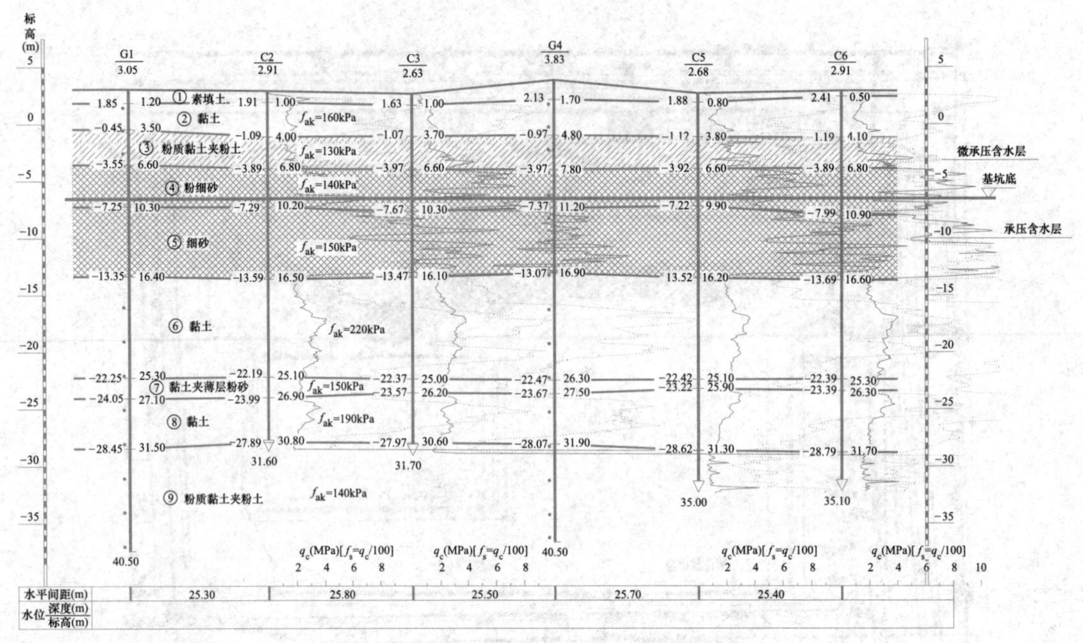

图 3 典型工程地质剖面图

2. 地下水分布概况

本场地浅部为①层素填土、②层黏土、③层粉质黏土夹粉土、④层粉细砂、⑤层细砂，其中①层素填土中赋存潜水，②层黏土为不透水层，③层粉质黏土夹粉土为微承压水，④层粉细砂及⑤层细砂为承压水。

采用挖机开挖 4m 与 6m 探坑各一个，4m 探坑勘察期间未见明显潜水（单日暴雨后亦未见），6m 探坑测得承压水位为 1.80m 左右（混合承压水位）。

3. 岩土工程设计参数

根据岩土工程勘察报告，本项目主要地层岩土工程设计参数如表 1 及表 2 所示。

场地土层物理力学参数表 **表 1**

编号	地层名称	含水率	孔隙比	液性指数	重度	固结快剪(C_q)	
		w(%)	e_0	I_L	γ(kN/m³)	c_k(kPa)	φ_k(°)
①	素填土				18.0	5	10
②	黏土	25	0.722	0.23	19.5	45	17.2
③	粉质黏土夹粉土	34.1	0.960	0.66	17.9	18	18.9
④	粉细砂	32.3	0.927	1.29	17.9	5	31.3
⑤	细砂	29.2	0.872		18	5	35

场地土层渗透系数统计表 **表 2**

编号	地层名称	垂直渗透系数 k_V(cm/s)	水平渗透系数 k_H(cm/s)	渗透性
①	素填土			
②	黏土	2.16E-07	2.81E-07	极微透水

续表

编号	地层名称	垂直渗透系数 k_V(cm/s)	水平渗透系数 k_H(cm/s)	渗透性
③	粉质黏土夹粉土	9.23E-05	1.26E-04	弱透水
④	粉细砂	1.03E-03		中等透水
⑤	细砂	2.36E-03	2.49E-03	中等透水

三、基坑周边环境情况

本基坑周边环境条件总体较好，无特别重要建构筑物，对基坑开挖比较有利，具体描述如下：

（1）本场地东侧为一片空地，再向东侧有一条河道名为走马塘，走马塘距离地下室边线约 69m，其驳岸为浆砌块石结构，埋深约 5m，由于距离较远，基坑开挖相互影响不大。

（2）场地南侧为规划三让路，该道路管线基坑施工前已铺设完毕，现场可见管线窨井分布，道路尚未成型，该侧管线为雨污水管、通信管线，已铺设管线窨井距离地下室边线最近约 9.8m，基坑开挖需予以保护。

（3）本场地西侧为锡东大道。地下室边线距离锡东大道人行道最近约 42m，道路与场地之间有围墙隔开，围墙内侧有一热力管，距离地下室边线约 27m，热力管内侧有一排电线杆，电线杆距离地下室边线最近约 27m。锡东大道上分布有污水管、电缆管等市政管线。

（4）本场地北侧为锡贤路，地下室边线距离锡贤路约 69m，该侧有围墙将场地隔开，围墙距离地下室边线最近约 34m，围墙与锡贤路之间为一片绿地，锡贤路上分布有一些市政管线。围墙与地下室边线之间为空地，无建构筑物、管线。

总体来说，基坑周边环境较好，基坑北侧、西侧距离已有市政道路较远，东侧距离河道也较远，可利用场地均较大，基坑南侧场地相比其余 3 侧场地稍小，需保护好管线的安全。

场地内分布 1 条现状河道，河床范围原状土由于河流下切而缺失，后期场地整平进行桩基施工前要求采用素土回填并压实，以免影响基坑及桩基施工。

四、支护设计方案概述

（一）本基坑的特点及方案选型

1. 本基坑特点

（1）基坑特点：基坑开挖面积大，周长长，时空效应明显；

（2）场地条件：基坑开挖深度较深，北、东、西 3 侧可利用场地较大，南侧可利用场地稍小；基坑设计应根据不同的周边环境及地质条件进行设计，以实现“安全、经济、科学”的设计目标；

（3）土质情况：基坑开挖范围内土层为无锡市该地区典型地层，坑底砂层较厚，若地下水处理不当，将很容易发生流砂；

（4）地下水情况：本工程场地地下水主要为表层土中赋存的潜水及④、⑤层土中赋存的承压水，④、⑤层土为较厚的砂层，富水性高，地下水处理是本基坑成功与否的关键。

2. 支护方案选型

本基坑挖深9.5～10m，基坑北、东、西3侧地下室边线距离四周现状围墙、道路、河道均很远，基坑侧壁周边环境条件较好，可利用场地较大，变形控制要求较低。而基坑南侧则可利用场地有限，距离管线不是很远，基坑开挖需保护好管线的安全，基坑方案比选应根据不同的周边环境分段比选，详细分析如下：

（1）基坑北侧、东侧、西侧方案优选分析

该3侧基坑周边环境条件较好，完全具备自然放坡条件，且边坡变形控制要求不高，基坑侧壁土质为无锡市该地区典型地层，上部土质较好，下部砂层若地下水处理妥当，对边坡稳定也有利。因此经过试算本基坑北侧、东侧、西侧采用二级自然放坡支护方案可行。

喷锚支护有以下几个优点：施工速度快，造价最经济，养护期短，对工期影响很小。存在的风险在于：雨季雨水渗入边坡，若排泄不畅，很容易引起喷锚拉裂，进而导致边坡滑塌。

解决的方法：应确保边坡泄水孔的施工质量，使边坡排水顺畅；同时应做好地表的硬化工作，减少地表水的下渗；严格按照设计要求修坡，确保边坡平整度。根据以往工程经验，2层地下室喷锚支护安全度有保证。

综上所述，本基坑北侧、西侧、东侧采用二级自然放坡支护比较合理。

（2）南侧方案优选分析

基坑南侧由于管线距离地下室边线不是很远，场地有限，不具备自然放坡场地，因此该侧需采用围护桩直立支挡，减小放坡场地，常规直立支挡体系有钻孔灌注桩、工法桩、预应力管桩等。该侧若采用工法桩作直立支挡体系，则存在以下问题：1）本基坑面积大、施工工期长，采用工法桩支护租赁费用不菲，因此不具备造价优势；2）工法桩回收容易造成周边地面二次沉降，对周边管线保护不利。因此不建议采用。本基坑该侧采用预应力管桩支护，存在挤土效应，对管线保护也不利，因此也不建议采用。而钻孔灌注桩具备以下优点：不存在挤土效应、抗侧刚度大，桩径、桩长、配筋可控。因此经综合比选，该侧采用比较常规的钻孔灌注桩支护体系较为合理。

水平支挡体系分析：常规水平支挡体系有支撑体系、锚杆体系两种，本基坑面积大，周长长，采用支撑体系，虽然安全，但造价很高，经济性较差。该侧采用锚杆体系，具备以下优点：1）施工速度快；2）挖土方便；3）通过采用旋喷锚桩工艺可解决砂层土中难以成孔的问题，且通过旋喷扩孔可增加锚固体直径，从而增加锚固力，对基坑安全也有保证；4）采用可回收锚杆工艺，可满足市政府关于基坑围护体系不允许出红线的规定。

综合分析，该侧采用钻孔灌注桩+可回收旋喷锚桩体系较为合理。

（二）基坑支护结构平面布置

根据选型分析思路，基坑支护结构平面布置如图4所示。

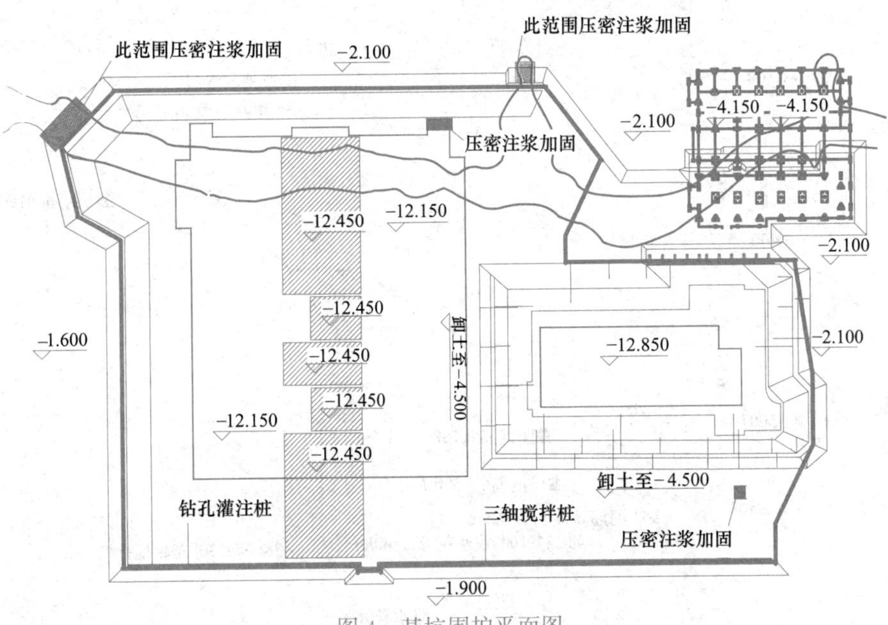

图4 基坑围护平面图

（三）典型基坑支护结构剖面

本基坑典型剖面如图 5～图 7 所示。

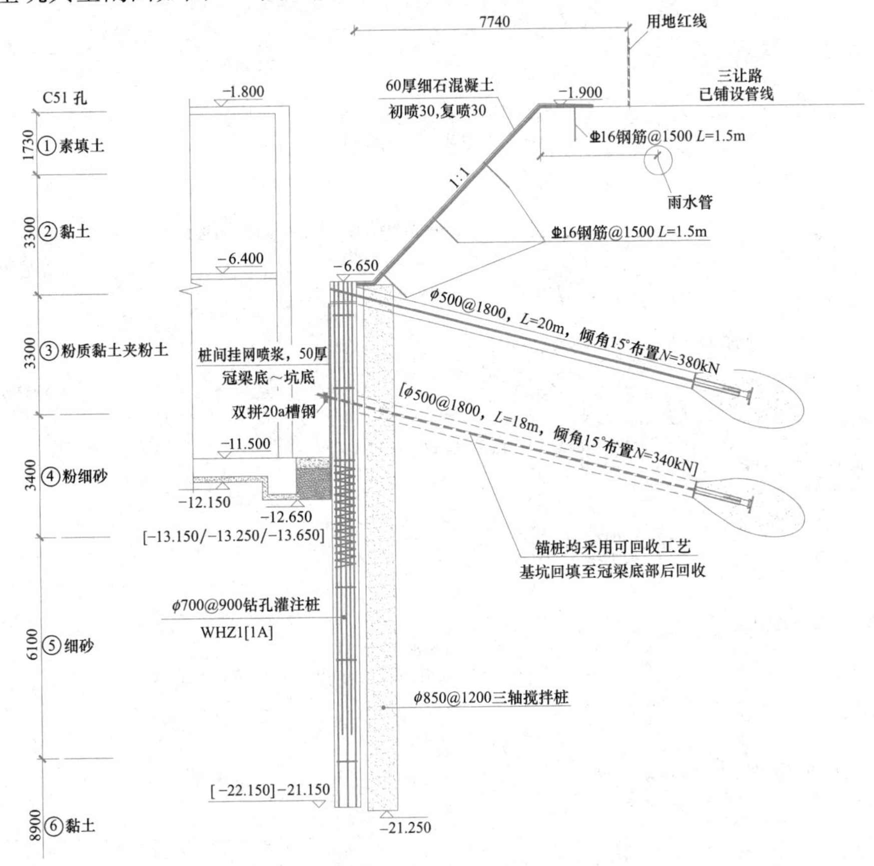

图5 桩锚支护剖面

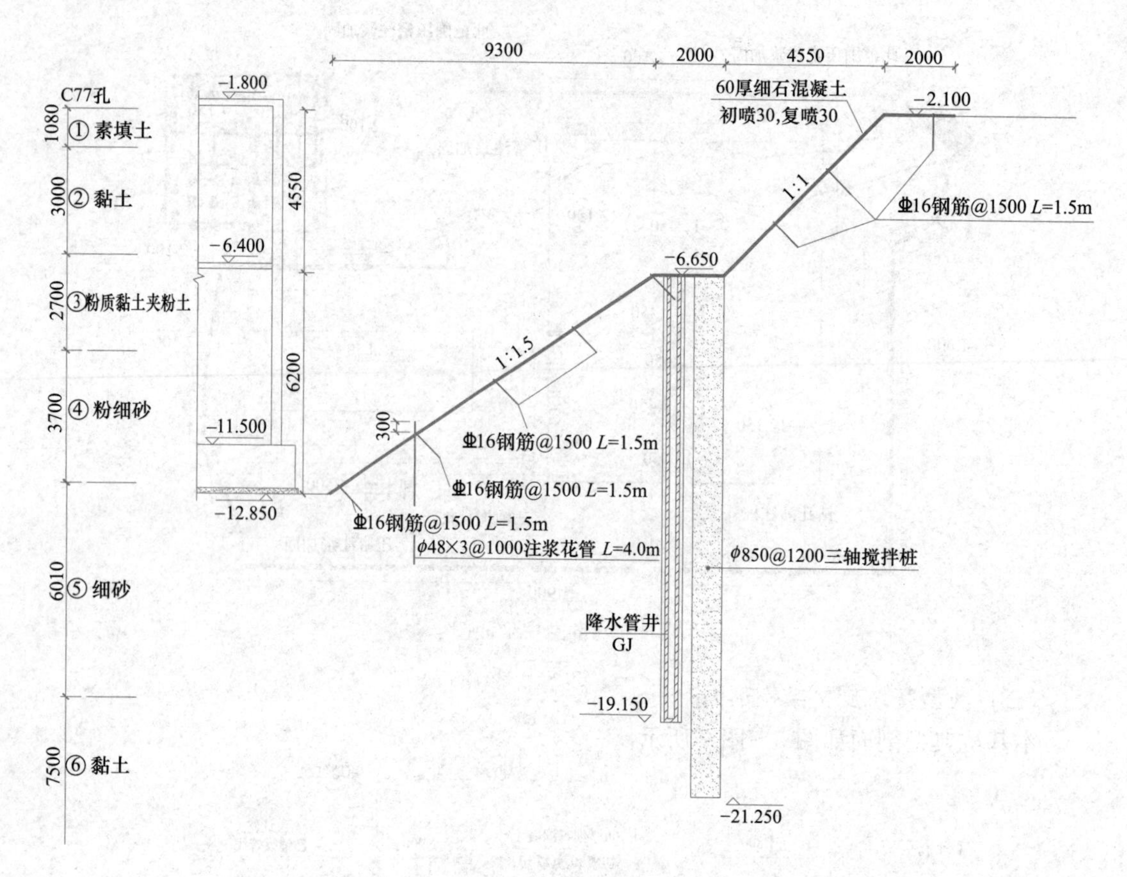

图 6 放坡典型剖面

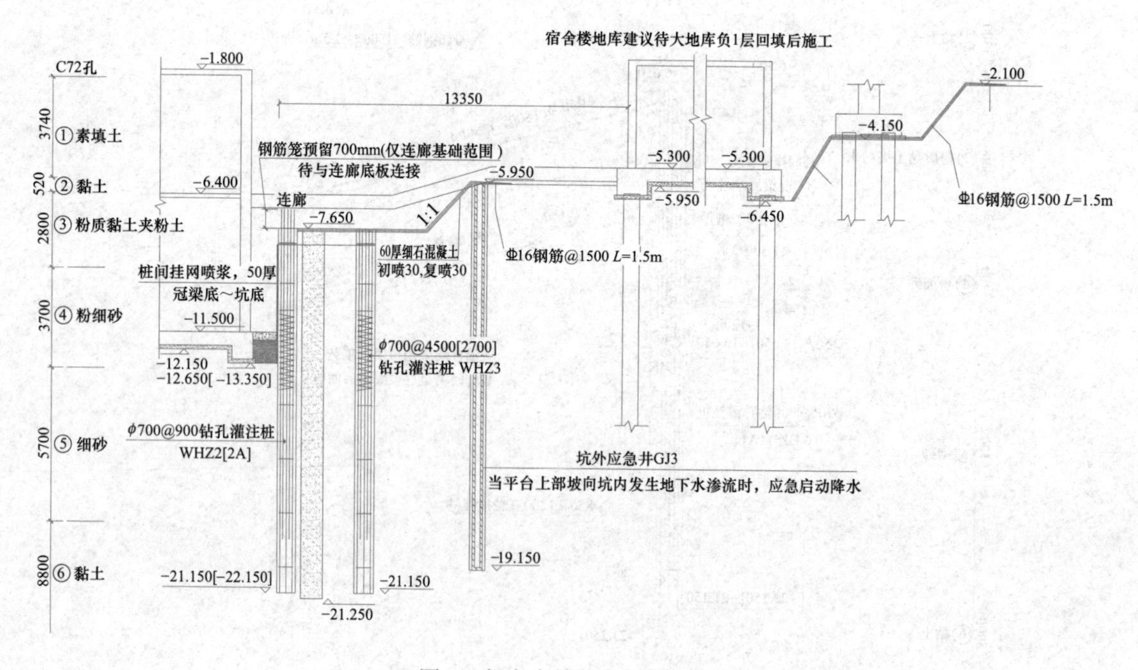

图 7 与宿舍楼位置衔接剖面

（四）放坡安全度分析

为保证基坑边坡安全度，本设计采用圆弧滑动方法对边坡稳定性进行复核，计算结果如图 8、图 9 所示。

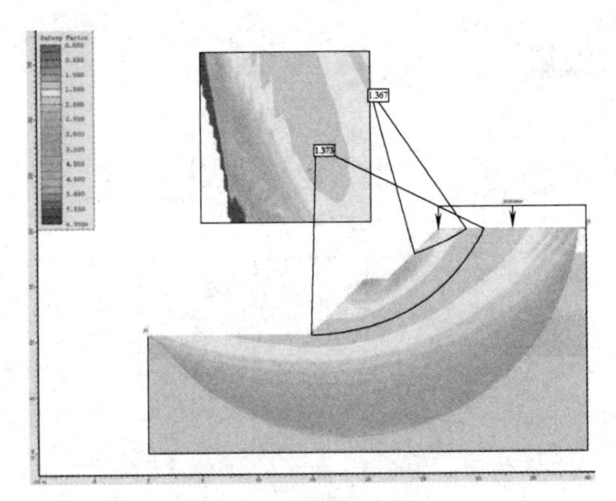

图 8　剖面 1 圆弧滑动分析结果

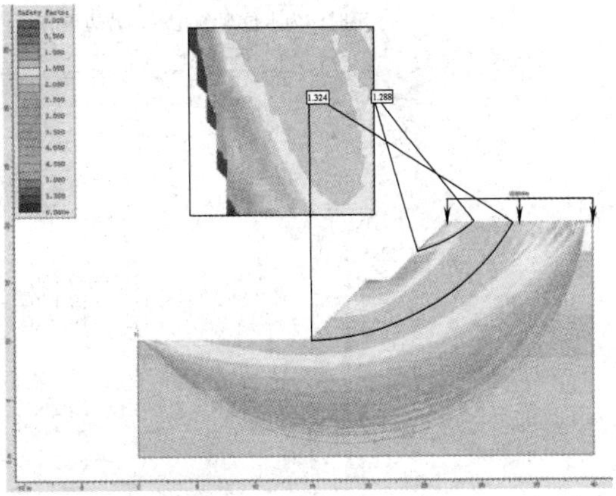

图 9　剖面 2 圆弧滑动分析结果

根据计算结果，本设计边坡整体稳定安全系数均满足国家规范要求。

五、地下水处理方案

场地内含水层为表层土赋存的潜水及④、⑤层土中的承压水。潜水含水层由于无稳定补给来源，水量有限，因此妥善做好填土内的潜水～滞水排水措施即设置泄水孔、做好基坑周边地面截水——设置环向截水沟、同时做好地面硬化后一般问题不大。而④、⑤层土为砂层，赋存承压水，且富水性高，若地下水措施采取不当，极有可能发生流砂，引起边坡失稳，基坑难以开挖至坑底。因此本基坑地下水处理采用降水、止水措施必不可少。

本基坑开挖面积大，采用坑内管井降水较为合理，传统的降水设计一般是根据工程经验估算降水井的间距，从而进行管井的布置，而本项目由于降水非常关键，本设计从以下几个方面对降水进行深化设计：

（1）根据经验提出管井的设计间距，本设计采用无砂混凝土管井降水，基坑四周管井间距 20m，基坑内部管井间距 25m，周边密，内部疏，在确保降水效果的前提下，节约了造价。

（2）本基坑管井的施工质量是关键，为确保管井的施工质量，本设计 2 号图纸中针对管井的施工专门提出详细技术要求，针对管井施工过程中的各个环节严格把控，严保质量关。

本基坑开挖面积大，施工周期长，若采用敞开式降水，一方面降水周期很长，降水费用将大大增加，另一方面不采取止水措施，基坑侧壁极易发生流砂，同时大面积降水也可能引起周边地表沉降。因此，经综合考虑，本基坑需采用四周搅拌桩全封闭止水。由于本基坑砂层较厚，承压水丰富，需采用止水效果较好的三轴搅拌桩止水。三轴搅拌桩分为 ϕ650@900、ϕ850@1200 两种，根据以往工程经验，采用 ϕ650@900 三轴搅拌桩一般在粉土夹粉质黏土或粉质黏土夹粉土层等土层砂性较低的情况下使用可满足止水效果，而对于本基坑，由于坑底砂层较厚，且④、⑤层土渗透系数达到 10^{-3} 级别，含水层渗透性很强，采用 ϕ650@900 三轴搅拌桩难以达到止水效果，因此本基坑止水采用 ϕ850@1200 三轴搅拌桩方能达到止水效果，地下水控制平面布置如图 10 所示。

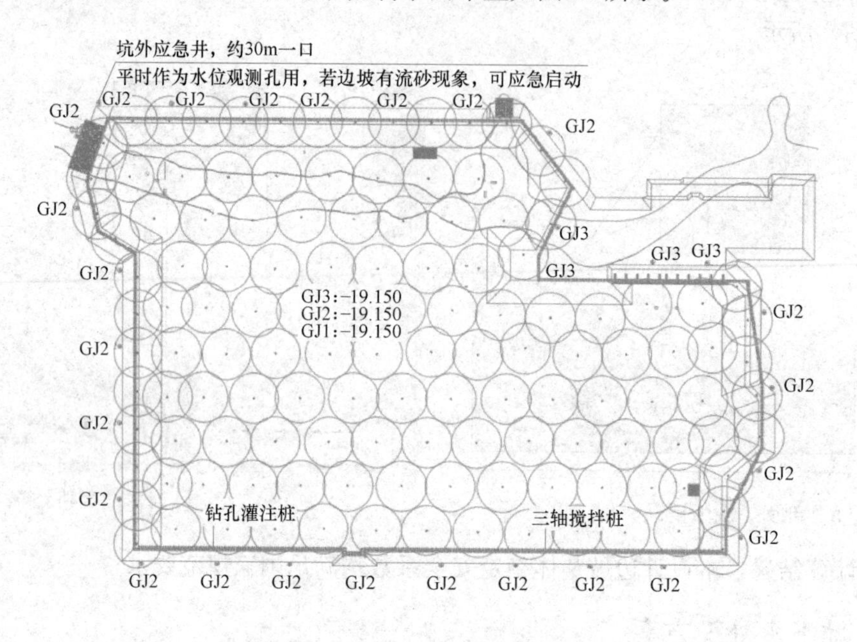

图 10 地下水控制平面布置图

根据资料，本基坑多处存在 2m 深的电梯基坑，基坑坑底位于砂层中，因此坑中坑的处理也是本基坑的重难点之一，从以往工程经验来看，砂层中坑中坑仅采用管井降水是无法满足要求的，因此本基坑针对电梯基坑采取轻型井点降水的措施。

六、基坑实施情况分析

1. 基坑施工过程概况

本基坑 2015 年 5 月开始施工支护结构，2016 年 6 月基坑回填，历时 13 个月，施工期间总体进展顺利，无异常情况发生。基坑开挖到底实况如图 11 所示。

图 11 基坑开挖实况

2. 基坑变形监测内容

在基坑开挖期间对周边环境进行了全面监测，监测项目如表 3 所示。

监测项目表 表3

监测对象	监测结果	监测点位置	监测点个数	专业划分
坡顶水平位移观测	水平位移	基坑四周	46	测量
坡顶竖向位移观测	沉降	基坑四周	46	测量
圈梁水平位移观测	水平位移	基坑四周	15	测量
圈梁竖向位移观测	沉降	基坑四周	15	测量
深层水平位移	土体深层位移	基坑四周	26	岩土
坑外地下水位	水位升降	基坑四周	29	岩土
周边道路	沉降	基坑四周	16	测量
周边管线	沉降	基坑四周	35	测量
周边驳岸监测	沉降	基坑四周	7	测量

3. 基坑监测成果

(1) 圈梁位移：圈梁水平整体向基坑方向偏移，在前期由于土方开挖导致圈梁向坑内滑移，最大位移量为 6.3mm，如图 12 所示。

(2) 边坡位移：边坡水平整体向基坑方向偏移，在前期由于土方开挖导致边坡向坑内滑移，最大位移量为 10.6mm。

(3) 深层土体位移：深层土体最大位移量在 CX1 号点，最大位移发生在−6m 处，最大位移量为 26.4mm（图 13）。

(4) 周边水位变化：在基坑开挖之初，坑内降水导致水位出现小幅度下降，在整个施工过程中水位起伏较大，各观测孔的水位变幅较稳定。

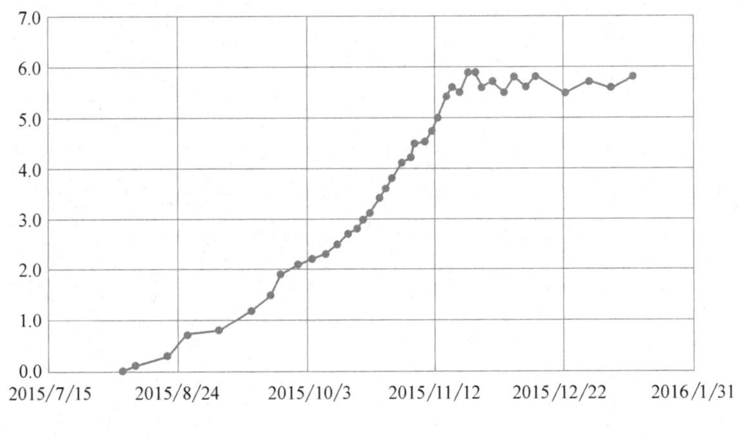

图 12 圈梁水平位移历时图

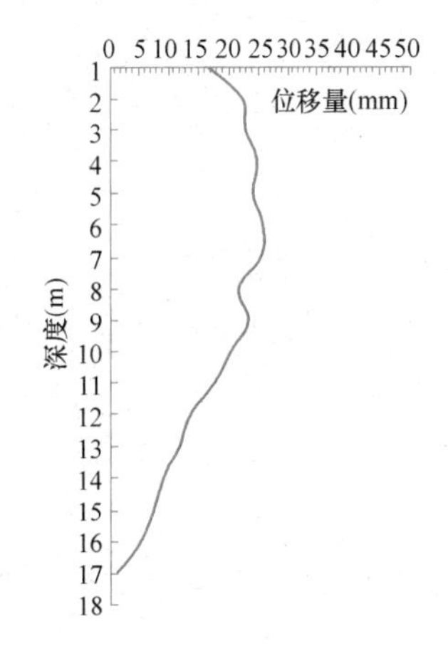

图 13 CX1 深层土体位移曲线

七、本基坑实践总结

瑞金医院无锡分院（一期）项目基坑支护设计采用多种支护措施包括放坡、桩锚及双排桩等手段，项目实施顺利，施工过程没有险情发生，产生了良好的社会经济效益。

本工程实施经验表明：

（1）对于新区一带上部黏性土坑底为粉土粉砂地层，基坑降水至关重要，有效的基坑降水保证了坡脚稳定；

（2）多级放坡支护务必重视修坡工作，同时做好坡顶排水及封闭工作。

实例 8 红豆东方财富广场地下室深基坑工程

一、工程简介

本工程位于无锡安镇街道高铁商务区，东翔路以北，丹山路以西，兴吴路以南，广诚路以东。本项目在功能上根据规划要求分为 3 个地块：A 地块，地下 2 层为车库，裙房 1～3 层，塔楼高度 150m 的功能定位为 SOHO 办公。B-1 地块，地下 2 层为车库，裙房 1～3 层，塔楼为 120m 的酒店式公寓。B-2 地块，地下 2 层为车库，塔楼裙房 1、2 层，塔楼为高度 180m 的办公楼。本工程总用地面积 27853m^2，地上建筑面积 195225m^2，地下建筑面积 56826m^2。本次设计为 B-1/B-2 地块。本项目地理位置如图 1 所示。

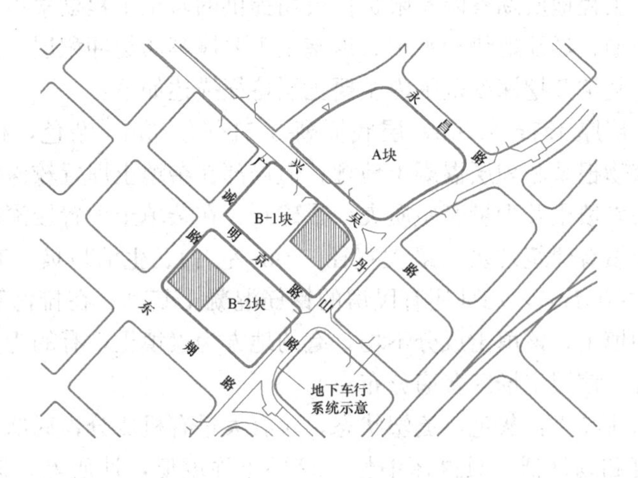

图 1　本项目地理位置图

本工程±0.000 为 4.800m，场地地面标高为 4.50～4.80m，地下室底板板面标高为 −9.50m，纯地下室板厚 0.50m，酒店式公寓板厚 1.40m，办公楼板厚 2.00m，考虑垫层后基坑坑底标高为 −11.60～−10.10m，基坑实际挖深为 10.10～11.60m。

基坑坡顶线周长为 560m，基坑总面积约 19000m^2。项目总平面图如图 2 所示。

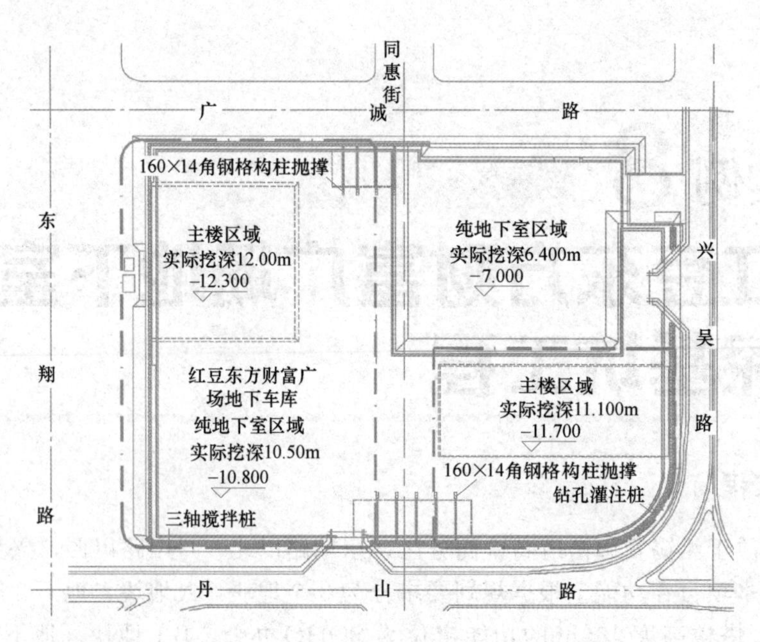

图2 项目总平面图

二、工程地质与水文地质概况

1. 工程地质简介

根据无锡水文工程地质勘察院有限责任公司提供的岩土工程勘察报告，本场地属三角洲冲积平原地貌类型，场地地势较平坦，地基土主要属第四纪冲积层，主要由黏性土、粉性土、砂土组成。基坑开挖深度范围内主要土层特征描述如下：

①层杂填土：层厚 1.1～7.9m，层底标高-3.51～4.23m。杂色，松散，主要成分为粉质黏土，含有植物根系和表层混凝土地坪；但局部在杂填土埋置较深区（Ⅰ）为池塘回填，回填土主要为素填土及少量腐殖质夹少量碎石；在杂填土埋置较深区（Ⅱ）有部分为池塘回填，下部回填有建筑垃圾（最大直径 1.0m 左右）、生活垃圾，有大量建筑废弃石材（0.6m×0.2m×0.1m），局部还有民房的钢筋混凝土基础；在排污管道埋置区有管道开挖埋置后回填的填土，该填土成分不均，有的地方为素填土，有的为大量建筑垃圾，有的为废弃的石材等。该层土场区普遍分布。

②层淤泥质粉质黏土：灰色，流塑状态，含有大量有机成分，局部含黑色泥炭（厚度约 0.8m），干强度和韧性低，具高压缩性；该层土强度低，性质差。该层土分布于原池塘内。

③层粉质黏土：灰黄～黄色，可塑～硬塑，含铁锰质氧化物，切面光滑，有光泽，干强度、韧性较高，中等压缩性。该层土力学性质较好，场区局部缺失。

④层粉质黏土夹粉土：灰黄～灰色，软塑，局部流塑，局部夹稍密状粉土，稍有光泽，摇振反应缓慢，干强度中等，韧性中等，中等压缩性。该层土场区局部缺失，厚薄差异较大。

⑤层粉质黏土夹粉土：灰色，软塑，局部流塑，主要成分为软塑的粉质黏土，局部为

流塑状态，中间夹有很多薄层粉土和粉土团块，粉土团块厚薄不一，成分不均，所处位置忽上忽下，厚度较大者呈透镜体状态，粉土摇振反应迅速，无光泽，干强度、韧性低，中等压缩性。土层均匀性较差。该层土场地内普遍分布。

⑤-T层粉土：灰色，稍密～中密，很湿～湿，含少量云母片；摇振反应中等，干强度、韧性低，中等压缩性。该层土分布于第⑤层土中，厚度差异较大，为透镜体状。

⑥层粉质黏土：灰黄～灰色，可塑～硬塑，含铁锰质结核，夹蓝灰色黏土条纹，切面光滑，干强度、韧性高，中等压缩性。该层土场地内普遍分布。

典型地层分布剖面如图3所示。

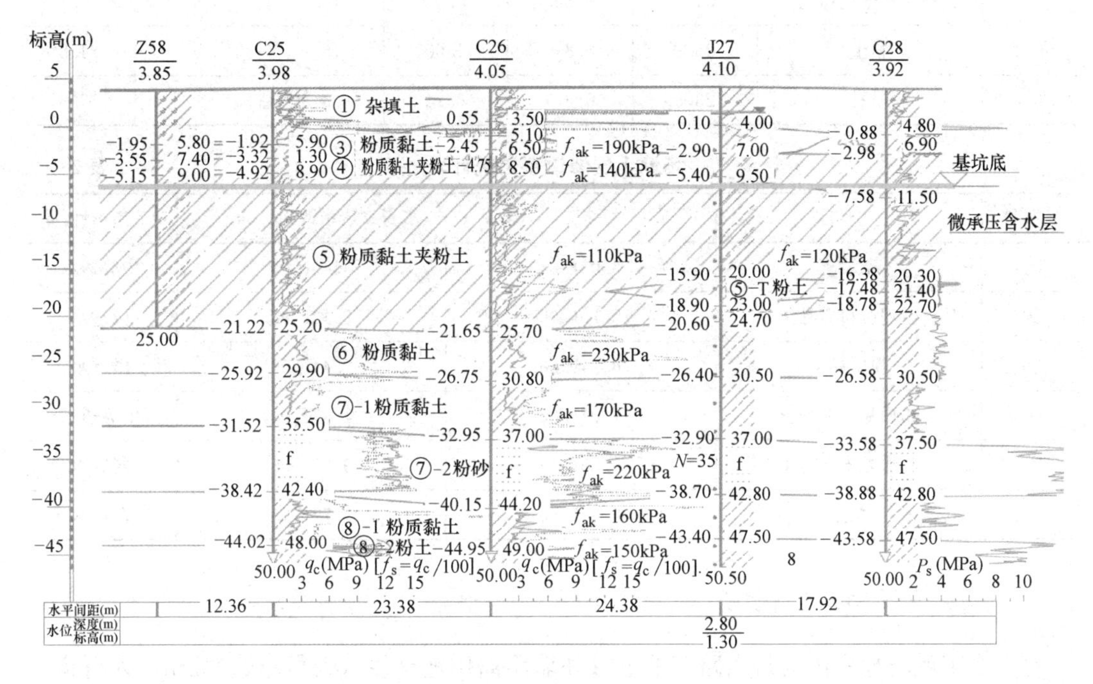

图3 典型工程地质剖面图

2. 地下水分布概况

本工程场地勘探深度范围内主要含水层包含以下几个。

（1）潜水

上部杂填土层，属上层滞水～潜水，主要接受大气降水及地表渗漏补给，其水位随季节、气候变化而上下浮动，勘察期间测得水位埋深为1m左右。一般说来该含水层旱季无水，雨季、汛期会有一定的地下水，其水位一般不连续。

（2）微承压水

微承压水主要赋存于④、⑤层粉质黏土夹粉土中，土层中所含粉土分布不均匀，在粉土含量较高位置有一定量地下水，微承压含水层主要接受径流及越流补给，稳定水位标高为－0.50m。

3. 岩土工程设计参数

根据岩土工程勘察报告，本项目主要地层岩土工程设计参数如表1及表2所示。

场地土层物理力学参数表 **表 1**

土层号	土层名称	含水率	孔隙比	液性指数	重度	固结快剪(C_q)	
		w(%)	e_0	I_L	γ(kN/m³)	c_k(kPa)	φ_k(°)
①	杂填土				17.5	10	10
②	淤泥质粉质黏土	36.1	1.004	1.26	18.1	6.0	15.6
③	粉质黏土	24.9	0.707	0.29	19.6	42	19.3
④	粉质黏土夹粉土	29.1	0.800	0.85	19.1	8	18.8
⑤	粉质黏土夹粉土	31.2	0.863	0.92	18.8	9	17.1
⑤-T	粉土	29.1	0.810	1.00	18.9	6	24.8
⑥	粉质黏土	23.6	0.671	0.24	19.8	50	19.8

场地土层渗透系数统计表 **表 2**

土层号	土层名称	垂直渗透系数 k_V(cm/s)	水平渗透系数 k_H(cm/s)	渗透性
①	杂填土	5.00E-04	5.40E-04	中等透水
②	淤泥质粉质黏土	7.70E-06	9.13E-06	微透水
③	粉质黏土	6.24E-06	7.44E-06	微透水
④	粉质黏土夹粉土	7.07E-05	1.07E-04	中等透水
⑤	粉质黏土夹粉土	6.85E-05	9.77E-05	弱透水
⑤-T	粉土	6.85E-05	9.77E-05	弱透水

三、基坑周边环境情况

① 本工程场地东侧为丹山路，地下室外墙距离用地红线（人行道边）3m，人行道下有路灯管线，快车道下有雨水和污水管线，雨水管距离地下室外墙最近约 9m。该侧道路下有已建地下行车系统与本项目地下室相通，埋深与本基坑相同。道路对面为高铁商务区科创中心。

② 本工程场地南侧东翔路，地下室外墙距离用地红线（人行道边）10m，人行道下有燃气、路灯及综合管廊等管线，其中燃气和综合管廊均靠近人行道边，距离地下室外墙最近约 10.5m。

③ 本工程场地西侧为广诚路，地下室外墙距离用地红线（人行道边）3m，该侧人行道尚未铺设，广告围挡位于人行道外侧，人行道下有电力管线及燃气管线，距离地下室外墙约 4.5m；快车道下有雨水和污水管线，管线距离地下室外墙约 7m。道路对侧目前为绿地。

④ 本工程场地北侧为兴吴路，地下室外墙距离用地红线（人行道边）3m，人行道下有路灯管线，快车道下有雨水和污水管线。道路下有已建地下车行系统，且该侧有出入口与车行系统相通。道路对侧为 A 地块用地，目前为空地。

总体而言，基坑形状规则，但基坑东侧及北侧有已建地下车行系统通道入口，导致支护结构分段，无法形成整体；周边环境要素复杂，周边紧靠城市道路，路面下分布有多种市政管线。除基坑南侧东翔路侧地下室外墙距离人行道为10m，其余3侧均只有3m，场地非常狭小。

四、支护设计方案概述

（一）本基坑的特点及方案选型

1. 本基坑的特点

（1）基坑规模大：本基坑开挖面积大，总面积达19000多平方米，基坑开挖深度深，普遍深度为10.1～11.6m，属深大型基坑。

（2）周边存在地下车行系统，环境条件复杂：基坑北侧及东侧为地下车行系统，该地下结构为锡东新城重点工程，敏感度及保护要求高。

（3）围护桩不闭合、土压力不平衡：北侧及东侧有地下车行系统接入口，接入口伸入地块内，后期与地库接通，因此接入口位置无法施工围护桩，造成围护结构在此处断开，不能完全闭合；接入口位置因单边卸载，存在土压力不平衡的问题。

（4）土质条件差：本场地杂填土厚度大，最深达8.37m；基坑侧壁及坑底主要为粉质黏土夹粉土层，该层土土质软弱，且易发生流砂。

2. 支护方案选型

（1）地下2层：地下2层位置大面积采用ϕ800@1000钻孔灌注桩＋1道混凝土支撑的支护形式，局部加深位置采用ϕ900@1100钻孔灌注桩。东侧局部段采用ϕ800@1000钻孔灌注桩＋1道斜抛撑支护。

地下1层：地下1层位置采用二级放坡土钉墙支护，采用5道树脂土钉。

（2）止水与排水设计：

基坑侧壁及坑底均为粉质黏土夹粉土层，含水层厚度大，含水量高，开挖过程中极易发生流砂，并进而造成水土流失、地面沉降。本着绿色节约的原则，本设计临近地下车行系统侧采用D850@600三轴搅拌桩止水帷幕，其余位置不设置止水帷幕，坑外布置管井降水解决流砂问题。

基坑内部采用管井疏干降水，管井间距约20m，局部坑中坑采取轻型井点降水。

3. 重难点分析

（1）对地下车行系统的保护

地下车行系统为锡东新城重点工程，该工程存在专门的监管部门及监管要求。虽然其基底标高与本工程相同，但因其距离较近，本工程基坑开挖相当于对该地下结构单边卸载，如支护结构变形过大，在另侧回填土压力作用下，也可能导致车行系统发生位移。

本基坑设计以变形控制为主，通过采取刚度较大的混凝土内支撑解决基坑侧壁的变形控制问题。计算时严格控制基坑侧壁变形不超过基坑深度的0.3%，通过减少变形，确保车行系统的安全。

车行系统接入口位置因其地下结构伸入地块内，无法施工围护桩。考虑到接入口为局部结构，单边卸载引起的土推力有限，加之此处为一喇叭口结构，两侧围护桩对接入口地下结构有一定的约束作用，因此本设计此处采用直接开挖的方式处理。

接入口临坑侧顶板上部覆土通过挡墙方式解决其边坡稳定问题。

(2) 地质条件复杂

1) 因临近地下车行系统，该地下结构基坑放坡开挖造成基坑周边原状土缺失，导致基坑周边存在深厚的回填土，最厚达 8.37m，回填土成分复杂，可能含建筑垃圾、碎砖块等，并富含潜水，如此厚的回填土对基坑施工存在两方面影响：①围护桩施工时，存在较多地下障碍物，施工时应选择合理的成桩方式确保成桩质量。②虽然基坑外围采取三轴搅拌桩封闭，但围护桩与车行系统接入口交界位置存在漏水点，此处如处理不当，将存在水土流失的风险。

2) 基坑侧壁及坑底主要为粉质黏土夹粉土层，该类土为无锡地区俗称的“橡皮土”，其主要特点为土质软弱、含水量大、渗透性差，极易发生流砂。该类土处理难度较大，处理不当将对基坑开挖造成很大的困难，若侧壁发生流砂，将严重影响基坑安全。

(3) 大规模基坑的流砂防治

根据前述，本基坑的流砂防治非常重要。本设计考虑节约造价，在基坑西侧及南侧未设置止水帷幕，通过设置坑外管井的措施，解决基坑侧壁流砂的问题。其余位置采取常规三轴搅拌桩止水+坑内管井疏干降水解决流砂问题。坑中坑位置采取轻型井点降水解决流砂及坑中坑的安全问题。

(4) 止水桩与行车系统接入口衔接处理

止水桩与行车系统接入口交界处因外侧回填土厚度大，含水量高，土质松散，易发生水土流失。此处采用旋喷桩封闭至车行系统结构边，解决水土流失问题。

(二) 基坑支护结构平面布置

根据选型分析思路，基坑支护结构平面布置如图 4 所示。

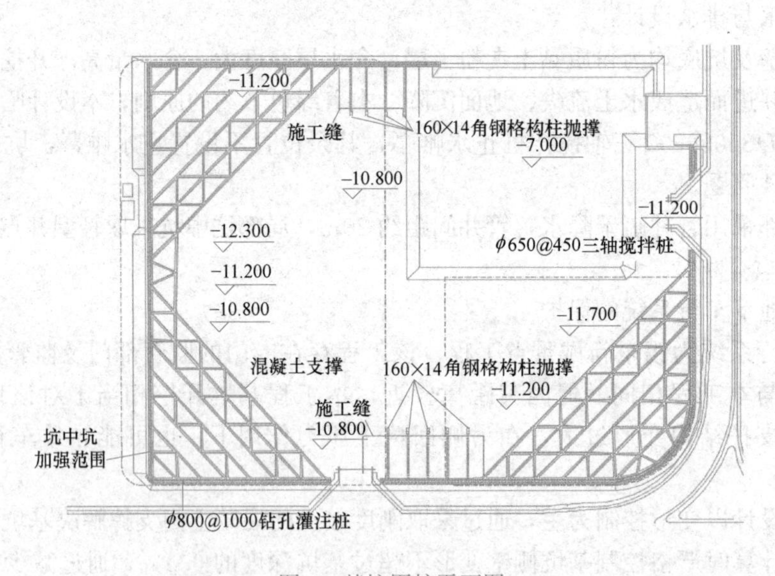

图 4 基坑围护平面图

(三) 典型基坑支护结构剖面

本基坑典型剖面图如图 5～图 7 所示。

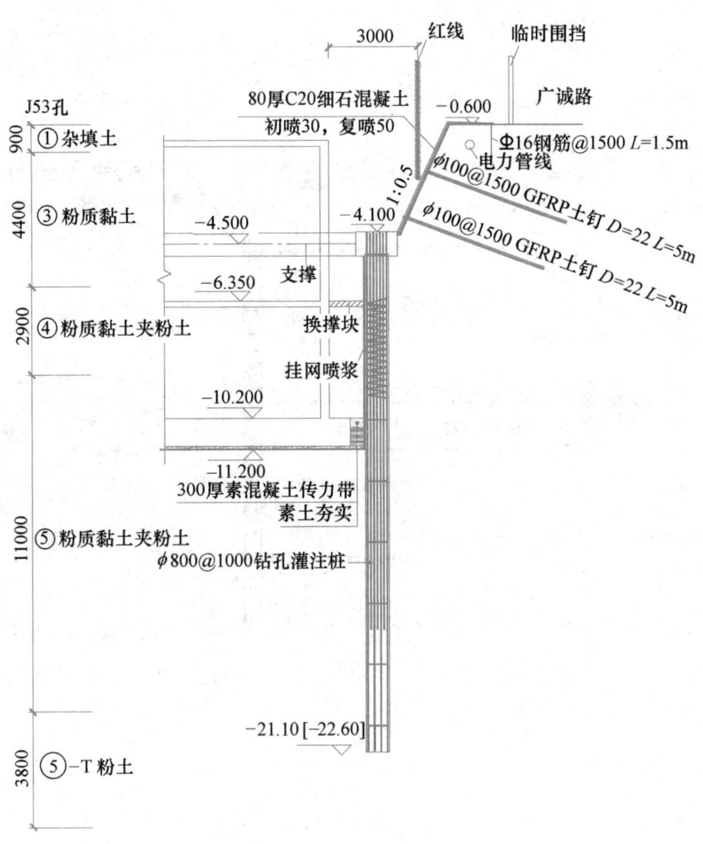

图 5 桩撑支护剖面

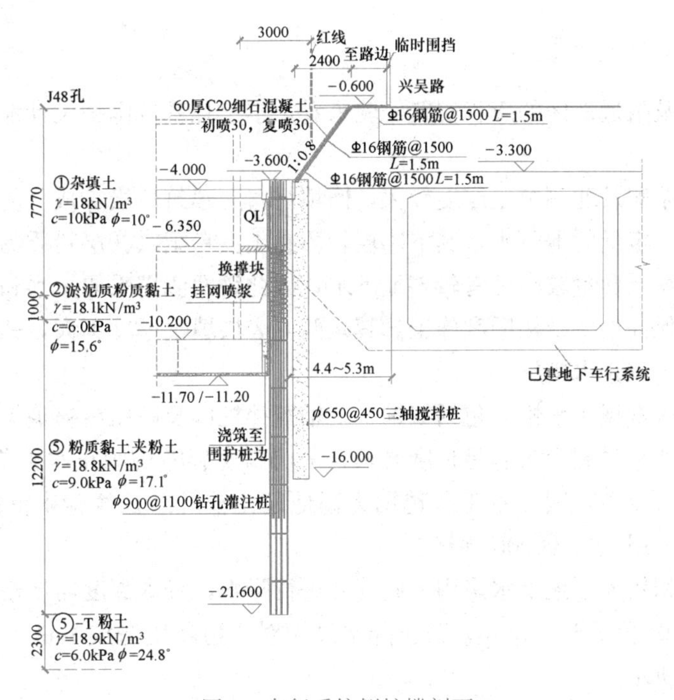

图 6 车行系统侧桩撑剖面

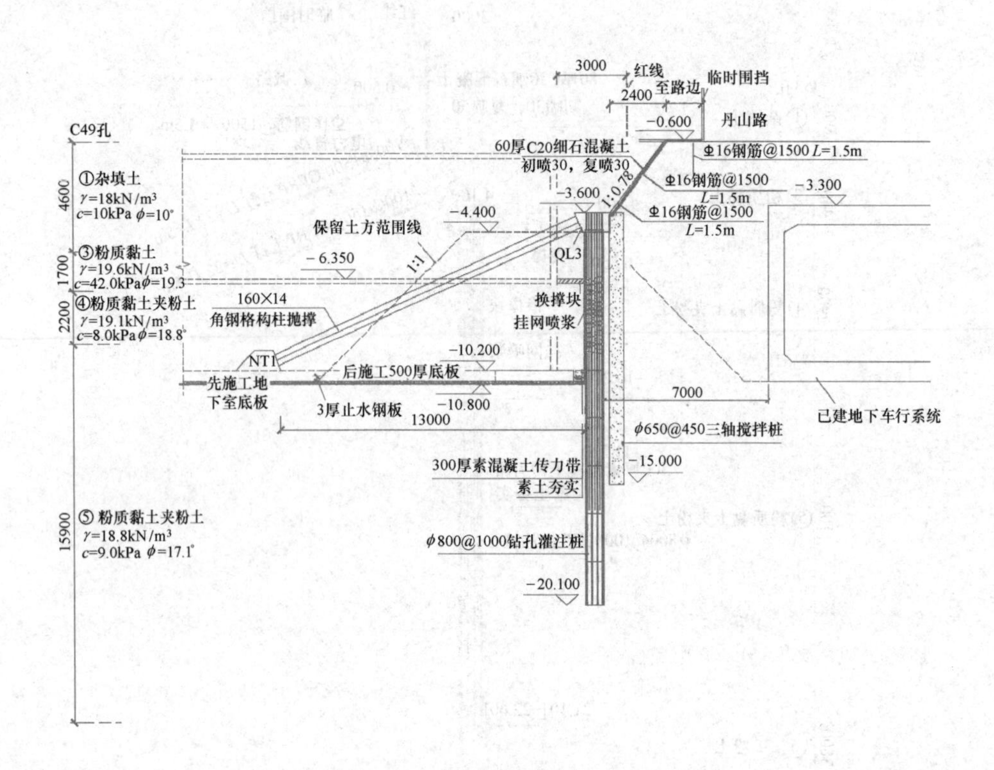

图 7 车行系统侧斜抛撑剖面

五、地下水处理方案

从勘察报告及附近地区的工程实践经验来看，本工程基坑围护设计地下水处理应注意以下几点：

本工程场地东侧及北侧填土厚度较大，回填材料为建筑垃圾等成分复杂，回填质量一般，填土内含有一定量的地下水，其下④层粉质黏土夹粉土（③层粉质黏土缺失）为微承压含水层，局部粉土含量较高处有较多地下水，因此该两侧需采取止水和降水措施，防止出现流砂现象，保证地下结构顺利施工。其余两侧表层填土厚度不大，其下为③层粉质黏土，因此不考虑采取止水措施。

目前无锡地区常规止水帷幕包括双轴、三轴搅拌桩以及高压旋喷桩等。根据经验，采用双轴搅拌桩受功率限制无法满足长度要求；采用高压旋喷桩则止水帷幕难以有效封闭，往往导致基坑侧壁流砂，因此本工程选用无锡地区比较可靠且经验丰富的三轴搅拌桩止水。三轴搅拌桩采用 ϕ650@900 规格。

由于基坑面积较大，地下水采用无砂管井进行降水，降水深度需严格控制，确保地下水位位于开挖面以下 0.5～1.0m，防止降水过大对周边环境造成不良影响。地下水控制平面布置如图 8 所示。

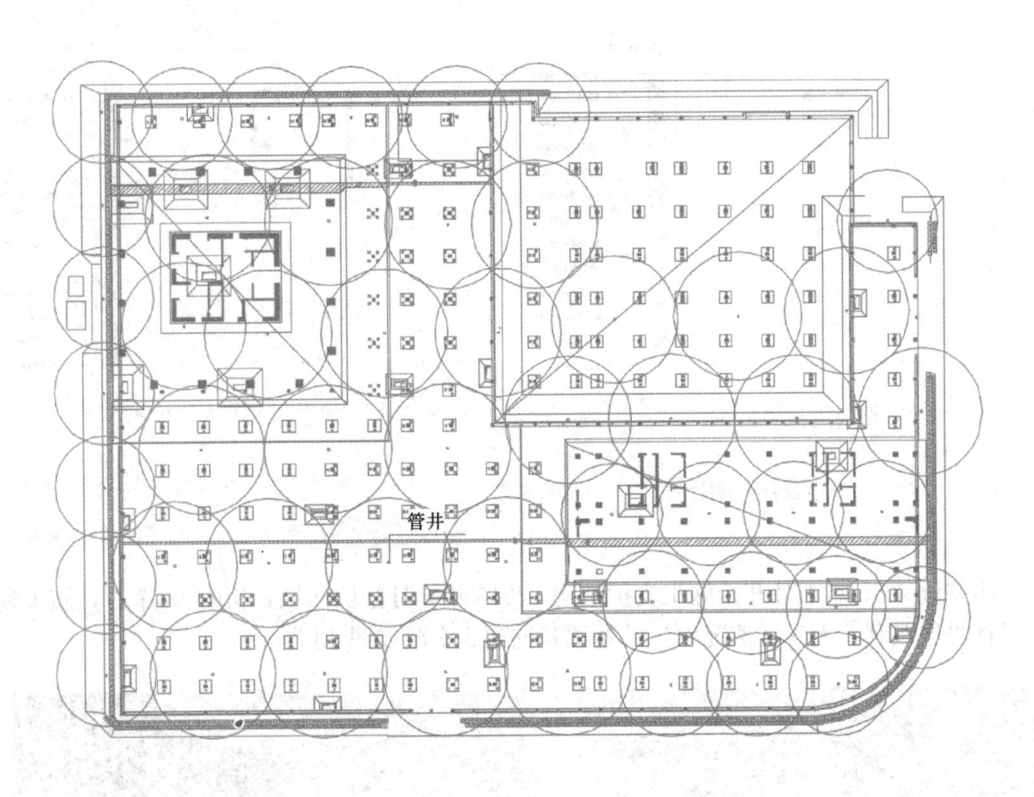

图 8 地下水控制平面布置图

六、基坑周边环境变形分析

本基坑主要环境因素为丹山路和兴吴路以下的已建地下车行系统，高铁商务区对地下车行系统变形控制有明确要求，竖向和水平位移变形限值均为 10mm。采用平面有限元对该侧开挖进行模拟分析，地层水平和竖向位移分析结果如图 9 和图 10 所示，其中地层水平位移最大值为 14mm。地下车行系统的水平和竖向变形分析结果如图 11 和 12 所示，其中水平位移最大值为 8mm，竖向位移最大值为 3mm，均满足相关保护要求。

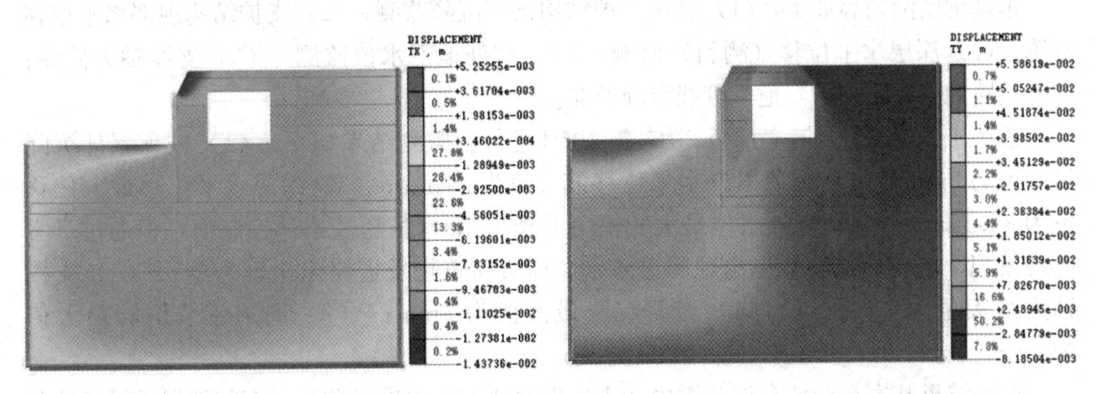

图 9 地层水平位移云图

图 10 地层竖向位移云图

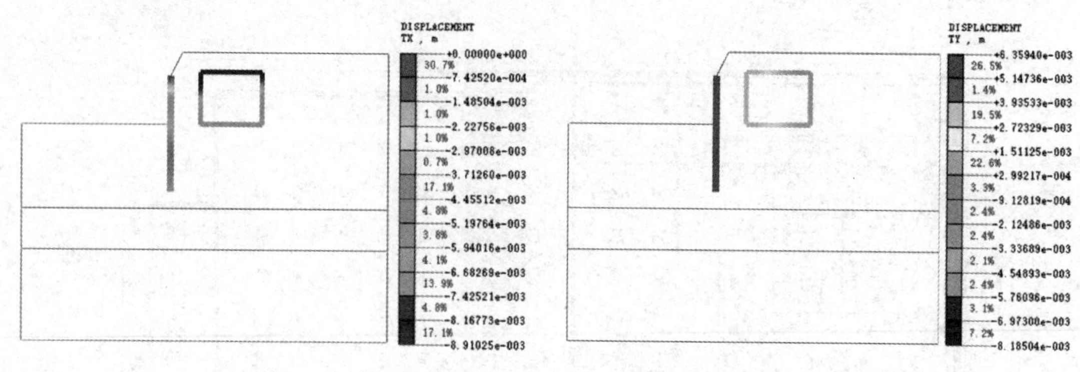

图 11 地下车行系统水平位移图　　图 12 地下车行系统竖向位移图

七、基坑实施情况分析

1. 基坑施工过程概况

本基坑 2015 年 1 月开始施工支护结构，2016 年 3 月基坑回填，历时 14 个月，施工期间总体进展顺利，无异常情况发生。基坑开挖到底实况如图 13 所示。

图 13 基坑开挖实况

2. 基坑变形监测情况

本基坑监测内容如下：(1) 基坑支护结构顶部沉降监测；(2) 支护结构顶部水平位移监测；(3) 深层水平位移（测斜）监测；(4) 坑外地下水位监测；(5) 支撑轴力监测；(6) 道路沉降监测；(7) 地下管线沉降监测。

监测工作于 2015 年 7 月至 2015 年 10 月进行。监测结果如下：(1) 桩顶累计沉降最大值为 8mm；(2) 桩顶累计水平位移最大值为 11mm；(3) 深层水平位移最大位移量为 38.15mm；(4) 坑外水位最大变幅为下降 3.2m（虽超过累计控制值，但通过日常巡视发现，基坑内部墙体未出现明显渗水，周边建筑物及道路未出现裂缝）；(5) 支撑轴力最大值为 3552kN；(6) 道路沉降最大值为 5mm；(7) 周边管线沉降最大值为 4mm。

监测结果基本在设计允许范围内，未出现险情，工程进展顺利，有效地保护了基坑和周边建筑、道路的安全。

八、本基坑实践总结

本基坑支护设计工程主要有以下几个显著特点：

（1）本项目为无锡高铁商务区紧邻地下车行系统的首个深基坑，项目实施过程中，变形控制效果良好，未发生基坑失稳，成功解决了局部单边卸载引起的土压力不平衡问题并有效保护了车行系统。

（2）1层地库位置通过设置树脂土钉的方式解决出红线的问题，其余位置通过内支撑解决水平支点问题，整个基坑未在红线外侧设置任何支护结构，避免遗留地下障碍物至道路下方，创造了良好的社会效益。

（3）主楼核心筒坑中坑深度达5.55m，本设计创新性地仅采用轻型井点＋放坡的方式解决了软弱土层中坑中坑的稳定问题，此举既节约了造价又加快了工期，为同类土层中坑中坑的支护积累了宝贵的实践经验。

（4）地下车行系统侧因原回填土成分复杂，实际施工过程中成桩困难，经与施工单位协商，通过采取冲击成孔的方式成功解决了地下障碍物问题。为同类情况钻孔桩的施工积累了宝贵经验。

（5）施工过程中合理利用地下结构的布置，在负1层位置设置出土口，形成负2层至负1层的出土坡道，并利用负1层基底作为施工场地，成功解决了场地紧张的问题。

（6）地下水控制效果良好：基坑开挖侧壁存在较厚的粉质黏土夹粉土层，极易发生流砂。设计采用三轴搅拌桩半封闭止水帷幕，结合坑内管井疏干的措施对地下水进行处理，设计强调搅拌桩在粉土、粉砂层段严格控制提升、下沉速度，做到充分搅拌，以确保搅拌桩在该2层土的止水质量。同时针对流砂制定了完备的应急预案，大大减少了流水流砂对周边环境和施工进度的影响。整个项目地下水控制效果良好。

（7）充分做到信息化施工：本基坑在施工过程中由于复杂的工程地质、场地条件，开挖过程中遇到诸多不可预料情况，设计单位与监测单位、施工单位、监理单位、土建设计单位和业主协调一致，坚持信息化施工，确保了基坑和周边环境的安全。

实例 9 新区科技交流中心基坑工程

一、工程简介

无锡新区科技交流中心由剧场、多功能厅、展览厅、政务中心、地下车库等组成，地下1层，地上3层，钢屋顶，房屋总高32.9m。结构类型为框架结构。基础类型为桩＋筏基础。

基坑深度：本工程±0.00为5.70m，场地整平后地面标高在3.70m，基坑开挖深度为3.6～5.8m。

基坑平面尺寸：根据本工程地下室结构平面图，考虑到施工作业面和基坑周边明排水系统的设置，自底板边缘向外预留1m作为施工空间以确定基坑平面图，基坑面积约为20737m^2，周长约为553m。

基坑支护：本工程采用绿色环保的支护方式——竹筋喷锚支护技术。竹筋喷锚支护技术是用竹子代替钢筋形成喷锚体的一项技术，通过充分利用无锡地区充足的竹子资源，可以节省大量钢筋，达到环保节能及经济的目标。

二、工程地质与水文地质条件

1. 工程地质条件

本工程场地在基坑开挖深度范围内主要土层特征（图1）如下：

①层素填土：灰～灰黄色，软塑状，含少量植物根茎，其主要成分为粉质黏土。

②-1层粉质黏土：灰黄色，可塑，含少量铁锰质结核，无摇振反应，光滑，干强度和韧性较高。

②-2层粉质黏土：浅灰黄色，可塑～硬塑，含铁锰质结核，无摇振反应，光滑，干强度和韧性高。

③-1层粉质黏土：灰黄～浅灰黄色，可塑，局部夹少量粉土，无摇振反应，干强度和韧性中等。

③-2层粉质黏土：浅灰色，软塑，无摇振反应，稍光泽，干强度和韧性中等。

③-3层粉土夹粉质黏土：浅灰色，湿～很湿，中密，局部夹软塑状粉质黏土，摇振反应中等，干强度和韧性低。

③-4层粉土：灰色，中密，湿～很湿，无光泽，含较多云母片。摇振反应中等，干强度和韧性低。

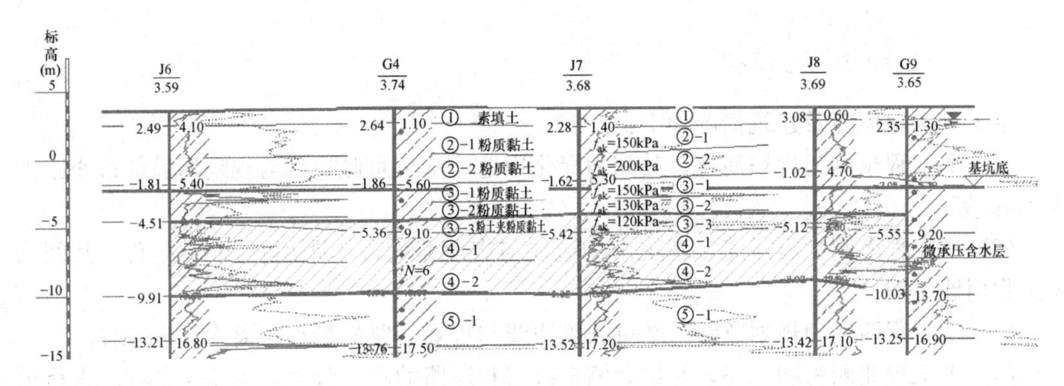

图 1 典型工程地质剖面图

2. 水文地质条件

本工程场地勘探深度范围内主要含水层有第四系松散层中孔隙潜水及微承压水：

(1) 第四系松散层中孔隙潜水：主要分布于浅部，水量贫乏。主要接受大气降水，径流滞缓，以蒸发排泄为主。勘察期间测得与工程有关的孔隙潜水初见水位为 2.79～3.12m，稳定水位为 2.99～3.32m。

(2) 微承压水：主要分布于③-3 层粉土夹粉质黏土以深至④-1 层粉质黏土以浅的土层中。微承压水主要接受侧向补给，侧向径流为主。勘察期间测得微承压水位为 0.99～1.32m，年变化幅度为 0.80m 左右。

3. 土层主要物理力学参数

基坑支护设计各土层的参数如表 1 和表 2 所示。

场地土层主要物理力学参数 表 1

编号	地层名称	含水率	孔隙比	重度	固结快剪(C_q)	
		w(%)	e_0	γ(kN/m³)	c_k(kPa)	φ_k(°)
①	素填土			18.5	8.0	5.0
②-1	粉质黏土	24.3	0.72	19.3	43.0	14.7
②-2	粉质黏土	23.6	0.70	19.5	49.0	14.0
③-1	粉质黏土	27.0	0.69	18.8	27.0	14.9
③-2	粉质黏土	22.5	0.74	18.9	22.0	14.6
③-3	粉土夹粉质黏土	27.0	0.84	18.7	15.2	12.8
③-4	粉土	32.1	0.90	18.6	12.8	21.8

场地土层渗透系数统计表 表 2

编号	地层名称	垂直渗透系数 k_V(cm/s)	水平渗透系数 k_H(cm/s)	渗透性
①	素填土	(3.0E-05)	(5.0E-05)	
②-1	粉质黏土	3.3E-07	5.8E-07	极微透水
②-2	粉质黏土	1.9E-07	2.2E-07	极微透水
③-1	粉质黏土	6.0E-07	3.4E-06	极微透水
③-2	粉质黏土	2.9E-06	2.4E-06	微透水
③-3	粉土夹粉质黏土	3.8E-07	2.1E-06	弱透水

三、基坑周边环境情况

本工程场地环境及建筑情况如下：

（1）本工程东侧为规划河道，其间为绿化用地，基坑东侧边线与规划河道的最小距离为 15m 左右。

（2）本工程南侧为震泽路，基坑南侧边线与震泽路的最小距离在 40m 左右，其间为本工程用地范围。

（3）本工程西侧为规划道路，基坑西侧边线与规划道路的最小距离为 43m 左右。

（4）本工程北侧为和风路，基坑北侧东段与和风路的距离较近，为 7m 左右。人行道下埋设有通信电缆管道和污水管井。

基坑总平面示意如图 2 所示。

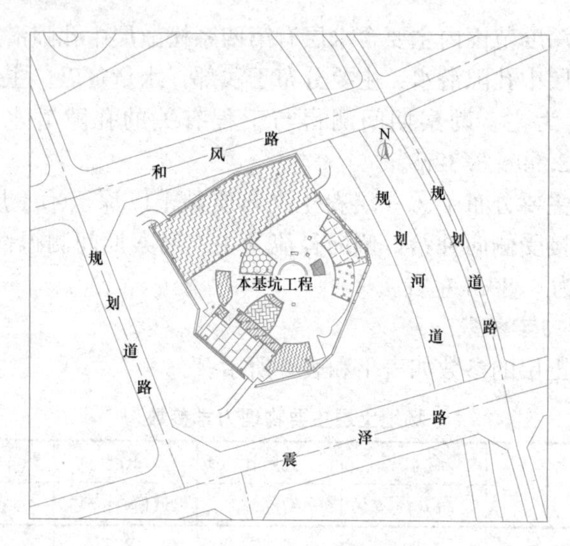

图 2 基坑总平面示意图

四、支护设计方案概述

1. 围护方案

由于场地范围内土层变化不大，分布稳定均匀，因此虽然各侧壁计算模型上有所不同，但是支护方案可以归并，整个基坑周边采用竹筋作为面层筋、毛竹作为土钉的土钉墙支护，基坑支护平面如图 3 所示。

2. 基坑支护典型剖面图

（1）根据竹筋应用的范围不同，竹筋喷锚体系可分为两大类：

1）面层网筋采用竹筋代替的体系，如图 4 所示；

2）面层以及锚筋均采用竹筋的全竹筋的体系，如图 5 所示。

在应用经验不多的情况下，一般可采取第 1）种形式，以降低工程风险。

（2）竹筋喷锚技术的施工流程

竹筋喷锚的施工流程同常规基坑喷锚支护，其步骤如下：

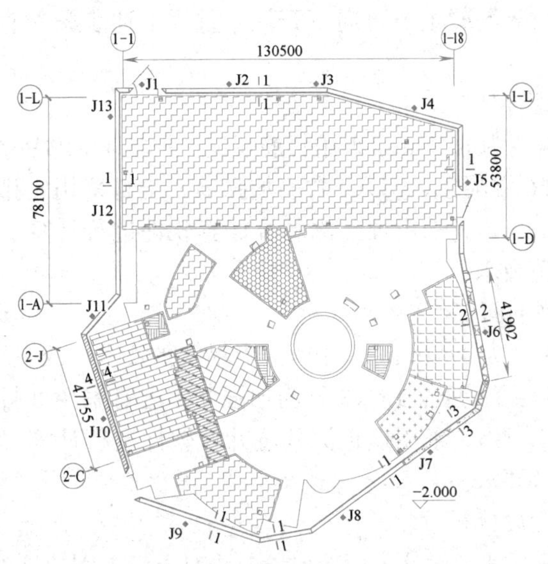

图 3　基坑支护平面图及监测点布置图

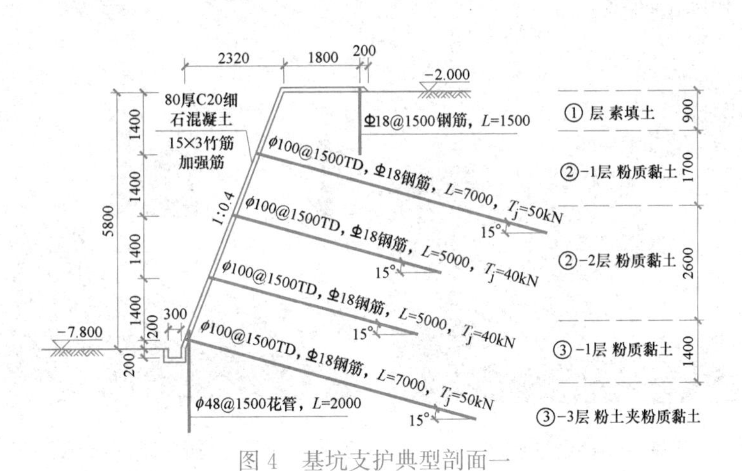

图 4　基坑支护典型剖面一

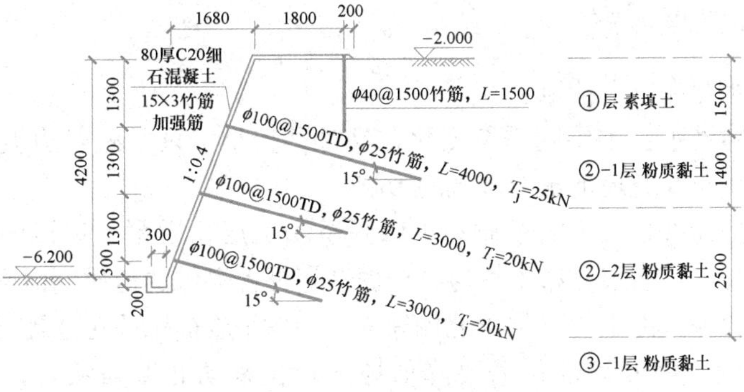

图 5　基坑支护典型剖面二

开挖基坑第 1 层工作面→人工修坡工作面→初喷 30mm 混凝土→钻锚杆孔→放入竹锚杆→布置纵横向竹筋→布置加强竹筋→用节点构造使竹锚杆、竹筋及加强竹筋形成一个整体→再复喷 50～70mm 混凝土→再向下开挖，重复上述步骤一直施工到坑底并完成最后的复喷混凝土。

（3）基坑支护典型剖面一

本剖面基坑开挖深度为 5.80m，采用竹筋喷锚支护技术，放一级坡，坡度为 1∶0.4。面层采用 80 厚 C20 细石混凝土、15×3 竹筋加强筋；土钉采用 4 排Φ 18 钢筋、钻孔直径 100mm、土钉长度 5m、7m。采用理正深基坑计算软件进行计算，结果表明稳定性安全系数为 1.62，满足规范要求。

（4）基坑支护典型剖面二

本剖面基坑开挖深度为 4.20m，采用竹筋喷锚支护技术，放一级坡，坡度为 1∶0.4。面层采用 80 厚 C20 细石混凝土、15×3 竹筋加强筋；土钉采用 3 排 ϕ25 竹筋、钻孔直径 100mm、土钉长度 3m、4m。采用理正深基坑计算软件进行计算，结果表明稳定性安全系数为 1.78，满足规范要求。

3. 土钉墙边坡安全度分析

为保证基坑边坡安全度，设计采用瑞典条分法对土钉加固边坡的稳定性进行复核，计算结果如图 6 和图 7 所示。

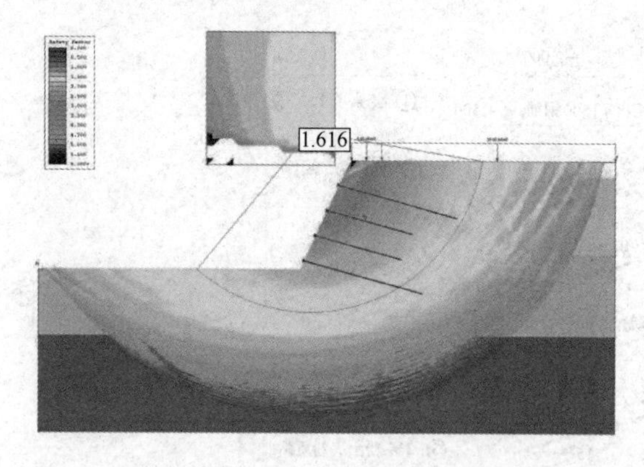

图 6　剖面一圆弧滑动稳定分析结果

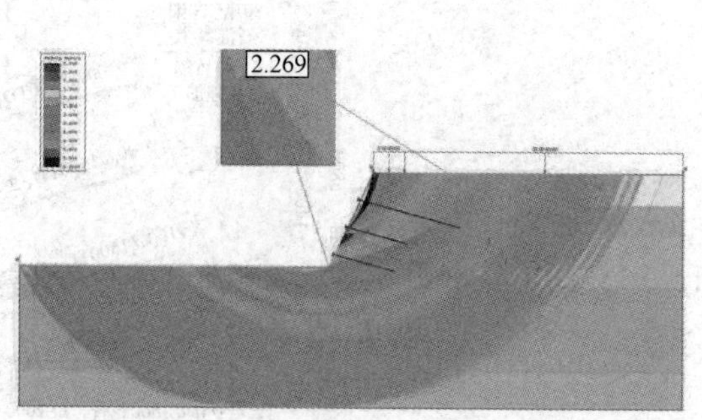

图 7　剖面二圆弧滑动稳定分析结果

五、地下水处理方案

本基坑地下水存在以下特点：

（1）上部孔隙潜水：主要随季节变化，且含量较小。只要做好边坡的护面及坡面排水，则可以有效防止此类地下水对基坑的影响。

（2）基坑底部③-3 层粉土夹粉质黏土以深至④-1 层粉质黏土以浅的土层中的微承压水，水头相对较高，但土层分布不均匀。根据勘察报告提供的地质剖面图，该层微承压水在基坑北侧埋藏较深（由于③-1 层土北侧缺失），在基坑东南部位埋藏较浅，且东南部位局部开挖深度较大，因此该部位需要降低地下水位来防止基坑突涌。详细计算如图 8 所示。

综上所述，地下水在基坑开挖期间采用排水沟明排、局部管井降水相结合的形式，管井布置如图 9 所示。

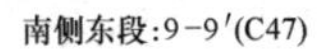

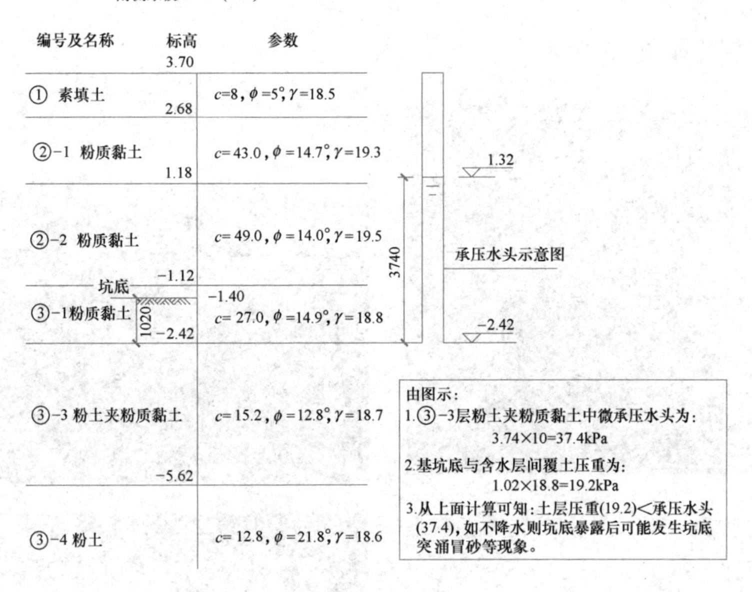

图8 基坑突涌计算简图

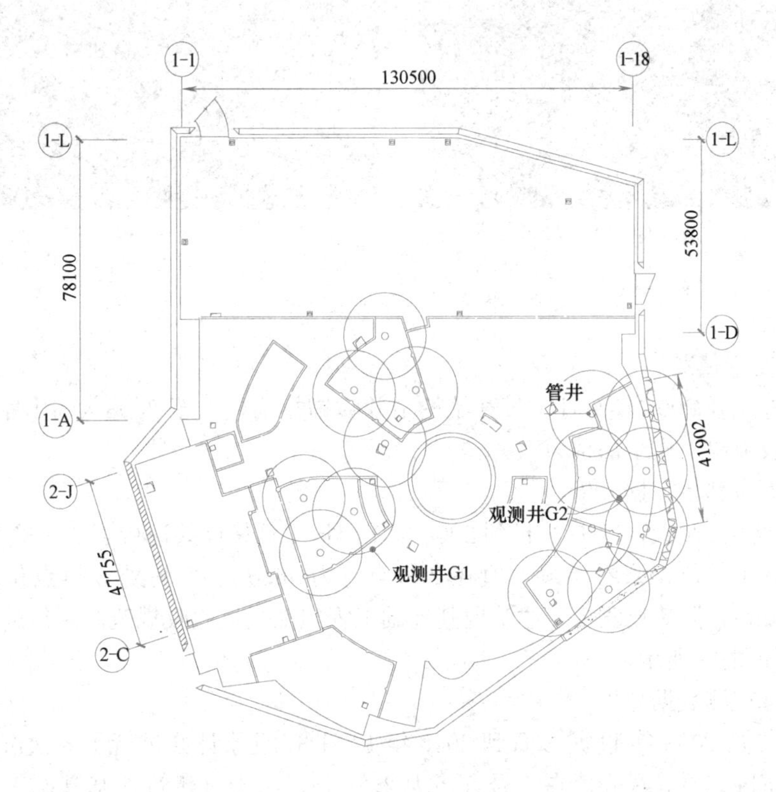

图9 管井布置平面图

六、基坑实施情况分析

1. 基坑施工情况

现场施工照片如图 10 所示。

(a) (b) (c) (d)

图 10 现场施工照片

2. 基坑变形情况

本基坑施工在 2008 年 9 月 1 日开始挖土并喷锚打锚杆，至 2008 年 10 月末全部开挖到底，锚杆及喷锚工作全部结束。

(1) 平面位移量数据分析

1～5 号点从 2008 年 11 月 3 日到 2008 年 12 月 31 日累计共进行了 6 次平面位移观测，从测得的累计平面位移来看，最大值在 2 号点，为 56.0mm，另外 3 号点位移也相对较大，为 35.5mm，但其数值在《建筑地基基础工程施工质量验收规范》规定的基坑变形监控值以内，如图 11 所示。

(2) 沉降观测数据分析

1～5 号点从 2008 年 11 月 3 日到 2008 年 12 月 31 日累计共进行了 6 次沉降观测，从测得的累计沉降来看，最大值在 5 号点，为 2.2mm，小于《建筑地基基础工程施工质量验收规范》规定的基坑变形监控值，如图 12 所示。

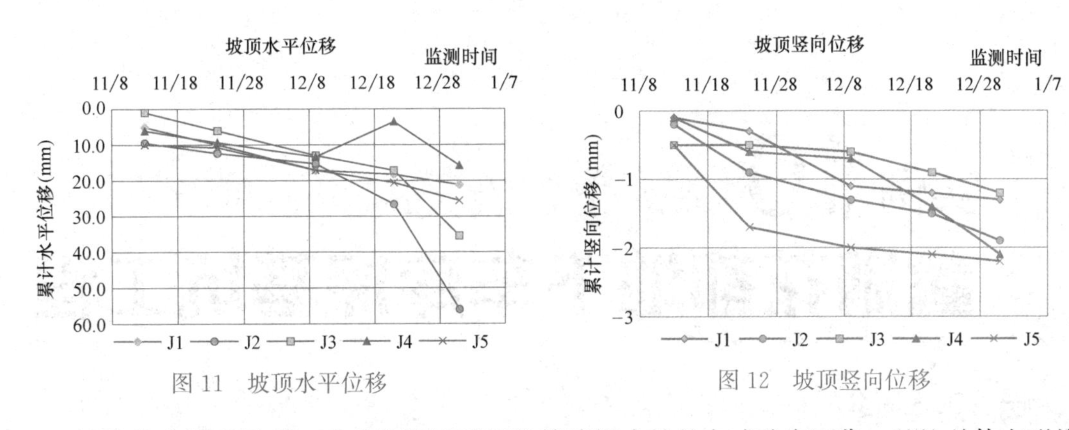

图 11 坡顶水平位移

图 12 坡顶竖向位移

从上述监测成果看，本基坑设计采用竹筋喷锚支护的方式稳定可靠，基坑总体变形均在《建筑地基基础工程施工质量验收规范》规定的基坑变形监控值以内，基坑处于安全运行状态。

七、本基坑实践总结

（1）竹筋具有较高的抗拉强度，同时，其截面可按要求加工，因此通过本工程实践证明，应用于喷锚支护是完全可行的。

（2）竹子在复杂的地下环境条件中耐久性较差、腐蚀速度较快。因此，充分发挥基坑支护时效性的特点，竹筋只要保证其在服役期内具有足够的安全储备，则作为喷锚支护的材料是可行的。

（3）可降低造价、节约投资：采用钢筋喷锚支护时，钢筋材料的造价在总围护造价中占据很大的份额。如果采用毛竹材料替代钢筋，那么可以有效节约投资。

（4）可节约能源、保护环境：竹子可循环再生且绿色环保，加工过程简便易行，有效起到节能减排、保护环境的作用。

（5）周边影响易于处理：竹筋自身强度与钢筋相比较低，若施工过程中成为地下障碍物也易处理；同时埋置于地下的竹筋可以在较短时间内丧失强度，对后续地下空间开发影响不大。

（6）采用竹筋代替钢筋进行喷锚支护是一项新兴的技术，可以节约大量的钢筋，在当今建筑业发展的过程中，环保、节能的绿色产品是建筑业的发展方向。

实例 10

蠡湖花都地下车库深基坑工程

一、工程简介

本工程位于无锡市滨湖区青祁路与望山路交叉口东南侧，主要建筑物为 4 幢 15～21 层办公楼、1 幢 2 层商业用房、1 幢 3～4 层卫生服务用房和 2 层地下车库，总建筑面积约 $86035m^2$。地下室开挖深度为 10.25～11.25m，基坑周长约为 450m，基坑总面积约 $12800m^2$。

二、工程地质与水文地质概况

1. 工程地质条件

本工程场地在勘探深度内全为第四纪冲积层，属长江中下游冲积沉积，地貌单元为冲湖积平原。基坑开挖影响范围内典型地层剖面如图 1 所示。

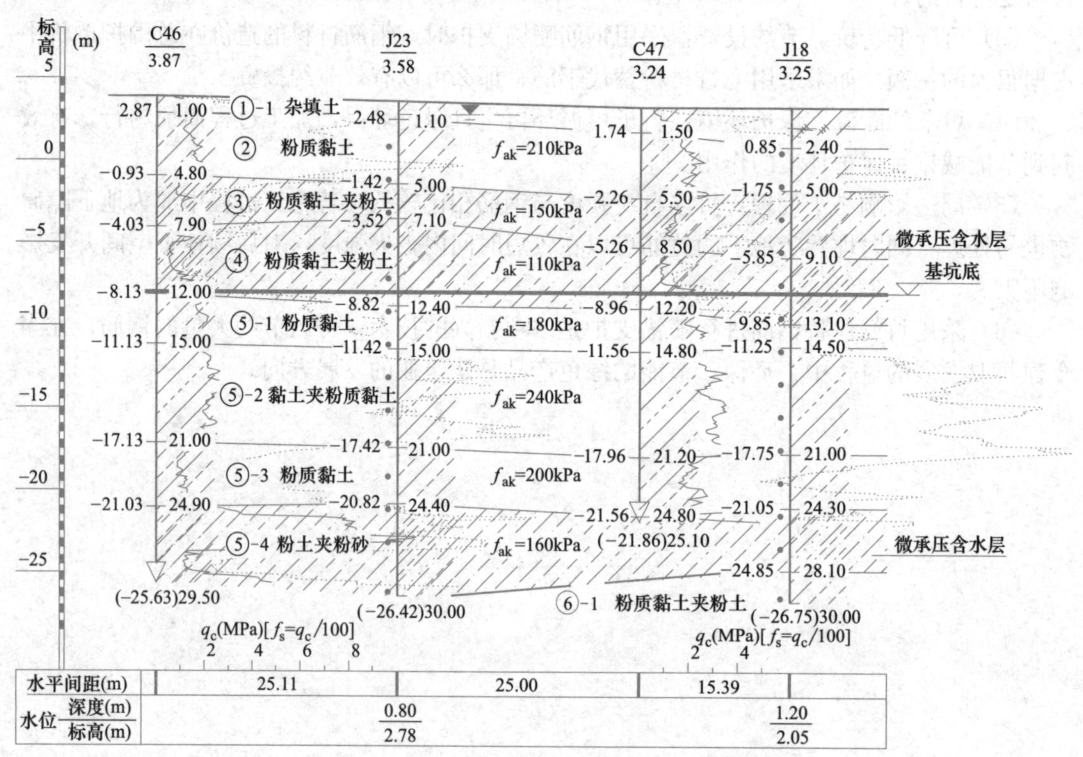

图 1　典型工程地质剖面图

各土层的特征描述与工程特性评价如下：

①-1层杂填土：杂色，结构松散，局部含砖块、碎石子等建筑垃圾，土质不均匀。

②层粉质黏土：灰黄色，可塑～硬塑，含铁锰结核及其氧化物。

③层粉质黏土夹粉土：灰黄色，可塑，含铁锰结核及其氧化物夹少量粉土团块。

④层粉质黏土夹粉土：灰色，软塑，局部含粉土薄层。

⑤-1层粉质黏土：灰黄色～灰色，可塑，局部硬塑，含钙质结核。

⑤-2层黏土夹粉质黏土：灰黄色，硬塑，含铁锰结核氧化物。

⑤-3层粉质黏土：灰黄色，可塑～硬塑，含铁锰结核氧化物。

⑤-4层粉土夹粉砂：灰黄色，稍密～中密，含云母石英碎屑，局部夹有粉质黏土薄层。

2. 水文地质条件

对工程有影响的地下水按其埋藏条件主要为孔隙型潜水和承压水。

第四系松散岩类孔隙潜水含水层组：孔隙型潜水赋存于①-1层杂填土中，其主要补给源为大气降水，以蒸发方式排泄，水量较少，水位受季节性影响变化较大。钻探期间，测得孔隙型潜水初见水位埋深约为0.20～0.60m，稳定水位埋深约为地表下0.40～2.00m，稳定水位标高为1.04～3.29m，本场地3～5年内最高孔隙型潜水水位标高3.40m左右，年变化幅度为1.0m。

散岩类孔隙弱承压含水层组：主要分布于③层粉质黏土夹粉土、④层粉质黏土夹粉土中，该含水层土性以粉性土为主，富水性较好。稳定水位埋深约为地表下2.00～4.00m，稳定水位标高为−0.75～−0.18m。地下水水化学类型主要为HCO_3-Ca·Na型。该层地下水主要接受侧向径流和河水补给，排泄主要以侧向径流方式排出区外。上下隔水层为②层粉质黏土、⑤-1层粉质黏土，因此具有弱承压性。

⑤-4层粉土夹粉砂含水层对基坑开挖没有影响

3. 岩土工程设计参数

根据岩土工程勘察报告，本项目主要地层岩土工程设计参数如表1和表2所示。

场地土层物理力学参数表 **表1**

编号	地层名称	含水率	孔隙比	液性指数	重度	固结快剪(C_q)	
		w(%)	e_0	I_L	γ(kN/m³)	c_k(kPa)	φ_k(°)
①-1	杂填土				18.5	10.0	10.0
②	粉质黏土	25.1	0.708	0.26	19.6	50.0	20.0
③	粉质黏土夹粉土	27.8	0.784	0.58	19.1	18.0	16.1
④	粉质黏土夹粉土	32.9	0.927	1.03	18.4	13.0	15.2
⑤-1	粉质黏土	23.8	0.672	0.26	19.8	46.0	19.0
⑤-2	黏土夹粉质黏土	24.7	0.699	0.19	19.7	69.8*	16.3*
⑤-3	粉质黏土	26.7	0.753	0.25	19.4	54.3*	14.7*
⑤-4	粉土夹粉砂	30.4	0.843	1.39	18.7	5.7*	26.5*

注“*”的指标为直剪快剪。

场地土层渗透系数统计表 表 2

编号	地层名称	垂直渗透系数 k_V(cm/s)	水平渗透系数 k_H(cm/s)	渗透性
①-1	杂填土	(1.00E-05)	(1.00E-05)	
②	粉质黏土	1.60E-06	1.95E-06	微透水
③	粉质黏土夹粉土	1.11E-05	1.45E-05	弱透水
④	粉质黏土夹粉土	1.42E-05	1.80E-05	弱透水
⑤-1	粉质黏土	1.33E-06	1.62E-05	微透水

三、基坑周边环境情况

(1) 场地东侧为现状市政道路，地下室距离道路边线 6m，该市政道路下埋设有雨水管线及地下箱涵，其中雨水管线距离地下室 11m 左右，埋深 1.5m 左右；地下箱涵为混凝土现浇结构，箱涵宽度 2.5m，高度 2.2m，每隔 20m 左右设置一个检查孔，距离地下室 7～8m，基底埋深 5m；市政道路东侧为蠡湖人家小区。

(2) 场地南侧为东方航空 5 层砖混办公楼，建于 20 世纪 80 年代，办公楼与地下室之间作为总包施工场地。

(3) 场地西侧为无锡快速内环青祁路段，地下室距离青祁路 44m，之间作为总包施工场地。

(4) 场地北侧为望山路，地下室距离望山路 20m，北侧有一条地下箱涵，混凝土现浇结构，箱涵宽度 2.5m，高度 2.2m，每隔 20m 左右设置一个检查孔，距离地下室最近 5.7m，基底埋深 5m，在本基坑北侧有两段接头，试挖发现存在漏水现象。此外，箱涵北侧铺设一条国防电缆需要保护。

基坑周边环境情况如图 2 所示。

四、支护设计方案

1. 本基坑的特点

(1) 基坑规模大：本基坑开挖面积约 12800 多平方米，普遍深度为 10.25～11.25m，属深大型基坑。

(2) 周边环境条件复杂：基坑北侧及东侧市政道路下存在地下箱涵，箱涵距离地下室最近距离仅 6m 左右，对基坑开挖变形控制要求较高；同时基坑西侧即青祁路快速路，为城市交通主干道，关注度高、社会影响大，敏感度及保护要求高，此外基坑东侧市政道路外侧即为居民楼，同样对基坑开挖变形控制要求较高。

(3) 地质条件较差：本场地北侧及东侧由于埋设地下箱涵，表层土体受到扰动，表层杂填土较厚；基坑侧壁中下部主要为③～④层粉质黏土夹粉土，该层土土质软弱，且易发生流砂。

(4) 施工场地紧张：本基坑只能在西侧设置一个出入口，东侧和北侧不能作为施工场地，因此要求尽可能在西侧设置南北向施工道路兼场地，并与南侧临时办公区连接，在这个狭小场地内需布置施工道路、材料堆场、办公区等，场地非常紧张。为确保工程工期，合理的支护方案必须能方便后期施工，为更直观地体现后期施工效果，采用 BIM 技术进行基坑翻样，模拟后期基坑开挖过程（图 3～图 5）。

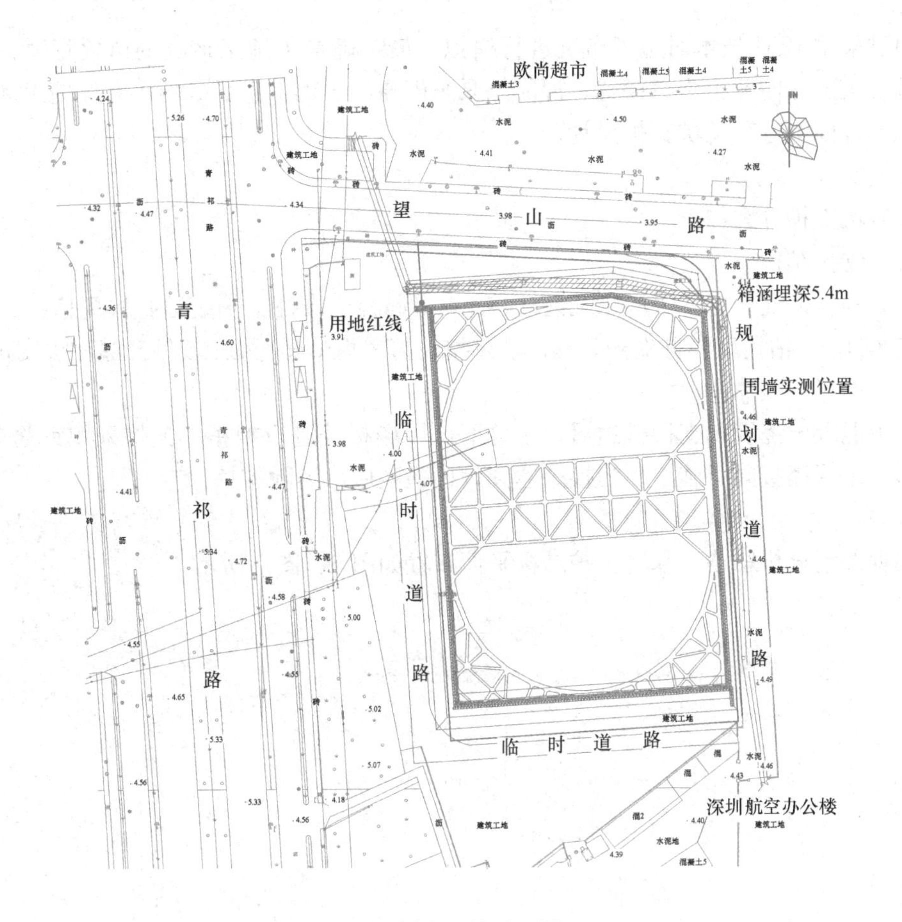

图2　周边环境平面图

图3　基坑开挖前

图4　基坑开挖到底后

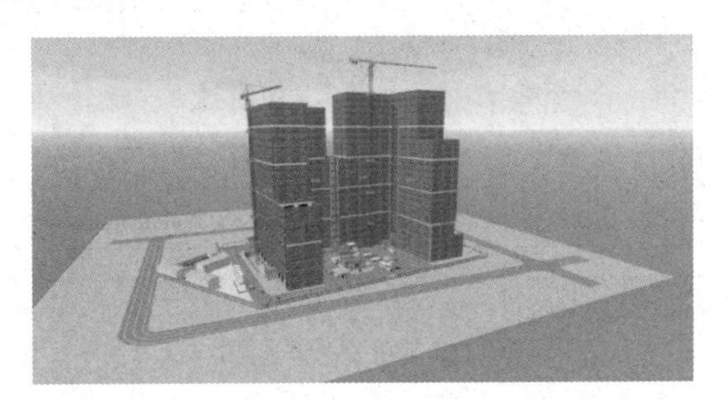

图5　基坑回筑后

通过采用 BIM 技术对施工布置进行模拟，最终确定了施工道路的留置宽度、转弯半径、基坑出土方向及出土口设置、混凝土泵车停靠等关键信息，确定了总体施工现场布置图，在此基础上进行基坑支护设计。

2. 基坑支护方案选型

本基坑支护方案如下：

（1）支护结构

本工程整体支护方案采取钻孔灌注桩+1 道混凝土支撑支护，钻孔桩规格：大范围采取 ϕ850@1050 钻孔灌注桩支护，局部坑中坑位置采取 ϕ950@1150 钻孔灌注桩支护。

（2）拆撑与换撑

底板混凝土浇筑到支护桩边后，于地下 1 层楼板处进行换撑。换撑采用钢筋混凝土，并与地下 1 层楼板同时施工。当换撑达到设计强度后，拆除支撑。

3. 基坑支护结构平面布置

根据选型分析思路，基坑支护结构平面布置如图 6、图 7 所示。

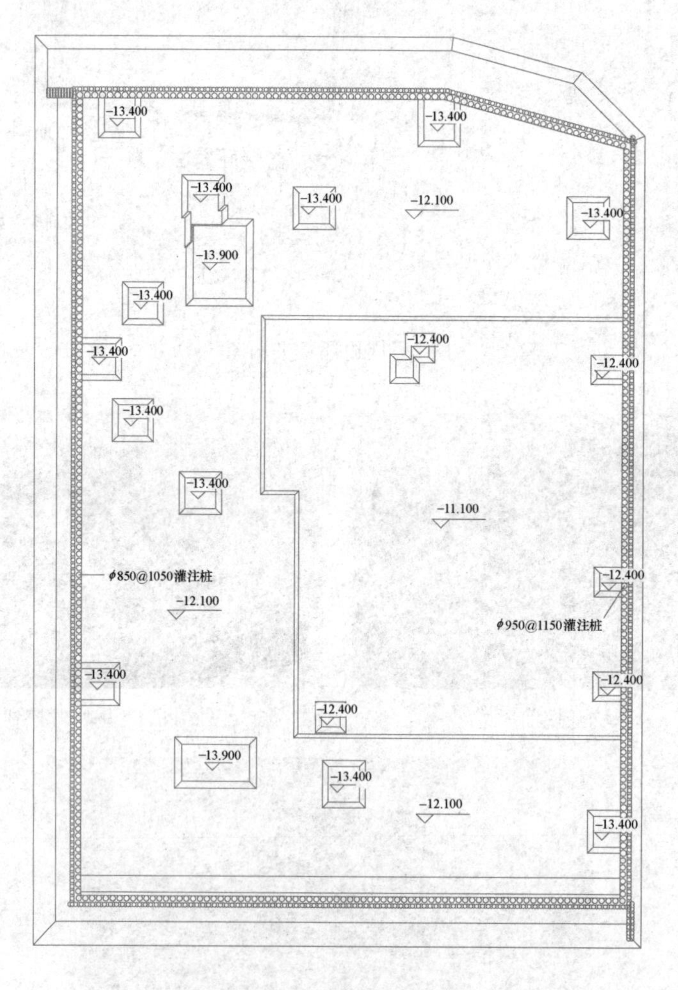

图 6　基坑支护平面图

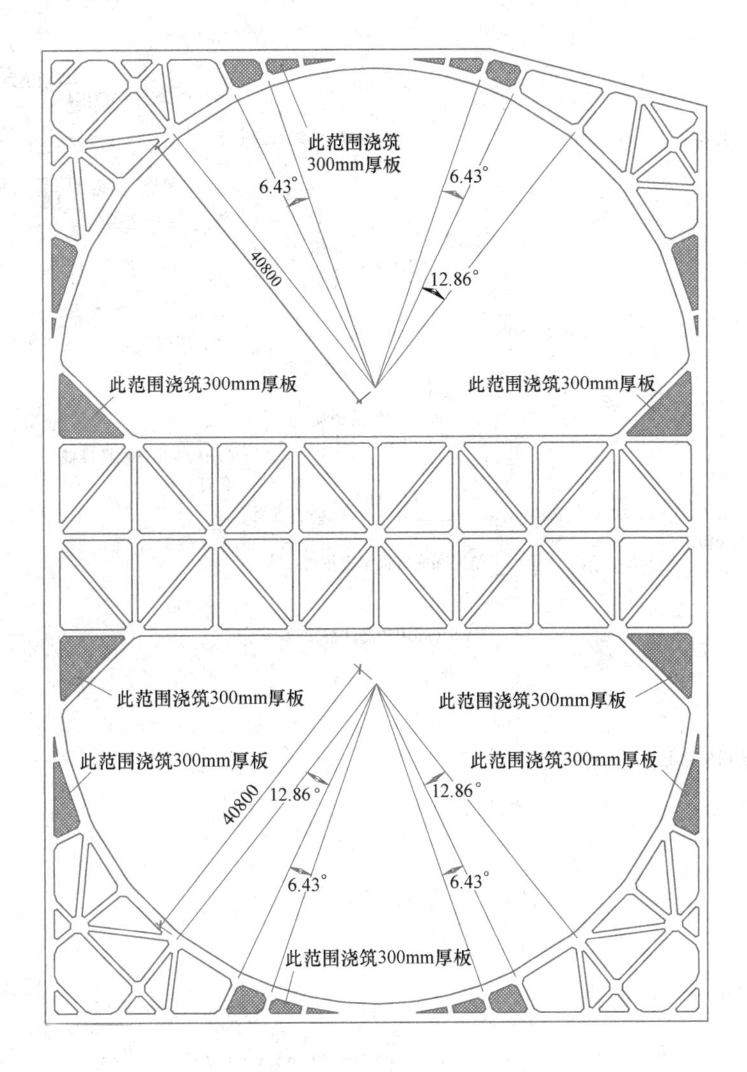

图7 支撑平面布置图

4. 典型基坑支护结构剖面

本基坑典型剖面如图8、图9所示。

5. 考虑板带刚度圆环支撑的整体变形分析

本基坑采用双圆环支撑，大大提高了工程施工便利程度，为确保工程进度，圆环直径较大，按照整体计算圆环变形，如图10所示。

从计算结果看，支撑系统变形在圆环象限点位置较大，支撑刚度较为薄弱，需采取加强措施，本设计采用对应位置增加板带的方案。

采用通用有限元软件建立考虑板带的支撑布置，将支撑杆件按梁单元定义，将整浇连接板按平面应力单元定义并参与水平面计算，建立计算模型如图11所示。

计算结果如图12、图13所示。可见，与不考虑板带的杆系有限元计算模型相比，支撑系统的位移量从31mm减小为27mm，整浇连接板对局部的内力和位移控制均明显起到了有利作用。通过采用考虑板带作用的有限元，更为精准地计算了支撑系统的变形。

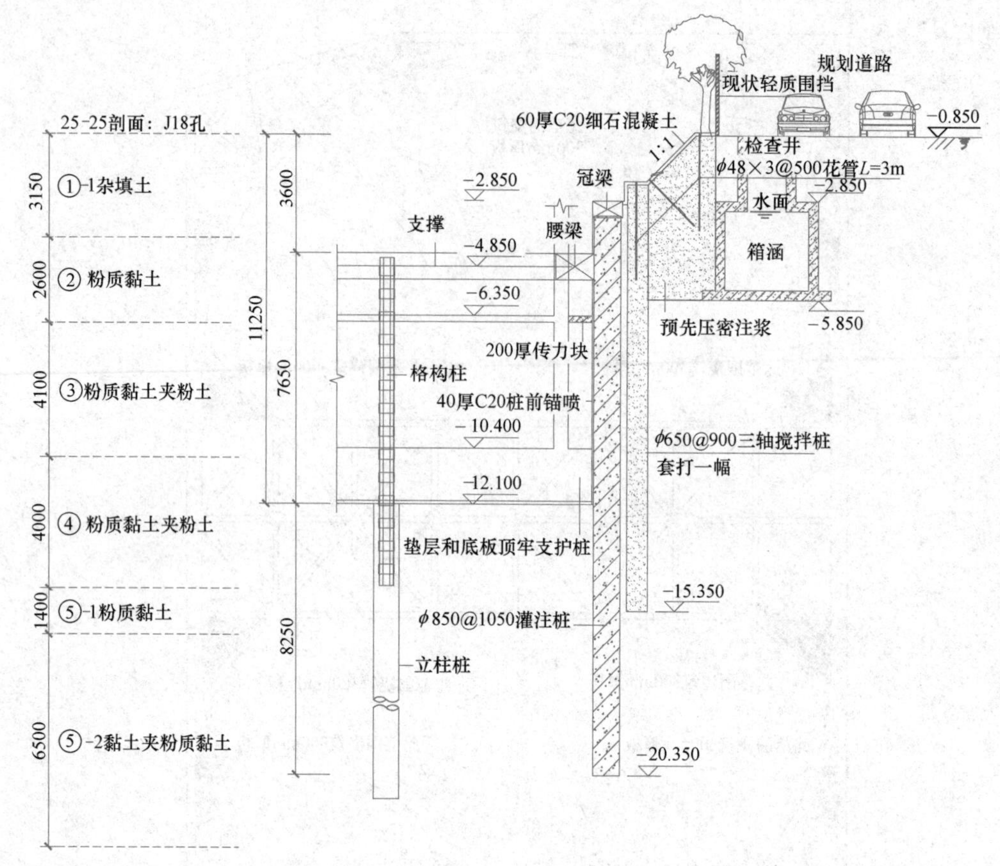

图 8 基坑东侧典型支护剖面

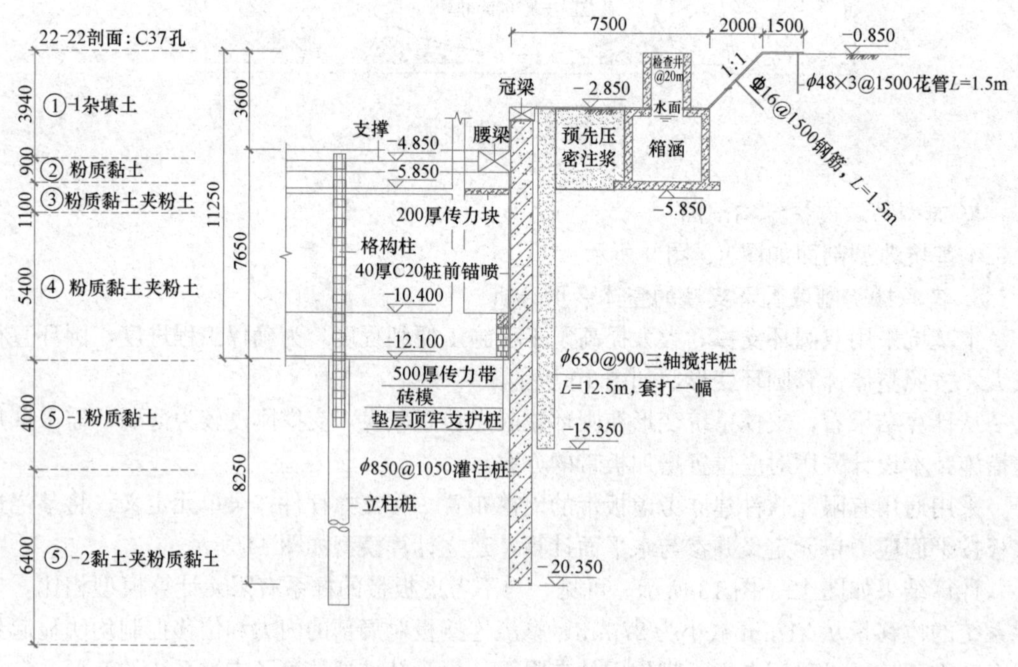

图 9 基坑一般位置典型剖面

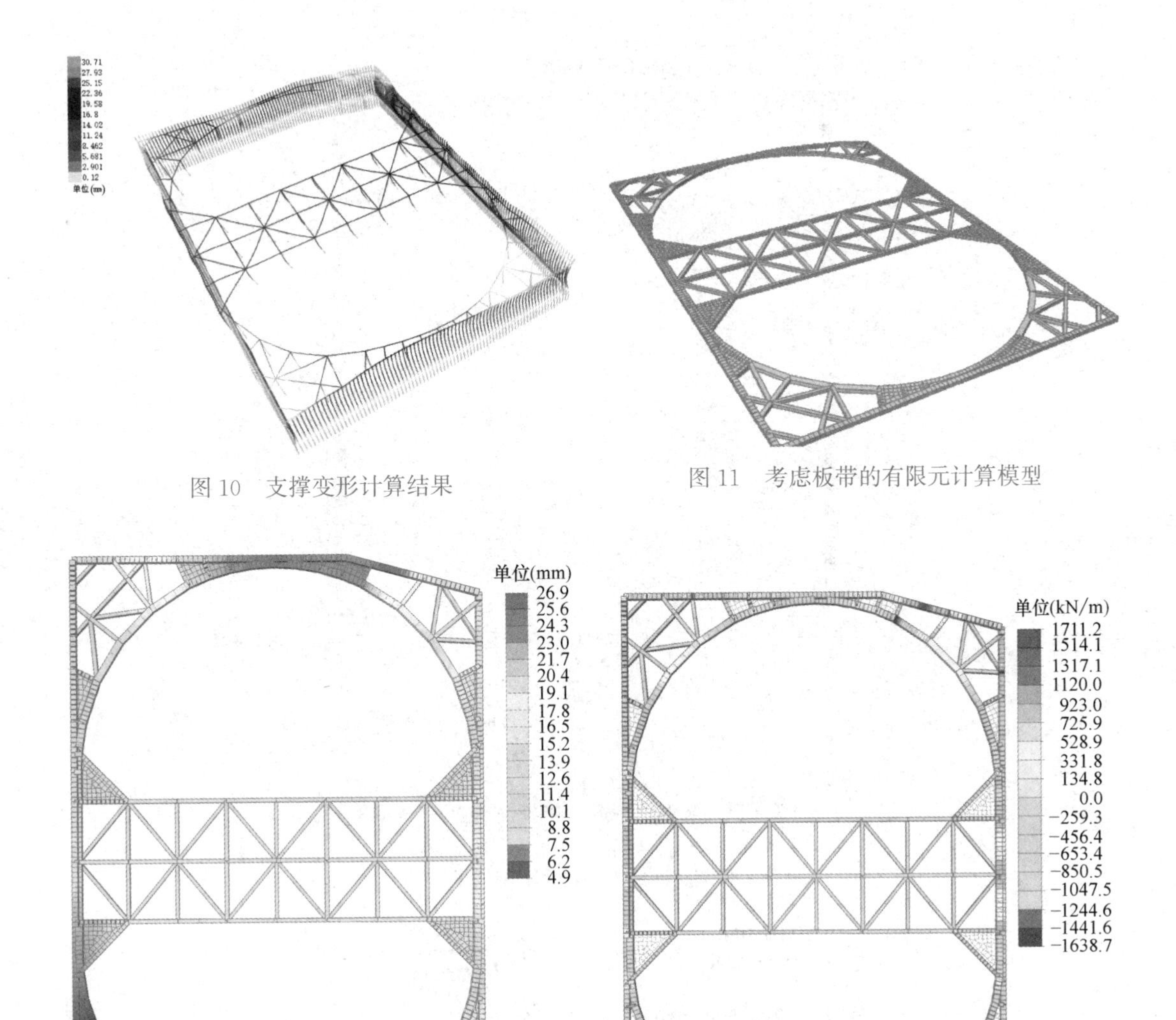

图 10　支撑变形计算结果

图 11　考虑板带的有限元计算模型

图 12　支撑系统变形云图

图 13　支撑系统弯矩分布图

五、地下水控制方案

根据前述地下水情况，分别采取不同处理方案，简述如下。

（1）基坑上部杂填土由于无稳定补给来源，且厚度一般不大，水量有限，因此妥善做好填土内的潜水～滞水明排即设置排水系统、做好基坑周边地面截水——设置环向截水沟。

（2）基坑开挖侧壁有微承压含水层，下部有承压含水层。设计采用三轴搅拌桩全封闭止水帷幕；在坑内采用管井疏干，管井间距约 20m，如图 14、图 15 所示；局部较深坑中坑采取轻型井点降水。要求基坑侧壁在流砂层采用桩间挂网。并对流水流砂制定了完备的应急预案，大大减少了流水流砂对周边环境和施工进度的影响。整个项目地下水控制效果良好。

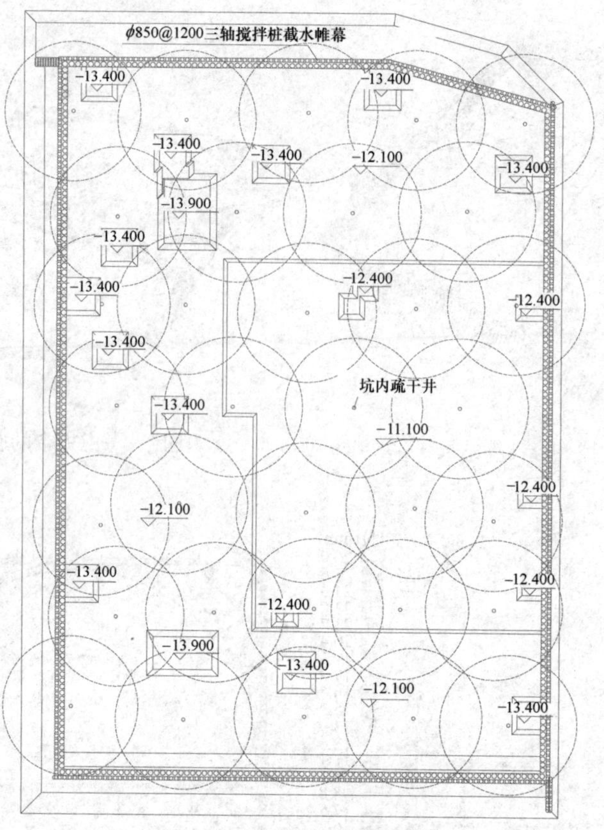

图 14 地下水控制平面图

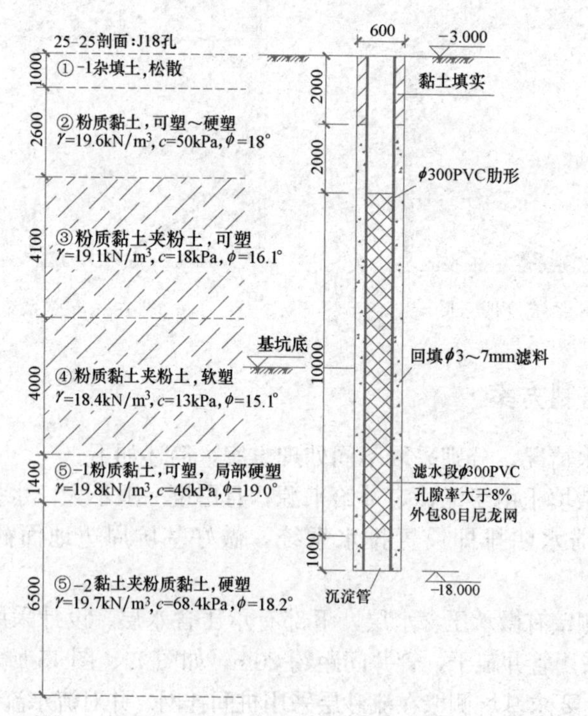

图 15 疏干管井井身结构图

六、基坑周边环境变形分析

本项目东侧箱涵距离基坑较近，由于本箱涵为市区重要排水通道，需确保安全，采用有限元对其变形进行了模拟计算。

计算模型尺寸按 x 方向 80m 考虑，y 方向 50m 考虑，参数选择如下：

(1) 土体本构模型选择 HS-small 模型，参数根据地勘报告确定；

(2) 排桩等效为连续墙，采用刚度等代法；

(3) 支撑刚度按实际支撑选择；

(4) 箱涵采用板模型，刚度按实际建模。

计算方法采用增量法，首先施加建筑物荷载并采取位移置零模拟地层初始应力场，后续根据实际工况模拟开挖过程。考虑到软土变形较大，采用拉格朗日弧长法改进计算精度模拟网格大变形。

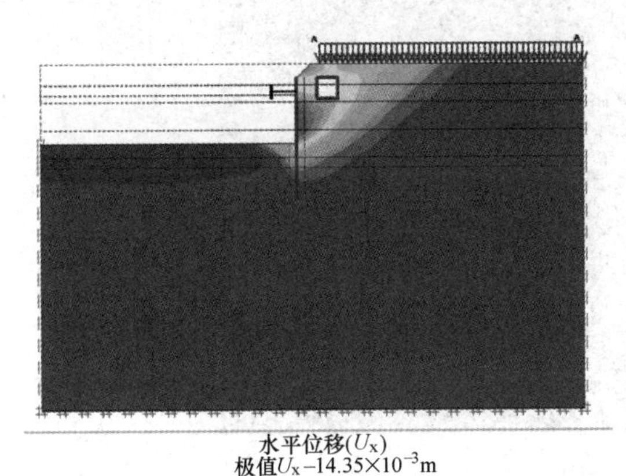

图 16 开挖到底水平位移云图

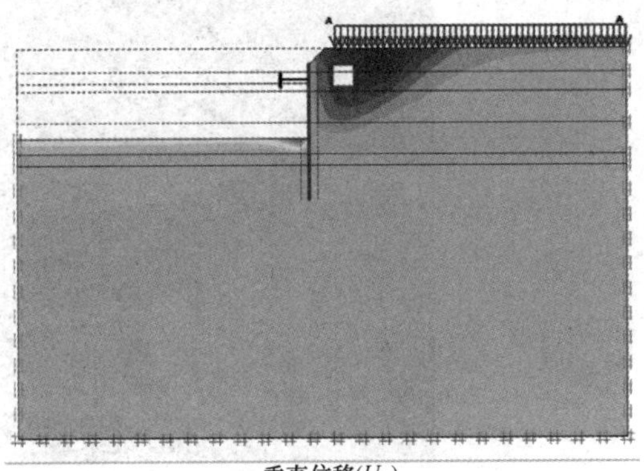

图 17 开挖到底竖向位移云图

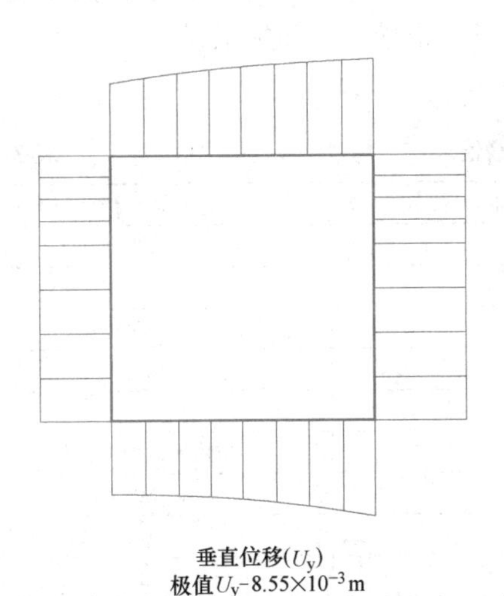

图 18 箱涵竖向位移图

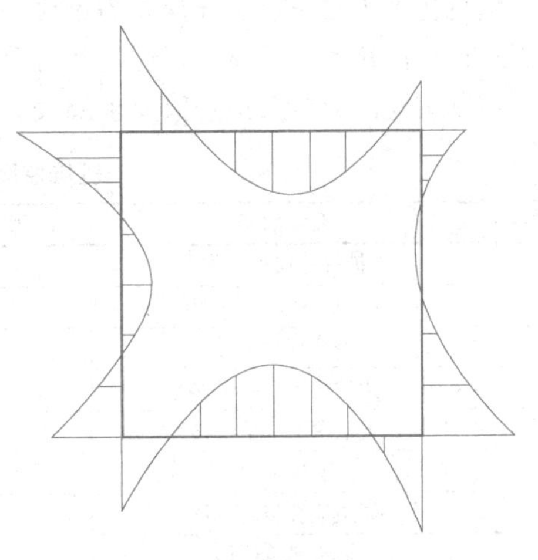

图 19 箱涵附加弯矩图

图 16～图 19 为模型计算结果。通过上述有限元分析，可见基坑开挖后箱涵最大沉降 8.55mm，远小于水利设计部门提出的预警值 15mm、控制值 20mm 要求；箱涵附加弯矩 52.91kN·m，结构安全没有受到影响。

七、基坑实施情况分析

1. 基坑施工过程概况

本基坑 2018 年 9 月开始施工支护结构，2019 年 5 月基坑回填，历时 8 个月，施工期间总体进展顺利，无异常情况发生。基坑开挖到底实况如图 20 所示。

图 20 基坑开挖到底实况

2. 基坑变形监测情况

信息化施工对深基坑开挖尤为重要，在整个工程的实施过程中，建立了监测、设计、施工三位一体化的施工体系，通过及时反馈监测信息，指导设计和施工。

本基坑监测内容及预警值要求如表 3 所示。

基坑监测内容及预警值表 表 3

序号	监测内容	变化速率预警值(mm/d)	累计变化量预警值(mm)
1	支护桩桩顶水平位移	3	30
2	支护桩桩顶竖向位移	3	20
3	边坡坡顶水平位移	10	35
4	边坡坡顶竖向位移	5	40
5	土层深层水平位移	3	50
6	支撑轴力	/	70%承载力设计值
7	周边地表竖向位移	10	50
8	周边建筑位移	1	10
9	周边建筑裂缝宽度	持续发展	2
10	周边地表裂缝宽度	持续发展	15
11	周边管线位移	据规范或管线所属单位要求	据规范或管线所属单位要求

共布设21个桩顶监测点ZD1～ZD21监测围护结构竖向位移和水平位移，整个项目监测期间没有出现过异常现象；

共布设10个土体深层位移监测点，在开挖期间均有较大幅度的变化，但是均在控制范围内；

共布设14个地表水位监测点，监测期间基坑东侧和南侧有轻微漏水现象，但是及时处理后未超出报警值；

基坑外道路布设11个观测点，总体道路沉降情况正常，无明显道路开裂；

对箱涵布置了11个监测点，从数据和施工工况分析其变化值均在设计许可范围内；

共布设21个坡顶位移监测点PD1～PD21，整个项目监测期间无异常现象；

共布设8个支撑轴力监测点，整个项目监测期间无异常现象；

共布设18个立柱沉降监测点，整个项目监测期间没有出现过异常现象。

部分监测成果如图21所示，从图中桩身水平位移曲线看，桩顶实测位移与计算分析结果基本一致。

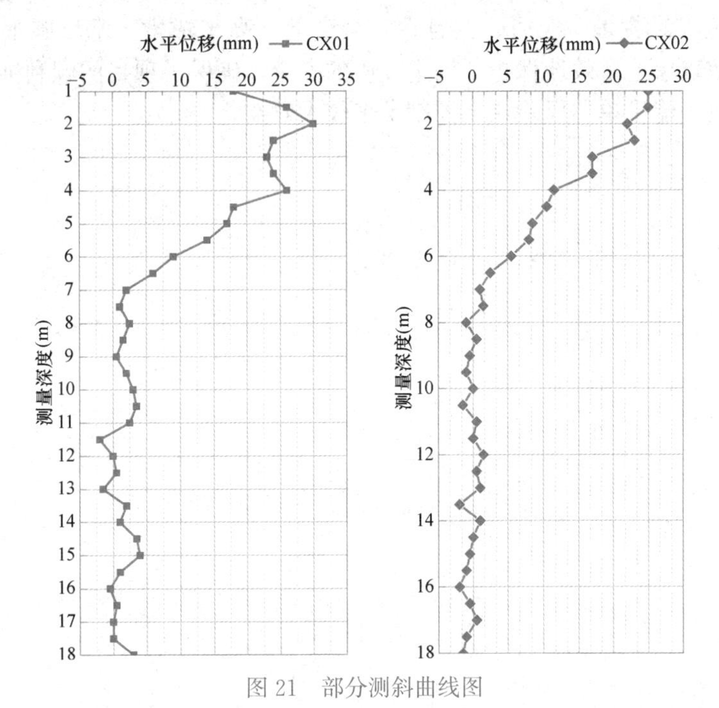

图21 部分测斜曲线图

八、本基坑实践总结

本项目实施过程中，变形控制效果良好，成功保护了周边地下箱涵结构的安全，为今后类似紧邻地下构筑物工程基坑设计和施工积累了丰富的工程经验。

本基坑支护设计工程主要有以下几个显著特点：

（1）基于BIM技术的辅助基坑设计：基坑设计阶段采用BIM辅助建模，与总包场地布置统筹考虑，直观反映了基坑支护体系与后期施工场地的相对关系，提高了设计方案的针对性，也为BIM技术在基坑设计中的应用的首次尝试。

（2）考虑板带作用的有限元辅助分析：本项目支撑体系采用双半环形+对撑支撑，为尽可能创造施工空间，本圆环支撑象限点位置基本与压顶梁接近，此处刚度较为薄弱，设计中采用板带加强措施，但是采用常规设计软件无法准确分析。

(3) 本基坑深度为10.25～11.25m，局部坑中坑位置加大桩径总体采用排桩+1道支撑，对撑控制长边跨中变形的同时又确保了出土空间，挖土两侧同步实施，土方开挖作业面大并且出土速度快。为确保环境安全，对基坑开挖进行有限元验证分析，结果表明本支护方案是安全可行的，确保了工程顺利进行。

(4) 地下水处理方案可靠：本次设计采用三轴搅拌桩全封闭止水帷幕，坑内管井疏干，局部坑中坑采用轻型井点辅助降水，做到点面兼顾，有的放矢。针对地层特点强调粉土层止水与降水施工要点，对箱涵位置填土采取注浆预加固，桩间采取挂网喷浆，基坑开挖过程非常顺利，无险情发生。

本项目针对周边环境、土层及挖深的不同，采取不同规格的围护结构，包括桩径、桩长、配筋等均根据各区域不同情况而定，此外在立柱桩设计时尽可能地利用工程桩，由于采用1道大直径双半圆环支撑体系，总体混凝土用量得到控制，与原3道锚索方案相比造价降低10%，总工期提前1个月，并且在安全度上远高于锚索。基坑施工过程中，支护措施未出现失效现象，有效地保护了周边环境的安全，确保了项目的顺利推进，未造成不良社会影响，也为建设单位风险成本控制带来较大效益。

实例 11 华润置地公元汇基坑工程

一、工程简介

华润置地公元汇项目位于无锡市快速内环与永乐东路交叉口。基坑形状不规则，周长约为 520m，开挖面积约为 12500m²。东部住宅区域为地下 2 层，开挖深度约 8.20m；西部商业为地下 1 层，开挖深度约 6.90m。

场地周边环境条件异常复杂。场地西侧是在建轨道交通 3 号线东风站，车站主体结构已施工完毕且铺轨也已完成，本项目与 3 号线在商业部分有一个连通口，连通口处最大开挖深度约 12.30m；南侧为规划轨道交通 6 号线，根据现有规划线路，6 号线将从商业连通口部位正下方通过；北侧为既有民居；东侧为已建酒店，含 2 层地下室，与本基坑最小距离约 4.30m。因项目连通口需考虑轨道交通 3 号线开通运行时间，业主对工期要求非常高，满布支撑完全无法满足进度要求，因此基坑采用双排桩、桩锚、桩撑和悬臂排桩等多种支护形式联合，确保满足各方面要求。

二、工程地质与水文地质条件

1. 工程地质条件

根据相关的地质资料，典型地质剖面如图 1 所示，地层分布规律及工程性质，自上而下分别描述如下：

①层杂填土：灰褐色～灰黄色，土质不均，结构松散，成分较杂。

②-1 层粉质黏土：灰黄色～褐黄色，硬塑，局部可塑，含铁锰质结核斑点，切面具光泽，干强度韧性中等。

②-2 层粉质黏土夹黏质粉土：灰黄色，可塑，局部软塑，含铁锰质结核斑点，切面具有光泽，干强度、韧性中等。该层土局部夹薄层状粉土。

②-3 层砂质粉土夹粉砂：灰色，湿～很湿，中密，摇振反应中等，夹云母、贝壳碎屑，夹粉砂薄层，呈层状分布，水平微层理较发育。

③-1 层粉质黏土：灰色，硬塑，局部可塑，切面具有光泽，干强度、韧性中等。

③-2 层粉质黏土：灰黄色，硬塑，含铁锰质结核斑点，切面具有光泽，干强度、韧性中等。

③-3 层粉质黏土：灰色，软塑，局部流塑，切面光滑，干强度、韧性低。工程性质差，场区内该层土普遍分布。

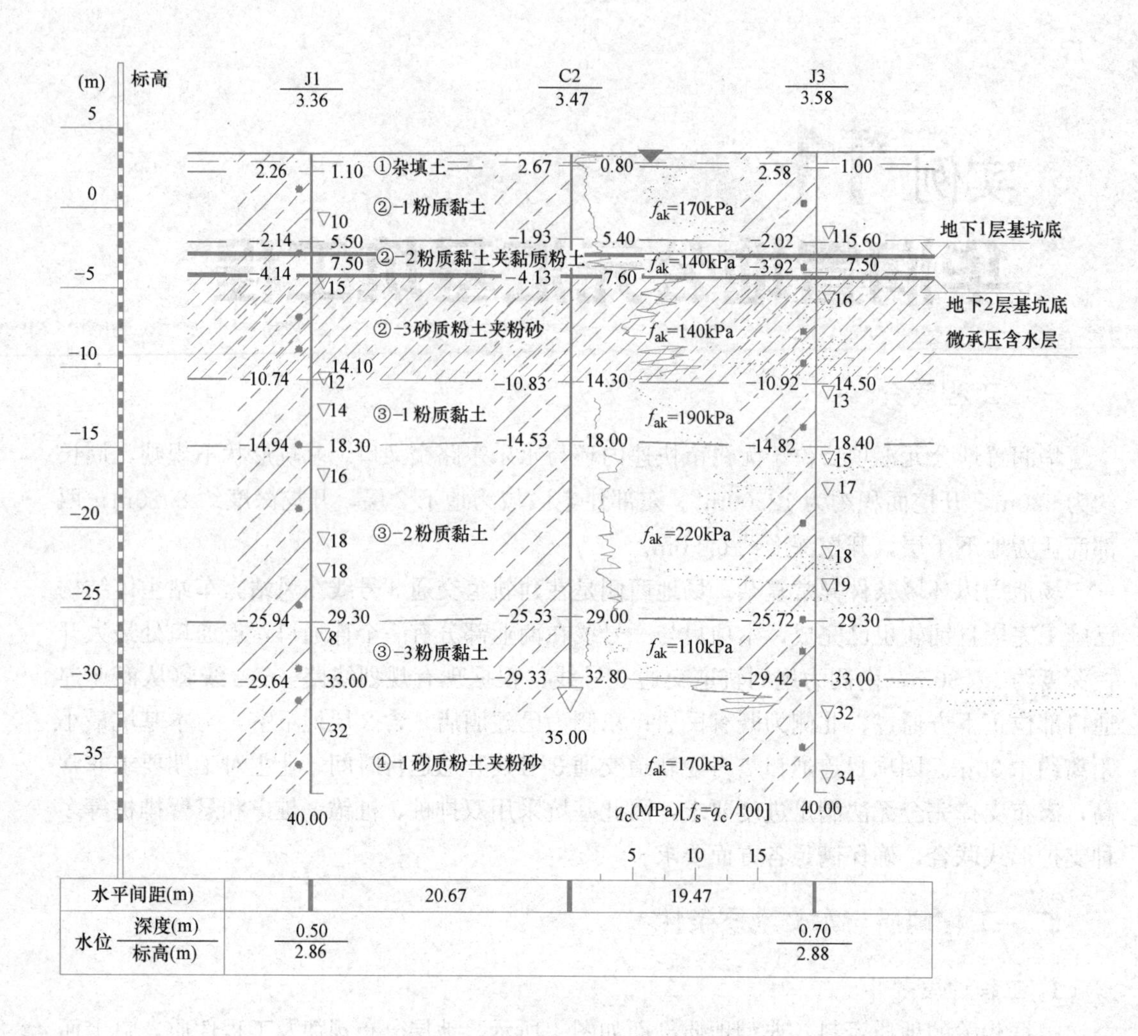

图 1 典型工程地质剖面图

④-1 层砂质粉土夹粉砂：灰色，湿～很湿，密实，局部中密，摇振反应中等，夹粉砂薄层，层状分布。

2. 地下水条件

根据地下水的赋存及埋藏条件，地下水类型主要为松散土层孔隙潜水及微承压水。孔隙潜水主要赋存于①层填土中；微承压水主要赋存于②-3 层砂质粉土夹粉砂中。地下水位随季节、气候变化而上下浮动。勘察期间，测得与工程有关的孔隙潜水初见水位埋深 0.60～1.80m，水位为 2.68～2.78m，稳定水位埋深 0.50～1.70m，水位为 2.78～2.88m；测得微承压水埋深 2.70～3.50m，水位为 0.99～1.06m。潜水年变幅为 1.00m 左右，承压水年变幅约 0.5m，近 3～5 年最高潜水位为 3.50m，本场地历史最高潜水位为 3.80m，历史最低潜水位为 1.80m。

3. 土层物理力学参数

根据岩土工程勘察报告，本项目主要地层岩土工程设计参数如表 1 和表 2 所示。

场地土层物理力学参数表 **表1**

编号	地层名称	含水率	孔隙比	液性指数	重度	固结快剪(C_q)	
		w(%)	e_0	I_L	γ(kN/m³)	c_k(kPa)	φ_k(°)
①	杂填土				(17.0)	(10)	(12)
②-1	粉质黏土	25.4	0.735	0.29	19.7	58.0	15.6
②-2	粉质黏土夹黏质粉土	30.3	0.854	0.59	19.1	24.1	12.6
②-3	砂质粉土夹粉砂	28.4	0.821	0.62	19.4	4.4	25.7
③-1	粉质黏土	34.2	0.959	0.81	19.7	63.8	15.9
③-2	粉质黏土	25.0	0.714	0.27	20.0	67.5	16.8

场地土层渗透系数统计表 **表2**

编号	地层名称	垂直渗透系数 k_V(cm/s)	水平渗透系数 k_H(cm/s)	渗透性
①	杂填土	(3.0E-04)	(5.0E-04)	
②-1	粉质黏土	5.0E-07	9.0E-07	极微透水
②-2	粉质黏土夹黏质粉土	6.0E-06	7.0E-06	微透水
②-3	砂质粉土夹粉砂	7.0E-04	9.0E-04	弱透水
③-1	粉质黏土	5.0E-07	6.0E-07	极微透水
③-2	粉质黏土	3.0E-07	5.0E-07	极微透水

三、基坑周边环境情况

本工程场地位于无锡市新吴区永乐东路西北侧、江海南路西南侧。场地原为东风菜场，现已拆迁。项目西侧接在建地铁3号线东风站，南侧永乐东路下为规划地铁6号线，项目具体位置如图2所示。

图2 基坑周边环境卫星图

场地西侧与地铁 3 号线东风站外墙重合，基坑在此部位位于轨道交通 14m 禁建区范围内，需要采取措施以减小对已施工地铁站的影响，现场场地如图 3 所示，东风站设计剖面如图 4 所示。

图 3　基坑西侧场地照片

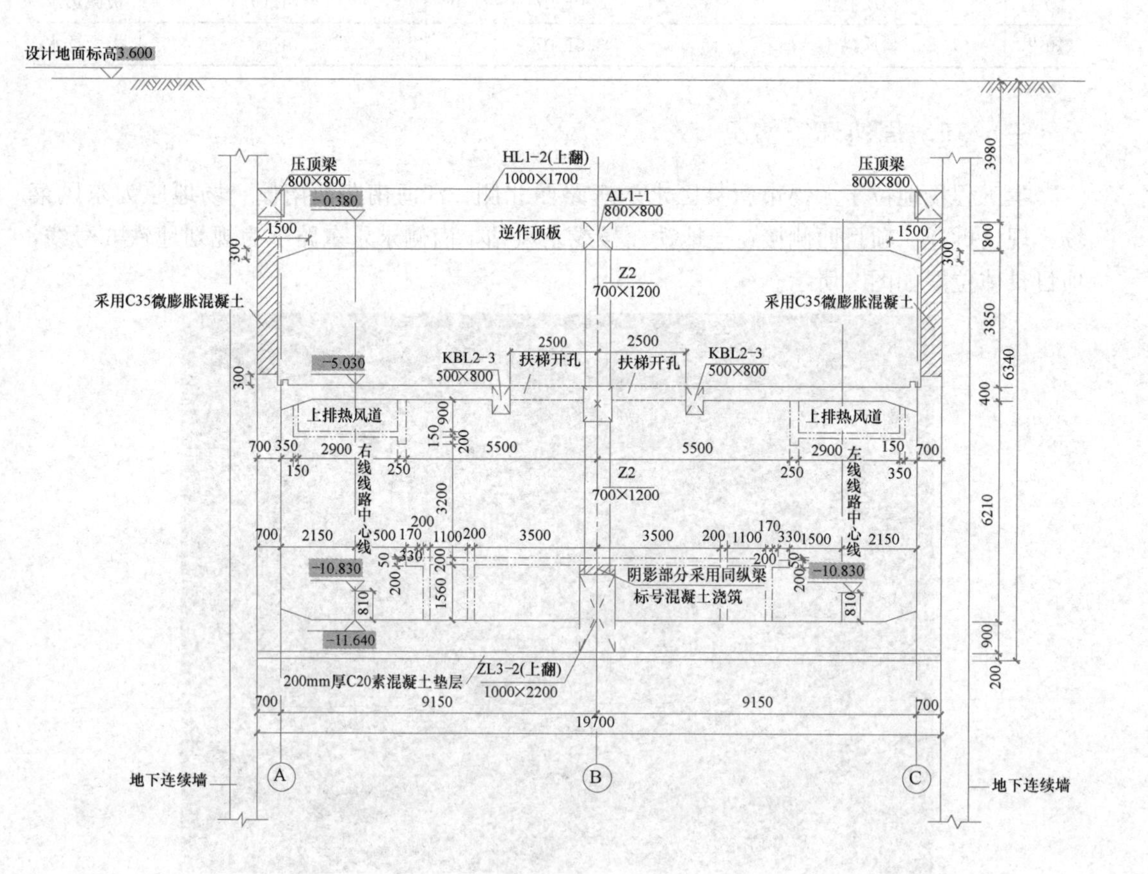

图 4　东风站设计剖面图

场地东南角位于地铁3号线轨道交通40m限建区范围内，该段位于永乐东路正下方，规划地铁6号线正上方，永乐东路所有影响施工的管线均需迁改，并且支护和工程桩均需考虑对地铁6号线的影响，现场场地如图5所示。

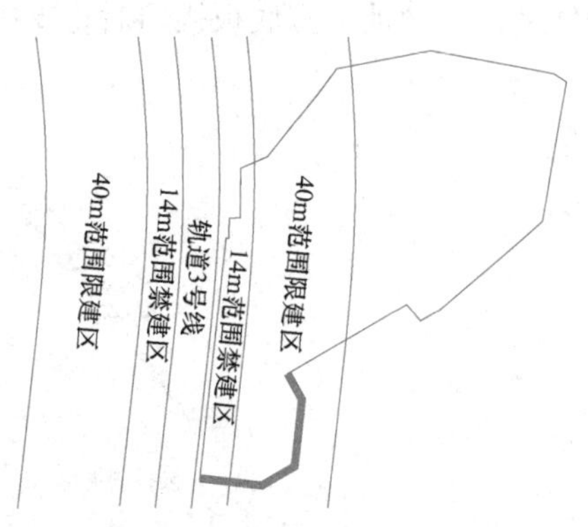

图5 基坑东南角场地照片

东北角红线外为已建成卓诚4S店大楼，尚未正式启用，该项目基坑开挖深度9m左右，采用灌注桩+1道混凝土支撑支护，三轴搅拌桩全封闭截水。其支护结构与本基坑边最小距离约4.3m。围墙北边有管线，临围墙有雨水管，临建筑有污水管，如图6所示。

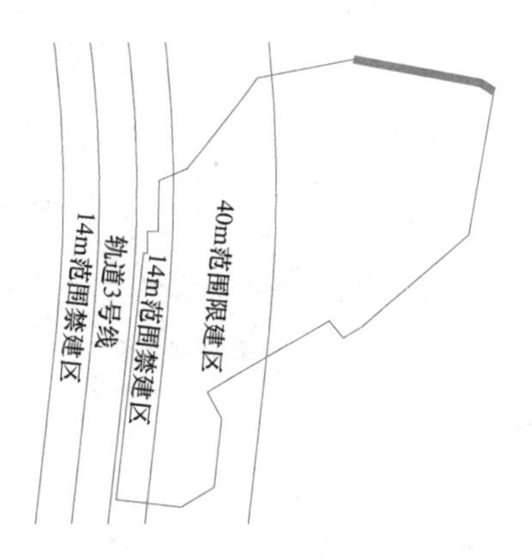

图6 基坑东北角场地照片

四、支护设计方案

1. 支护方案选型

因需要配合在建轨道交通3号线开通试运营，本工程工期要求非常紧张。为确保整个项目按期进行，经与业主、施工总承包单位及地铁保护单位多次协调，确定支护总体要求是在对周边环境有效保护的前提下，避免大面积使用支撑。

按照既定原则，根据以往类似基坑经验，地下1层部位可上部适当放坡后采用悬臂桩支护；地下2层部位需结合邻近场地条件在双排桩、排桩联合预应力锚杆及排桩联合内支撑之间比选。

2. 基坑支护平面图

根据基础平面布置图，一般从地下室外墙外扩 800～900mm 作为基坑边线，局部空间局促部位取消地下室底板挑边后将支护桩紧贴地下室外墙边布置，如图 7 所示。

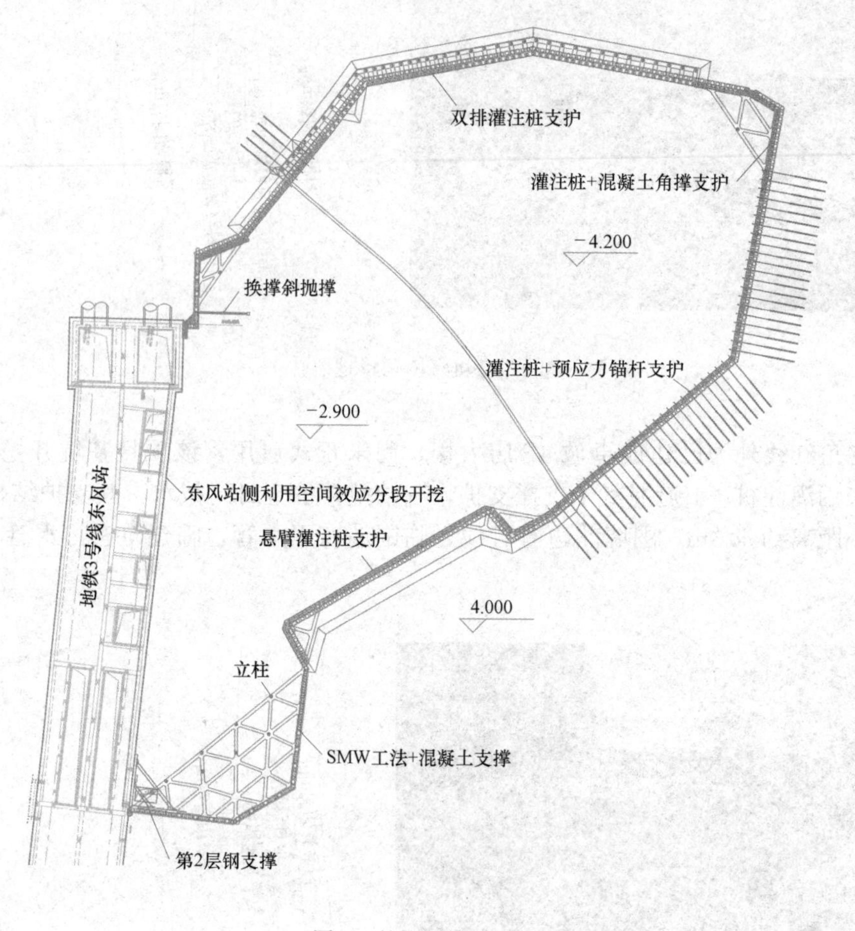

图 7 基坑围护平面图

3. 基坑支护典型剖面图

本工程具体支护方案如下：地下 1 层部位采用悬臂灌注桩；地下 2 层部位：无场地条件时，角部采用排桩联合斜角撑方案，支撑标高设置于地下室顶板以上，以尽量避免拆换撑工况对工期的影响，如图 8 所示；中部采用排桩联合预应力锚杆方案，如图 9 所示；有一定场地条件时，上部适当放坡后下部采用双排灌注桩门式刚架支护，如图 10 所示；西侧地铁站部位利用车站结构自身刚度和时空效应，采用盆式挖土分段开挖分段施工方案解决，如图 11 所示；西南角侵入规划地铁 6 号线部位采用型钢可回收的 SMW 工法作为竖向挡土结构，根据开挖深度的不同，分别采用 1 层或者 2 层水平支撑，如图 12 和图 13 所示。

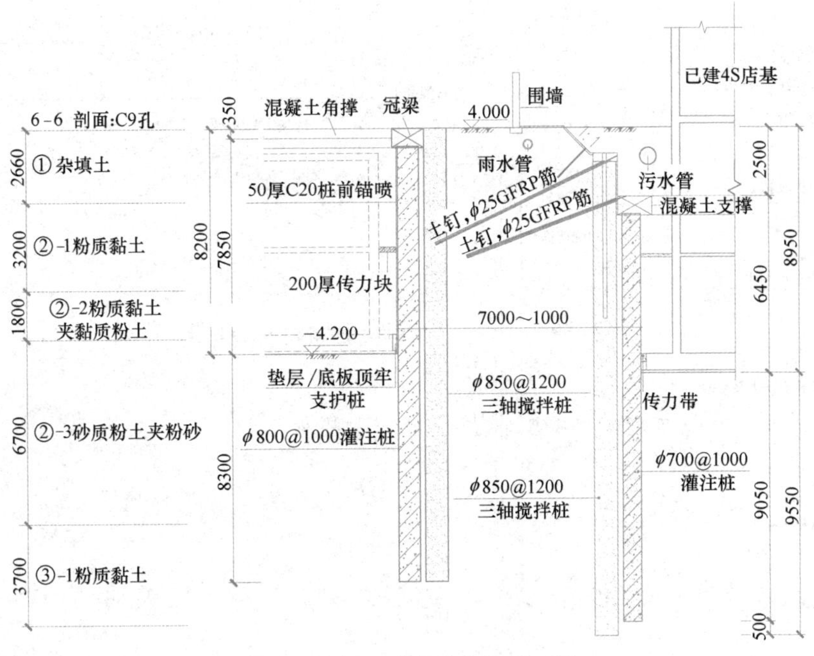

图 8 已建 4S 店部位支护剖面图

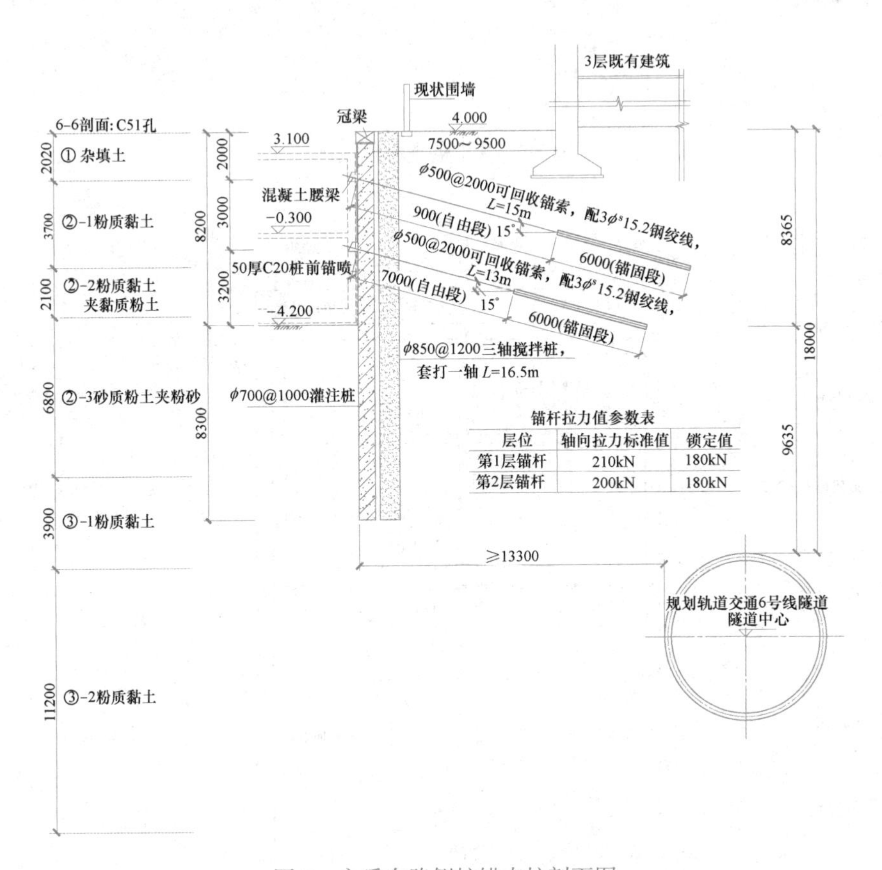

锚杆拉力值参数表

层位	轴向拉力标准值	锁定值
第1层锚杆	210kN	180kN
第2层锚杆	200kN	180kN

图 9 永乐东路侧桩锚支护剖面图

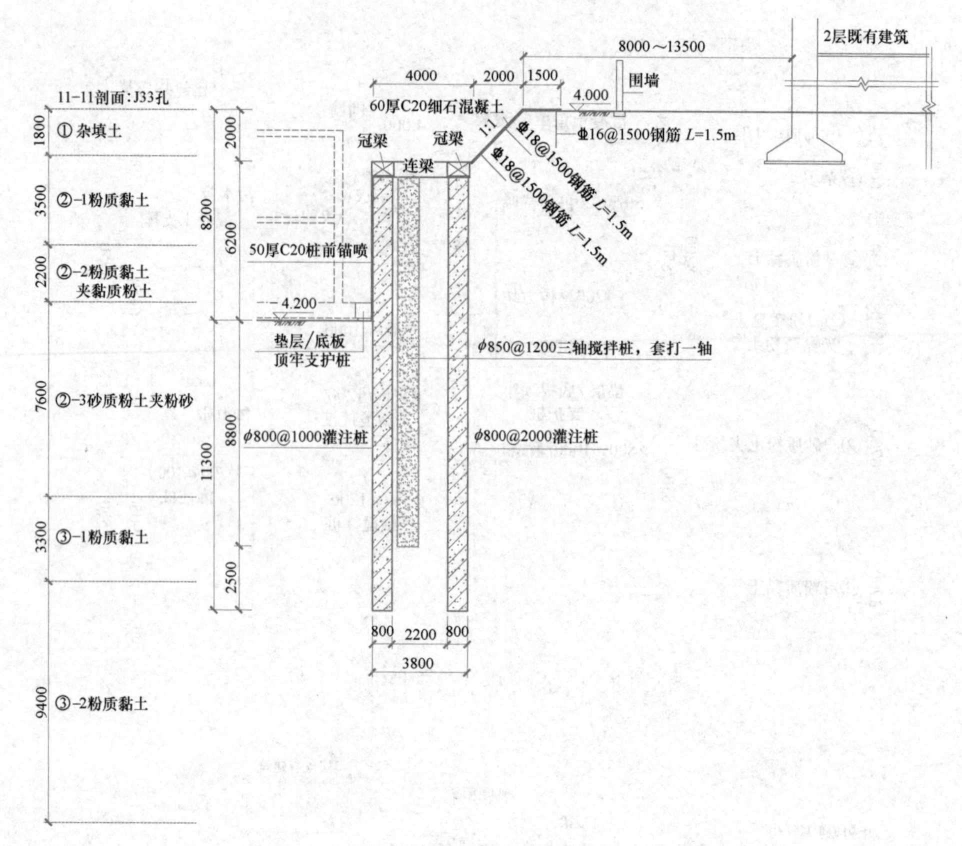

图 10 双排桩支护剖面图

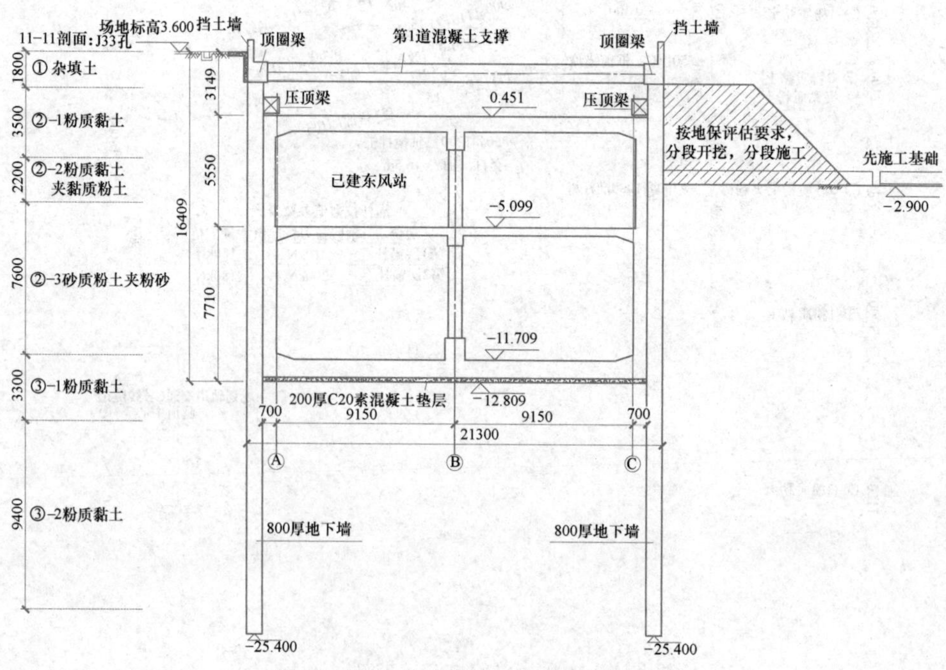

图 11 地铁东风站分段盆式开挖剖面图

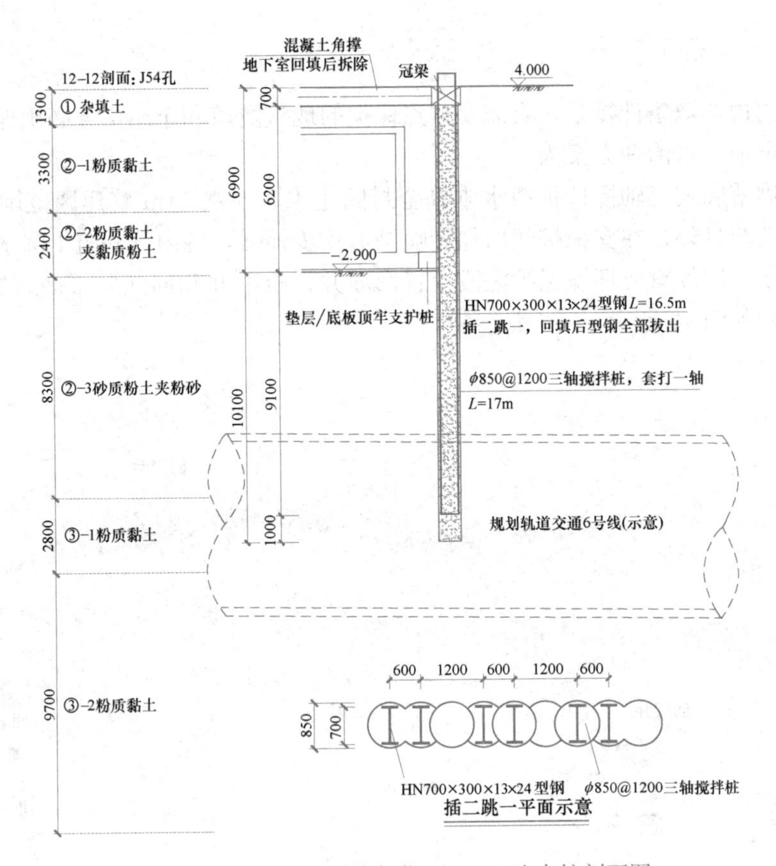

图 12 规划地铁 6 号线部位 SMW 工法支护剖面图

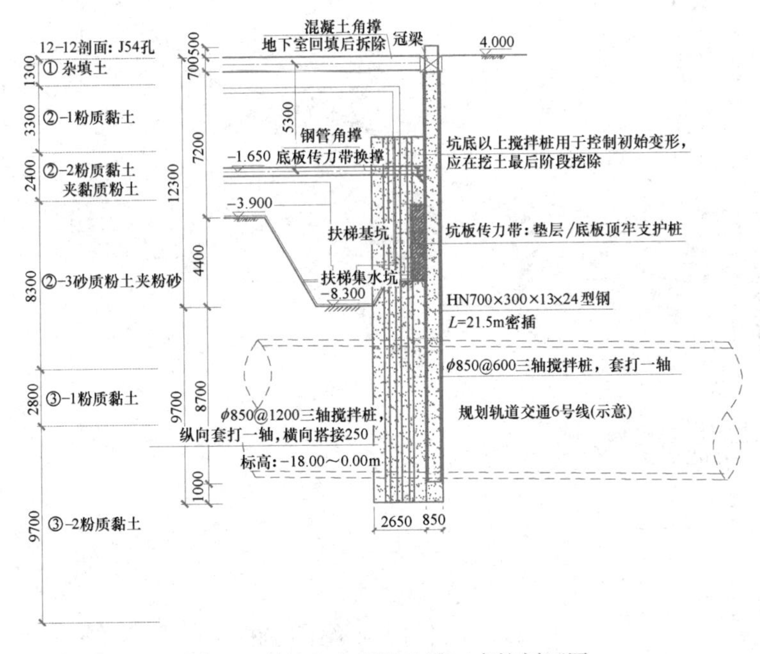

图 13 基坑与东风站连通口支护剖面图

五、地下水控制方案

本基坑周边环境条件复杂，有需要重点保护的地铁隧道和车站，务必确保坑外水位平稳，最终确定地下水治理方案为：

采用四周落底式三轴搅拌桩截水帷幕全封闭止水，地铁 14m 禁建区范围内除采用三轴搅拌桩连续套打外，在支护桩间增加旋喷桩进一步补强，坑内管井疏干降水，同时备用轻型井点降水，坑外重要环境保护区段设置回灌井，疏干井和回灌井平面布置如图 14 所示，管井结构如图 15 所示。

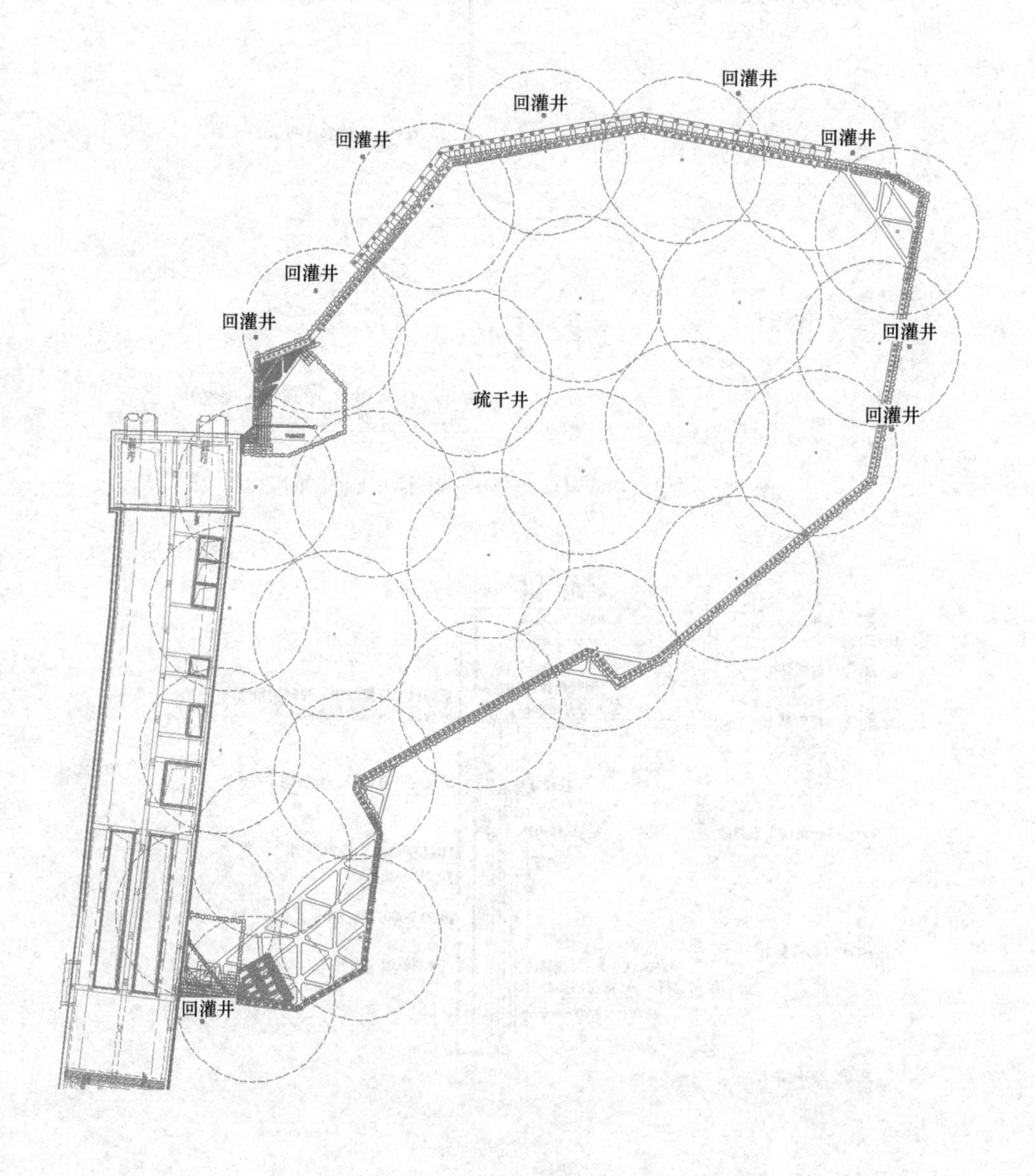

图 14　疏干井及回灌井平面图

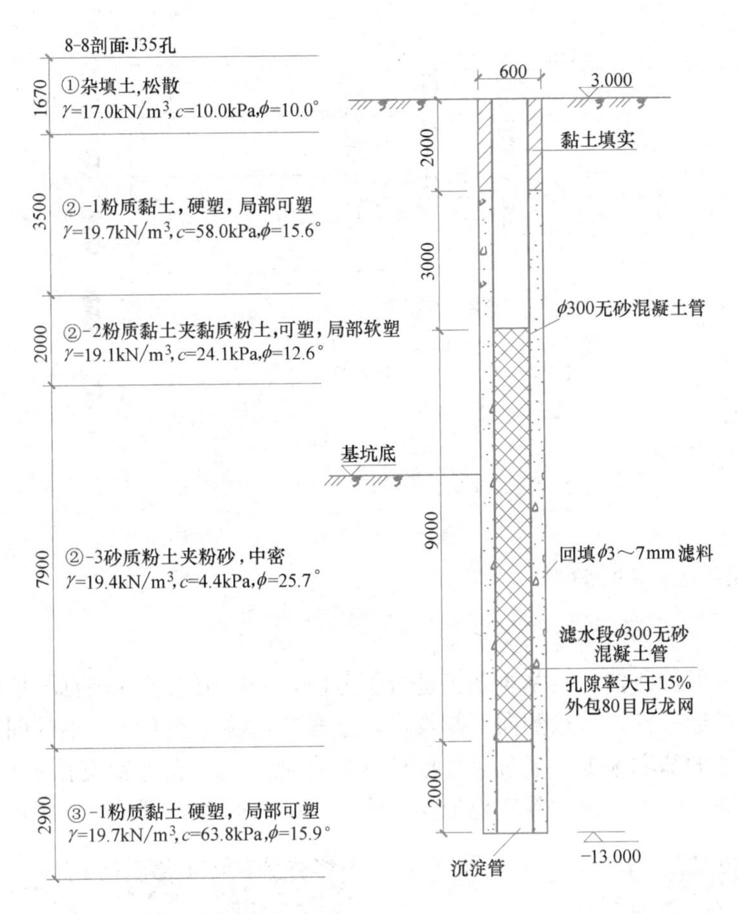

图 15 管井结构图

六、周边环境影响分析

采用平面有限元对基坑开挖对周边环境的影响进行了分析预估。本基坑主要保护对象为西侧轨道交通 3 号线东风站。从分析结果看，基坑盆式开挖阶段和开挖到底的地层最大水平位移分别为 8.5mm 和 9.1mm，如图 16 和图 17 所示。开挖到底后车站地下结构水平位移如图 18 所示。

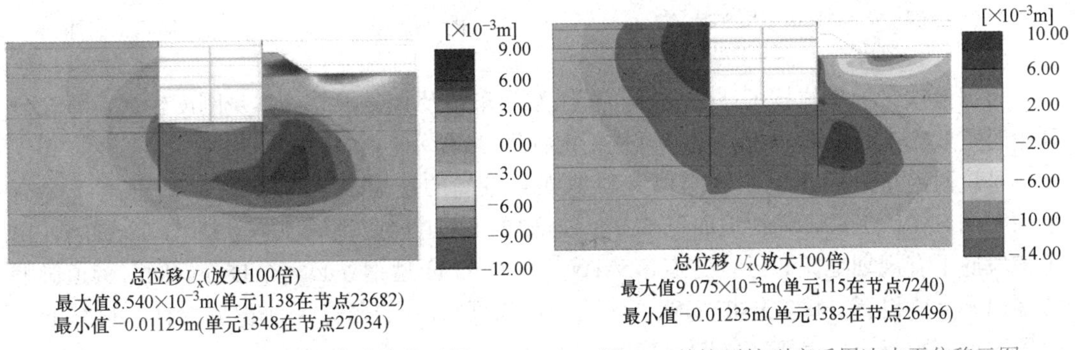

图 16 盆式开挖阶段周边水平位移云图

图 17 基坑开挖到底后周边水平位移云图

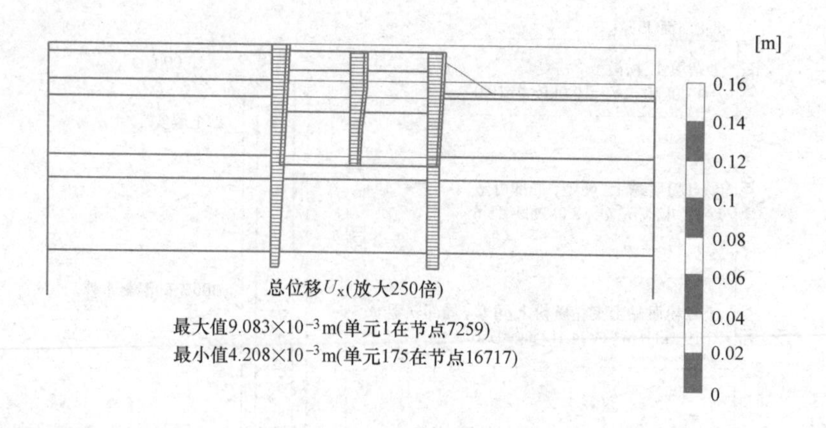

图 18 地铁东风站结构水平位移图

七、基坑实施情况分析

1. 基坑施工情况

考虑到地铁保护评估，对基坑施工进行了分段，分段施工顺序根据与地铁东风站之间的距离，由远及近进行，从东侧向西侧推进，这样在地铁保护方案评估的同时可以进行地铁影响范围以外的基坑施工。通过对角撑标高的合理控制，在保留支撑不拆除的情况下，主楼可以顺利向上施工，最大限度地加快了施工进度，如图 19 和图 20 所示。

图 19 东北角支撑照片

图 20 东北角支撑拆除前主楼施工照片

根据地铁保护单位技术评估要求，东风站侧车站及其支护结构本身刚度较大，可充分利用时空效应进行分段开挖，现场开挖情况如图 21 所示。

基坑西南角最后开挖，该部位有与地铁东风站的连通口，最大开挖深度达 12.3m，采用密插 SMW 工法，并在地面下 5.0m 处增加了一道斜角钢管支撑，如图 22 所示。由于该段底下有规划地铁 6 号线隧道，SMW 工法中的 H 型钢务必完全拔除，同时隧道影响范围内不允许设置支撑立柱桩基础，导致一根长度 25m 的角撑无法设置立柱，最终通过设置主梁支承解决此大跨度问题，如图 23 所示。

图 21　东风站侧分段施工照片

图 22　东风站连通口 2 层支撑施工照片

图 23　大跨度角撑施工效果

2. 监测结果分析

根据本基坑周边特点，除对基坑支护结构本身进行安全监测外，同时也对周边环境进行了监测。

地铁东风站墙体结构垂直度最大累计变化量为 0.81‰，略小于平面有限元数值模拟结果 1.21‰，表明采用分段开挖后利用空间效应对变形控制效果明显。

基坑坡顶水平位移监测曲线如图 24 所示，各点坡顶水平位移均在 15mm 以内，变形控制效果良好。

八、本基坑实践总结

本基坑主要存在以下特点：

（1）西侧与在建地铁东风站外墙紧贴，基坑开挖需要确保东风站安全。通过理论分析，依靠地铁车站自身的整体刚度，采用分段开挖，分段施工地下结构，利用时空效应的方案有效确保了地铁车站安全。

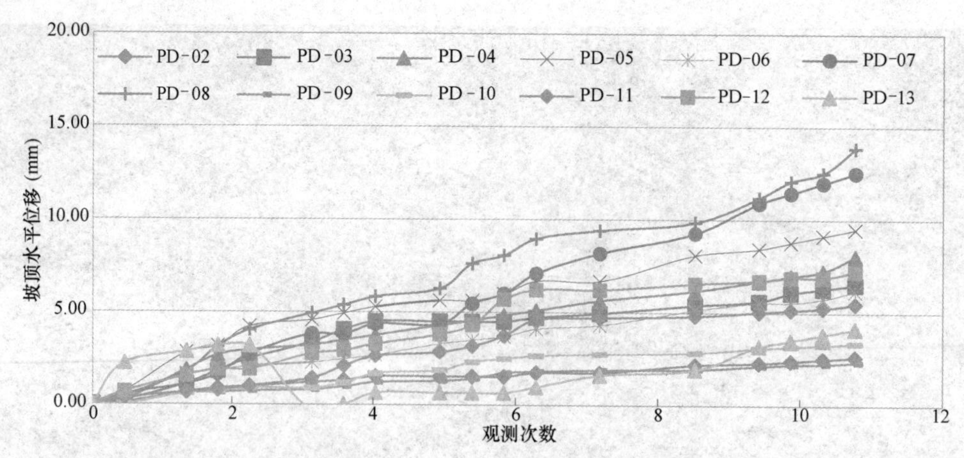

图 24 基坑坡顶水平位移变化曲线

（2）东侧永乐东路底下有规划地铁 6 号线，基坑东南角位于地铁 6 号线正上方，需要避免支护结构残留地下影响后期地铁盾构施工。设计采用了 SMW 工法，基坑回填后型钢全部拔除，避免了支护结构的残留。通过设置主梁支承实现大跨度角撑，避免了在地铁范围内设置立柱桩。

（3）所有角撑均设置在纯地库区域的地下室顶板以上，支撑不影响建筑结构施工，有效加快了工程进度。

（4）在场地狭小区段，通过与建筑结构设计单位沟通，取消基础底板挑边，将地下防水设置在支护结构上，外墙浇筑采用单边支模方式解决空间不足的问题。

实例12 通惠广场深基坑工程

一、工程简介

通惠广场项目地块位于无锡市繁华闹市中心原延安影院地块，东、南分别延伸到顾桥河和北新河沿岸，北侧紧邻通惠东路，西北侧与光隆大厦仅有万祥弄一路之隔。规划用地现状比城市干道通惠东路低2～4m，地块两面临河，总用地面积为7470m²。

本工程由主楼和裙房组成，高层建筑地上部分为34层，其中底部4层裙房均为商业用房；结构体系为框架-核心筒结构，通惠广场规划目标为配合车站中心建设，形成现代大都市环境宜人、概念全新、形象优美的核心商圈；建成具有先进理念的、以人为本的、具有活力的城市中心区：营造自然、优雅、简洁的商业办公氛围，以期创造出现代、舒适、时尚、方便且具有丰富空间环境的高品位标志性区域。

本工程±0.000为4.800m，场地整平标高在2.300m左右，地下室板面绝对标高为－11.90m，底板厚度主楼按2.0m考虑，裙楼按1.2m考虑，基坑坑底绝对标高为－14.00～－13.20m。在惠农桥位置引桥高度很大，因此基坑在该侧实际开挖深度最大为19.7m；在光隆大厦一侧，地面标高在3.80m左右，因此该侧基坑开挖深度为17.0m；其余两侧自然地坪标高2.30m，基坑实际开挖深度为15.5m。

基坑周长为350m，基坑总面积约7600m²。项目总平面图如图1所示。

二、工程地质与水文地质概况

1. 工程地质简介

根据江苏省建苑岩土工程勘测有限公司2008年8月2日提供的《无锡市通惠置业有限公司拟建通惠广场岩土工程勘察报告》所述，本工程场地属三角洲冲积平原地貌类型，场地地势较平坦，地基土主要属第四纪冲积层，主要由黏性土、粉性土、砂土组成。地下水主要为赋存于浅部土层中潜水，稳定水位约在2.05～3.05m之间，基坑开挖深度范围内主要土层特征描述如下，基坑开挖影响范围内典型地层剖面如图2所示。

① 层杂填土：主要以碎砖块、碎石、瓦片等建筑垃圾组成。土质松散，局部有旧建筑的基础。层厚0.8～3.4m。

② 层黏土：灰黄色，可塑（+），中等压缩性，刀切有光泽，干强度高，韧性高，无摇振反应，土质较好，层厚2.8～7.0m。

③ 层粉质黏土：灰黄色，可塑，中等压缩性，刀切有光泽，干强度中等，韧性中等，无摇振反应，土质较好，层厚0.9～6.9m。

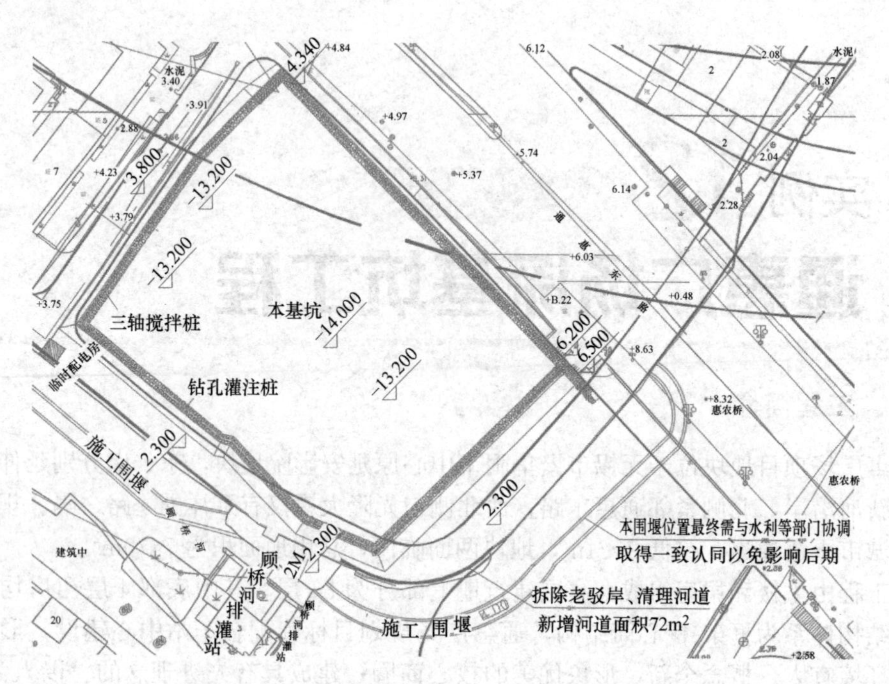

图1 项目总平面图

水平间距(m)		24.00	26.00	
水位 深度(m)				
水位 标高(m)				

图2 典型工程地质剖面图

④ 层粉土：灰色～灰黑色，湿，中密，摇振反应迅速，无光泽，干强度低，韧性低，层厚 1.9～7.8m。

⑤ 层粉质黏土：灰黄～黄色，硬塑～可塑（+），中等偏低压缩性，刀切有光泽，干强度高，韧性高，无摇振反应，土质较好，层厚 14.5～22.1m。

场地内未出现暗河等不良地质条件，局部③层粉质黏土有缺失。本次基坑，地下室坑底标高为－13.2m，坑底位于⑤层粉质黏土中，开挖深度范围内除④层粉土外土质条件较好。

2. 地下水分布概况

本工程场地勘探深度范围内主要含水层有：

无锡地处江南水网区，属长江水流域太湖水系，区内地表水系十分发育。场地北侧及东侧分布有河道，场区地表水主要受大气降水的影响。

上部杂填土层，属上层滞水～潜水，主要接受大气降水及地表渗漏补给，其水位随季节、气候变化而上下浮动，勘察期间测得水位标高为 2.0m 左右。一般说来该含水层旱季无水，雨季、汛期会有一定的地下水，其水位一般不连续。

场地中下部④层粉土为承压含水层，第⑧、⑩、⑪层为承压含水层，对本次基坑开挖有影响的含水层为④层，补给来源主要为横向补给及上部少量越流补给。该含水层水位标高为 1.28～1.8m。

3. 岩土工程设计参数

根据岩土工程勘察报告，本项目主要地层岩土工程设计参数如表 1 及表 2 所示。

场地土层物理力学参数表 **表 1**

土层号	土层名称	含水率	孔隙比	液性指数	重度	固结快剪(C_q)	
		w(%)	e_0	I_L	γ(kN/m^3)	c_k(kPa)	φ_k(°)
①	杂填土				18.2	8	15
②	黏土	24.9	0.708	0.25	19.6	48.6	17
③	粉质黏土	29.6	0.827	0.58	18.9	22.6	16.6
④	粉土	28.0	0.775	0.75	19.2	18.9	24.5
⑤	粉质黏土	24.4	0.692	0.23	19.7	51.8	18.4

场地土层渗透系数统计表 **表 2**

编号	地层名称	垂直渗透系数 k_V(cm/s)	水平渗透系数 k_H(cm/s)	渗透性
①	杂填土			
②	黏土	8.00E-07	1.00E-07	极微透水
③	粉质黏土	5.00E-06	6.95E-07	微透水
④	粉土	2.50E-05	9.40E-06	弱透水

三、基坑周边环境情况

本工程场地原为老城区，原建筑物主要为 2～3 层的民宅、永泰饭店和 5～6 层的红枫招待所，场地现已全部拆迁（图 3、图 4）。

图 3 本项目地理位置图

图 4 本工程场地实况图

基坑周边环境情况具体描述如下：

（1）场地北侧为通惠东路，基坑正好位于惠农桥引桥边，距离基坑开挖边线 4.5～4.9m，引桥为填土逐渐填高，浆砌块石挡墙支护。桥台采用天然基础，桥面高度较大，比现有场地高 2.3～4.6m。路边上为 3m 高砖砌围墙，通惠路下有 ϕ300 自来水管、雨水管及综合管廊。桥面至坑底高差为 18.0～20.3m。轨道交通 2 号线从基坑北侧通过。

（2）场地西侧为钱龙尊邸，塔楼为 29～30 层，裙房为 6 层，下设 2 层地下室，塔楼部分为无梁板加桩复合基础，工程桩为 ϕ800、L＝51m，筏板厚 2.3m，裙房部分为有梁式筏板加桩基础，工程桩为 ϕ600，原 2 层地下室采用 ϕ650@1000 钻孔灌注桩＋1 道斜拉锚支护，锚杆长 12.5m，基坑开挖边线距离其地下室外墙最近约 20m。基坑边距现有围墙约 5m。

（3）场地南侧为顾桥河，距离地下室外墙约 13m，河宽约 23m，河底标高为－1.3m。东侧与北新河相连，与北新河连接处有一泵站，泵站为 2～3 层，距离基坑边约 11m。

（4）场地东侧为北新河，距离基坑边约 17m，河宽约 45m，河底标高为－1.8m。

四、支护设计方案概述

（一）本基坑的特点及方案选型

1. 本基坑特点

（1）场地条件：基坑周边条件各不相同，差异较大，东侧和南侧较为空旷，北侧紧靠城市主干道通惠东路，西侧靠近已建钱龙尊邸，基坑应根据不同的周边环境及地质条件进行设计，以实现“安全、经济、科学”的设计目标。

（2）建构筑物：西侧钱龙尊邸距离本基坑较近，原地下室开挖采用灌注桩＋锚杆的支护形式，若本基坑同样采用拉锚的支护形式，则应慎重考虑本基坑与原围护结构之间的距离及新旧拉锚之间相互冲突的问题；东南角泵站现还在使用，需待业主与相关部门联系后确定处理措施。

（3）城市道路及市政管线：基坑北侧通惠东路为城市主干道，本次基坑开挖紧靠路边，路面以下存在对变形特别敏感的自来水管、污水管、综合管廊等众多市政管线，基坑开挖不能对道路交通造成影响，同时对于路面下各类管线需采取有效保护措施，开挖过程应密切关注该侧变形，如发现异常情况应及时采取措施处理。

（4）作业场地：由于位于城区施工，实际作业场地很小。

（5）基坑特点：本基坑开挖面积不大，但基坑深度很大，普遍深度为15.5m，考虑惠农桥引桥侧坑内外高差最大达到19.7m。

（6）土质情况：基坑开挖范围内土质为无锡市区典型地层，其中④层粉土较差，其余各土层土质条件较好。

（7）不良地质：场地内未发现对本次基坑支护及开挖有影响的不良地质条件。

（8）地下水：基坑开挖范围内局部存在渗透性大的粉土层，需要采取封闭止水措施；坑底所在的⑤层粉质黏土一般渗透性差，为较好的隔水层，因此基坑开挖时坑内地下水可布置适量管井进行疏干。

（9）施工工序复杂：根据工程建设方要求，本工程的工程桩采用挤土的方桩，为减小挤土对周边环境的影响，压桩前需进行引孔，裙房位置的桩长较短，从地面引孔后可从地面进行压桩，但主楼位置的工程桩较长，从地面引孔则深度不够，因此，需开挖一定深度后再引孔压桩。

（10）根据工程建设方提议，场地南侧和东侧的河道可截断或布置围堰，原驳岸重新修建。

2. 支护方案选型

基坑支护方案结合周边环境条件的差异，分段采用不同的支护形式，简要介绍如下：

（1）西侧：采用钻孔灌注桩挡土，5道锚杆控制变形，降低第1道锚桩标高以避开钱龙尊邸原围护的锚杆。

（2）北侧：采用钻孔灌注桩挡土，多道旋喷锚杆＋1道斜撑控制变形。

（3）东侧：河道内修筑围堰，从河底开始二级自然放坡，下部采用钻孔灌注桩支护。

（4）东南侧：采用钻孔灌注桩挡土，4道锚杆控制变形。

（5）南侧：河道截断，从河底开始二级自然放坡，下部采用钻孔灌注桩支护。

（6）地下水处理：基坑采用三轴搅拌桩全封闭止水，坑内采用管井降水，主楼电梯基坑采用轻型井点辅助降水形式。

（二）基坑支护结构平面布置

根据选型分析思路，基坑支护结构平面布置如图 5 所示。

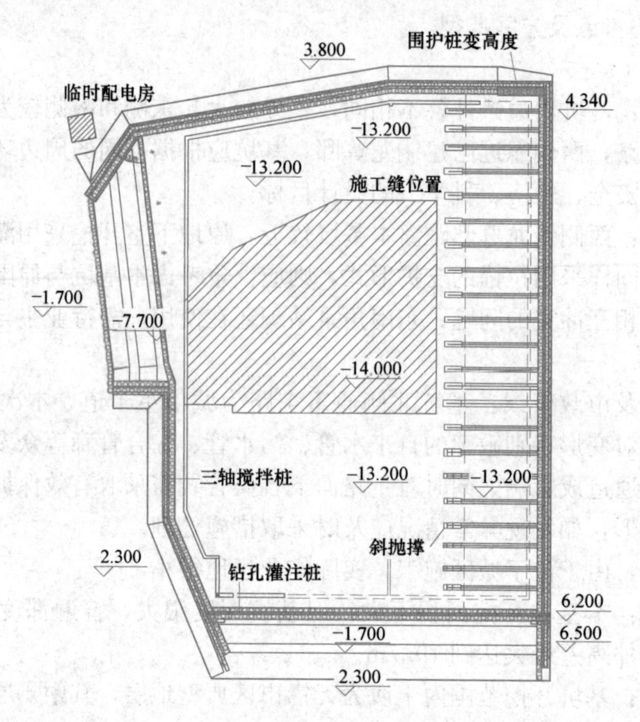

图 5 基坑围护平面图

（三）典型基坑支护结构剖面

本基坑典型剖面图如图 6～图 8 所示。

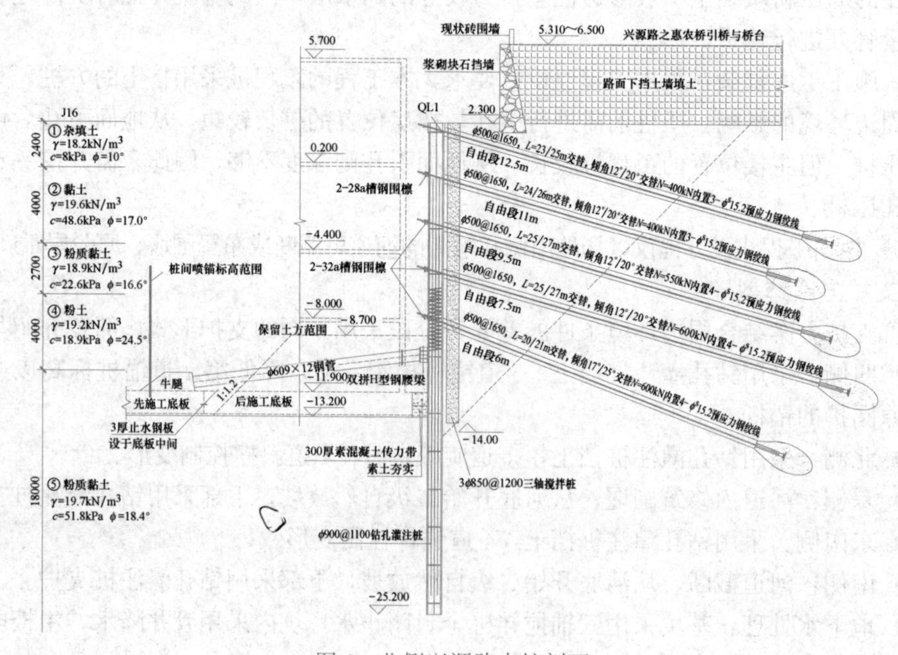

图 6 北侧兴源路支护剖面

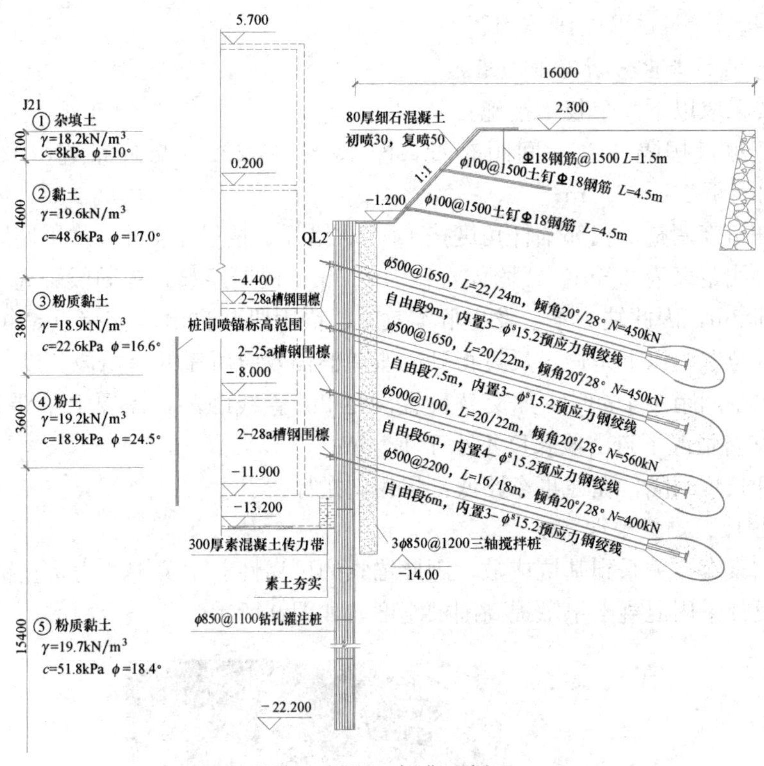

图 7 沿河一侧典型剖面

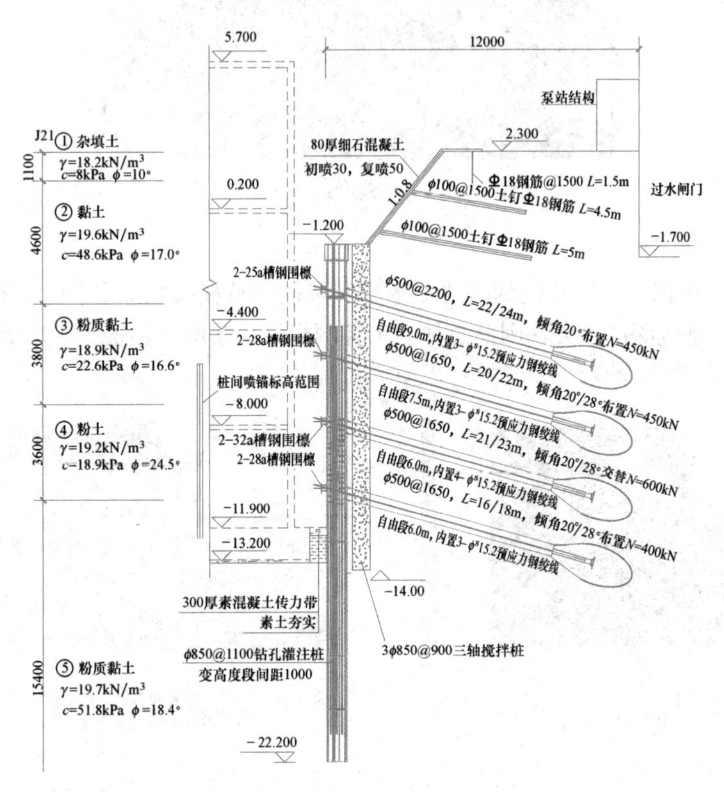

图 8 光隆大厦一侧剖面

(四) 本基坑设计的几个细节问题

1. 群锚效应可能性分析与处理措施

本次主要采取以下几个技术措施：

(1) 锚杆尽量按隔一密一间距布置，即 1.1m 和 2.2m 交替布置，水平平均间距 1.65m，竖向间距 2.0～2.5m；

(2) 锚杆角度调整，相邻锚杆角度按 12°/20°错开，按最小 1.1m 水平间距计算，17m 长锚杆端头直线距离为 2.5m。锚固体直径为 0.5m，根据经验，锚固段距离 4D 时可避免相互影响，即 2m，因此端头不会发生群锚效应。锚固段和自由段交接点是相邻锚杆锚固段距离最近的位置，以下是通过反算得到的避免群锚效应所需的自由段长度。

当锚杆水平间距 1.1m 时，如交替位置满足 2m 直线距离，需要上下错开 1.7m，对于 12°和 20°交替情况下自由段长度不小于 12.6m。

(3) 锚杆长短间隔，在通惠东路底部采用斜抛撑。

2. 锚索预应力损失处理

本基坑锚索直接关系到基坑成败，因此锚索的可靠性非常关键。为防止锚索受力后预应力损失，设计采用混凝土垫墩提高围檩刚度，如图 9 所示。

图 9 围檩施工实现

3. 兴源路沉降分析

根据有限元模拟，基坑开挖到底地层水平和竖向位移模拟结果如图 10 所示。路面最大沉降为 24mm。基坑深度较大，因此总体变形控制尚好。实测道路最大沉降为 27.64mm。

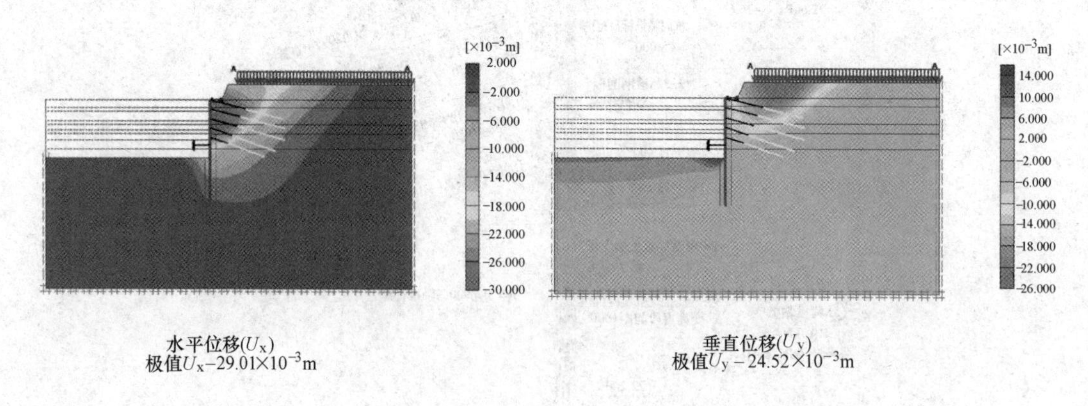

图 10 地层水平和竖向位移图

五、地下水处理方案

基坑坑底位于微承压含水层中，该含水层厚度大，含水量大，透水性好，对基坑开挖影响较大，一旦发生流砂对地下结构的施工和施工工期有较大影响，因此基坑采用 D850@1200 三轴搅拌桩止水，基坑内部采用无砂管井降水。地下水控制平面布置如图 11 所示。

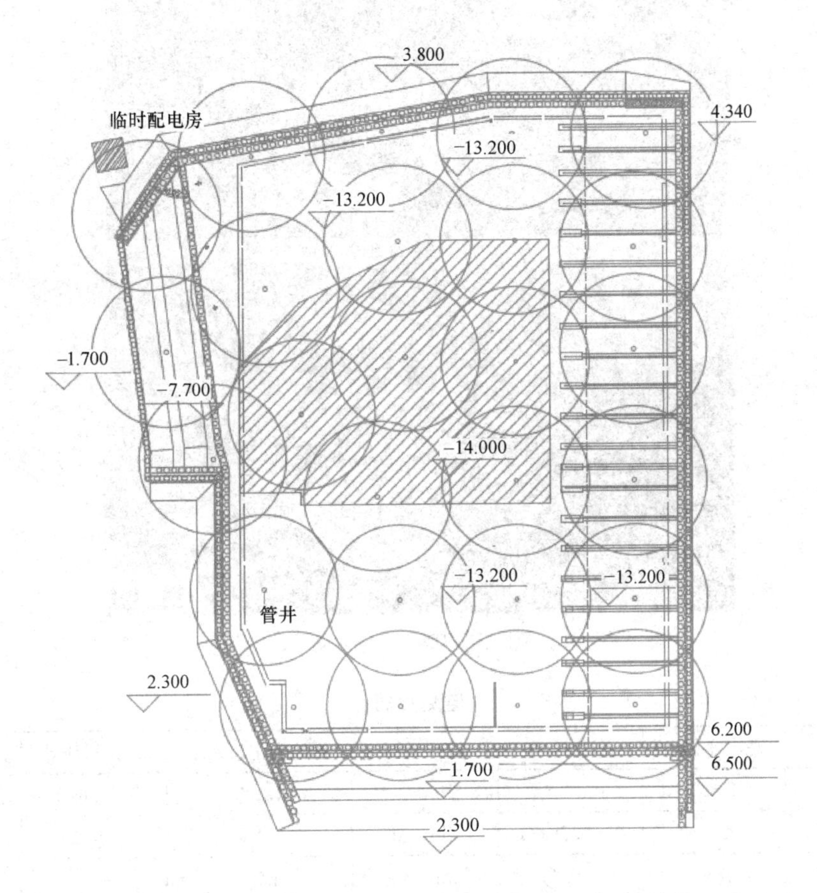

图 11 地下水控制平面布置图

六、基坑实施情况分析

1. 基坑施工过程概况

本基坑自 2011 年 3 月开始施工支护结构，2012 年 6 月基坑回填，历时 15 个月，施工期间总体进展顺利，无异常情况发生。基坑开挖到底实况如图 12 所示。

2. 基坑变形监测情况

在基坑开挖期间对周边环境进行了沉降、地下水位、地层测斜等规范要求的项目的监测，整个监测 250 期，变形控制满足规范要求，如表 3 所示。斜抛撑应力监测值均在允许范围，如图 13 所示。地层测斜数据也表明地层最大水平位移为 17.68mm 左右（图 14）。

图 12 基坑开挖实况

监测数据 **表 3**

监测项目	最大变化点	变化速率	控制指标	累计变化最大点	最大累计量	累计控制指标
道路沉降	DL22	1.23	2mm/d	DL25	27.64	30mm
管线沉降	GX7	0.68	2mm/d	GX7	28.9	10mm
建筑物沉降	JZ14	−0.41	2mm/d	JZ10	4	20mm
驳岸	BA1	−0.46	2mm/d	BA6	43.77	20mm
桩顶竖向位移	QL18	3.6	3mm/d	QL36	34.5	30mm
桩顶水平位移	QL3	−4.3	3mm/d	QL20	32.5	30mm

工程名称：无锡通惠广场 工程编号：QJ-CS001 天气：多云 测试日期：2012年4月09日

测试点说明	序号	测点号	测点类型	传感器编号	K	B	初始值		本次实测值		应力值	被测构件轴力
							频率模数 (HZ^2)	温度 (℃)	频率模数 (HZ^2)	温度 (℃)	(kPa)	(kN)
第5根斜抛撑	1	ZL-1	应变测点	10224	0.4411	11.2	4367.2	8.0	4572.0	16.0	12.70	-167.69
	2	ZL-2	应变测点	10767	0.4788	11.2	5251.4	6.0	5397.3	16.6	6.56	
	3	ZL-3	应变测点	10789	0.4559	11.2	4384.3	5.3	4469.6	16.2	-0.04	
	4	ZL-4	应变测点	10352	0.3897	11.2	6604.4	6.6	6225.5	16.9	-38.02	
	5	ZL-5	应变测点	10259	0.4585	11.2	3671.8	8.4	3532.6	16.8	-19.35	
	6	ZL-6	应变测点	10299	0.4442	11.2	3833.8	10.0	3840.2	17.0	-4.58	

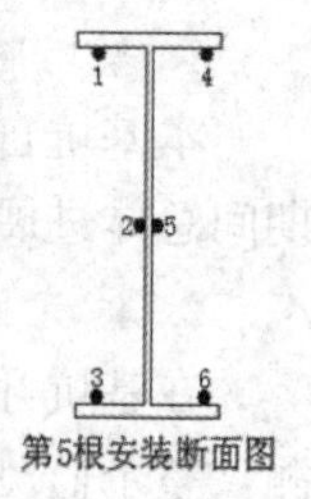

第5根安装断面图

图 13 斜抛撑应力监测结果

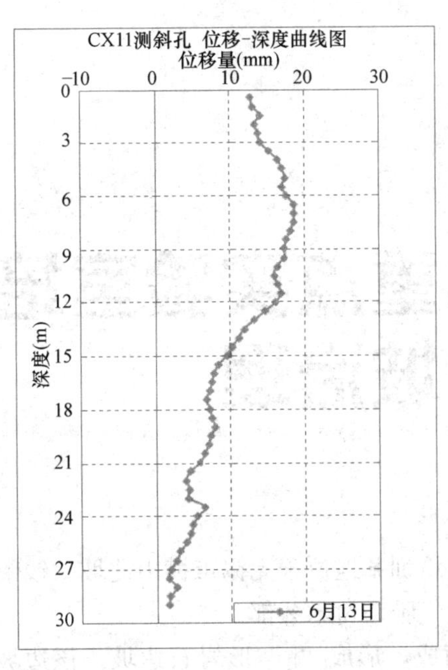

图 14 地层测斜监测结果

3. 锚索检测成果

本基坑开挖深度很大，并且采用锚索支护，因此对锚索的承载力要求很高，故在锚索施工前进行锚索基本试验，以确定锚索的承载力。

锚索基本试验一共 3 根，长度 24m，设计要求承载力为 600kN，于 2011 年 3 月 8 日施工完毕，2011 年 5 月 24～25 日进行检测。试验结果如表 4 所示。

锚索检测成果表 **表 4**

序号	锚杆号	最大试验荷载	最大位移量	最后一级荷载下锚头位移	备注
1	1	660 kN	18.51mm	4.98	锚头位移稳定
2	2	660 kN	13.34mm	4.77	锚头位移稳定
3	3	600 kN	15.53mm	7.16	锚头位移稳定

七、本基坑实践总结

本基坑支护设计工程主要有以下几个显著特点：

（1）本基坑面积不大，但是开挖深度很大，并且周边环境复杂，两侧紧邻河道及泵站，一侧紧邻市政主干道和桥梁，一侧紧邻高层建筑，二者基底高差较大，基坑周边环境非常复杂，设计方案采用锚索支护为主而非支撑方案，具有相当大的挑战性；

（2）通过对锚索进行基本试验、蠕变试验等确保锚索承载力，设计采用技术措施避免群锚效应，基坑开挖到底后支护桩变形不大，地面也没有开裂现象，表明设计方案是可靠的；

（3）通过对既有桥梁护坡采用预应力锚索主动预先加固，基坑开挖到底后道路桥梁挡墙基本没有开裂现象。

实例 13

核医学重点实验室培训基地岩石边坡治理

一、工程简介

（1）核医学重点实验室培训基地位于无锡市横山北坡、钱荣路西侧该研究所院内。培训基地建筑依山而建，环境优雅，树木葱郁。

（2）工程在北坡劈山而成，形成“[”形岩石边坡。该边坡总长度约 110m，自中部向两侧坡顶标高缓慢降低，中部最高为 25.11m，两侧 15m 左右，坡高相差 10m 左右。

（3）根据相关建筑设计图纸，本工程地下室底板底标高 12.00m，又南边边柱独立基础底标高为 13.00m，因此与地下室形成二级放坡。其中一级边坡高差最大 12.21m（由 25.11m－12.90m 得到），高差向两翼减小。根据现场实际开挖情况，边坡坡度较大，在 80°左右。

（4）本工程建筑外墙与建筑红线距离 3.1m，新开挖形成的岩石边坡与新建建（构）筑物之间距离很近。

（5）根据勘察报告揭露情况和开挖后现场踏勘，本边坡侧壁除上部 1m 左右为表土（坡积土）外，下部均在 4 层岩屑石英砂岩中，属于典型的岩质边坡。

由于本边坡为永久边坡，且高度较大，坡度很陡，当时的《建筑边坡工程技术规范》GB 50330—2002 明确规定：“永久性边坡的设计使用年限应不低于受其影响的相邻建筑的使用年限”。因此进行边坡稳定性分析进而进行必要的边坡支护设计以确保工程安全是有必要的。

图 1 为基坑位置平面图。

二、工程地质与水文地质概况

1. 工程地质简介

根据无锡水文工程地质勘察院提供的《核医学重点实验室培训基地勘察报告》（以下简称《岩土工程勘察报告》），场地主要由黏性土、碎石土及基岩组成，在边坡深度影响范围内可划分成 5 个工程地质层，各土层特征描述如下：

①层表土（坡积土）：灰黄色，以黏性土为主，夹碎石，上部夹植物根，下部为坡积碎石土。厚度为 0.70～2.00m；层底标高为 11.05～21.00m；层底埋深为 0.70～2.00m。该层土质不均匀。

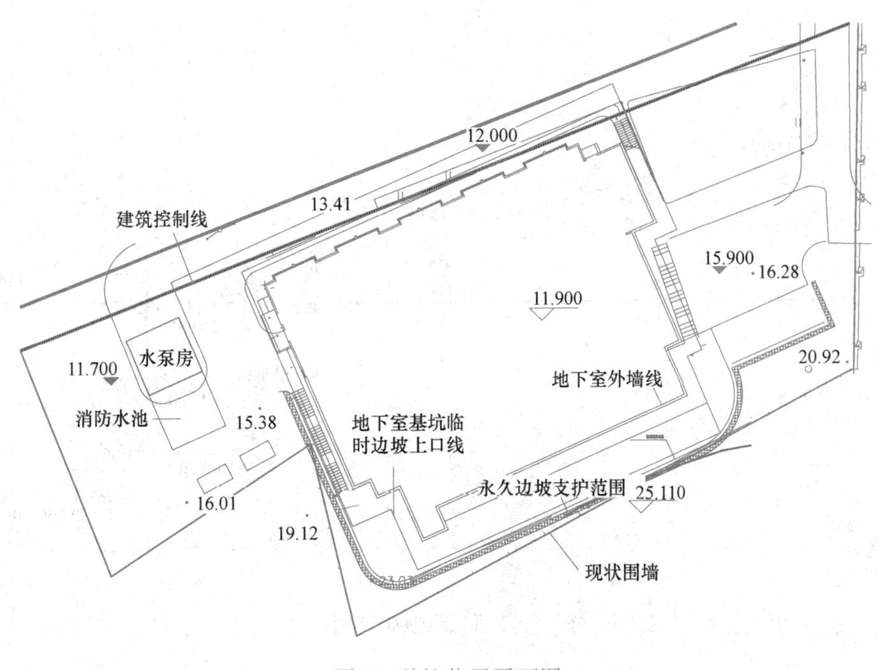

图1　基坑位置平面图

②层黏土：黄红色，硬塑，含铁锰质结核及其氧化物，偶夹小碎石，有光泽，韧性高，干强度高。厚度为1.40～4.30m；层底标高为7.21～12.41m；层底埋深为3.00～6.30m。静力触探比贯入阻力 P_s=4.89MPa，地基承载力特征值 f_{ak}=280kPa，压缩模量 E_s=10.0MPa。该层土工程特性好。

③层含碎石粉质黏土（残积土）：灰黄色～砖红色，硬塑，含大量铁锰质结核，局部夹大量碎石，碎石直径在0.2～2cm之间。韧性高，干强度高，钻进困难。厚度为0.40～4.70m；层底标高为2.51～12.01m；层底埋深为3.60～11.00m。地基承载力特征值 f_{ak}=290kPa，压缩模量 E_s=11.0MPa。该层土工程特性良好。

④基岩（泥盆系中下统茅山群中段D1-2ms2）：

④-1层岩屑石英砂岩：中风化，灰白色、紫红色、青灰色，岩屑石英砂岩、石英砂岩夹粉砂岩，局部为粉砂岩，厚层状结构，矿物成分主石英，次长石、岩屑等，胶结物以钙质、硅质为主，小型交错层理较发育，层厚大于30.00cm，为较硬～较软岩，岩体完整程度为完整～较完整，岩石倾向210°～240°，倾角20°～30°，表层0.5～2m为中等风化，饱和单轴抗压强度标准值为19.4MPa。

④-2层泥质粉砂岩：强风化，灰黄色、浅紫红色、灰白色泥质粉砂岩，薄层状～中厚层状结构，夹层出现在厚层状的岩屑石英砂岩中，矿物成分主石英，次长石，胶结物以钙质、泥质为主，小型交错层理较发育，为较软岩，岩石饱和单轴抗压强度标准值为17.5MPa。本次勘察未穿透。

基坑开挖影响范围内典型地层剖面如图2所示。

2. 地下水分布概况

区内无常年性溪流，在场区的东北侧有人工开挖的水塘，水面较稳定。

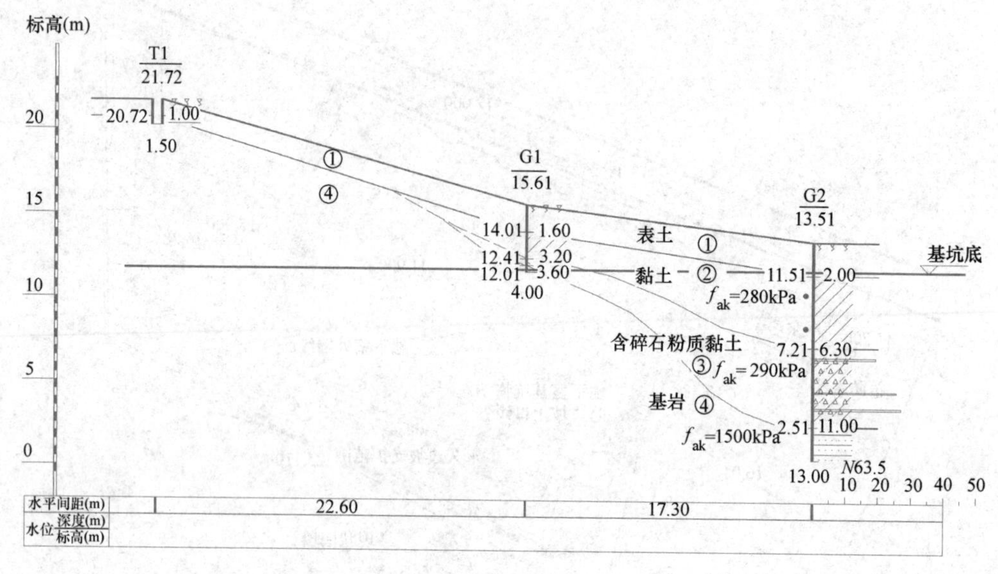

图2 典型工程地质剖面图

3. 岩土工程设计参数

(1) 岩石边坡的岩体分类：根据《建筑边坡工程技术规范》附录A：岩质边坡的岩体类型分类，本边坡岩体按Ⅱ类考虑。

(2) 安全等级：根据《建筑边坡工程技术规范》，确定该边坡侧壁安全等级为二级，依据上述安全等级选取重要性系数进行设计计算。

(3) 土层参数：根据本工程岩土工程勘察资料和钻孔数据报告，本场地地下水位较低，设计计算时未予考虑。边坡支护设计各土层的参数如表1所示。

边坡支护设计土层计算参数表 表1

层号	土名	重度(kN/m³)	黏聚力 c(kPa)	内摩擦角 φ(°)
②层	黏土	19.5	74.7	14.6
④-1层	岩屑石英砂岩	25.5	1010	36.1
④-2层	泥质粉砂岩*	25.5	202	28.8
	软弱结构面*	19.5	70	20

注：1. 计算时，对边坡岩体按岩块强度折减，根据经验，黏聚力折减系数为0.2，内摩擦角折减较少，系数为0.8；
2. 软弱结构面力学参数根据《建筑边坡工程技术规范》结合地区经验选取。
3. "*"为经验值。

三、基坑周边环境情况

培训中心地貌形态为典型的江南丘陵区，整个场地地貌为横山残坡积裙区，海拔标高在11.5～25.1m，相对高差约13.6m。场地原有2～3层的建筑物，勘察时对原有建筑物进行了查看，未发现建筑物有裂缝等损坏，表明地基稳定性良好。

根据岩土工程勘察成果，岩质边坡主要落在岩屑石英砂岩层中，勘察成果表明，该层小型交错层理较发育，裂隙发育程度较低，山体岩层倾向为逆坡偏西南方向，为230°左右，倾向与坡向之间的夹角为45°，倾角为19°～30°，均为泥盆系茅山群中段石英砂岩、粉砂岩、泥质粉砂岩。区内未发现断裂。岩层结构面结合程度一般～好。在自然条件下无边坡失稳等迹象出现。

从现场开挖情况来看，岩层倾向与勘察报告成果相一致，泥盆系茅山群中段薄层状泥岩、泥质粉砂岩夹层现象明显，此类夹层在植被破坏后易风化破碎，特别是薄层状泥岩有遇水易软化的特点，力学性质比上下层相对软弱，可能形成斜坡潜在的滑移面、切割面，具体如图3～图5所示。

图3 薄层状泥岩夹层发育情况

图4 岩层倾向情况

图5 边坡中部的岩层倾向情况

四、支护设计方案概述

1. 本基坑的特点及方案选型

（1）本基坑特点分析

影响边坡稳定性的因素一般可分为内在因素和外在因素，内在因素包括：地层岩性、地质结构、地下水及地形地貌等；外在因素包括：人类工程活动、地震、降雨等。边坡稳定性分析计算结果是边坡稳定性预测评估的主要依据。结合本边坡的具体情况进行分析，此处影响边坡稳定性的主要因素是人类工程活动，人工切坡使自然边坡原有地形破坏，岩土体裸露。

本工程边坡开挖深度很大，但土质情况较好。从地质勘察报告上反映出，本场地②层为硬塑黏土；③层为含碎石粉质黏土（残积土）；④-1层为岩屑石英砂岩。从现场分析来看，边坡自立性较好。

因岩层倾角逆向边坡坡角，根据《岩土工程勘察规范》条文说明，初步判断边坡在不考虑岩层长期强度降低情况下是稳定边坡。

本边坡岩体特征为块状岩体～碎裂状岩体，且无外倾结构面，对其潜在破坏形式进行分析：

1）边坡岩层屈曲：岩层倾向表明，边坡表层不会发生沿重力方向的屈曲破坏，因为不存在被岩层节理面、软弱结构层分割的上下贯通的岩体；

2）岩块流动：边坡开挖深度在12.2m左右，岩体应力仍属于低应力水平，边坡开挖情况表明不会发生岩块流动；

3）圆弧滑动：对于土质边坡或者较大规模的碎裂结构岩质边坡，一般发生圆弧滑动；本边坡岩体完整性较好，节理面发育比较充分，因此总体看来，圆弧滑移破裂面仍潜在，本次拟采用Janbu法和Bishop法分析。

4）平面滑动：平面滑动一般沿外倾软弱结构面发生，可分为直线和折线滑动，由结构面切割岩体情况决定。本边坡结构面逆向边坡，因此不会发生沿结构面的滑动。

但是，由于边坡坡角很陡，坡脚剪应力比较集中，可能会发生坡脚沿（$45°+\varphi/2$）的主动土压力滑裂面破坏，如图6所示。

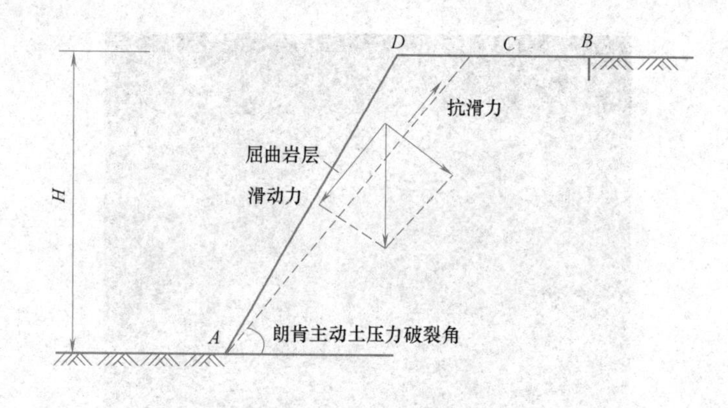

图6 主动土压力破裂角简图

本次对此种破坏模式进行计算，破裂角取（$45°+\varphi/2$）并小于75°。

5）岩石崩塌：岩石崩塌发生在岩体为危岩，破坏时沿临空面翻滚，或者岩腔上部的岩体沿节理面在重力影响下拉应力破坏的情况。本边坡体量不大，采用合理修坡和充填空腔并锚拉支护后形成整体可以避免，因此不予计算，可从构造上解决，要求临空岩体凿除或者重心收向边坡，保证倾覆力矩小于抗倾覆力矩即可。

（2）岩石边坡状态分析

1）平面滑动

采用平面滑动法计算土体在自然状态下边坡的稳定性系数，可按下式计算：

$$K_s=\frac{\gamma V\cos\theta\tan\varphi+Ac}{\gamma V\sin\theta}$$

2）圆弧滑动

采用圆弧滑动法，边坡稳定性系数按下式计算：

$$K_s=\frac{\sum R_i}{\sum T_i}$$

计算结果如表 2 所示，Bishop 和 Janbu 法计算及结果如图 7 和图 8 所示。

设计计算结果 **表 2**

破坏模式	计算方法	分析结果	评判
岩石崩塌	修坡清理后不会发生		
平面滑动	极限平衡法	4.99>1.3	满足
圆弧滑动	Bishop 简化条分法	1.49>1.3	
	Janbu 法	1.52>1.3	
岩块流动	低应力水平下不会发生		
边坡岩层屈曲	无顺坡节理，不会发生		

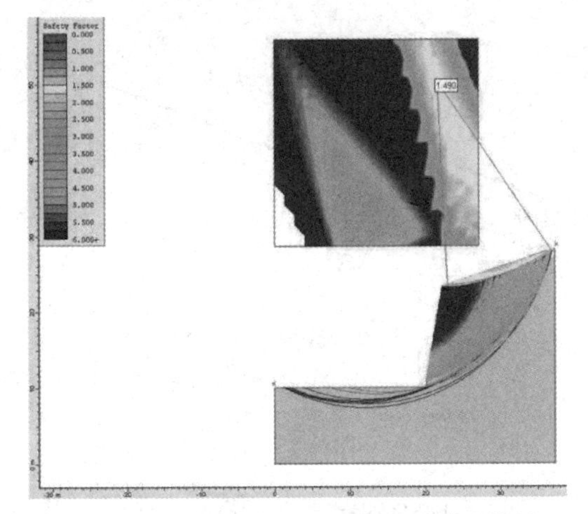

图 7 Bishop 法岩质边坡稳定性计算及结果

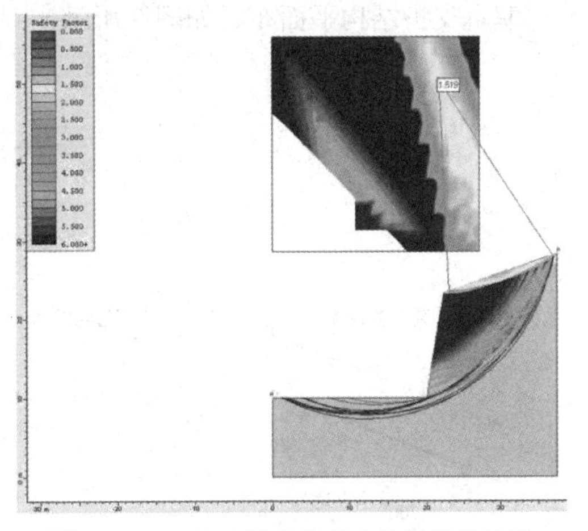

图 8 Janbu 法土质边坡稳定性计算及结果

（3）选型方案考虑

前述分析表明，本边坡在短期内是稳定的，但是一旦力学指标降低或者风化程度加剧，破坏仍可能发生，边坡支护应着眼于岩体原状的保护。

如在长期暴露、风化作用下，岩体节理面会得到进一步发育，表层岩石风化程度增大，尤其是薄层状泥岩遇水力学指标即降低，因此应做好必要的防护措施。

边坡支护一般可采用重力式挡墙、扶壁式挡墙、悬臂式支护、格构锚杆式挡墙支护、排桩式挡墙支护、岩石喷锚支护等。各支护对本工程的适用分析如下：

重力式挡墙适用于场地许可、对变形要求不严格的情况。由于工程距离边坡很近，场地条件不允许很厚的挡土墙，且坡高较大，因此不采用重力式挡墙；

扶壁式挡墙适用于土质填方边坡；

悬臂式支护、格构锚杆式挡墙支护、排桩式挡墙支护造价较高；

岩石喷锚支护适用于不同坡高的Ⅰ、Ⅱ、Ⅲ类岩质边坡，本次也采用岩石喷锚支护。由于岩石边坡本身是稳定的，采用喷锚支护的主要目的是对岩层进行保护，避免受到风化作用导致强度不断下降引起永久边坡安全性降低。

根据设计计算所得结果进行各区段的围护结构设计。

经计算岩石的整体稳定安全系数满足要求，但是考虑到周围施工爆破震动的影响，在本边坡的处理上应尽量去除边坡上松动的块石，然后再采用喷锚进行支护。

根据场地土层及水文情况，地下水有如下特点：

1）从《岩土工程勘察报告》中土试结果来看，场地边坡开挖影响范围内，渗透系数都较小，为 10^{-7}cm/s 数量级，属极弱透水层；

2）根据当时的《建筑基坑支护技术规程》JGJ 120—99 附录 F 计算，边坡涌水量不大；

3）本边坡处于山区，在雨季难免会有大量雨水汇集，故必须做好地表水的处理。在边坡顶面设置截水沟对雨水进行有组织排放，以免大量雨水涌入边坡内对施工造成不便甚至影响支护结构的安全；

4）在边坡坡脚内亦应设置盲沟，阻止少量渗水进入边坡内。

2. 基坑支护结构平面布置

基坑支护结构平面布置如图 9 所示。

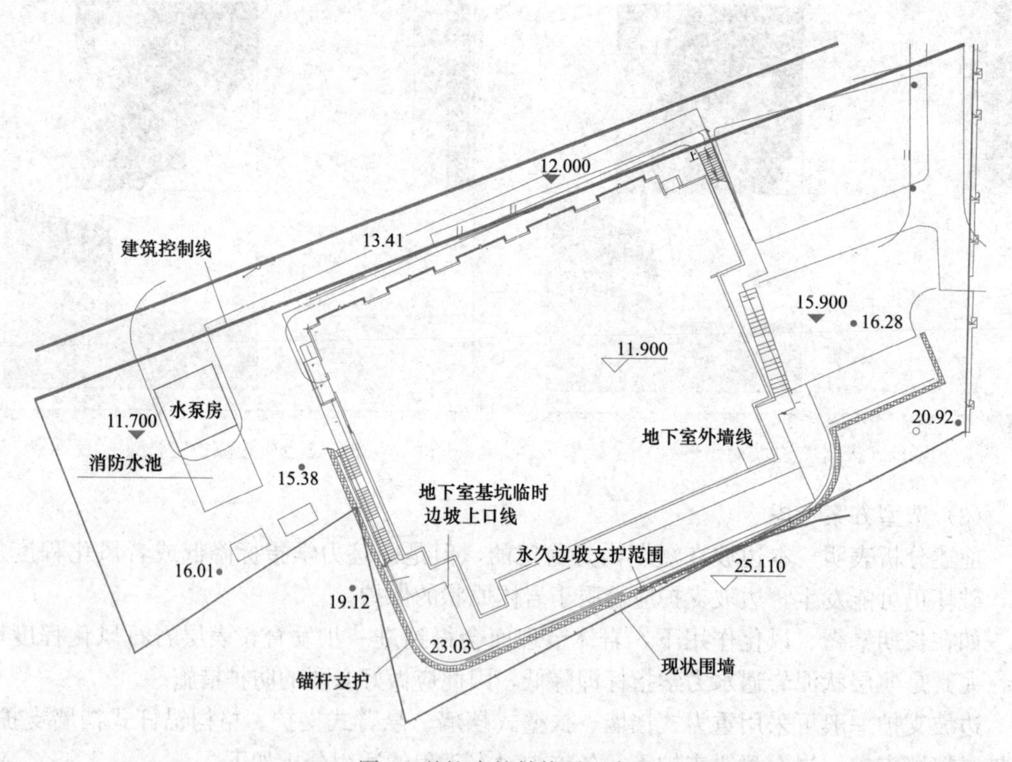

图 9 基坑支护结构平面布置

3. 典型基坑支护结构剖面

典型基坑支护结构剖面如图 10 所示。

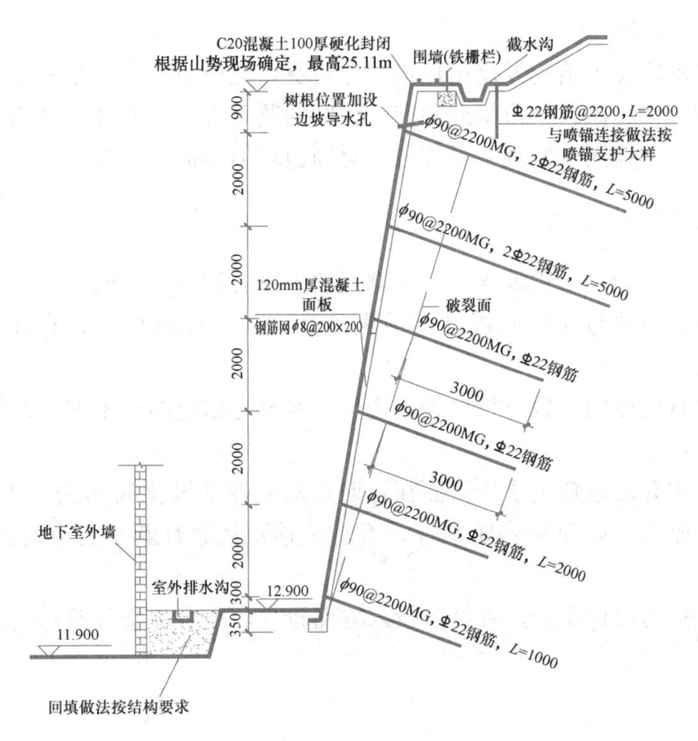

图 10 典型支护剖面

五、基坑实施情况分析

1. 基坑施工过程概况

本基坑自 2011 年 7 月开始施工，2011 年 10 月份施工完成，历时 3 个月，在整个工程的实施过程中，未出现险情，工程进展顺利，有效地保护了基坑和周边环境的安全。

现场施工情况如图 11 所示。

图 11 边坡施工现场照片

2. 基坑变形监测情况

为及时掌握基坑支护结构及周边环境变化情况，建设单位委托第三方监测单位承担该工程的基坑监测工作。监测单位据此制定了详细的监测方案，并经各方确认后实施。截至项目完成，基坑顶部地面未发现明显裂缝，对周边环境变形影响较小。

六、本基坑实践总结

（1）本基坑支护为岩石边坡支护，与常规的土质支护有所不同。

（2）本基坑岩石顶与基础底板高差最大处达 12m，深度较深，存在一定的风险性，施工存在一定的难度。

（3）根据岩石边坡的参数分析，岩石边坡的本身是稳定的，不涉及地质灾害及滑裂面断裂现象。

（4）本次支护有效地解决了岩石面在长期自然条件下风化的问题。建议之后 2～3 年对岩体做好动态监测，以观测岩体本身是否有位移，从而判断是否会对永久性建筑造成影响。

（5）本次支护为锚杆支护，在经济投入方面较少，产生社会效益是巨大的，有一定的借鉴意义。

实例 14 蠡园开发区创意园一期基坑工程

一、工程简介

本项目新建地下室建筑面积 24458.64m^2，地下 3 层，地上分 A、B、C 三幢楼。基坑平面近似呈长方形，长约 300m，宽约 40m，基坑周长约 680m，开挖面积约 12000m^2。基坑开挖深度为 10.7m，基坑等级为一级，支护形式采用局部放坡＋SMW 工法＋1 道混凝土支撑。项目位于无锡滨湖区明园路西侧，滴翠路北侧，原为园区广场，周边距离既有房屋建筑较近。

二、工程地质条件

1. 土层分布

本工程典型工程地质剖面如图 1 所示。根据相关的地质资料，地层分布规律及工程性质，自上而下分别描述如下：

①层表土：灰黄色，顶部为水泥地坪或沥青路面，下部为素填土，结构密实，夹碎石。

②层粉质黏土：灰黄色，硬～可塑，含铁锰质氧化物及结核。

③层粉质黏土：灰黄色，可塑，含铁锰质氧化物，夹粉土团块。

④层粉质黏土夹粉土：灰色，软塑，含有机质，局部夹薄层粉土。

⑤-1 层粉质黏土：灰色-青灰-灰黄，硬～可塑，含铁锰质氧化物及结核。

⑤-2 层粉质黏土：灰黄色，硬塑，含铁锰质氧化物结核，夹蓝灰色黏土条纹。

⑤-3 层粉质黏土：灰黄~-青灰，可塑，局部软塑，含铁锰质氧化物，局部夹粉土。

⑥-1 层粉土夹粉砂：灰色，中密，湿～很湿，含云母碎屑。该层局部分布。

⑥层粉质黏土：灰色，软塑，含有机质，夹粉土薄层。

⑦层粉质黏土：青灰～黄灰，可塑～硬塑，含铁锰质氧化物及结核。

2. 含水层分布

场地西侧有一条南北走向河道，为小渲河，河道向北与梁溪河连接，向南与太湖相连。勘察期间，河道内水正在向外排泄，河内水位与太湖水位一致。

主要含水层分别为①层表土的上层滞水～潜水和④层粉质黏土夹粉土中的微承压水。①层表土地下水稳定水位埋深为 0.95～1.24m，稳定水位标高为 2.74～3.01m。正常年

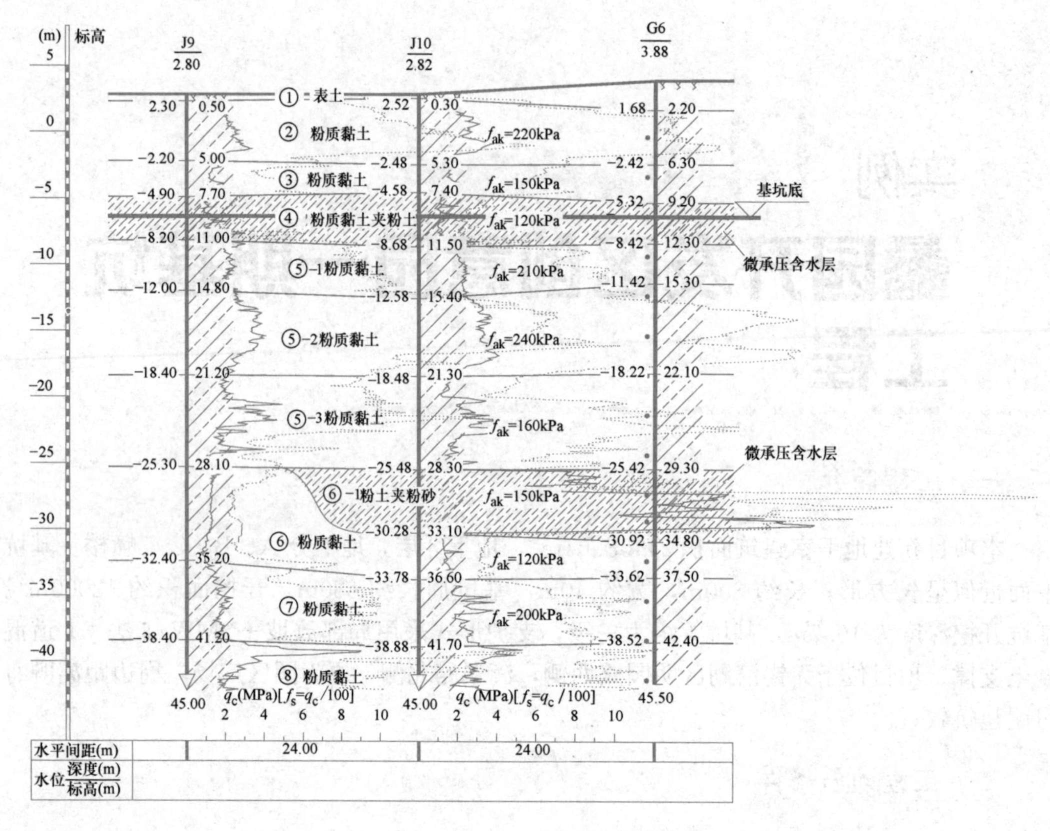

图 1 典型工程地质剖面图

变幅在 1.0m，本场地 3～5 年内最高潜水～上层滞水水位标高为 3.05m。④层粉质黏土夹粉土中微承压水稳定水头标高为 0.45～0.83m。

3. 场地土层物理力学参数

基坑支护设计各土层的参数如表 1 和表 2 所示。

场地土层物理力学参数表　　　　表 1

编号	地层名称	含水率	孔隙比	液性指数	重度	固结快剪(C_q)	
		w(%)	e_0	I_L	γ(kN/m^3)	c_k(kPa)	φ_k(°)
①	表土				18.5		
②	粉质黏土	23.4	0.685	0.13	19.6	63.1	17.9
③	粉质黏土	29.2	0.826	0.75	18.9	22.7	14.0
④	粉质黏土夹粉土	30.7	0.858	0.9	18.8	17.5	13.2
⑤-1	粉质黏土	23.1	0.678	0.12	19.6	58.1	17.5
⑤-2	粉质黏土	23	0.668	0.08	19.7	64.9	18.0
⑤-3	粉质黏土	27.9	0.795	0.61	19.1	27.4	16.0

场地土层渗透系数统计表 表2

编号	地层名称	垂直渗透系数 k_V(cm/s)	水平渗透系数 k_H(cm/s)	渗透性
①	表土			
②	粉质黏土	3.82E-08	4.79E-08	极微透水
③	粉质黏土	2.15E-06	2.89E-06	微透水
④	粉质黏土夹粉土	5.43E-06	6.55E-06	微透水
⑤-1	粉质黏土	4.01E-08	4.98E-08	极微透水
⑤-2	粉质黏土	3.33E-08	4.46E-08	极微透水
⑤-3	粉质黏土			

三、基坑周边环境情况

本项目位于无锡滨湖区明园路西侧，滴翠路北侧，原为园区广场。项目周边环境如下：

北侧：园区道路，既有建筑与地下室外墙最小距离为18.5m，既有建筑为天然地基，独立基础，5层，框架结构；道路下局部有管线，管线现已迁移。

东侧：园区道路和停车场，地下室外墙与明园路最小距离13m左右，东北角原有一高压线塔，现已移除。

南侧：园区道路，既有建筑与地下室外墙最小距离18.8m，既有建筑为天然地基，独立基础，5层，框架结构；道路下局部有管线，管线现已迁移。

西侧：地下室外墙与小渲河距离14m左右。

基坑总平面如图2所示。

四、支护设计方案概述

1. 基坑特点分析

(1) 基坑面积较大，外形规则，可以采用受力较规则的支撑体系，对支撑布置较为有利；

(2) 基坑开挖深度较大，其开挖范围内的坑壁土体存在软弱土层，应对坑壁土体采取有效支护措施，周边既有建筑及管线较多，应限制支护结构的侧向位移；

(3) 周边环境条件较为紧张，为保障现场施工道路等场地，只能少量卸土放坡，大范围内考虑垂直开挖；

(4) ④层微承压水位于基坑底及以下，承压水头高，基坑开挖时应对承压水进行处理。

2. 止水帷幕必要性分析

(1) 本基坑开挖过程中已揭穿隔水层，进入承压层，如不采取一定的防水、降水措施，会产生涌水、涌砂、坑底突涌现象，因此本基坑必须进行承压水处理，防止基坑内的承压水突涌事故发生。

(2) 基坑内采用管井进行疏干降水，采用深井降水措施后将对周边环境产生一定影响，所以应施工止水帷幕，止水帷幕深入坑底以下一定深度，以减小降水漏斗的影响范围。

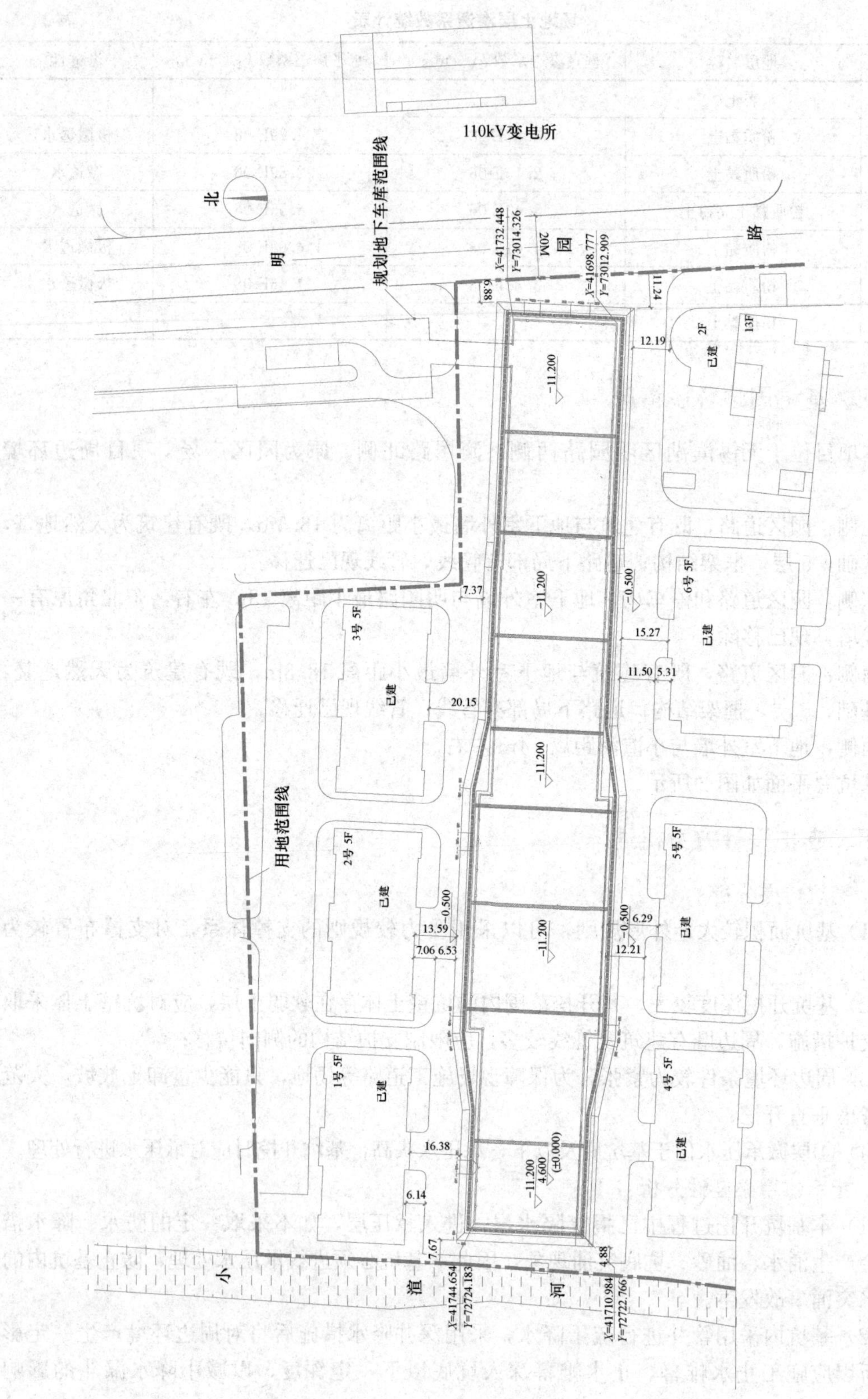
110kV变电所
北
规划地下车库范围线
明
园
路
20M
X=41732.448
Y=73014.326
X=41698.777
Y=73012.909
8.88
11.24
12.19
2F
13F
已建
−11.200
7.37
−0.500
6号 5F
15.27
11.50
5.31
3号 5F
20.15
用地范围线
2号 5F
5号 5F
−0.500
13.59
6.29
7.06
6.53
12.21
1号 5F
4号 5F
16.38
−11.200
4.600
(±0.000)
6.14
7.67
4.88
小
河
X=41744.654
Y=72724.183
X=41710.984
Y=72722.766

图 2 基坑总平面示意图

3. 设计方案比选

考虑到本基坑四边均紧靠既有建筑及已建道路，且道路中有多种地下管线，所以控制其变形较为重要，经过对四周管线的详细调查分析，因场地限制，本工程基坑不具备大放坡条件，必须采取直立开挖形式。基坑周边环境条件较复杂，基坑设计原则应是变形控制为主。

（1）竖向支护选取

因基坑周边存在既有建筑物，采用的支护体系应可有效控制地表变形。根据已实施的大量基坑工程的成功经验，类似基坑工程一般采用板式支护体系，可供选择的一般为型钢水泥土搅拌墙（SMW 工法）、钻孔灌注桩结合止水帷幕。

1）SMW 工法桩

SMW 工法桩是在连续套接的三轴水泥土搅拌桩内插入型钢形成的复合挡土止水结构。由于 SMW 工法桩自身工艺特点，其对基坑变形较敏感，只要变形控制到位，可施工至更深深度。SMW 工法桩型钢可回收，造价明显降低，工程施工速度快，可取得良好的经济和社会效益。

2）钻孔灌注桩结合止水帷幕

钻孔灌注桩结合止水帷幕作为一种成熟的工法，其施工工艺简单，施工时对周边环境影响小，应用广泛，施工周期较长。

（2）水平向支护选取

深基坑板式支护体系中采用的水平传力体系有水平内支撑和锚杆两种形式，由于本工程周边既有建筑及管线较多，锚杆施工对周边影响较大，同时在红线范围内对施工锚杆有限制。因此本方案选用水平内支撑作为基坑开挖阶段的水平传力体系。

深基坑工程水平内支撑主要有钢筋混凝土内支撑以及钢支撑两种形式。

1）钢筋混凝土内支撑具有刚度大、变形小的特点，对减少支护体的水平位移，并保证支护体稳定具有重要作用。同时钢筋混凝土内支撑施工适应性强，可适应各种复杂形状和基坑面积超大的基坑工程。采用钢筋混凝土支撑体系，支撑杆件在适当加强后又可作为施工中挖、运土用的施工栈桥和材料的堆放平台，可以解决施工场地狭小的问题，同时又方便施工，加快了出土效率，降低了施工技术措施费。将施工栈桥与支撑结合设计，大大节省了工程造价。

2）钢支撑

钢支撑一般采用十字正交对撑布置，在常规工程中对于支撑受力和控制基坑变形都比较有利。采用钢管支撑施工方便，支撑形成速度较快，无需养护，大大减少了支护体无支撑的暴露时间，又可施加和附加预应力，能有效地控制支护体变形，同时也方便以后的拆除，加快了整体施工进度。由于本工程面积大、开挖深度深，采用钢支撑体系主要有以下不利因素：①基坑面积大且开挖深度深，采用钢支撑杆件较密集，挖土空间小，在一定程度上会降低挖土效率；②基坑面积大，单个方向钢支撑长度过长，拼接节点多，易积累形成较大的施工偏差，传力可靠性难以保证；③基坑长、宽两个方向均较大，钢支撑刚度相对较小，不利于控制基坑变形和保护周边的环境。

综上所述，初步确定支护方案为钻孔灌注桩＋止水帷幕＋1 道内支撑和 SMW 工法＋1 道内支撑的两种支护形式。

4. 工程造价比较

工程造价比较如表 3 所示。

造价工期等比较表 表 3

支护形式＼比较项	支护桩价格	对环境的影响	造价比	工期	质量控制	施工场地要求	节能性
钻孔灌注桩加三轴搅拌桩	13500 元	有排污	1	60 天	较易控制	较高	低
SMW 工法	9500 元	无排污	0.85	40 天	好控制	高	高

注：价格比较是以沿周长取 1m 作为比较单位。

5. 支护结构单元计算结果

经过技术性、可靠性、经济性、施工工期等多指标比较，最后选定采用 SMW 工法＋1 道内支撑的支护形式，支护内力值的计算如图 3 所示。

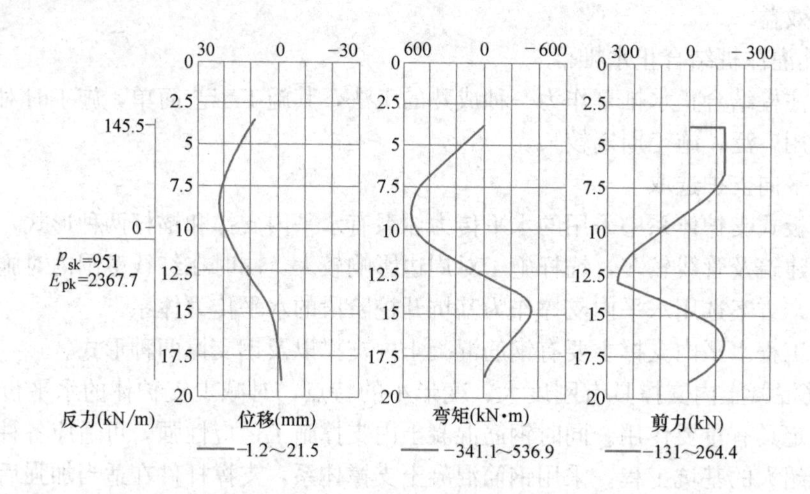

图 3 SMW 工法计算结果

6. 基坑围护平面图

支护采用 SMW 工法，主要部位采用 HN700×300×13×24 型钢插二跳一形式，临边坑中坑和出土口位置型钢增加为密插，并对填土较厚部位增加坡顶压密注浆加固，支护平面如图 4 所示。在支护桩顶部设置了一道混凝土支撑，支撑平面布置如图 5 所示。

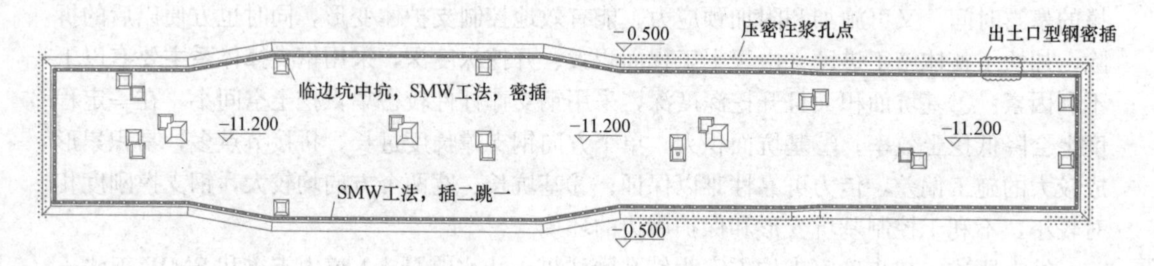

图 4 基坑围护平面图

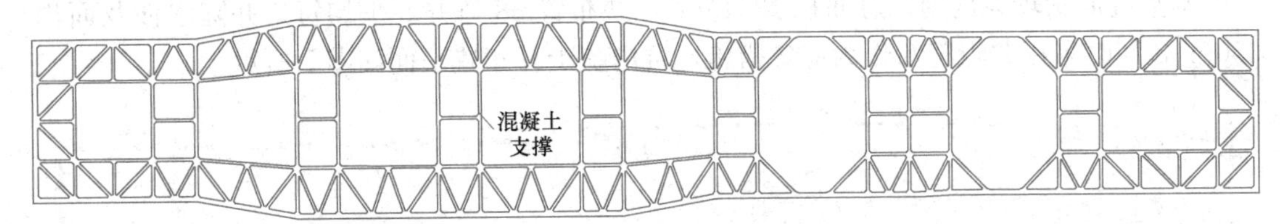

图 5 支撑平面布置图

7. 基坑围护典型剖面图

基坑围护典型剖面如图 6 所示。

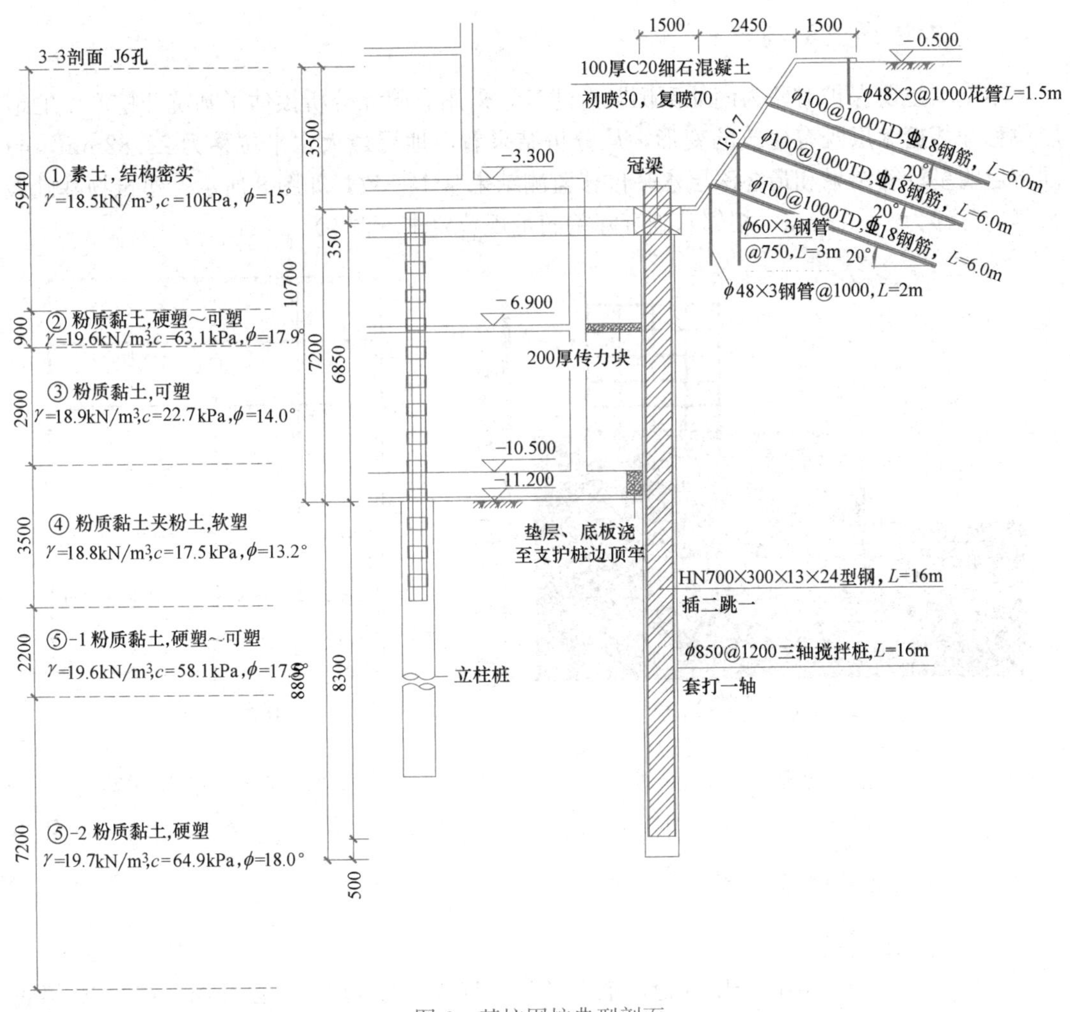

图 6 基坑围护典型剖面

五、地下水处理方案

根据地质含水层分布，主要含水层分别为①层表土的上层滞水～潜水和④层粉质黏土夹粉土中的微承压水。承压含水层位于基坑底及以下，采用 SMW 工法桩四周全封闭止水，坑内采用管井疏干。

本基坑形状较为规则，总面积 $13545m^2$，共布置 38 口井，平均每口井降水涉及面积 $350m^2$，同时采用井点降水作为应急措施，坑内疏干井布置平面如图 7 所示。

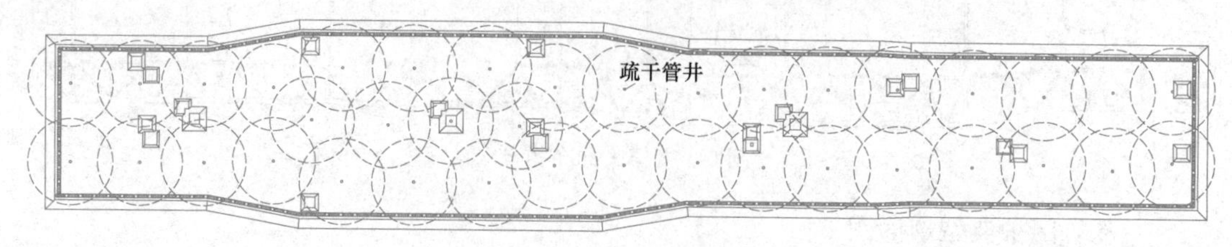

图 7 管井布置平面图

六、周边环境影响分析

本基坑主要保护对象为南北两侧既有建筑，采用有限元分析预估了基坑开挖产生的地层位移和邻近 5 层既有建筑的变形，从分析结果看，地层最大水平位移为 29.82mm，与同济启明星计算结果和最终深层水平位移监测结果基本一致，如图 8 所示。建筑物基础最大竖向位移为 10.85mm，相邻基础沉降差满足规范要求（图 9）。

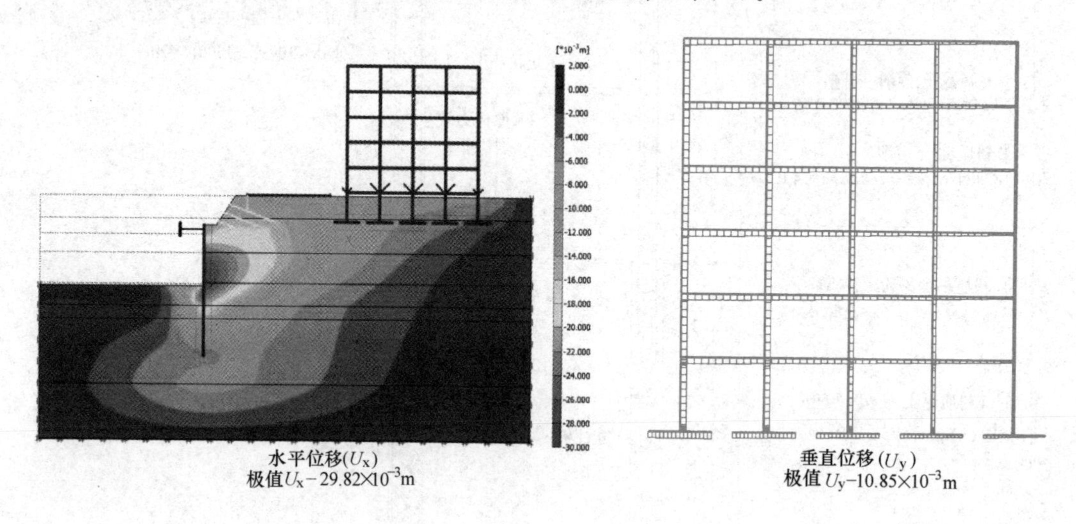

图 8 地层水平位移云图

图 9 邻近建筑竖向位移图

七、基坑实施情况分析

1. 基坑施工过程概况

本基坑于 2019 年第四季度开挖，施工采取自西向东的顺序，分段开挖，在 2019 年底将西侧 1/4 开挖到底并完成了地下 2 层楼板施工。2020 年初，突如其来的新型冠状病毒肺炎疫情导致春节后项目未能如期开工，直到 2020 年 4 月底才逐步恢复正常施工，尽管工期有所延误，但最终本项目还是顺利完工，未出现任何险情。工程现场照片如图 10 所示。

2. 基坑变形监测情况

本基坑工程全面开展了支护结构及周边环境的监测工作，具体的监测项目及测点布置

图 10　现场施工照片

详见图 11、图 12，现场对周边围护结构和支撑体系等都进行了信息化施工。本工程信息化监测全面反映了基坑工程的各项变形和受力指标。

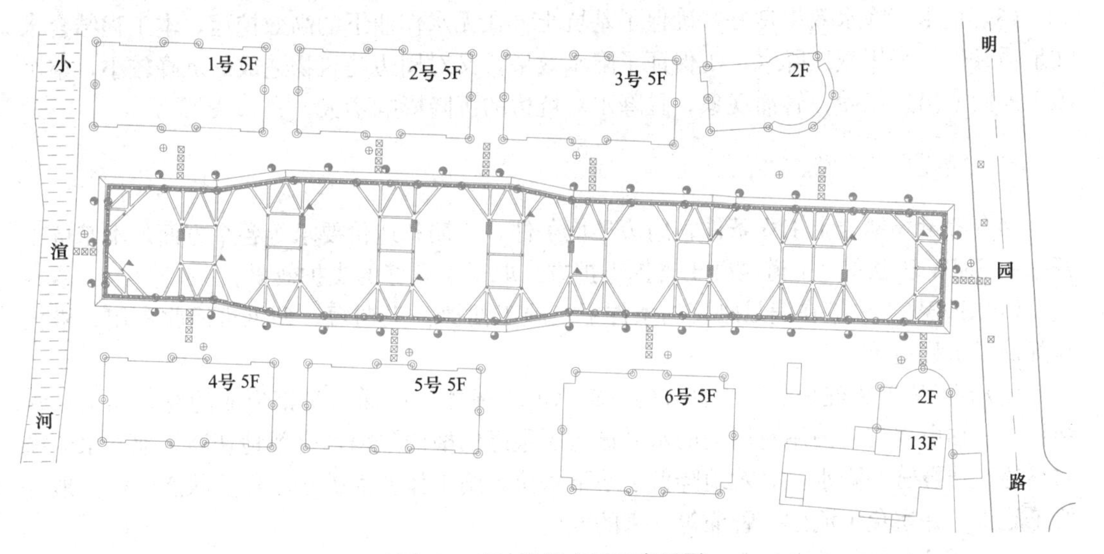

图 11　基坑监测点平面布置图

序号	监测项目	图例	数量	
1	圈梁水平、垂直位移	QL	34	沿坡圈梁顶每20m设置
2	坡顶水平、垂直位移	PD	34	沿坡顶每20m设置
3	土体深层水平位移	CX	16	埋设于土体或围护桩中
4	坑外水位观测，兼作回灌井	SW	10	临既有建筑设置(做法同降水管井)
5	支撑轴力	ZC	7	ZC1支撑
6	立柱竖向位移	LZ	9	布置于立柱顶端
7	地表沉降	DB	11组+3个	沿临近基坑侧地表和道路边布设
8	周边建筑沉降及倾斜	JZ	72	围墙、建筑物角点和中部布设
9	地下管线沉降	GX	－－	根据相关部门要求进行布设及监测

图 12　基坑监测项目及测点布置

圈梁水平、垂直位移监测，共布设 34 个点，根据实测报告，围护结构最大水平位移发生在 QL32 点位，为 15.8mm，对应沉降量最终最大变化量为 10.94mm。总体上看，围护结构的最大变形普遍控制在 30mm 以内，能够满足基坑开挖阶段变形控制的要求。

通过对埋设在围护桩外侧土体内的测斜孔进行监测，主要了解随基坑开挖深度的增加，坑外土体不同深度水平位移变化情况。布置 16 个侧向位移监测孔，编号为 CX1～CX16，经实测，深层土体水平位移最大点为测斜点位 CX1，水平位移最大为 22.08mm。

据现场基坑实际施工全过程反馈情况，采用本方案设计的基坑支护体系取得了预期的支护效果：

(1) 基坑顶部地面未发现明显裂缝，桩顶水平位移和邻近建筑物、道路、管线等沉降均未超过预警值，对周边环境变形影响较小。

(2) 围护桩本身的水平位移和竖向位移、支撑轴力、立柱桩沉降均未超过预警值，支护体系的强度、刚度、稳定性可控，基坑处于安全状态。

(3) 止水、降水效果良好，确保了基坑土方在无水作业下的高效挖运，本工程结合水文地质条件，采用减压降水，既保证了降水效果，又对周边建筑物造成的沉降较小，整个施工期间未出现流砂、管涌现象，且降水对坑边的沉降影响不大。

八、本基坑实践总结

结合考量场地岩土工程条件，周边环境条件，工期和造价要求等各个方面，本基坑工程采用 SMW 工法桩＋1 道混凝土支撑支护方式取得了良好的支护效果。

(1) SMW 工法桩在满足刚度的条件下，施工便捷，工期短，型钢可回收利用，极大地降低了工程造价。

(2) SMW 工法桩是在连续套接的三轴水泥土搅拌桩内插入型钢形成的复合挡土止水结构，三轴搅拌桩的使用对周边的水系进行了很好的横向隔离，有效地切断了地下水的横向渗透，结合管井降水，有效地降低了地下水位，施工作业面处于干作业状态，极大地方便了施工，并避免了流砂、管涌等灾害的发生。

(3) 混凝土内支撑体系便于布置，能充分发挥混凝土材料的性能，整体刚度大，控制变形好，开挖后实测周边建筑物、管线等均无较大影响，达到了安全、合理的设计效果。此外混凝土内支撑体系在大面积基坑中利用对撑＋角撑的布置，能最大限度地留出无支撑的开阔工作面，加快土方挖运速度，在施工工期上起到了一定的优化作用。

(4) 本基坑面积大，深度较深，周边既有建筑及管线较多，场地有一定限制，采用 SMW 工法桩＋1 道混凝土支撑有效地控制了变形，保证周边建筑物及管线安全，达到了安全、高效、经济、合理的使用要求。

实例 15

宜兴市文化中心深基坑工程

一、工程简介

建筑物由大剧院、科技馆、博物馆、图书馆 4 大建筑群组成，地上总建筑面积约 10 万 m^2，其中大剧院近 4 万 m^2，科技馆、博物馆、图书馆则分别约为 1.5 万 m^2、2.5 万 m^2、1.8 万 m^2，商业建筑近 4000m^2，另有地下建筑面积 5 万余平方米。本次基坑支护即针对该地下建筑开挖施工。

本次基坑开挖深度为 4.0～6.6m 不等，最大开挖深度为大剧院主舞台 9.8m。项目总平面图如图 1 所示。

图 1　项目总平面图

二、工程地质与水文地质概况

1. 工程地质条件

主要土层特征描述如下：

①层素填土：灰黄～浅灰色，软塑～可塑，松散，主要为耕土，局部为建筑垃圾，场区普遍分布，属新填土。

②层淤泥质粉质黏土：灰色，流塑，局部夹薄层粉土、粉砂，含有机质，有臭味，局部为淤泥，高压缩性，切面稍有光泽，无摇振反应，干强度中等，韧性中等，灵敏度 $S_t=4.97$，属灵敏。

③层粉质黏土：灰色～灰黄色，软塑～可塑，压缩性中等，切面稍有光泽，干强度中等，韧性中等。局部地段夹有灰色条带状高黏土，场区普遍分布。

④层粉质黏土：灰黄色～黄褐色，可塑，压缩性中等，切面稍有光泽，无摇振反应，干强度中等，韧性中等，含有锰铁结核，场区普遍分布。

⑤-1 层粉质黏土～黏土：黄褐色～灰色，硬塑，压缩性中等，切面稍有光泽，无摇振反应，干强度中等，韧性中等，场区普遍分布。

⑤-2 层粉质黏土：褐黄色～灰色，可塑，局部 26m 左右夹有薄层粉土、少量贝壳片，压缩性中等，切面稍有光泽，无摇振反应，干强度中等，韧性中等，场区普遍分布。

⑤-3 层粉质黏土～黏土：黄褐色～灰色，硬塑，压缩性中等，切面稍有光泽，无摇振反应，干强度中等，韧性中等，场区普遍分布。

典型工程地质剖面如图 2 所示。

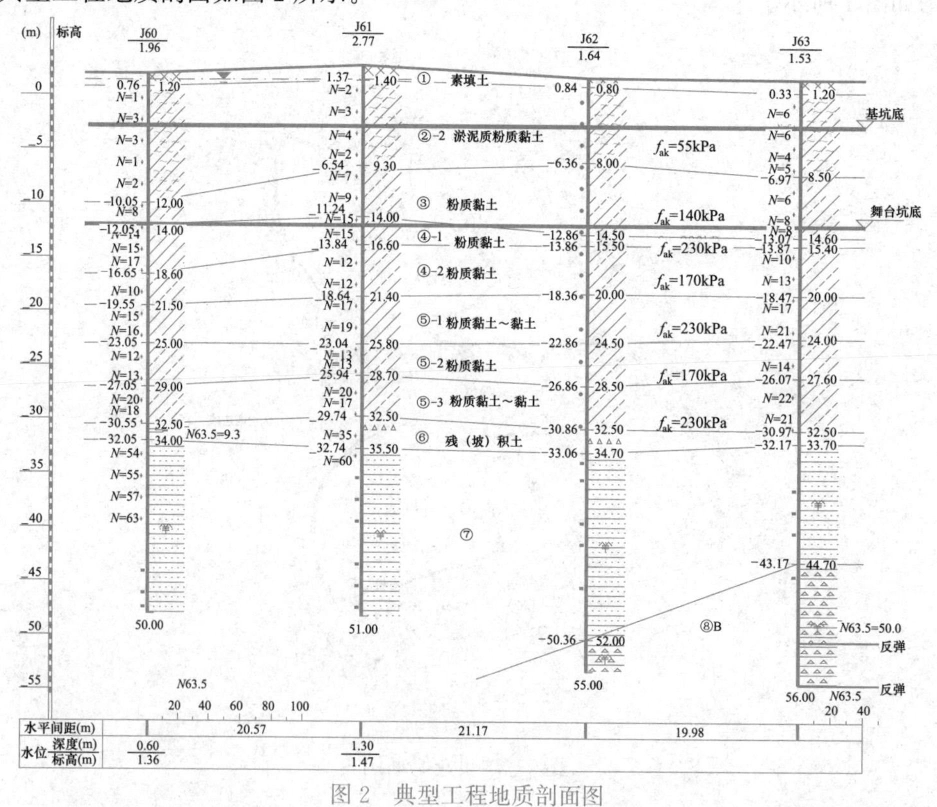

图 2 典型工程地质剖面图

2. 地下水分布概况

本场区场地地下水主要为潜水和微承压水（基岩裂隙水）。

（1）潜水

潜水含水层为①层素填土和②层淤泥质粉质黏土。填土层主要由碎砖石等粗颗粒混粉质黏土填积，结构松散、密实度差、孔隙大，连通性较好，含水性及透水性好，但总体厚度不大，含水量不是很丰富。根据场内各钻孔及场地内所挖水坑的实际量测结果看，场地地下水初见水位埋藏深度在地面下 0.5～2.1m，高程为－0.22～1.46m；场地地下水稳定水位埋藏深度在地面下 0.3～1.8m，高程为 0.03～1.76m。潜水主要补给来源为大气降水的入渗补给及地下管线渗漏补给，以蒸发方式排泄，水位受季节性变化影响明显，年变幅为 1.5m 左右。

（2）微承压水

⑧ A 层中风化砾岩局部较破碎，节理、裂隙发育，其间分布的基岩裂隙水有一定的微承压性，本次勘察，在钻探漏浆严重的⑧A 层中风化砾岩分层测定基岩裂隙水，根据场内钻孔实际量测结果看，承压水初见水位埋藏深度在地面下 6.5m，高程为－4.7m；承压水稳定水位埋藏深度在地面下 4.6m，高程为－2.8m。

3. 岩土工程设计参数

岩土工程设计参数如表 1 和表 2 所示。

场地土层物理力学参数表 **表 1**

编号	地层名称	含水率 w (%)	孔隙比 e_0	液性指数 I_L	重度 γ (kN/m^3)	固结快剪(C_q)	
						c_k(kPa)	φ_k(°)
①	素填土	34.6	0.978	0.84	18.0	15.0	10.0
②-2	淤泥质粉质黏土	43.1	1.23	0.59	17.6	16.1	9.2
③	粉质黏土	29.3	0.838	0.77	19.3	34.8	17.0
④	粉质黏土	27	0.758	0.12	19.2	36.7	17.6
⑤-1	粉质黏土～黏土	27.2	0.772	0.18	19.6	43.9	19.6
⑤-2	粉质黏土	30.2	0.856	0.49	19.1	37.4	16.6
⑤-3	粉质黏土～黏土	27.1	0.766	0.22	19.6	48.4	17.9

场地土层渗透系数统计表 **表 2**

编号	地层名称	垂直渗透系数 k_V(cm/s)	水平渗透系数 k_H(cm/s)	渗透性
①	素填土	3.5E-05	3.07E-05	弱透水
②	淤泥质粉质黏土	3.02E-06	4.31E-06	微透水
③	粉质黏土	2.01E-06	2.52E-06	微透水
④	粉质黏土	6.11E-07	1.23E-06	微透水
⑤-1	粉质黏土～黏土	2.15E-06	3.12.E-06	微透水
⑤-2	粉质黏土	3.7E-08	3.0E-08	极微透水
⑤-3	粉质黏土～黏土	4E-08	3.5E-08	极微透水

三、基坑周边环境情况

场地位于宜兴市文化中心，位于东氿新城启动区的核心位置，东至东氿，南至解放东路，西至东氿大道，北至规划道路。场地内现已浇筑临时道路。

基坑东侧与东氿大堤最近距离10m，最远距离大于140m。基坑南侧与解放东路最小距离约40m。基坑西侧与东氿大道最小距离约60m。基坑北侧与规划道路最小距离约20m。因此本基坑除东侧局部距离东氿大堤在2～3倍基坑开挖深度范围以外，其余周边近处无道路、管线等，场地条件宽松，对变形要求不高。基坑场地如图3～图6所示。

图3 场地东侧南段

图4 场地北侧（邻近有建筑工地临时用房）

图5 东侧北段大堤（高于整平场地约2m）

图6 场地西侧临时用房

四、支护设计方案概述

（一）本基坑的特点及方案选型

1. 本基坑特点分析

根据基坑开挖深度、周边场地环境条件、地质与水文条件分析，本基坑特点及设计关键点如下所示：

（1）基坑安全等级。本基坑开挖面积约70000m^2，除大剧院主舞台开挖深度为9.8m左右外，其余都不超过7m，周边2倍基坑深度范围内无道路、管线分布，根据当时的《建筑地基基础工程施工质量验收规范》GB 50202—2002确定本基坑安全等级为Ⅲ级，大剧院主舞台为Ⅰ级。

（2）开挖深度分析。基坑大部分开挖深度不超过5m，仅局部坑中坑开挖深度稍大，大剧院主舞台坑中坑深度达 9.8m，需要对各坑中坑进行专门围护设计。

(3) 土层条件分析。对基坑开挖范围内的土层分析可知：基坑上部土质条件较差，尤其是分布有深厚的淤泥质粉质黏土，该层土呈南厚北薄的态势，在连廊及图书馆北侧基本上无分布，因此基坑南侧基底及其以下较深距离均位于该层软土中，基坑开挖后边坡较易产生整体失稳破坏。基坑北侧图书馆范围内分布有较厚的粉土层，该层土渗透性较强，基坑开挖后边坡容易在渗透作用下产生流砂破坏。因此围护设计需要重点考虑处理上述淤泥质粉质黏土和粉土层。

(4) 地下水情况分析。基坑开挖影响范围内地下水类型以潜水为主，南侧的淤泥质粉质黏土和北侧的粉土渗透系数都是 10E−5cm/s 级，有一定的透水性，且北侧基坑距离东氿较近，有相互连通的可能，因此补给水量较大，需要对北侧地下水进行专门处理。

(5) 塔式起重机布置位置对基坑支护的影响。土建单位在考虑施工方案时应结合基坑的实际情况，对塔式起重机基础进行专项设计。建议塔式起重机基础设置在基坑底，并采用桩基础。

2. 选型方案考虑

目前，软土分布区深度 5m 左右的深基坑应用最多、经验较成熟的有水泥土重力式挡土墙、大放坡和复合土钉墙，部分对变形控制要求严格的地区也有采用排桩+预应力锚杆或内支撑体系的。

(1) 水泥土重力式挡土墙主要靠墙体自重平衡墙后的土压力，其特点是施工振动小，无侧向挤压，对周围影响小。可最大限度利用原状土，节省材料。由于其强度一般不高，不产生地下障碍物，不会对后续地下空间开挖造成隐患。由于水泥土采用自立式，不需要加支撑，所以开挖较方便。同时，水泥土加固体渗透系数比较小，墙体有良好的隔水性能，一般可用作挡土止水二效合一。

(2) 大放坡适用于场地条件宽松且对变形要求不严格的基坑，在深厚软土区一般采用大放坡与坡脚加固相结合的方式以防止坡脚失稳及深层滑动。

(3) 复合土钉墙用于软土地区，一般是将水泥土搅拌桩与土钉结合，搅拌桩起超前支护及隔水作用，土钉可对墙背土体进行加固。复合土钉墙一般采用 1～2 排搅拌桩，在深厚软土区，深层部位土钉贡献较小，单独水泥土抗剪强度较低，易在坑底一定范围以下被剪断破坏。

(4) 内支撑支护体系由于其造价高，且施工方便性较差，早期在深基坑支护中应用很少，而且多采用钢支撑支护。目前随着基坑开挖深度的不断增加，采用内支撑支护的基坑也逐渐增多，但由于内支撑体系在造价、施工方便性和工期进度等方面的劣势，除非变形控制要求极高，一般不采用。内支撑一般为水平支撑或斜抛撑等形式，可视具体情况采用。

基于上述考虑，最终确定支护方案：

(1) 自然放坡方案：对不影响土建施工作业场地且有足够空间的部位采用该方案，主要用于连廊西侧及东侧局部。

(2) 上部放坡结合下部水泥土重力坝：用于有一定放坡条件的部位，上部 2～2.5m 范围内按 1∶2 放坡，结合坡脚重力坝加固，重力坝底一般进入下部较好土层。

(3) 水泥土重力坝：用于放坡受限的部位，以及靠近东氿湖大堤的部位（挡土、止水结合）。

（4）排桩＋支撑：用于大剧院主舞台坑中坑。

（二）基坑支护结构平面布置

基坑支护结构平面布置如图 7、图 8 所示。

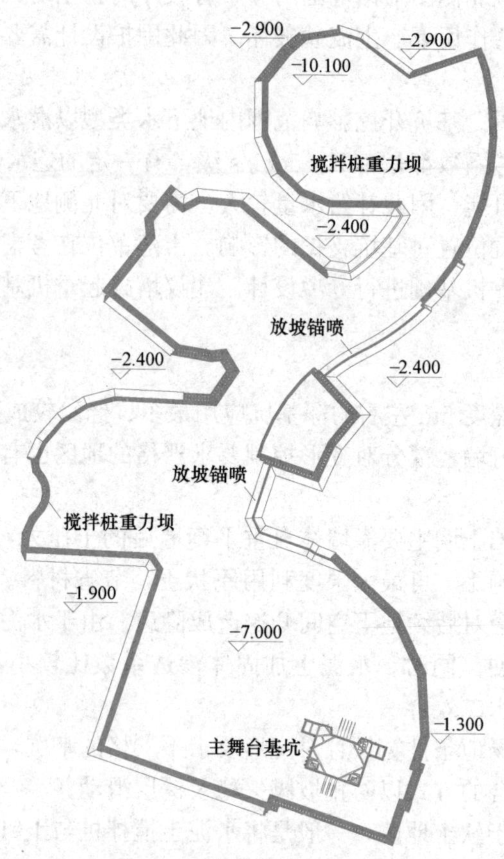

图 7　基坑支护结构平面图

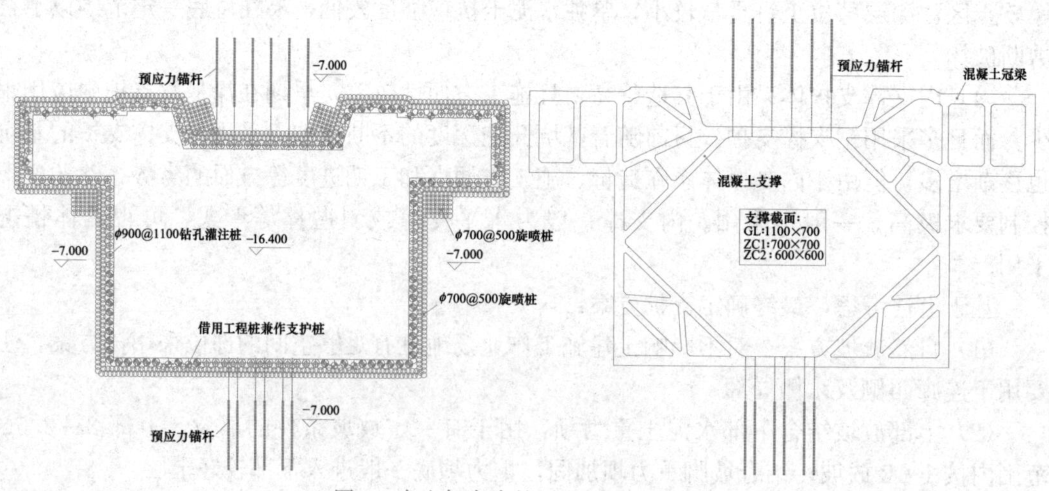

图 8　中央舞台支护平面图（坑中坑）

（三）典型基坑支护结构剖面

本基坑典型剖面如图 9～图 12 所示。

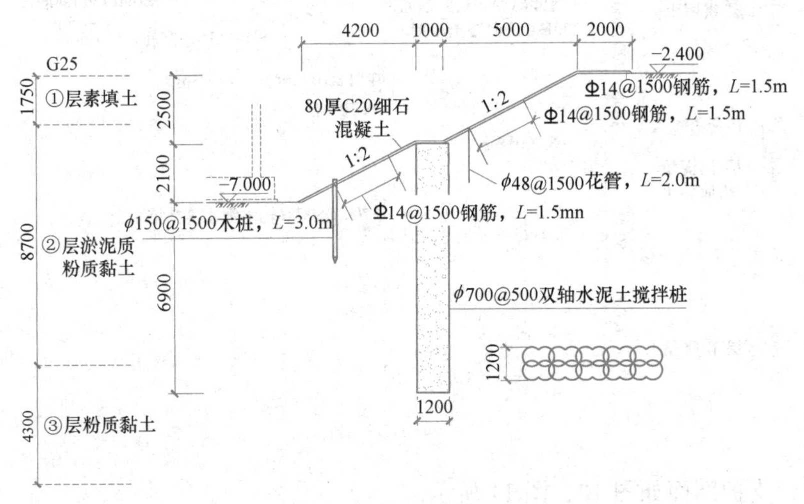

图 9　典型支护剖面 1

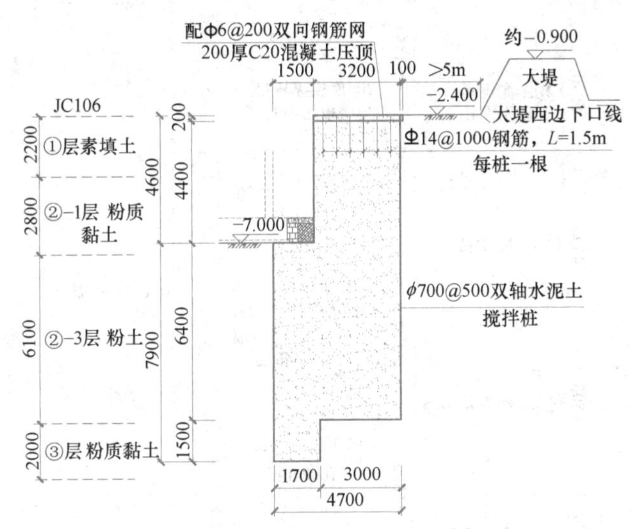

图 10　典型支护剖面 2

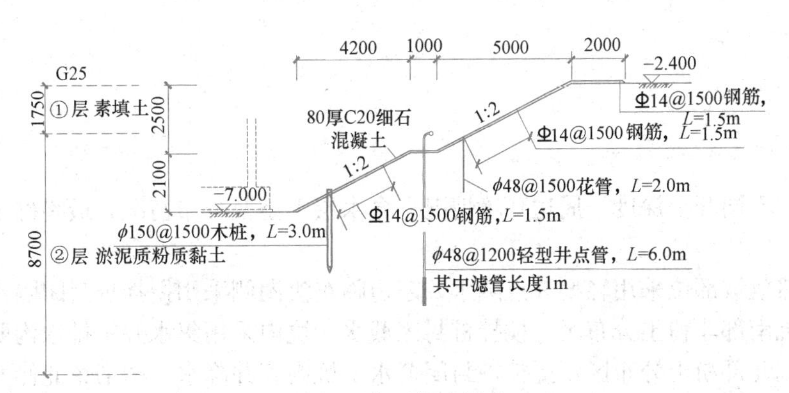

图 11　典型支护剖面 3

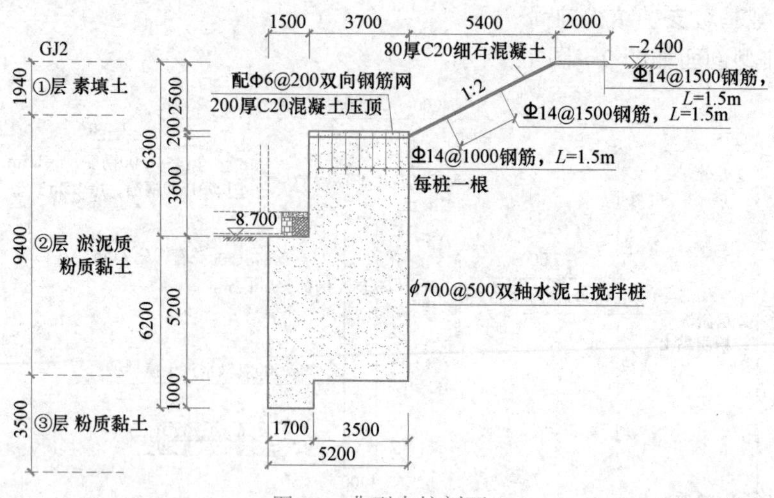

图 12 典型支护剖面 4

中央舞台支护剖面如图 13、图 14 所示。

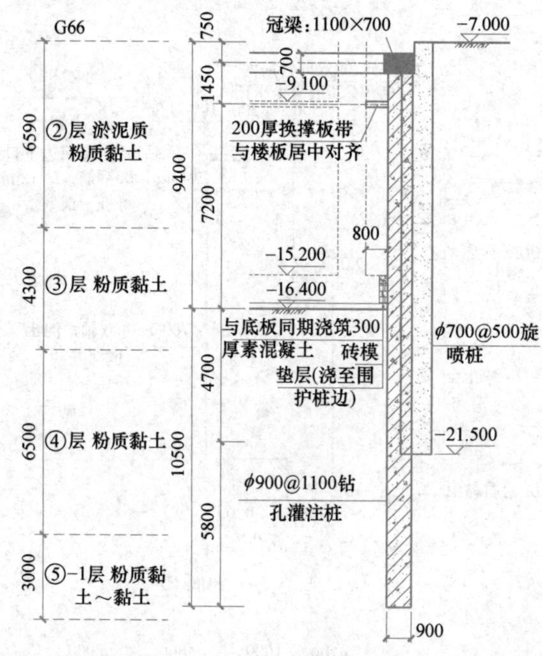

图 13 主舞台桩撑支护剖面

五、地下水处理方案

根据基坑不同开挖深度、周边环境情况、含水层类型及分布情况，最终确定地下水治理方案为：

（1）自然放坡部位采用轻型井点降水，东边临东氿湖侧采用搅拌桩封闭隔水。

（2）基坑南部非粉土分布区：搅拌桩封闭截水、坑内采用集水井＋排水沟明排为主。

（3）基坑北部粉土分布区：搅拌桩封闭截水＋坑内管井降水，图书馆北侧及西侧坑外布置少量管井降水。

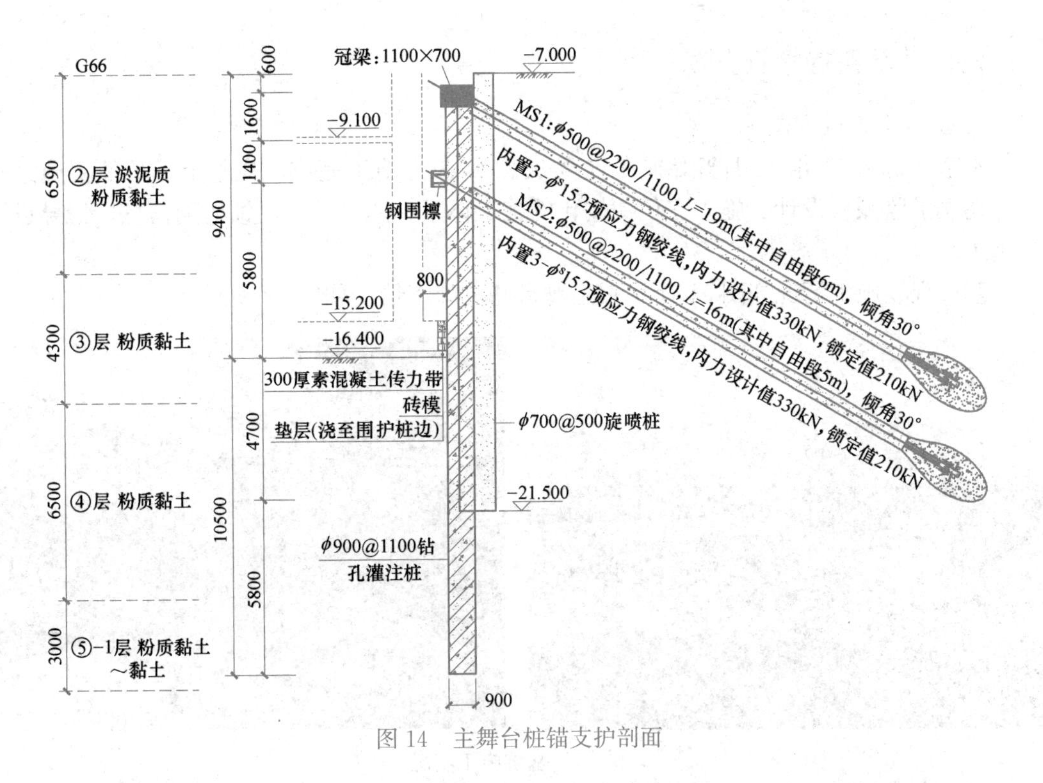

图 14 主舞台桩锚支护剖面

通过验算基坑中心点水位降深，最终确定设计管井数量为 76 口，管井间距约 20m，如图 16 所示。水位降深计算分析结果如图 15 所示。

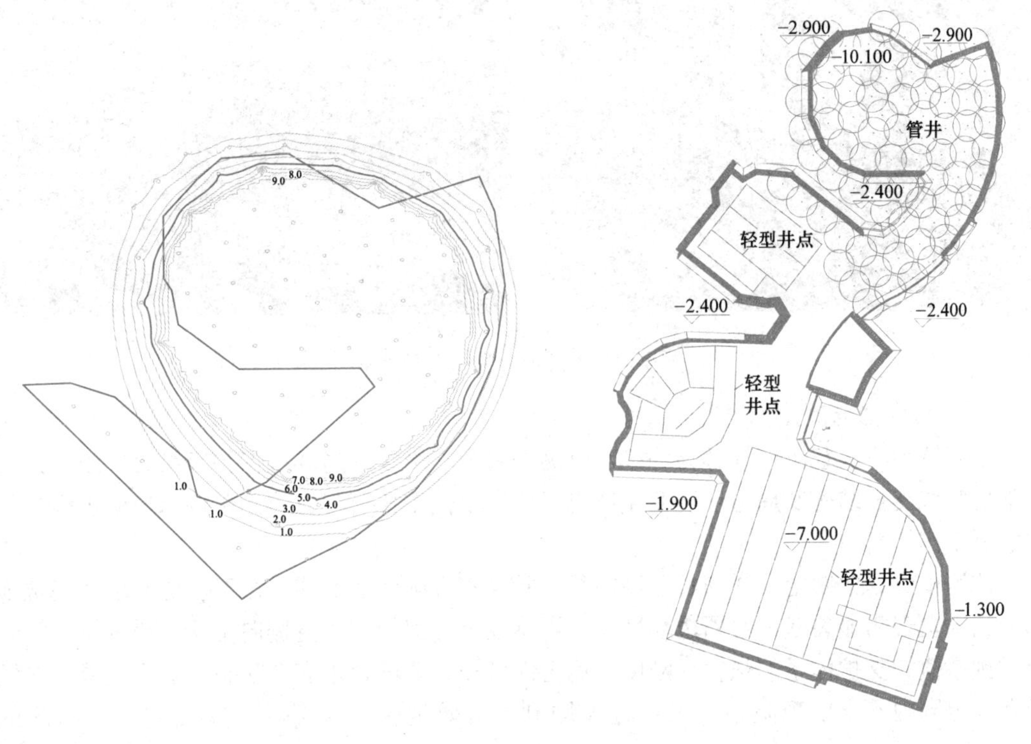

图 15 水位降深等值线图

图 16 降水井平面布置图

六、基坑实施情况分析

1. 基坑施工过程概况

本基坑自 2011 年 11 月开始施工，至 2012 年 5 月施工完成，在整个工程的实施过程中，建立了监测、设计、施工三位一体化的施工体系，通过及时反馈监测信息，指导设计和施工。

基坑现场施工情况如图 17 所示，主舞台基坑施工情况如图 18 所示。

图 17 基坑施工实况

图 18 主舞台基坑施工实况

2. 基坑变形监测情况

本基坑为三级基坑，局部为一级，监测等级为三级，周边环境保护等级为二级，为及时掌握基坑支护结构及周边环境变化情况，建设单位委托第三方监测单位承担该工程的基坑监测工作。

监测单位据此制定了详细的监测方案，并经各方确认后实施。截至基坑回填，基坑顶部地面未发现明显裂缝，对周边环境变形影响较小；围护桩本身侧向位移、锚索拉力均未超过预警值，支护体系的强度、刚度、稳定性可控，基坑处于安全状态。监测结果均在设计允许范围内，未出现险情，工程进展顺利，有效地保护了基坑和周边建筑、道路的安全。

七、本基坑实践总结

实践证明，本基坑根据各部分不同情况采用不同处理方式的做法是成功的，其充分考虑了场地岩土工程条件、周边环境条件、工期和造价要求等各个方面，因而取得了良好的支护效果。

(1) 软土区域较厚，分段详细。本基坑面积大，软土区域较厚，存在大面积的淤泥质土及杂填土，处理上存在一定的难度。本项目结合周边环境、土质条件等分段详细，按照不同的土质情况，采用自然放坡、放坡＋水泥土搅拌桩及搅拌桩的处理方式，既加固了土体又起到了止水帷幕的作用。不同的断面形式，涉及剖面达到16个，充分考虑了经济效益。

(2) 重点区域重点处理。本基坑中央舞台深度9.8m，局部坑中坑达11.3m。采用了桩锚及桩撑的处理方式。充分考虑现场实际情况，利用工程桩作为围护桩及立柱桩，节省了造价和缩短了工期，得到了建设方及设计院的认可。同时为了便于土方开挖，对局部区域采用双层锚索形式，既缩短了工期又方便了施工。

(3) 轻型井点＋管井的降水方式。本项目采用了水泥土搅拌桩支护兼止水帷幕作用，坑内采用了轻型井点＋管井降水方式，充分降低地下水位，保证了施工期间土方的干燥，便于土方开挖。

(4) 充分做到信息化施工。由于复杂的工程地质、场地条件，本基坑在开挖过程中遇到诸多不可预料情况，与监测单位、施工单位、监理单位、土建设计单位和业主协调一致，坚持信息化施工，确保了基坑和建筑物安全。

实例 16 兴澄特钢罩式炉基础基坑工程

一、工程简介

罩式炉位于线材深加工分厂既有车间内，基坑为 12.5m×30.7m 的矩形，总面积约 384m^2，围护总长度约 86m，开挖深度 8.9m，基坑等级为二级，环境保护等级为一级。围护结构设计采用灌注桩+2 道水平钢管支撑，地下水控制采用排水沟+集水井明排。基坑北侧距天然地基车间基础仅 3m。

二、工程地质与水文地质条件

1. 工程地质条件

根据相关的地质资料，地层分布规律及工程性质自上而下分别描述如下：

①层杂填土：杂色，顶部为 25～30cm 厚的混凝土地坪，其下夹砖块、碎石，碎石以棱角形为主，少量亚圆形，分选性一般，粒径一般为 2～10cm，成分主要为石英砂岩，下部为素填土，以黏性土为主，局部夹有灰褐色稍密状粉砂，偶夹少量碎砖、碎石，均匀性差。

②层强风化（石英）砂岩：灰～灰白色～棕红色，矿物成分以石英、长石、云母为主，结晶粒度较粗，岩芯呈碎块状结构，锤击较易击碎。按坚硬程度划分属较软岩。裂隙、节理发育，裂隙面有铁锰质渲染，结构面结合性一般，岩芯采取率约 68%。岩体完整程度为破碎～较破碎。岩体基本质量等级为Ⅳ～Ⅴ级，其工程特性好。

③层中风化（石英）砂岩：灰～灰白色～棕红色，矿物成分以石英、长石、云母为主，颗粒较细，硅质胶结，断面粗糙，无滑感，岩芯呈中柱～短柱状结构，局部呈碎块状，锤击声较清脆，有轻微回弹，较难击碎。按坚硬程度划分属较硬～坚硬岩。风化裂隙较发育，裂隙面有铁锰质渲染，结构面结合性一般，岩芯采取率约 82%。岩体完整程度为较破碎。岩体基本质量等级为Ⅲ～Ⅳ级，其工程特性好，全场分布。

典型工程地质剖面如图 1 所示。

2. 地下水条件

场地在基坑深度影响范围内地下水主要为①层杂填土中的潜水，其稳定水位约 4.50m，近 3～5 年最高水位约 5.00m。

3. 土层物理力学参数

基坑支护设计各土层的参数如表 1 所示。

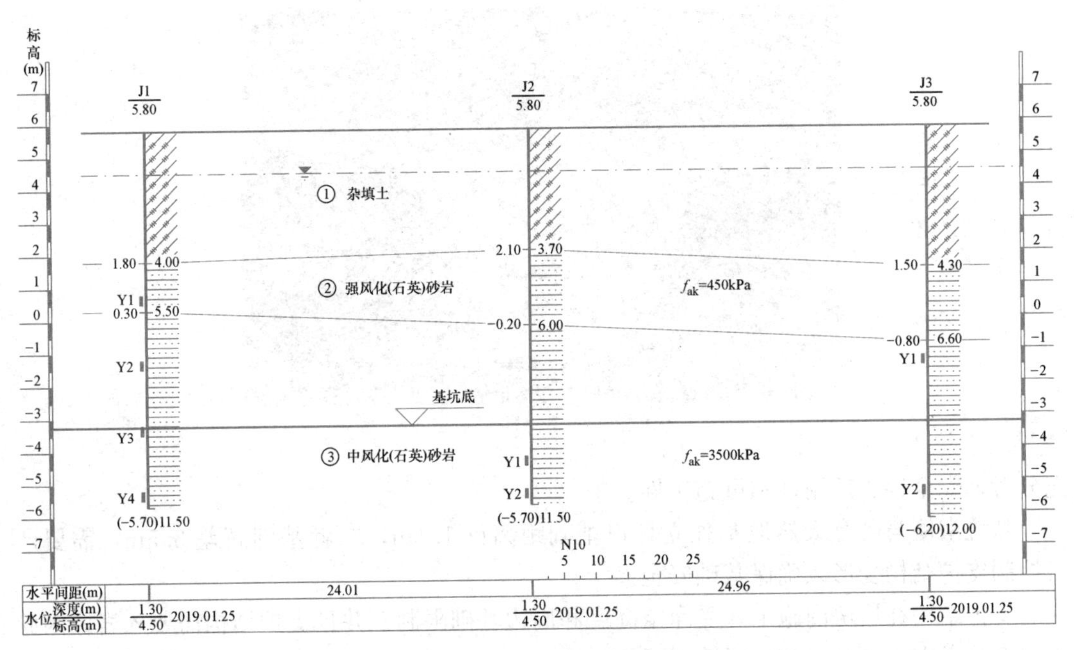

图1 典型工程地质剖面图

场地土层物理力学参数表 **表1**

土层编号	土层名称	重度 (kN/m³)	抗剪强度		地基承载力特征值 f_{ak}(kPa)	饱和单轴抗压强度 R_c(MPa)
			c(kPa)	ϕ(°)		
①	杂填土	18.0*	12.0*	8.0*	—	—
②	强风化(石英)砂	25.2	72.0*	20.0*	450	16.87
③	中风化(石英)砂	26.0	90.0*	27.0*	3500	42.85

注："*"表示经验值；地勘未提供砂岩抗剪强度指标，取值参考《建筑边坡工程技术规范》GB 50330—2013 表 4.3.1 结构面抗剪强度指标。

三、基坑周边环境情况

本基坑位于线材深加工分厂现有车间内，车间内环境如下：

(1) 罩式炉基础南侧侧壁与既有厂房基础距离 1.1m，厂房基础为天然地基杯口基础，基底标高为－4.00m 和－5.50m；

(2) 北侧与既有厂房基础距离约 16m；

(3) 东、西两侧均为车间地坪。

厂区北侧为长江码头，车间与长江码头最小距离约 380m。厂区东、西两侧均为现状山体，南侧为市政道路。周边环境如图 2 所示。

四、支护设计方案

1. 支护方案选型

本基坑位于既有车间厂房内，施工期间需要确保厂房正常使用，为此支护结构选型应

图 2 基坑周边环境卫星图

充分考虑安全性、适用性和可施工性。

基坑南侧与既有天然地基独立杯口基础距离仅 1.1m，二者基础高差 3.5m，需要严格控制支护结构变形以确保基础安全。

支护结构在厂房内施工，受净空高度和周边基础限制，并且支护结构需要入岩，因此需要充分考虑支护结构的适用性和可施工性。

目前常用的竖向挡土结构有地下连续墙、灌注桩、型钢水泥土挡墙和组合钢板桩等，结合场地的可施工性，最终确定采用灌注桩作为竖向挡土结构。水平受力结构常用锚杆和支撑，本基坑面积不大，综合考虑施工便利性和经济性等多种因素，最终确定水平受力结构采用 2 道钢支撑。

2. 重点部位设计

综合该项目水文地质、工程地质以及周边环境的保护要求，本工程具体支护方案如下：支护结构采用灌注桩结合 2 道钢管支撑，其中邻近既有车间基础侧支护桩嵌入坑底以下 1.1m；其余 3 侧灌注桩悬挂于坑底以上，考虑到利用底板施工完成后的换撑作用，设计桩底标高位于基础底板顶面以下 0.5m。

3. 基坑支护平面图

根据最初的罩式炉基础平面布置，支护桩与既有厂房基础理论净距仅 300mm，如图 3 所示。

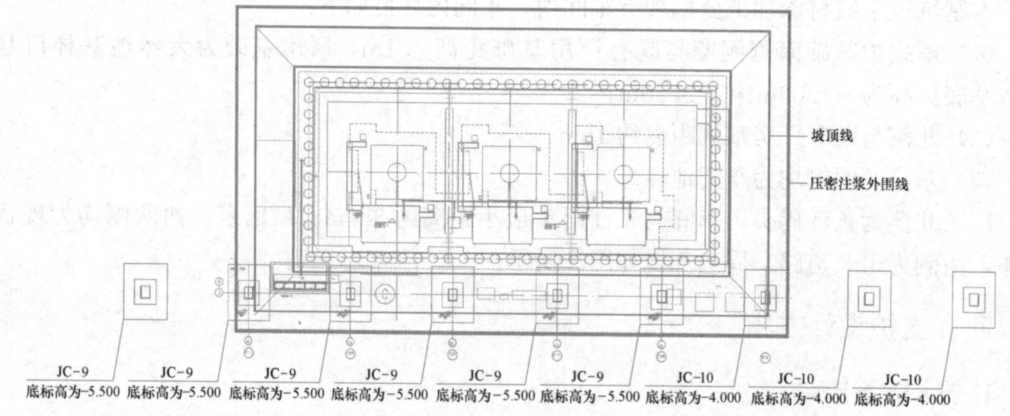

图 3 初始设计基坑围护平面图

在实际实施过程中发现，既有厂房基础垫层外扩和基础本身施工误差，使支护桩无法按原定位施工，后将整个罩式炉基础北移 2000mm，在满足施工要求的同时减小了基坑开挖对既有厂房基础的影响，调整后的支护平面如图 4 所示。

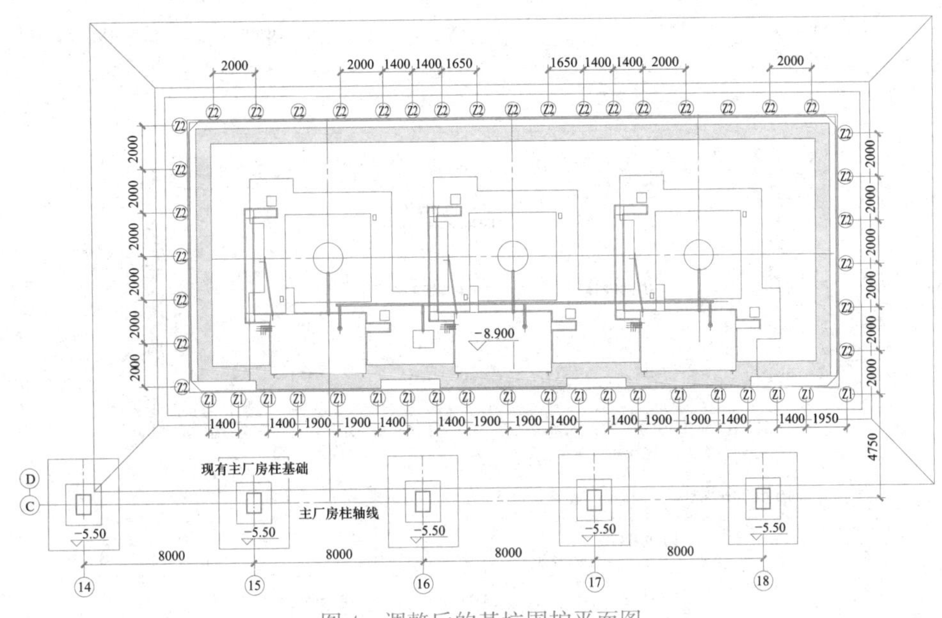

图 4　调整后的基坑围护平面图

4. 支撑平面布置图

第一道支撑设置于支护桩桩顶，围檩采用混凝土冠梁，南北设置 2 根钢管支撑，支撑需要保留至基础施工完毕后拆除，考虑到穿墙部分的防水处理方便可靠，将穿墙段的钢管改为 H 型钢代替，如图 5 所示。

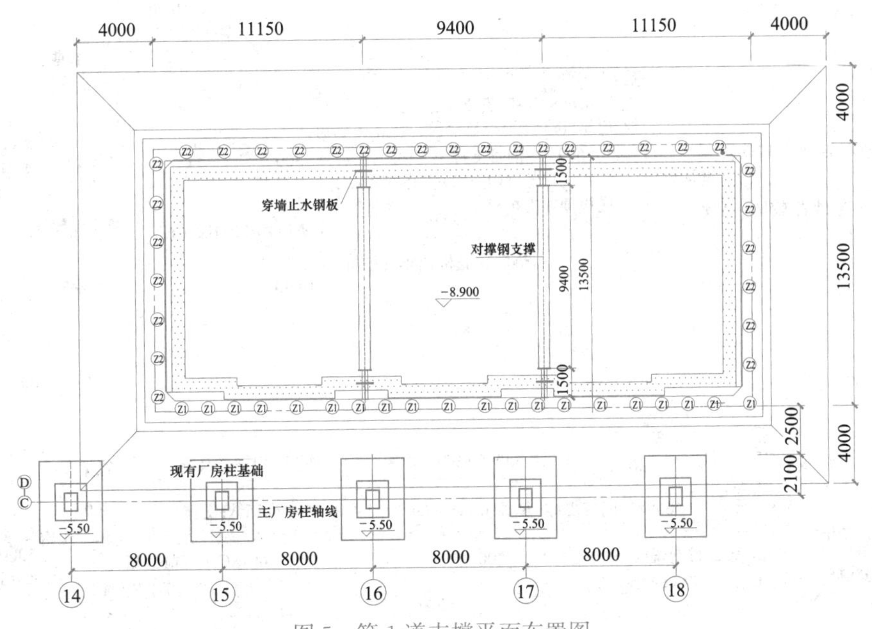

图 5　第 1 道支撑平面布置图

第 2 道支撑设置于第 1 道支撑下 2m，用于悬挂支护桩锁脚，围檩采用双拼 H 型钢，南北设置 2 根钢管支撑，第 2 道支撑在底板施工完成并顶牢悬挂支护桩端后拆除，如图 6 所示。

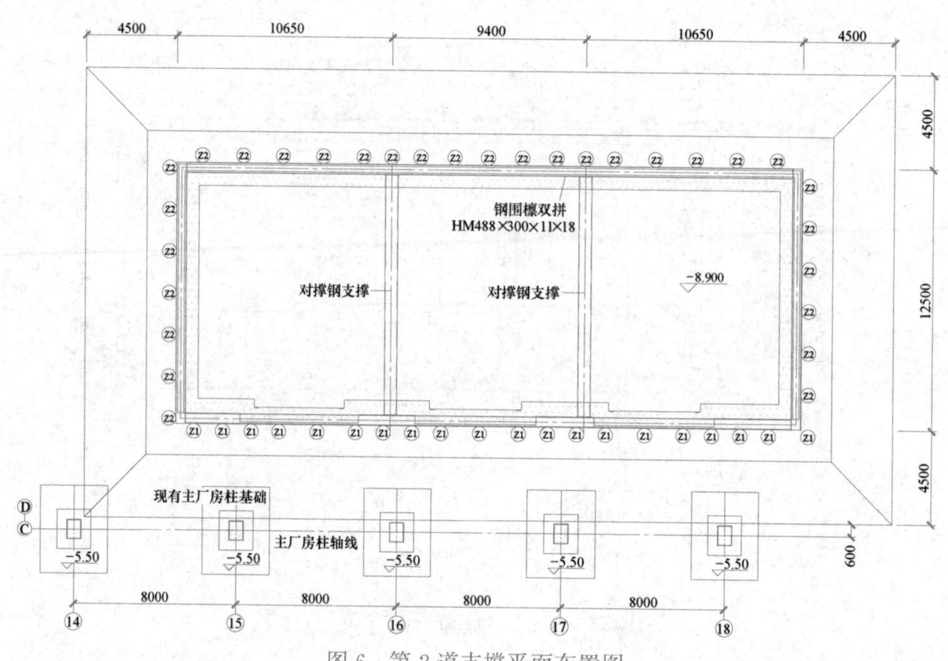

图 6　第 2 道支撑平面布置图

5. 基坑支护典型剖面图

基坑支护典型剖面如图 7、图 8 所示。

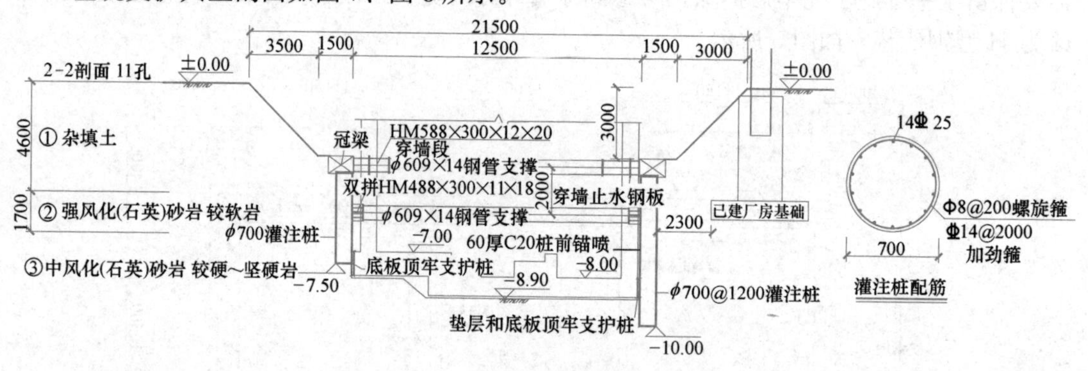

图 7　基坑围护典型剖面一

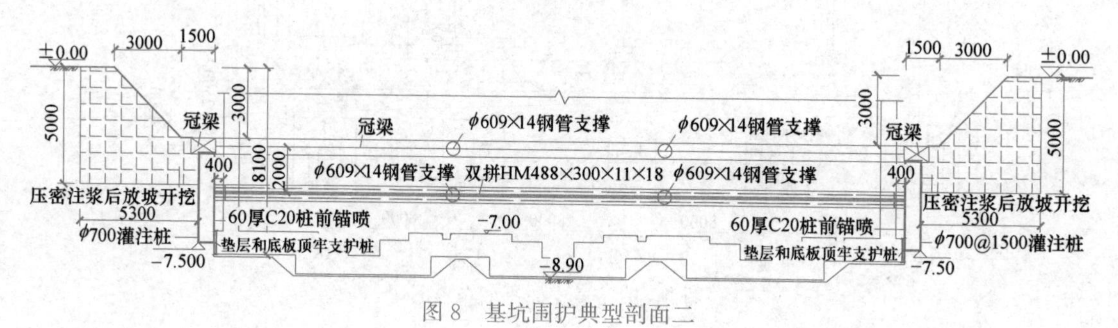

图 8　基坑围护典型剖面二

6. 地下水控制方案

根据地勘报告，本场地浅部地下水主要为杂填土中的潜水，且基坑本身位于车间内，大气降水补给量较小，设计地下水处理方案为沿基坑周边设置排水沟和集水坑明排。

五、计算分析

1. 支护结构计算结果

采用理正深基坑软件进行支护结构单元计算，计算地层参数按表 1 选取，地面荷载为 20kPa 满铺均布荷载，基础附加荷载根据柱高、跨度及吊车荷载等估算取为 200kPa，支护桩水平位移和内力计算结果如图 9 所示。

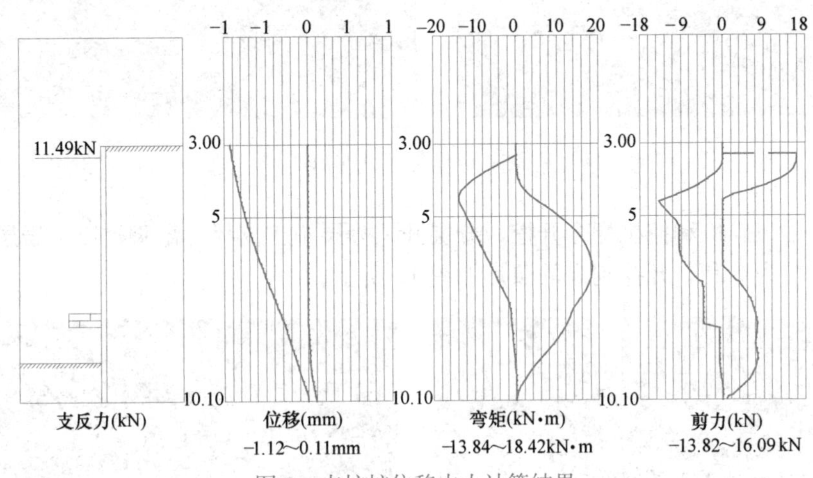

图 9　支护桩位移内力计算结果

2. 周边环境影响分析

采用平面有限元对基坑开挖对周边环境的影响进行了分析预估，从分析结果看，基坑开挖到底后，周边既有厂房基础的水平和竖向位移都在 6mm 以内，如图 10、图 11 所示。

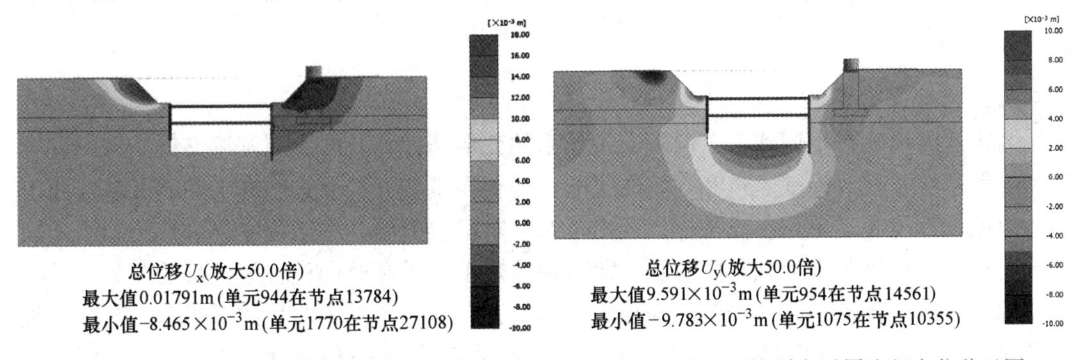

图 10　基坑开挖到底后周边水平位移云图

图 11　基坑开挖到底后周边竖向位移云图

六、基坑实施情况分析

1. 基坑施工情况

本基坑施工的关键点是灌注桩的成桩，由于地处既有车间内，大型旋挖机难以施展，采用小型旋挖机试打后，成桩效率极低且钻头损耗较大，最后改用冲击成孔施工，成孔较为顺利。根据监测结果看，冲击成孔对周边基础影响尚处于可控范围。基坑施工图如图 12 所示。

图 12　基坑施工照片

基坑采用破碎机和挖机配合开挖，分层开挖分层施工支撑，吊脚桩以下岩层稳定，整个开挖过程较为顺利，开挖到底的照片如图 13 所示。

图 13　基坑现场照片

2. 监测结果分析

为了及时反映在不同施工工况下支护体系的变形情况，及时掌握基坑支护结构的安全性，了解基坑开挖对周围建筑和环境的影响，需要在基坑开挖及基础施工期间开展监测工作，以便设计及施工单位在支护体出现险情时及时采取措施。本工程主要进行了周边地表竖向位移、支护桩顶水平和竖向位移、既有建筑基础水平和竖向位移等项目的监测。

地表竖向位移监测结果表明，在靠近坑边位置存在一个较为明显的沉降槽，与数值模拟的周边环境竖向位移趋势基本一致，监测地表最大竖向位移为－5.3mm，如图 14 所示。

支护桩桩顶水平位移监测结果表明，桩顶水平位移基本围绕 0 点波动，总体波动幅度在 6mm 以内，说明基坑开挖引起的桩顶位移较小，位移波动可能是叠加测量误差、监测时点及周边荷载变化等因素引起的，支护桩桩顶水平位移曲线如图 15 所示。

对既有建筑位移监测结果表明，基坑开挖对既有建筑的影响是存在的，但总体影响均较小。对基础水平位移的影响主要在冠梁以上土方开挖阶段，这与数值分析结果基本一致，该阶段变形是基础单侧卸载后土压力作用的结果，基础水平位移监测结果如图 16 所示。

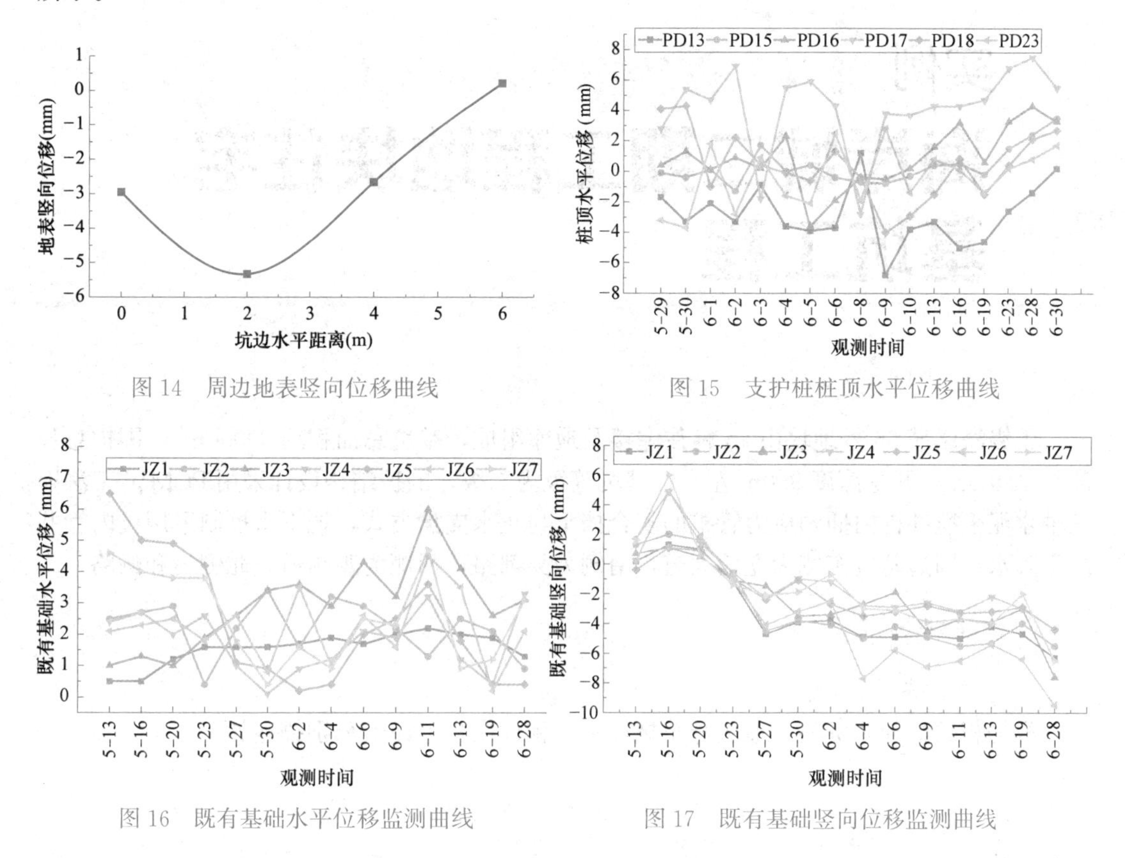

图 14　周边地表竖向位移曲线

图 15　支护桩桩顶水平位移曲线

图 16　既有基础水平位移监测曲线

图 17　既有基础竖向位移监测曲线

既有基础竖向位移存在一个先向上后向下的过程。向上位移出现在冠梁以上土方开挖阶段，说明该阶段开挖时土体存在一定程度的隆起，但随着基坑开挖深度变大，下部岩层的隆起不明显，由于侧向卸荷使基础出现沉降，但总体沉降量均较小。既有基础竖向位移监测结果如图 17 所示。

七、本基坑实践总结

本基坑主要存在以下特点：

（1）场地及周边环境条件特殊。基坑位于既有车间内，施工条件受限，大型设备难以施展，并需要对既有车间有效保护，确保基坑施工期间车间其他部位正常生产。

（2）地层条件特殊。基坑上部为近 5m 的填土，填土以下即为岩层，坑底基本位于中风化砂岩中。

（3）根据场地环境及地层条件等特点，采用了吊脚灌注桩支护，为确保支护桩结构稳定，设置了 2 道支撑。考虑到施工方便性，将吊脚桩桩底设置在基础底板面以下 0.5m，保证第 2 道支撑拆除后支护桩能满足双支点要求。

实施结果表明，本基坑采用吊脚灌注桩结合双支点支护结构是成功的，既满足了基坑开挖要求，也对周边环境进行了有效保护。

实例 17 海岸城二期工程地块住宅基坑工程

一、工程简介

无锡海岸城 66 号地块由 14 幢住宅楼及地库组成，基坑总面积约 80000m^2，围护总长度约 12400m，开挖深度 9.0m 左右，基坑等级为二级，围护结构设计采用 PCMW 工法即三轴水泥土搅拌桩内插预应力管桩的复合挡土与止水支护方式，地下水控制采用坑内管井疏干降水。周边基坑东侧为立信大道，南侧为吴都路，西侧为观顺道，北侧为和畅路。

二、工程地质条件

1. 土层分布

根据相关的地质资料，地层分布规律及工程性质自上而下分别描述如下：

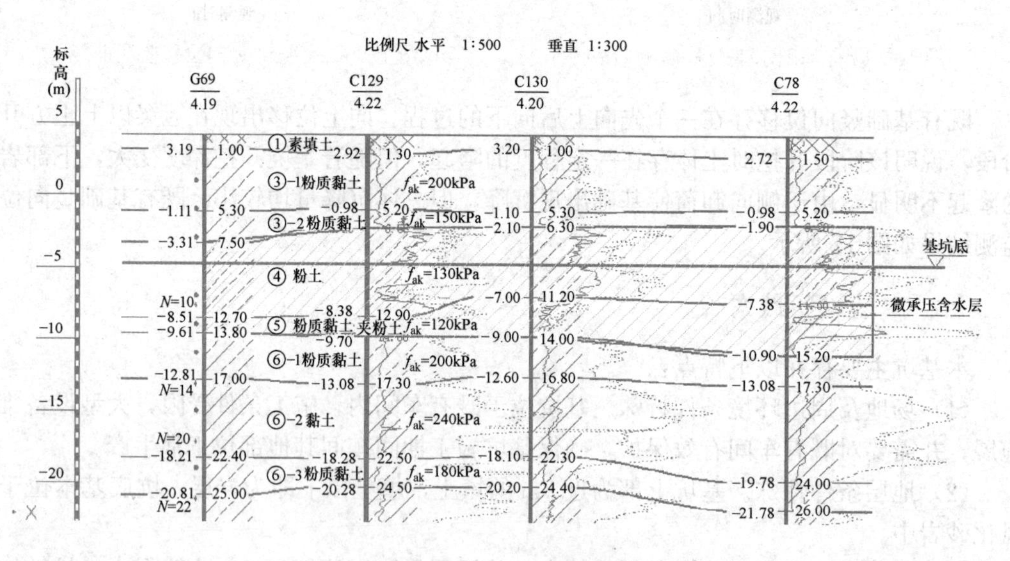

图 1 典型工程地质剖面图

①层素填土：灰黄色，松软，以黏性土为主，局部顶部夹碎砖石。

②层粉质黏土：灰黄色，可塑～软塑状态，含少量云母碎屑。干强度、韧性中等，土面稍光滑稍有光泽，无摇振反应。中等压缩性，中等强度，工程特性一般。

③-1 层粉质黏土：灰黄色，可塑～硬塑状态，含铁锰质结核，干强度高，韧性高，土面光滑有光泽，无摇振反应。中等压缩性，中高强度，工程特性良好。

③-2 层粉质黏土：灰黄色，可塑，含铁锰氧化物，土面较光滑有光泽，韧性、干强度中等，无摇振反应。中等压缩性，中等强度，工程特性中等。

③-3 层粉土夹粉质黏土：灰色，稍密状态，湿，含云母碎屑，夹粉质黏土，切面粗糙、无光泽，韧性、干强度低，摇振反应较迅速。中等压缩性，中低强度，工程特性一般。

④层粉土：灰色，稍密～中密状态，很湿，含云母片，切面粗糙，韧性、干强度低，摇振反应迅速。中低压缩性，中低强度，工程特性一般。

⑤层粉质黏土夹粉土：灰色，软塑～流塑状态，含少量云母及贝壳碎屑，干强度低、韧性低，土面稍光滑有光泽，无摇振反应。中等压缩性，中低强度，工程特性一般。

⑥-1 层粉质黏土：青灰色，可塑状态，质较纯，干强度中高、韧性中高，土面光滑有光泽，无摇振反应。中等压缩性，中等强度，工程特性中等。

⑥-2 层黏土：灰黄色，可塑，偏硬塑状态，含铁锰质结核，干强度高、韧性高，土面光滑有光泽，无摇振反应。中等压缩性，中高强度，工程特性良好。

⑥-3 层粉质黏土：灰黄色，可塑状态，含铁锰质氧化物，干强度较中等，韧性较中等，土面较光滑有光泽，无摇振反应。中等压缩性，中等强度，工程特性中等。

2. 含水层分布

场地地下水按埋藏条件分为上层滞水、微承压水、Ⅰ承压水，上层滞水赋存于上部①层素填土中，富水性较差，以大气降水补给为主，以地面蒸发为主要排泄方式，水位升降随季节变化明显，年变幅在 1m 左右，勘察期间未见初见水位，稳定水位标高为 2.73～3.50m，近 3～5 年场地最高水位为 3.60m；微承压水赋存于③-3 层粉土夹粉质黏土、④层粉土、⑤层粉质黏土夹粉土层中，富水性一般，勘察期间测得稳定水位标高为 1.80～2.20m，近 3～5 年场地最高水位为 2.30m；Ⅰ承压水主要赋存于⑦-2 层粉土夹粉质黏土、⑨-2 层粉土中，该层富水性一般，据区域资料承压水位标高在－7.00～－6.00m。

3. 场地土层物理力学参数表

基坑支护设计各土层的参数如表 1 所示。

场地土层物理力学参数表 **表 1**

土层编号	土层名称	重度 (kN/m^3)	抗剪强度		孔隙比 e	含水量 w (%)	渗透系数建议值 K (cm/s)
			c (kPa)	ϕ (°)			
①	素填土	19.0*	12.0*	8.0*	—	—	5.0E-5*
②	粉质黏土	19.2	24.1	12.9	0.72	25.5	3.0E-6*
③-1	粉质黏土	19.7	50.2	14.7	0.814	29.3	5.0E-6
③-2	粉质黏土	19.3	37.4	13.9	0.949	34.4	3.2E-6
③-3	粉土夹粉质黏土	18.9	13.6	19.1	0.935	33.8	1.0E-4
④	粉土	18.9	6.9	25.9	0.729	25.7	5.0E-4

续表

土层编号	土层名称	重度（kN/m³）	抗剪强度		孔隙比 e	含水量 w（%）	渗透系数建议值 K（cm/s）
			c（kPa）	φ（°）			
⑤	粉质黏土夹粉土	18.5	15.8	15.1	0.692	24.7	5.0E-5
⑥-1	粉质黏土	19.8	43.6	14.6	0.865	31.5	5.2E-6

注："*"为经验值。

三、基坑周边环境情况

本工程场地环境及建筑情况如下：

（1）本工程东侧为立信大道，基坑东侧边线与规划河道的最小距离为 6.5m 左右。

（2）本工程南侧为吴都路，基坑南侧边线与震泽路的最小距离在 5.0m 左右。

（3）本工程西侧为观顺道，基坑西侧边线与观顺道的最小距离为 14.0m 左右。

（4）本工程北侧为和畅路，基坑北侧边线与和畅路的最小距离为 12.5m 左右。

基坑总平面图如图 2 所示。

图 2 基坑总平面示意图

四、基坑围护平面图

基坑围护平面图如图 3 所示。

五、基坑围护典型剖面图

综合该项目水文地质、工程地质以及周边环境的保护要求，本工程具体支护方案如下：支护结构采用 PCMW 工法（三轴水泥土搅拌桩内隔一孔插一根预制支护管桩）结合 2 道旋喷锚桩；三轴水泥土搅拌桩采用 ϕ850@1200 的形式。基坑顶部设置排水沟，兼作截水使用，坑内采用混凝土管井疏干降水。具体支护形式如图 4、图 5 所示。

工程现场照片如图 6 所示。

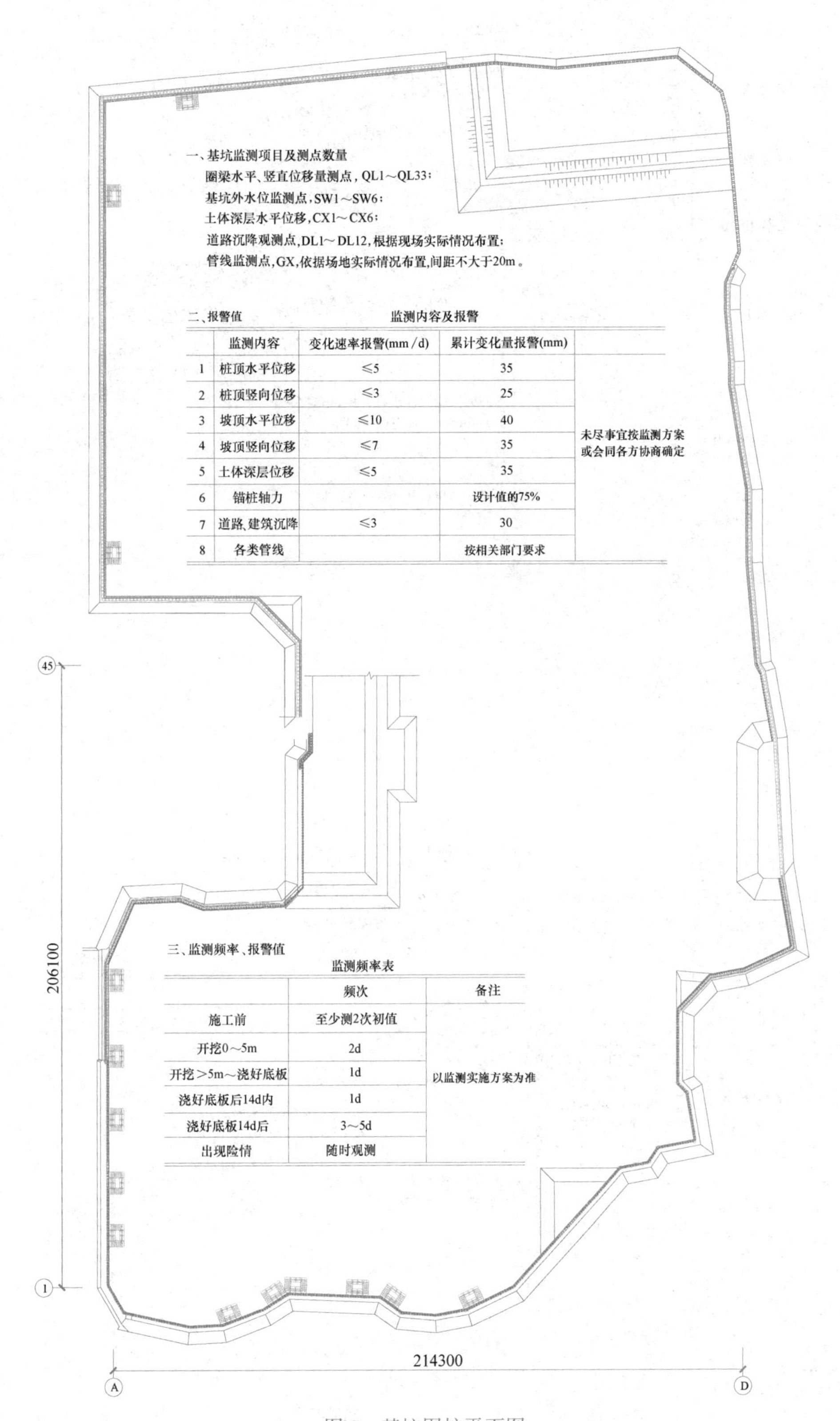

	监测内容	变化速率报警(mm/d)	累计变化量报警(mm)	
1	桩顶水平位移	≤5	35	未尽事宜按监测方案或会同各方协商确定
2	桩顶竖向位移	≤3	25	
3	坡顶水平位移	≤10	40	
4	坡顶竖向位移	≤7	35	
5	土体深层位移	≤5	35	
6	锚桩轴力		设计值的75%	
7	道路、建筑沉降	≤3	30	
8	各类管线		按相关部门要求	

	频次	备注
施工前	至少测2次初值	以监测实施方案为准
开挖0～5m	2d	
开挖＞5m～浇好底板	1d	
浇好底板后14d内	1d	
浇好底板14d后	3～5d	
出现险情	随时观测	

图3　基坑围护平面图

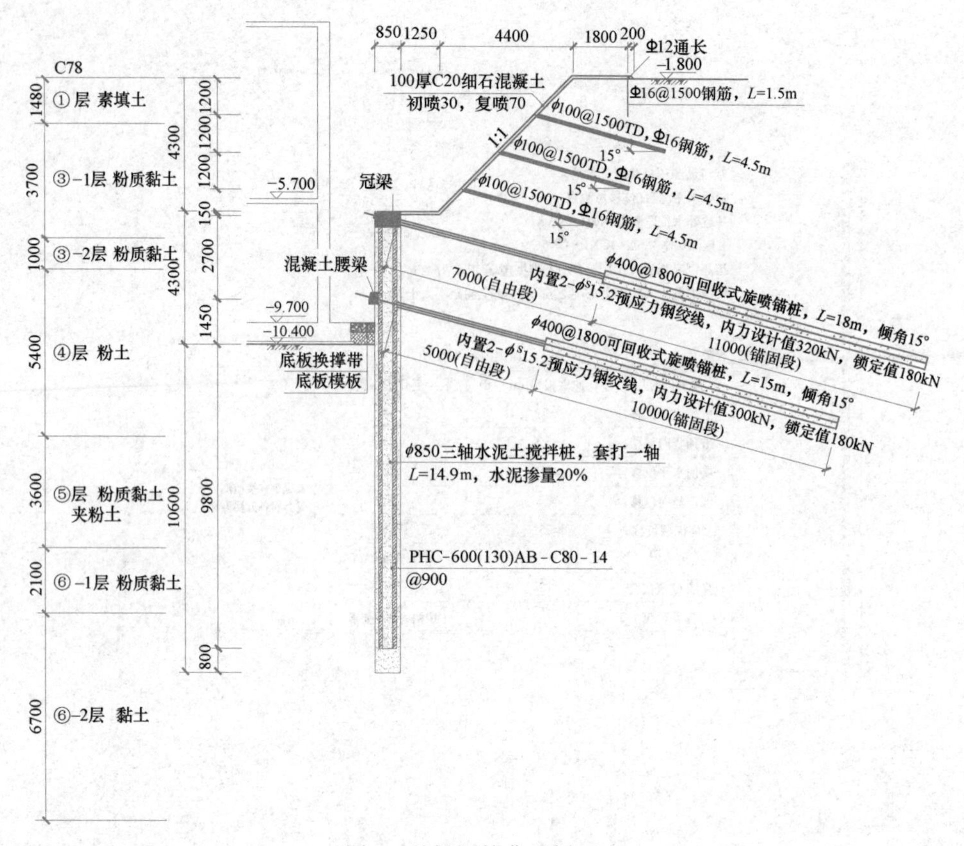

图4 基坑围护典型剖面一

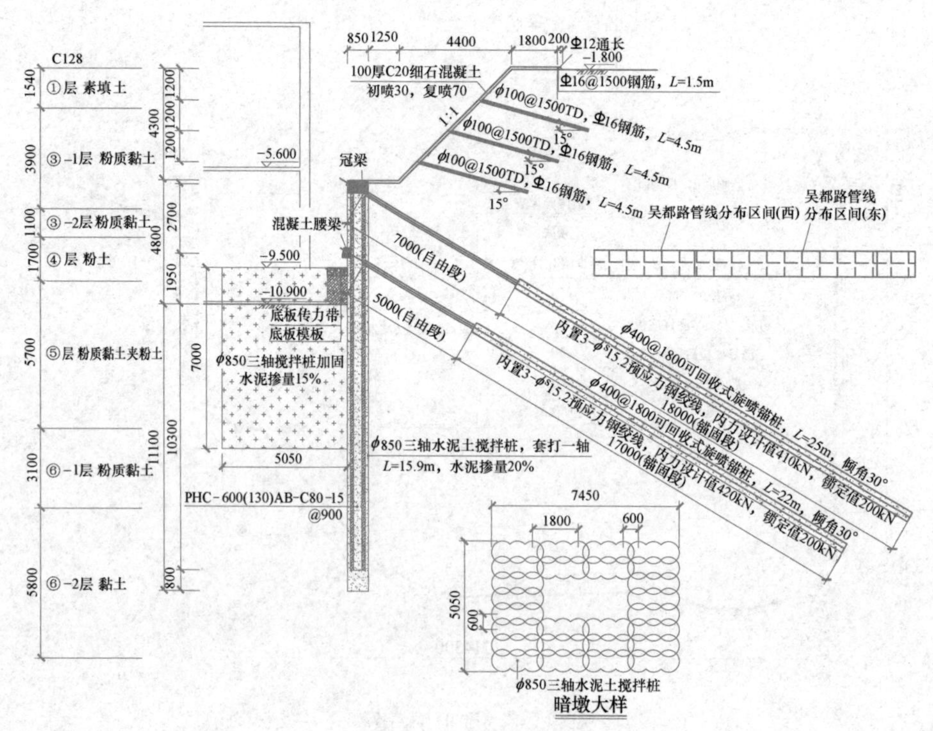

图5 基坑围护典型剖面二

图 6 基坑现场照片

六、设计方案比选与造价分析

考虑到本基坑四边均紧靠已建道路，且道路中有多种地下管线，所以控制其变形较为重要，经过对四周管线的详细调查分析，以旋喷桩锚索施工不会对周边管线产生影响为前提，最后确定采用桩锚支护的设计形式，桩锚支护有两种方式，一种是采用 ϕ700 钻孔灌注桩加三轴止水桩，再加 2 道旋喷桩锚索，另一种是采用三轴搅拌桩内插一根 ϕ600PHC 管桩的 PCMW 工法，再加 2 道旋喷桩锚索，两种桩锚支护形式经过技术性、可靠性、经济性、施工工期等多指标比较，最后决定采用 PCMW 工法，两种桩锚支护内力值的计算如图 7、图 8 所示，两种桩锚支护位移、内力比较如表 2 所示，造价工期比较如表 3 所示。

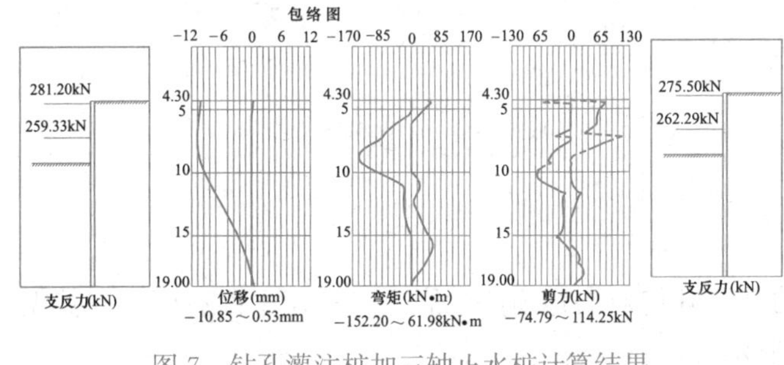

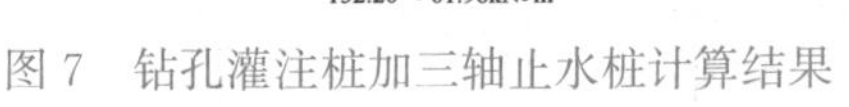

图 7 钻孔灌注桩加三轴止水桩计算结果

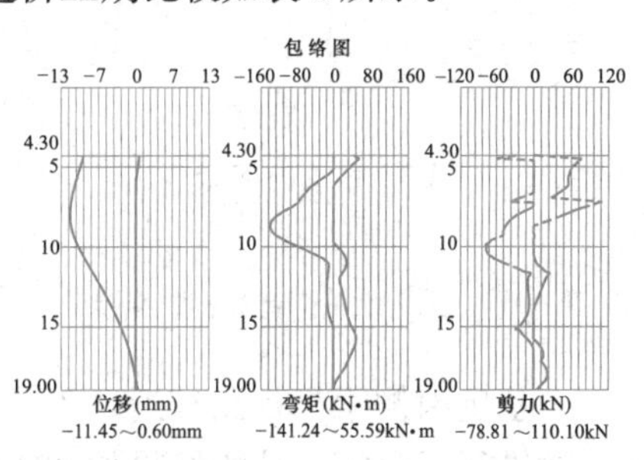

图 8 PCMW 工法计算结果

支护结构变形及内力比较表 **表 2**

支护形式 比较项	桩身最大水平位移 (mm)	桩身最大弯矩 (kN·m)	桩身最大剪力 (kN)	第 1 层支点力 (kN)	第 2 层支点力 (kN)
灌注桩	10.85	152.2	114.25	281.2	259.3
管桩	11.45	141.24	110.1	275.5	262.3

七、地下水处理

根据地质含水层的分布，本基坑工程含水层主要是④层粉土与⑤层粉质黏土夹粉土两层，此两层含水层的位置位于坑底标高及以下，考虑到本基坑的总面积约 8 万 m^2，故布置了223口降水管井，平均每口井降水涉及面积350m²，基坑较深坑中坑部位根据含水层的渗透性适当增加了轻型井点作临时的再降水措施，如图9、图10所示。

造价工期等比较表 **表3**

比较项 支护形式	支护桩价格	对环境的影响	造价比	工期比较	质量控制	施工场地要求	节能性
钻孔灌注桩加三轴止水桩	8932元	有排污	1	60d	较易控制	较高	低
PCMW工法	5390元	无排污	0.85	40d	好控制	高	高

注：价格比较是沿周长取1m作为比较单位。

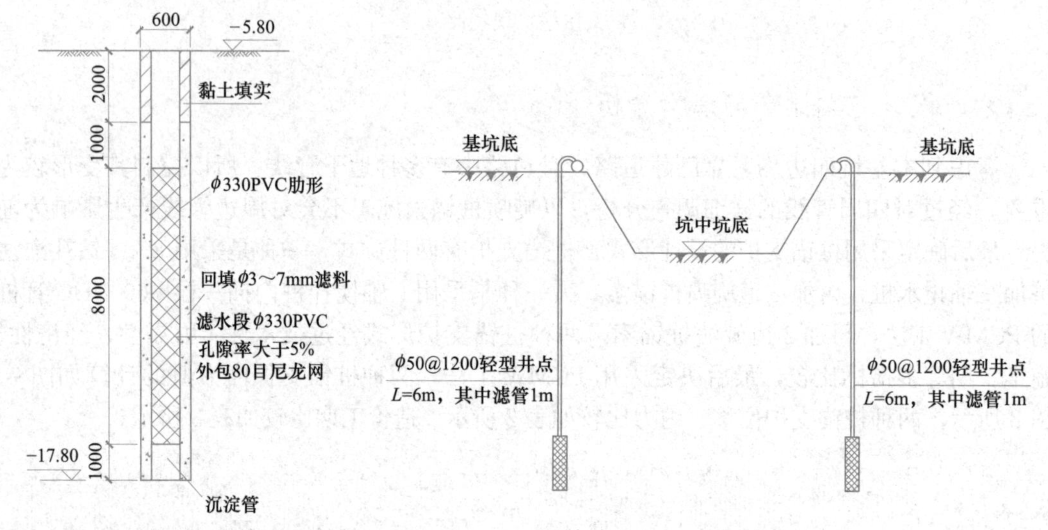

图9 管井降水剖面示意图

图10 轻型井点降水剖面示意图

八、周边环境影响分析

基坑南侧距吴都路较近，为评估基坑开挖对周边道路的影响，采用平面有限元对典型剖面进行了分析，分析结果如图11所示。

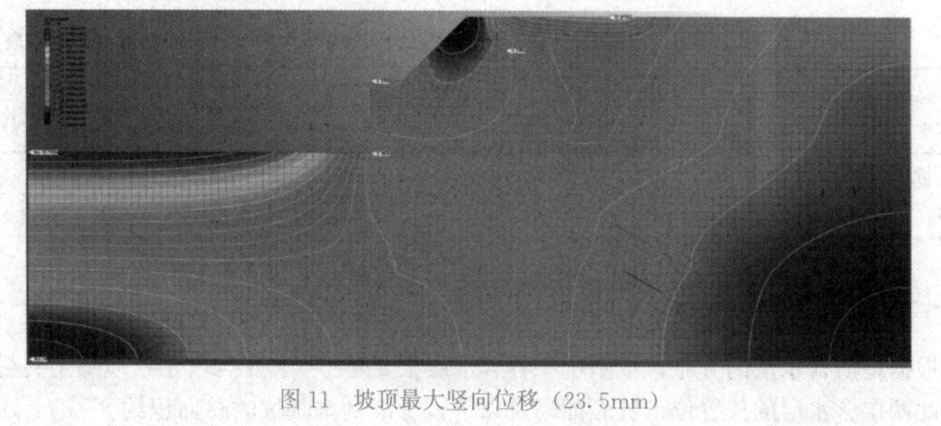

图11 坡顶最大竖向位移（23.5mm）

九、基坑变形情况

本基坑工程从 2016 年 1 月开始施工支护管桩，至 2016 年 8 月基坑施工至坑底。

2016 年 5 月开始对该基坑及其周边环境作变形监测，并于 2017 年 6 月完成所有监测工作，工期 13 个月。

（1）坑顶水平位移、坑顶竖向位移监测

在基坑坑顶共设水平位移测点 33 个，编号为 QL1～QL33。同时作为坑顶竖向位移观测点，点的埋设为在坑顶打入十字钢钉。

（2）坑外深层土体水平位移监测

通过对埋设在围护桩外侧土体内的测斜孔进行监测，主要了解随基坑开挖深度的增加，坑外土体不同深度水平位移变化情况。布置 6 个侧向位移监测孔，编号为 CX1～CX6，测斜孔高度与地面高度相当，孔深 15m。

（3）基坑外水位监测

根据基坑支护设计方案和周边建筑物环境，在基坑外侧 2m 范围内布设 6 个水位观测孔，编号为 SW1～SW6。

（4）周边道路沉降监测

考虑基坑开挖对周边环境的影响，在周边道路上布置地表沉降点 12 个，编号为 DL1～DL12。

监测结果表明：①水平位移观测点为 QL1～QL33，累计水平位移范围为 0～19.83mm，水平位移变化速率绝对值小于 3mm/d，如图 12 所示；②竖向位移观测点 QL1～QL33，累计竖向沉降范围为 0～5.28mm，竖向沉降变化速率绝对值小于 2mm/d，如图 13 所示；③基坑外水位监测点 SW1～SW6，累计水位变化范围为 0.26～0.59m，水位变化速率绝对值远小于 500mm/d；④周边道路监测点 DL1～DL12，累计沉降范围为 0～0.76mm，竖向沉降变化速率绝对值小于 5mm/d；⑤整个监测期间，各项监测指标均未达到报警值。

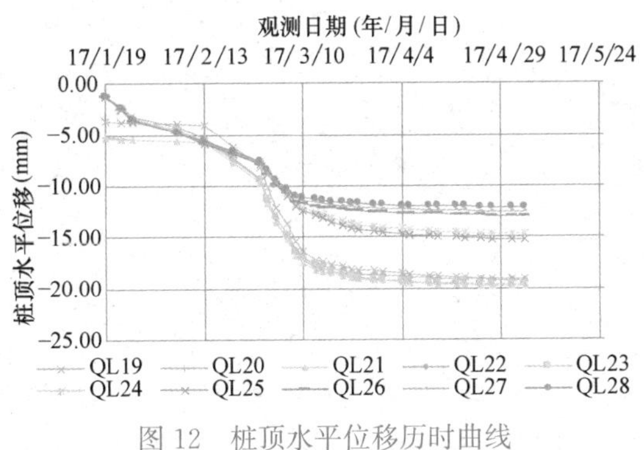

图 12　桩顶水平位移历时曲线

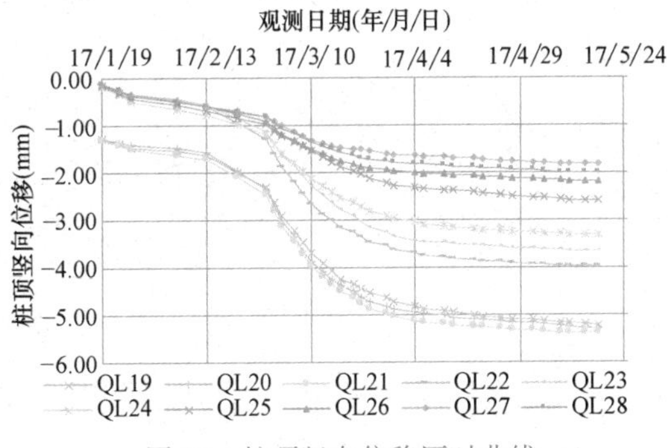

图 13　桩顶竖向位移历时曲线

本工程基坑开挖较深，整个开挖过程中基坑围护结构变化较为平稳，监测项目变化量在监测期间均在允许范围之内，至基坑回填完毕，基坑开挖并未使周边环境发生过大的位移和沉降。总体来讲，基坑变形在基坑开挖期间是正常稳定的，本基坑的支护设计和施工是安全合理的。

十、本基坑实践总结

(1) 基坑支护的两个核心问题是承受侧向水压力和土压力，以及防止地下水的渗透，保证地下主体结构安全顺利施工。深基坑支护体系一般由围护体结构、支撑系统、止水或降水体系这3大系统组成。随着科学技术的进步和施工技术、机械的更新与发展，基坑支护的类型越来越多，如何在现有的施工条件下选择一个既经济又安全的支护体系是基坑工程中的关键点。

(2) PCMW工法即"三轴水泥土搅拌桩内插预应力管桩的复合挡土与止水支护方式"，作为一种新型深基坑支护方法，因其安全、经济、环保、快速与节能的优点，逐渐被广泛用于建筑工程中。PCMW工法工作原理为，通过多轴深层搅拌机钻头将土体切散至设计深度，同时自钻头前端将水泥浆注入土体并与土体反复搅拌混合，为使水泥土拌合更加均匀液化，同时在钻头处加以高压气流扫射土层。在制成的水泥土尚未硬化前插入预应力管桩，形成连排桩式地下桩墙，充分发挥了水泥土搅拌桩的止水优点及管桩挡土的作用，最终构成深基坑侧向支护体新结构。

(3) 采用PCMW工法施工，具有安全可靠、施工速度快、周期短、环保文明、保证质量、造价经济、节约资源、堵漏方便等施工特点，在无锡市海岸城66号地块住宅基坑工程中取得了明显的效果，并积累了施工经验。

(4) 通过现场巡视以及监测数据看，本工程采用三轴搅拌桩内插支护管桩结合2道旋喷锚桩的支护方式是可行的。实践证明本工程的围护结构设计是合理而且有效的。

实例 18 数控快锻机及其自动化生产线设备基础深基坑工程

一、工程简介

无锡透平叶片有限公司位于无锡市惠山区惠山大道与北环路交叉处的东南角，数控快锻机及其自动化生产线和相关变电所系统工程拟设置在已建成的锻压联合厂房内，厂房为2010年建成后投入使用至今，工程的设备基础位于厂房的一角，为地下一层钢筋混凝土结构。

本工程±0.00为4.00m，场地地面即为车间室内地面，基础长31.3m，宽度为12.4～15.7m，开挖深度为6.9～7.9m。

二、工程地质与水文地质概况

1. 工程地质简介

本工程场地在勘探深度内全为第四纪冲积层，属长江中下游冲积沉积，地貌单元为冲湖积平原。典型工程地质剖面如图1所示。

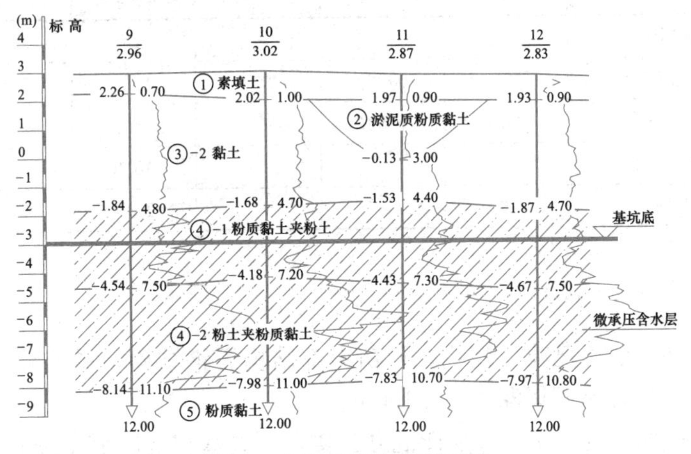

图1 典型工程地质剖面图

在本工程深基坑影响范围内，土层的特征和工程特性自上而下描述如下：

①层素填土：上部为耕植土，含少量植物根茎，下部为黏性素填土，松散状，均匀性差。

②层淤泥质粉质黏土：灰色，含少量有机质，具臭味，软塑～流塑状。有光泽，无摇振反应，干强度中等，韧性中等。该土层局部分布。

③-2层黏土：局部为粉质黏土，灰绿～黄灰色，可塑～硬塑状，夹铁锰质结核及蓝灰色高岭土条纹，有光泽，无摇振反应，干强度高，韧性高。

④-1层粉质黏土夹粉土：上部灰黄色，下部青灰色，粉质黏土软塑～可塑状，粉土稍密～中密状，稍有光泽，摇振反应中等，干强度中等，韧性中等。

④-2层粉土夹粉质黏土：局部为粉土，土黄色，局部夹少量粉砂，底部夹少量软塑状粉质黏土，稍有光泽，摇振反应中等，干强度中等，韧性中等。

⑤层粉质黏土：局部为黏土，灰绿～灰黄色，可塑～硬塑状，有光泽，无摇振反应，干强度高，韧性高。

⑥层粉质黏土：局部为黏土，灰黄色，软塑～可塑状，有光泽，无摇振反应，干强度中等，韧性中等。

2. 地下水分布概况

场地勘探深度20m范围内主要含水层有：

（1）上部①层素填土，属上层滞水，主要接受大气降水及地表渗漏补给，其水位随季节、气候变化而上下浮动，年变化幅度在1.5m左右。稳定水位为1.60～1.80m，初见水位为1.80～1.90m。

（2）中上部④-1层粉质黏土夹粉土及④-2层粉土夹粉质黏土，属微承压水，补给来源主要为径向补给及上部少量越流补给，该微承压水的水位为1.00m。

3. 岩土工程设计参数

根据岩土工程勘察报告，本项目主要地层岩土工程设计参数如表1所示。

岩土工程设计土层参数表　　表1

编号	土层名称	含水率 w(%)	孔隙比 e_0	液性指数 I_L	重度 γ(kN/m^3)	固结快剪(C_q)	
						c_k(kPa)	φ_k(°)
①	素填土				18	10	10
③-2	黏土	24.9	0.729	0.26	19.4	58.4	14.4
④-1	粉质黏土夹粉土	29.2	0.831	0.62	18.7	30.3	15.8
④-2	粉土夹粉质黏土				18.5	23.2	10
⑤	粉质黏土				19.4	52.2	11.3

三、基坑周边环境情况

本工程设备基础位于已建厂房内，厂房上部结构为钢结构，基础采用天然地基，以③-2层黏土为持力层，基础埋深为－2.100m。

（1）设备基础西侧为厂房内3层砖混办公楼，距离基础最近距离为1.265m；

（2）设备基础北侧为厂房钢柱，设备基础北侧距离钢柱最近距离为3.165m，距离钢柱基础最近距离为1.415m；

（3）设备基础南侧为厂房钢柱，设备基础南侧距离钢柱最近距离为4.085m，距离钢柱基础最近距离为1.280m；

（4）设备基础东侧 30m 范围内无障碍物，可以作为施工阶段的作业面。

本工程在既有厂房内部，周边可作业的距离很小且环境复杂（图 2），必须在基坑开挖深度影响范围内对既有厂房的主体结构进行有效保护，支护结构应按变形控制为主，并与强度控制相结合的思路确保既有厂房的使用安全。厂房现状如图 3 所示。

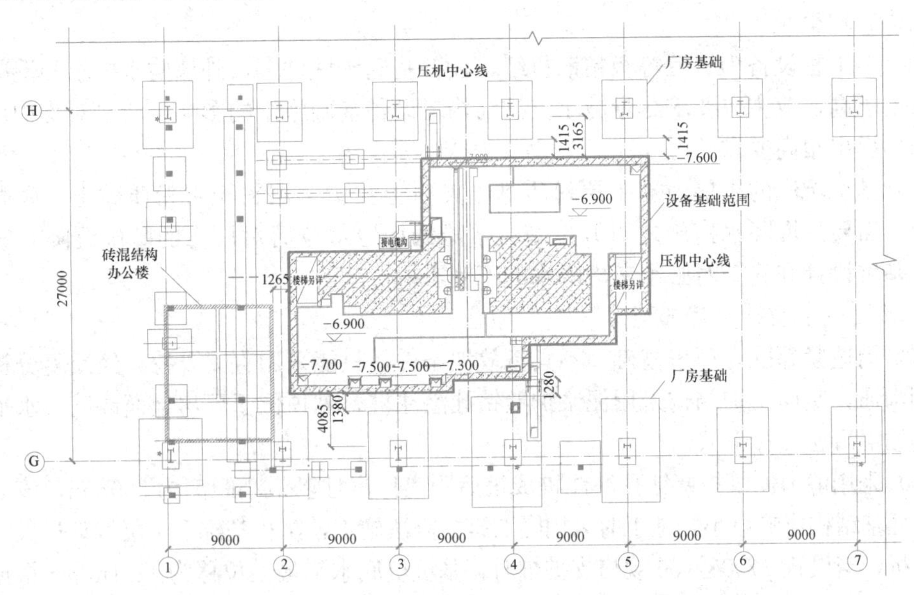

图 2 设备基础周边环境

图 3 厂房内现状

四、支护设计方案概述

（一）方案选型总体思路

1. 基坑特点

（1）本基坑位于既有厂房内部，且施工期间要保证厂房东侧能够继续使用，根据业主方的生产要求，东侧仅有 20m 的作业面，场地非常狭小。

(2) 设备基础距离厂房基础非常近，最小距离仅 1.28m，厂房基础埋深为－2.100m，基坑底开挖深度为－6.900m，高差 4.800m，另外在集水坑部位开挖深度为－7.900m，高差达到 5.800m，所以本基坑开挖时为先浅后深。高差很大的不利工况，对既有厂房的主体结构影响很大。

(3) 本工程设备为百万等级精锻机组，设备基础预埋件多，外墙防水要求和混凝土施工质量要求高，业主方要求尽量减小支护结构对设备基础施工的影响，所以对支护形式和支撑结构提出很高要求。

(4) 基坑坑底的土层为④-1 层粉质黏土夹粉土及④-2 层粉土夹粉质黏土，属微承压含水层，需要采取降水措施才可开挖基坑，降低场地水位后对厂房的基础沉降有较大影响，在基坑设计和施工时必须考虑降水的不利影响。

2. 基坑支护设计方案选型

基坑周边紧邻既有厂房基础，不具备放坡条件，只能采用直立开挖，经反复分析计算和协调沟通，竖向支护结构采用泥浆护壁钻孔灌注桩，桩顶位于厂房地面高度，水平支挡采用钢筋混凝土支撑形式。

(1) 采用静力泥浆护壁钻孔灌注桩成桩后距离厂房柱基最小距离为 350mm，该成桩工艺对原柱基结构影响最小，施工时采用隔二打一方法施工，防止基础下土层扰动过大。根据计算分析，当设置 ϕ700@900 规格支护桩时，基坑坑底水平最大位移为 12.1mm，根据前述对本基坑特点难点的分析，实施按 ϕ800@1000 规格设置支护桩，确保厂房变形安全。

(2) 在靠边集水井开挖落深区，支护桩长为 16.5m，进入硬塑状⑤层粉质黏土不小于 4.5m 以上，桩内受力主筋配置 18ϕ25 钢筋加强。

(3) 为保证设备基础的混凝土浇筑质量，考虑本基坑水平钢筋混凝土支撑高出厂房地面一定高度，确保不影响设备基础的钢筋绑扎和混凝土浇筑，避免混凝土支撑穿外墙而造成设备基础地下水渗漏，水平支撑高出地面设置是本基坑工程设计的特点之一。

(4) 由于设备基础外墙与支护桩之间的空间只有 100mm，已无空间搭设普通的外墙模板，所以本基坑工程在支护桩上粉刷 100mm 厚水泥砂浆，内配钢筋网片作为外墙的模板，内侧按普通墙体模板搭设方式施工，可以取得较好的施工效果。

(二) 基坑支护结构平面布置

根据选型分析思路，基坑支护结构平面布置如图 4 所示。

结合前述周边环境情况和图 4 基坑围护平面图可以看出，大部分设备基础外墙轮廓已基本紧贴围护桩，采用围护桩外粉刷水泥砂浆做外墙模板是可行的。

(三) 典型基坑支护结构剖面

本基坑典型支护剖面如图 5 所示，在坑边遇集水井部位时支护桩加长增加入土嵌固深度。

(四) 地下水处理方案

本工程位于厂房车间内，基本不受地表水影响。

主要受④-1 层粉质黏土夹粉土及④-2 层粉土夹粉质黏土中微承压水的影响，考虑施工条件限制，最终采用的地下水控制方案为：

四周高压旋喷桩桩间止水＋桩前锚喷，基坑内设置疏干管井，坑外设置观测井兼应急备用。

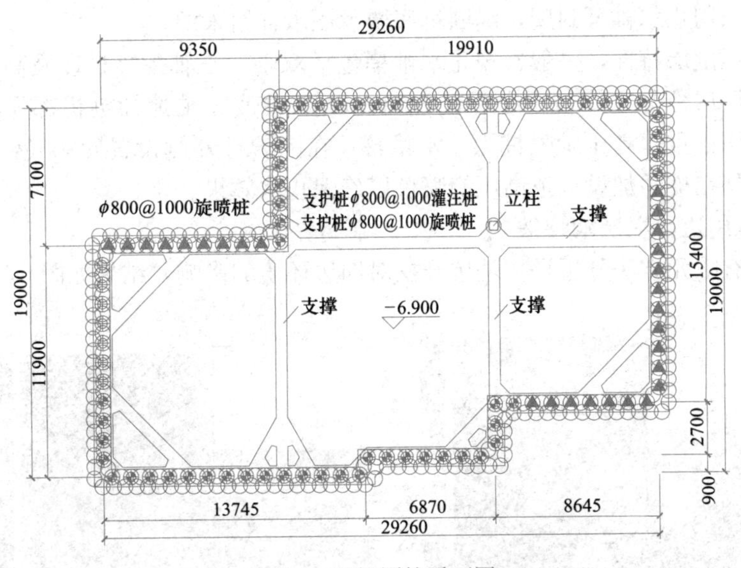

图4 基坑围护平面图

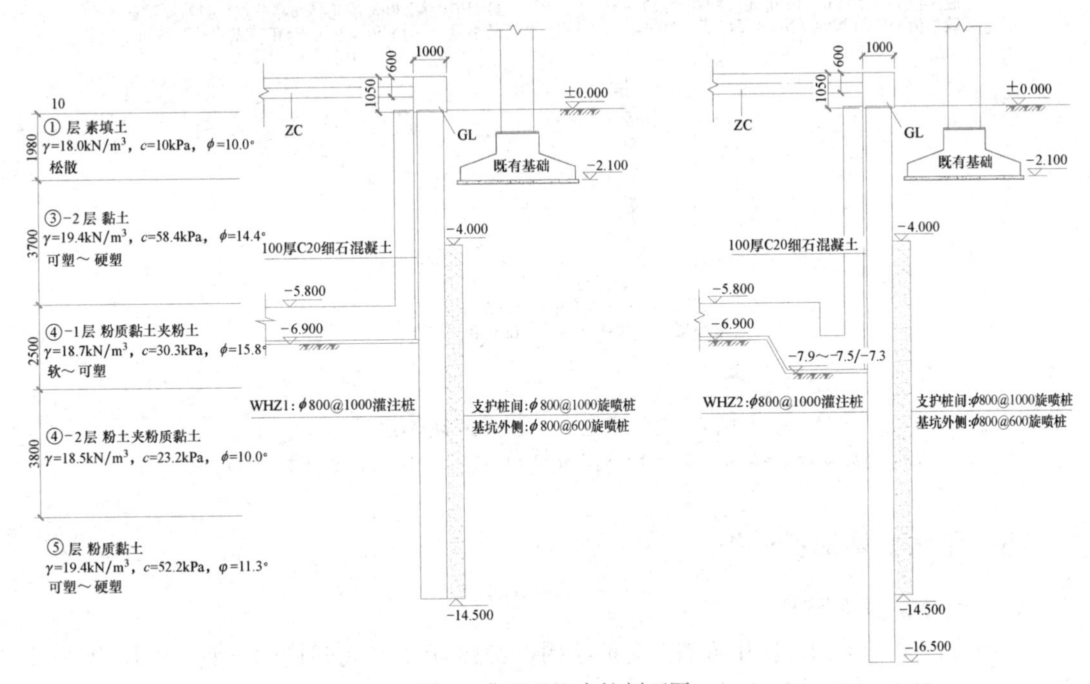

图5 典型基坑支护剖面图

根据前述地下水以及周边环境情况，地下水处理方案简述如下：

(1) 基坑上部素填土由于无稳定补给来源，且厚度一般不大，水量有限，并且本工程场地位于厂房内部，因此做好填土内的潜水～滞水疏干处理即可；

(2) 基坑底部为④-1层粉质黏土夹粉土及④-2层粉土夹粉质黏土，存在微承压水含水层，根据类似工程经验，该含水层含水量和渗透性较大，如不采取降水措施，会出现桩间流砂和坑底突涌现象，影响厂房主体结构和基坑安全，因此基坑开挖需采取疏干措施，基坑周边必须采用止水帷幕封闭，隔断坑底微承压水补给来源。

根据本工程土层特性，一般常规止水帷幕包括双轴、三轴搅拌桩以及高压旋喷桩等。由于围护桩和厂房柱基之间最小净距仅 380mm，双轴或三轴搅拌桩机都无法钻进施工，因此本工程选用三重管高压旋喷桩为止水帷幕，在围护桩外侧设置 $\Phi800@600$ 规格的高压旋喷桩，另外在桩间加设一道高压旋喷桩以确保止水效果。

（五）基坑周边环境影响评估

采用平面有限元方法分析评估基坑开挖对周边环境的影响，结果如图 6 所示。

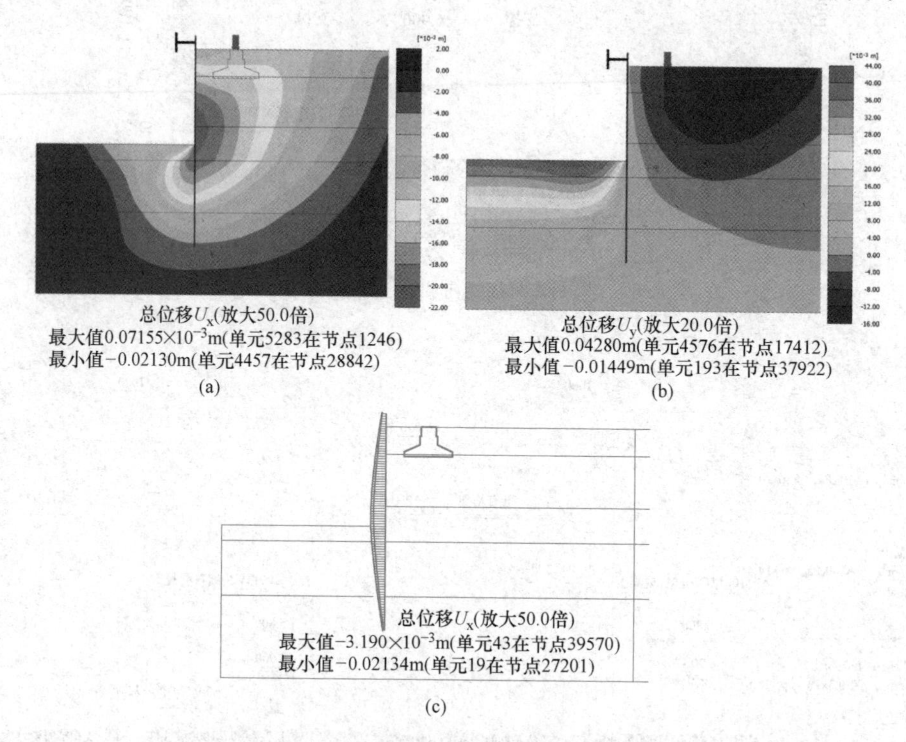

图 6 基坑开挖对周边环境影响结果

（a）周边地层水平位移云图；（b）周边地层竖向位移云图；（c）支护桩水平位移图

五、基坑实施情况分析

1. 基坑施工过程概况

本基坑于 2017 年 10 月开始施工支护结构，2018 年 1 月底开挖到坑底，2018 年 3 月底完成设备基础结构施工，在基坑施工过程中，由于施工作业空间狭小，工程机械无法大规模展开作业施工，所以施工工期比计划有所延后。由于本工程支护结构有一定的安全余量，2 道高压旋喷桩止水效果较好，厂房主体结构基本未出现异常情况。

基坑开挖到底实景如图 7 所示。

2. 基坑变形监测情况

基坑施工期间共完成 65 期基坑监测，基坑支护桩桩顶坑内最大水平位移为 2.22mm，桩顶最大竖向位移为 2.25mm；支护桩深层水平位移（测斜）最大值为 8.00mm，位于基坑中下部位；基坑周边地下水位变化量累计最大值为 45cm；另外对于厂房柱的竖向位移、

图7 基坑开挖到底实景

水平位移以及周边建筑沉降位移监测结果表明，在基坑的施工过程中厂房主体结构几乎未受到影响，有效地保障了业主生产使用要求。

监测结果均在设计允许范围内，未出现异常情况，工程总体进展顺利，支护结构有效地保护了基坑和周边建筑、厂房结构的安全。

桩身深层水平位移（测斜）曲线如图8所示。

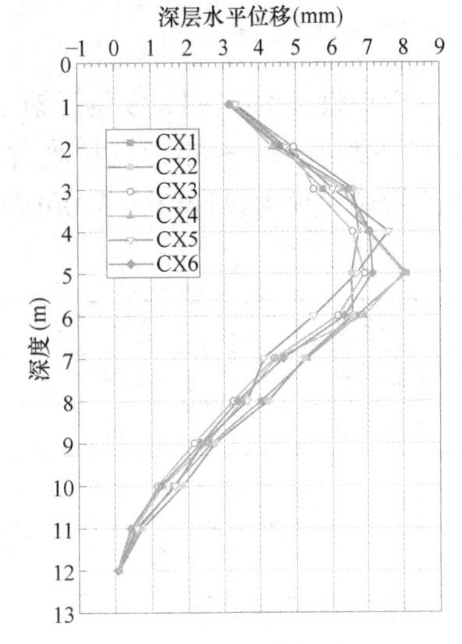

图8 桩身测斜曲线

六、本基坑实践总结

在既有厂房内新建或改建生产线，设备基础开挖很深的情况经常出现，如何保证既有厂房安全和新建设备基础顺利实施，本基坑工程设计提供了较好的参考实例，本基坑工程支护设计主要有以下几个特点：

（1）本基坑工程3个临边位置都距离既有厂房的主体结构非常近，基坑开挖高差大，在支护桩结构与既有厂房柱基距离很小的情况下还要保证支护桩侧向刚度有一定的安全储备，在本基坑设计中，增加支护桩直径是增大侧向刚度最有效的方式，本基坑采用混凝土水平支撑也是为提高基坑的整体性，防止局部位置出现柱基变形异常情况。

（2）把混凝土水平支撑抬高到地面以上的设计是本基坑工程的特点，主要是针对设备基础防水要求高、预埋件安装精度要求高、混凝土浇筑质量要求高而采取的措施，可以减小地下工程施工障碍，增大施工作业空间。

（3）对于粉质黏土夹粉土和粉土夹粉质黏土中微承压水的止水帷幕设计，本工程采用2道高压旋喷桩止水，其中1道设置在支护桩桩间位置，止水帷幕效果良好，为类似土层在狭小空间的止水帷幕设计提供宝贵经验。

实例 19

市安全供水高速通道配套工程顶管施工作业井基坑工程

一、工程简介

围护设计为 7～11 号顶管施工作业井，其中 7 号井为 ϕ8m 圆形（工作井），8 号井和 10 号井为 5m×7m 矩形（接收井），9 号井和 11 号井为 5m×10m 矩形（工作井）。工作井顶管最大顶力设计值为 6500kN。基坑底绝对高程及开挖深度如表 1 所示。

基坑开挖深度一览表 **表 1**

井号	7 号	8 号	9 号	10 号	11 号
坑底高程(m)	−15.80	−12.80	−10.80	−10.80	−10.80
开挖深度(m)	19.12	16.24	14.31	14.70	14.66

二、工程地质与水文地质条件

1. 工程地质条件

根据相关的地质资料，地层分布规律及工程性质自上而下分别描述如下：

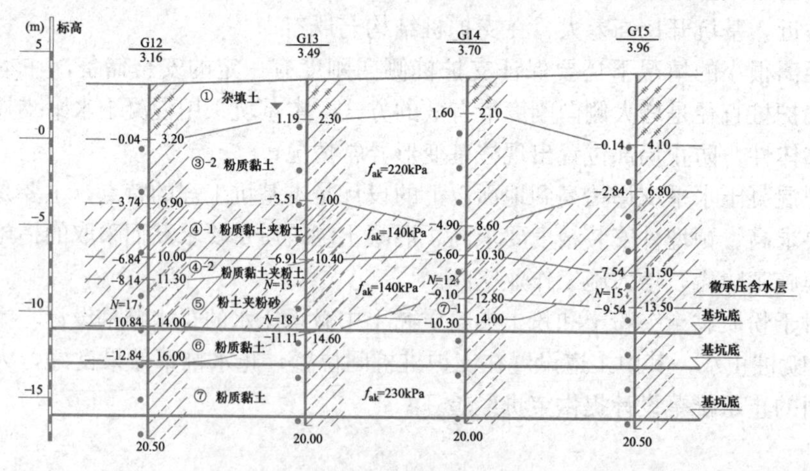

图 1　典型工程地质剖面图

①层杂填土：灰色，湿，松散；原有道路处表层为沥青混凝土路面，其下一般为碎石垫层及三合土、原有路基填土等，原有路基下以杂填土为主，上部含碎石、砖块等建筑垃

圾，局部含少量生活垃圾；局部地段上部为绿地，覆盖草皮，含植物根茎。该层土下部主要成分为黏性素填土，含少量碎石等。

③-2 层粉质黏土：灰黄色，可塑～硬塑，硬塑为主，含铁锰质氧化物及其结核，夹黏土团块，该层土力学性能较好。

④-1 层粉质黏土夹粉土：灰黄色，局部灰色，可塑为主，局部软塑，含铁质斑点，见云母碎屑，夹粉土团块，该层土力学性能中等。

④-2 层粉质黏土夹粉土：灰色为主，局部灰黄色，软塑为主，局部可塑或流塑，含腐殖质及少量贝壳，见云母碎屑，夹粉土薄层，该层土力学性能中等偏差。

⑤层粉土夹粉砂：灰色为主，湿～很湿，稍密～中密状态，含云母碎屑，夹粉砂薄层，该层土力学性能中等。

⑥层粉质黏土：灰色，软塑为主，局部可塑或流塑，含大量有机质，偶夹粉土，该层土力学性能中等偏差。

⑦-1 层粉质黏土：灰色，灰黄色，可塑为主，为过渡层，含铁锰质氧化物，该层土力学性能中等。

⑦层粉质黏土：灰黄色，硬塑为主，含铁锰质氧化物及其结核，该层土力学性能好。

2. 水文地质条件

（1）地表水条件

本场地分布河道，地表水系较发育，场地东侧为京杭大运河。勘察期间测得京杭运河水面标高为 1.73m 左右。河道水位的变化与降水量年际、年内的变化基本一致，稍有滞后，从近几十年的资料反映，市区多年平均水位为 1.25m，历史最高水位为 1991 年 7 月 2 日实测的 3.05m，最低水位为 0.104m（1934 年）。场区地表水主要受大气降水及京杭大运河河水控制。

（2）地下水条件

本工程场地④-1、④-2、⑤层中的地下水属微承压水，对该 3 层水位进行了测量（考虑到该 3 层渗透性相近及连通性，把该 3 层作为一大层考虑来测量水位），测得该层水位标高约为 0.00m。

3. 土层物理力学参数

基坑支护设计各土层的参数如表 2、表 3 所示。

场地土层物理力学参数表 **表 2**

编号	地层名称	含水率	孔隙比	液性指数	重度	固结快剪(C_q)	
		w(%)	e_0	I_L	γ(kN/m³)	c_k(kPa)	φ_k(°)
①	杂填土				18.4	5.0	8.0
③-2	粉质黏土	24.8	0.706	0.14	19.6	61.5	16.3
④-1	粉质黏土夹粉土	29.4	0.823	0.66	19.0	25.4	14.3
④-2	粉质黏土夹粉土	33.1	0.923	0.96	18.6	17.4	13.3
⑤	粉土夹粉砂	28.9	0.806	1.08	18.9	5.6	27.5
⑥	粉质黏土	31.0	0.857	0.81	18.8	20.2	10.5
⑦-1	粉质黏土	27.2	0.775	0.45	19.2	29.3	12.6
⑦	粉质黏土	24.4	0.685	0.14	19.8	62.0	16.8

场地土层渗透系数统计表　　**表 3**

编号	地层名称	垂直渗透系数 k_V(cm/s)	水平渗透系数 k_H(cm/s)	渗透性
①	杂填土	1.20E-07		
③-2	粉质黏土	6.20E-07	5.11E-07	极微透水
④-1	粉质黏土夹粉土	3.28E-06	9.94E-06	微透水
④-2	粉质黏土夹粉土	1.27E-06	8.26E-06	微透水

三、基坑周边环境情况

本次施工 5 个作业井均位于运河西路上，靠近京杭大运河半幅路面内，施工期间将影响交通，该半幅路面封闭，留出半幅供车辆通行。各个作业井周边情况如下：

7 号井为直径 8m 圆形工作井，施工除需占据半幅路面外，尚跨入靠京杭大运河一侧绿化带，据现场初步量测，该井与运河驳岸最近距离为 4.5m 左右。8 号井为 5m×7m 矩形接收井，场地两边均为绿化带，该井与运河距离超过 30m。各基坑现场周边环境如图 2 所示。

(a)　(b)　(c)　(d)　(e)

图 2　基坑周边场地照片

四、支护设计方案

1. 竖向挡土结构选型

目前常规的基坑围护方法一般包括土钉墙、复合土钉墙、水泥土重力式围护墙、排桩、地下连续墙以及SMW工法等形式。对于本基坑，由于开挖面积小，平面形状规则，采用沉井施工亦是相当合适的。本工程其余大部分作业井均采用沉井施工，但对于本次设计的5个作业井，由于必须保证运河西路半幅车辆通行，且正好能用于该5个作业井施工的路面均仅为两车道路面，受场地限制，沉井无法施工，因此不得不采取其他围护方案。

根据无锡地区的常规做法，对于开挖深度10m以上的深基坑一般采用钻孔灌注桩作为竖向支护结构，故本工程选取排桩作为竖向支护结构，排桩采用钻孔灌注桩。

2. 水平传力结构选型

对于本基坑，由于特别深，土压力较大，因此在排桩上尚应设置水平支点以控制侧向位移和调整桩身内力。目前在基坑工程中常用的水平支点形式有预应力锚杆（锚索）、钢筋混凝土支撑和钢结构支撑等。现就各支点形式分别分析如下：

（1）预应力锚杆（锚索）。其优势是能在基坑内形成较大的施工作业空间，不会对地下结构的施工造成任何影响，可有效加快施工进度。但其应用需要基坑外有较好土层才能提供足够的抗拔承载力，并且要求坑外有足够的可利用场地，避免对后续的地下空间开挖带来不利影响。

（2）钢筋混凝土支撑。其刚度大，控制变形效果好，且不受坑外土层限制。

（3）钢结构支撑。施工速度快，无需养护，可施加预应力主动控制变形。

根据本基坑的特点，由于开挖面积小，锚杆在坑内施工难以展开，且一侧临近运河，因此锚杆方案不可行。钢筋混凝土支撑与排桩联合采用整体性较好，且由于本工程基坑平面尺寸小，空间效应明显，可仅设置圈梁兼作支撑。

3. 基坑支护平面图

5个作业井基坑围护平面图如图3～图7所示。

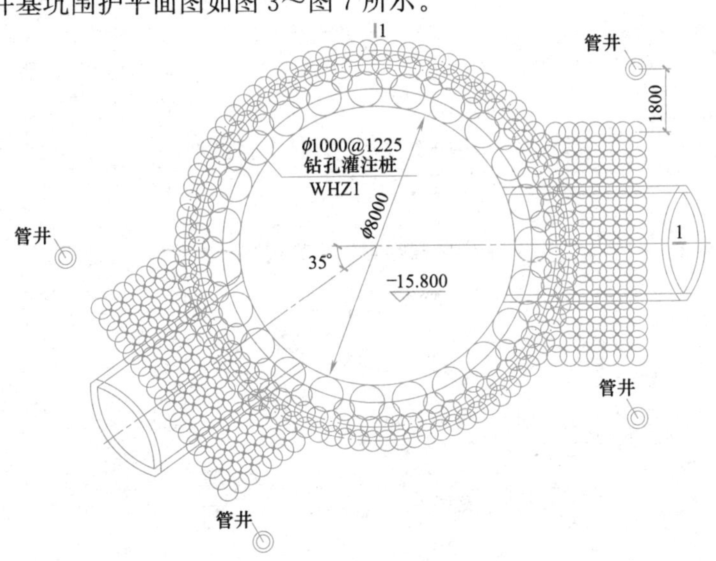

图3 7号井基坑围护平面图

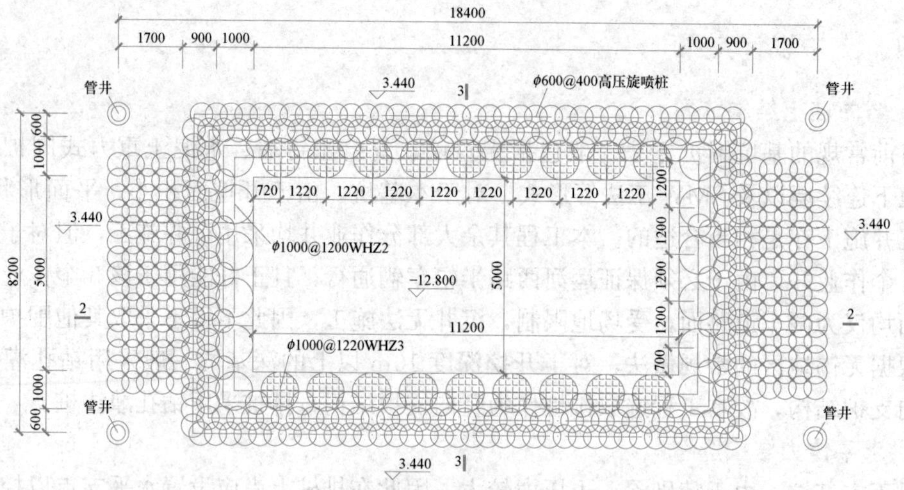

图 4　8 号井基坑围护平面图

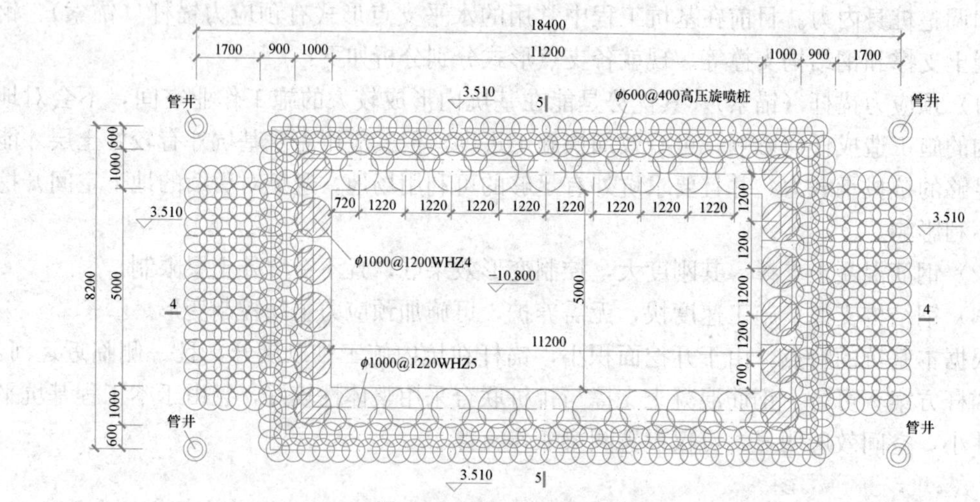

图 5　9 号井基坑围护平面图

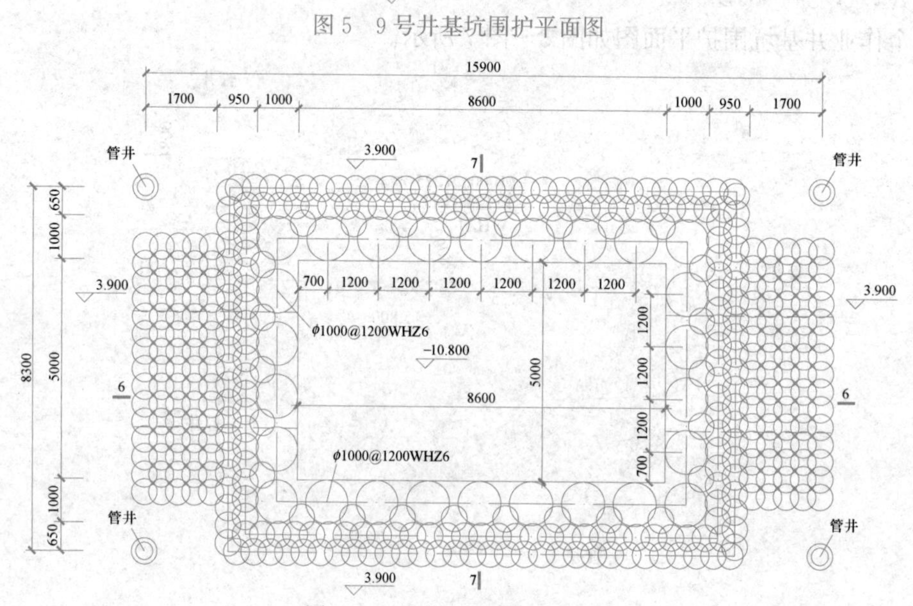

图 6　10 号井基坑围护平面图

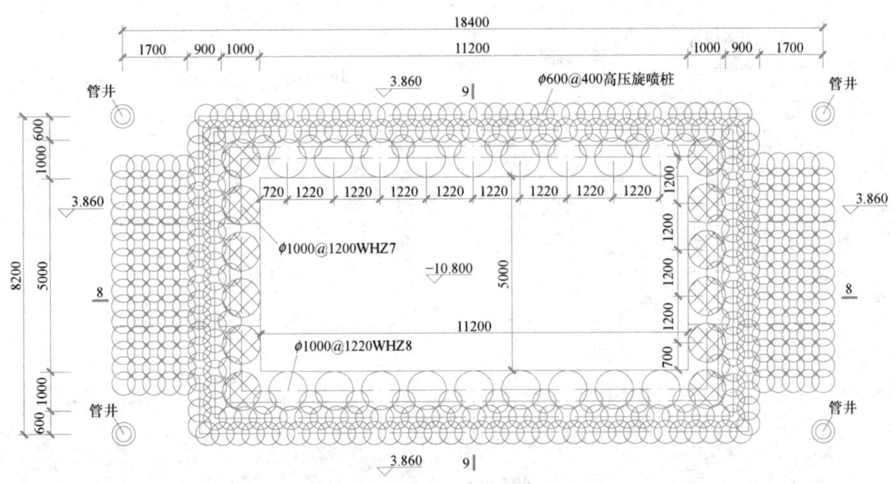

图7 11号井基坑围护平面图

4. 支撑平面布置图

5个作业井支撑平面布置如图8～图12所示。

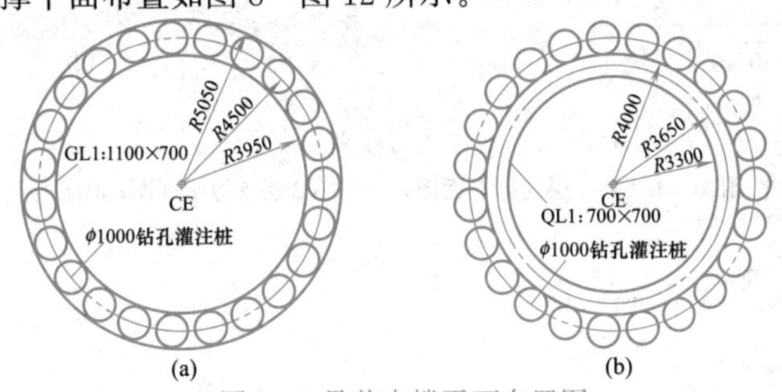

图8 7号井支撑平面布置图

（a）第1层支撑平面图；（b）第2～6层支撑平面图

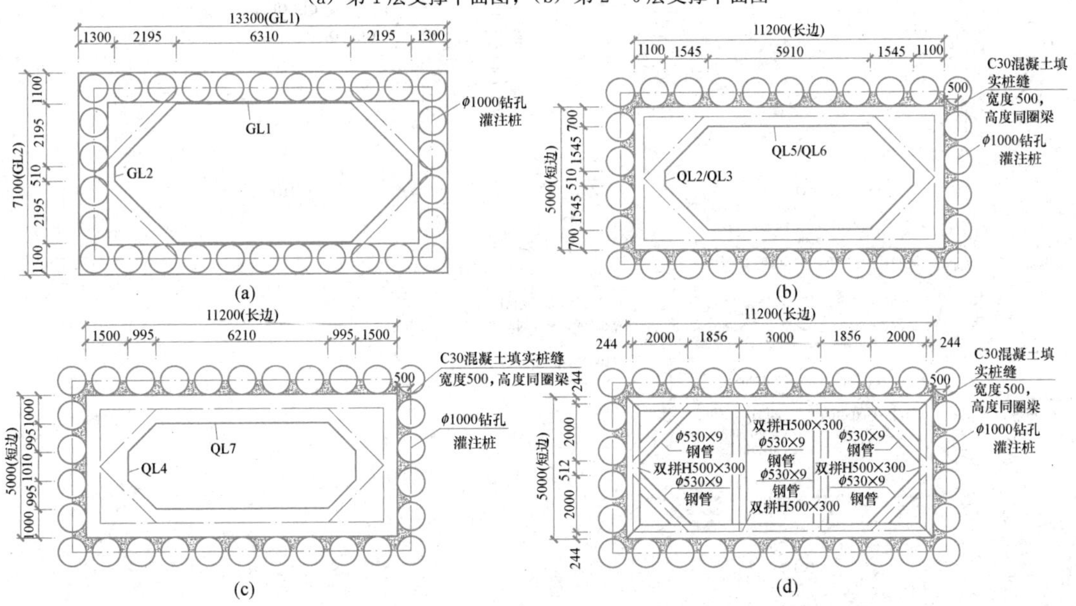

图9 8号井支撑平面布置图

（a）第1层支撑平面图；（b）第2～3层支撑平面图；（c）第4层支撑平面图；（d）第5层支撑平面图

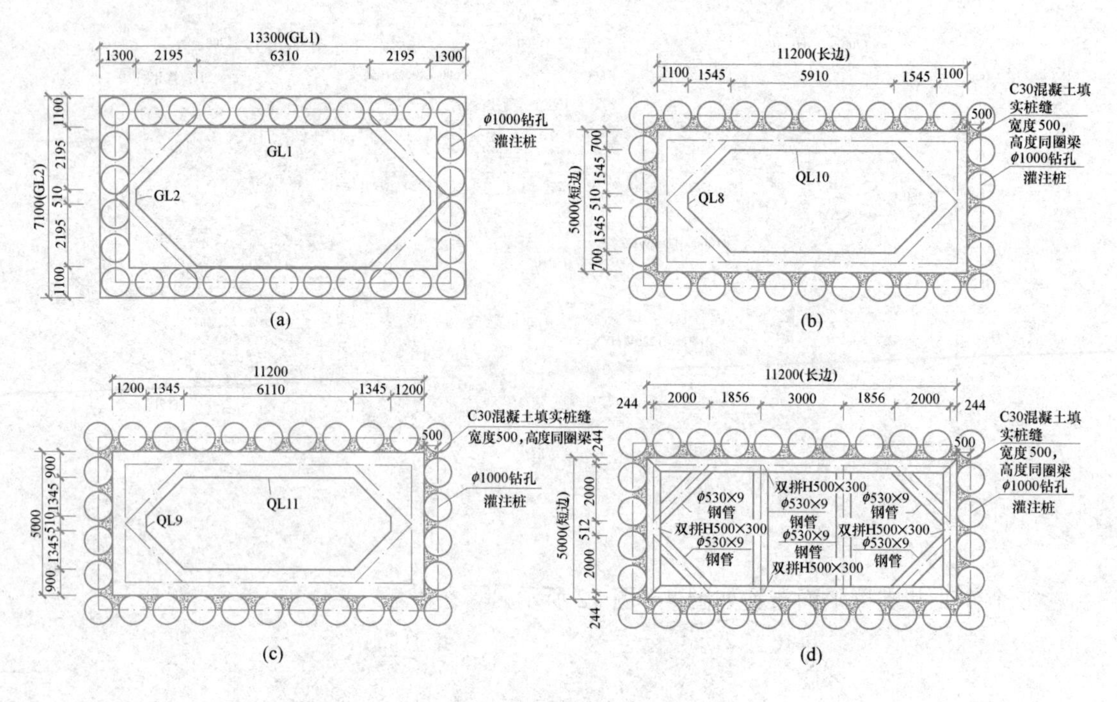

图10　9号井支撑平面布置图

（a）第1层支撑平面图；（b）第2层支撑平面图；（c）第3层支撑平面图；（d）第4层支撑平面图

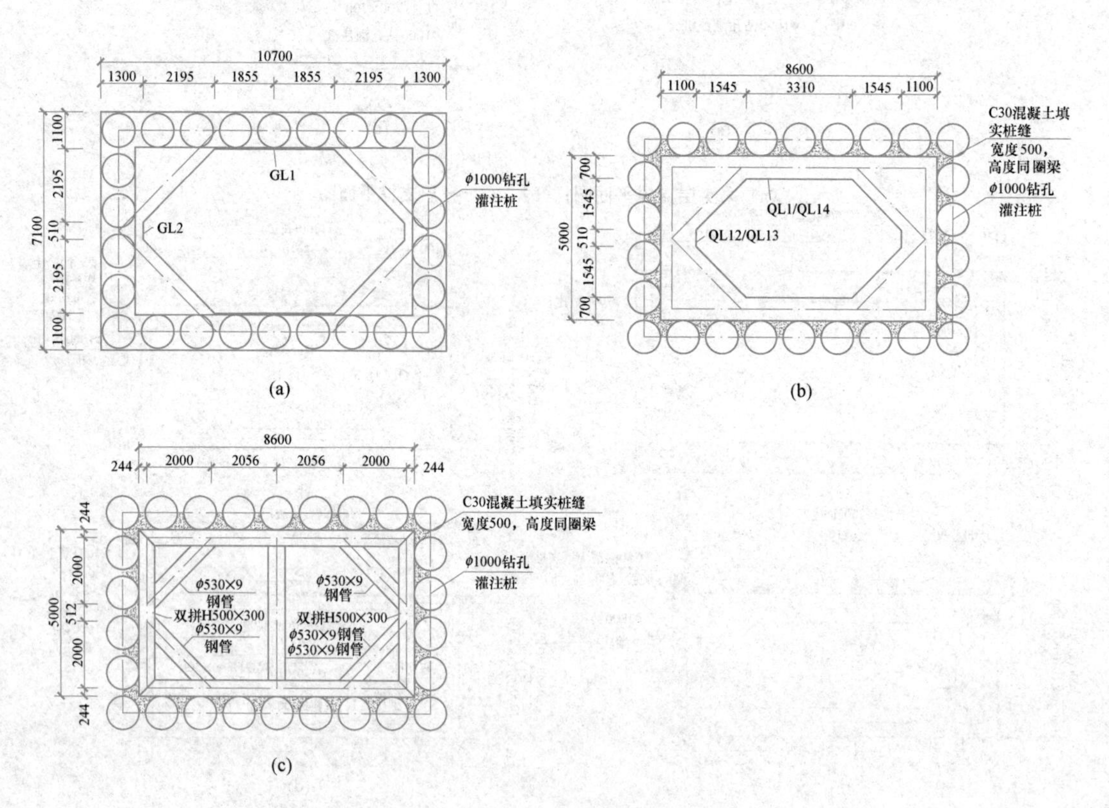

图11　10号井支撑平面布置图

（a）第1层支撑平面图；（b）第2～3层支撑平面图；（c）第4层支撑平面图

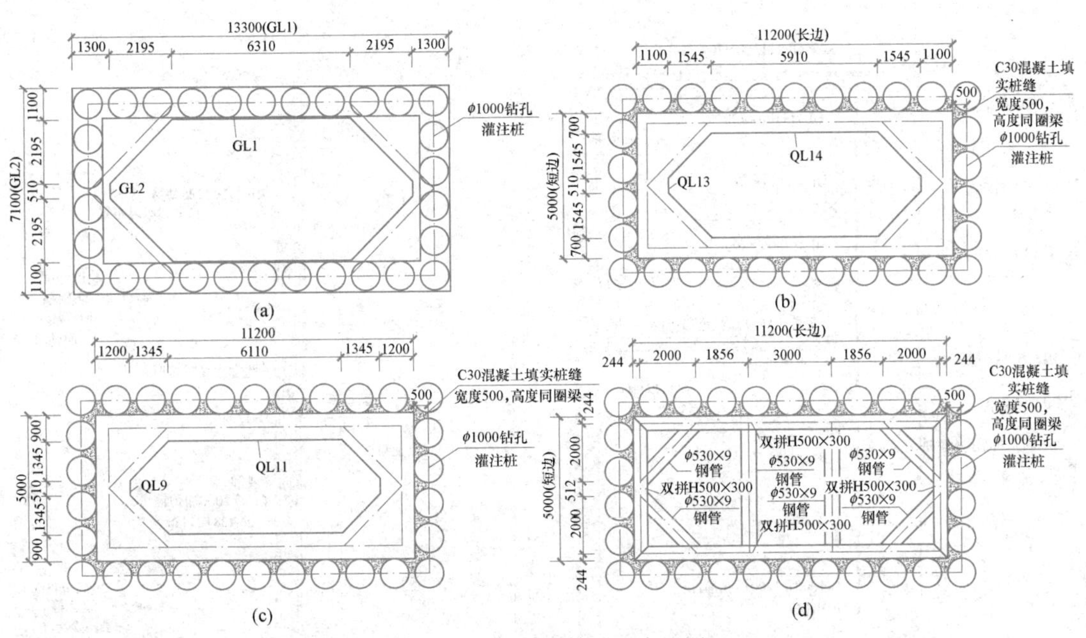

图12 11号井支撑平面布置图

（a）第1层支撑平面图；（b）第2层支撑平面图；（c）第3层支撑平面图；（d）第4层支撑平面图

5. 基坑支护典型剖面图

5个工作井基坑支护剖面如图13～图17所示。

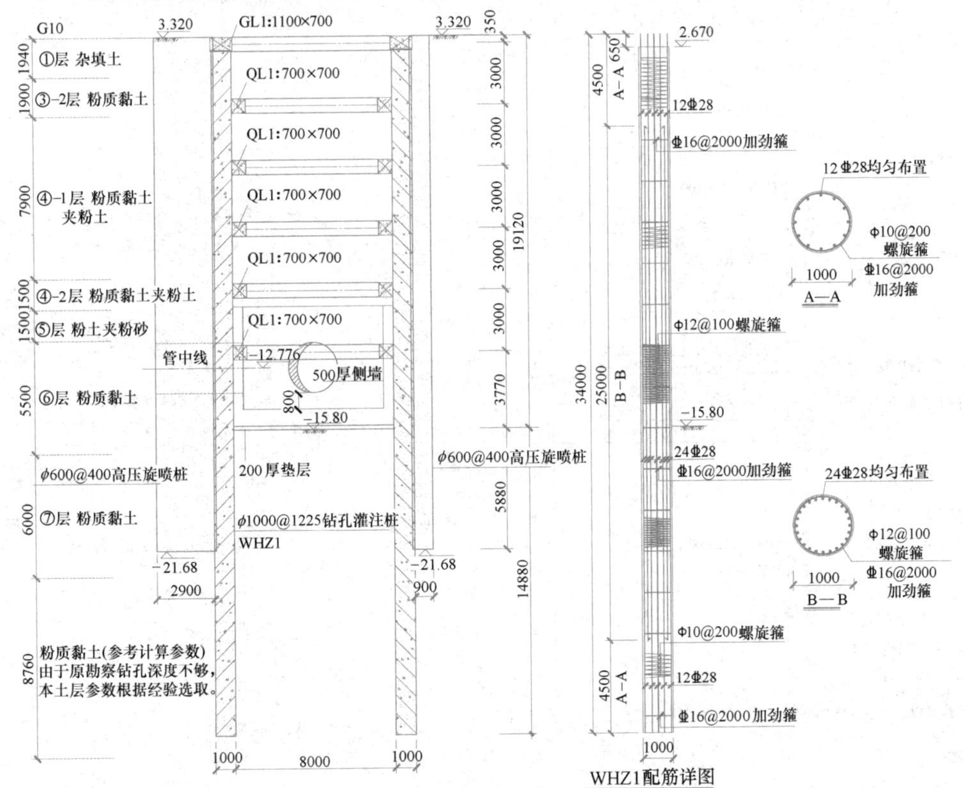

图13 7号井基坑支护剖面图

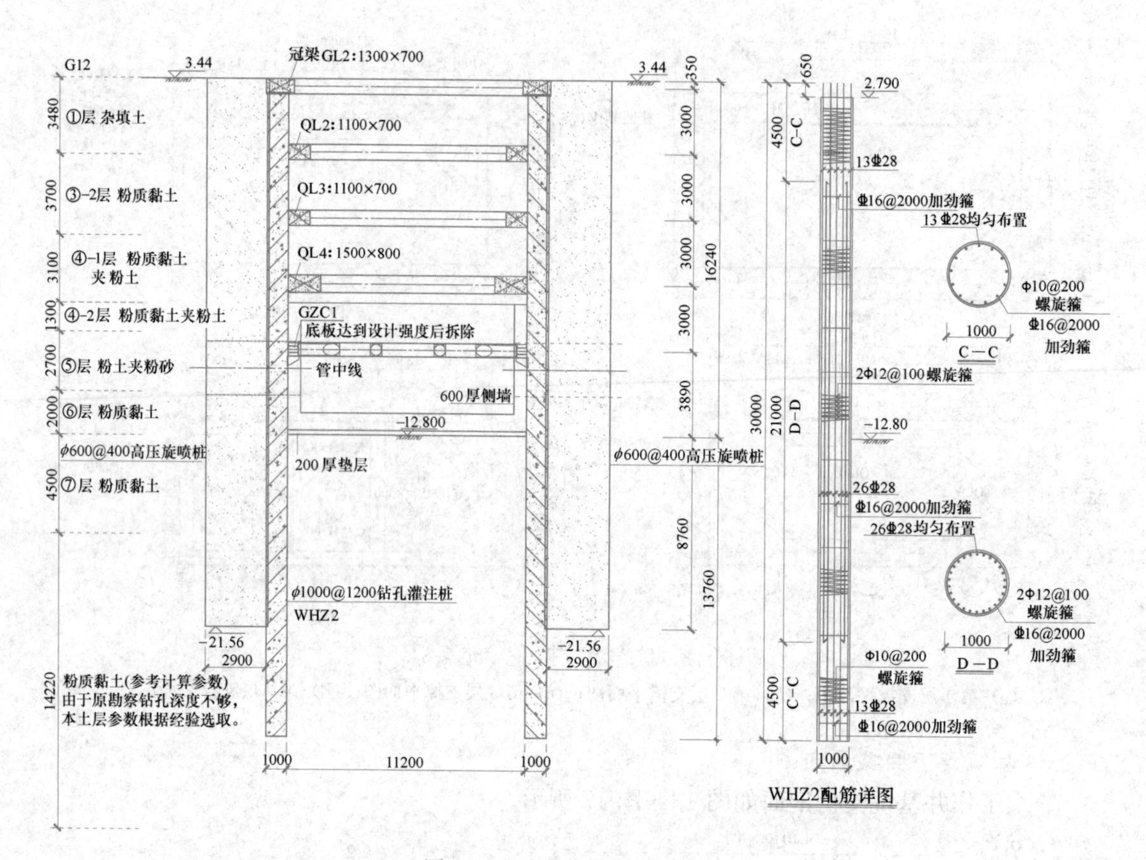

图14 8号井基坑支护剖面图

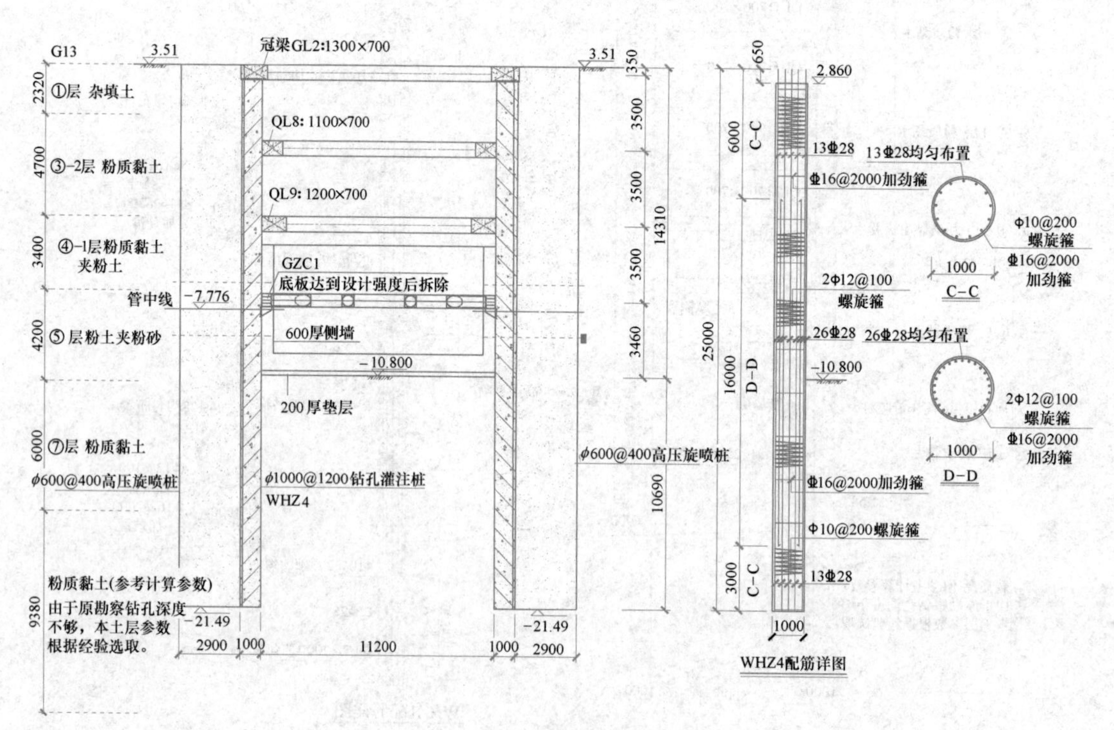

图15 9号井基坑支护剖面图

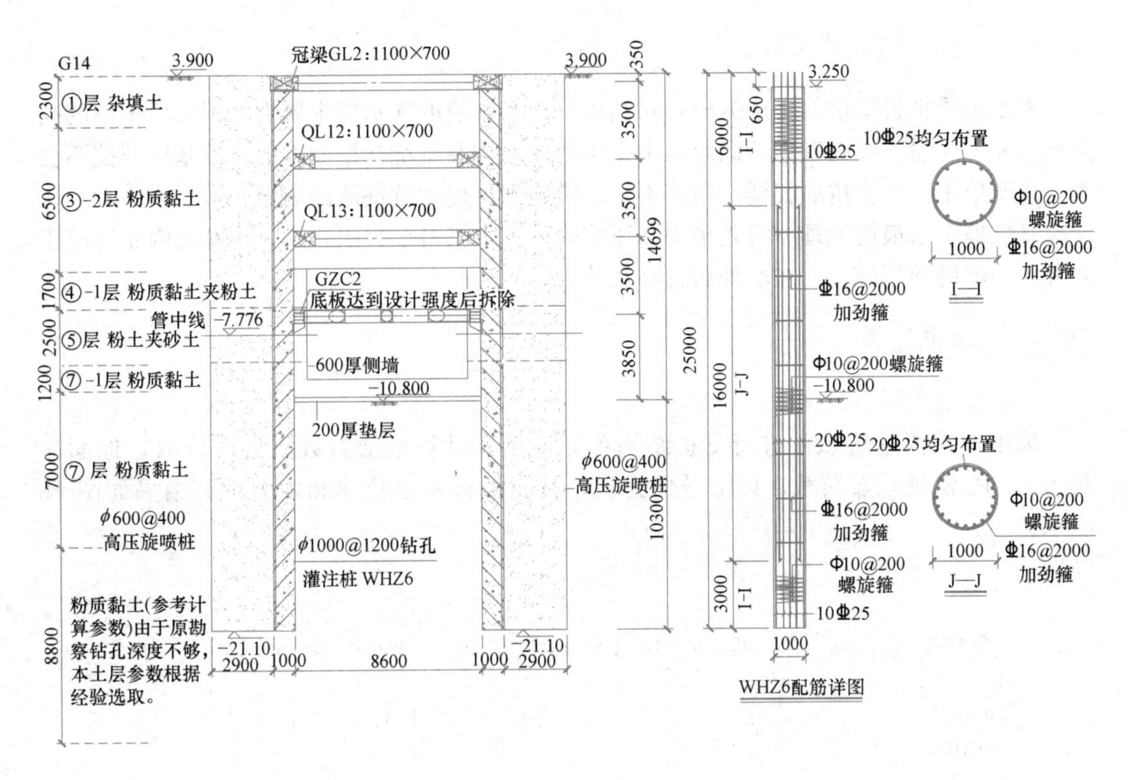

图16 10号井基坑支护剖面图

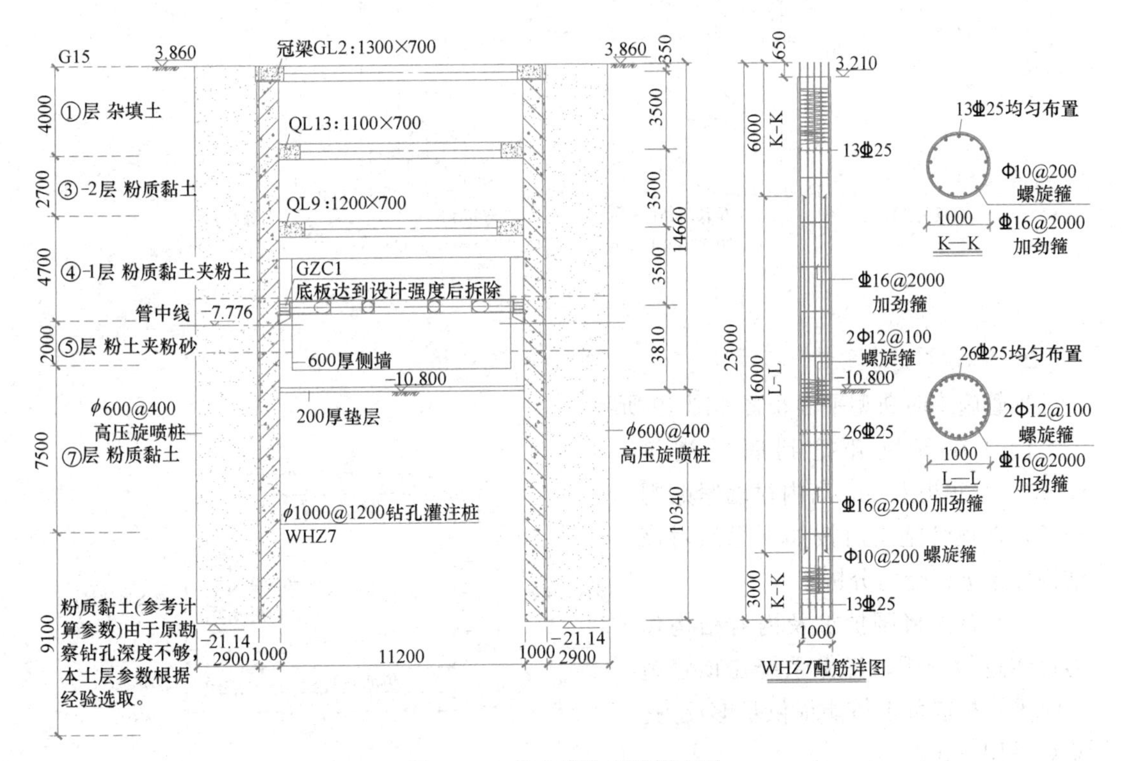

图17 11号井基坑支护剖面图

五、地下水控制方案

根据地质报告提供的土层分析，对基坑开挖有影响的含水层主要为①层杂填土中的孔隙潜水和⑤层粉土夹粉砂中的微承压水，该两层水均在基坑开挖面以上，故基坑开挖不会因为该两层水而产生坑底突涌，但若不采取措施则可出现坑壁流砂坍塌。

基坑地下水最终处理方案是采用高压旋喷桩止水帷幕全封闭止水，在基坑内布置疏干管井，为辅助顶管施工，在坑外布置降水井。

六、计算分析

1. 支护结构计算结果

采用理正深基坑软件进行支护结构单元计算，计算地层参数按表 2 选取，地面荷载为 20kPa 满铺均布荷载，以 7 号井为例，其支护桩水平位移和内力计算结果如图 18 所示。

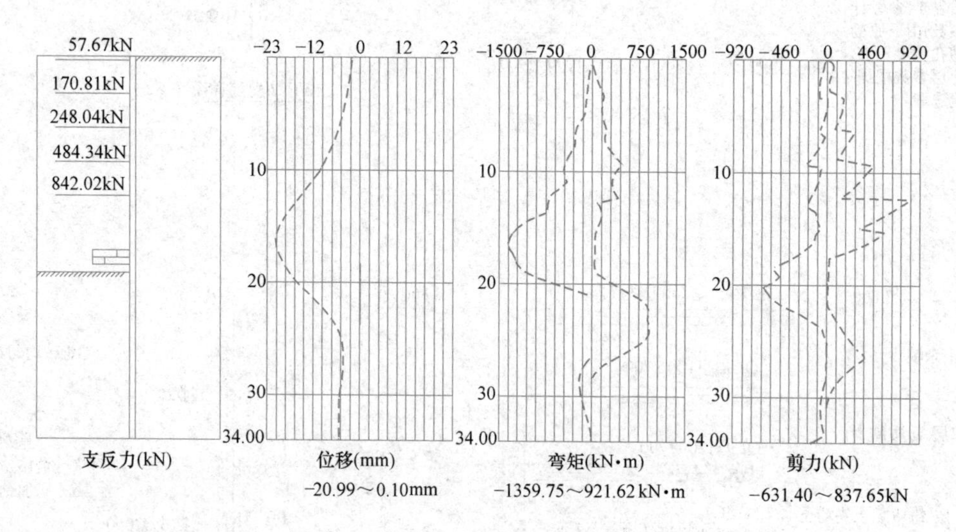

图 18 7 号井支护桩位移内力计算结果

2. 工作井顶管施工分析

顶管施工时典型平面布置如图 19 所示。

设计在基坑开挖到底后浇筑 800mm 厚底板及 5m 高内衬墙紧贴围护桩，在顶管施工时按如下思路对该结构体系进行受力分析：

（1）首先将围护桩及内衬结构作为整体进行分析，确保系统在顶管施工时围护桩墙背土体能提供足够反力。验算采用下式：

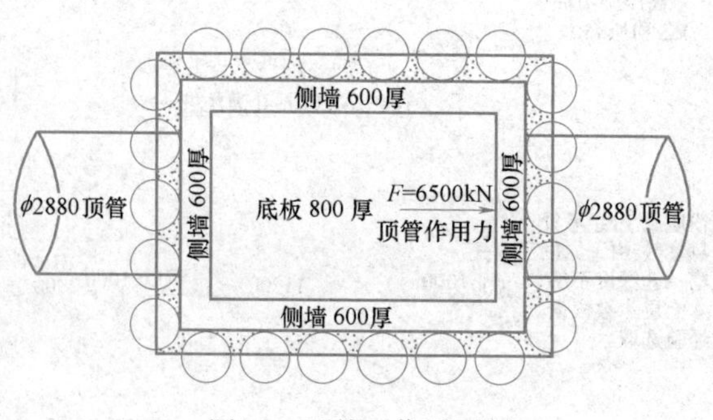

图 19 顶管工作平面图

$$R=\alpha B\left(\gamma H^2\frac{K_p}{2}+2cH\sqrt{K_p}+\gamma hHK_p\right)$$

$$=1.5\times5\times\left(18.6\times5^2\times\frac{1.6}{2}+2\times17.4\times5\times\sqrt{1.6}+18.6\times9.98\times5\times1.6\right)$$

$$=15578\text{kN}>1.6\times6500\text{kN}=10400\text{kN}$$

上述计算仅考虑 5m×5m 高内衬墙宽度范围内土体提供的被动抗力，若计入围护桩墙背土抗力，则其抗力值还将大于以上计算值。因此，当顶管施工时，围护桩及内衬结构不会因为被动土抗力不足而整体破坏。

（2）对内衬结构单独进行受力分析。假定顶管施工时顶力作用于内衬墙上，反力由内衬结构自身提供，对于顶力作用下的墙面可作为三面固端支承一面自由的板进行分析，图 20 为其计算简图。

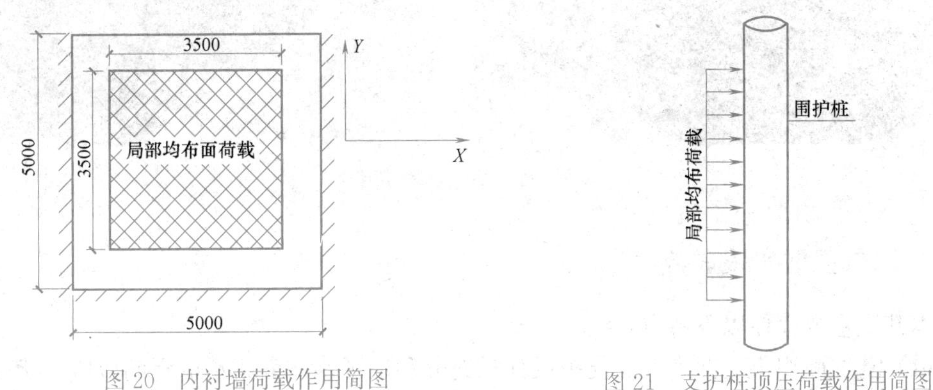

图 20　内衬墙荷载作用简图

图 21　支护桩顶压荷载作用简图

对局部荷载作用下的板按下式进行抗冲切验算：

$$F_l\leqslant0.7\beta_h f_t\eta\mu_m h_0$$

（3）对围护桩单独进行受力分析。假定顶管施工时顶力作用于内衬墙上，然后均匀地传至围护桩上，相当于在围护桩上作用了 5m 高度的局部荷载，如图 21 所示。

3. 周边环境影响分析

采用平面有限元法分析评估基坑开挖对周边环境的影响，并考虑了顶管作业工作压力施加工况下的周边环境位移变化。从分析结果看，基坑开挖到底后，支护桩最大水平位移为 30mm 左右，如图 22 和图 23 所示。

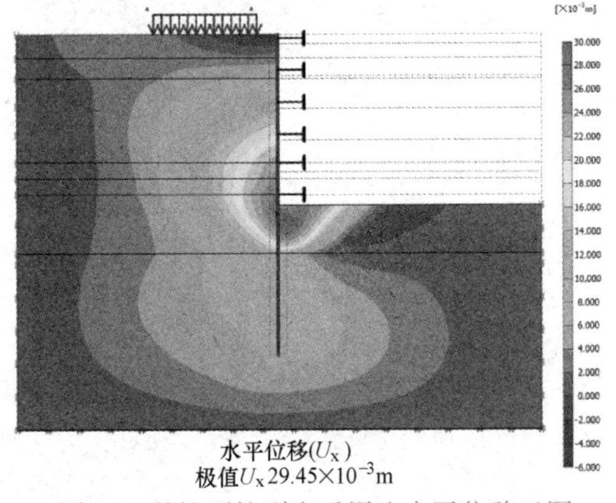

图 22　基坑开挖到底后周边水平位移云图

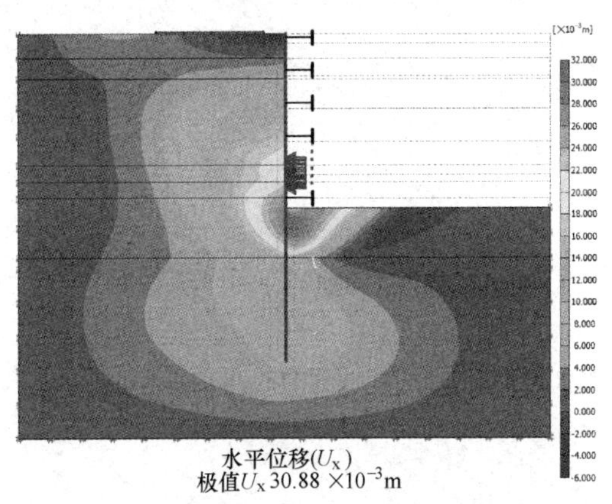

图 23　顶管作业工况的水平位移

七、基坑实施情况分析

5个作业井基坑开挖后均达到了预期效果，顺利完成了顶管的施工，开挖情况如图24所示。

图24 基坑现场照片

八、本基坑实践总结

本基坑主要存在以下特点：

(1) 基坑面积小、深度大。支护设计时充分利用了基坑面积小的空间效应，优化支撑布置，尤其是7号井圆形基坑利用圆环围檩作为支撑，变形控制效果显著。

(2) 作为顶管施工作业井，需要充分考虑顶管进出洞口及工作井顶压荷载影响，设计采用高压旋喷桩对洞口进行了加固加强，在下部设置内衬墙以满足顶管工作井施工要求。

(3) 基坑紧邻京杭大运河，且坑壁存在砂性土含水层，地下水控制也是本工程的重点。实施结果表明，高压旋喷桩因其工艺特点，作为截水帷幕存在诸多不确定性，基坑开挖后出现一定程度渗漏，事先设计的坑外降水井对治理局部渗漏效果显著，确保了周边环境的安全。

实例 20

市第二人民医院综合病房大楼基坑工程

一、工程简介

无锡市第二人民医院综合病房大楼项目位于无锡老城区第二人民医院内。总建筑面积 6.24 万 m^2，地上 16 层（4.84 万 m^2），地下 3 层（1.4 万 m^2），建筑总高度 65.65m，基础采用筏板基础。

本项目地下室位置基坑开挖深度为 14.7m，基坑周长为 450m，基坑面积约 5000m^2。基坑总平面如图 1 所示。

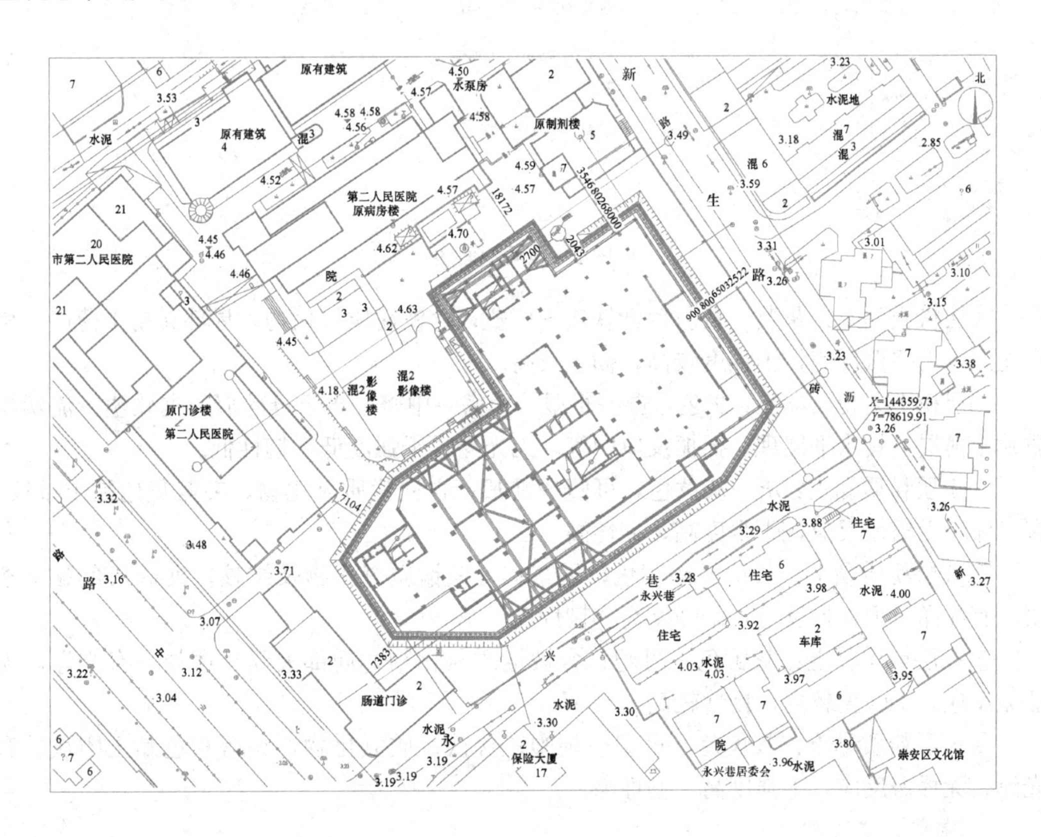

图 1　总平面图

二、工程地质与水文地质条件

1. 工程地质条件

场地隶属长江三角洲太湖冲湖积平原，与基坑开挖有关的土层共有 8 层，图 2 为典型工程地质剖面图，土层分布及埋深如下：

①层杂填土：杂色，稍湿，松散；以黏性土为主，含有碎砖、石等。

②层粉质黏土：灰黄～黄色，可塑～硬塑；含铁锰质氧化物，夹蓝灰色黏土条纹。有光泽，无摇振反应，干强度高，韧性高。

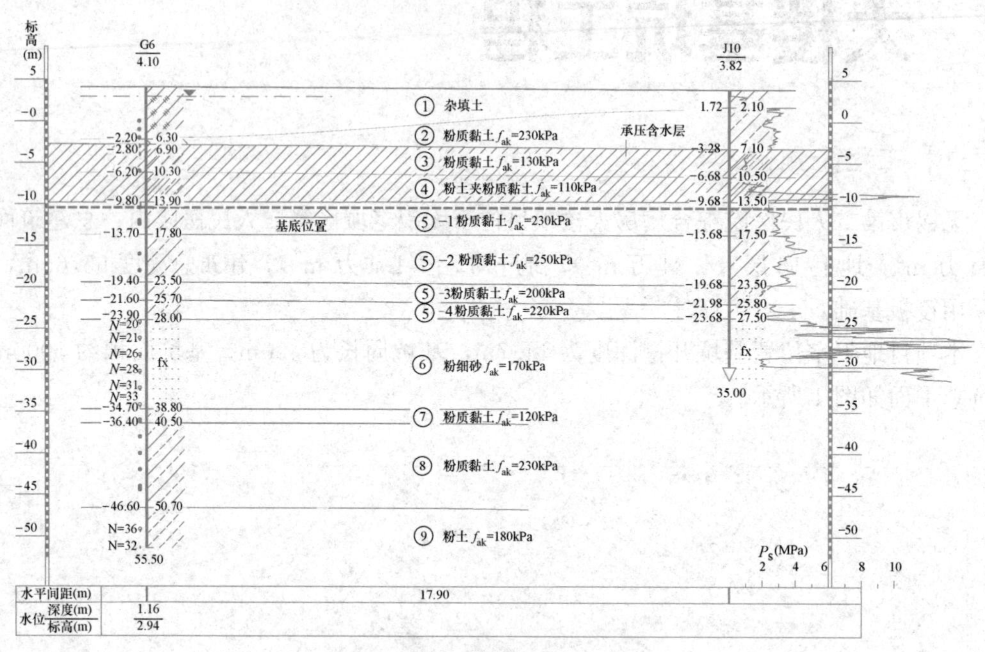

图 2　地质剖面图

③层粉质黏土：灰黄～黄灰色，软塑～可塑；含铁锰质氧化物，局部夹粉土薄层。稍有光泽，无摇振反应，干强度较高，韧性较高。

④层粉土夹粉质黏土：灰色，湿～很湿，稍密～中密；含云母碎屑，夹软塑～流塑粉质黏土薄层，具水平层理。摇振反应中等，无光泽，干强度低，韧性低。

⑤-1 层粉质黏土：灰～灰黄色，可塑～硬塑；含铁锰质氧化物，夹蓝灰色黏土条纹。有光泽，无摇振反应，干强度高，韧性高。

⑤-2 层粉质黏土：灰黄～褐黄色，硬塑；含铁锰质氧化物及结核，夹蓝灰色黏土条纹。有光泽，无摇振反应，干强度高，韧性高。

⑤-3 层粉质黏土：灰黄色，可塑；含铁锰质氧化物，局部夹粉土团块。有光泽，无摇振反应，干强度较高，韧性较高。

⑤-4 层粉质黏土：灰黄色，可塑～硬塑；含铁锰质氧化物，夹蓝灰色黏土团块。有光泽，无摇振反应，干强度高，韧性高。

2. 水文地质条件

拟建场地在勘察深度范围内地下水主要为赋存于第四系全新统及上更新统中的浅层含

水层、浅层微承压含水层共 2 个含水层。分别为①层杂填土中的潜水和③层粉质黏土、④层粉土夹粉质黏土中的微承压水。

潜水赋存于①层杂填土中，地下水初见水位为 3.15～3.17m，稳定水位为 2.94～3.02m。

微承压水赋存于③层粉质黏土、④层粉土夹粉质黏土中，稳定水位（水头）标高为 1.50～1.64m。

3. 土层物理力学参数

基坑支护设计各土层的参数如表 1 和表 2 所示。

场地土层物理力学参数表 **表 1**

编号	地层名称	含水率	孔隙比	液性指数	重度	固结快剪(C_q)	
		w(%)	e_0	I_L	γ(kN/m^3)	c_k(kPa)	φ_k(°)
①	杂填土	32.7	0.912	0.79	16.5	5	5
②	粉质黏土	25.6	0.781	0.27	19.1	56	12.2
③	粉质黏土	32.9	0.921	0.63	18.6	35	10.2
④	粉土夹粉质黏土	33.9	0.969	1.05	18.3	12	10.7
⑤-1	粉质黏土	24.4	0.695	0.21	19.8	52	13.4
⑤-2	粉质黏土	27.6	0.773	0.23	19.6	59	13.9
⑤-3	粉质黏土	30.9	0.867	0.50	19.0	47	12.9
⑤-4	粉质黏土	30.0	0.861	0.35	18.9	52	12.9

场地土层渗透系数统计表 **表 2**

编号	地层名称	垂直渗透系数 k_V(cm/s)	水平渗透系数 k_H(cm/s)	渗透性
①	杂填土			
②	粉质黏土	2.20E-07	2.84E-07	极微透水
③	粉质黏土	3.41E-06	5.37E-06	微透水
④	粉土夹粉质黏土	2.68E-05	3.96E-05	弱透水
⑤-1	粉质黏土	1.35E-07	1.69E-07	极微透水
⑤-2	粉质黏土	6.01E-08	6.42E-08	极微透水
⑤-3	粉质黏土	1.61E-06	1.85E-06	微透水
⑤-4	粉质黏土	4.29E-07	5.13E-07	极微透水

三、基坑周边环境情况

本工程基坑四周环境较复杂，场地范围较紧，距离建筑物较近，基坑外还存在中山路、新生路、永兴巷等道路，地下不确定性较多。同时，由于基坑位于城市主城区（图 3），周围建筑均较高，建筑物荷载较大，还存在有地下室，最大地下室深度达 6.2m，基坑开挖会造成附加的变形。基坑北侧和西侧均有已建建筑，距离较近，东侧为新生路，南侧为永兴巷，永兴巷对面存在 6 层已建建筑，也需要特别保护。新生路上存在的污水管、雨水管等具体情况如表 3 所示。

周边建（构）筑物统计表 **表3**

已建建筑						
序号	名称	层数	结构形式	基础形式	基础埋深(m)	基坑距离(m)
1	已建病房大楼	12	框剪	筏板	4.5	18.5
2	制剂楼	5	框架	独立柱基	2.5	11.2
3	影像楼	2	框架	独立柱基	2.5	3.6
4	肠道门诊	2	砖混	条基	2.5	1.9～7.8
5	永兴巷住宅	6	砖混	条基	2.5	14.1
6	保险大厦	17	框剪	桩筏	8.5	19.8

已有管线					
序号	名称	管径(mm)	埋深(m)	说明	基坑距离(m)
1	污水	600	3.5	新生路对面	15.5
2	雨水	400	2.5	新生路对面	17.8
3	路灯		0.9	第二人民医院侧	8.9

其他建(构)筑物				
序号	名称	埋深(m)	性质	基坑距离(m)
1	废弃人防	6.2	原中山路旁人防，现废弃	1.1
2	古树	0	文保树木，应确保成活	1.3～2.5
3	第二人民医院冷却池	3.5	基坑施工期间可正常使用	3.5

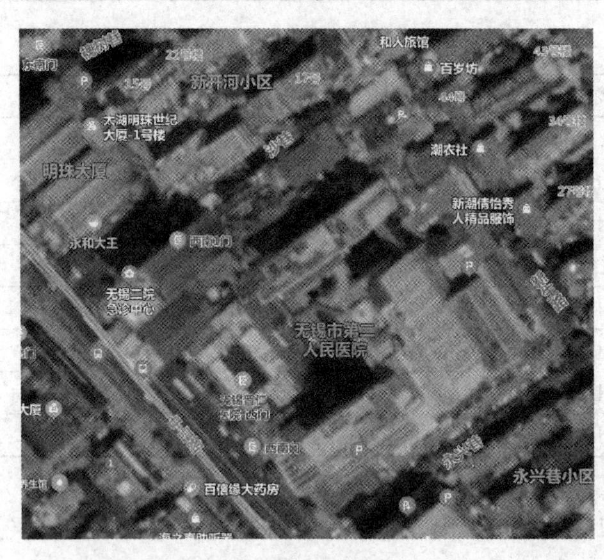

图3 基坑位置图

四、支护设计方案

1. 基坑的特点分析

（1）地质条件复杂

根据地质勘察报告资料，虽然本工程场地土层分布总体情况良好，但还是存在④层粉土夹粉质黏土，该土层对基坑极为不利。另外场地内杂填土层较厚，计算主动土压力较大，对基坑较为不利。

（2）较大的基坑深度和较大的基坑范围

本工程基坑开挖深度较深，一般要达到14.7m（标高－15.2m），局部还会加深，给基坑设计带来了较大的难度。同时基坑开挖范围较大，面积达到$5000m^2$左右。

（3）基坑形状复杂

由于本工程场地条件限制，又考虑到拆迁原因，本工程基坑形状较不规则，存在两个大阳角，同时还有保留树木，给基坑设计带来了较大难度。

2. 基坑支护方案

（1）针对北侧重点保护的建筑、古树及中间影像楼，基坑围护采用钻孔灌注桩加局部支撑的支护形式，钻孔桩直径为1000mm，支撑为3道混凝土支撑。

（2）针对距离稍远、可以施工锚杆的地方采用桩锚结构进行支护，钻孔桩直径为1000mm，锚杆成孔直径为180mm，锚杆钢筋直径为32～40mm，锚杆长度为22～28m，共布置3道锚杆。

（3）针对废弃的人防部位，将人防清理出来，保留人防侧壁和部分底板，其自身形成挡土结构，下部则采用钻孔桩加锚杆进行支护。钻孔桩直径为1000mm，锚杆成孔直径为180mm，锚杆钢筋直径为32～40mm，锚杆长度为22～28m，共布置3道锚杆。

（4）拆撑与换撑在底板位置采用换撑带，楼板位置采用换撑块，在楼板后浇带中设置传力型钢，在楼板大面积开洞位置设置临时传力梁进行换撑。

3. 基坑支护平面图

基坑支护平面如图4所示。

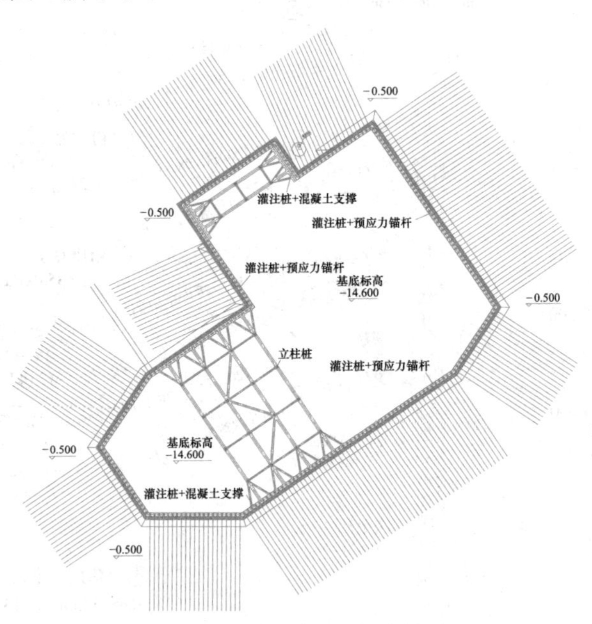

图4 基坑支护平面图

4. 典型基坑支护剖面

典型基坑支护剖面如图5～图7所示。

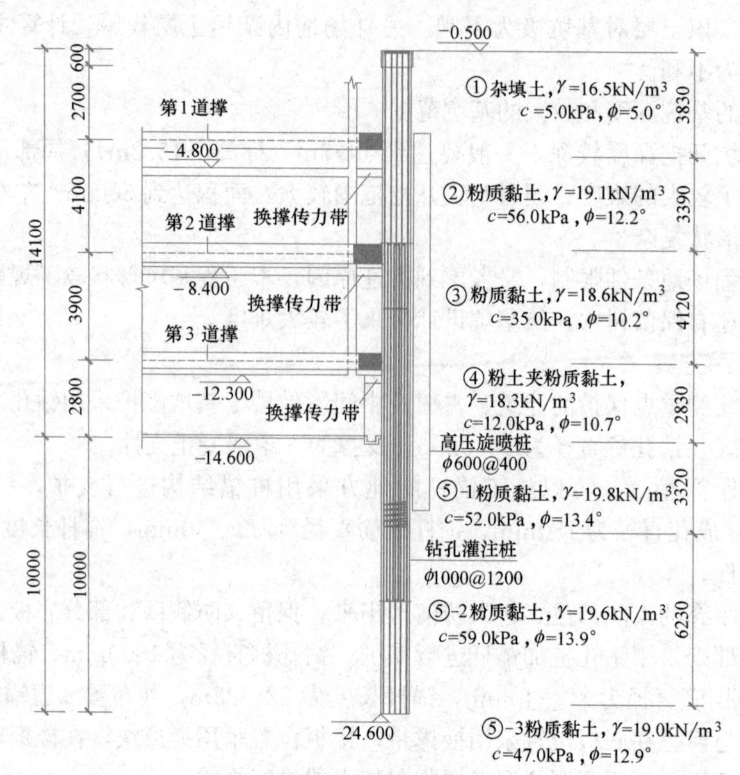

图5 支撑典型断面

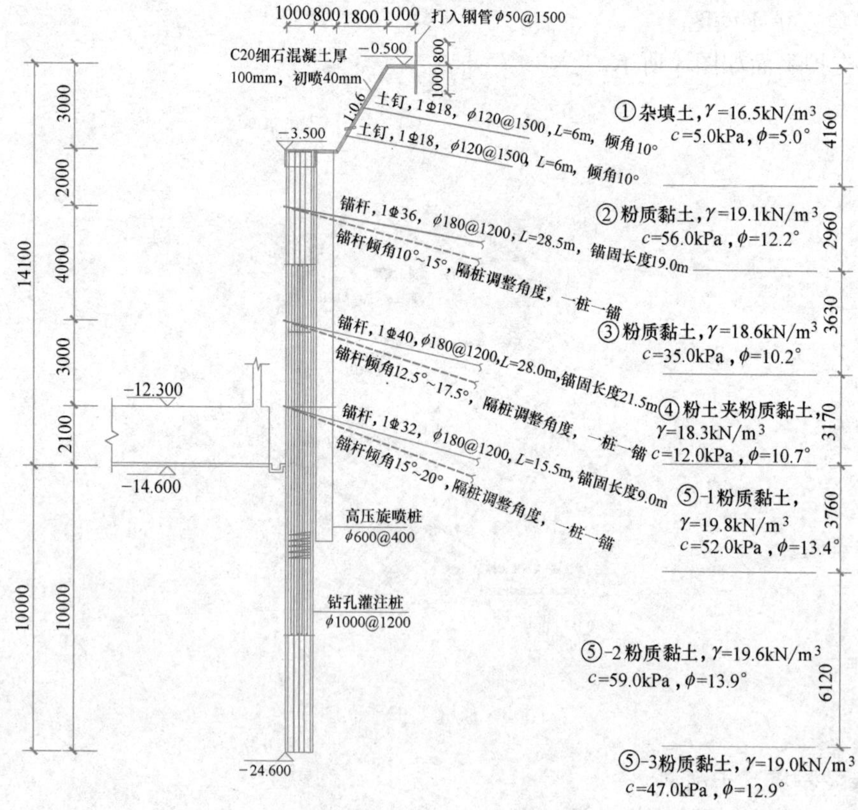

图6 锚杆典型断面

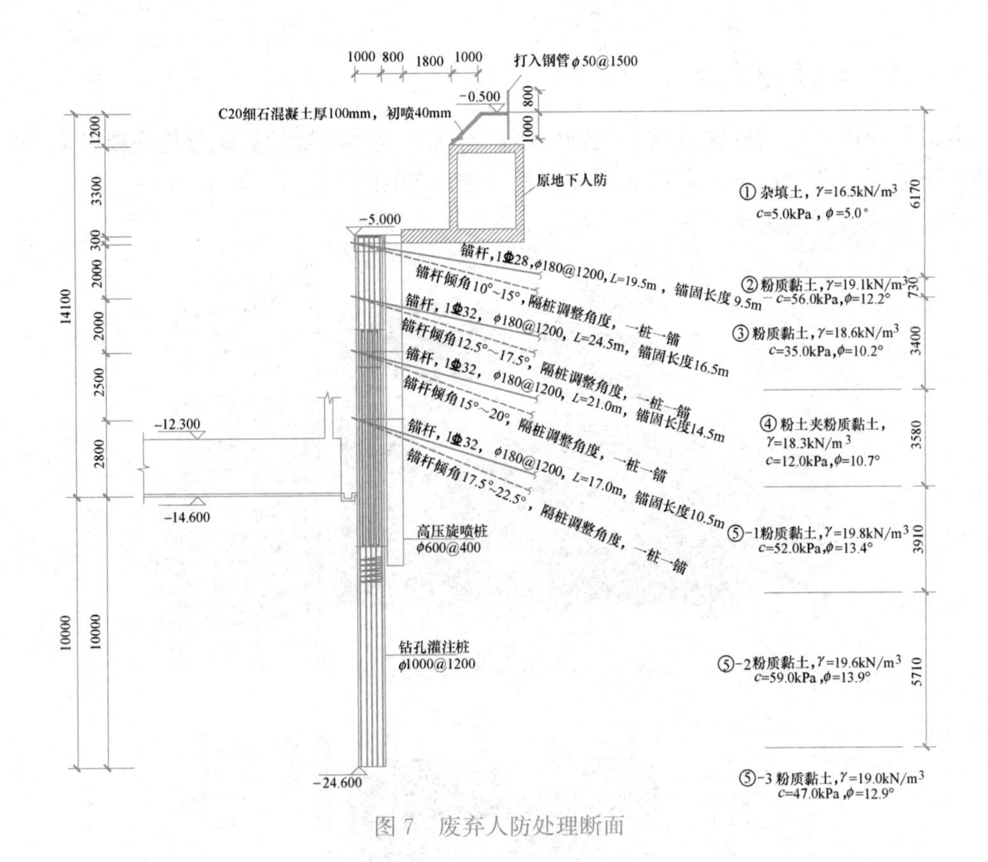

图7 废弃人防处理断面

五、地下水处理

本工程基坑开挖深度范围内存在③层粉质黏土、④层粉土夹粉质黏土承压含水层，基坑采用全封闭止水，周边止水采用高压旋喷桩。坑内布置深井进行疏干降水，共布置15口深井，如图8所示。

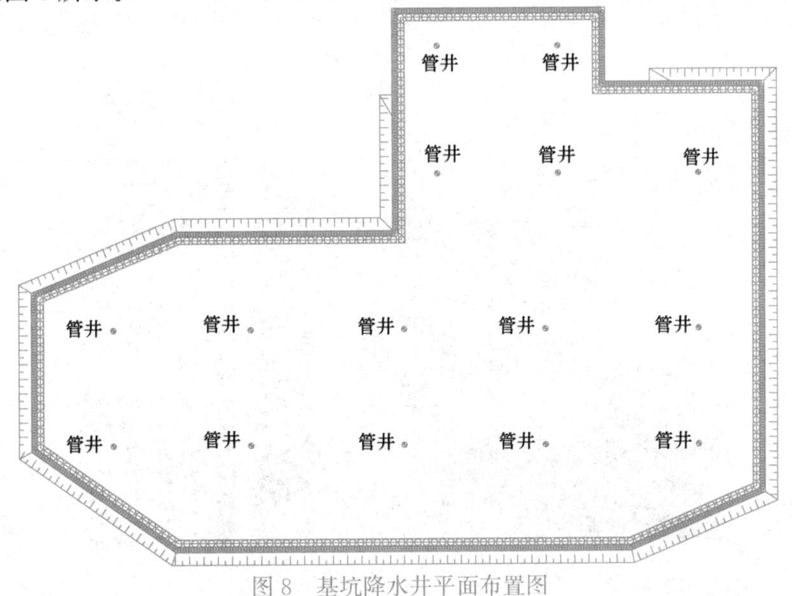

图8 基坑降水井平面布置图

六、周边环境影响分析

本工程周边要保护的建（构）筑物较多，本次对周边环境的影响分析主要针对中间影像楼及肠道门诊两个地方。通过有限元分析，结果如图 9～图 12 所示。

（1）灌注桩+混凝土支撑

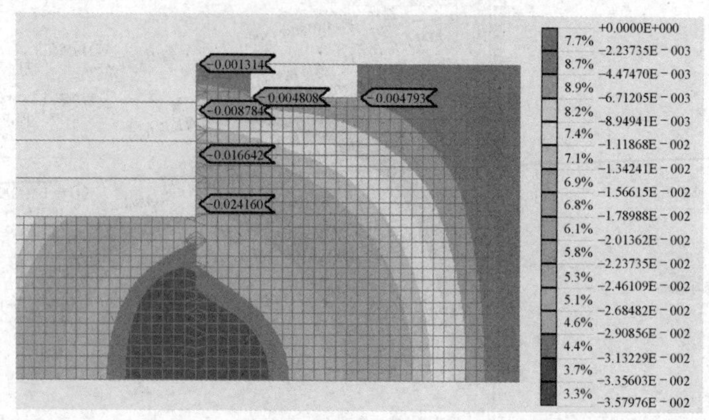

图 9 支撑体系水平位移（m）

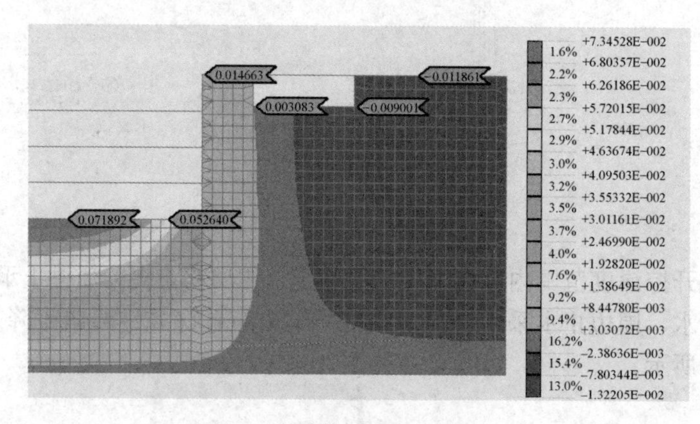

图 10 支撑体系垂直位移（m）

（2）灌注桩+锚杆

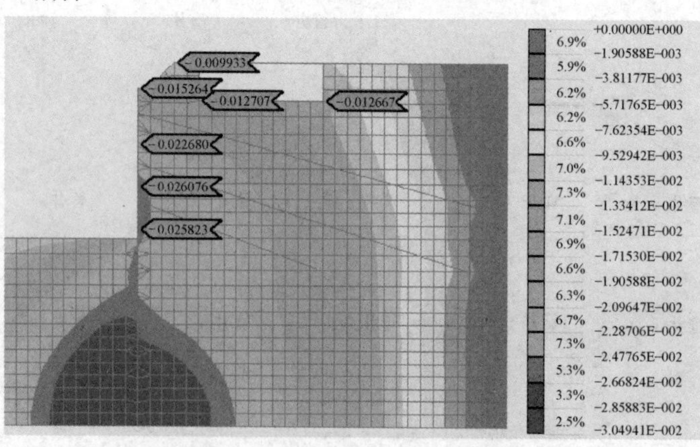

图 11 锚杆体系水平位移（m）

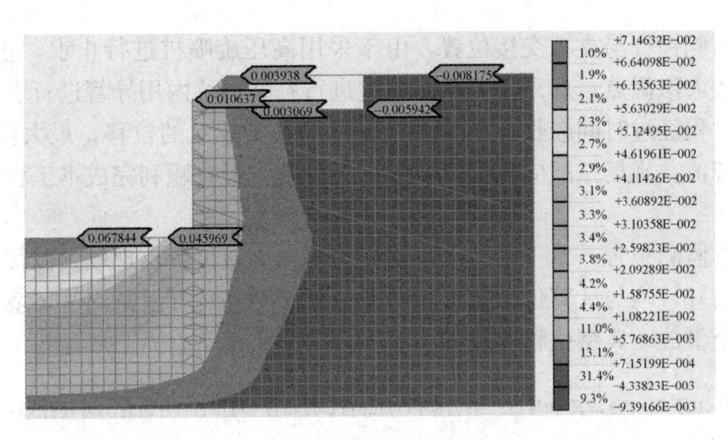

图 12 锚杆体系垂直位移（m）

七、实施效果

1. 基坑施工情况

本工程基坑自 2008 年 8 月底开始施工，2008 年 9 月 25 日完成钻孔桩施工，2008 年 10 月 5 日完成止水桩施工，2008 年 10 月 15 日进行第 1 层土方开挖，2008 年 10 月 30 日完成第 1 道支撑和第 1 道锚杆施工，2008 年 11 月 13 日开始第 2 层土方开挖，2008 年 11 月 30 日完成第 2 道支撑及第 2 道锚杆施工（图 13），2008 年 12 月 15 日开始第 3 层土方开挖，2009 年 1 月 10 日完成第 3 道支撑及第 3 道锚杆施工，2009 年 2 月 25 日进行第 4 层土方开挖，2009 年 3 月 9 日开挖到底浇筑垫层（图 14），2009 年 4 月 4 日浇筑底板，2009 年 4 月 20 日拆除第 3 道支撑，2009 年 5 月 3 日完成负 2 层底板，2009 年 5 月 17 日拆除第 2 道支撑，2009 年 6 月 2 日完成负 1 层底板，2009 年 6 月 12 日拆除第 1 道支撑，2009 年 7 月 13 日地下室回填，回填赶在梅雨之前完成。

在基坑施工过程中，遇到的最大问题就是废弃防空洞。由于已废弃，防空洞内灌满了污水，施工过程中无法判断污水补给及排泄情况，现场在防空洞两端填筑土坝，填土中采用压密注浆止水，再将废弃防空洞内污水抽干，由于压密注浆在填土中渗透的不均匀，出现了较多漏水点，经过几次补浆后才将漏水点封住。

图 13 第 2 层土开挖及第 2 道支撑施工实况

图 14 基坑开挖到底实况

另外基坑南侧锚杆与支撑交接位置，由于采用高压旋喷桩进行止水，止水效果一般，在该处出现了较大渗漏点，后采用高压旋喷桩进行补强，坑内用导管进行引水导流，最终完全封闭。此过程经过时间较长，在漏水点位置出现了较大的位移，最大位移达到 6cm，超过了基坑报警值，现场按照应急预案要求进行抢险，最终顺利完成本工程基坑的施工。

2. 监测结果分析

根据第三方监测报告，本工程除南侧锚杆与支撑交接位置出现较大位移外，其余位置基坑位移情况良好，均与计算位移接近，基本达到了对基坑开挖及周边环境的保护，未出现重大质量安全事故。典型位移曲线如图 15～图 18 所示。

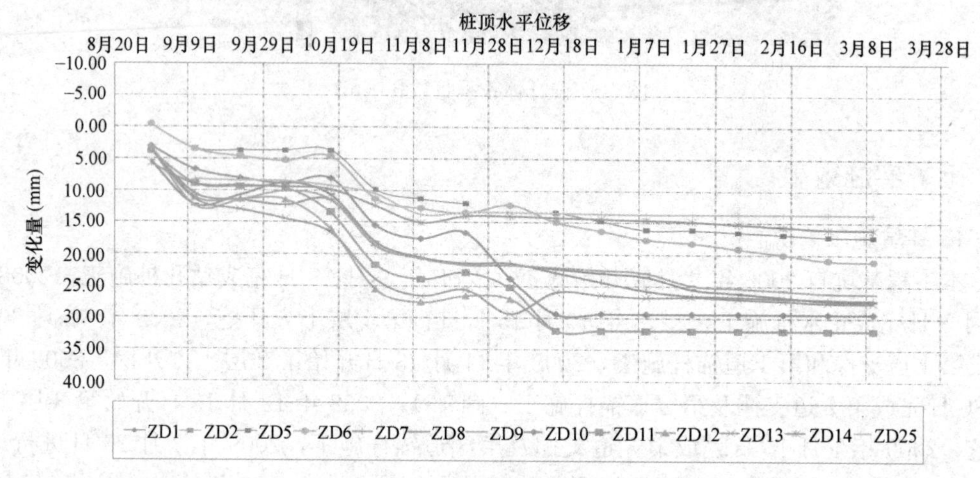

图 15 桩顶位移曲线

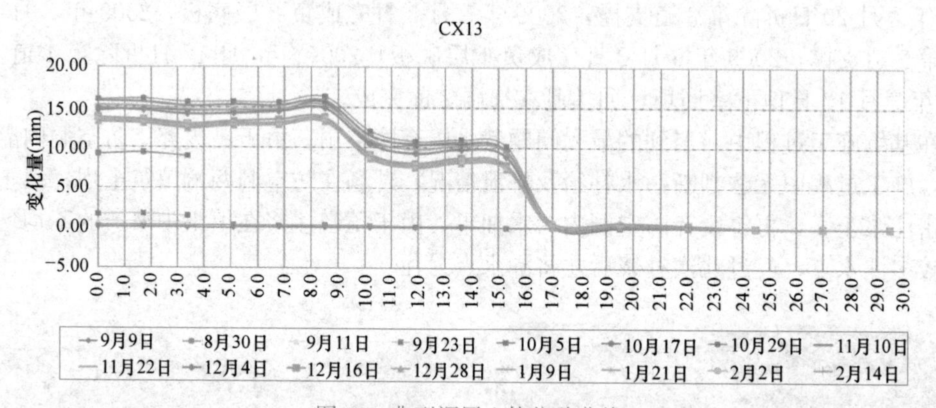

图 16 典型深层土体位移曲线

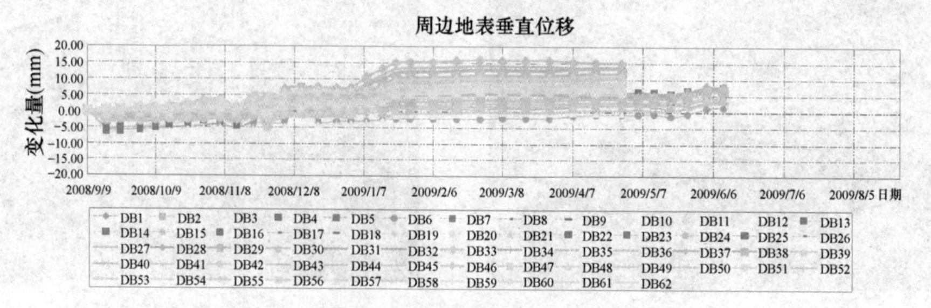

图 17 周边地表沉降曲线

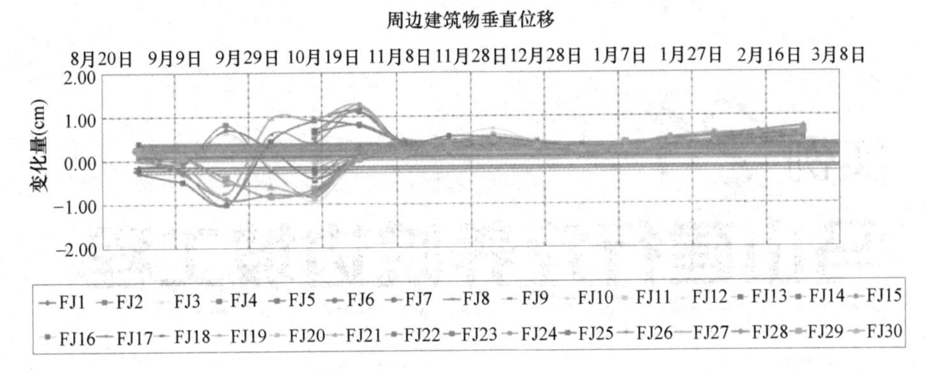

图18　建筑物变形曲线

注：部分建筑由于采用高压旋喷桩施工，其变形有所上抬。

八、本基坑实践总结

（1）本工程基坑采用局部支撑结合锚杆支护，对重点部位加强，次要部位适当放松，没有采用全范围支撑，既节约了工程造价，又方便基坑施工，同时缩短施工工期，取得了较好的效果，并得到有关单位的一致好评。

（2）根据实际监测结果，有支撑的地方位移控制效果明显好于锚杆位置，反演支撑支锚刚度取值偏小，锚杆支锚刚度偏大，理正计算软件中推荐的锚杆支锚刚度比实际要偏大。

（3）由于当时工艺限制，采用高压旋喷桩作为止水帷幕，本工程含水层厚度较薄，但施工中还是出现了多处渗漏点，封堵用了较长时间，同时基坑南侧出现一处较严重渗漏点，致使该部位最大水平位移达到6cm，基坑出现了险情，故基坑止水尽量不要使用高压旋喷桩，其可靠性较差，成本较高。另外在距离建筑物较近位置采用高压旋喷桩止水帷幕，施工后对周边建筑产生了一定的影响，造成变形局部上抬，但本工程上抬量不是很大，未造成不良后果。

（4）本工程影像楼位于阳角位置，基坑施工过程中阳角处位移明显大于其他地方，基坑设计施工中必须重视阳角处理，在阳角位置应增加相应的加强措施，以确保基坑的安全。本工程在阳角位置增加了高压旋喷桩加固，及时控制了建筑物水平位移和沉降，取得了较好的效果。

（5）本工程基坑周边存在较多已有建筑物，而建筑物沉降计算值要稍大于实测值，得益于无锡地区良好的地质条件，上部第一硬土层为超固结土，有效减小了沉降量；同时，根据地面沉降情况，基坑开挖所产生的地面沉降收敛要明显好于抛物线法计算结果，给今后的工作积累了一定的经验。

（6）本工程基坑坑底开挖至无锡地区第二硬土层，土性较好，为超固结土，深层位移曲线在基底下很快收敛，根据本工程经验总结，在这种较硬土层中桩的嵌固长度可适当缩短，工程造价可进一步降低。

实例21 马山建行疗养院边坡工程

一、工程简介

1. 工程概况

中国建设银行无锡疗养院拟进行无锡疗养院改建工程，本工程位于无锡市马山环湖路原桃园山庄（建行无锡疗养院）内。地理位置如图1所示。

根据甲方及设计院提供的建筑物平面图，为3栋3～4层客房（客房区A、B、C楼）、6栋2层独立客房（专属区1～6号楼）。本场地±0.00标高、地下室底板标高（此标高减去底板厚度即为地下室板底标高）和开挖深度如表1所示。

建筑物性质一览表　　表1

建筑物名称及编号	地上层数	地下层数	底板标高	±0.00标高	场地标高	边坡高度
客房区A楼	1～3	局部2	−1.15	4.20	3.0～18.5	4.5～19.6
客房区B楼	2～4	1	8.90～13.60	19.20	14.2～19.2	3.5～10.4
客房区C楼	2～4	1	14.45	19.20	17.8～21.2	3.4～6.8
专属区1号楼	1～2	局部1～2	−3.10～0.95	6.60	5.0～10.0	4.5～9.1
专属区2号楼	1～2	局部1	4.35	8.40	7.5～8.4	3.2～4.0
专属区3号楼	1～2	局部1	7.25	11.30	10.0～11.3	2.7～4.0
专属区4号楼	1～2	局部1	9.85	13.90	11.8～13.9	2.2～4.0
专属区5号楼	1～2	局部1	10.45	14.50	12.5～14.3	2.0～3.9
专属区6号楼	1～2	局部1	12.55	16.60	14.5～16.6	2.0～4.0

基坑位置如图1所示，建筑物情况及周边环境如图2所示。

2. 边坡工程安全等级

根据《建筑边坡工程技术规范》，边坡工程应按其损坏后可能造成的破坏后果（危及人的生命、造成经济损失、产生社会不良影响）的严重性、边坡类型和坡高等因素，根据表2确定安全等级。

图1 基坑位置图

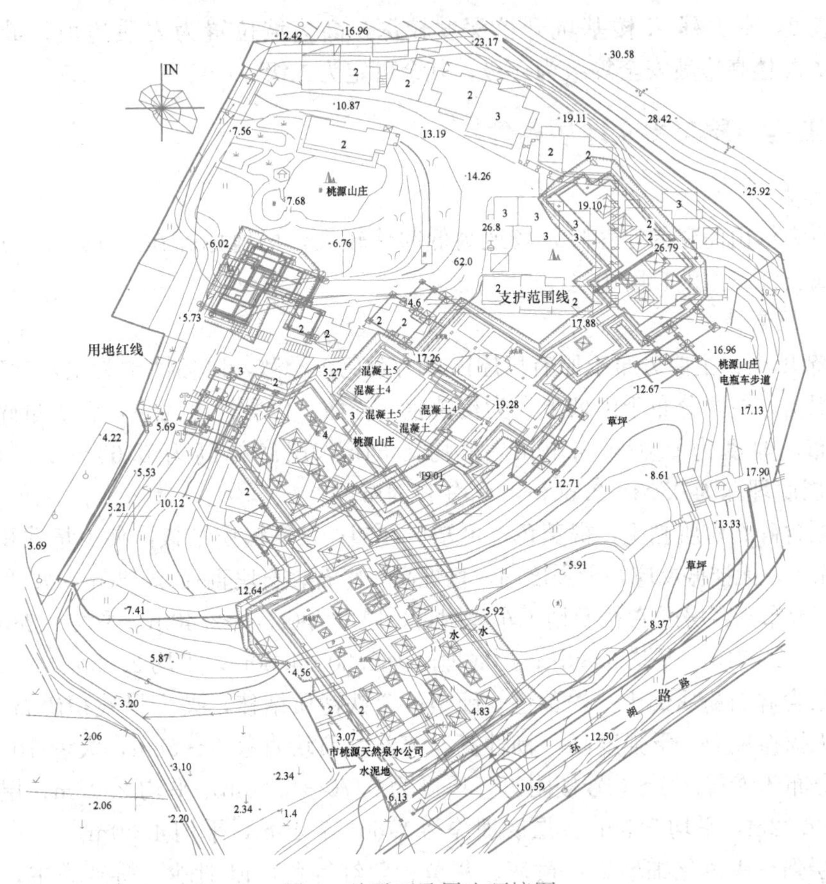

图2 总平面及周边环境图

边坡工程安全等级 **表 2**

<table>
<tr><th colspan="2">边坡类型</th><th>边坡高度
H(m)</th><th>破坏后果</th><th>安全等级</th></tr>
<tr><td rowspan="8">岩质边坡</td><td rowspan="3">岩体类型
为Ⅰ或Ⅱ类</td><td rowspan="3">$H \leqslant 30$</td><td>很严重</td><td>一级</td></tr>
<tr><td>严重</td><td>二级</td></tr>
<tr><td>不严重</td><td>三级</td></tr>
<tr><td rowspan="5">岩体类型
为Ⅲ或Ⅳ类</td><td rowspan="2">$15 < H \leqslant 30$</td><td>很严重</td><td>一级</td></tr>
<tr><td>严重</td><td>二级</td></tr>
<tr><td rowspan="3">$H \leqslant 15$</td><td>很严重</td><td>一级</td></tr>
<tr><td>严重</td><td>二级</td></tr>
<tr><td>不严重</td><td>三级</td></tr>
<tr><td colspan="2" rowspan="5">土质边坡</td><td rowspan="2">$10 < H \leqslant 15$</td><td>很严重</td><td>一级</td></tr>
<tr><td>严重</td><td>二级</td></tr>
<tr><td rowspan="3">$H \leqslant 10$</td><td>很严重</td><td>一级</td></tr>
<tr><td>严重</td><td>二级</td></tr>
<tr><td>不严重</td><td>三级</td></tr>
</table>

根据表 2，本工程 A 楼基坑开挖深度较深，高边坡位置为岩质边坡，最大高度达 19.6m，故 A 楼高边坡安全等级为一级，其余可定为二级。

二、工程地质与水文地质条件

1. 地形地貌

场地原为依山而建的疗养院，场地高低起伏较大，场地标高在 3.13～23.11m 之间。场地地貌属长江三角洲丘陵山区。

2. 地层及岩性

① 层杂填土：主要分布于原有房屋区，为杂色，松散，以黏性土为主，含碎砖石等；局部为残积土，主要分布于山坡上，为褐黄色，松散，以黏性土为主，含少量碎石等。场区普遍分布，厚度为 0.03～3.60m，平均 1.54m；层底标高为 0.63～21.81m，平均 10.17m；层底埋深为 0.03～3.60m，平均 1.54m。

②-1 层含碎石粉质黏土：褐黄色，可塑～硬塑；含铁锰质结核，夹少量残积碎石、石块等，有光泽，无摇振反应，干强度高，韧性高。碎石、石块直径 3～5cm，大者 10～30cm 分布不均，分布于客房区 A 楼及地下车库附近，厚度为 0.30～2.40m，平均 1.38m；层底标高为−1.07～20.71m，平均 3.89m；层底埋深为 1.30～4.50m，平均 2.98m。

②-2 层含碎石粉质黏土：褐黄色，硬塑；含铁锰质结核，夹少量残积碎石、石块等，有光泽，无摇振反应，干强度高，韧性高。碎石、石块直径 3～5cm，大者 10～30cm 分布不均，分布于专属区 1～6 号楼附近，厚度为 0.70～5.20m，平均 2.08m；层底标高为−1.34～19.02m，平均 5.59m；层底埋深为 1.60～7.40m，平均 4.30m。

③-1 层强～中风化细砂岩：黄灰、灰黄、紫红等色，以细砂、粉砂为主，少量泥质砂岩，层状结构，较破碎，强-中风化，钻探易碎，整段岩芯取芯率小，裂隙较发育，裂

隙充填碎石和碎石土等。局部缺失，厚度为 0.60～3.80m，平均 1.91m；层底标高为 −5.14～16.89m，平均 7.64m；层底埋深为 1.70～11.20m，平均 4.07m。

③-2 层弱风化细砂岩：黄灰、灰黄、紫红等色，以细砂、粉砂为主，少量泥质砂岩，矿物成分以长石、石英和泥质成分为主，泥质胶结。裂隙一般发育，层状结构，层理清楚，岩芯取芯率高，大于 80%，属较硬岩、较完整岩。局部缺失，厚度为 2.90m；层底标高为 13.25m；层底埋深为 5.60m。未钻穿。地层倾向为 202°～203°，倾角为 45°～52°。

④-1 层全风化闪长斑岩：黄褐色，稍密～中密，矿物成分已破坏，斑状结构可辨，母岩为闪长斑岩，以角闪石、斜长石为主，少量黑云母、辉石等。属全风化，钻探较易，整段岩芯取芯率小，岩芯呈颗粒状，无胶结物，手能掰碎，可用镐挖，结构基本破坏。无法进行饱和单轴抗压强度试验。呈岩脉状分布，厚度为 2.20～9.60m，平均 4.10m；层底标高为 8.37～17.02m，平均 13.09m；层底埋深为 3.80～12.00m，平均 5.60m。

④-2 层强风化闪长斑岩：黄褐色，中密，矿物成分基本破坏，斑状结构可辨，母岩为闪长斑岩，以角闪石、斜长石为主，少量黑云母、辉石等。属强风化，裂隙发育，钻探较易，整段岩芯取芯率小，岩芯呈颗粒状，局部块状，无胶结物，岩体破碎，可用镐挖，无法进行饱和单轴抗压强度试验。呈岩脉状分布，厚度较大；层顶标高为 8.37～17.02m，平均 13.09m；层顶埋深为 3.80～12.00m，平均 5.60m。

地质剖面如图 3 所示。

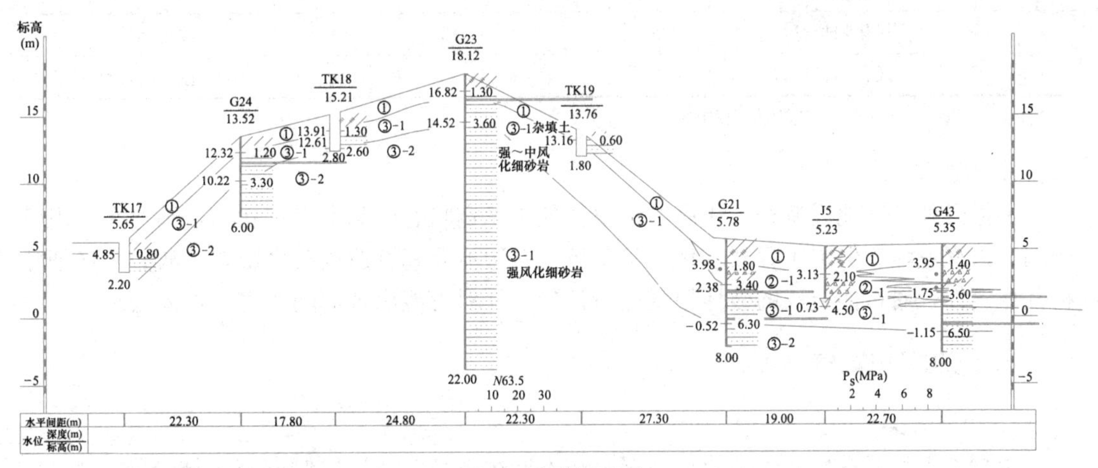

图 3 地质剖面图

3. 地质构造

根据本次勘察取得的地层资料和区域地质资料，场区内未见活动断裂与地裂缝、滑坡等不良地质作用。

本工程场地地貌单一，场地 22.0m 深度范围内地层为第四系全新统（Q4）残积土和下伏泥盆系中、下统矛山群（D1-2ms）泥质粉细砂岩、泥岩，局部见闪长斑岩体（侵入岩脉）。因场地范围较小，所涉及范围内岩层产状与边坡产状变化不大，差异较小，具有可循性，其结构类型如下：

本区为岩质斜交坡，地质报告测得砂岩层面产状一般为 202°～230°，倾角为 45°～52°，由于构造应力作用、卸荷作用，岩体中有层面裂隙、节理发育，未见张开裂隙，岩体总体较完整。经现场实地测量共测节理裂隙52条，发育有优势节理3组，其产状为：①倾向40°，倾角40°～50°；②倾向125°～130°，倾角45°～52°；③倾向308°～315°，倾角40°～51°。

据本次现场踏勘及前期资料，切坡区砂岩风化较弱，主要以卸荷松动为主。

4. 岩土物理力学参数

根据试验数据，结合邻近地区的经验类比数据和参数反演分析结果，综合确定本边坡各类结构面和岩土体物理力学参数如表3所示。

场地岩土层物理力学参数表 **表3**

层号	类别	重度（kN/m³）	f_{rb}（kPa）	黏聚力（kPa）	摩擦角（°）	备注
①	杂填土	17.5	10	10	10	
②-1	含碎石粉质黏土	20.1	10	42.6	15.0	
②-2	含碎石粉质黏土	20.0	10	65.6	15.2	
	砂岩岩层结构面	—		45	15	
	砂岩节理结构面	—		45	15	
③-1	强～中风化细砂岩	25.0	150			
③-2	弱风化细砂岩	25.0	250			
④-1	全风化闪长斑岩	20		40	10	按土类计算
④-2	强风化闪长斑岩	20		50	10	按土类计算

注：f_{rb}——岩石（土）与锚固体黏结强度。

5. 地质结论

根据野外工程地质调查，该高边坡整体处于稳定状态或基本稳定状态，不存在大规模崩塌、滑移危险。但本工程开挖地下室基坑，对边坡及基坑造成较大影响，故必须仔细分析其稳定性，对可能造成的破坏模式进行评价，并对可能出现的问题进行加固处理。

三、边坡稳定性分析

1. 边坡分类

根据本工程开挖后产生的边坡情况，按不同边坡高度及岩层倾向将边坡分类，如表4所示。

边坡分类 **表4**

序号	位置	边坡类型	是否顺层坡	高度(m)
1类	A楼、1号楼北侧及西侧	岩质边坡	是	15～19.6
2类	A楼南侧及东侧	岩质边坡	否	8.0～14.5
3类	B楼、1号楼北侧及西侧	岩质边坡	是	6.0～10.4
4类	B楼、C楼、1号楼南侧及东侧	岩质边坡	否	6.0～10.4
5类	C楼北侧及西侧	风化岩边坡	否	4.0～6.8
6类	A楼、1号楼部分土质地带	土质边坡	否	4.0～7.5

2. 岩质边坡的 SMR 评价

边坡岩体质量评定是根据边坡岩体的某些特征，对边坡岩体进行评分并分类，以评分值多少来评定边坡岩体稳定性的方法。目前常用有 RMR、SMR 和 CSMR 评价方法。RMR 系统考虑了完整岩石强度、岩石质量指标、节理间距、节理条件、地下水等因素对岩体质量的影响。SMR 则又考虑了节理和边坡的相互关系，对 RMR 作了进一步的细化。CSMR 是我国提出的对 SMR 的修正，因 SMR 未考虑边坡高度和控制结构面的条件对边坡稳定性的影响。本段边坡高仅为 19.6m，CSMR 为边坡高度高于 80m 时适用。因此本工程采用 SMR 评价体系对整体稳定性作分析。SMR 是国际上应用较广泛的评定方法，适用性强，在众多重大边坡的稳定性分析中得到了应用，其分析结果与实际情况较一致。

SMR 评分值可通过下式计算：

$$SMR = RMR - F1F2F3 + F4$$

式中 F1——与边坡和节理走向平行度有关的系数；

F2——与节理面倾角有关的系数；

F3——描述边坡角和结构面倾角间关系的系数；

F4——取决于挖方因子的系数。

评分结果如表 5～表 7 所示。

各类岩质边坡 RMR 评分结果 表 5

分类	位置	RMR 评分					
		1	2	3	4	5	合计
1 类	A 楼、1 号楼北侧及西侧	2	19	14	27	7	66
2 类	A 楼南侧及东侧	2	19	14	27	15	74
3 类	B 楼、1 号楼北侧及西侧	2	19	14	27	15	74
4 类	B 楼、C 楼、1 号楼南侧及东侧	2	19	14	27	15	74
5 类	C 楼北侧及西侧	按土质边坡计算					
6 类	A 楼、1 号楼部分土质地带	按土质边坡计算					

各类岩质边坡 SMR 评分结果 表 6

分类	位置	SMR 评分					
		RMR 评分	F1	F2	F3	F4	SMR 评分
1 类	A 楼、1 号楼北侧及西侧	66	1	1	25	0	41
2 类	A 楼南侧及东侧	74	0.15	1	25	0	70.25
3 类	B 楼、1 号楼北侧及西侧	74	1	1	25	0	49
4 类	B 楼、C 楼、1 号楼南侧及东侧	74	0.15	1	25	0	70.25
5 类	C 楼北侧及西侧	按土质边坡计算					
6 类	A 楼、1 号楼部分土质地带	按土质边坡计算					

3. 岩质边坡赤平投影分析与评价

根据岩层产状及节理产状，组合不同结构面，分析不同组合下产生滑动的可能性及破坏形式。

SMR 边坡稳定性结论 **表 7**

分类	位置	SMR 分值	岩体特性	稳定性	破坏模式	加固方式
1类	A楼、1号楼北侧及西侧	41	一般～差	部分稳定～不稳定	小规模的平面或楔形体	系统加固
2类	A楼南侧及东侧	70	好	稳定	掉块、崩塌	局部加固
3类	B楼、1号楼北侧及西侧	49	一般	部分稳定	小规模的平面或楔形体	系统加固
4类	B楼、C楼、1号楼南侧及东侧	70	好	稳定	掉块、崩塌	局部加固
5类	C楼北侧及西侧	按土质边坡评价				
6类	A楼、1号楼部分土质地带	按土质边坡评价				

典型结果如图 4 所示。

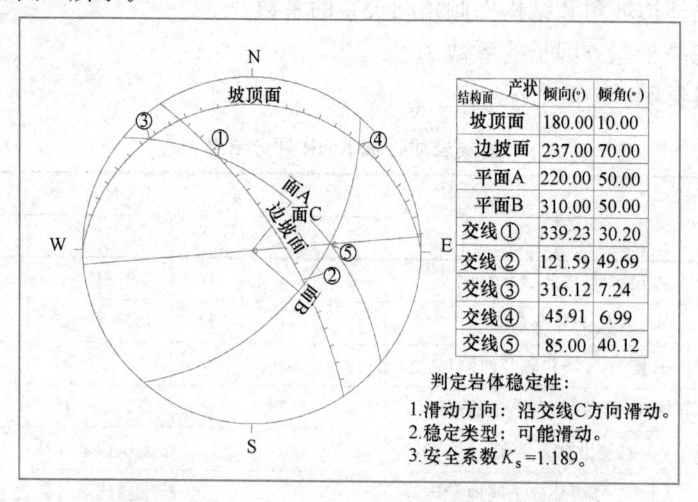

图 4 典型赤平投影分析结果

四、边坡设计计算

1. 计算方法

（1）平面滑动法

对可能产生平面滑动的高切坡宜采用平面滑动法进行计算。平面滑动法的安全系数通用计算公式为：

$$K=\frac{(W\cos\alpha-U)\tan\varphi'+c'F}{W\sin\alpha}$$

式中 W——垂直荷载，包括土条自重和其上部的建筑荷载；

U——作用于滑面上的孔隙水压力；

c'、φ'——滑面抗剪强度（有效应力指标）；

F——滑面面积；

α——滑面倾角。

（2）折线滑动法

对可能产生折线滑动的高切坡应采用推力传递系数法进行计算，其安全系数计算公式为：

$$P_i=(W_i\sin\alpha_i+Q_i\cos\alpha_i)-\frac{c_i'L_i+(W_i\cos\alpha_i-Q_i\sin\alpha_i-U_i)\tan\varphi_i'}{K}+P_{i-1}\cdot\psi_i$$

$$\psi_i=\cos(\alpha_{i-1}-\alpha_i)-\frac{\sin(\alpha_{i-1}-\alpha_i)\tan\varphi_i'}{K}$$

求解安全系数 K 的条件是 $P_n=0$；式中各符号定义同上。

2. 典型计算简图

典型计算简图如图 5 所示。

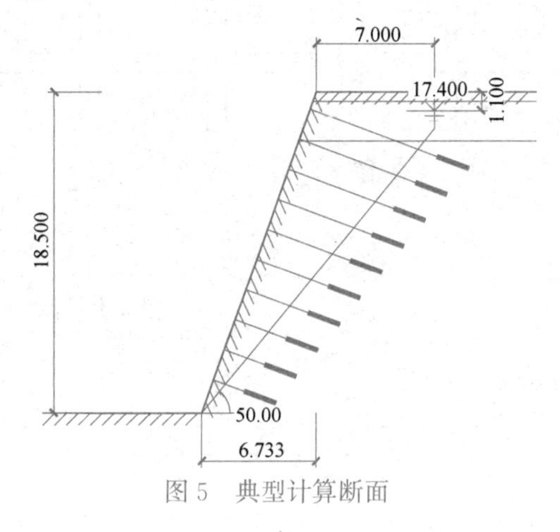

图 5　典型计算断面

3. 典型设计剖面图

典型设计剖面如图 6 所示。

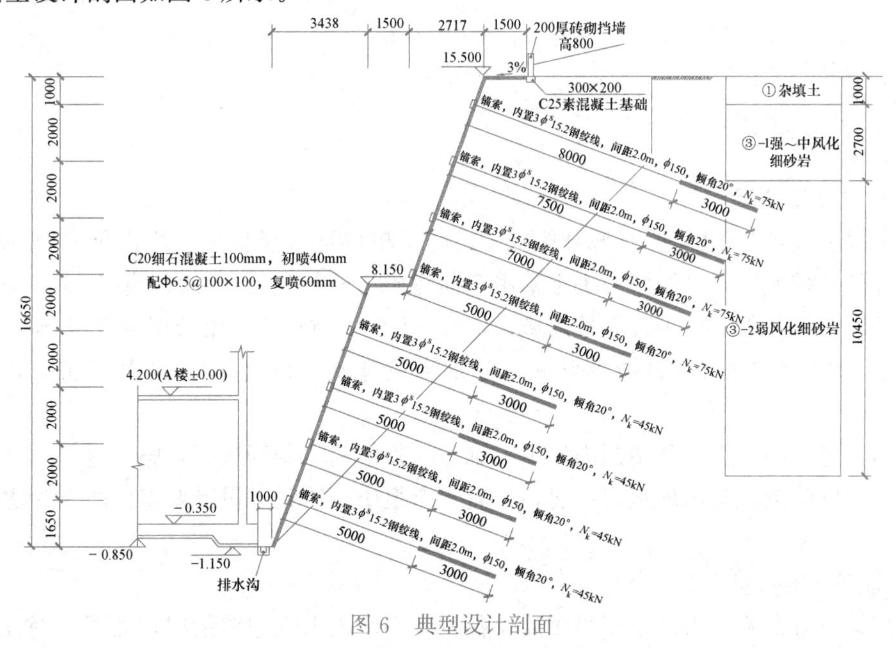

图 6　典型设计剖面

面层处理如图 7 所示。

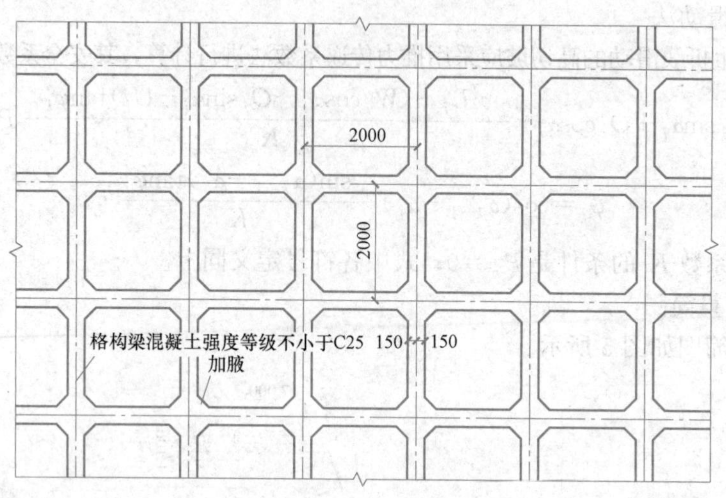

图 7 面层处理图

展开图如图 8 所示。

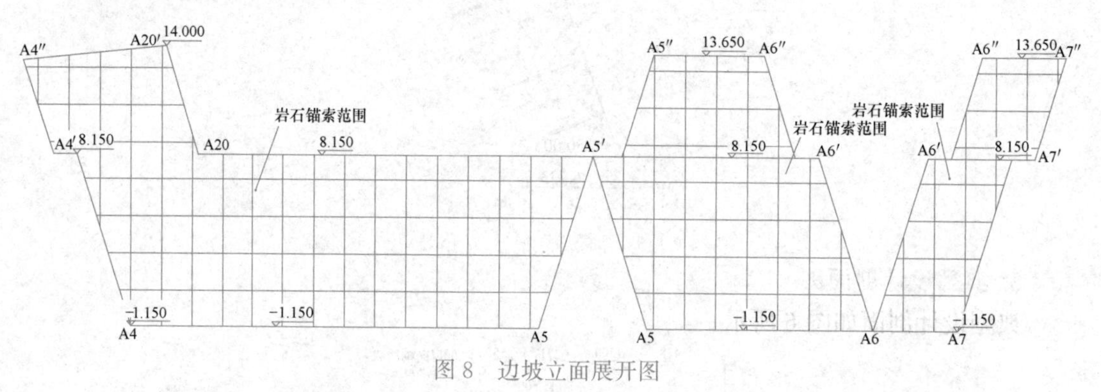

图 8 边坡立面展开图

五、实施效果

1. 边坡施工情况

本工程边坡自 2013 年 9 月底开始施工，施工单位进入场地后发现由于岩石削坡量巨大，石方开采难度极高，经协商决定采用定向爆破方式进行，于 2013 年 10 月 20 日获得爆破许可证，于 2013 年 11 月 7 日爆破，2013 年 11 月 15 日开始分层开挖并施工岩石锚杆，并于 2014 年 3 月 20 日清理到底，分批浇筑基础，最终于 2014 年 5 月 14 日回填完成。

在施工过程中，除刚开始开山发生困难外，其他基本顺利进行。施工过程中对边坡坡顶进行了变形监测，未出现报警情况，工后变形很小，达到了设计要求。图 9 为建设过程中照片。

2. 监测结果分析

根据第三方监测报告，本工程工后位移均较小，未出现报警情况，如图 10 所示。

图 9　建设过程中照片

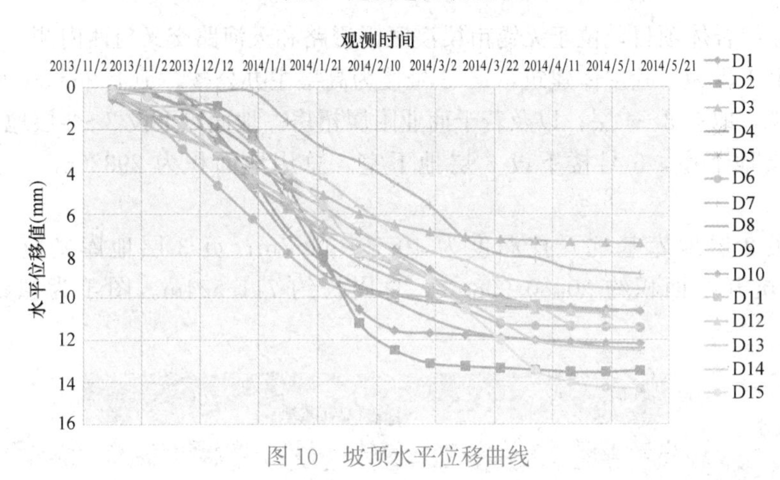

图 10　坡顶水平位移曲线

六、本基坑实践总结

（1）由于岩石较硬，监测时只进行了坡顶水平位移及坡顶沉降监测，而深层位移未进行监测，施工过程中边坡的稳定性始终无法通过监测来判断，虽然最后开挖到底时补充了几个位移监测点，但其结果不能反映整个施工过程中的变形情况，故边坡工程设计时必须强调深层位移的重要性，做到全过程控制。

（2）本工程岩层开始用普通凿岩机施工，施工难度较大，进度缓慢，改用爆破法后，由于爆破点间距过大，岩面平整度较差，修理岩面花了较长时间，实际面层工程量远大于设计值，面层厚度极不均匀。第 2 次爆破时及时吸取经验教训，增加了一倍爆破点，总用药量未增加，而效果要明显好于第 1 次。故采用爆破法时应根据岩层的性质尽量采用密集爆炸点，用药少的方法进行。

（3）本工程施工过程中对山上汇水未重视，施工过程中碰到了几天连续降雨，地表水从坡顶渗入坡面，最后从坡底涌出，坡底面层承受水压过大，多处冲坏，故边坡设计中必须同时注意边坡汇水，做好截水及引流工作，防止地表（地下）水对边坡产生影响。

（4）计算时为了确保边坡的安全，边坡坡度定在 60°～65°，施工过程中石方挖方量巨大，且难度较大，后面回填时，结构单位为防止回填土对结构产生不良影响而浇筑了素混凝土，工程造价较高，故在边坡处理设计中必须综合考虑安全性和土石方造价，因地制宜，防止产生不必要的浪费。

实例 22
刘潭商业综合体项目深基坑工程

一、工程简介

刘潭商业综合体项目，位于无锡市梁溪区锡澄路和天河路交叉口西南侧。

地面以上工程为 5 幢主体建筑，1～3 号楼为高层主办公楼，地上 26～30 层；4～5 号楼为商业建筑，地上 3～4 层；以及若干商业附属裙房。地面以下设 2～3 层地下室，1～4 号楼下设 2 层地下室，5 号楼下设 3 层地下室。总用地面积为 29326m^2，总建筑面积为 193433m^2。

本项目负 2 层地库基坑开挖深度为 10.7～11.7m；负 3 层地库基坑开挖深度为 14.80m，基坑开挖面积约 30480.908m^2，总周长约 711.524m。图 1 为拟建场地地理位置。

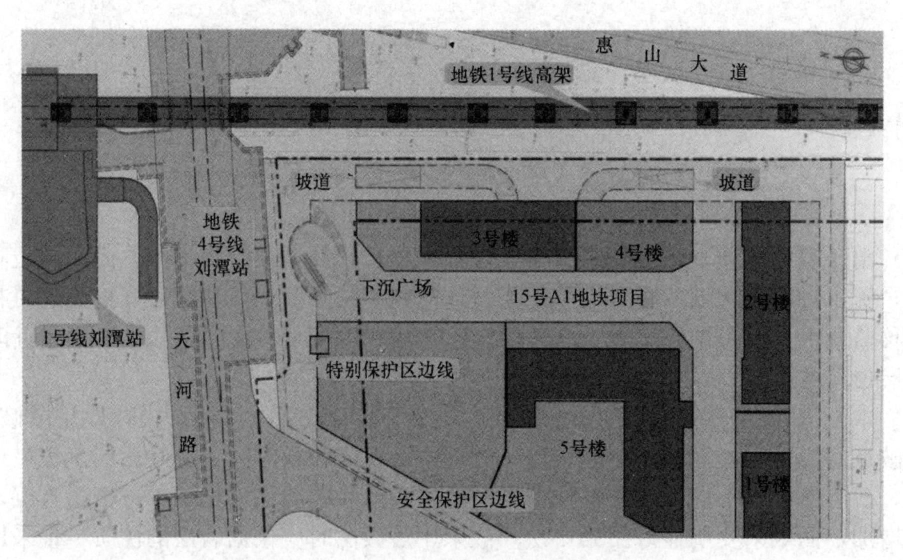

图 1　本工程场地地理位置

二、工程地质与水文地质条件

1. 工程地质条件

无锡市区位于扬子准地台下扬子台褶带东端。印支运动（距今约 2.3 亿年）持续至白垩纪晚世，渐趋宁静，该区构造格架基本定型。进入新生代，地壳运动总的趋势是山区缓慢上升，平原区缓慢沉降，并时有短暂海侵。

本工程场地勘察深度范围内地层为第四系全新统、更新统沉积物，属长江中下游冲积沉积，地貌单元为冲湖积平原。基坑开挖影响范围内典型地层剖面如图 2 所示。

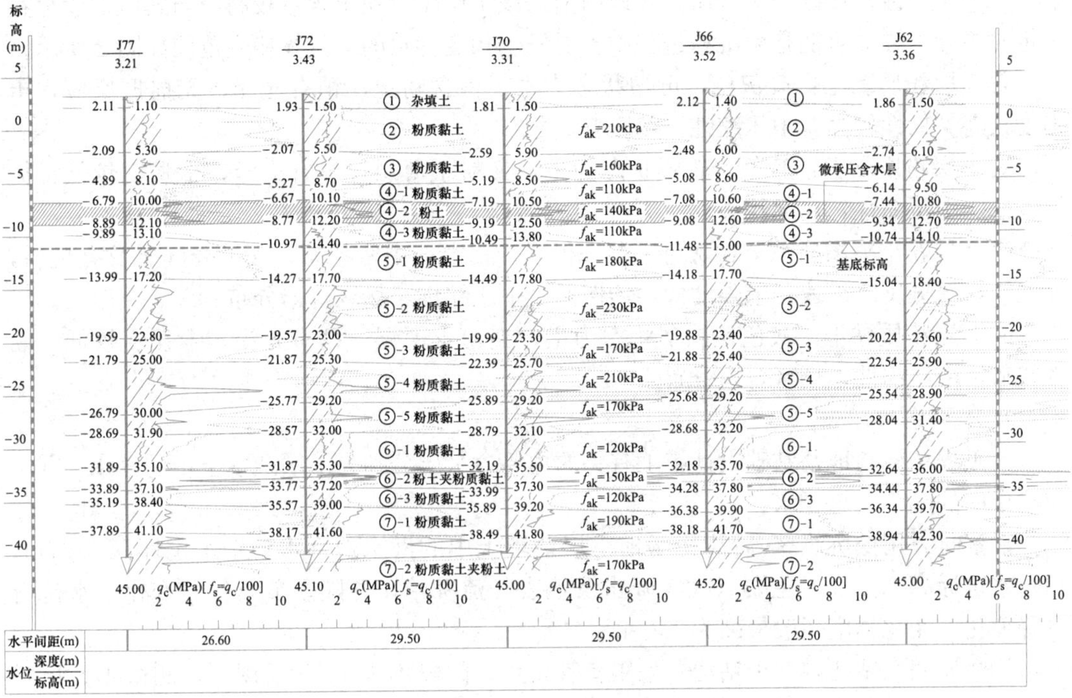

图 2　典型工程地质剖面图

场地属长江三角洲冲积平原，整个基坑开挖影响范围之内的土层自上而下依次为：

① 层杂填土：杂色，结构松散，含混凝土碎块、碎砖等建筑垃圾，场区普遍分布。

② 层粉质黏土：灰黄色，可塑～硬塑状态，含铁锰质氧化物，有光泽，干强度高，韧性高，中压缩性，场区普遍分布。

③ 层粉质黏土：灰黄色，可塑状态为主，夹粉土薄层，局部有粉土团块，稍有光泽，干强度中等，韧性中等，中压缩性，场区普遍分布。

④-1 层粉质黏土：灰色，软塑状态为主，含粉土，稍有光泽，韧性较低，干强度较低，中压缩性，局部缺失，该层压缩模量室内试验值偏大，可能由于土样不均匀（含粉土）引起。

④-2 层粉土：灰色，湿，稍密～中密状态，含云母碎片，局部夹粉砂，摇振反应迅速，干强度低，韧性低，中压缩性，场区普遍分布。

④-3 层粉质黏土：灰色，软塑状态为主，稍有光泽，韧性较低，干强度较低，中压缩性，场区普遍分布。

⑤-1 层粉质黏土：青灰～黄灰色，可塑为主，局部硬塑，含少量褐色氧化物。有光泽，无摇振反应，干强度较高，韧性较高，中压缩性，场区普遍分布。

⑤-2 层粉质黏土：灰黄色，硬塑状态，含铁锰质氧化物，有光泽，无摇振反应，韧性高，干强度高，中低压缩性，场区普遍分布。

⑤-3 层粉质黏土：黄灰色，可塑状态为主，干强度较高，韧性较高，中压缩性，场

区普遍分布。

⑤-4 层粉质黏土：灰黄色，可塑～硬塑状态，有光泽，无摇振反应，干强度高，韧性高，中压缩性，场区普遍分布。场地西南角该土层位置粉土含量较高，与其他地段存在一定的差异，推测可能是由沉积过程中土层发生相变导致的，具体相变范围如图 2 所示。

⑤-5 层粉质黏土：黄灰色，可塑状态为主，稍含粉土，稍有光泽，无摇振反应，干强度较高，韧性较高，中压缩性，场区普遍分布。

⑥-1 层粉质黏土：灰色，软塑状态为主，夹粉土薄层，稍有光泽，干强度较低，韧性较低，中压缩性，局部缺失。

⑥-2 层粉土夹粉质黏土：灰色，湿～很湿，稍密～中密状态，含贝壳碎屑及有机质，无光泽，摇振反应迅速，干强度低，韧性低，中压缩性，场区普遍分布。

⑥-3 层粉质黏土：灰色，软塑状态为主，夹粉土薄层，稍有光泽，干强度较低，韧性较低，中压缩性，场区普遍分布。

2. 地下水条件

本工程场地与地基基础设计施工有关的主要含水层分别为①层杂填土中的潜水、④-2 层粉土中的浅部微承压水。

勘察时采用挖坑法 8h 后测得场地①层杂填土中的潜水地下水稳定水位埋深 0.97m，稳定水位标高 2.49m，主要靠大气降水及地表径流补给，并随季节与气候变化，水位有升降变化，变化幅度一般最高为 1.00m。

勘察期间在钻孔内（干钻法）采用套管止水，间隔不少于 8h 后观测，测得④-2 层粉土中的浅部微承压水标高为 1.39～1.54m。该层地下水主要靠大气降水和地表水体侧向补给，透水性较好、富水性较好。

3. 岩土工程设计参数

根据岩土工程勘察报告，本项目主要地层岩土工程设计参数如表 1 和表 2 所示。

场地土层物理力学参数表 表 1

编号	地层名称	含水率	孔隙比	液性指数	重度	固结快剪(C_q)	
		w(%)	e_0	I_L	γ(kN/m^3)	c_k(kPa)	φ_k(°)
①	杂填土				(17.0)	(5)	(5)
②	粉质黏土	23.7	0.665	0.22	20.0	58	12.7
③	粉质黏土	27.1	0.762	0.62	19.4	26	13.5
④-1	粉质黏土	29.0	0.813	0.77	19.2	16	13.2
④-2	粉土	28.4	0.786	0.78	19.3	9	23.2
④-3	粉质黏土	31.7	0.880	0.87	19.0	20	9.2
⑤-1	粉质黏土	24.2	0.672	0.30	20.1	50	12.4
⑤-2	粉质黏土	22.9	0.631	0.15	20.3	67	12.9

场地土层渗透系数统计表 表 2

编号	地层名称	垂直渗透系数 k_V(cm/s)	水平渗透系数 k_H(cm/s)	渗透性
①	杂填土			
②	粉质黏土	4.27E-08	5.15E-08	极微透水

续表

编号	地层名称	垂直渗透系数 k_V(cm/s)	水平渗透系数 k_H(cm/s)	渗透性
③	粉质黏土	4.83E-06	4.92E-06	微透水
④-1	粉质黏土	9.35E-06	8.75E-06	微透水
④-2	粉土	8.65E-05	8.76E-05	弱透水
④-3	粉质黏土	2.39E-06	2.69E-06	微透水
⑤-1	粉质黏土	6.21E-08	6.86E-08	极微透水
⑤-2	粉质黏土	3.57E-08	3.77E-08	极微透水

三、基坑周边环境情况

1. 周边环境情况

(1) 北侧：规划天河路（图 3）、规划地铁车站。

地库边线距离该侧用地红线约 7.4～13.6m，距离规划地铁车站边线约 7.4～16.2m，距离规划地铁车站保护线约 2.4～27.6m。

(2) 东侧：运行地铁 1 号线高架（图 6）。

地库边线距离该侧用地红线约 13.5m，距离地铁 1 号线高架边线约 23.5m。

(3) 南侧：现状围墙线（图 5）。

地库边线距离该侧用地红线（即现状围墙线）约 8.4m，围墙外为一工厂附属用房及仓库。

(4) 西侧：用地红线、后期规划道路。

地库边线距离该侧用地红线（即后期规划道路边线）约 0.8m，距离远处未拆迁建筑（图 4）约 39.1m。

图 3 基坑北侧规划天河路

图 4 基坑西侧未拆迁建筑

图 5 基坑南侧围墙及电杆

图 6 基坑东侧地铁 1 号线高架桥

2. 周边管线简介

（1）东侧：地库边线距离电线杆约 13.1m。

（2）南侧：地库边线距离电线杆约 4.6～7.2m。

考虑到本基坑实际开挖深度较大，场地周边环境条件复杂，尤其是场地东侧临近正在运营的地铁 1 号线高架桥，故本基坑各侧壁安全等级按一级考虑。

四、支护设计方案

1. 支护设计方案选型

基坑支护设计方案确定时应遵循以下原则：安全可靠、施工可行、技术先进、经济合理。

本项目基坑开挖深度为 7.9～14.8m，开挖深度较深，结合基坑周边环境情况：

（1）东侧，临近运营的地铁 1 号线高架桥，为重点保护对象，安全保护等级最高；

（2）北侧，临近规划的地铁 4 号线及车站，特别保护区范围内土层不得扰动，安全保护等级次之；

（3）南侧，临近工厂的围墙、附属用房及仓库，有一定的距离，安全保护等级一般；

（4）西侧，规划道路尚未修建，距离未拆迁建筑约 39.1m，除此之外均为空地，安全保护等级最低。

依据对周边环境情况的调查分析，本项目基坑围护结构按不同区段的安全保护等级分类，进行分区段考虑。

2. 重点部位设计

由于本项目周边环境情况各不相同，基坑各区段的安全保护等级也不完全相同，依据对周边环境的详细调查和分析后，形成如下设计思路：

（1）东侧：临近运营的地铁 1 号线高架，严禁扰动轨道特别保护线内的土体，这是本项目的重点保护对象，支护结构需要特别加强，采用抗侧移刚度较大的排桩＋混凝土内支撑的支护体系。

1）由于本基坑开挖面积较大，如果采用大面积支撑体系，会对整个项目的施工进度、实施难度都造成极大的影响，故考虑合理规划施工进度，分区实施，先施工远离轨道高架的 5 号楼地库，并后期将已完成的地库主体作为支承点，与支护结构形成整体，达到支护效果。

2）将先建且已完成的 5 号楼地库主体作为支承点，可极大地缩短支撑梁的受压长度，提高支撑刚度，有效控制支护桩顶位移，确保邻近轨道高架的安全。

3）5 号楼地库先开挖施工，距离轨道高架较远，有足够的安全距离，可以直接采用放坡的方式实施，对施工进度极为有利。

4）利用已完成的 5 号楼地库主体结构作为支承点，形成局部支撑体系，可以避免大面积的支撑结构，很大程度上节省造价。

（2）东北角：临近规划的 4 号线及车站，尚未施工，轨道特别保护线内的土体严禁扰动，有利的方面是角部位置容易形成支撑体系，故采用排桩＋混凝土角支撑的支护体系。

（3）西侧、西北角：外侧可利用空间较大，距离需保护对象较远，安全等级相对较低，采用上部放坡卸载，下部灌注桩＋可回收锚索的支护体系。

（4）南侧：临近现状围墙及厂区内附属用房、仓库等建筑，可利用的空间很小，安全等级一般，采用灌注桩＋可回收锚索的支护体系。

3. 基坑支护平面

根据支护方案选型分析思路，基坑支护结构平面布置如图 7 所示。

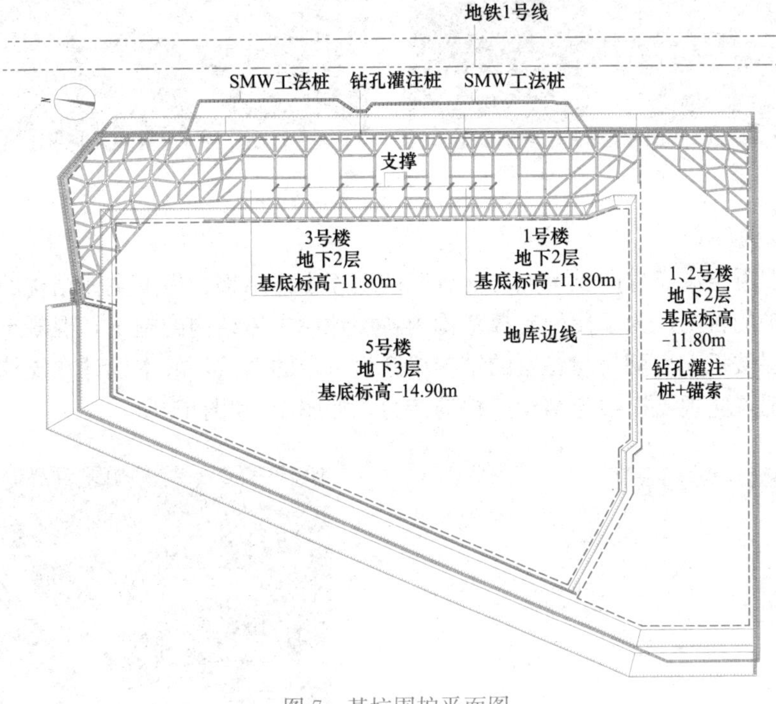

图 7　基坑围护平面图

4. 典型基坑支护剖面

图 8 为本项目基坑支护典型剖面——东侧临近地铁 1 号线高架桥的基坑支护剖面。

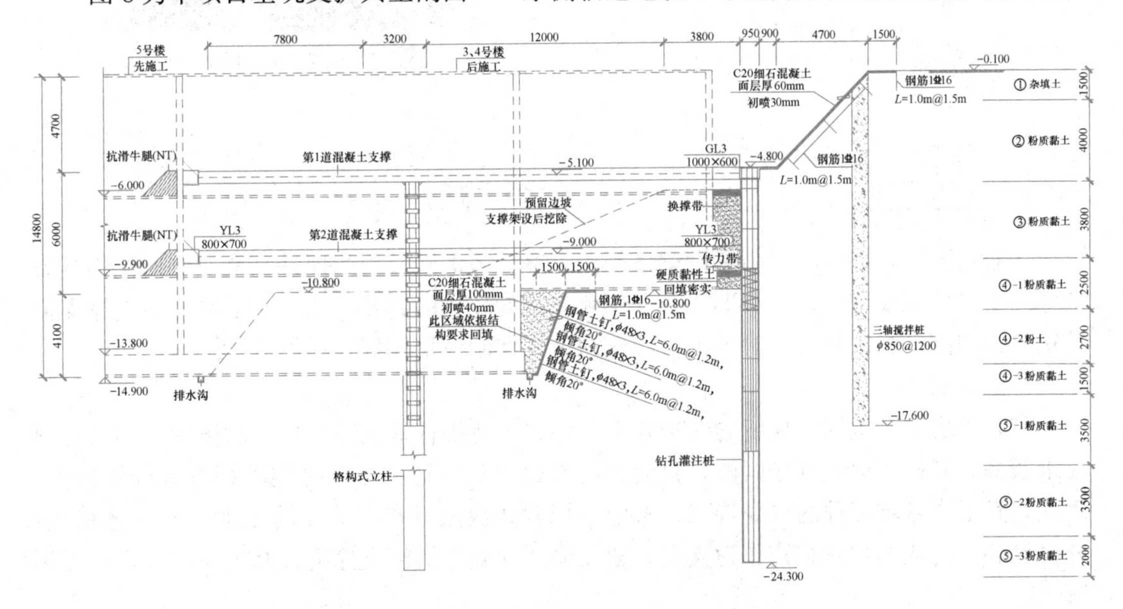

图 8　东侧临近地铁 1 号线高架桥的基坑支护剖面

现场实际施工照片如图 9 所示。

图 9 现场实际施工照片

5. 细节处理

本项目混凝土内支撑的支承点为先施工的地库主体结构，借助主体结构的梁柱传力体系，达到支护的目的。为了便于支撑范围内各层地库主体结构的施工，混凝土内支撑的标高应避开各层楼板，也就是与各层的结构梁产生一定的高差，故本设计在支撑端部设置混凝土抗滑牛腿，实现支撑梁与结构梁柱的传力，如图 10 和图 11 所示。

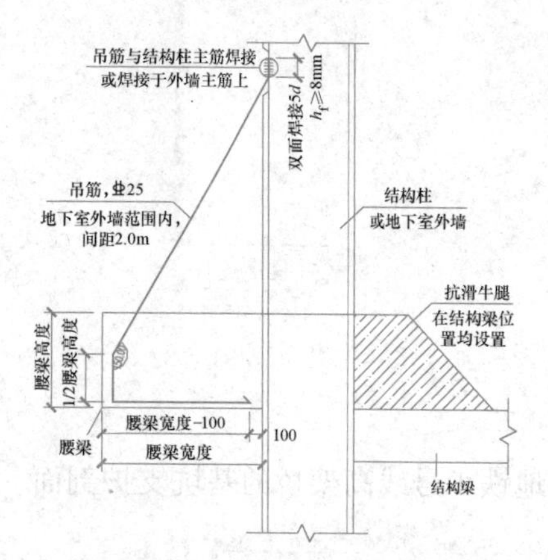

图 10 支撑梁与地库结构连接大样图

图 11 抗滑牛腿现场照片

五、支护设计方案比选

1. 整体开挖方案

一般情况下，基坑施工会考虑整体开挖方案，考虑到邻边的地铁高架对侧向位移极为敏感，且开挖深度较大，支护形式会选用侧向刚度较大的钻孔灌注桩+混凝土内支撑支护结构，侧向刚度相对较大，对支护桩的侧向位移控制效果较好，详见图 12。

2. 盆式开挖方案

综合考虑本基坑周边环境的保护要求，除去东侧现存地铁高架桥，对侧向位移的控制要求较高，其他三面尤其是西侧，目前为尚无建筑的空地，且短时期内都没有开发要求。因此，针对本基坑工程的自身特点，考虑采用盆式放坡开挖，分期施工地下室主体结构，并将已施工完成的主体结构作为支点，架设局部混凝土桁架支撑进行基坑支护处理，详见图 13。

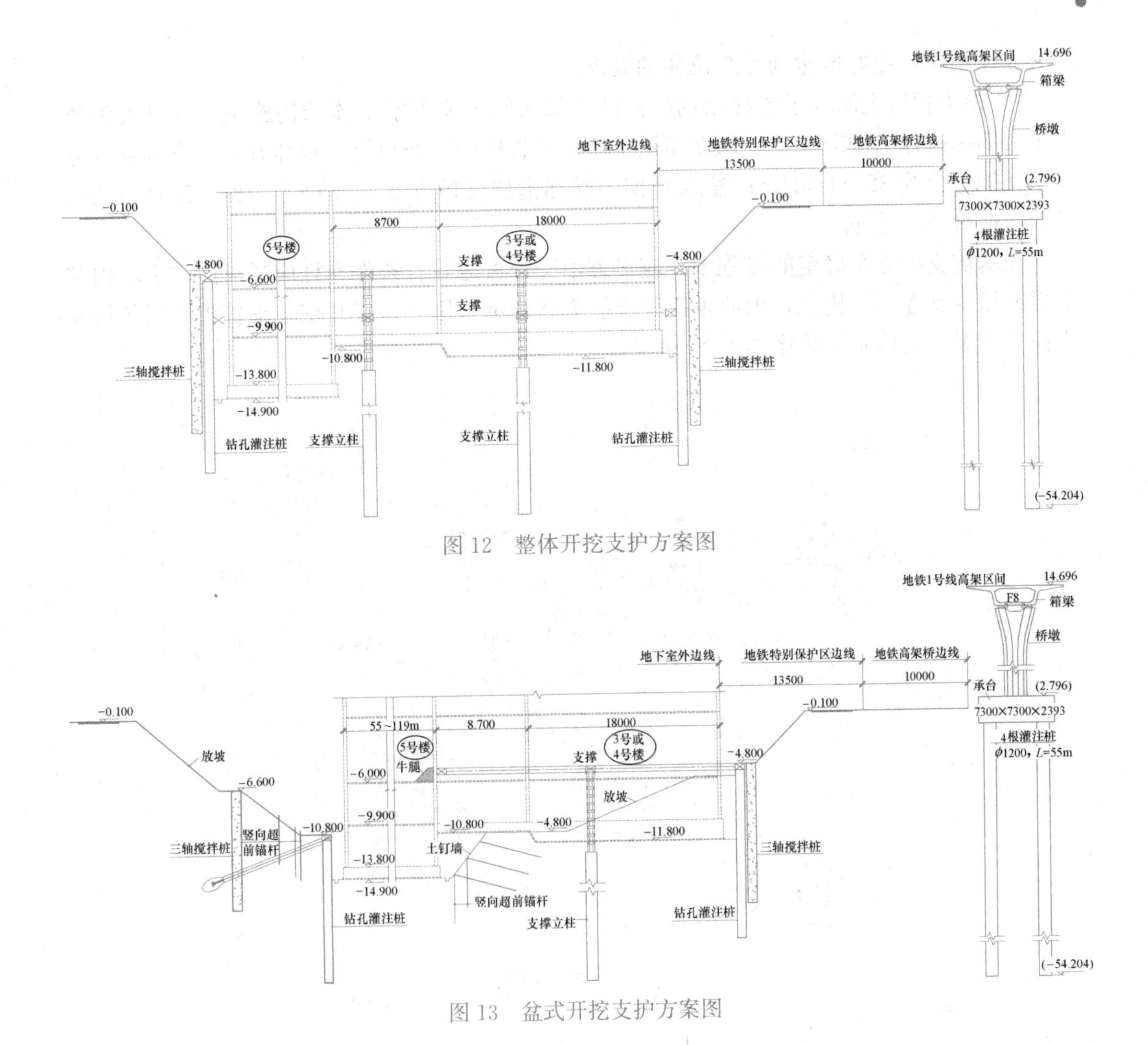

图 12　整体开挖支护方案图

图 13　盆式开挖支护方案图

3. 方案比选

（1）整体开挖，支护桩＋全局支撑

1）由于基坑的面积较大，势必导致支撑结构构件长度较长，从而在一定程度上减小支撑刚度，为符合位移要求，需设置 2 道支撑，工程造价相对较高。

2）基坑内部基本整体覆盖支撑构件，加上诸多支撑立柱桩，使基坑内部施工空间受到一定限制，给施工带来诸多不便，使工期受到影响。

3）大量的支撑构件后期需要拆除，花费诸多人力物力，进一步影响工期，并增加一定工程费用。

4）鉴于内支撑支护体系的受力特点，全局支撑方案造成基坑其他几侧支护形式可选择的余地不大，有可能造成不必要的浪费。

（2）盆式开挖，支护桩＋局部桁架支撑方案

1）前期采用盆式放坡开挖，利用预留反压土保证基坑侧壁的稳定性，可达到支护的目的，方便可行，省去另作支护的时间和费用，节约工期和造价。

2）后期利用已经施工完成的地下室主体结构作为支承点，大大缩短支撑构件的长度，

增大支撑刚度，更好地达到控制位移的效果。

3）很大程度上减少了支撑结构的构件，从而便于地下室主体结构施工，并且大大减少了后期拆换撑的烦琐工序，从而缩短工期，节省造价。经核算，整体开挖、全局支撑方案的支护造价约 32381 元/m；盆式开挖、局部桁架支撑方案的支护造价约 21354 元/m，可节约造价 34%左右。

在基坑支护方案确定的过程中，应多方面综合考虑，若条件允许应尽可能省去坑内部支撑或较少支撑结构构件，因此本工程支护方案确定采用“盆式开挖，支护桩+局部桁架支撑”方案，具体施工顺序详见图 14。

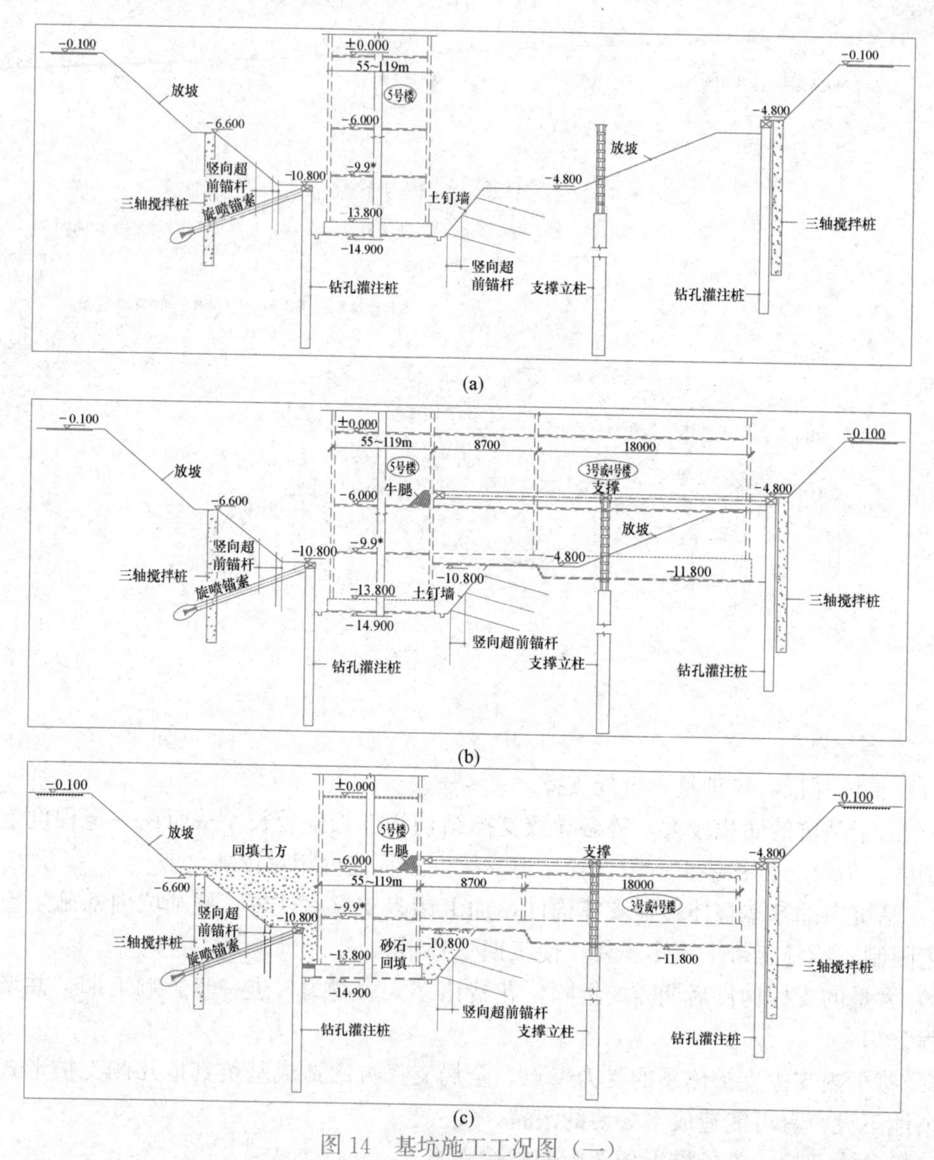

图 14 基坑施工工况图（一）

（a）工况 1；（b）工况 2；（c）工况 3

注：工况 1：盆式放坡开挖，先施工中部 5 号楼地下室主体结构；

工况 2：利用已施工完成的地下室主体结构作为支承点，架设局部桁架支撑结构；

工况 3：对侧回填土方至负 2 层顶板位置，挖除东侧大放坡反压土体，施工 3 号或 4 号楼负 2 层地下室部分；

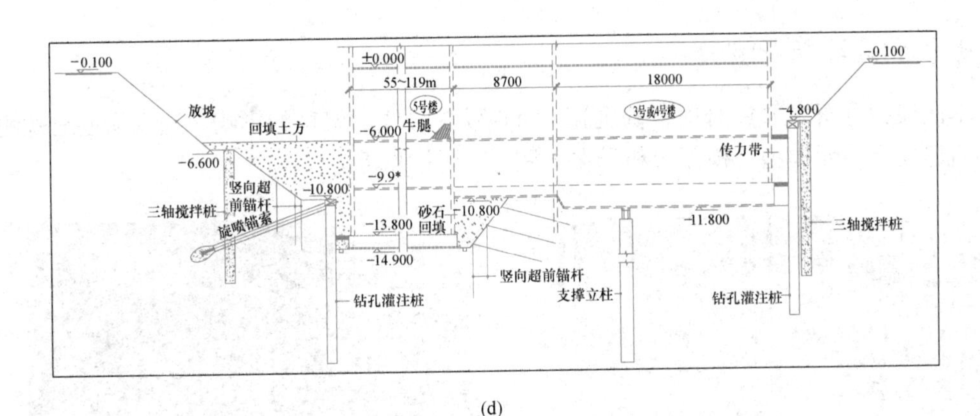

(d)

图 14 基坑施工工况图（二）

(d) 工况 4

注：工况 4：东侧回填土方至 3 号或 4 号楼负 2 层顶板位置，施工换撑传力带，拆除支撑结构，并继续主体结构施工。

六、地下水处理方案

根据前述地下水情况，分别采取不同处理方案，简述如下：

(1) 基坑上部杂填土由于无稳定补给来源，且厚度一般不大，水量有限，因此妥善做好填土内的潜水～滞水明排即设置排水系统、做好基坑周边地面截水，设置环向截水沟；

(2) 基坑开挖侧壁有微承压含水层，下部有承压含水层。设计采用三轴搅拌桩全封闭止水帷幕，在施工受限位置采用多排高压旋喷桩。在坑内采用管井疏干。要求基坑侧壁在流砂层采用桩间挂网，并对流水流砂制定了完备的应急预案，大大减少了流水流砂对周边环境和施工进度的影响，整个项目地下水控制效果良好。

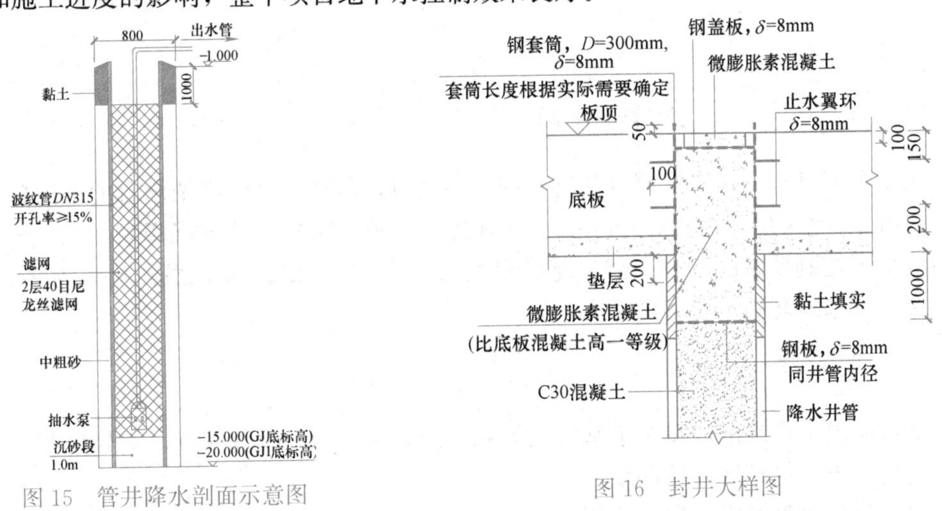

图 15 管井降水剖面示意图

图 16 封井大样图

本项目基坑的总面积为 30480.908m^2，在周边全封闭止水的情况下，基坑内共布置了 69 口降水管井，平均每口井降水涉及面积 440m^2。管井降水剖面和封井大样如图 15、图 16 所示。

七、周边环境影响分析

本次模拟分析主要针对项目基坑施工对地铁 1 号线高架桥的影响，选取临近地铁侧典型剖面建立有限元模型。模型分析结果如图 17～图 19 所示。

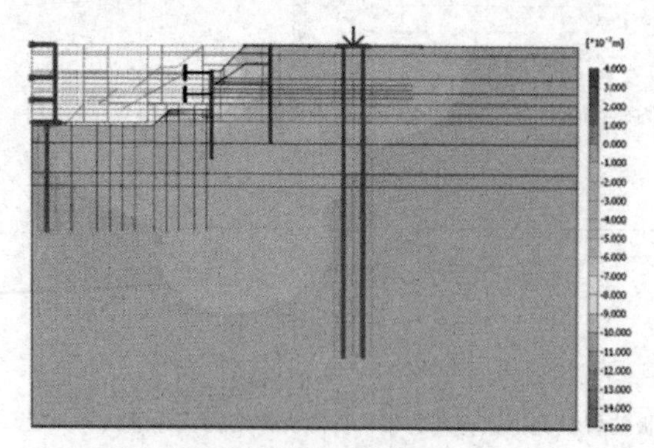

图 17 水平位移云图

图 18 竖向位移云图

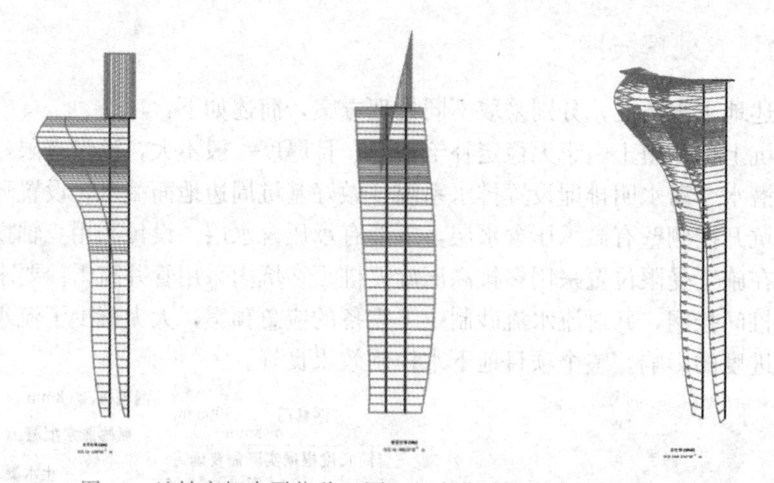

图 19 地铁高架水平位移云图、竖向位移云图、总位移云图

从图中可以看出，当本项目基坑开挖到基底时，地铁 1 号线高架承台的结构总位移为 −3.51mm，水平位移为 −3.50mm，竖向位移为 −0.41mm，差异沉降为 0.73mm，均满足结构变形控制要求；地铁高架桩基的最大弯矩为 77.62kN · m，最大剪力为 52.99kN，经验算，桩基配筋满足受力要求。

八、基坑变形监测

基坑监测工作基准点设置于基坑北侧和东侧，共设置 8 个基准点，编号为 J1～J8，距离基坑均大于 5 倍基坑开挖深度。

（1）桩顶水平及竖向位移监测

沿围护结构顶部圈梁间隔约 15m 布置 1 个监测点，共布设 30 个点，编号为 QL1～QL30。

（2）围护边坡顶部水平位移与沉降监测

沿围护边坡顶部每间隔约 15m 布置 1 个监测点，共布设 53 个点，编号为 PD1～PD53。

（3）土体深层水平位移监测

在基坑四周围护结构外侧土体中布设 17 个土体深层水平位移监测点，间距约 40m，深度为 20m，编号为 CX1～CX17。

（4）地下水位监测

沿基坑外侧布设地下水位监测孔。坑外共布设 7 个孔，孔深 15m，编号为 SW1～SW7。

（5）道路地面沉降监测

本工程基坑周边环境较复杂，主要是南侧的已建房屋围墙及东侧正常运行的地铁 1 号线高架桥，东侧地铁高架桥为甲方另行委托地铁监测部门进行变形监测工作。

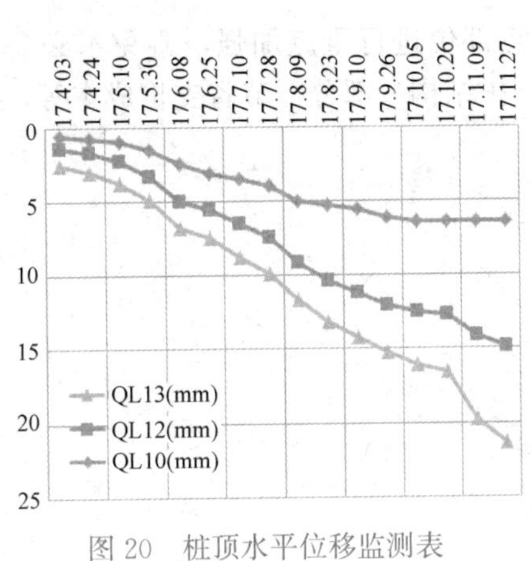

图 20 桩顶水平位移监测表

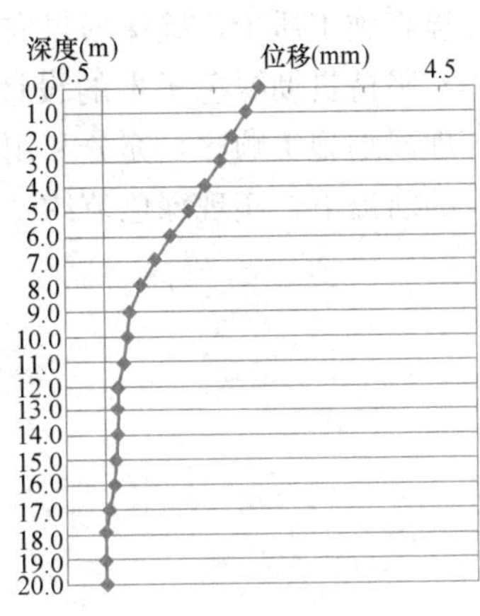

图 21 深层土体位移监测表

（6）周围管线沉降监测

在基坑东侧及南侧道路管线上布置 19 个管线沉降监测点。

（7）周围建筑沉降监测

临近基坑南侧的房屋及围墙，距基坑边水平距离 2 倍开挖深度范围之内每隔 15.0m 左右设 1 个沉降观测点，共计设置 36 个观测点。

（8）支撑轴力及立柱沉降监测

在第 1 层支撑上布设了 10 组轴力监测计及 12 个立柱监测点，在第 2 层支撑上布设了 5 组轴力监测计及 6 个立柱监测点。

截至基坑回填，监测结果均在设计允许范围内，未出现险情，工程进展顺利，确保了基坑工程和周边地铁 1 号线高架桥的安全。

基坑东侧的桩顶位移监测及深层土体位移监测记录如图 20、图 21 所示。

九、本基坑实践总结

本基坑支护设计工程主要有以下几个显著特点：

（1）详细分析本项目基坑周边的环境情况，分区段确定不同的基坑安全等级，采用不同的支护手段，做到"重点突出、分清主次"，并通过多方案比较，以实现基坑安全、经济效益的双赢。

（2）针对本项目基坑开挖面积较大，深度较深，且东侧临近运营轨道高架桥的现实状况，在支护结构选型基本确定的前提下，合理规划各主体结构的施工顺序和不同区域范围的开挖顺序，采用局部桁架支撑，将地库自身主体结构作为支承点，实现支护的效果，达到保护周边重要构筑物的目的。

(3) 采用盆式开挖、局部桁架支撑的支护形式，很大程度上减少了支撑面积、缩短了支撑构件的长度、增大了支撑结构的刚度，很好地控制了桩顶的位移，减小了对周边环境的影响。

(4) 本项目基坑周边环境要求较高，各施工工况要求严格，土方分区开挖要求合理、规范，设计单位与建设单位、施工单位、监理单位、监测单位等相互配合、通力合作、信息共享，并通过多次会议沟通，相关各方参加人员充分了解支护方案，准确把握关键技术节点，提高施工质量，确保项目安全顺利进行。

(5) 坚持贯彻绿色土木的设计理念：基坑重点部位进行重点加强，避免不必要的浪费；合理规划施工顺序，充分利用地库自身作为支护结构一部分，节省支护成本等，在确保安全的前提下，实现绿色节约。

实例23

万科金色商业广场临地铁深基坑工程

一、工程简介

无锡万科金色商业广场位于无锡市长江北路与宏源路、叙康路西南地带。长江北路上有在建金海里车站及无锡地铁3号轨道交通线。场地地理位置如图1所示。

金色商业广场由两幢23层办公楼以及3层商业裙房组成，整个场区下设满堂地下车库，G5为地下3层，G6为地下2层。总建筑面积为32052m^2，占地面积为8000m^2。拟建项目效果图如图2所示。

本工程建筑±0.000为3.850～4.050m，场地标高为3.05m。G5主楼底板板面标高为−10.200m，垫层厚度为0.10m，基底标高−11.600～−11.100m，基坑开挖深度为10.3～10.8m。G6主楼底板为6.70m，垫层厚度为0.10m，基底标高为−7.80～−7.30m，基坑开挖深度为6.30～6.80m。本项目为临近地铁车站及线路的深基坑围护工程。

图1　场地地理位置

本工程基坑周长（底边线）为 323.09＋145.16＝468.25m，开挖深度为 6.3～10.8m，G5 基坑围护设计等级为一级，G6 基坑围护设计等级为二级。

图 2 项目效果图

二、工程地质与水文地质概况

1. 工程地质简介

本区地层隶属于江南地层区，区内第四纪沉积物覆盖广泛，以松散碎屑沉积为主，厚度为 100～190m，分布广泛，发育齐全，岩性岩相复杂多样，沉积连续，层序清晰。基岩主要出露于西部和南部山区。典型工程地质剖面如图 3 所示。

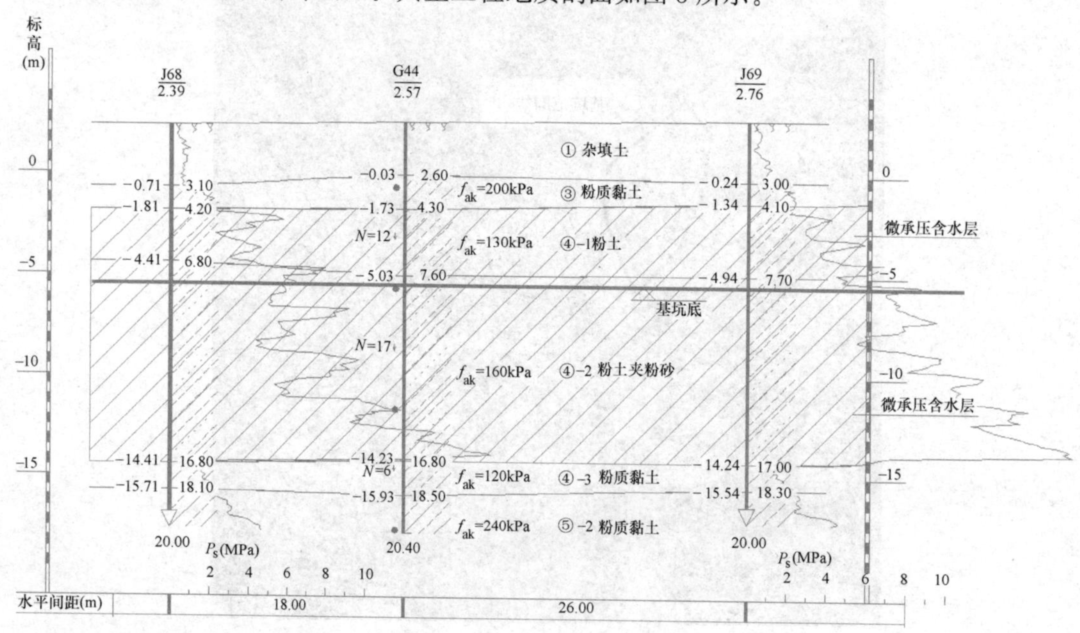

图 3 典型工程地质剖面图

拟建场地 85.0m 深度范围内地层为第四系全新统、更新统沉积物，主要由黏性土、粉土及粉砂等组成，按其沉积年代、成因类型及其物理力学性质的差异，划分土层如下：

① 层杂填土，杂色，松散状态，以素填土为主，上部含建筑垃圾，暗河和河道有少量淤泥分布。场区普遍分布，厚度为 0.60～5.20m，平均 1.95m；层底标高为－2.55～2.79m，平均 0.89m；层底埋深为 0.60～5.20m，平均 1.95m。

②-1 层粉质黏土，灰黄色，可塑～硬塑状态，土颗粒较细，有光泽，干强度高，韧性高，无摇振反应，含少量铁锰质氧化物和灰色条带。局部缺失，厚度为 0.30～2.40m，平均 1.06m；层底标高为－0.88～1.66m，平均 0.75m；层底埋深为 1.30～4.00m，平均 2.30m。

②-2 层粉质黏土，黄灰～灰色，可塑～软塑状态，土颗粒较细，有光泽，干强度中等，韧性中等，无摇振反应，局部缺失，厚度为 0.60～3.20m，平均 1.29m；层底标高为－2.38～0.55m，平均－0.39m；层底埋深为 2.10～5.30m，平均 3.29m。

③层粉质黏土，灰黄～青灰色，可塑～硬塑状态，土颗粒较细，有光泽，干强度高，韧性高，无摇振反应，局部夹少量粉土。局部缺失，厚度为 0.20～4.60m，平均 1.84m；层底标高为－3.15～0.98m，平均－1.82m；层底埋深为 3.00～6.40m，平均 4.78m。

④-1 层粉土，灰色，湿～很湿，稍密，土颗粒较粗，含云母碎片，结构不均匀，韧性低，摇振反应中等，局部缺失，厚度为 0.70～4.10m，平均 2.43m；层底标高为－5.84～－2.38m，平均－4.17m；层底埋深为 5.30～8.60m，平均 7.10m。

④-2 层粉土夹粉砂，灰色，湿～很湿，稍密～中密，土颗粒较粗，含云母碎片，结构不均匀，韧性低，摇振反应迅速。场区普遍分布，厚度为 6.40～15.80m，平均 10.10m；层底标高为－20.63～－10.31m，平均－14.00m；层底埋深为 13.70～23.80m，平均 16.98m。

④-3 层粉质黏土，灰色，软塑～流塑状态，土颗粒较细，稍有光泽，韧性中等，干强度中等，局部夹粉土薄层，含少量贝壳等。局部缺失，厚度为 0.40～5.30m，平均 1.86m；层底标高为－24.67～－11.96m，平均－16.18m；层底埋深为 15.30～27.40m，平均 19.15m。

⑤-1 层粉质黏土，灰～青灰色，可塑状态，土颗粒较粗，有光泽，韧性高，干强度高，含有少量铁锰质结核和灰色条带。场区局部缺失，厚度为 1.30～3.90m，平均 2.57m；层底标高为－18.05～－14.05m，平均－15.10m；层底埋深为 17.40～21.30m，平均 18.33m。

⑤-2 层粉质黏土，灰黄色，可塑～硬塑状态，土颗粒较细，有光泽，韧性高，干强度高，含有少量铁锰质结核和灰色条带。场区局部缺失，厚度为 1.00～5.30m，平均 3.60m；层底标高为－20.61～－17.83m，平均－19.38m；层底埋深为 21.10～23.80m，平均 22.43m。

⑤-3 层粉质黏土，灰黄色，可塑～软塑状态，土颗粒较细，有光泽，韧性高，干强度高，含有少量铁锰质结核和灰色条带。场区普遍分布，厚度为 0.80～6.20m，平均 2.83m；层底标高为－27.84～－20.23m，平均－22.47m；层底埋深为 23.10～30.60m，平均 25.47m。

⑤-4 层粉质黏土，青灰色，可塑～硬塑状态，土颗粒较粗，稍有光泽，韧性高，干

强度高。局部分布，厚度为 1.20～6.40m，平均 4.02m；层底标高为－29.49～－22.13m，平均－26.75m；层底埋深为 25.40～32.50m，平均 29.80m。

2. 地下水分布概况

场地东北面有河道分布，测得河水位为 1.50m，场地内无地表水分布。本工程场地与施工、设计有关的地下水主要为赋存于第四系全新统及上更新统中的浅层含水层、浅层微承压含水层共 2 个含水层。分别为①层杂填土中的上层滞水～潜水，④-1 层、④-2 层土中的微承压水。勘察采用挖坑法测得场地①层杂填土中地下水稳定水位。其地下水类型为上层滞水～潜水，地下水主要靠大气降水及地表径流补给，并随季节与气候变化，水位有升降变化，正常年变幅在 1.0m 左右，本场地 3～5 年内最高上层滞水～潜水水位标高为 3.20m（平均 2.50m）左右。勘察期间钻孔采用填土套管止水测得微承压水稳定水位（水头）平均标高 1.46m 左右（图 3），该层地下水主要靠大气降水、地表水体侧向补给和河道的竖向补给，透水性较强、富水性大，对基坑开挖有影响。

3. 岩土工程设计参数

根据岩土工程勘察报告，本项目主要地层岩土工程设计参数如表 1、表 2 所示。

场地土层物理力学参数表　　**表 1**

编号	地层名称	含水率	孔隙比	液性指数	重度	固结快剪(C_q)	
		w(%)	e_0	I_L	γ(kN/m^3)	c_k(kPa)	φ_k(°)
①	杂填土				(10)	(10)	(8)
②-1	粉质黏土	29.1	0.824	0.40	45.0	45.0	13.8
②-2	粉质黏土	31.2	0.905	0.59	19.0	19.0	9.3
③	粉质黏土	25.5	0.760	0.24	50.0	50.0	11.2
④-1	粉土	30.5	0.881	1.11	11.0	11.0	19.6
④-2	粉土夹粉砂	29.6	0.851	1.00	6.0	6.0	27.4

场地土层渗透系数统计表　　**表 2**

编号	地层名称	垂直渗透系数 k_V(cm/s)	水平渗透系数 k_H(cm/s)	渗透性
①	杂填土			
②-1	粉质黏土	1.11E-06	8.62E-07	极微透水
②-2	粉质黏土	3.53E-07	5.69E-07	极微透水
③	粉质黏土	5.04E-07	5.00E-07	极微透水
④-1	粉土	2.37E-05	2.60E-05	微透水
④-2	粉土夹粉砂	2.27E-04	2.30E-04	弱透水

三、基坑周边环境情况

场地位于无锡市长江北路与宏源路、叙康路西南地带，东北为长江北路，西南为叙丰里、叙丰家园，西北为宏源路，东南为叙康路。具体情况如下：

基坑北侧为长江北路，路宽 40.0m。基坑北侧地下室距离用地红线为 13.50m，红线距离路边为 2m。现场实际为改建临时道路，位于红线内部，距离地下室外墙 3.0m。北侧在建地铁 3 号线及其金海里站。G5 楼地下室外墙距离金海里站外墙为 19.4m，距离地铁 3 号线外墙 22.4m。G6 楼距离北侧地铁轨道线外墙 11.2m。具体如图 4 和图 5 所示。

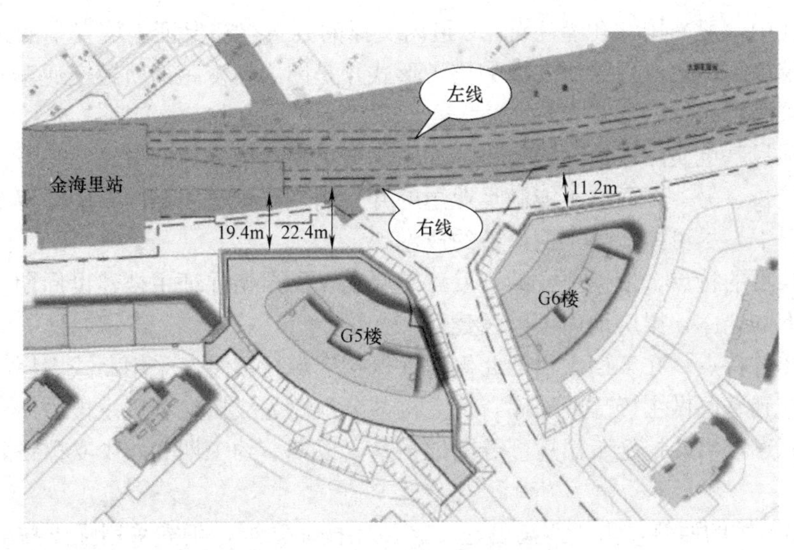

图 4 本项目与轨道交通线关系图

G5、G6 楼之间是已建规划路（即 G5 的东侧、G6 的西侧）。路宽 14.0m，地下室外墙线距离东侧用地红线最近距离为 8.30m。用地红线处为已建轻质围挡。在道路红线内部有地下电缆沟，埋深约为 1.5m，与地下室外墙最近距离为 3.70m。G5 楼西侧为已建 1 层地下室，地下室外墙最近距离为 2.50m（图 6）。南侧为空场地。G6 楼东侧及南侧均为已建 1 层地下室。

图 5 G5、G6 楼场地外侧长江北路改道后实况

图 6 G5 楼西侧建筑物

四、支护设计方案概述

1. 方案选型总体思路

根据周边复杂的环境情况，本着“安全可靠、经济合理、施工方便”的设计原则，以

往的常规设计中一般采用钻孔灌注桩+2道内支撑的方式，在保证基坑安全的条件下进行地下室的开挖施工。之所以采用支撑的支护形式，是因为北侧距离轨道交通车站及线路较近，不允许采用斜拉锚的形式。

由于本项目基坑实际占地面积较小，如采用全局水平内支撑的方式，一方面出土较为困难、周期较长，另一方面也不能满足业主的开发周期要求。因此需在能够保护北侧轨道交通线的情况下，尽可能节约工期，节约成本。

根据本项目的特点，依据甲方的开发工期要求，需严格保证主楼建设周期。需先建造主楼及主楼下的地库，裙房地库可以缓建。

依据这样的特点，在工期项目的北侧地铁保护区域，就可以采用岛式支撑的方式，即可以盆式开挖到基底做主楼部分地库，待主楼部分地库完成后，利用主楼主体建筑物做水平支撑的锚固点，再开挖施工裙房部分的地下室，以期节约工期和减少支撑量，达到同样的保护效果。

在G5楼基坑的西侧，由于距离已建小区住宅楼非常近，仍需采用强支护的形式。拟采用钻孔桩结合水平支撑的支护形式。

在基坑的东侧、南侧等远离轨道交通保护区域的边侧可以充分利用较为空旷的场地条件，先进行适度放坡，然后采用围护桩+旋喷锚索的支护形式，场地内无阻碍，基坑挖土方便快捷，更不存在拆撑的工序，施工周期较短。

因此本项目在G5楼的北侧采用了岛式支撑的设计理念：采用了SMW工法+2道水平支撑的方式；西侧采用了钻孔桩+2道水平支撑的方式。在G5楼的东侧采用了放坡2.0m+钻孔灌注桩+3道预应力旋喷锚索的支护形式。在G5楼的南侧为空场地，故采用了4.7m大放坡+钻孔灌注桩悬臂支护的形式。以期达到安全节约、方便施工的设计理念。

G6楼地库比G5楼浅一层，在其北侧可采用SMW工法+1道水平支撑的方式或者钻孔灌注桩+1道水平支撑的形式；在西侧采用了拉森钢板桩+1道预应力旋喷锚索的支护形式。

基坑开挖需穿越④-1层粉土，其属于微承压含水层，该含水层厚度大，含水量较高，透水性较好，对基坑开挖影响较大，一旦发生流砂对基坑安全、地下结构的施工和工期有较大影响，因此基坑采用*D*850@600三轴搅拌桩止水帷幕。

2. 基坑支护结构平面布置

根据选型分析思路，基坑支护结构平面布置图如图7所示。

从图中可以看出，各个区段的围护方式均不一样，布置灵活，未局限于一种围护方式。

3. 典型基坑支护结构剖面

以较深的G5楼及其地库的基坑为例，基坑围护典型剖面分为两种，北侧靠近长江北路保护轨道交通线采用岛式支撑（SMW工法+2道水平支撑）的形式；东侧采用上部放坡+钻孔灌注桩+3道预应力旋喷锚索方案，典型剖面如图8～图10所示。

4. 基坑支护形式对周边环境的影响分析

本工程分别采用理正深基坑软件和有限元计算方法模拟施工开挖、支撑的过程，计算超载为均布20kPa加15kPa道路附加荷载。采用二维有限元进行分析，土体采用修正摩

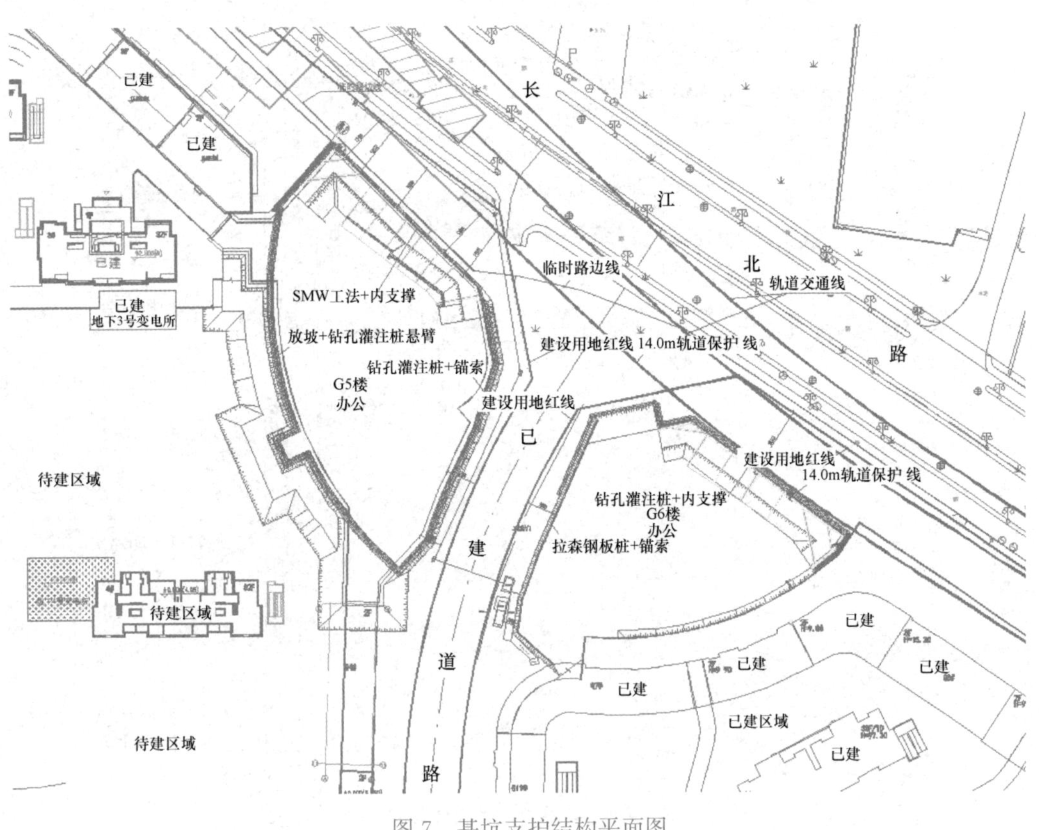

图7 基坑支护结构平面图

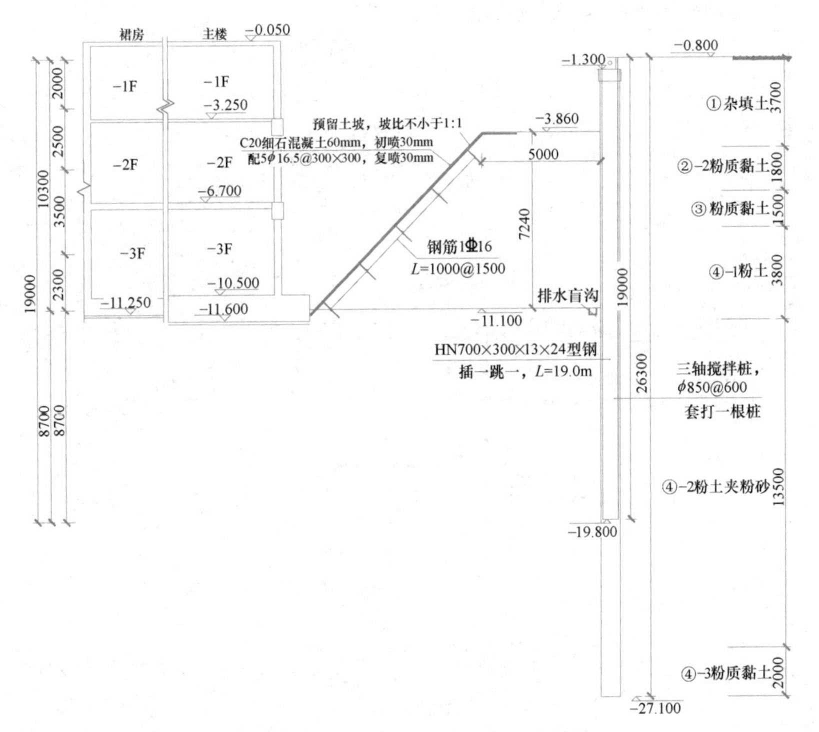

图8 岛式支撑开挖阶段留土剖面

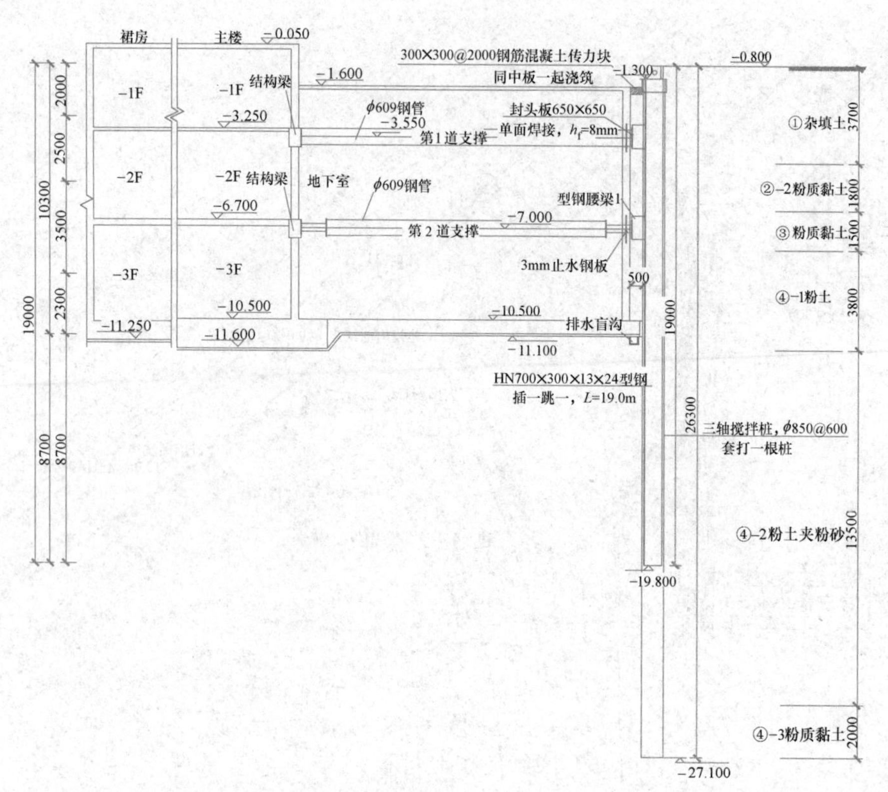

图 9 岛式支撑典型剖面

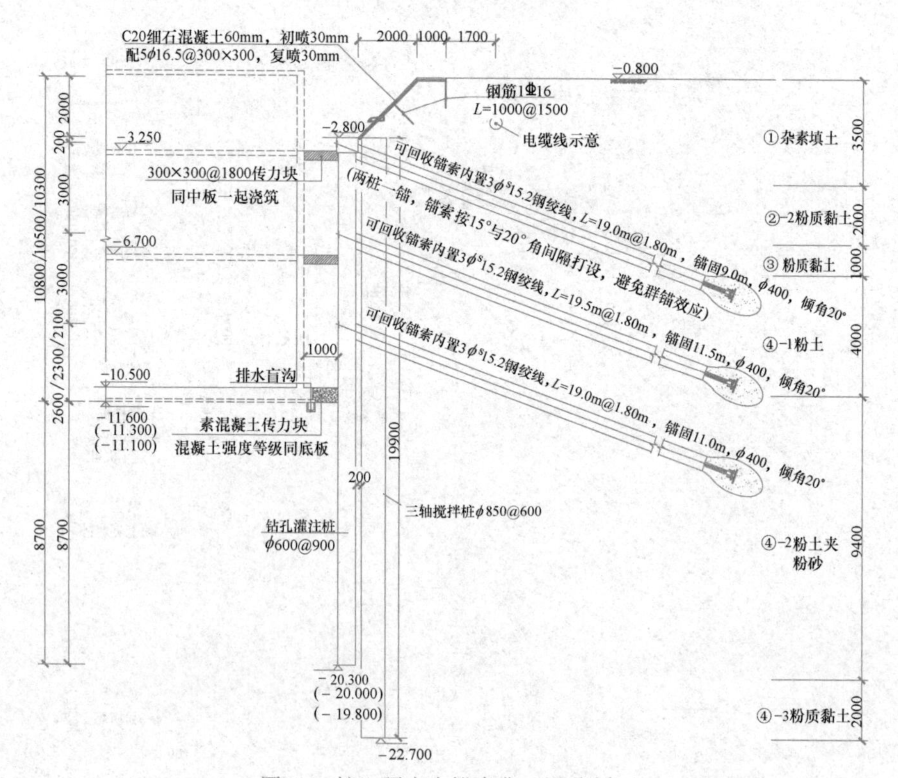

图 10 桩+预应力锚索典型设计剖面

尔-库仑模型模拟，建筑物框架结构、围护结构均采用板单元模拟。工程桩和土体之间的相互作用通过设计界面单元来考虑。计算结果如图 11 所示。

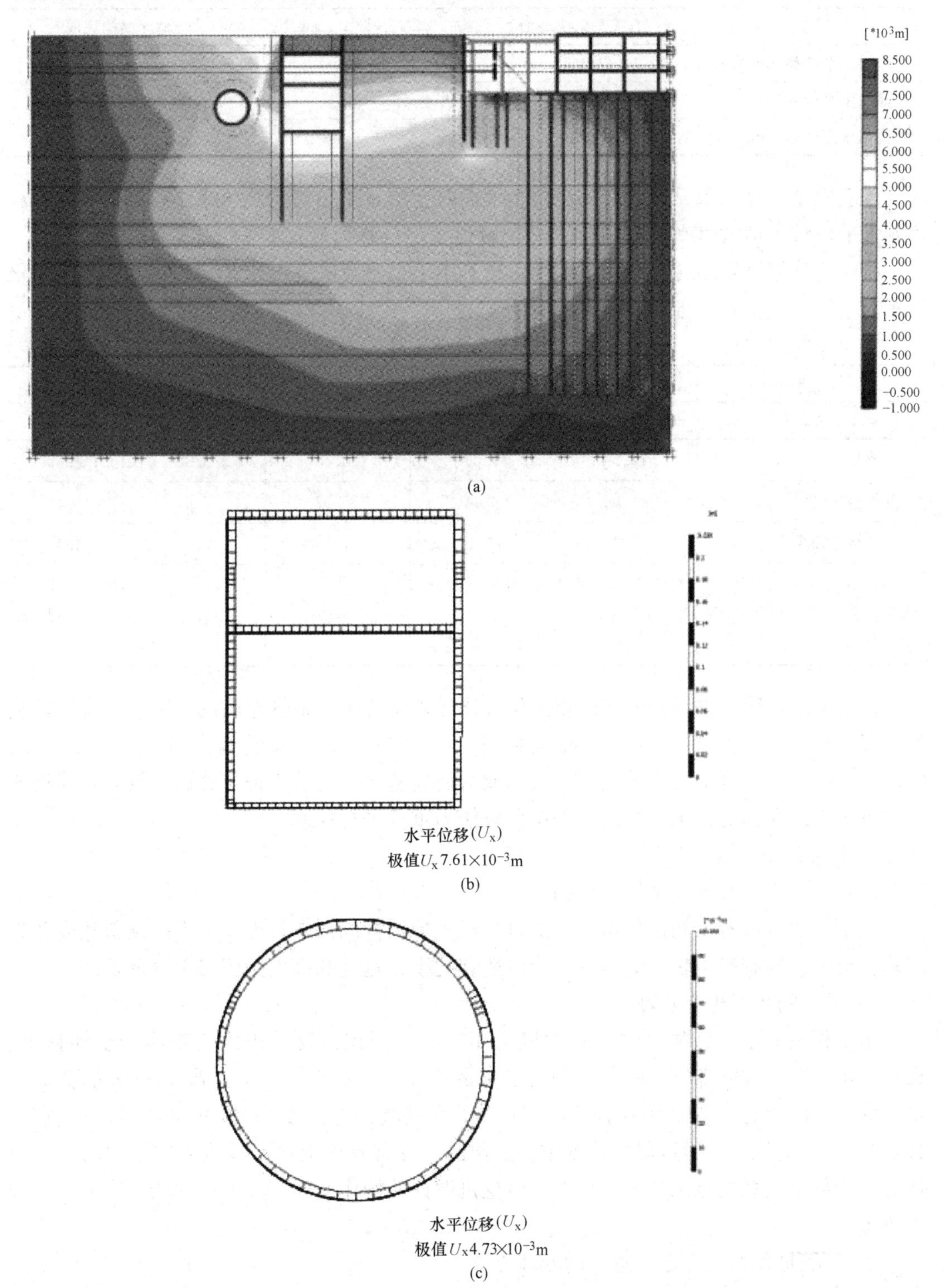

(a)

水平位移(U_x)
极值U_x 7.61×10^{-3}m

(b)

水平位移(U_x)
极值U_x4.73×10^{-3}m

(c)

图 11　开挖至基底水平位移云图

(a) 开挖至基底土层水平位移云图；(b) 开挖至基底车站结构水平位移；(c) 开挖至基底隧道结构水平位移

模型计算结果如表 3 所示。

有限元水平位移计算结果 表 3

项目工况	开挖至留土坡面	开挖至基底	地库结构完成
土层水平位移(mm)	7.05	8.44	11.40
车站水平位移(mm)	6.36	7.61	8.92
隧道水平位移(mm)	4.28	4.73	5.18

以上模型计算结果显示，开挖至留土坡面时土层水平位移为最大水平位移的 61.8%、车站水平位移为最大水平位移的 71.3%、隧道水平位移为最大水平位移的 82.6%。

将前述计算结果结合实际监测情况，得到本项目重点关注的水平位移汇总表，如表 4 所示。

水平位移结果汇总 表 4

	支护结构水平位移(mm)			地铁车站水平位移(mm)	
	理正计算软件	有限元计算	实际监测	有限元计算	实际监测
开挖至留土坡面	15.89	7.05	20.40	6.36	1.00
开挖至基底	17.84	8.44	25.52	7.61	1.10
地库结构完成	20.39	11.40	27.37	8.92	1.40
开挖至留土坡面时土层水平位移占最大水平位移的百分比	77.9%	61.8%	74.5%	71.3%	71.4%

以上结果表明支护结构的实际监测位移比计算位移大；地铁车站的实际监测位移较模型计算值小；基坑开挖到留土坡面位置时，产生的水平位移已经占最终水平位移的 61.8%～77.9%。可知留土坡面的位置选取对前期基坑开挖的支护位移影响较大，即岛式支撑围护方式在初期留土阶段的水平位移应作为重点进行控制。

5. 支护形式的几点探讨

(1) 预留土方对支护结构的影响

从上文中可以看出初期预留土方的多少对支护结构的影响较大，土方的预留宽度和高度均会对位移控制产生较大的影响。所以适宜的土方宽度和高度的留置十分重要。

1) 适宜的预留土方宽度

本工程预留土方区域基坑开挖深度为 10.3m，开挖深度范围内为粉质黏土和粉土。设计在第 1 道支撑底部标高的位置预留了顶宽 5.0m、底宽 12.35m、高 7.35m 的梯形土堆。即土坡留置时，高度宜不小于 $0.7H$（H 为基坑开挖深度），顶宽为 $0.5H$，底宽为 $1.2H$。现场实施后，通过监测数据来看，预留土方有效地提供了基坑支护结构的被动土压力，顶部留土宽度也满足了二次取土时挖机退挖的操作空间，降低了现场二次取土的施工难度。

2) 不满足预留土方适宜宽度的处理方式

在预留土方不满足顶宽 $0.5H$、底宽 $1.2H$ 的情况下，设计采用了直径 700mm、间距 900mm 的钻孔灌注桩悬臂支护的形式，悬臂计算控制位移为 15mm。预留土坡高度控制在 0.7H，顶宽 4.25m（控制在 0.4H 左右），底宽在 0.7H，放坡 2.84m，钻孔灌注桩悬臂 4.4m（0.4H 左右）。如图 12 所示。

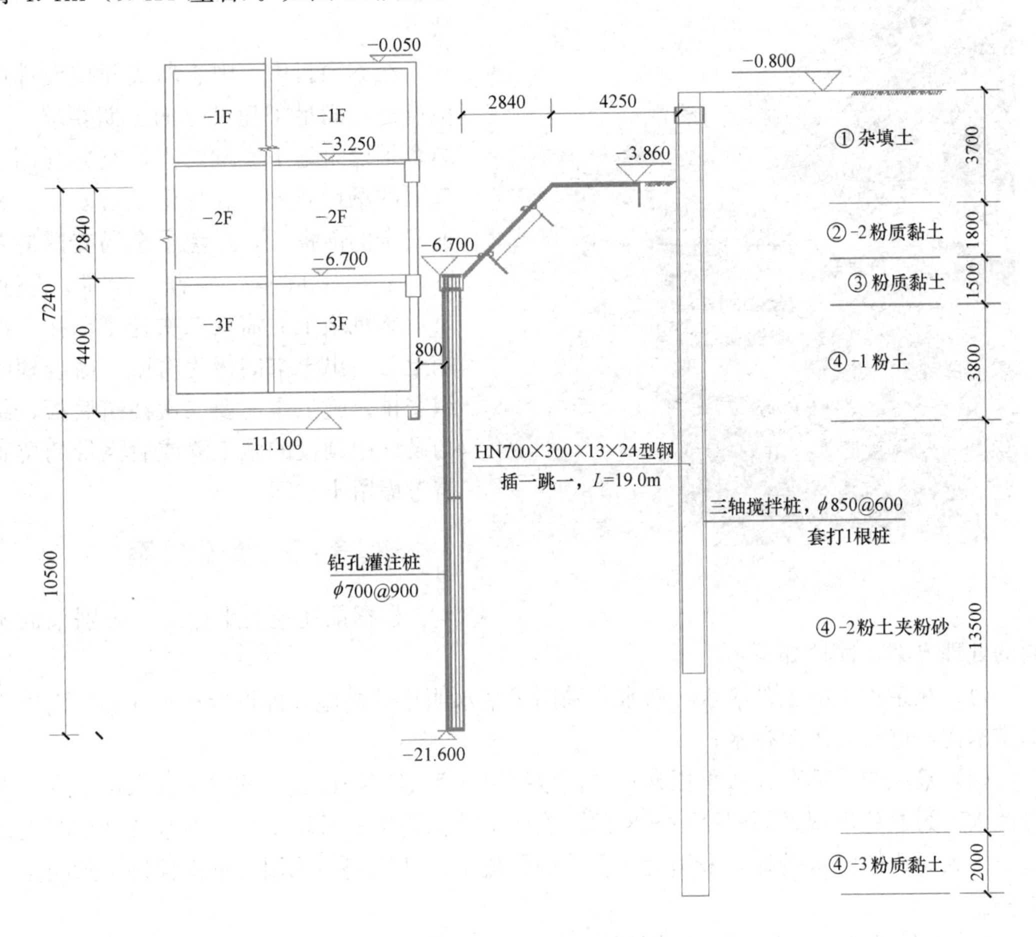

图 12 悬臂桩留土方式

从现场实际施工和支护结构、轨道结构的监测数据来看，在留土阶段采用钻孔灌注桩悬臂支护的方式可以有效地提供基坑支护结构的被动土压力。顶部留土宽度刚好满足二次取土的挖机操作空间，满足实际工程要求。因此在不满足纯放坡的留土空间的情况下，采用悬臂支护，留土高度 0.7H，留土底宽 0.7H，悬臂 0.4H，并严格控制悬臂结构的计算位移在 15mm 左右，其实施效果是满足设计要求的。

（2）钢管支撑的优点和关键节点设计

采用圆形钢管支撑，采用型钢围檩，尽量布置在板梁柱节点部位。在合理利用有限场地的情况下，既节省了混凝土支撑的养护周期，也避免了型钢支撑长细比过大的不安全因素。

钢管支撑的端部处理：钢管支撑的端部采用了型钢过渡连接，穿地下室外墙，焊接止水钢板，方便后期割除，避免了在地下室外墙上留较大的洞口而加大外墙防水施工难度的问题；同时避免了内部采用型钢斜抛撑换撑，简化了工序，节省了工期。型钢支撑与围檩之间采用钢垫片的形式逐步顶紧。

采用钢管支撑（图 13）还实现了支护结构的可回收，绿色环保。

图 13 钢管支撑现场图

（3）中心岛式开挖和支撑设计的优缺点

在本项目中，中心岛式开挖设计的优点是：满足了建设方的工期要求，也结合了建筑地下室的特点，充分利用了有限的场地条件。在保证基坑安全、轨道安全的前提下，避免了全局支撑的布置，节约了成本，节省了工期。缺点是：基坑施工时需要二次挖土，在二次挖土时，出土空间极为有限，需合理组织安排。施工中需要二次浇筑底板，结构设计中预设的施工缝或后浇带的位置需考虑留土空间。

五、地下水处理方案

根据前述地下水情况，分别采取不同的处理方案，简述如下：

（1）在杂填土的上部潜水～滞水，采用了集水明排的措施，即设置排水井和地面周边的排水沟，进行有组织排水；

（2）基坑中下部存在微承压含水层，根据以往类似工程经验，该层土含水量丰富，渗透性大，为避免出现大面积流砂现象而影响地下结构施工和基坑安全，在基坑开挖时设计采取了大面积的降水措施，采用无砂管井进行疏干，基坑周边采用三轴搅拌桩全封闭止水帷幕。

在 G5 楼的西侧，距离已建建筑较近，场地较小，三轴搅拌桩转弯施工困难，故采用了双排高压旋喷桩作为止水帷幕。

场地开挖深度内含有粉土层，含水量丰富，透水性强，依据轨道要求，深层搅拌桩止水帷幕需进入相对不透水层。这样在空间上形成一个相对封闭的止水结构，深基坑内采用管井进行疏干降水。

六、基坑工程实际问题

1. 基坑施工过程中的工程问题

本基坑于 2017 年 11 月开始施工支护结构，2018 年 8 月完成地库施工，在基坑施工过程中，遇到的主要问题为在西侧支护的基底附近止水帷幕局部产生了渗漏现象，位置正处于粉土层中，地层含水量大并有轻微流砂现象产生。设计中西侧由于没有空间施工三轴搅拌桩，因此采用了双排高压旋喷桩的止水帷幕，在基底附近产生了渗水现象，流砂较轻微，经各方开会讨论，采用了双重措施：一个是在支护桩后面采用压密注浆的形式进行补漏；另一个是采取二级轻型井点降水，加强降水，降低水位。后期实施效果较好，可对相似工程提供借鉴意义。

总体而言，整个施工过程比较顺利，无重大险情发生，保证了工程的进度计划，节约了约 2 个月的工期，取得了良好的社会经济效益。

基坑开挖到底后照片如图 14 所示。

图 14 基坑开挖到底施工底板图

2. 基坑变形监测情况

基坑监测对深基坑开挖非常重要，对防范隐患、规避风险都有直接的指导意义。所以在整个工程的实施过程中，监测单位、施工单位和设计单位做到了一体化，通过及时反馈监测信息，指导设计和施工。

建设单位委托第三方监测单位做了如下监测内容：

（1）沿支护桩顶圈梁共布置 12 个水平位移和竖向位移监测点。

（2）沿基坑周边坡顶布设 6 个沉降变形观测点。

（3）沿东侧道路布设 10 个沉降变形观测点。

（4）基坑四周布设了 6 个深层位移监测点及坑外水位监测点。

（5）布置了 8 个建筑物沉降监测点。

监测工作于 2017 年 11 月 6 日开始，至 2018 年 8 月 6 日进行最后一次监测，共监测了 72 期。桩顶累计水平位移最大值为 27.37mm（图 15），坡顶累计水平位移最大值为 23.44mm。

监测结果均在设计允许范围内，未出现险情，工程进展顺利，有效地保护了基坑和周边建筑、道路的安全。

七、本基坑实践总结

本工程依据场地条件和周边环境条件，采用了灵活多样的支护方式，达到了良好的工

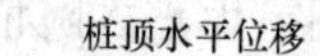

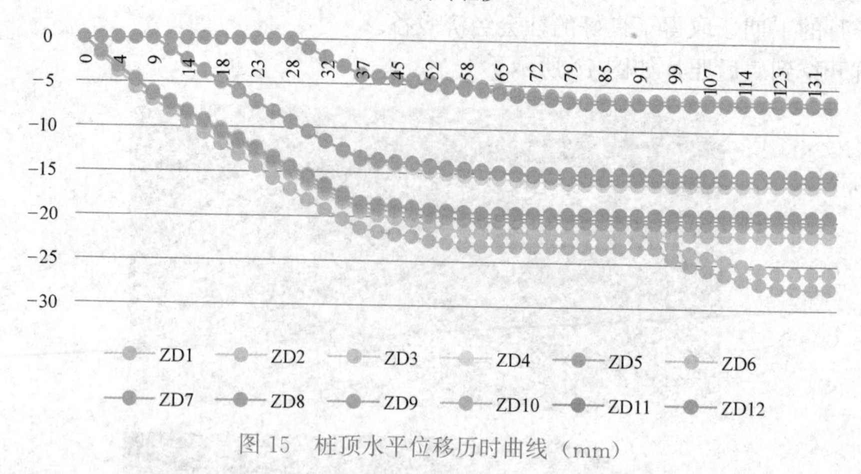

图 15 桩顶水平位移历时曲线（mm）

程效果。主要存在如下的特点和工程经验：

（1）在重点区域的北侧临近轨道车站和轨道线的区域，采用岛式开挖和岛式支撑的支护方式，在保证安全的基础上节约工期和成本。

（2）岛式支撑形式中预留土坡对支护位移影响较大。土坡留置时，高度宜不小于 $0.7H$（H 为基坑开挖深度），顶宽为 $0.5H$，底宽为 $1.2H$。在留置空间不充足的区域采用了悬臂支护结构减少留置宽度，重点是合理控制悬臂位移不宜超过 20mm。

（3）支撑选择了钢管支撑，一方面可承受较大轴力，另一方面避免了混凝土支撑的养护周期，节约工期的同时可以做到钢管回收，绿色环保。

（4）预留土坡平台宽度需考虑后期二次取土机械的操作空间，合理安排二次取土的施工组织。

（5）在远离轨道线的场地，采用了钻孔桩＋锚索的支护形式，与岛式支撑结合采用，减少了大地库的挖土及土建施工的工期。

实例24 协信天渝骄园Mall深基坑工程

一、工程简介

协信天渝骄园 Mall 项目位于无锡市梁溪区江海路、皋桥路交叉口东北侧。该项目为商业综合体，1～6 层框架结构。

本工程方案相对标高±0.00 为 3.30m，场地绝对标高为 2.4～3.2m，相对标高为－0.9～－0.1m。地块为 2 层地下室，2 层地库底板板面标高为－9.9m，板厚 0.65m，垫层厚度为 0.10m。基底标高为－10.65m，基坑开挖深度为 9.75～10.50m。

本工程基坑周长（底边线）为 418.5m，占地面积约为 1.2 万 m^2。

二、工程地质与水文地质概况

1. 工程地质简介

本区位于扬子准地台下扬子台褶带东端。印支运动（距今约 2.3 亿年）使该区褶皱上升成陆，燕山运动发生，使地壳进一步褶皱断裂，并伴之强烈的岩浆侵入和火山喷发。白垩纪晚世，渐趋宁静，该区构造格架基本定型。进入新生代，地壳运动总的趋势是山区缓慢上升，平原区缓慢沉降，并时有短暂海侵。本区地层隶属于江南地层区，区内第四纪沉积物覆盖广泛，以松散碎屑沉积为主，厚度 100～190m，分布广泛，发育齐全，岩性岩相复杂多样，沉积连续，层序清晰。基岩主要出露于西部和南部山区。

根据勘察报告，本工程场地 85.5m 深度范围内地层为第四系全新统、更新统沉积物，主要由黏性土、粉土及粉砂等组成，按其沉积年代、成因类型及其物理力学性质的差异，可划分成 21 个主要层次；与基坑有关的土层特征描述如下：

① 层杂填土：杂色，松散；含碎砖石等建筑垃圾，局部混灰黑色淤泥。

② 层粉质黏土：灰黄色，可塑～硬塑；含铁锰质氧化物，夹蓝灰色黏土条纹，有光泽，无摇振反应，干强度高，韧性高。

③ 层粉质黏土：灰～黄灰色，可塑～软塑；含少量粉土。稍有光泽，无摇振反应，干强度中等，韧性中等。

④-1 层粉土夹粉质黏土：灰黄～灰色，湿，稍密；含云母碎屑。摇振反应迅速，无光泽，干强度低，韧性低。

④-2 层粉土夹粉砂：灰色，湿，中密～密实；含云母碎屑，局部为粉砂层。摇振反应迅速，无光泽，干强度低，韧性低。

④-3 层粉质黏土：灰色，可塑～软塑；含氧化物、粉土成分。稍有光泽，无摇振反应，干强度低，韧性低。

⑤-1 层粉质黏土：黄灰色，可塑～硬塑；含铁锰质结核，夹蓝灰色黏土条纹。有光泽，无摇振反应，干强度高，韧性高。

⑤-2 层粉质黏土：灰黄色，硬塑；含铁锰质结核。有光泽，无摇振反应，干强度高，韧性高。

典型工程地质剖面如图 1 所示。

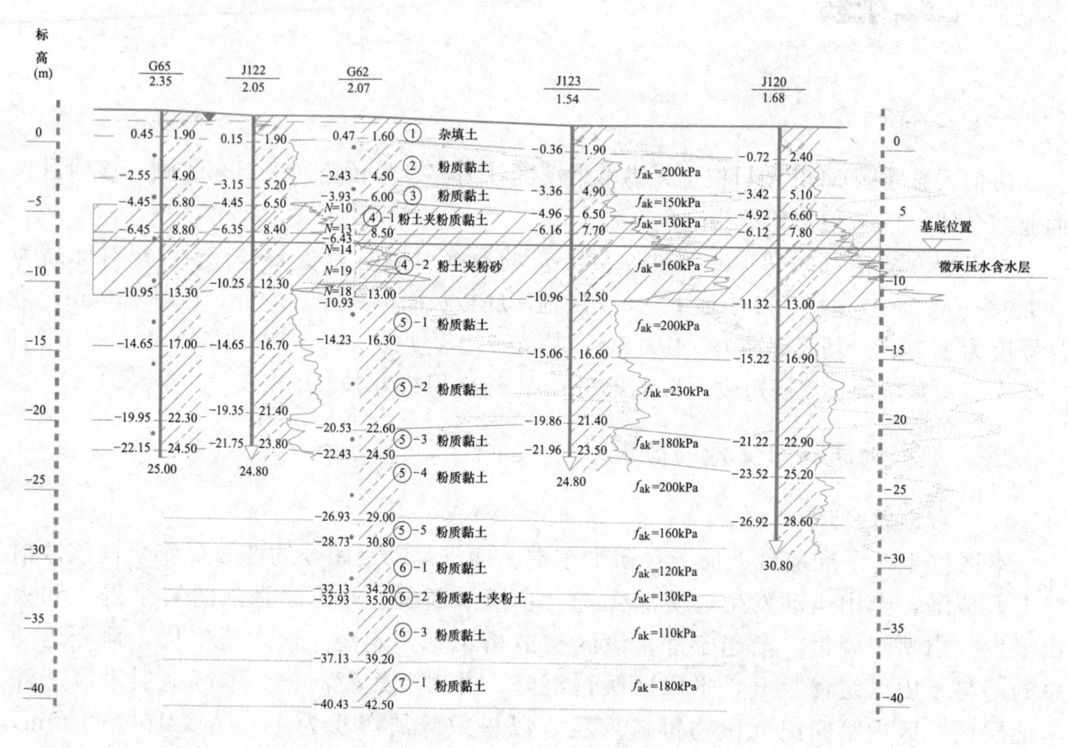

图 1 典型工程地质剖面图

2. 地下水分布概况

场地内部无河道分布，北侧红线外有一条大庄河，与运河相通。

场地在勘察深度范围内地下水主要为赋存于第四系全新统及上更新统中的浅层含水层、浅层微承压含水层共 2 个含水层。分别为①层杂填土中的潜水、④-1 层和④-2 层土中的微承压水。对拟建场地的浅部含水层分别评述如下：其地下水类型为潜水，地下水主要靠大气降水及地表径流补给，随季节与气候变化，正常年变幅在 0.5m 左右，本场地 3～5 年内最高潜水水位标高为 2.0m。

钻孔采用套管止水测得④-1 层、④-2 层土中微承压水稳定水位平均标高为 1.0m，该层地下水主要靠大气降水和地表水体侧向补给，透水性较强、富水性较大，对基坑开挖有影响。

3. 岩土工程设计参数

根据岩土工程勘察报告，本项目主要地层岩土工程设计参数如表1和表2所示。

场地土层物理力学参数表 **表1**

编号	地层名称	含水率	孔隙比	液性指数	重度	固结快剪(C_q)	
		w(%)	e_0	I_L	γ(kN/m^3)	c_k(kPa)	φ_k(°)
①	杂填土				(17.5)	(5)	(8)
②	粉质黏土	25.3	0.718	0.25	19.6	59.1	13.2
③	粉质黏土	27.7	0.767	0.59	19.35	29.2	14.3
④-1	粉质黏土夹粉土	28.9	0.822	0.78	18.97	10.2	20.7
④-2	粉土夹粉砂	26.9	0.748	0.68	19.34	8.2	27.2
⑤-1	粉质黏土	23.1	0.650	0.19	20.04	57.9	11.2
⑤-2	粉质黏土	22.8	0.643	0.14	20.04	65.4	12.2

场地土层渗透系数统计表 **表2**

编号	地层名称	垂直渗透系数k_V(cm/s)	水平渗透系数k_H(cm/s)	渗透性
①	杂填土			
②	粉质黏土	1.41E-07	2.54E-07	极微透水
③	粉质黏土	1.00E-06	1.36E-06	微透水
④-1	粉质黏土夹粉土	2.06E-05	2.77E-05	弱透水
④-2	粉土夹粉砂	2.84E-05	4.07E-05	弱透水
⑤-1	粉质黏土	6.47E-08	6.54E-08	极微透水

三、基坑周边环境情况

本工程场地位于无锡市北塘区江海路、皋桥路交叉口东北侧，如图2所示。

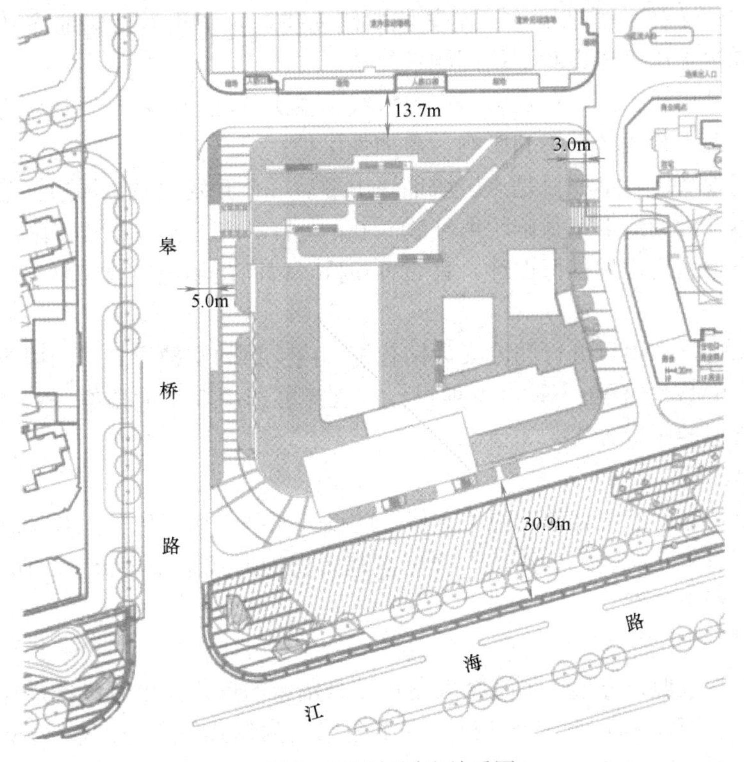

图2 项目与周边关系图

基坑北侧为内部建筑场地，有一条规划路，路宽 9.50m。北侧地下室距离已建地下室最近距离为 13.70m。已建地库埋深 8.4m。

基坑东侧为内部建筑场地，与东侧已建地库最近距离为 3.0m。东侧已建地库埋深 8.4m。经前期咨询，东侧地库预留了两跨未建。

基坑南侧为江海路。地下室外墙距离江海路较远，为 30.90m。距离地下室外墙 3.50m 现存一条军用光缆线，埋深 2.0～2.5m。

基坑西侧为皋桥路，路宽 18.0m。地下室外墙距离用地红线为 5.0m。红线外 0.50m 为电力管线，埋深 0.3～0.5m。距离地下室外墙 11.60m 为污水管线，埋深 1.50～2.0m。

依据基坑开挖深度及周边条件的复杂情况等，综合评定基坑围护设计等级为一级。

四、支护设计方案概述

（一）方案选型总体思路

本项目存在如下特点：

（1）经现场踏勘，本项目基坑东侧为天渝骄园的地库和主楼，主楼已经封顶，正在施工二次结构，基坑未回填；基坑的北侧地下室施工完成且已经回填，地上幼儿园已经施工完成，北侧消防道路已施工完成；西侧为已建皋桥路；场地条件紧张，东侧和西侧均不具备任何放坡条件。南北两侧可以适当放坡。东侧和北侧不能采用桩锚结构，锚索会和已建地库冲突。

（2）基坑规模大：本基坑实际开挖深度为 9.75～10.5m，开挖面积约 12000m^2，属于深大基坑；基坑开挖时支护变形会存在明显的时空效应。

（3）土压力传递和平衡难度大：本基坑西侧无建筑，东侧为已建地库和主楼，未回填。因此基坑周边土压力传递和平衡问题较复杂。

（4）西侧紧邻市政道路，存在多条市政管线。本次基坑开挖距离路边较近，基坑开挖不能对道路及其各类管线产生不利影响，需加强保护。

（5）施工场地缺乏：本项目是该区域地块中最后一个开发地块，周边已建和在建场地不可占用。且本项目的地下室基础距离红线 5.0m 左右，施工场地非常有限。基坑支护结构需结合总包场地利用规划进行设计，宜布置栈桥，以满足场地堆放建材和车辆在场地内的材料运输。

依据以上叙述，本项目可行的方案为钻孔桩＋内支撑的支护形式。因甲方提供的初排工期时间较长，SMW 工法桩不适合本项目。内支撑可选用 3 个大角撑＋1 个角部锚索的形式或是环形支撑的布置方式。

1. 围护结构

按照“安全可靠、经济合理、施工方便”的设计原则，根据理正深基坑软件的多次试算，并结合平面有限元的进一步复核，确定本基坑支护形式采用 ϕ800@1100mm 的钻孔灌注桩加 1 道混凝土支撑。

2. 支撑平面布置

由于基坑形状近似正方形，可选择大角撑结合锚索的形式，也可以选择环撑的布置形式，如图 3 所示。图 3（a）为 3 个角撑＋左下角锚索的形式，图 3（b）为整个基坑环撑的布置形式。在造价上图 3（a）方案每延米为 2.40 万元，图 3（b）为每延米 2.20 万元，且计算得到环撑整体性好、刚度大。经比较选择了环撑的布置方式。

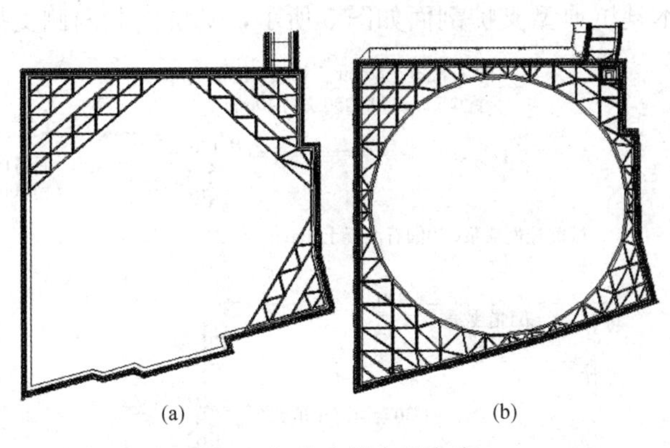

图 3 初步支撑布置方案

3. 拆撑与换撑

采用在底板处设置传力块，地下室中板位置换撑梁，在楼板后浇带中设置传力型钢，在楼板电梯等开洞位置设置临时传力梁，进行换撑。

4. 止水与排水设计

基坑侧壁有粉土，基底为粉砂层，均为微承压含水层，对基坑开挖影响较大，一旦发生流砂将影响周边环境的安全，且对地下结构的施工和施工工期有较大影响，因此基坑采用 ϕ850@1200 的三轴搅拌桩止水。基坑内采用管井疏干降水，对坑内周边管井进行了加密，坑外布置应急降水井兼回灌井，作为止水帷幕漏水时预留的应急处理措施。

（二）基坑支护结构平面布置

根据选型分析思路，基坑支护结构平面布置如图 4 所示。

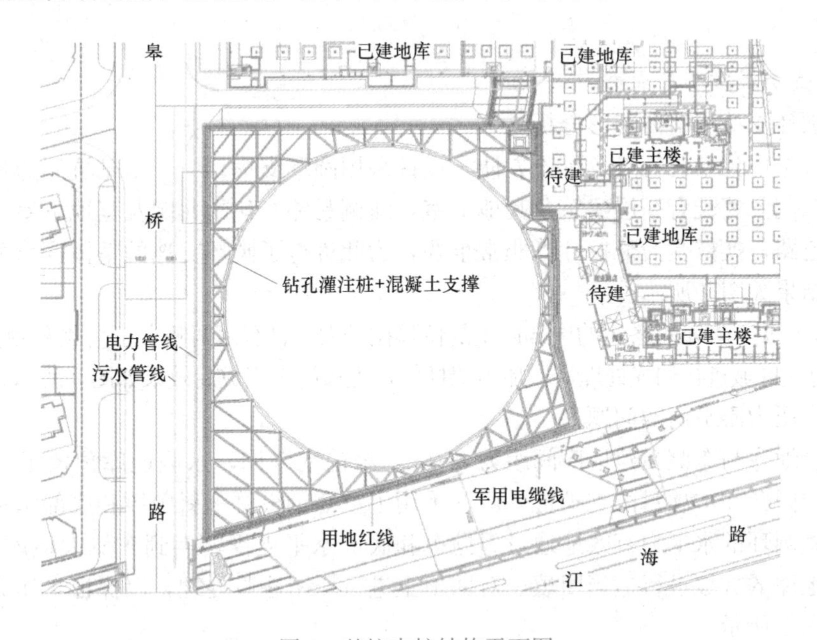

图 4 基坑支护结构平面图

(三) 典型基坑支护结构剖面

在东西两侧，本基坑典型支护剖面如图 5 所示，基坑南北两侧支护剖面如图 6 所示。

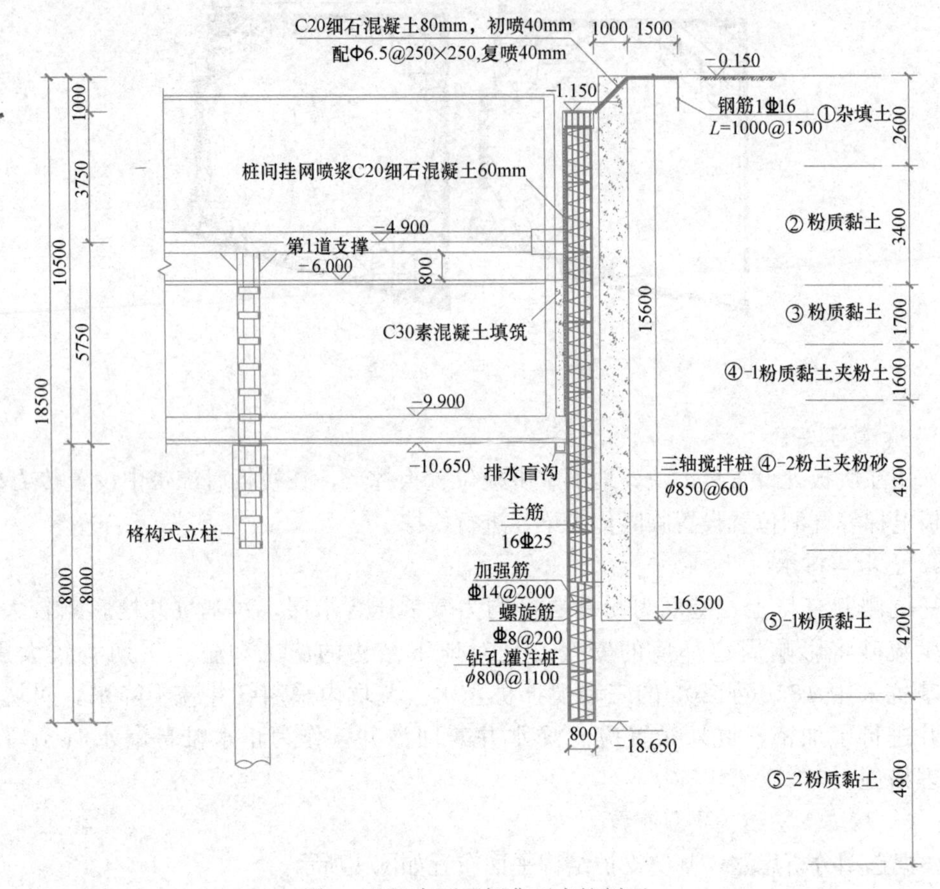

图 5 基坑东西两侧典型支护剖面

(四) 支护设计的几点探讨

(1) 圆环支撑的整体变形分析

本基坑考虑到基坑特点及挖土方便，设计采用圆环支撑。由于本基坑周边环境条件相当复杂，东侧紧邻既有高层建筑及其地下室，北侧紧邻在建幼儿园及其地下室，西侧、南侧为市政道路，换撑受力分析计算非常重要，为此进行了圆环支撑的整体变形分析，水平位移计算结果如图 7 所示。

由图 7 可见，在基坑各边的中部产生的位移比较大，且东西两侧大于南北两侧。依据分析结果，应对此区域进行加强处理，增加桁架杆件，支撑施工完成后效果如图 8 所示。

(2) 土压力不平衡的问题

本项目地库与东侧在建地库间距为 3.0m，经前期咨询，东侧地库预留了两跨边侧的地库未建。因此在本项目的支护桩外侧，采用了拉森钢板桩＋斜抛撑和底部水平支撑的支护形式，将圆环的水平力有效地通过斜抛撑和底部水平支撑转换到东侧大地库的底板上，并对东侧地库的放坡进行适当回填，对回填土进行压密注浆处理，以保证土压力传递的可靠性。如图 9 所示。

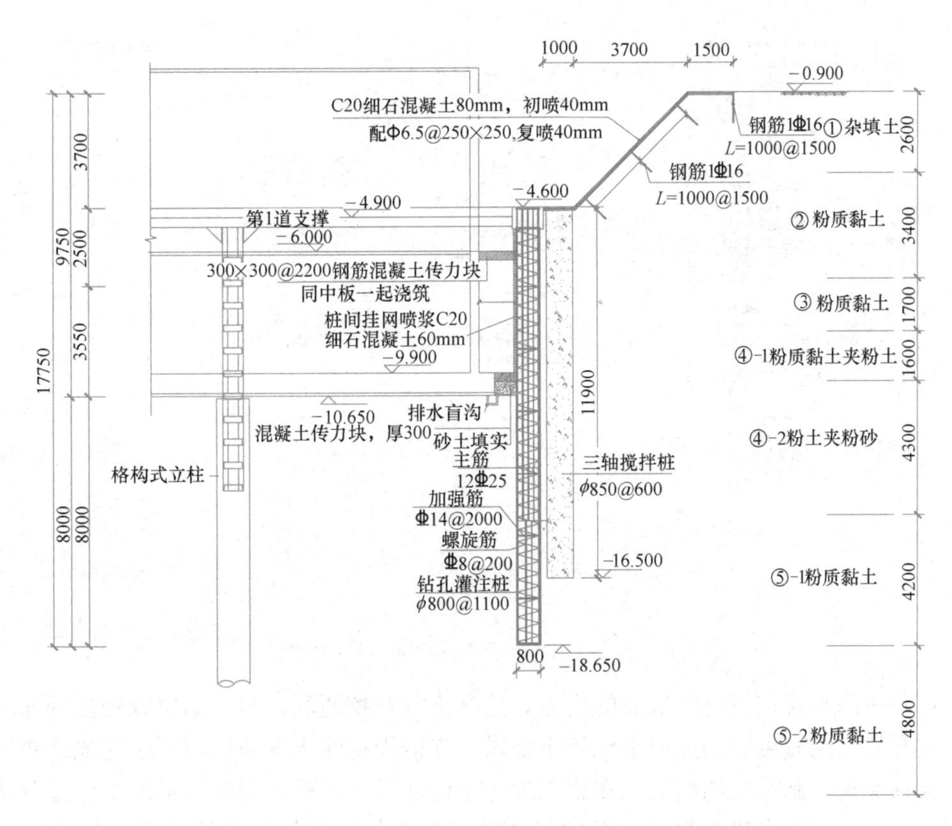

图6 基坑南北两侧典型支护剖面

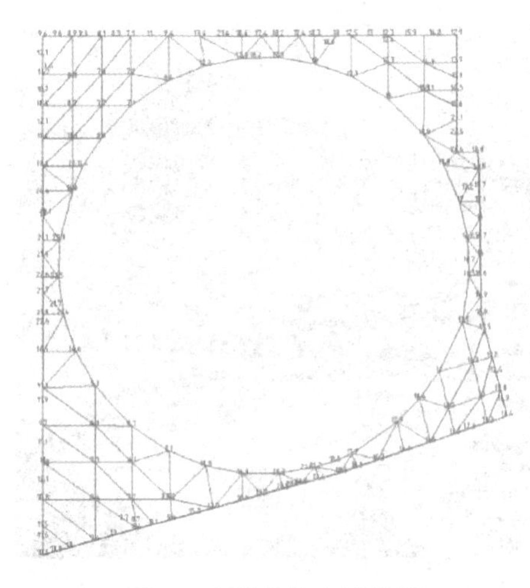

图7 支撑整体变形分析

图8 支撑施工完成后实况

（3）栈桥及场地平台设计

本项目场地狭小，基坑较深，土方清运困难，同时缺少施工场地。因此在基坑北侧设置了斜坡栈桥，栈桥下部基坑内布置了场地平台。一开始采用土体坡道东西向挖土，南北向运输。后期利用圆环支撑的空间优势结合内部场地平台的特点，在平台上向东南西北4个方向预留土坡，施工时做到了均匀对称取土，保证圆环受力均匀。后期逐渐向场地平台

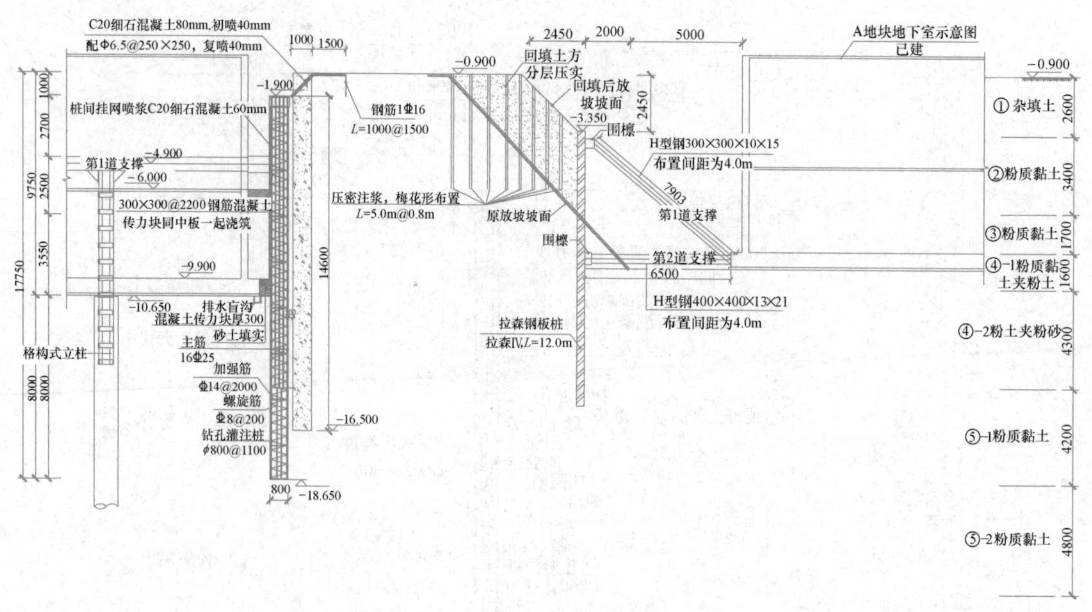

图 9 不均衡土压力传递处理剖面

退挖，最后用长臂挖机挖除最后的土方，这样土方开挖便利，施工单位以较快的速度完成了土方开挖。同时可以满足流水化施工要求，在四周挖除土方的区域可以先浇筑垫层和底板，加强支护桩基底处的约束。在施工地下室的底板及中板的同时，场地平台充分发挥了作用，在其上停靠混凝土泵车以及将其作为材料堆场，方便了场地内部的基础和结构施工。图 10 为在取土阶段和底板施工阶段栈桥和场地平台的实际使用情况。

图 10 栈桥及场地平台使用实况

(五) 周边变形分析

为确保工程安全，采用 MIDAS 有限元法对基坑开挖及支撑的施工工况进行分析计算，计算时土体采用修正的摩尔-库仑模型模拟，围护桩、支撑采用线弹性的梁单元模拟；计算参数根据地勘报告选取，计算工况按实际施工模拟，计算开挖到基底的结果如图 11、图 12 所示。

从计算结果来看，支护的坡顶位移最大为18.4mm，桩顶位移为10.3mm。竖向沉降最大为13.0mm。但是由于基坑深度较大，变形总量仍然比较可观，施工过程中需切实做好应急保护措施。

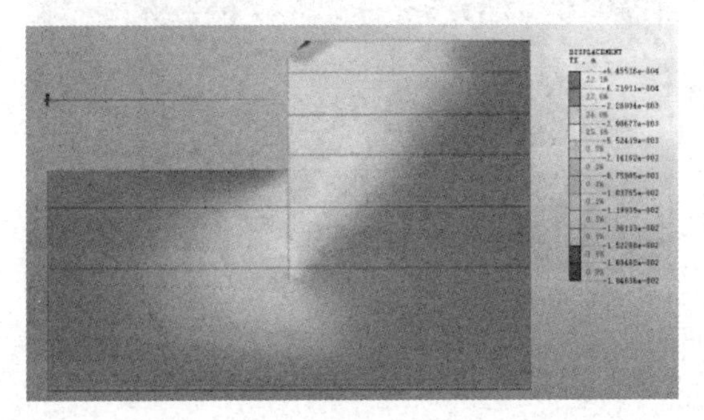

图11 开挖到底地层水平位移云图

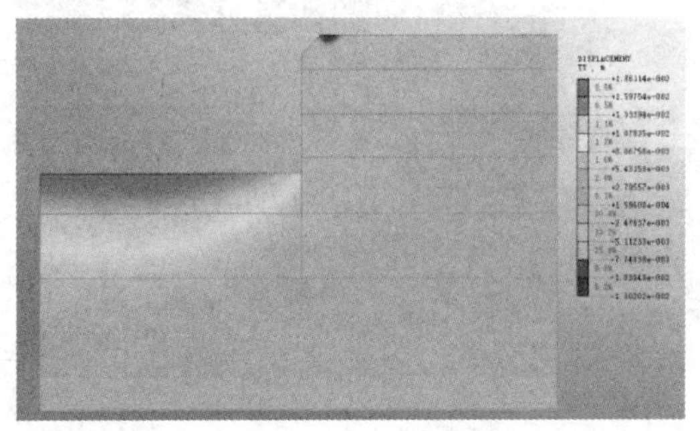

图12 开挖到底地层竖向位移云图

五、地下水处理方案

根据前述地下水情况，在填土内的潜水～滞水设置集水明排系统，场地内做好导水孔和基坑周边的排水沟；针对粉土、粉砂的微承压含水层，设计采用三轴搅拌桩全封闭止水帷幕，在坑内采用管井疏干。在基坑侧壁的流砂层采用桩间挂网喷浆，防止产生流土流砂现象。

六、基坑实施情况分析

1. 基坑施工过程中的问题

本基坑于2018年3月开始施工支护结构，2018年7月初开挖到坑底，2018年9月底完成负2层结构施工。

在基坑施工过程中，遇到最大的问题就是在北侧出土口附近，基底附近的三轴搅拌桩有漏水点，桩间有渗水流砂的现象。

发现漏水后，在桩间漏水点处，采用了布置沙袋的方式，底板与围护桩之间的肥槽处采用了水泥袋反压。然后在漏点正上方的坑外施工道路上引孔，埋设多根注浆管，注浆管深度为超过漏点深度2m，进行了压密注浆。在此期间，加强基坑周边监测，最终封堵完成后地面无明显沉降，有效地遏制了流砂现象，后期少量渗水采用了明排水措施，并辅助在基坑内补打了两口管井降水。

后续施工过程较为顺利，周边地表监测沉降和水平位移均在允许范围内。

基坑开挖到底实况如图13所示。

2. 基坑变形监测情况

本基坑为一级基坑，监测等级一级，为及时掌握基坑支护结构及周边环境变化情况，建设单位委托第三方监测单位做了如下监测：

（1）沿支护桩顶圈梁共布置21个水平位移和竖向位移监测点。

（2）沿基坑周边坡顶布设25个沉降变形观测点。

（3）基坑四周布设了11个深层位移监测点及11个坑外水位监测点。

图 13　基坑开挖到底实况

（4）布置了 13 个管线沉降监测点。

大地库的监测工作于 2018 年 3 月底开始，至 2018 年 9 月进行最后一次监测，共监测了 83 期。桩顶累计水平位移最大值为 18.50mm。

监测结果均在设计允许范围内，未出现险情，工程进展顺利，有效地保护了基坑和周边建筑、管线的安全。图 14 为桩顶水平位移曲线。

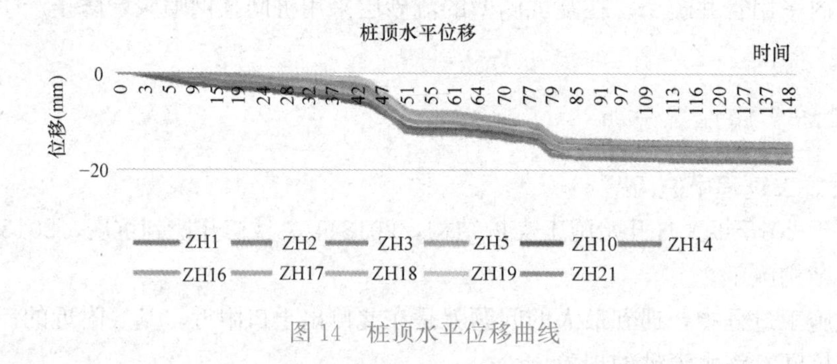

图 14　桩顶水平位移曲线

七、本基坑实践总结

本基坑支护设计工程主要有以下几个显著特点：

（1）对本项目中存在的东西侧土压力不均衡的问题，设计初期详细勘察了周边状况之后，依据现场条件和周边场地的施工进度，在东侧有限土压力一侧，采用了钢板桩＋斜抛撑的末端传力体系，保证了支护桩和环撑传力均匀，良好协同工作。

（2）在本项目中环撑布置形式借鉴了拱桥的设计理念，支撑杆件非辐射状布置，而是呈竖直状与圆环相交，实践证明，支护桩和支撑工作良好，位移较小，满足了工程周边环境的保护要求。此种布置方式克服了圆环上受力不均的缺点，可以均匀布置支撑、均匀传递土压力；并且相比于辐射状布置，该布置方式外观规整、便于施工、适应性强、可灵活避让结构梁柱、节约支撑布置量。

（3）对北侧和东侧的已建地库和建筑物保护得当。设计过程中充分考虑各种因素，对周边状况建立计算模型并进行了精准化模拟；加入了有限元计算对变形进行预测，对存在安全隐患的位置进行了有针对性的加强。在整个施工过程中，周边的管线和建筑物状况良好，证明了该支护体系安全可靠。

(4) 解决了深大基坑土方开挖和布置施工场地困难的问题。在基坑北侧设置了斜坡栈桥，栈桥下部基坑内布置了场地平台。利用圆环支撑的空间优势，发挥了内部场地平台的优势，保证了在基坑内能均匀对称挖土，使得圆环受力均匀。同时满足了流水化施工要求，在四周挖除土方的区域可以先浇筑垫层和底板，加强支护桩基底处的约束。

(5) 信息化施工。基坑开挖施工过程中与监测单位、施工单位、监理单位和业主保持信息无缝对接，监测和巡查结果充分共享。在复杂周边环境中，施工问题第一时间得到反映，并第一时间得到解决，从而有效保证了施工质量和支撑的效果，确保了基坑和周边建筑物的安全。

实例25

万科信成道C地块商业综合体深基坑工程

一、工程简介

万科信成道 C 地块商业综合体项目位于无锡市滨湖区观山路与信成道的东北侧（图 1）。

本项目为 3 层商业楼。整个场区下设满堂地下车库，地下室为 3 层地库。本工程方案采用相对标高，±0.000 为 4.670m，场地标高为 3.67m。

本工程基坑周长（底边线）为 413m，占地面积为 7140.2m^2，开挖深度为 15.7m，基坑支护设计等级为一级。

图 1　项目地理位置

二、工程地质与水文地质概况

1. 工程地质简介

本区地层隶属于江南地层区，区内第四纪沉积物覆盖广泛，以松散碎屑沉积为主，厚度 100～190m，分布广泛，发育齐全，岩性岩相复杂多样，沉积连续，层序清晰。基岩主要出露于西部和南部山区。

根据本次勘察所揭露的地层资料分析，场地 75.5m 范围内地层为第四系全新统、更新统沉积物（主要为黏性土、粉土和砂土），按其沉积年代、成因类型及其物理力学性质的差异，可初步划分成 11 个主要层次。选取其中 1～7 层土，其特征描述如下：

① 层杂填土：灰～黄灰色，松散；以碎石块为主，结构不均匀。北侧及西侧存在土层被翻填情况。

② 层粉质黏土：灰黄色，可塑～硬塑；含铁锰质氧化物，夹蓝灰色黏土条纹。有光泽，无摇振反应，干强度高，韧性高。

③ 层粉质黏土：黄灰色，可塑；局部含少量粉土。稍有光泽，无摇振反应，干强度中等，韧性中等。

④ 层粉质黏土夹粉土：灰色，软塑；具有明显层理，局部为粉土。稍有光泽，无摇振反应，干强度低，韧性低。

⑤-1 层粉质黏土：青灰色，可塑～硬塑；含褐红色铁锰质氧化物。有光泽，无摇振反应，干强度高，韧性高。

⑤-2 层粉质黏土：灰黄～灰绿色，可塑～硬塑；有光泽，无摇振反应，干强度高，韧性高。

⑤-3 层粉质黏土：青灰～黄灰色，可塑～软塑；局部含少量粉土。稍有光泽，无摇振反应，干强度中等，韧性中等。

⑤-4 层粉质黏土：青灰～灰绿色，可塑；局部为硬塑状态。有光泽，无摇振反应，干强度中等，韧性中等。

⑥-1 层粉质黏土夹粉土：灰色，可塑～软塑；具有层理，夹薄层粉土。稍有光泽，无摇振反应，干强度低，韧性低。

⑥-2 层粉土：灰色，湿，稍密～中密；含云母碎屑，局部为粉砂。摇振反应迅速，无光泽，干强度低，韧性低。

⑥-3 层粉质黏土：灰色，可塑～软塑；含有机质，局部含少量粉土。稍有光泽，无摇振反应，干强度低，韧性低。

⑦-1 层粉质黏土：青灰色，可塑～硬塑；含少量钙质结核。有光泽，无摇振反应，干强度高，韧性高。

典型工程地质剖面如图 2 所示。

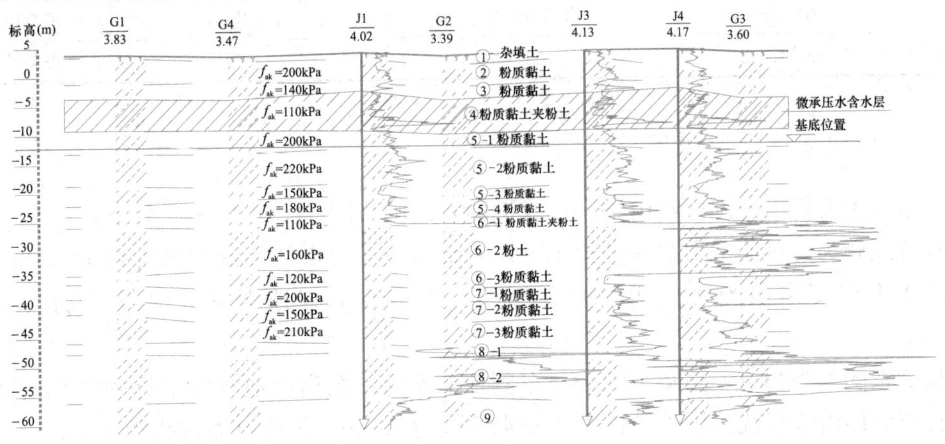

图 2　典型工程地质剖面图

2. 地下水分布概况

根据现场勘察，场地未见明河发育。在勘察深度范围内地下水主要为赋存于第四系全新统及上更新统中的浅层含水层、浅层微承压含水层共2个含水层。测得场地①层杂填土地下水类型为上层滞水～潜水型，地下水主要靠大气降水及地表径流补给，并随季节与气候变化，水位有升降变化，正常年变幅在1.0m左右，本场地3～5年内最高上层滞水～潜水水位标高约3.20m。测得③层粉质黏土及④层粉质黏土夹粉土中的微承压水稳定水位（水头）埋深为1.7～2.8m，微承压水稳定水位标高为1.91～2.38m，平均标高2.08m。

3. 岩土工程设计参数

根据岩土工程勘察报告，本项目主要地层岩土工程设计参数如表1、表2所示。

场地土层物理力学参数表 **表1**

编号	地层名称	含水率	孔隙比	液性指数	重度	固结快剪(C_q)	
		w(%)	e_0	I_L	γ(kN/m³)	c_k(kPa)	φ_k(°)
①	杂填土				(17.5)	(10.0)	(8.0)
②	粉质黏土	25.2	0.742	0.24	19.4	56	12.6
③	粉质黏土	29.7	0.783	0.50	19.2	34	12.4
④	粉质黏土夹粉土	31.2	0.872	0.86	18.8	15	15.5
⑤-1	粉质黏土	23.4	0.685	0.26	19.7	53	12.5
⑤-2	粉质黏土	24.3	0.717	0.26	19.7	60	12.0
⑤-3	粉质黏土	29.9	0.852	0.69	18.63	16.8	12.6
⑤-4	粉质黏土	28.8	0.841	0.57	18.69	27.5	12.1

场地土层渗透系数统计表 **表2**

编号	地层名称	垂直渗透系数k_V(cm/s)	水平渗透系数k_H(cm/s)	渗透性
①	杂填土			
②	粉质黏土	6.28E-08	6.14E-08	极微透水
③	粉质黏土	1.33E-07	2.32E-07	极微透水
④	粉质黏土夹粉土	8.06E-06	1.03E-05	弱透水
⑤-1	粉质黏土	4.20E-08	4.50E-08	极微透水
⑤-2	粉质黏土	3.80E-08	4.0E-08	极微透水

三、基坑周边环境情况

场地位于无锡市滨湖区观山路与信成道的东北侧（图3）。具体情况如下：

基坑北侧为万科信成道二期已建小区，北侧地下室外墙线距离用地红线为5.2m。北侧有已建1层变电房和4层物业管理用房，距离本工程地下室外墙线分别为6.2m和7.1m。

基坑东侧为观顺道，路宽10.0m。东侧地下室外墙距离用地红线最近为4.0m。红线附近有路灯用电线管线。围护桩边距离雨水管线为4.9m，距离电力管线为6.2m。

基坑南侧为观山路，路宽45.0m。地下室外墙线距离用地红线最近为3.8m。红线外

图3 场地位置关系

18.0m为路边线。南侧观山路下建有地铁1号线。地下室外墙线距离地铁保护线为22m。

基坑西侧为信成道，路宽34.0m。西侧地下室外墙距离用地红线最近为8.6m。红线距离路边10.0m，红线外3.3m有一条电力管线。

依据基坑开挖深度及周边条件的复杂情况等综合评定基坑围护设计等级为一级。

四、支护设计方案概述

1. 方案选型总体思路

本项目为商业综合体，其基坑具有如下特点：

(1) 本基坑占地面积约7140m^2，周长413m，开挖深度15.7m，属于深大基坑。基坑为狭长型，基坑长边约140m，基坑开挖空间效应明显，支护设计需在中部位置进行加强，以减少长边效应引起的过大位移。

(2) 基坑周边存在市政道路、建筑物等需要保护的对象。在东北角存在4层物业管理用房以及一个1层的变电站。该建筑物距离基坑较近，且采用了天然地基，极易受基坑开挖影响发生倾斜、变形进而开裂，为本基坑工程重点保护对象。基坑南侧地下室外墙距离运营地铁1号线的14m特别保护线为22m，距离较远。

(3) 基坑开挖范围内有④层粉质黏土夹粉土，需做一定的止水和降水措施。

(4) 本项目场地狭小，施工场地非常有限。基坑支护结构需结合总包场地利用规划进行设计，宜布置栈桥，以满足场地堆放建材和车辆在场地内的材料运输。

结合周边环境条件的差异，基坑支护方案简要介绍如下：

(1) 基坑北侧和东北侧

该区域为整个基坑风险最大的区域。该侧场地条件紧张，有一幢4层的物业管理用房需要保护。经对比SMW工法、地下连续墙和钻孔灌注桩等的支护方式，综合比较支护安全度和造价成本，确定采用钻孔灌注桩的挡土支护方式。具体采用了ϕ900@1100的钻孔灌注桩支护至独立承台基底，采用ϕ650小三轴止水帷幕+2道水平内支撑的形式。并依据施工单位的场地布置要求，在北侧第 1 道支撑的边桁架区域做了栈桥板设计，结合对撑部分的栈桥板，使栈桥形成了环路。

（2）基坑东侧和西侧

该侧场地条件紧张，将场地用到极限状态，采用 2.0m 放坡，然后采用了 ϕ900@1100 的钻孔灌注桩支护结合 2 道混凝土水平支撑的方式，支护桩外侧采用 ϕ650 小三轴止水帷幕。

（3）基坑南侧

该区域南侧距离地铁特别保护线较远为 22m。现状为空场地。依据总包单位的施工要求，需要在南侧做施工道路与栈桥形成闭合回路。经讨论采用了放坡 4.2m、在桩身后留置 14m 宽平台作为施工道路的方案，南侧施工平台与中部对撑的栈桥板结合，形成环形施工道路。支护仍然采用 ϕ900@1100 的钻孔灌注桩加 2 道混凝土水平支撑的方式。

本项目基坑全貌如图 4 所示。

图 4　本项目基坑全貌

2. 基坑支护结构平面布置

根据选型分析思路，基坑支护结构平面布置如图 5 所示。

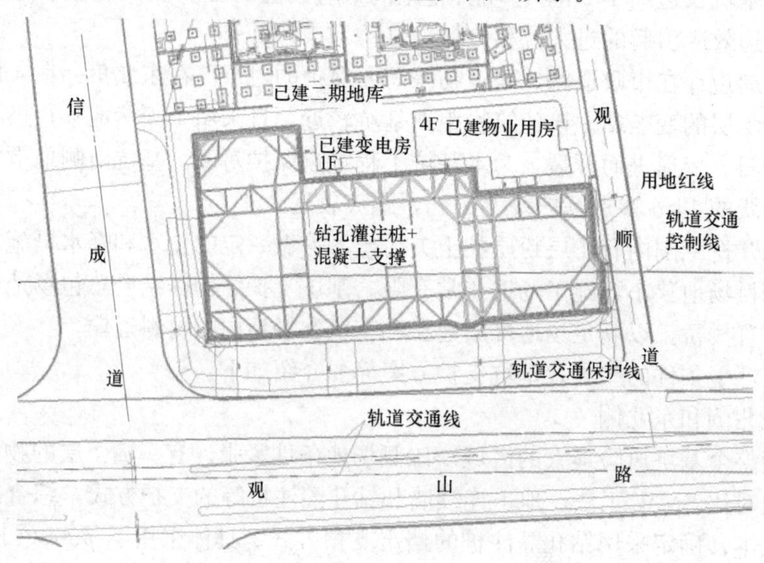

图 5　基坑支护结构平面图

3. 典型基坑支护结构剖面

本基坑典型支护结构剖面如图6～图8所示。

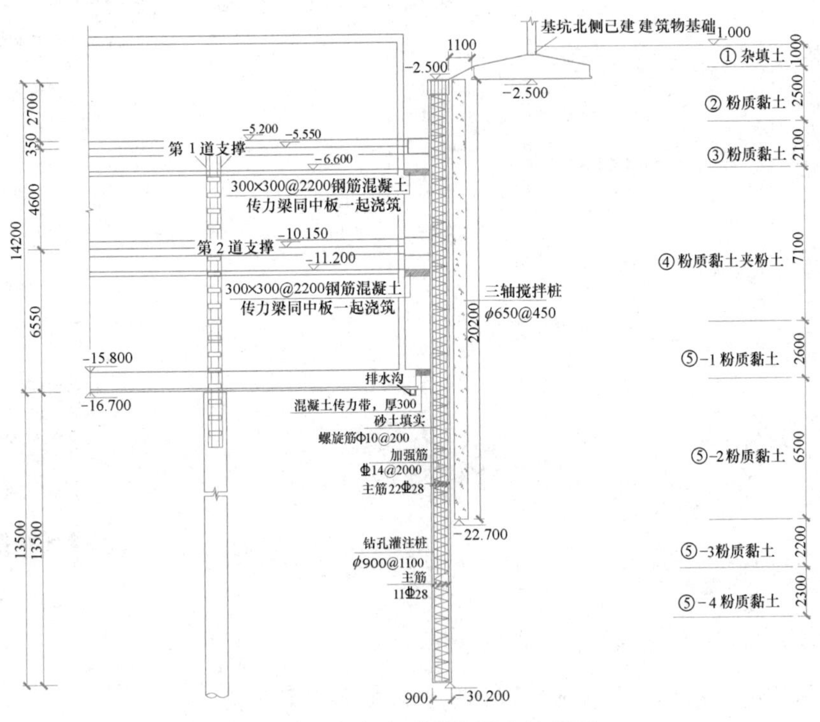

图6　东北侧保留建筑位置支护剖面

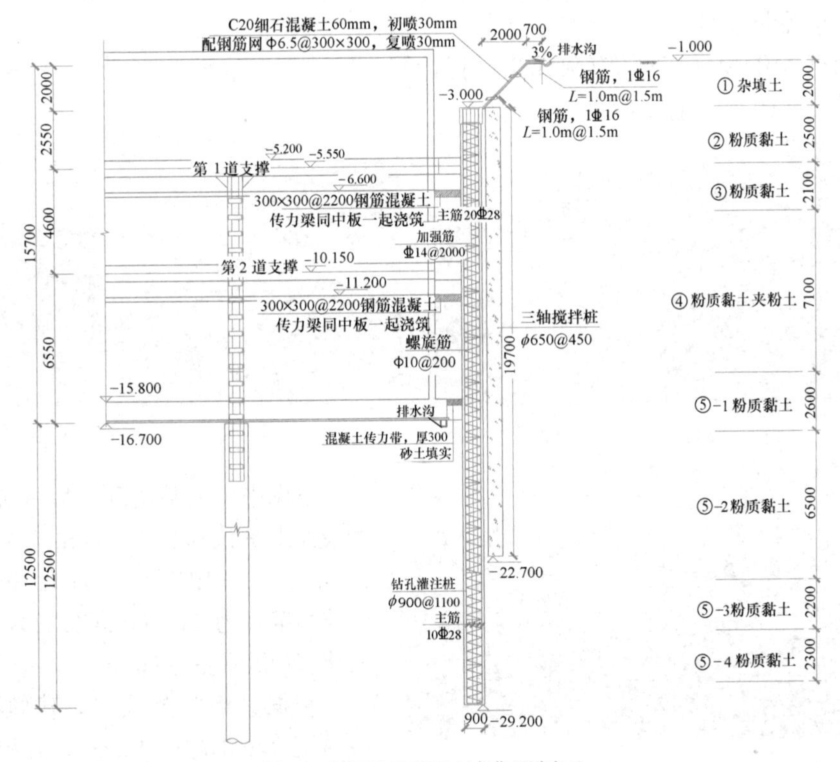

图7　东侧和西侧区域典型剖面

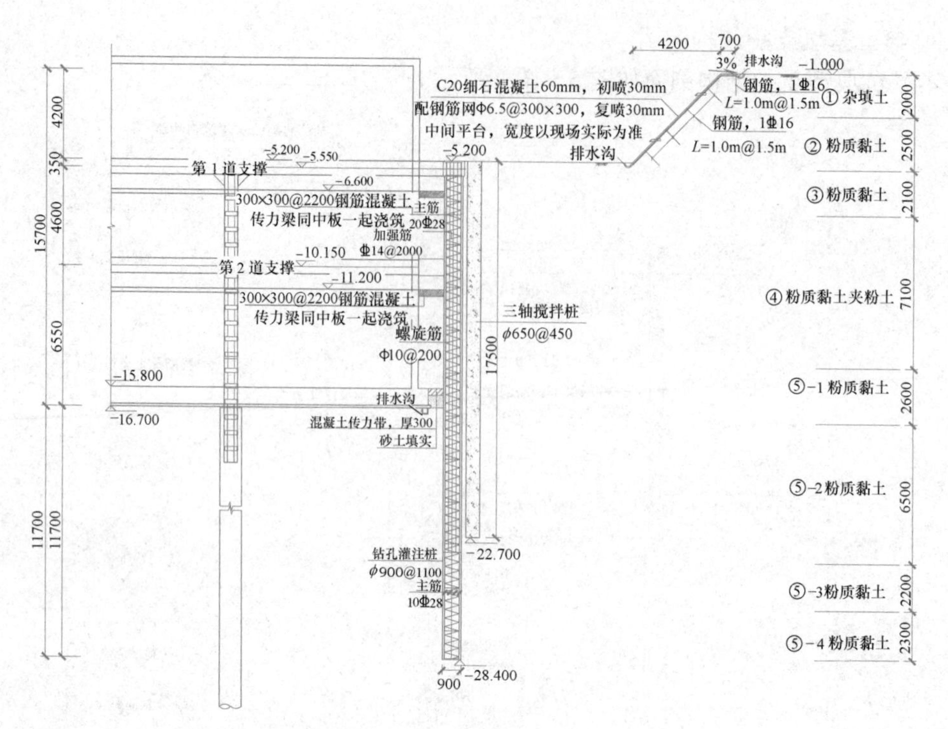

图 8 南侧区域典型剖面

4. 基坑开挖对紧邻 4 层物业管理用房影响的有限元分析

本基坑在 4 层物业管理用房位置开挖深度为 15.7m，因此基坑开挖对其变形影响较大，需严格控制位移。

采用有 MIDAS GTS 的有限元法进行计算分析。模拟基坑开挖过程，挖至基底后基坑变形情况如图 9、图 10 所示。

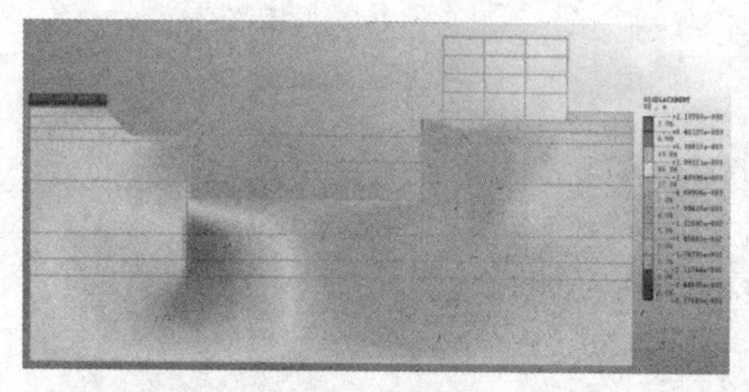

图 9 开挖至基底后水平位移云图

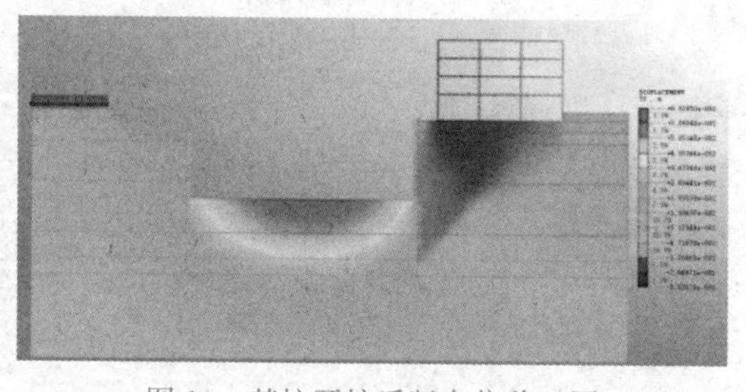

图 10 基坑开挖后竖向位移云图

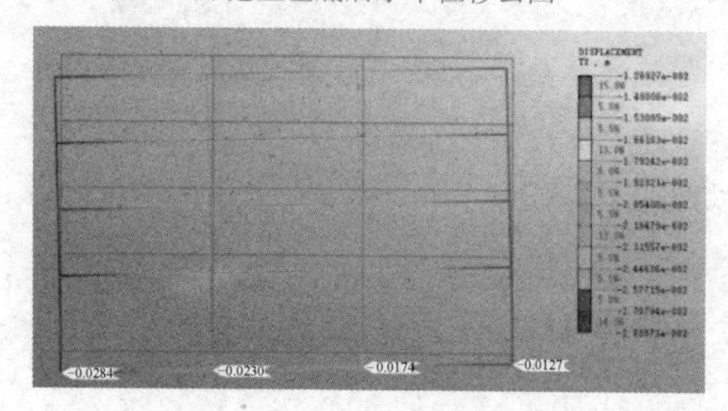

图 11 建筑物沉降云图

从图中可见基坑开挖后基坑支护桩顶的最大水平位移为 27.8mm 左右，沉降为 14.9mm，支护桩后沉降为 12.6～20.4mm。建筑物沉降为 28.4mm（图 11），相邻柱基的建筑物沉降差为 6mm。

根据最终监测成果，建筑物开挖到底后沉降量不超过 10mm，开挖后无开裂变形等现象，实现了基坑支护目标。

五、地下水处理方案

本工程开挖范围内主要是④层粉质黏土夹粉土，渗透系数小于粉砂，含水量一般，故设计中采用了 ϕ650@800 的小三轴作为止水帷幕，采用了无砂管井降水的措施。

六、基坑实施情况分析

1. 基坑施工过程的主要问题

（1）邻近建筑物裂缝

本基坑于 2018 年 11 月开始施工支护结构，2019 年 9 月基坑回填，历时 11 个月，施工期间总体进展顺利。在基坑开挖至第 2 道支撑后，北侧已建物业管理用房的非承重墙出现了倒八字裂缝，如图 12 所示。但是基坑支护监测的水平位移和测斜均未报警。经各方分析初步判定，裂缝由天然基础的不均匀沉降引起。具体情况为，物业管理用房西侧为一部分箱形基础，用于变电房管线布置；而物业管理用房东侧为天然条基。基坑开挖引起物业管理用房基础下土压力的重分布，基坑支护的位移更是引起了物业管理用房基础的不均匀沉降，导致非承重墙开裂，经分析物业管理用房框架结构未受影响，故采取了以下解决方案：一方面应加强监测，另一方面基坑内继续向下挖土时，先挖南侧土体后挖北侧物业管理用房附近的土体，加快施工底板和传力块，并在 3 层地下室区域采用素混凝土回填，而后再修复非承重墙裂缝。

图 12 建筑物裂缝

图 13 开挖至第 2 道支撑的基底实况

（2）降水设计

采用了无砂混凝土管井进行降水，布置间距为 20.0m，降水井为自流型降水。基坑开挖至第 2 道支撑标高时，基坑内土体较为潮湿，有局部积水的现象，如图 13 所示，降水井降水效果较差。开挖后④层粉质黏土夹粉土渗透性不高，普通的管井降水效果较差。现场采用了积水明排的措施进行了明排水，在降水井之间增设了新的管井加强降水处理，反复几次后，才将下部土体挖除。此问题提示设计时宜在该层土中采用真空管井结合自吸泵进行降水的方法。

图 14 围护结构换撑现场图

（3）换撑做法

对于本工程的换撑设计，在重点区域安全可靠的前提下，力求操作简单、施工方便、经济节约。在东北侧有建筑物的区域，−3 层地库采用了素混凝土回填，减少拆撑对建筑物的影响。在其余区域，采用了截面 300mm × 300mm 的换撑梁隔一布一的方式，一方面可以尽可能地扩大回填的操作空间，避免换撑板难以回填的弊端；另一方面，采用的换撑梁较换撑板节约混凝土用量（图 14）。

其余施工过程无异常情况发生，进展顺利。

2. 基坑变形监测情况

在基坑开挖期间，对周边环境进行了全面监测。北侧 4 层物业管理用房作为监测重点，对其进行了沉降、地下水位、地层测斜等规范要求的监测项目，建筑物沉降观测点共设 12 个，周围地层水平位移测斜孔共 11 个，坑外水位观测孔 11 个，整个监测历时约 17 个月，监测表明建筑物最大沉降为 23.78mm，沉降差为 11.15mm，变形在规范许可范围内。桩顶水平位移为 25.50mm，桩顶最大沉降为 12.78mm。图 15 为围护结构水平位移观测曲线。

图 15 围护结构水平位移观测结果

七、本基坑实践总结

本基坑支护设计工程主要有以下几个显著特点：

（1）本基坑工程深度深，挖土及土建施工难度大，北侧有需要重点保护的管线及已建建筑物。场地呈狭长型，故采用了钻孔灌注桩＋水平支撑，水平支撑采用了对撑结合角撑的布置形式。该支撑布置方式为从东向西进行流水化施工作业提供了便利，即做好一部分基础底板或地库中板后，就拆除该区域的支撑，依次逐步向西推进，不需要等所有基础底板或地库中板施工完成才拆除支撑。该做法充分利用了各部分地库施工的时间差，节约了绝对工期。

（2）栈桥的设计结合了支撑的边桁架和对撑的设置，合理地节约了成本，并在狭窄场地内实现了施工单位要求的环形施工通道。

（3）向绿色基坑设计靠拢，因地制宜，灵活设计。本工程开挖范围内主要是④层粉质黏土夹粉土，渗透系数小于粉砂，含水量一般，故设计中采用了直径ϕ650@800的小三轴作为止水帷幕，比ϕ850的三轴经济节约，且止水满足工程要求，未出现漏水点。对3层地下室的深基坑，采用了换撑梁隔一布一的方式，经济节约，效果良好。对支护桩采用了分段配筋的方式，在保证安全的基础上实现了经济节约。

（4）信息化施工。基坑施工过程做好巡视与监测。与监测单位、施工单位、监理单位和业主协同一致，实现监测和巡视结果共享。保证了在复杂周边环境中，发现问题第一时间提出，并第一时间得到处理，提高了施工质量，确保基坑和周边建筑物的安全。

实例26

世茂火车站E地块临地铁深基坑工程

一、工程简介

火车站北区E地块项目位于无锡市梁溪区通江大道与兴昌北路交叉口东北侧，兴昌北路以北，通江大道以东。该项目总占地面积为64540m^2，总建筑面积约34.6万m^2。

本工程方案采用相对标高±0.00为5.50m，场地绝对标高为3.5m，相对标高为−2.00m。

依据结构基础图，1号楼和3号楼为1层地下室，3号楼基底标高−5.05m，开挖深度为2.85m；1号楼基底标高为−6.75m，开挖深度为4.75m；2号楼及其他区域均为2层地下室。2层地库底板板面标高为−8.18m，板厚0.5m，垫层厚度为0.10m，基底标高为−8.78m，开挖深度为6.7m。2层主楼底板厚1.8m，基底为−10.08m，基坑开挖深度为8.0m。本工程基坑周长（底边线）为876m，基坑围护设计等级为：南侧靠近地铁线的区域为一级基坑，其余区域为二级基坑。本项目为临近地铁轨道交通线路的深基坑围护工程。本项目地理位置如图1所示。

图1　项目地理位置

二、工程地质与水文地质概况

1. 工程地质简介

本区位于扬子准地台下扬子台褶带东端。印支运动（距今约2.3亿年）使该区褶皱上升成陆，燕山运动发生，使地壳进一步褶皱断裂，并伴之强烈的岩浆侵入和火山喷发。白垩纪晚世，渐趋宁静，该区构造格架基本定型。进入新生代，地壳运动总的趋势是山区缓慢上升，平原区缓慢沉降，并时有短暂海侵。本区地层隶属于江南地层区，区内第四纪沉积物覆盖广泛，以松散碎屑沉积为主，厚度为100～190m，分布广泛，发育齐全，岩性岩相复杂多样，沉积连续，层序清晰。基岩主要出露于西部和南部山区。典型工程地质剖面如图2所示。

根据本次勘察所揭露的地层资料分析，场地110.5m深度范围内地层可划分为13个主要层次（25个亚层）；基坑开挖影响范围内的土层特征描述如下：

① 层杂填土：杂色，湿，松散，夹大量建筑垃圾及碎砖块等，下部软塑以黏性土为主。场区普遍分布，该层较松散，土层均匀性差。

② 层粉质黏土：灰黄色，可塑～硬塑，含铁锰质结核，夹黏土团块及薄层，结构较均匀。场区普遍分布，该土层属中压缩性土，工程性能较好。

③ 层粉质黏土：灰～灰黄色，可塑状，含少量铁质斑点，夹粉土团块及薄层粉土，结构均匀性稍弱。场区普遍分布，该土层属中压缩性土，工程性能中等。

④-1层黏质粉土：灰黄色，湿，稍密～中密，含云母碎屑。场区普遍分布，该土层属中压缩性土，工程性能中等。

④-1A层粉质黏土：灰色，软塑，夹少量贝壳碎屑，主要分布于场地西侧，该土层属中偏高压缩性土，工程性能偏差。

④-2层粉砂：灰色，中密状，饱和，夹粉土团块及薄层，含云母碎片，矿物成分主要为石英，长石次之，颗粒级配较差。场区普遍分布，该土层属中压缩性土，工程性能中等。

⑤-1层粉质黏土：青灰色～灰黄色，可塑～硬塑，含铁质斑点，结构较均匀。场区普遍分布，该土层属中压缩性土，工程性能较好。

⑤-2层黏土：灰黄色，可塑～硬塑，含铁锰质结核，夹黏土团块及薄层，结构较均匀。场区普遍分布，该土层属中压缩性土，工程性能好。

2. 地下水分布概况

场区周围地表水系发育，与京杭大运河及太湖相通，河湖水位的变化与降水量年际、年内的变化基本一致，稍有滞后，近几十年资料反映，多年平均水位为1.254m，历史最高水位为3.054m（1991年），最低水位为0.104m（1934年）。

本工程场地在浅部影响基坑开挖深度范围内地下水主要为赋存于第四系全新统及上更新统中的浅层含水层、浅层微承压含水层共2个含水层。分别为①层杂填土中的潜水、④-1层黏质粉土和④-2层粉砂中的微承压水。现对场地的浅部含水层分别评述如下：

① 层杂填土中的潜水主要接受大气降水及地表渗漏补给，其水位随季节、气候变化而上下浮动，年变化幅度在1.0m左右。勘察期间，采用挖坑法测得场地①层杂填土地下水稳定水位埋深为0.5～2.0m，标高为2.20～2.44m。本场地3～5年内最高潜水水位标高2.90m左右，历史最高地下水位3.00m。

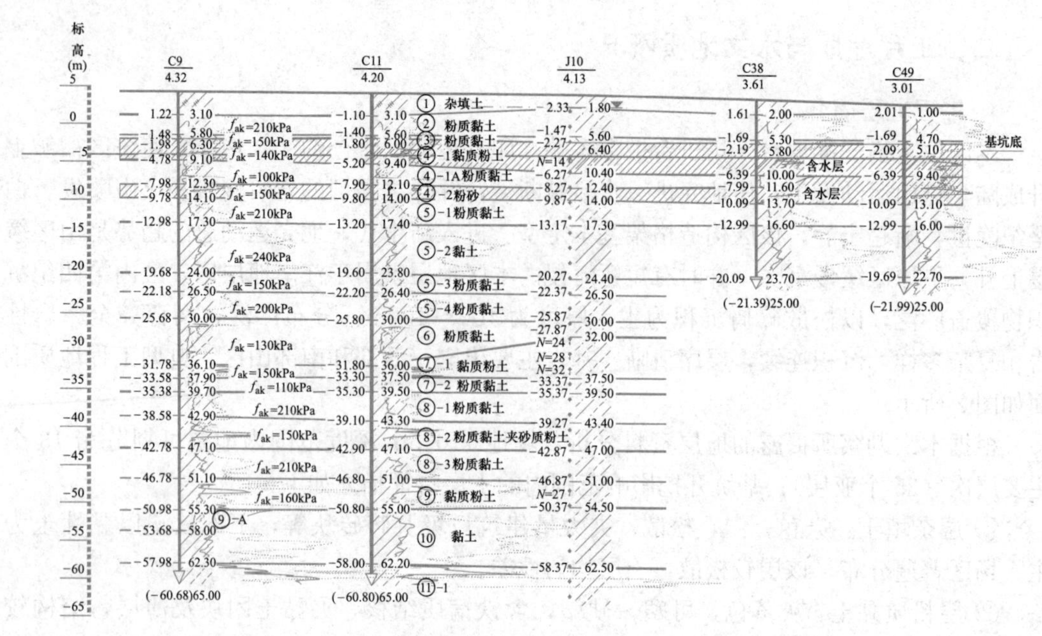

图2 典型工程地质剖面图

微承压水主要赋存于④-1层黏质粉土和④-2层粉砂中（该两层土渗透性相近且相互连通，把该两层土作为一个含水层来考虑其水文地质性质），主要接受径流及越流补给。勘察期间，钻至该黏质粉土、粉砂层，采用套管隔开地表水，并停钻8h以上，测得混合微承压水稳定水位标高为0.5m左右。

3. 岩土工程设计参数

根据岩土工程勘察报告，本项目主要地层岩土工程设计参数如表1和表2所示。

场地土层物理力学参数表 **表1**

编号	地层名称	含水率	孔隙比	液性指数	重度	固结快剪(C_q)	
		w(%)	e_0	I_L	γ(kN/m³)	c_k(kPa)	φ_k(°)
①	杂填土				(17.5)	(10.0)	(10.0)
②	粉质黏土	25.5	0.71	0.31	19.7	40.8	14.3
③	粉质黏土	27.1	0.745	0.39	19.5	37.9	13.9
④-1	黏质粉土	29.3	0.794	0.91	19.2	10.1	23.8
④-1A	粉质黏土	34.1	0.964	0.89	18.2	19.0	11.2
④-2	粉砂	28.2	0.753	0.91	19.3	3.0	28.1
⑤-1	粉质黏土	25.6	0.715	0.31	19.6	40.5	14.4
⑤-2	黏土	24.3	0.691	0.26	19.8	41.6	14.2

场地土层渗透系数统计表 **表2**

编号	地层名称	垂直渗透系数 k_V(cm/s)	水平渗透系数 k_H(cm/s)	渗透性
①	杂填土			
②	粉质黏土	2.74E-07	4.67E-07	极微透水

续表

编号	地层名称	垂直渗透系数 k_V(cm/s)	水平渗透系数 k_H(cm/s)	渗透性
③	粉质黏土	3.21E-07	4.48E-07	极微透水
④-1	黏质粉土	3.32E-05	5.43E-05	弱透水
④-1A	粉质黏土	4.05E-06	6.03E-06	微透水
④-2	粉砂	1.80E-04	2.67E-04	中等透水
⑤-1	粉质黏土	3.46E-07	5.61E-07	极微透水
⑤-2	黏土	3.18E-07	4.77E-07	极微透水

三、基坑周边环境情况

场地位于无锡市梁溪区，通江大道东侧，兴昌北路北侧，锡沪西路南侧。环境良好，交通便利。具体情况如下：

基坑北侧为锡沪西路，路宽42.5m，地下室外墙距离用地红线最近距离为7.9m。距离电线杆5.95m，距离燃气管线12.85m，距离雨水管线16.9m。基坑东侧为内部建筑场地，东侧地库距离A地块地库地下室最近距离为3.0m；基坑南侧为兴昌北路，路宽24.0m，距离场内1号楼建筑物较远，为22.0m；基坑西侧为通江大道，路宽45.6m，地下室外墙线距离用地红线为13.5m，红线上建有围墙线。红线内场地存在诸多管线。距离地下室外墙线4.57m为高压电管线，距离8.9m为燃气管线，距离9.3m为污水管线，距离13.3m为给水管线；基坑西南侧为现存水泵房，地下室外墙线距离用地红线最近距离为6.7m，红线上为已建外墙，外墙距离水泵房7.3m，围墙内有一条燃气管线，距离地下室外墙最近距离为2.5m。

无锡地铁3号线盾构区间隧道下穿火车站北区E地块，地块内建构筑物避开地铁特别保护区南北分区设置，临近地铁侧主要为1号、2号、3号楼及整体地下室，其中，1

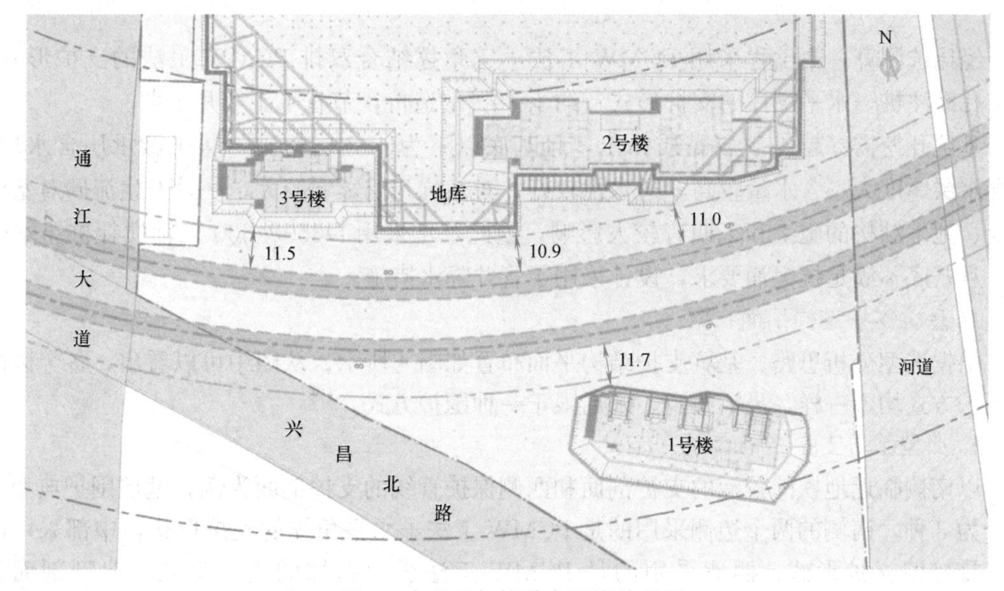

图3　本项目与轨道交通线关系图

号楼围护结构距离地铁区间外轮廓线最近为11.7m，2号楼围护结构距离地铁区间外轮廓线最近为11.0m，3号楼围护结构距离地铁区间外轮廓线最近为11.5m，整体地下室围护结构距离地铁区间外轮廓线最近为10.9m，位置关系如图3所示。

四、支护设计方案概述

1. 方案选型总体思路

依据“安全可靠、经济合理、施工方便”的设计原则，从本工程的现状场地和周边复杂的环境情况考虑，常规设计往往采用钻孔灌注桩＋混凝土内支撑＋三轴搅拌桩止水的方式。因南侧无锡地铁3号线从场地内穿过，故不允许采用斜拉锚的形式。

由于本项目基坑实际占地面积较大，如采用全局水平内支撑的方式，一方面出土较为困难且周期较长，另一方面也不能满足业主的开发周期要求。因此需在能够保护南侧轨道交通线的情况下，尽可能节约工期，节约成本。

为能够快速施工，拟在南侧地铁保护区域，垂直围护桩采用PCMW工法（三轴搅拌桩内插预制600mm直径管桩的形式），以节约工期，达到同样的保护效果。

依据本项目自身的特点，在2号楼和3号楼之间尽可能多地采用双排管桩的支护形式。在3号楼北侧地库，依据折角形状，布置了小三角水平混凝土支撑，在2号楼区域布置了小三角水平混凝土支撑，与双排桩相接。

基坑的西侧由于管线众多，红线内布置了高压电缆线、燃气管线和污水管线，故仍需采用强支护的形式保护管线。拟采用PCMW工法＋斜抛撑的支护形式。

在基坑的北侧，由于场地条件有限，故采用PCMW工法＋可回收锚索的支护形式，保证场地内无障碍，加快出土和结构施工。

在基坑东侧远离轨道交通保护区域的边侧可以充分利用较为空旷的场地条件，采用二级放坡的支护形式，场地内无阻碍，基坑挖土方便快捷，更不存在拆撑的工序，施工周期较短。

经比选测算，本工程采用PCMW工法＋三角撑结合双排PCMW工法的支护形式，比钻孔灌注桩＋水平支撑的支护形式节约了30%的造价，节省了1个月工期。

基坑开挖需穿越④-1层黏质粉土，且基底以下为④-2层粉砂，属于微承压含水层，该含水层厚度大，含水量较高，透水性较好，对基坑开挖影响较大，一旦发生流砂对基坑安全、地下结构的施工和工期有较大影响，因此基坑采用D850@600三轴搅拌桩止水帷幕。且基底不满足抗突涌要求，设计采用了管井降水措施。

2. 基坑支护结构平面布置

根据选型分析思路，基坑支护结构平面布置如图4所示。从图中可以看出，各个区段的围护方式均不一样，灵活布置，未局限于一种围护方式。

3. 典型基坑支护结构剖面

以南侧临近地铁的较深的支护剖面和西侧保护管线的支护剖面为例，基坑围护典型剖面分为3种，南侧的两个边侧采用的是PCMW工法＋水平角撑的支护形式，中部采用的是双排桩的支护形式；西侧采用的是PCMW工法＋斜抛撑的支护形式。典型剖面如图5～图7所示。

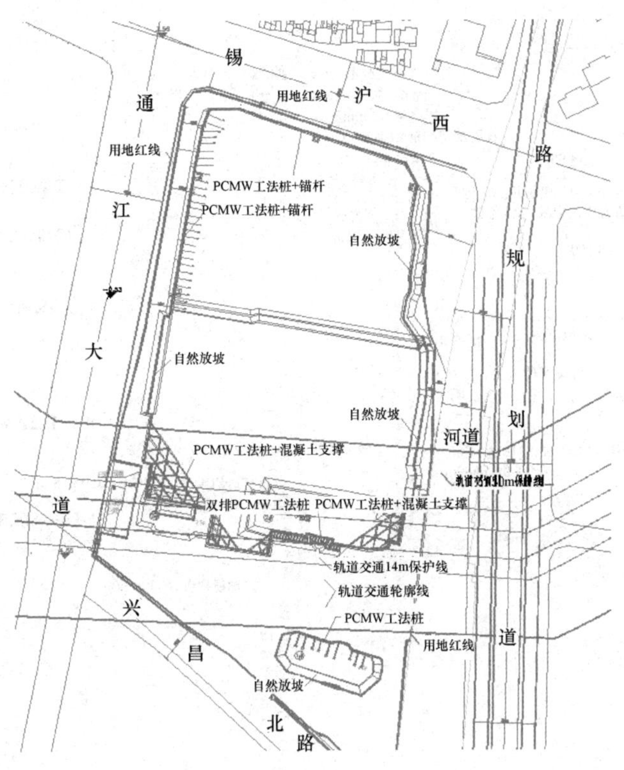

图4　基坑围护平面图

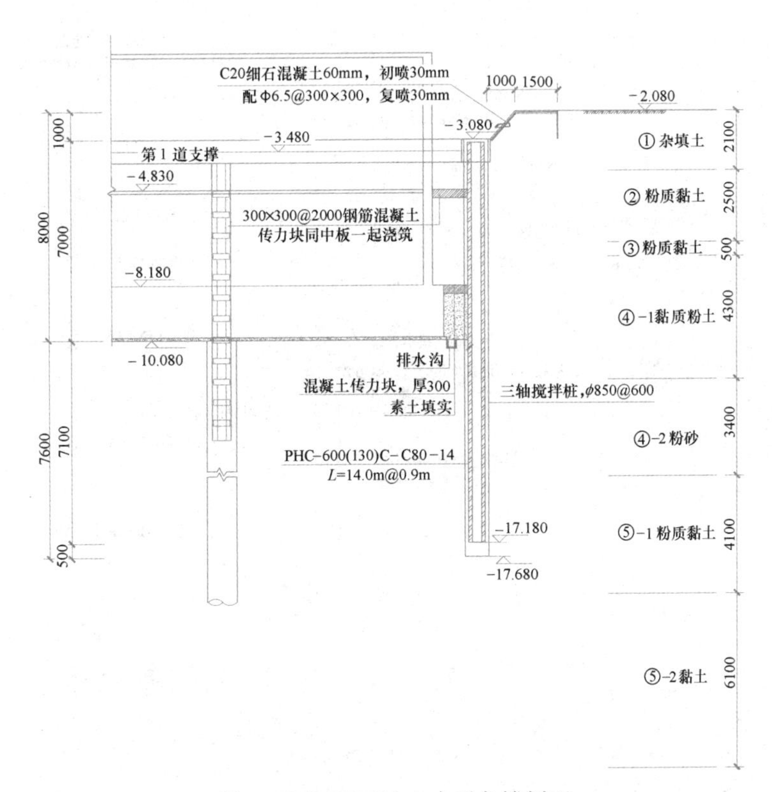

图5　PCMW工法+水平角撑剖面

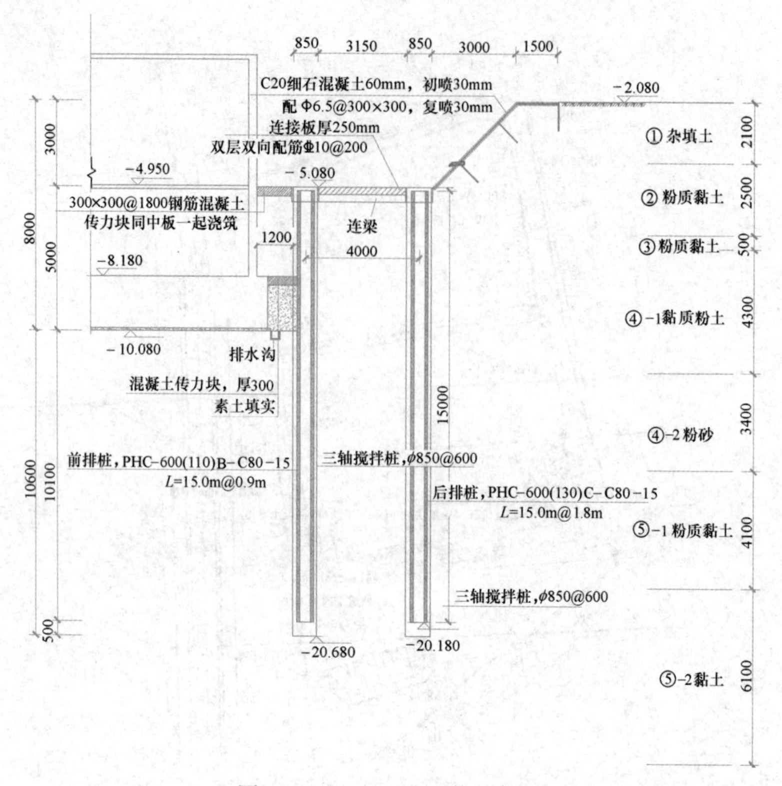

图 6 PCMW 工法双排桩剖面

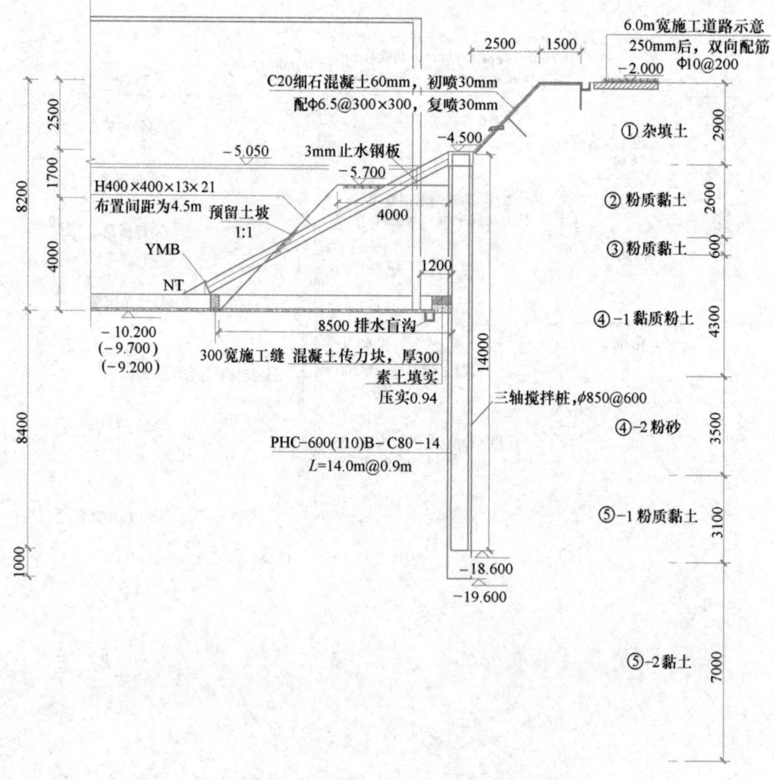

图 7 PCMW 工法+斜抛撑剖面

4. 基坑支护形式对周边环境的影响分析

本工程分别采用理正深基坑软件和有限元计算方法模拟施工开挖，对支撑的过程进行计算，计算超载为均布20kPa。有限元采用MIDAS GTS NX，本构模型采用修正的摩尔-库仑模型。围护结构及主体结构采用板单元，梁、柱采用1D梁单元，桩基采用1D梁单元，土体采用实体单元，地面超载取20kPa，建筑物地上部分按15kPa/层考虑。计算结果如图8所示。

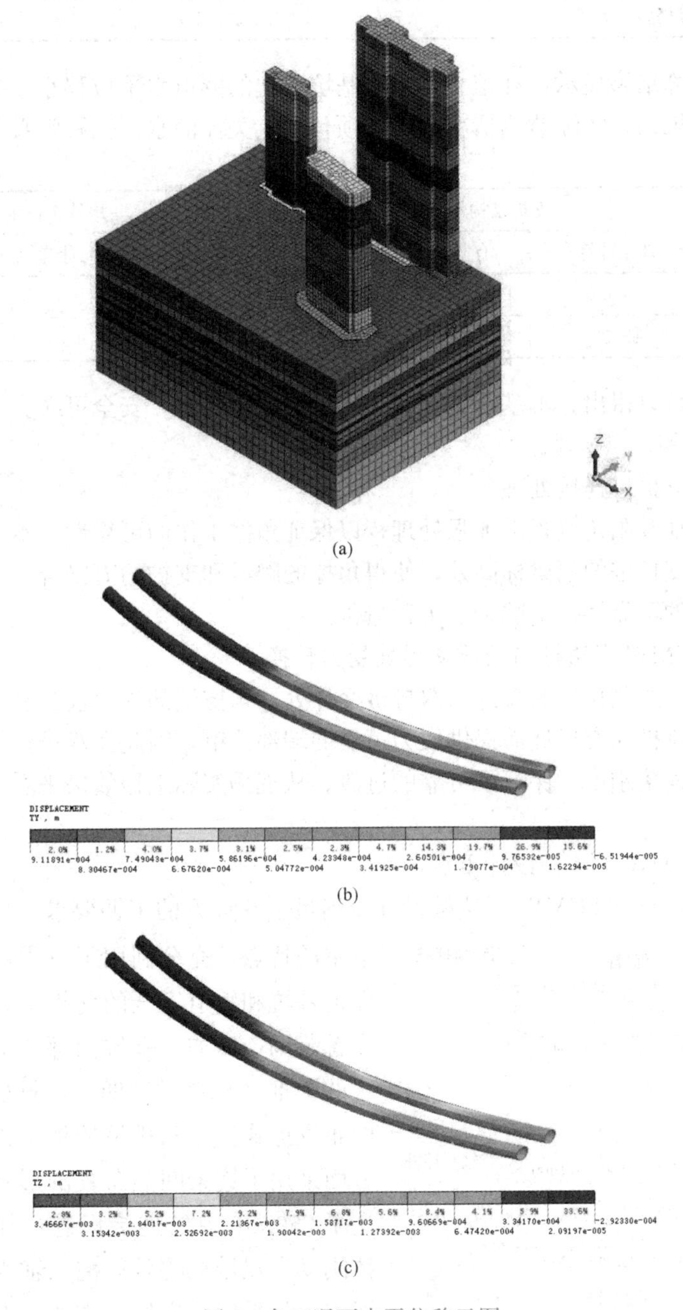

图8 各工况下水平位移云图

（a）模型整体单元划分；（b）开挖到基底时隧道水平位移；（c）开挖到基底时隧道竖向位移

模型计算结果如表 3 所示。

有限元水平位移计算结果 **表 3**

计算工况	土体		隧道	
	水平位移(mm)	竖向位移(mm)	水平位移(mm)	竖向位移(mm)
1 号、2 号 楼基坑开挖至基底	6.32	8.84	0.9	3.5
1 号、2 号楼地下室施工完成	6.45	7.39	1.1	1.2
1 号和 2 号楼施工完成	7.64	37.97	4.5	−9.6

以上模型计算结果显示，开挖至基底时基坑引起的隧道水平位移小于 5mm。

以上计算结果结合实际监测情况，对本项目重点关注的水平位移汇总如表 4 所示。

水平位移结果汇总 **表 4**

	支护结构水平位移(mm)			地铁车站水平位移(mm)	
	理正计算	有限元计算	实际监测	有限元计算	实际监测
开挖至基底	19.09	6.32	8.7	0.9	5.36
地库结构完成	19.02	6.45	9.3	1.1	3.50

从各表结果可以得出，本基坑支护方式满足了工程要求，安全可靠。

5. 支护形式的几点探讨

(1) 角撑与支护桩连接处理

三角撑在端部及阳角位置需加强处理，以保证角撑工作的可靠性。本工程中将角撑的设计标高放在了支护桩的冠梁标高处，使得角撑的腰梁和支护的冠梁合二为一。从而大大提高了受力变形的可靠性，也减少了工程造价。

(2) 双排 PCMW 工法桩与角撑交界处受力转换

本工程在南部边侧角撑的端部与双排桩交界处，角撑端部受力较为复杂，存在支撑力转换的问题，双排桩在交界处需提供较为可靠的端部约束，因此在双排桩的设计上，提高了双排桩的桩顶连接刚度，保证了可靠的过渡。从现场实际工程效果来看，该做法满足了工程要求。

(3) 双排 PCMW 工法桩设计重点

在本项目中，双排 PCMW 工法桩设计既满足了建设方的工期要求，也结合了建筑地下室的特点，充分利用了有限的场地条件。在保证基坑和轨道安全的前提下，降低了角撑的布置范围，增加了基坑内部的场地，减小了挖土的困难，节省了工期。双排桩采用了 2 对 1 的布置形式，在双排桩的桩顶连接设计上，一方面采用了连梁间隔布置的形式，另一方面采用了 250mm 厚的连接板进行加强，提高了整体刚度。双排桩的后排桩三轴未采用套打的方式，而是采用了搭接的方式，在满足插入管桩的条件下节约了材料，如图 9 所示。

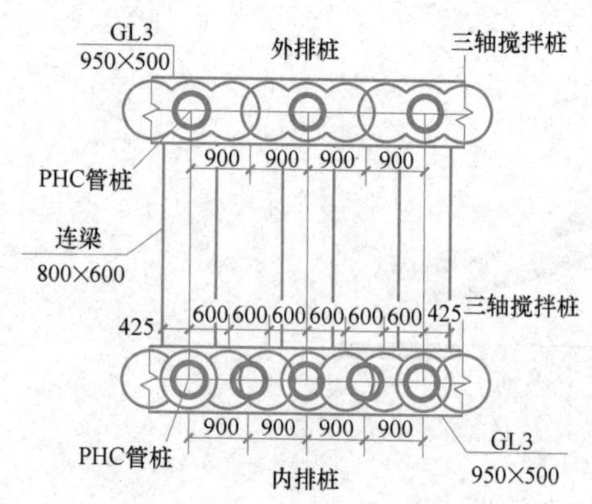

图 9 双排桩桩位布置图示意

(4) 3号楼先浅后深的施工顺序的设计处理

在本项目中，3号楼先施工，北侧大地库后施工，故存在了先浅后深的开挖工况，地库底板之间的高低差3.85m。设计采用了先做支护桩，后放坡开挖，做3号楼的地下室(图10)。在开挖3号楼北侧的大地库时，在支护桩与3号楼基础间采用压密注浆的措施对桩身后土体进行加强。同时控制3号楼南侧的回填土回填至场地整平标高地面，待大地库施工完成后，再一同回填至设计室外地面标高(图11)。

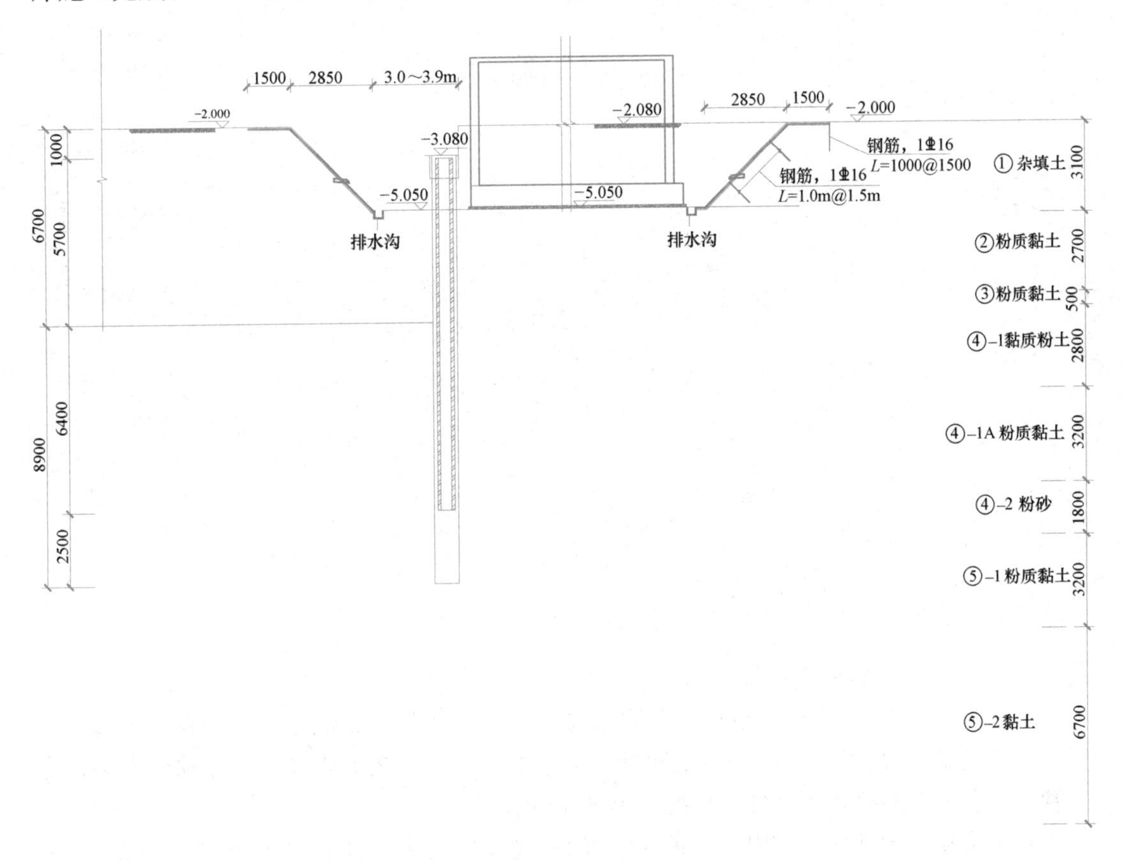

图10 3号楼先施工工况图

五、地下水处理方案

根据前述地下水情况，分别采取不同处理方案，简述如下：

(1) 在杂填土的上部潜水～滞水，采用了集水明排的措施，通过设置排水井和周边的排水沟，对基坑开挖阶段进行有组织的明排水；

(2) 基坑中下部存在微承压含水层，该层土含水量丰富，渗透性大，为避免出现大面积流砂现象影响地下结构施工和基坑安全，一方面基坑周边采用三轴搅拌桩全封闭止水帷幕；另一方面在基坑开挖时采取了无砂管井疏干降水措施。

场地开挖深度内含有粉土层，含水量丰富，透水性强，依据轨道要求，深层搅拌桩止水帷幕需进入相对不透水层不少于2.0m。

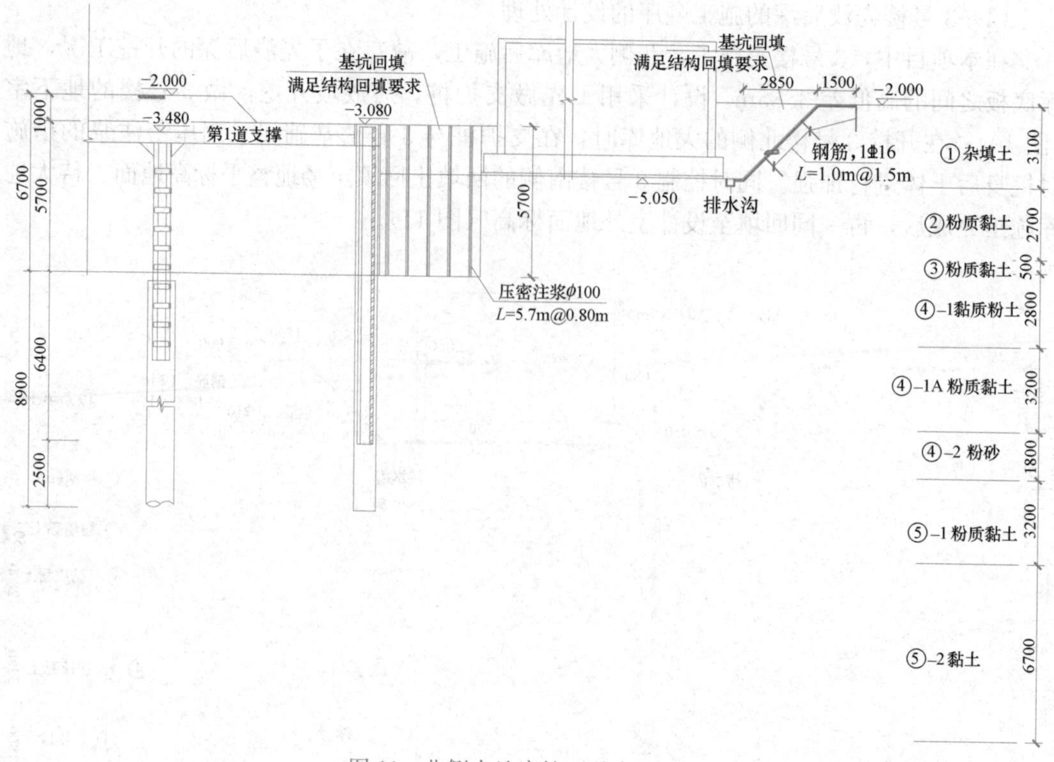

图 11 北侧大地库挖至基底工况图

六、基坑施工工程中遇到的问题

1. 基坑施工过程中的工程问题

本基坑于 2018 年 7 月开始施工支护结构，2019 年 3 月完成地库施工，在基坑施工过程中，遇到了 PCMW 工法施工质量问题。根据本工程实际施工效果，在三轴桩内插预应力管桩，普遍存在插入不到位的情况，如图 12 所示。

基底为粉土粉砂层，采用三轴桩插管桩的工艺时，容易产生插入不到位的情况。宜依据实际情况，在自重沉入不到位时采用辅助压入或三轴搅拌重新搅拌插入的措施。但本工程由于施工问题反馈滞后，插入不到位的管桩成了既定事实，经设计复核采取了如下措施：一方面采用了桩身后卸土减压的方式；另一方面在插入严重不足的区域，采用了拉森钢板桩打补丁的方式进行加强。同时提醒设计方，在设计插入基底长度时需要预留充足，不宜完全按照理正计算结果生搬硬套插入比。

图 12 现场工况图

总体而言，整个施工过程比较顺利，无重大险情发生，保证了工程的进度计划，节约了约 1 个月的工期，取得了良好的社会经济效益。图 13 为基坑开挖到底施工底板图。

图 13　基坑开挖到底施工底板图

2. 基坑变形监测情况

在基坑工程开挖前，建设单位委托第三方监测单位做了如下监测内容：

（1）沿支护桩顶圈梁共布置 29 个水平位移和竖向位移监测点（南侧临近地铁区域布置了 12 个）。

（2）沿基坑周边坡顶布设 37 个沉降变形观测点。

（3）基坑四周布设了 20 个深层位移监测点及 29 个坑外水位监测点。

（4）布置了 6 个建筑物沉降监测点。

北侧大地库的监测工作于 2018 年 8 月开始，至 2018 年 12 月进行最后一次监测，共监测了 76 期。桩顶累计水平位移最大值为 9.3mm（图 14），坡顶累计水平位移最大值为 3.9mm。

监测结果均在设计允许范围内，未出现险情，工程进展顺利，有效地保护了基坑和周边建筑、管线的安全。

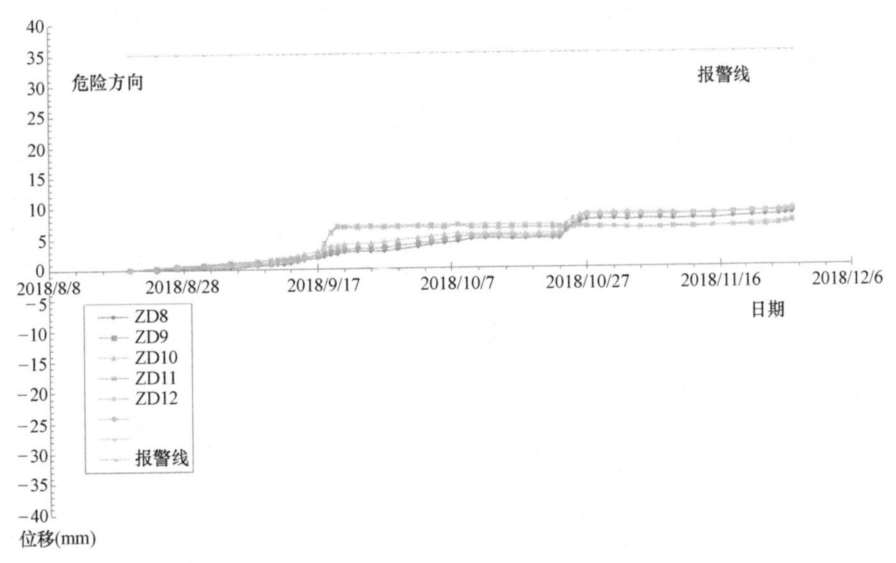

图 14　桩顶水平位移历时曲线

七、本基坑实践总结

本工程依据场地条件，采用多种支护方式，达到了良好的工程效果。总结了以下工程经验：

（1）在重点区域的南侧临近轨道线的区域，两边采用了 PCMW 工法＋小角撑、中间采用双排 PCMW 工法桩的支护形式，在安全可靠的同时做到了施工速度快、周期短，节约了工期和成本，经济性较好。

（2）基底在粉土粉砂层时，应充分考虑 PCMW 工法施工的自沉困难，宜及时采取辅助沉降措施。

（3）双排 PCMW 工法的前、后排桩之间的连接宜加强，一方面可达到门式刚架的理论效果；另一方面可充分化解角撑端部的内力。

（4）根据基坑和轨道监测数据，本支护工程满足各方要求，效果较好，可为相似的工程提供借鉴。

实例27

龙湖周新老街项目深基坑工程

一、工程简介

无锡龙湖周新老街基坑围护项目，位于无锡市立信大道西侧、周新路南侧。其地理位置如图1所示。

本工程地块分为2块，东侧地块为高层区，共3栋高层建筑，设负2层地下车库；西侧地块为洋房区，共5栋建筑，设负2层地下车库。两区块之间为无锡地铁4号线。总用地面积为34982.2m^2，总建筑面积为77791.0m^2。

本项目高层区D2号基坑，基坑开挖深度为7.70～8.30m，开挖面积为7058.417m^2，基坑周长为347.166m；洋房区D1号基坑，基坑开挖深度为4.30～5.60m，开挖面积为11362.573m^2，基坑周长为438.345m。

图1　本工程场地地理位置

二、周边环境条件

1. 周边环境简介

（1）北侧，用地红线及红线外周新路（图2）

D2 号地库边线距离该侧用地红线 5.7～6.8m，距离周新路边约 13.6～19.4m；D1 号地库边线距离该侧用地红线约 11.9m。

（2）西侧，用地红线及红线外现状道路

D1 号地库边线距离该侧用地红线（即现状道路边）约 5.0～7.7m，现状道路对面为蠡江新村居民楼，地上 2 层。

（3）南侧，用地红线及红线外现状河道（图 3）

D2 号地库边线距离该侧用地红线约 8.8m，D1 号地库边线距离该侧用地红线约 8.5m，红线外即为现状河道。

（4）东侧，用地红线及红线外立信大道

D2 号地库边线距离该侧用地红线约 5.5m，距离立信大道路边约 16.4～24.2m。

（5）D1 号与 D2 号地块之间，无锡轨道 4 号线

D2 号地库边线距离该侧轨道 14m 特别保护线约 3.5～4.8m；D1 号地库边线距离该侧轨道 14m 特别保护线 3.5～4.3m。

图 2 基坑北侧周新路

图 3 基坑南侧红线外河道

2. 周边管线简介

（1）北侧，周新路管线，距离地库最近的为污水管，距离地库边线约为 16.2m。

（2）西侧，现状道路管线，距离地库最近的为污水管，距离地库边线约为 11.6m。

（3）南侧，距离地库最近的为给水管，距离地库边线约为 5.7m。

（4）东侧，立信大道管线，距离地库最近的为给水管，距离地库边线约为 25.4m。

综合考虑本基坑实际开挖深度和场地周边环境条件，临近地铁 4 号线的基坑断面侧壁安全等级按一级考虑，其余按二级考虑。

三、工程地质与水文地质条件

1. 工程地质简介

无锡市区位于扬子准地台下扬子台褶带东端。印支运动（距今约 2.3 亿年）持续至晚白垩世，渐趋宁静，该区构造格架基本定型。进入新生代，地壳运动总的趋势是山区缓慢上升，平原区缓慢沉降，并时有短暂海侵。

本工程场地位于无锡市滨湖区太湖新城周新路与立信大道交叉口西南侧，隶属长江三角洲太湖流域冲湖积相沉积平原，地貌形态单一，水系发育。基坑开挖影响范围内典型地层剖面如图 4 所示。

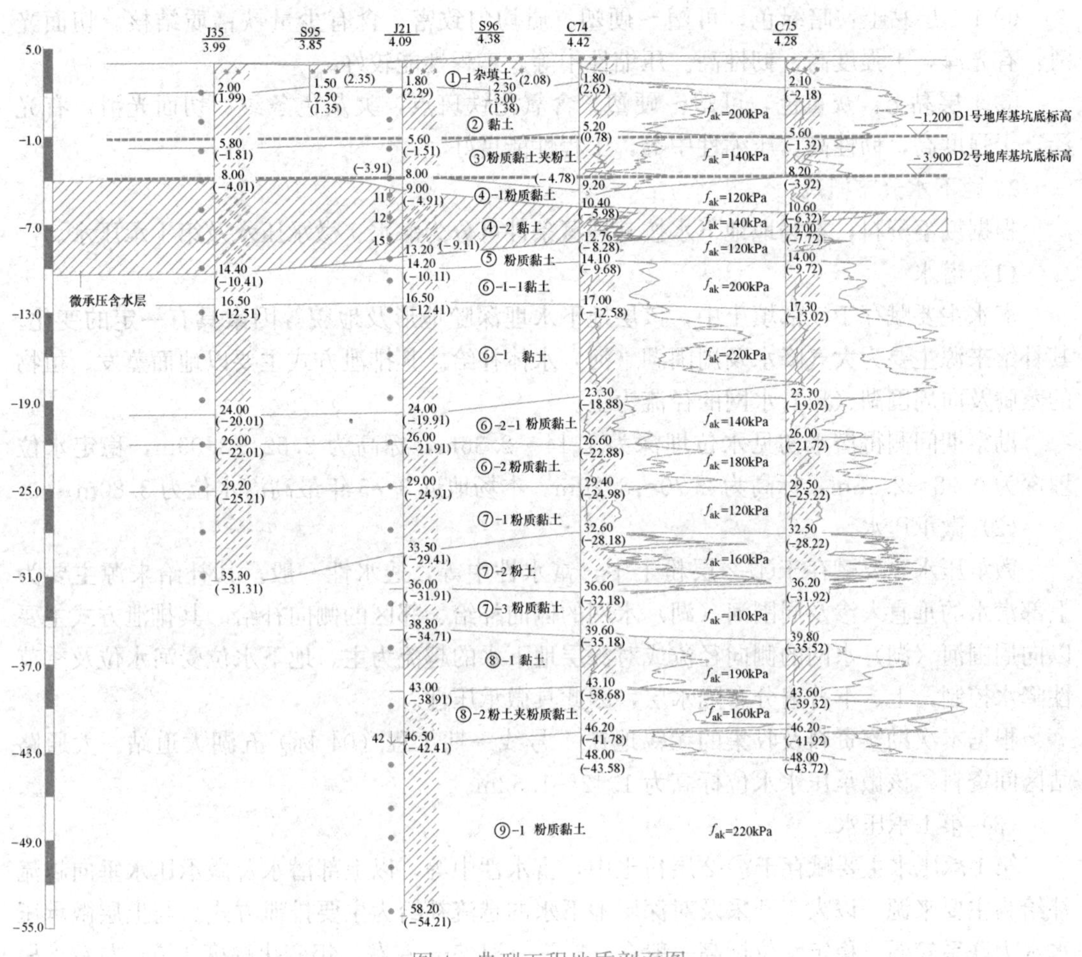

图4　典型工程地质剖面图

本场地内基坑开挖影响范围之内的土层自上而下依次为：

①-1层杂填土：杂色。建筑垃圾夹黏性土为主，局部夹较大混凝土块及遗留建（构）筑物基础等，分布无规律。该土层场地内均有分布，压缩性不均，工程性能差。

①-2层素填土：灰黄色、灰色，松软。以黏性土为主，夹少量碎砖石，局部夹少量淤泥质土。该土层场地内局部分布，压缩性不均，工程性能差。

②层黏土：灰黄色，可塑～硬塑。含铁锰质结核，夹少量青灰色条带。切面光滑，有光泽，干强度高，韧性高。该土层场地内均有分布，压缩性中等，工程性能较好。

③层粉质黏土夹粉土：灰黄色，可塑～软塑。含铁锰氧化斑点，夹灰色条带，局部夹粉土，粉质含量较高。切面稍光滑，稍有光泽，干强度中等，韧性中等。

④-1层粉质黏土：灰色，软塑～流塑。夹有少量薄层状粉土。切面稍光滑，稍有光泽，干强度中等，韧性中等。压缩性中等偏高，工程性能一般。

④-2层粉土：灰色，稍密为主，饱和。局部夹粉质黏土，底部偶见贝壳碎屑。摇振反应迅速，无光泽反应，干强度低，韧性低。压缩性中等，工程性能一般。

⑤层粉质黏土：灰色，软塑～流塑。夹有薄层状粉土。切面稍光滑，稍有光泽，干强度中等，韧性中等。压缩性中等偏高，工程性能一般。

⑥-1-1 层黏土：暗绿色，可塑～硬塑。质均匀致密，含有少量铁锰质结核。切面光滑，有光泽，干强度高，韧性高。压缩性中等，工程性能较好。

⑥-1 层黏土：灰黄色，可塑～硬塑。含氧化铁斑点，夹灰色条纹。切面光滑，有光泽，干强度高，韧性高。压缩性中等，工程性能良好。

2. 地下水分布概况

根据勘察资料，本场地地下水按其埋藏条件可分为潜水、微承压水及第Ⅰ承压水。

(1) 潜水

潜水主要赋存于浅部填土中，该层地下水埋深随地形及地貌等因素具有一定的变化。其补给来源主要为大气降水及周围湖（河）水体补给。其排泄方式主要以地面蒸发、植物的蒸腾及向周围湖（河）水网的径流为主。

勘察期间测得潜水初见水位埋深为 1.14～2.36m，标高为 2.52～3.09m，稳定水位埋深为 0.98～2.18m，标高为 2.70～3.20m。本场地近 3～5 年最高潜水位为 3.80m。

(2) 微承压水

微承压水主要赋存于④-2 层粉土中，富水性中等，透水性一般，其补给来源主要为上部潜水的垂直入渗及周围河（湖）水网的侧向补给、邻区的侧向补给。其排泄方式主要以向周围河（湖）水网的侧向径流或对深层地下水的越流为主。地下水位受河水位及季节性降水控制，上、下普遍分布隔水层，因此具微承压性。

根据本次勘察资料及收集的无锡地铁 4 号线一期工程（04 标）五湖大道站—大通路站区间资料，该微承压水水位标高为 1.42～1.52m。

(3) 第Ⅰ承压水

第Ⅰ承压水主要赋存于⑦-2 层粉土中，富水性中等，以上部潜水及微承压水垂向越流补给为主要来源，以人工开采及对深层地下水的越流补给为主要排泄方式。与上层微承压水水力联系较弱。稳定水位标高一般在－3.0～－1.5m 左右，年变化幅度 1.0m 左右。根据本次勘察资料及收集的无锡地铁 4 号线一期工程（04 标）五湖大道站—大通路站区间资料，该第Ⅰ承压水水位标高为－2.55～－2.52m。

3. 岩土工程设计参数

根据岩土工程勘察报告，本项目主要地层岩土工程设计参数如表 1 和表 2 所示。

场地土层物理力学参数表 **表 1**

编号	地层名称	含水率	孔隙比	液性指数	重度	固结快剪(C_q)	
		w(%)	e_0	I_L	γ(kN/m^3)	c_k(kPa)	φ_k(°)
①-1	杂填土	31.4	0.891	0.64	18.0	5	12
①-2	素填土	28.3	0.787	0.53	19.0	12	10
②	黏土	24.3	0.692	0.24	20.2	60.6	15.2
③	粉质黏土夹粉土	28.5	0.822	0.73	19.2	28.5	14.5
④-1	粉质黏土	30.9	0.873	1.01	19.0	21.8	15.6
④-2	粉土	29.6	0.802	1.05	19.2	9.1	27.8
⑤	粉质黏土	31.5	0.898	1.12	18.8	24.3	13.2
⑥-1-1	黏土	23.1	0.651	0.24	20.4	58.2	14.8
⑥-1	黏土	24.6	0.696	0.23	20.2	61.3	15.3

场地土层渗透系数统计表 表2

编号	地层名称	垂直渗透系数 k_V(cm/s)	水平渗透系数 k_H(cm/s)	渗透性
①-1	杂填土			
①-2	素填土			
②	黏土	9.00×10^{-8}	1.20×10^{-7}	极微透水
③	粉质黏土夹粉土	2.30×10^{-5}	3.70×10^{-5}	弱透水
④-1	粉质黏土	6.70×10^{-7}	8.50×10^{-7}	极微透水
④-2	粉土	4.70×10^{-5}	6.40×10^{-5}	弱透水
⑤	粉质黏土	5.50×10^{-7}	7.30×10^{-7}	极微透水
⑥-1-1	黏土	9.50×10^{-8}	1.30×10^{-7}	极微透水

四、支护设计方案概述

1. 支护设计方案选型原则

基坑支护设计方案确定时应遵循以下原则：安全可靠、施工可行、技术先进、经济合理。

本项目D2号地块基坑开挖深度为7.70～8.30m，D1号地块基坑开挖深度为4.30～5.60m，结合基坑周边环境情况：

(1) D2号基坑开挖深度较大，为本项目基坑支护设计的重点考虑对象；

(2) D1号、D2号两个地块之间为轨道4号线隧道，基坑距离轨道特别保护区相对较近，应将轨道4号线隧道作为重点保护对象，相应提高该区段范围内的基坑安全保护等级；

(3) 其他区段，安全保护等级次之，在确保基坑安全的前提下，可应力求节约。

依据对周边环境情况的调查分析，本项目基坑围护结构按不同区段的安全保护等级分类，进行分区段考虑。

2. 支护设计方案选型思路

由于本项目周边环境情况不尽相同，基坑各区段的安全保护等级也不完全相同，依据对周边环境的详细调查和分析，结合本项目各项工期节点要求，形成如下设计思路：

(1) 本场地内土质情况相对较好，D2号地块基坑开挖深度为7.7～8.3m，临近轨道4号线的一侧，在锚索等外拉支护结构不允许使用的条件下，既要确保基坑工程的安全，又尽量避免内支撑或斜抛撑支护体系给地下结构施工带来的诸多不便，本次设计方案尝试采用高悬臂双排桩支护体系。

(2) D2号地块基坑其余区段，可按二级考虑，采用施工速度较快、对地下结构施工影响较小的SMW工法桩＋可回收旋喷锚索的支护结构。

(3) D1号地块基坑开挖深度相对较浅，结合D2号地块现有的支护形式，并考虑本地块基坑周边的施工用地要求，采用SMW工法桩悬臂的支护形式。

3. 基坑支护结构平面布置

根据支护方案选型分析思路，基坑支护结构平面布置如图5所示。

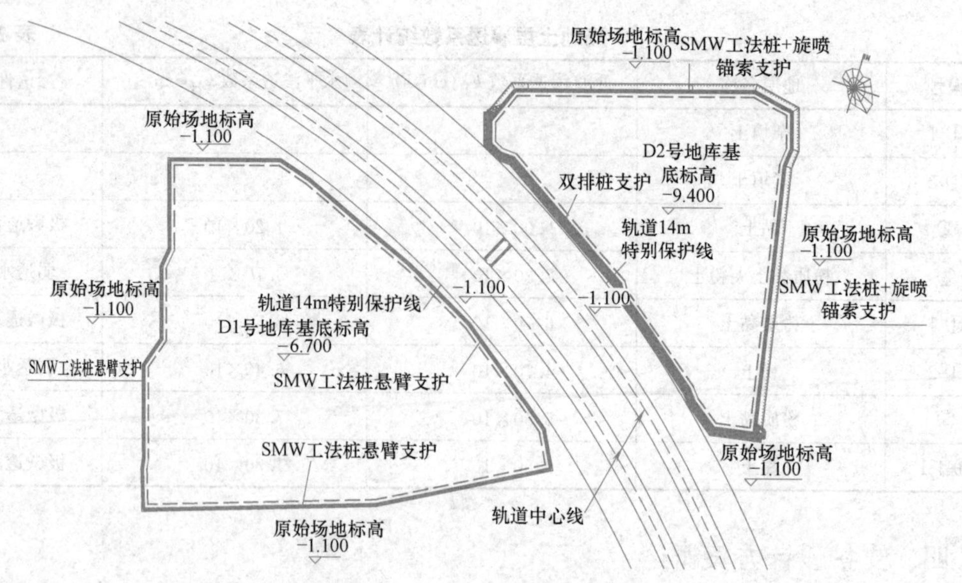

图 5 基坑围护平面图

4. 典型基坑支护结构剖面

本项目基坑支护典型剖面为两地块之间临近地铁 4 号线的基坑支护剖面，如图 6 所示。

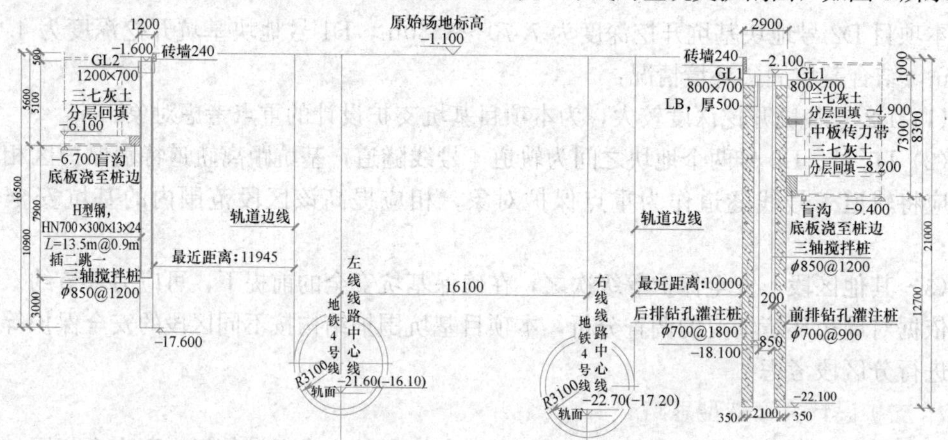

图 6 D1 号、D2 号地块之间临近轨道基坑支护联合断面图

现场实际施工照片如图 7 所示。

图 7 现场实际施工照片

5. 细节处理

(1) 为确保基坑周边做到全封闭止水，在三轴搅拌桩施工受限制的转角位置，采用多排高压旋喷桩进行补强止水（图 8、图 9）。

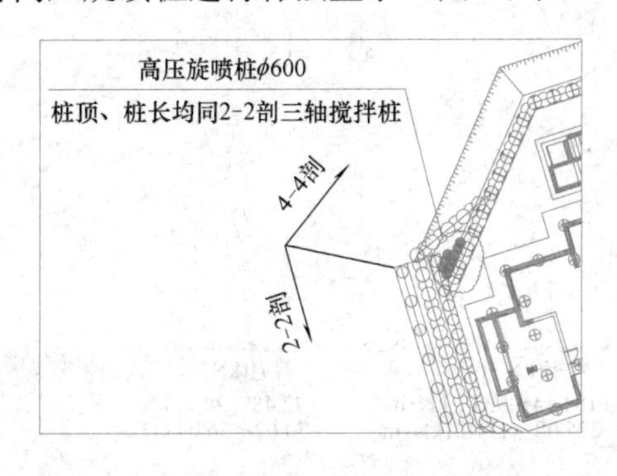

图 8 基坑西北角位置补强止水

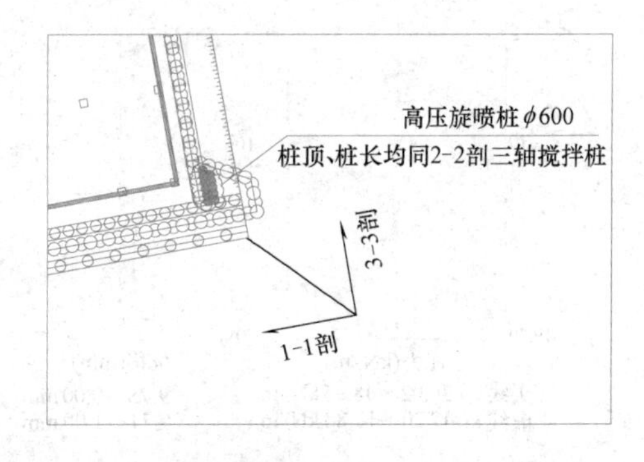

图 9 基坑东南角位置补强止水

(2) 本设计方案中，远离轨道线一侧采用 SMW 工法桩＋可回收旋喷锚索的支护结构，对于剖面交界位置，锚索标高不一致的情况，设计图纸中给出大样图予以明确，指导现场施工（图 10）。

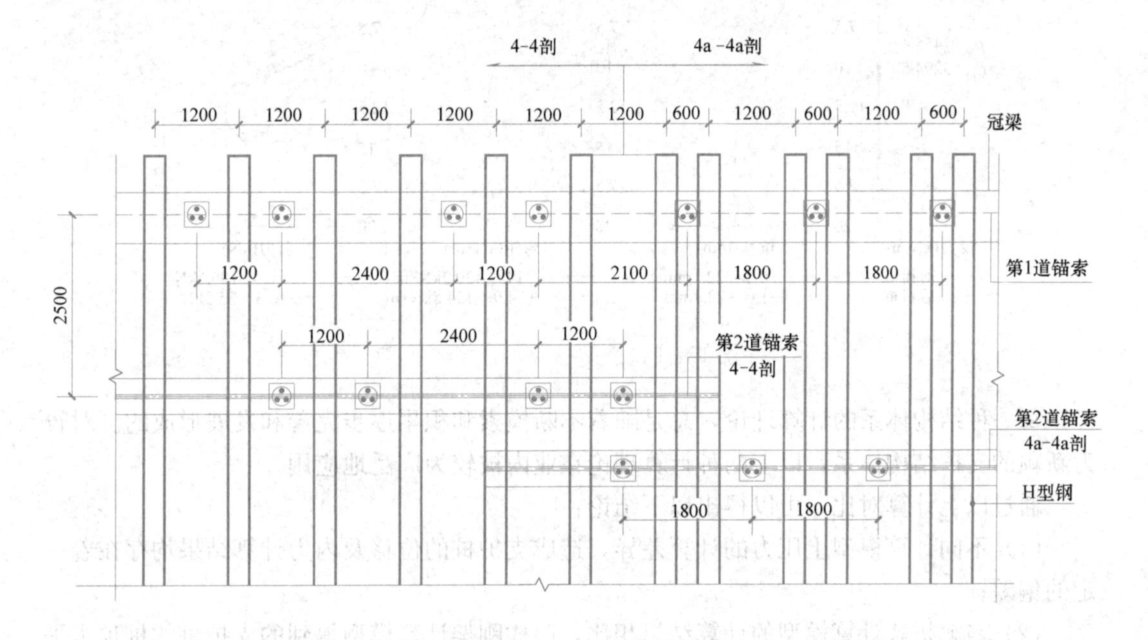

图 10 不同剖面交界位置锚索布置大样图

五、设计计算对比分析

针对本项目的高悬臂双排桩支护体系，本次设计分别采用解析式计算模型、门式刚架计算模型进行计算对比。计算结果如图 11、图 12 所示。

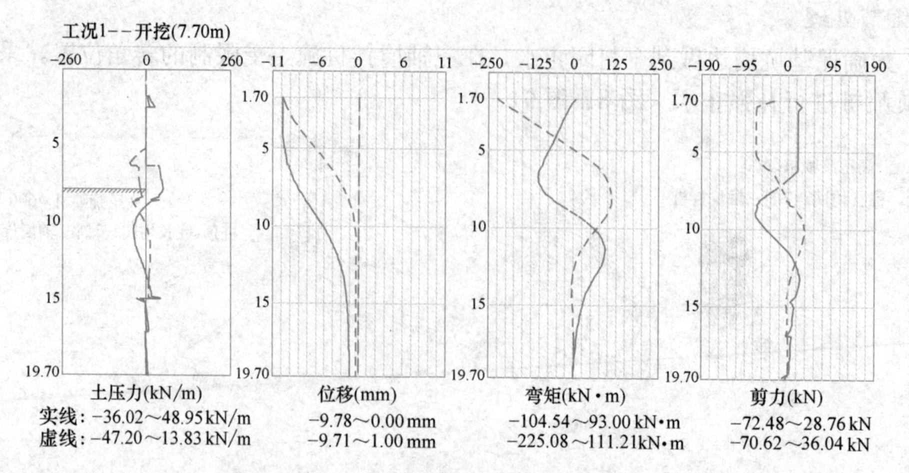

图 11 解析式计算模型的计算结果

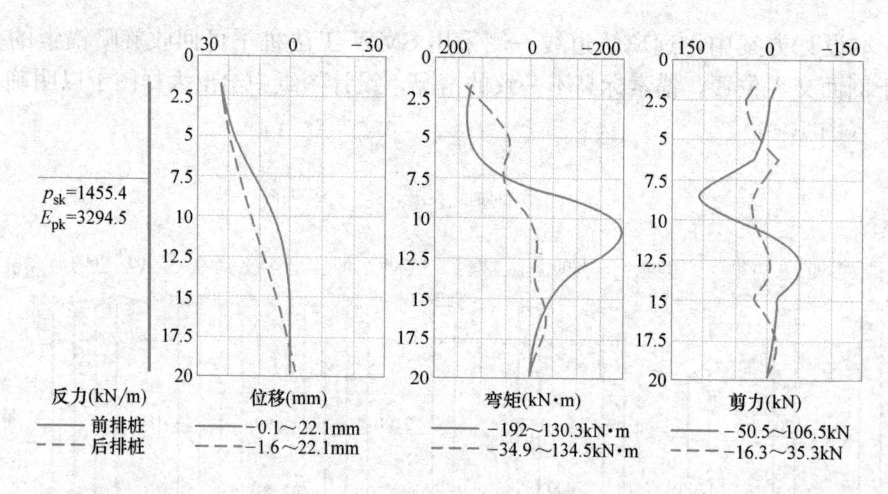

图 12 门式刚架模型的计算结果

每一种结构体系的计算理论，总是随着不断摸索和积累逐步完善和发展形成的。对较为新颖的支护结构体系，以上两种计算理论在业内被较为广泛地应用。

通过以上计算对比，可以得出以下结论：

（1）不同计算模型土压力的计算差异，造成支护桩的位移及内力计算结果均存在着一定的偏差；

（2）与解析式计算模型的计算结果相比，门式刚架计算模型得到的支护桩的桩顶水平位移更大；

（3）基于门式刚架的理论基础，前后排桩的桩顶水平位移必然相等；采用解析式计算模型计算，前后排桩的桩顶水平位移则存在一定的差异。

六、地下水处理方案

本项目 D2 号地块基坑基底以下为④-2 层粉土，该土层为本场地内的微承压含水层，地下水含量丰富，渗透性较大，需要进行降水处理，防止坑底出现突涌及流砂等不良危害。

（1）针对基坑上部杂填土中的上层潜水，由于无稳定补给来源，且厚度一般不大，水量有限，主要通过设置坡顶截水沟、坑底盲沟等集水明排系统进行有效解决；

（2）基坑底部及基底以下存在承压含水层，沿基坑周围一圈，设计采用三轴搅拌桩止水帷幕，止水桩伸入至下部⑥层黏土中，实现全封闭止水。在坑内设置管井进行降水，配备轻型井点作为超挖坑中坑应急降水措施，既保证了基坑的正常开挖，又避免了坑内降水或流砂等对周边建筑的不良影响，整个项目运行良好。

本项目D2号地块基坑开挖较深，开挖面积7058.417m^2，在周边全封闭止水的情况下，基坑内共布置了30口降水管井，平均每口井降水涉及面积235.3m^2，D1号地块基坑开挖较浅，仅较深坑中坑部位根据含水层的渗透性适当增加了轻型井点作为临时的再降水措施。具体如图13、图14所示。

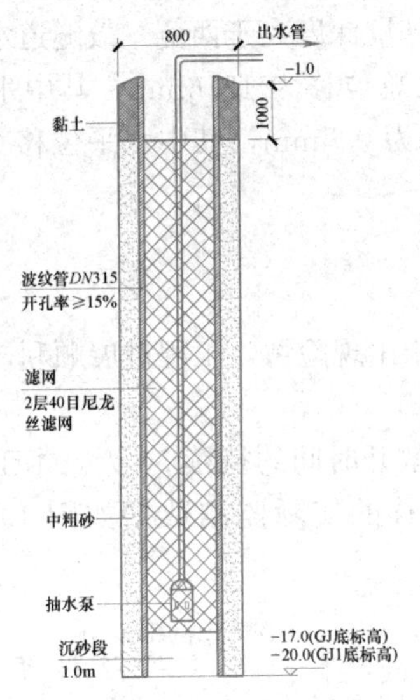

图13 管井降水剖面示意图

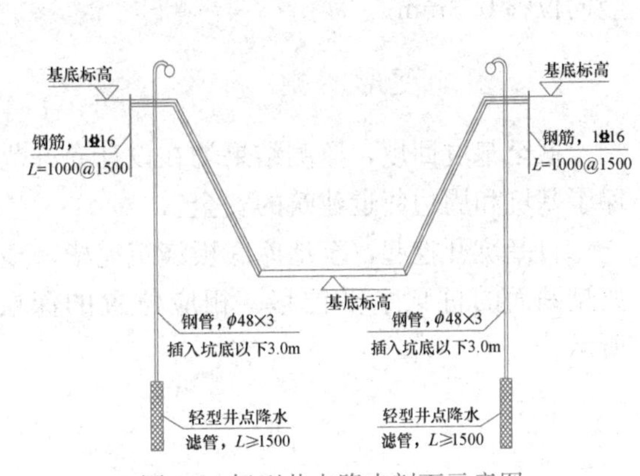

图14 轻型井点降水剖面示意图

七、周边环境影响分析

本次模拟分析主要针对本项目两地块基坑施工对地块之间的轨道4号线的影响，选取联合剖面建立有限元模型。

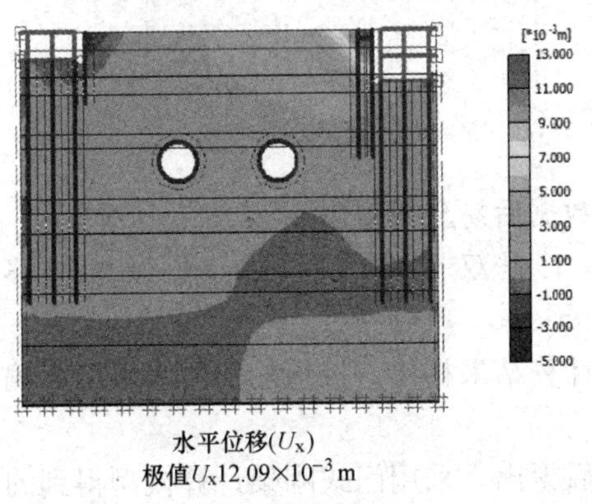

图15 水平位移云图

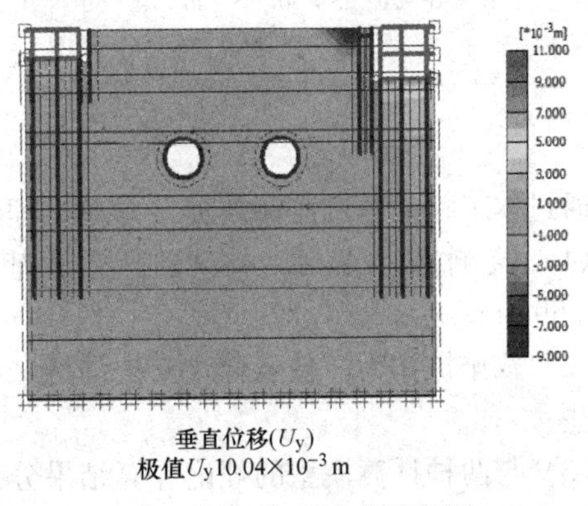

图16 竖向位移云图

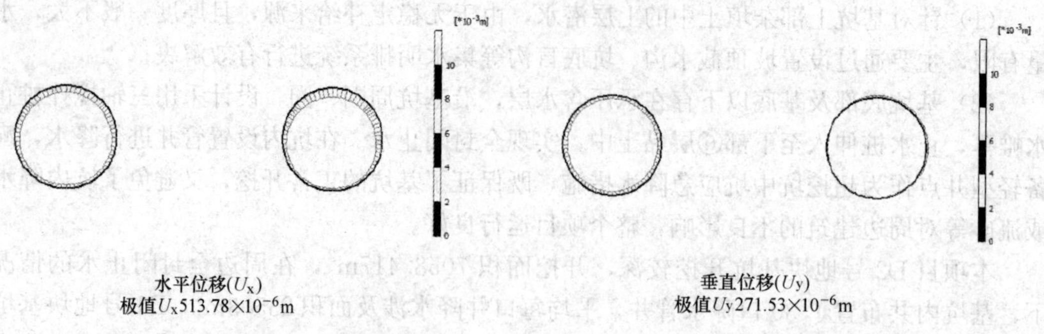

图 17　地铁隧道水平位移云图　　　图 18　地铁隧道竖向位移云图

由计算结果图 15～图 18 可知，在基坑开挖过程中，基坑土体受桩基牵制作用明显，基底隆起不明显，地铁隧道发生变位也较小。因东侧基坑深度大于西侧，故隧道水平变形整体趋向于东侧。在项目基坑开挖过程中，土体最大总位移为 12.6mm，其中水平位移 12.1mm，竖向位移－10.0mm，地铁隧道最大总位移为 0.5mm，其中水平位移 0.3mm，竖向位移 0.3mm。

八、基坑变形监测

截至基坑回填，监测结果均在设计允许范围内，未出现险情，工程进展顺利，有效确保了基坑和周边邻近建筑的安全。

自基坑开挖起，至地库底板浇筑完毕，整个基坑敞开时间约持续 50 天。本工程基坑典型断面的桩顶水平位移、相应位置的深层土体位移的实际监测数据如图 19、图 20 所示。

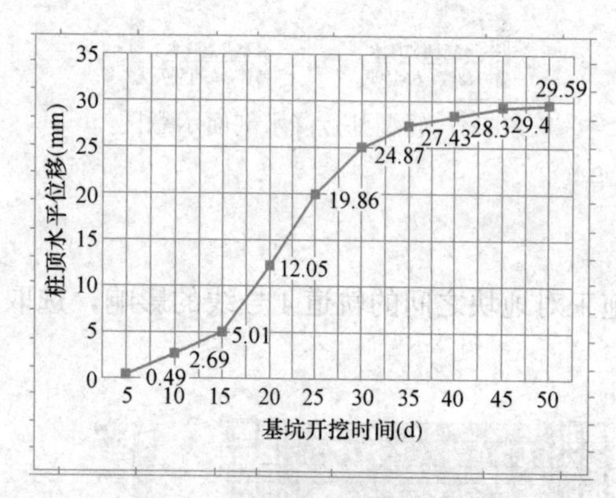

图 19　桩顶水平位移监测结果

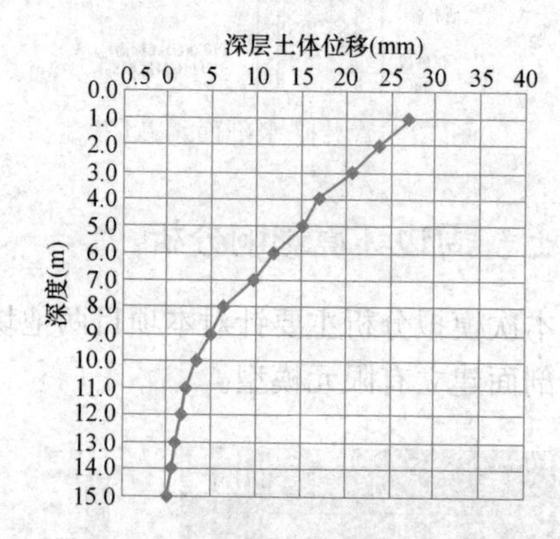

图 20　深层土体位移监测结果（第 50d）

通过本工程的基坑监测数据，并对比理论计算数据后易分析得出：

(1) 监测数据显示，基坑开挖至基底，本工程双排桩的桩顶水平最大位移为 29.59mm；

(2) 双排桩作为一种悬臂式支护结构，与理论计算结果相比，桩顶的实际水平位移偏大一些；

(3) 与两种计算模型的理论计算结果分别比较后得出，采用门式刚架计算模型得到的数据与实际监测数据较为接近。

九、本基坑实践总结

本基坑支护设计工程主要有以下几个显著特点：

（1）无锡地区一定范围内，土层性质相对较好，通过采用不同理论进行计算对比，结合实际监测数据类比分析，可以得出对于此类深度的基坑工程，高悬臂双排桩支护体系可以满足各项基本设计要求，从而有效避免整体支撑体系对地下结构施工造成的不便及不必要的造价浪费，为本地区类似工程提供了一定的参考价值。

（2）本项目被4号轨道线分为两个地块基坑，两者之间净距约50m，施工工期不可能完全错开，相互之间仍旧存在一定的影响。针对此类情况，单纯的理论计算无法完全考虑彼此之间的相互影响，本设计过程中采用有限元软件模拟实际的施工工况，以此来复核校正理论计算结果，得到了良好的效果，确保了基坑工程的安全。

（3）针对本项目基坑周边的环境情况，本设计分区段确定不同的基坑安全等级，采用不同的支护手段，做到“重点突出、分清主次”，以实现基坑安全、经济效益的双赢。

（4）考虑到开挖过程中遇到诸多不可预料情况，设计人员与监测单位、施工单位、监理单位、土建设计单位和业主协调一致，坚持信息化施工，在基坑开挖期间不定时进行现场巡视及服务，确保了基坑和周边建筑物的安全。

实例28

新吴区公共卫生大楼项目深基坑工程

一、工程简介

新吴区公共卫生大楼基坑围护项目，位于无锡市新吴区天山路与汉江路交界处。其地理位置如图1所示。

本项目主楼14层，裙楼4层，设负1层地下室，总用地面积为5263m^2，总建筑面积为19396.56m^2。

本项目地库基坑开挖深度为6.50～6.70m，开挖面积为5005.661m^2，基坑周长为318.322m。

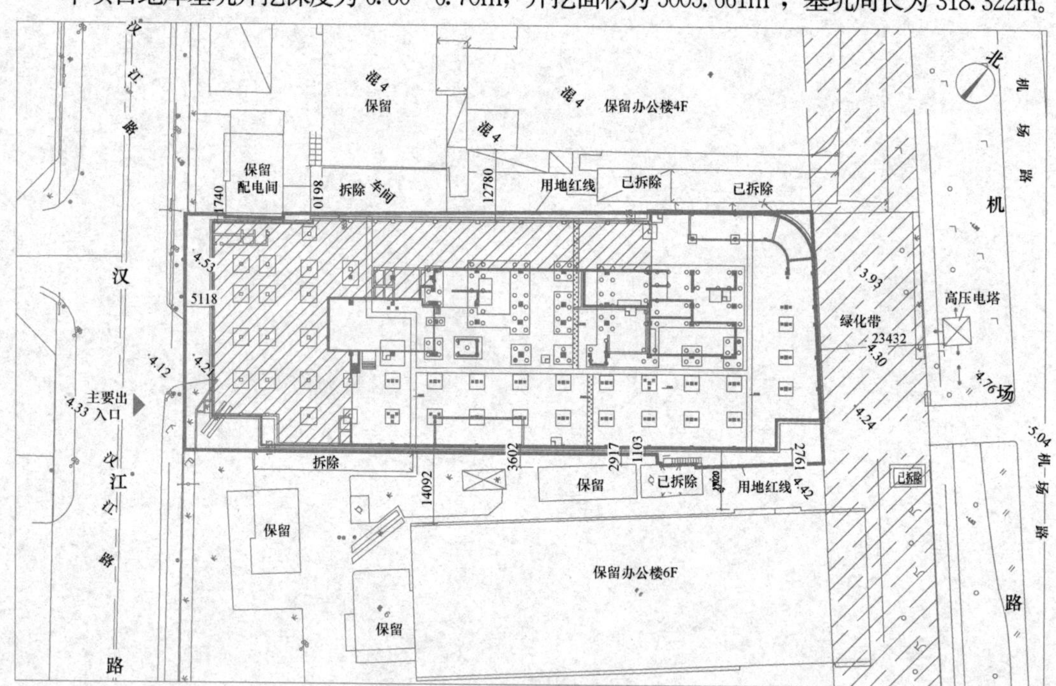

图1 本工程场地地理位置

二、周边环境条件

1. 周边环境简介

（1）北侧，用地红线及红线外现状建筑（图2）

地库边线距离该侧用地红线约0.85m，距离西北角一配电间约1.74m，距离地上4层办公楼约8.61～12.78m，其他现场简易建筑将拆除。

（2）西侧，用地红线及红线外汉江路（图3）

地库边线距离该侧用地红线及汉江路边线约5.1m。

（3）南侧，用地红线及红线外现状建筑（图4）

地库边线距离该侧用地红线约1.08～2.76m，距离中部一地上1层储藏室约2.93～3.60m，距离地上6层办公楼约14.09m，其他现场简易建筑将拆除。

（4）东侧，用地红线及红线外机场路（图5）

地库边线紧贴该侧用地红线，距该侧路边围墙约20.0m，距离高压电塔约23.4m。

图2　基坑北侧围墙外建筑

图3　基坑西侧汉江路

图4　基坑南侧邻近建筑

图5　基坑东侧机场路及路边绿化带

2. 周边管线简介

本项目周边距离基坑较近的管线主要位于西侧，依次为：

（1）电信，距离地库边线约6.0m，埋深约0.8m。

（2）电力，距离地库边线约7.0m，埋深约0.5m。

（3）燃气，距离地库边线约11.7m，埋深约1.5m。

（4）雨水，距离地库边线约14.4m，埋深约2.6m。

本基坑实际开挖深度一般，但场地周边环境条件较为复杂，距离紧张，尤其南北两侧临近现状建筑，故本基坑各侧壁安全等级按二级考虑。

三、工程地质与水文地质概况

1. 工程地质简介

场地位于无锡市新吴区天山路与汉江路交界处，场地属于长江三角洲冲湖积平原地貌。基坑开挖影响范围内典型地层剖面如图 6 所示。

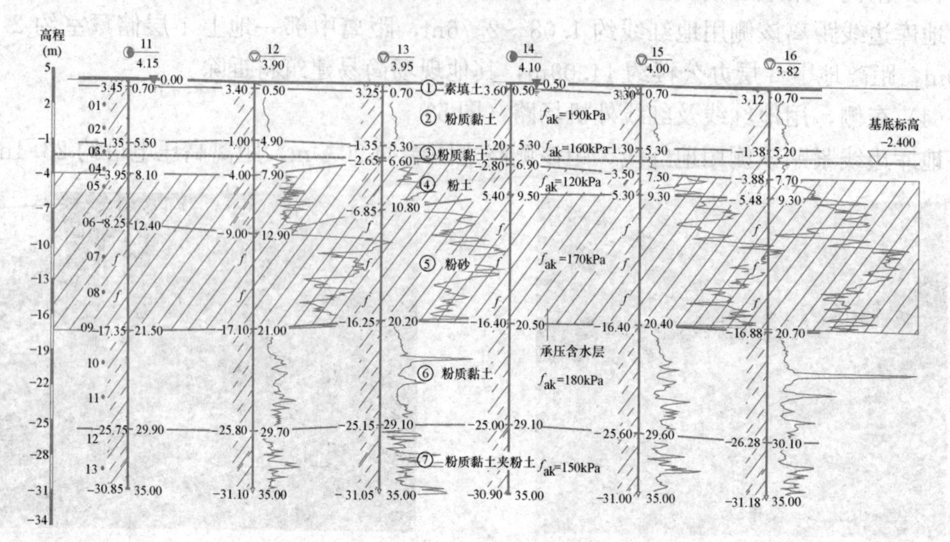

图 6 典型工程地质剖面图

本项目基坑开挖影响范围之内的土层自上而下依次为：

① 素填土：灰色，松散～稍密，主要由粉质黏土组成，夹少量砖石。堆填时间 5 年以内。

② 粉质黏土：灰黄色，可塑～硬塑，中压缩性，稍有光泽，无摇振反应，干强度中等，韧性中等，含铁锰质结核及其氧化物，分布稳定，土质不均匀。

③ 粉质黏土：灰黄色，灰色，可塑，局部软塑，中等压缩性，稍有光泽，无摇振反应，干强度中等，中等韧性；土质不均匀，分布稳定。

④ 粉土：灰色，湿，中密，中等压缩性，稍有光泽，摇振反应迅速，干强度低，低韧性；土质不均匀，分布稳定。

⑤ 粉砂：灰色，饱和，中密，中等压缩性，粉砂颗粒由石英、暗色矿物组成，呈亚圆形及次棱角状，分选性一般，级配一般；土质不均匀，分布尚稳定。

⑥ 粉质黏土：黄灰色，可塑，中压缩性，切面光滑，无光泽，无摇振反应，干强度中等，韧性中等，分布稳定，土质不均匀，局部粉粒含量较高。

2. 地下水分布概况

据本次勘察资料可知，场地内地下水有潜水和微承压水两种类型：

(1) 潜水：主要赋存于第①层土中。场地内地下水主要接受大气降水的补给，排泄方式主要为蒸发。

勘察期间，测初见水位埋深在 0.50～0.80m 左右，稳定地下水位埋深在 0.50～0.90m 之间，标高在 3.10～3.60m 之间，据调查近 3～5 年内地下水埋深变化范围在 0.00～1.50m 之间，即年最高水位埋深为 0.00m，最低水位埋深为 1.50m，年一般水位埋深在1.00m左右。根据区域水文地质资料，地下水受季节性变化明显，丰水期地下水位上升，枯水期地下水位下降。

(2) 承压水：承压含水层为④层粉土、⑤层粉砂构成的含水层及⑧层粉土、⑪层粉砂构成的含水层，承压水水头在5号孔中量测，在钻孔分别钻至④、⑧、⑪层顶板1.00～1.50m左右时，打入前端带花管的测水管，并进入含水层，2h后用测绳测得管内水位埋深分别为3.25m、3.60m、3.85m，根据孔口标高计算得④层粉土、⑤层粉砂，⑧层粉土，⑪粉砂构成的承压含水层承压水头标高分别为0.75m、0.40m、0.15m。

承压水主要接受侧向径流的补给，排泄形式主要为侧向径流。

3. 岩土工程设计参数

根据岩土工程勘察报告，本项目主要地层岩土工程设计参数如表1和表2所示。

场地土层物理力学参数表　　表1

编号	地层名称	含水率	孔隙比	液性指数	重度	固结快剪(C_q)	
		w(%)	e_0	I_L	γ(kN/m³)	c_k(kPa)	φ_k(°)
①	素填土				(17.0)	10.0	8.0
②	粉质黏土	24.4	0.699	0.26	20.0	45.4	13.4
③	粉质黏土	28.5	0.807	0.59	19.3	24.6	11.3
④	粉土	29.3	0.841	1.04	19.0	6.7	26.0
⑤	粉砂	25.2	0.716		19.6	2.3	32.5

场地土层渗透系数统计表　　表2

编号	地层名称	垂直渗透系数 k_V(cm/s)	水平渗透系数 k_H(cm/s)	渗透性
①	素填土	5.00E-05	5.50E-05	弱透水
②	粉质黏土	5.32E-07	5.70E-07	极微透水
③	粉质黏土	5.41E-06	6.17E-06	微透水
④	粉土	1.77E-04	2.23E-04	中等透水
⑤	粉砂	1.24E-03	1.52E-03	中等透水

四、支护设计方案概述

1. 支护设计方案选型原则

基坑支护设计方案确定时应遵循以下原则：安全可靠、施工可行、技术先进、经济合理。

本项目基坑开挖深度为6.50～6.70m，开挖深度一般，但周边距离十分紧张，结合基坑周边环境情况：

(1) 南侧，距离地上1层储藏室约3.0m，距离地上6层现状建筑约11.0m，该建筑均在使用，为重点保护对象；距工厂的围墙、附属用房及仓库有一定的距离，安全保护等级一般；

(2) 北侧，距离地上4层现状建筑约12.8m，该建筑目前已不再使用，为次重点保护对象；

(3) 西侧，主要是确保汉江路及其地下管线的安全；

(4) 东侧，地库与机场路之间有约20.0m宽绿化带，有一定的安全距离。

依据对周边环境情况的调查分析，本项目基坑工程施工期间，确保南侧、北侧现状建筑的安全是本次基坑支护方案设计的重点。

2. 支护设计方案选型思路

鉴于本项目的实际情况，依据对周边环境的详细调查和分析后，形成如下设计思路：

（1）本项目南侧和北侧的施工空间较为有限，局部位置能给予支护结构自身的空间都极其紧张，故支护设计方案考虑采用支护与止水相结合的 SMW 工法桩作为支护体系。

（2）基坑周边存在现状建筑、市政管线等建构筑物，设计方案考虑支护结构施工对周边建构筑物的影响，舍弃锚索等外拉式结构，选用内撑式支护体系。

（3）鉴于本项目基坑深度相对不大，经分析计算后，采用组合型钢支撑结构，施工便捷，绿色环保。

3. 支护设计方案比选

在确定采用支护桩＋钢支撑方案的前提下，结合本项目的工程体量、施工空间、工期进度等因素，支护桩可有 SMW 工法桩（三轴内插型钢）、PCMW（三轴内插型钢）工法桩两种桩型可供选择，型钢支撑可从组合型钢支撑、型钢斜抛撑两种中选择。

在计算均能满足要求的前提下，对不同方案的组合进行经济性比较，得到表 3 结果。

支护方案组合及造价比选表 **表 3**

方案	造价(万元)
SMW 工法桩＋组合型钢支撑	391.1
SMW 工法桩＋型钢斜抛撑	427.5
PCMW 工法桩＋组合型钢支撑	408.9
PCMW 工法桩＋型钢斜抛撑	445.3

鉴于本项目工程体量不大，施工周期相对不长，型钢可租赁回收，故 SMW 工法桩较 PCMW 工法桩有一定的价格优势；组合型钢支撑为水平内支撑体系，安装完成以后，地下结构的施工空间较大，而型钢斜抛撑的实施则需要支护桩前预留土方及底板分期浇筑等配合实施，施工难度相对较大一些。因此，最终本项目基坑支护设计确定采用 SMW 工法桩＋组合型钢支撑。

4. 基坑支护结构平面布置

根据支护方案选型分析思路，基坑支护结构平面布置如图 7 所示。

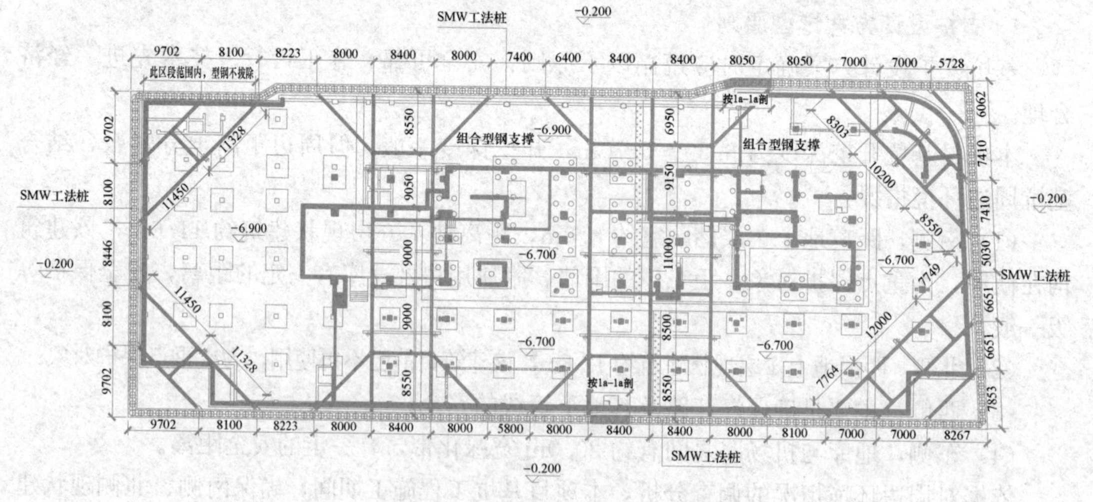

图 7 基坑围护平面图

5. 典型基坑支护结构剖面

本项目典型基坑支护剖面如图 8 所示。

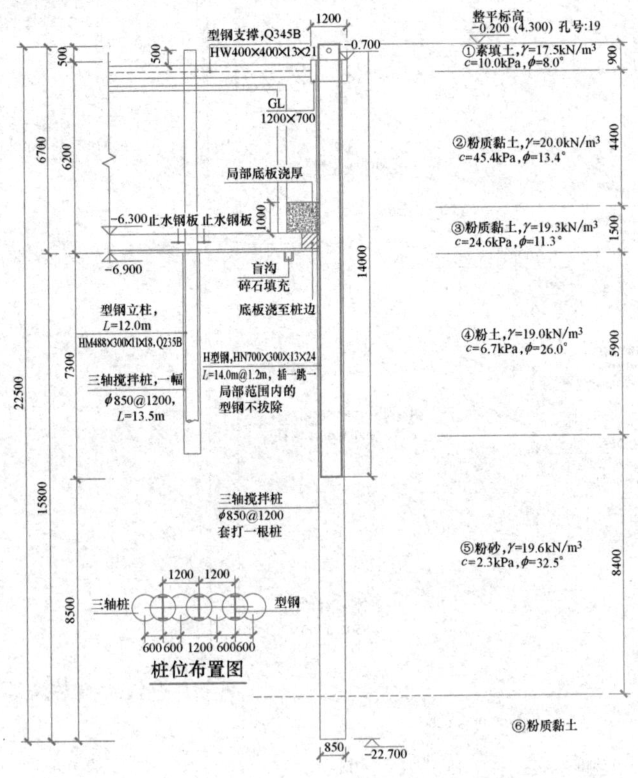

图 8　典型基坑支护剖面

6. 几个细节处理

（1）基坑西北角位置，地库紧邻一地上配电间，为充分确保该建筑的安全，设计规定此段范围内的型钢不拔除，如图 9 所示。

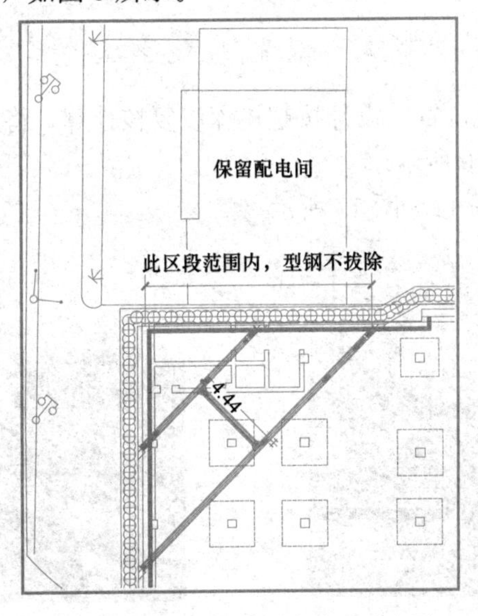

图 9　局部型钢不拔除范围示意图

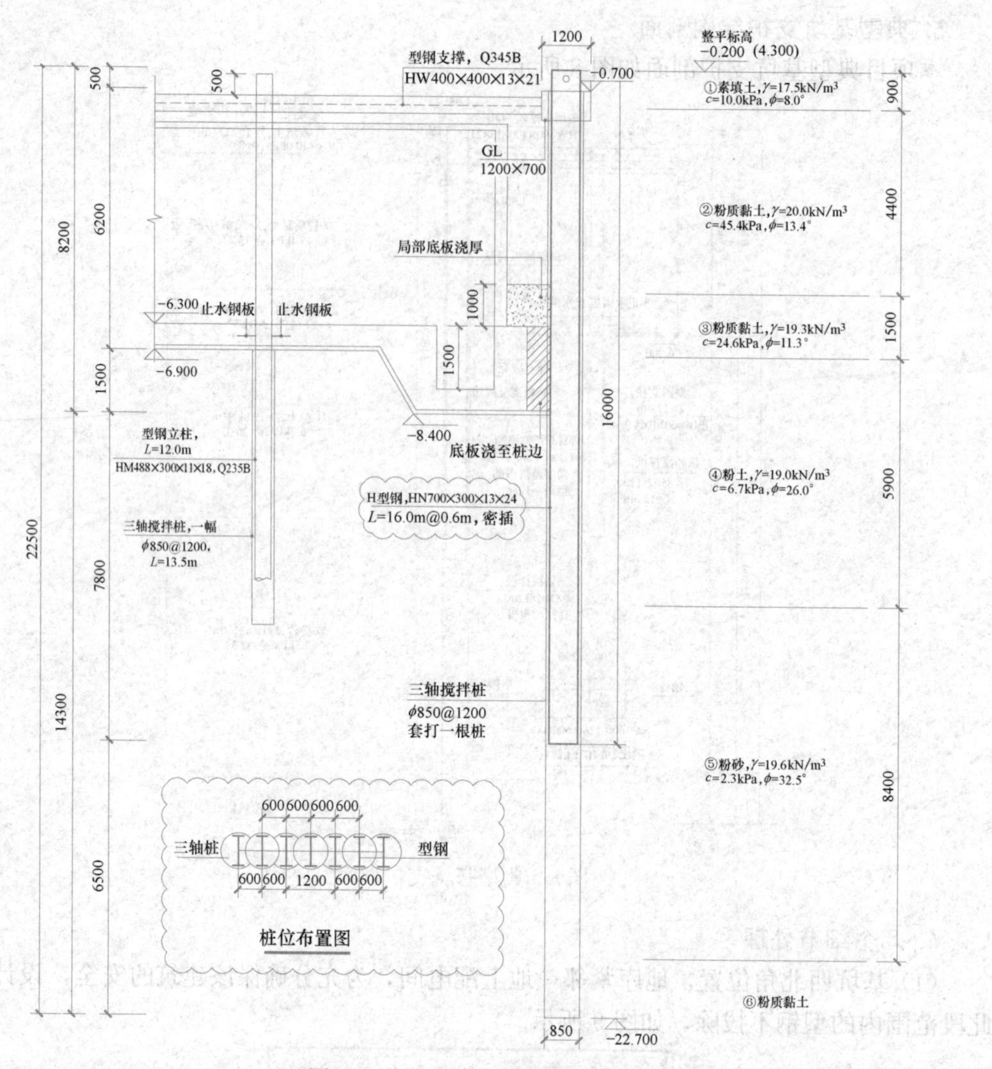

图 10 临边坑中坑支护断面图

(2) 临边的超挖坑中坑位置，设计按超挖深度复核计算，将此处的型钢加长，密插布置，予以加强处理，如图 10 所示。

现场实际施工照片如图 11～图 17 所示。

图 11 现场实际施工照片 1

图 12 现场实际施工照片 2

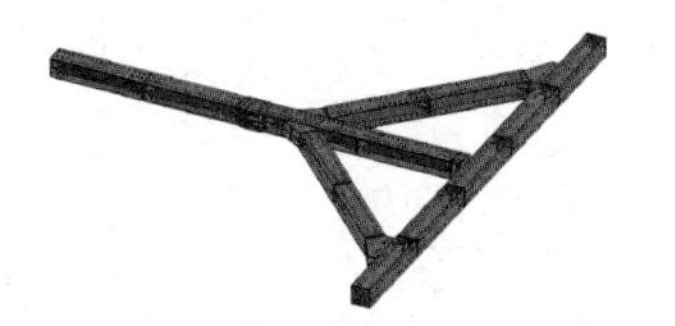

图 13 单梁八字撑组合模块

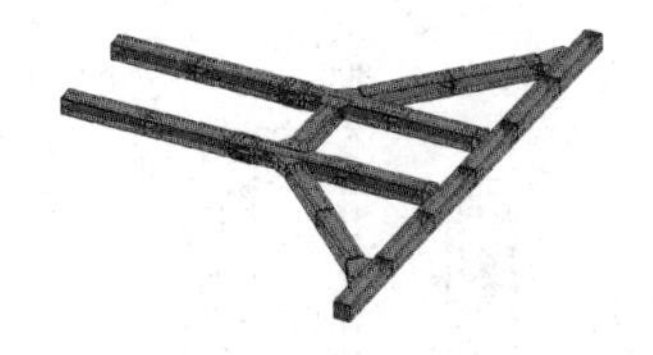

图 14 双梁八字撑组合模块

图 15 三梁八字撑组合模块

图 16 支撑端部箱形活络头

图 17 自锁千斤顶

五、地下水处理方案

本项目基坑基底以下粉土、粉砂层厚度约 14.5m，属于微承压含水层，该土层地下水含量较大，渗透性较强，鉴于项目周边存在现状建筑及地下管线，对沉降要求较高，因此设计采用坑内降水、坑外封闭止水相结合的处理方案。

（1）针对基坑上部杂填土中的上层潜水，由于无稳定补给来源，且厚度一般不大，水量有限，主要通过设置坡顶截水沟、坑底盲沟等集水明排系统等方式解决；

（2）基坑底部及基底以下存在承压含水层，沿基坑周围一圈，设计采用三轴搅拌桩止水帷幕，止水桩伸入至下部⑥层粉质黏土中，实现全封闭止水。在坑内设置管井进行降水，配备轻型井点作为超挖坑中坑应急降水措施，既保证了基坑的正常开挖，又避免了坑内降水或流砂等对周边建筑的不良影响，整个项目运行良好。

本项目基坑的总面积为 5005.661m^2，在周边全封闭止水的情况下，基坑内共布置了 22 口降水管井，平均每口井降水涉及面积 228m^2。

管井降水和轻型井点降水剖面如图 18、图 19 所示。

六、周边环境影响分析

本次模拟分析主要针对本项目地块基坑施工对邻近建筑物（保留办公楼）的影响，选取典型剖面建立有限元模型。图 20 和图 21 为模型水平和竖向位移云图。

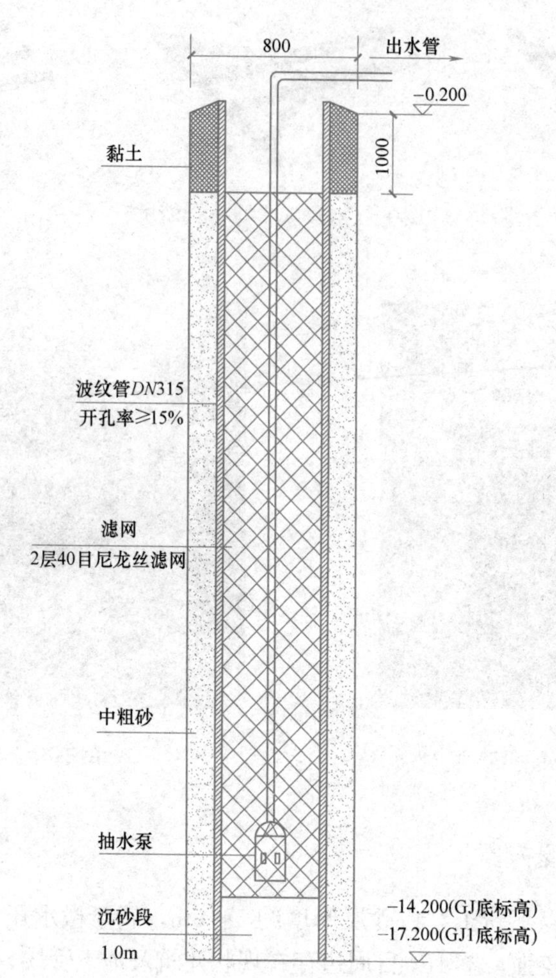

图 18 管井降水剖面示意图

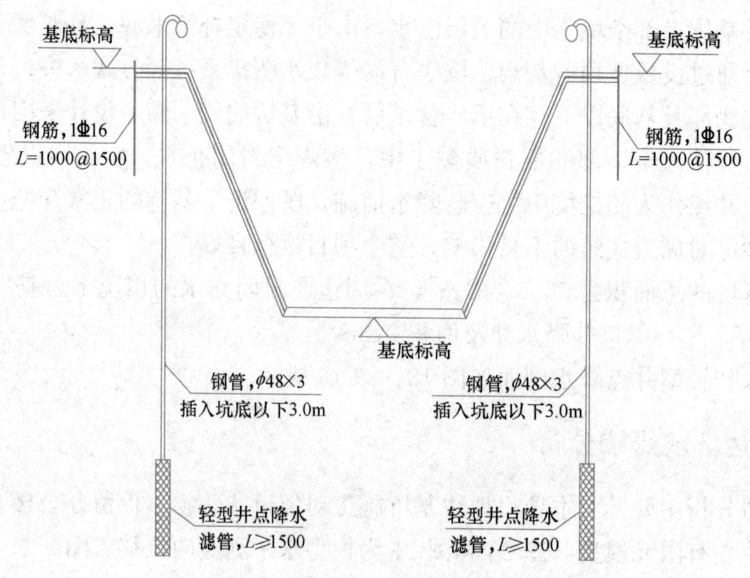

图 19 轻型井点降水剖面示意图

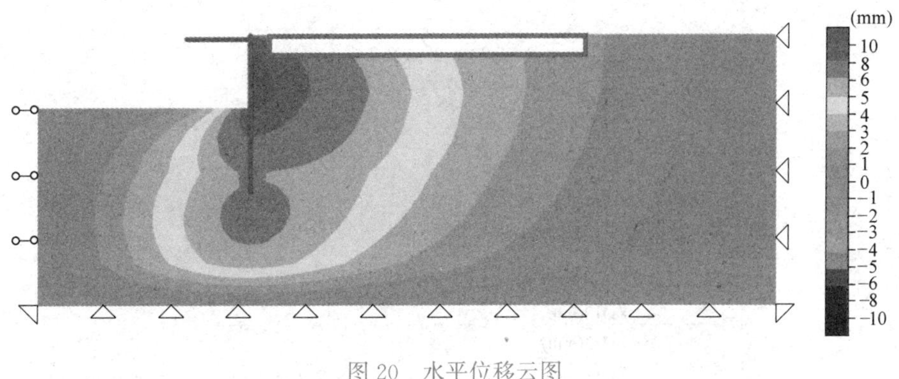

图 20 水平位移云图

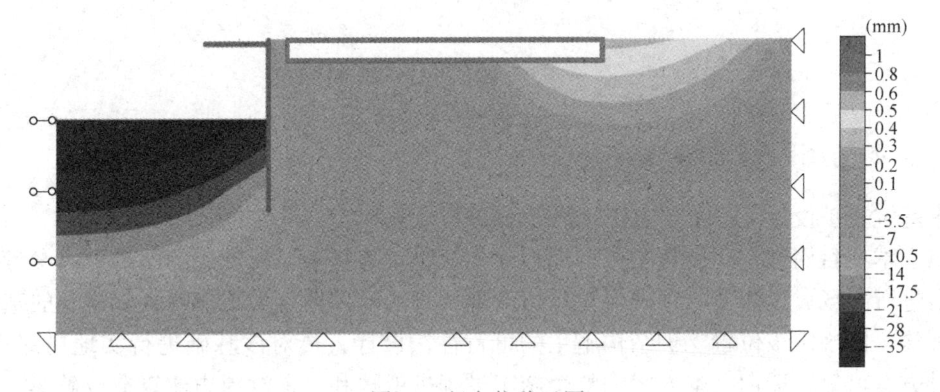

图 21 竖向位移云图

计算结果汇总表 **表 4**

	计算值	允许值	是否满足
围护结构侧移(mm)	11.3	27	满足
地表沉降(mm)	0.6	25	满足
邻近基础沉降(mm)	0.4	20	满足
邻近基础倾斜(‰)	0.2	4	满足

由计算结果表 4 可以看出，当本项目基坑开挖到基底时，围护结构水平位移为 11.3mm，地表沉降为 0.6mm，邻近建筑的基础沉降为 0.4mm，倾斜为 0.2‰，均满足结构变形控制要求。

七、基坑变形监测

截至基坑回填，监测结果均在设计允许范围内，未出现险情，工程进展顺利，有效确保了基坑和周边邻近建筑的安全。

选取南侧邻近现状建筑位置的桩顶水平位移监测点作为分析对象，如图 22 所示。

由以上数据可知，自 2020 年 5 月 3 日基坑开挖，至 2020 年 7 月 16 日地库底板浇筑完毕，期间桩顶的水平位移最大值为 16.97mm，变化速率及累计变化量均在规范要求范围内。

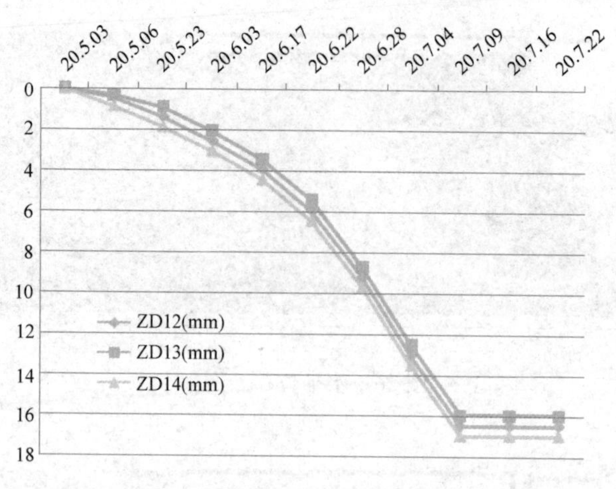

图 22 南侧桩顶水平位移监测数据

八、本基坑实践总结

本基坑支护设计工程主要有以下几个显著特点：

（1）本项目周边空间极其紧张，周边建构筑物较为复杂，无现成的图纸可以参考，设计人员进行现场放线测量，以确保对周边环境调查的准确性。为了探明紧邻建筑的基础形式及埋深，以确定该位置支护结构施工的可行性，设计人员对该基础进行实地局部开挖，使设计方案可靠、适用。本方案的整个施工过程进展顺利，未对周边建筑造成破坏。

（2）设计过程中进行了多方案的对比分析，为充分确保周边既有建筑物的安全，采用有限元软件对整个施工过程进行模拟计算，力求支护设计方案既安全可靠，又经济实用。实际实施情况表明，本项目支护结构运行良好，各项数据均在规范要求范围内，对周边建筑保护得力，施工期间南侧邻近建筑中的相关人员均可正常工作，无任何不良反应及投诉，本设计方案获得了业主和施工单位的一致好评。

（3）相对于传统的钻孔灌注桩，本基坑采用 SMW 工法桩作为支护桩，解决了支护结构空间不足、施工工期较长、无泥浆排放场地等问题，为整个项目的顺利完成打下了良好的基础。

（4）采用组合型钢支撑体系，相对于一般的型钢支撑，端头设置型钢活络头，可施加预应力，避免了一般型钢支撑刚度较小、控制位移不佳的弊端；相对于传统的钢管支撑，该体系重量较小，方便运输安装；相对于传统的混凝土支撑，安装拆卸快速方便，无养护时间，大大缩短施工工期，且绿色环保，可循环使用，施工无噪声、无粉尘。

（5）考虑到开挖过程中遇到诸多不可预料情况，设计人员与监测单位、施工单位、监理单位、土建设计单位和业主协调一致，坚持信息化施工，在基坑开挖期间不定时进行现场巡视及服务，确保了基坑和周边建筑物安全。

（6）在确保安全可靠的前提下，坚决贯彻绿色土木的设计理念，无论是支护桩还是支撑体系，均采用可拆卸、可回收的型钢结构，另外本设计方案中的组合型钢支撑体系在无锡市区基坑项目中首次使用，为后期广泛应用提供了参考价值。

实例 29 太平洋城中城AB地块基坑工程

一、工程简介

本工程场地位于无锡市天一路南侧，凤宾路东侧。本工程由 1 幢 28 层 、1 幢 26 层、1 幢 22 层、1 幢 16 层、2 幢 4～5 层商业配套用房及 2 层整体地下室组成。基坑总面积约 30000m^2，围护总长度约 880m，开挖深度为 10～11.9m。项目总平面图如图 1 所示。

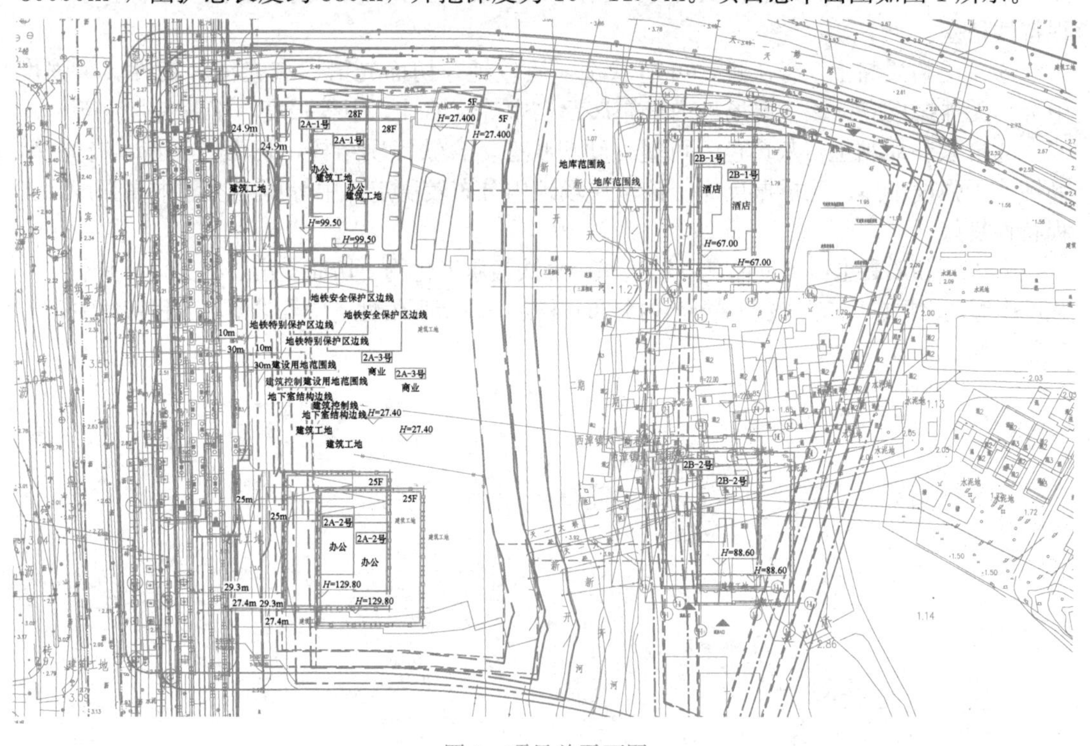

图 1　项目总平面图

二、工程地质与水文地质条件

1. 工程地质简介

本工程场地在勘探深度内全为第四纪冲积层，属长江中下游冲积沉积，地貌单元为冲湖积平原。基坑开挖影响范围内典型地层剖面如图 2 所示。

各土层的特征描述与工程特性评价如下：

①层杂填土：杂色，松散，以黏性土为主，含碎石、砖块等建筑垃圾，局部含大量生

活垃圾。该土层场地内均有分布，压缩性不均，工程特性差。

②层淤泥质粉质黏土：灰、灰黑色，流塑，含少量云母碎屑，局部夹大量泥炭，切面稍光滑、稍有光泽，韧性、干强度低，摇振反应无～缓慢。该土层场地内分布于东南侧，中高压缩性，低强度，工程特性差。

③-1 层黏土：灰黄色，可塑～硬塑状态，含铁锰质结核、夹青灰条纹，切面光滑、有光泽，韧性、干强度高，无摇振反应。该土层场地内分布较稳定，中等压缩性，中高强度，工程特性良好。

③-2 层粉质黏土：灰黄色，可塑～软塑状态，含铁锰质氧化物，切面稍光滑、稍有光泽，韧性、干强度中等，无摇振反应。该土层场地内分布较稳定，中等压缩性，中等强度，工程特性中等。

④层粉土：灰色，稍密～中密状态，很湿，含云母碎屑，切面粗糙、无光泽，韧性、干强度低，摇振反应迅速。该土层分布于场地内南侧，中低压缩性，低强度，工程特性一般。

⑤层粉质黏土：灰色，软塑状态，含云母碎屑，夹贝壳碎屑，切面稍光滑、稍有光泽，韧性、干强度低，无摇振反应。该土层场地内均有分布，中高压缩性，中低强度，工程特性稍差。

⑥-1 层粉质黏土：青灰色，可塑状态，质较纯，切面光滑、有光泽，韧性、干强度中等，无摇振反应。该土层场地内分布广泛，中等压缩性，中等强度，工程特性中等。

⑥-2 层粉质黏土：灰黄色，可塑～硬塑状态，含铁锰质结核，切面较光滑、有光泽，韧性、干强度中高，无摇振反应。该土层场地内分布较稳定，中等压缩性，中高强度，工程特性良好。

⑥-3 层粉质黏土：灰黄色，可塑状态，含铁锰质氧化物，切面光滑、有光泽，韧性、干强度中等，无摇振反应。该土层场地内分布较稳定，中等压缩性，中等强度，工程特性中等。

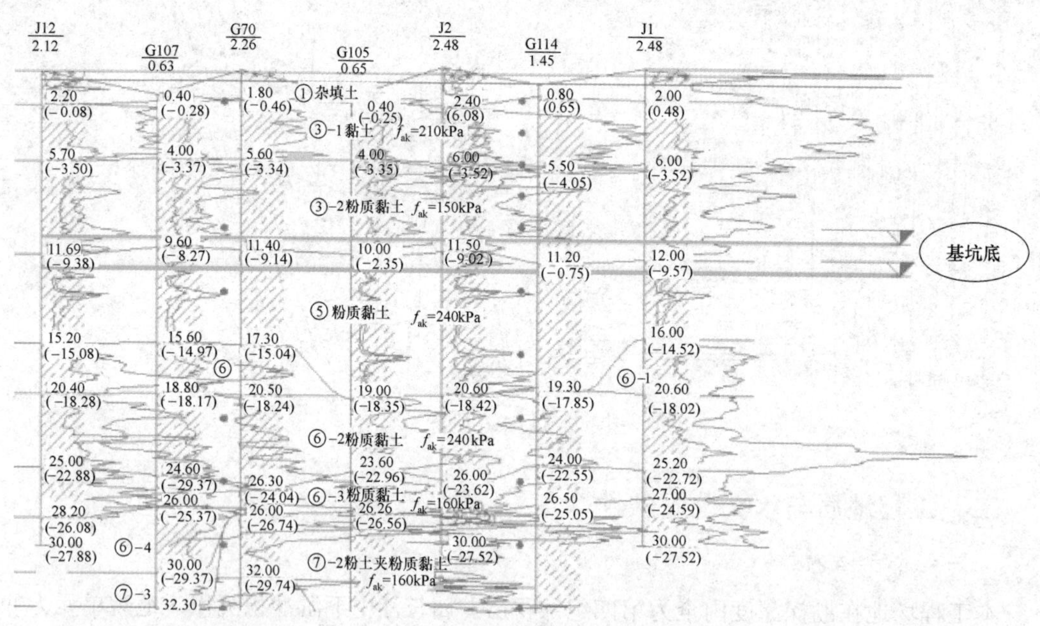

图 2 典型工程地质剖面图

2. 地下水分布概况

场地勘探深度范围内主要含水层有：

（1）地表水

场区内北侧紧邻内河河道。

（2）地下水：上层滞水～潜水

经本次勘察揭示，场地浅部地下水类型属第四系松散层潜水，主要赋存于：①层杂填土，主要接受大气降水及地表渗漏补给，其水位随季节、气候变化而上下浮动，年变化幅度在 1.0m 左右。勘察期间测得稳定水位标高 1.27～1.51m，据调查，近 3～5 年最高潜水水位为 2.10m。

（3）地下水：微承压水

赋存于④层粉土属微承压水，补给来源主要为径向补给及上部少量越流补给。勘察期间测得稳定水位标高为 0.61～0.91m，据调查，近 3～5 年最高微承压水位标高为 1.35m。

3. 岩土工程设计参数

根据岩土工程勘察报告，本项目主要地层岩土工程设计参数如表 1 和表 2 所示。

场地土层物理力学参数表　　表 1

编号	地层名称	含水率	孔隙比	液性指数	重度	固结快剪(C_q)	
		w(%)	e_0	I_L	γ(kN/m^3)	c_k(kPa)	φ_k(°)
①	杂填土				19.0*	15.0*	10.0*
②	淤泥质粉质黏土	35.9	1.030	0.92	18.2	21.78	13.02
③-1	黏土	24.4	0.710	0.22	19.9	52.44	15.90
③-2	粉质黏土	27.2	0.773	0.45	19.5	36.15	14.37
④	粉土	29.6	0.857	0.69	18.9	11.69	27.30
⑤	粉质黏土	31.0	0.876	0.77	19.0	22.00*	12.00*
⑥-1	粉质黏土	23.7	0.685	0.32	20.0	39.39	14.33

注：“*”表示经验值。

场地土层渗透系数统计表　　表 2

编号	地层名称	垂直渗透系数 k_V(cm/s)	水平渗透系数 k_H(cm/s)	渗透性
①	杂填土			
②	淤泥质粉质黏土	2.0E-06	2.6E-06	微透水
③-1	黏土	1.8E-08	2.8E-08	极微透水
③-2	粉质黏土	2.1E-06	2.3E-06	微透水
④	粉土	2.3E-04	3.0E-04	中等透水
⑤	粉质黏土	2.1E-03	2.7E-06	微透水

三、基坑周边环境

该项目位于天一路南侧，凤宾路西侧，临近地铁 1 号线天一站高架车站。

图 3　北侧天一路、天一桥及河道

图 4　西侧地铁站天一站

基坑北侧：北侧为天一路和天一桥，临近河道（后期改为箱涵，图 3），地下室外墙距离用地红线最近约 6.7m。

基坑西侧：西侧为地铁 1 号线天一站（图 4），地下室外墙距离地铁站结构外墙线约 17m，地下室外墙距离用地红线最近约 5m。

基坑南侧：南侧为场地内施工道路（规划道路），地下室外墙距离用地红线最近约 4m。

基坑东侧：东侧为场地内施工道路（规划道路），地下室外墙距离用地红线最近约 6m。

根据该基坑挖深、地质条件及环境条件，整个基坑支护系统侧壁安全等级取一级。

四、支护设计方案概述

1. 本基坑的特点及方案选型

本工程基坑开挖深度较深，本着基坑工程“安全、合理、经济、可行”的原则，并结合本工程的深度、面积、施工、造价和工期等综合因素，通过比较，最终确定基坑支护方案如下：

基坑西侧临近地铁 1 号线天一站，且挖深为 10～11.9m，采用上部放坡挂网喷浆＋下部围护桩＋1 道斜抛撑（局部角撑）＋三轴搅拌止水桩支护形式；北侧和南侧除角部采用水平撑外，其余采用上部放坡挂网喷浆＋下部围护桩＋1～2 道可回收锚索＋三轴搅拌止水桩支护形式。东侧采用围护桩＋3～4 道可回收锚索＋三轴搅拌止水桩支护形式。

后期西侧出现较深临边坑中坑，对坑中坑单独采用围护桩＋水平撑垂直支护形式。

为了保证基坑工程施工的顺利进行和邻近建筑物的安全，本设计要求对基坑和周围环境进行监测，为基坑信息化施工提供依据，避免事故发生。

2. 基坑支护结构平面布置

根据选型分析思路，基坑支护结构平面布置如图 5 所示。

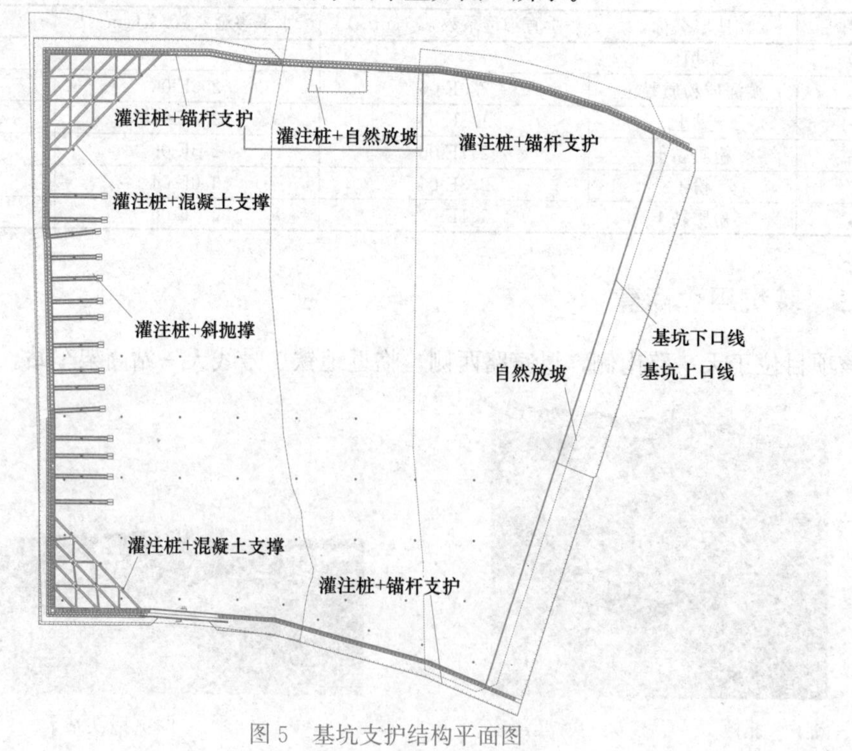

图 5　基坑支护结构平面图

3. 典型基坑支护结构剖面

基坑西侧临近天一站位置支护剖面如图 6、图 7 所示。

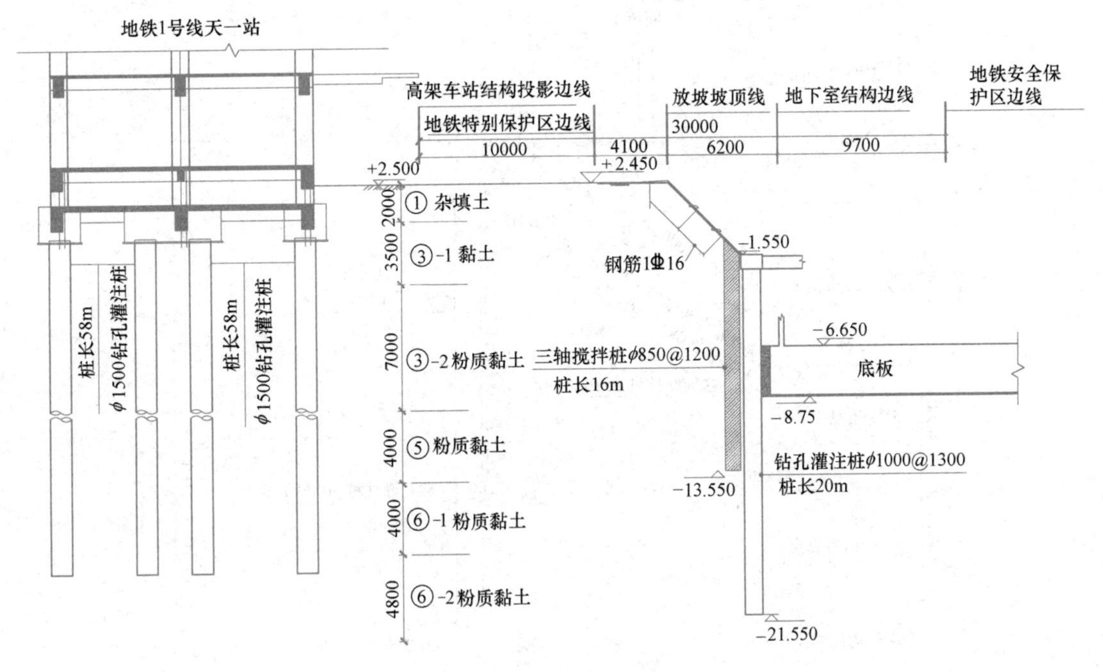

图 6 角撑支护剖面

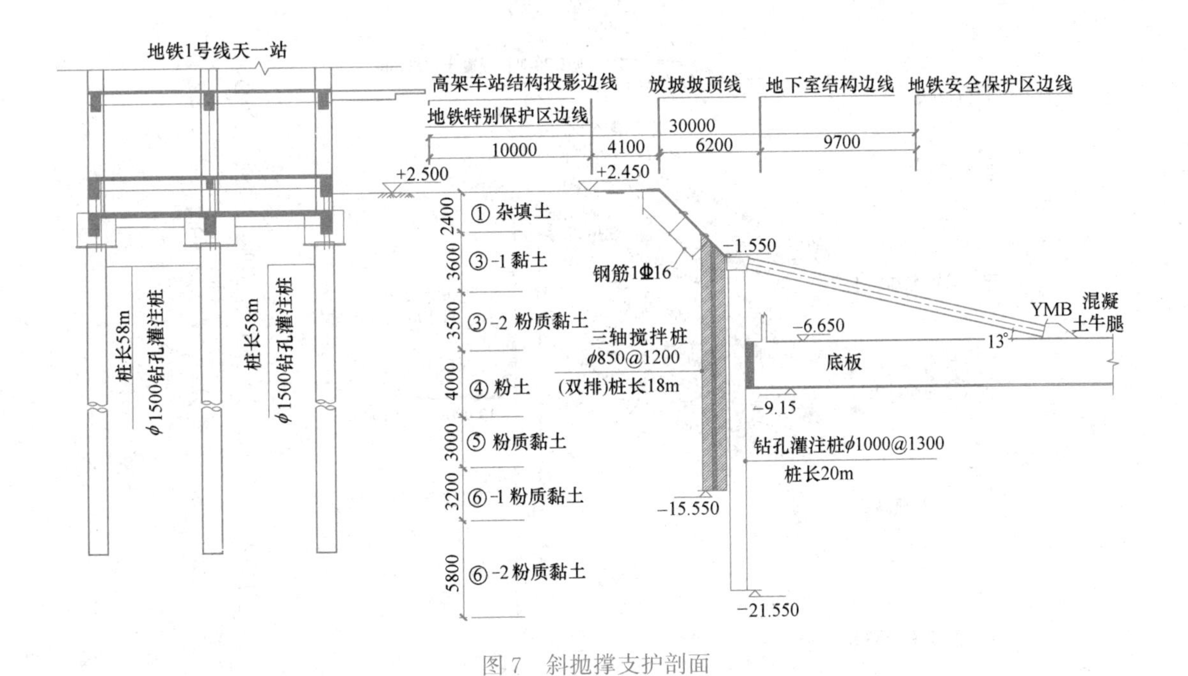

图 7 斜抛撑支护剖面

基坑北侧临近天一路改河道为箱涵位置支护剖面如图 8 所示，东、西侧支护剖面如图 9、图 10 所示。

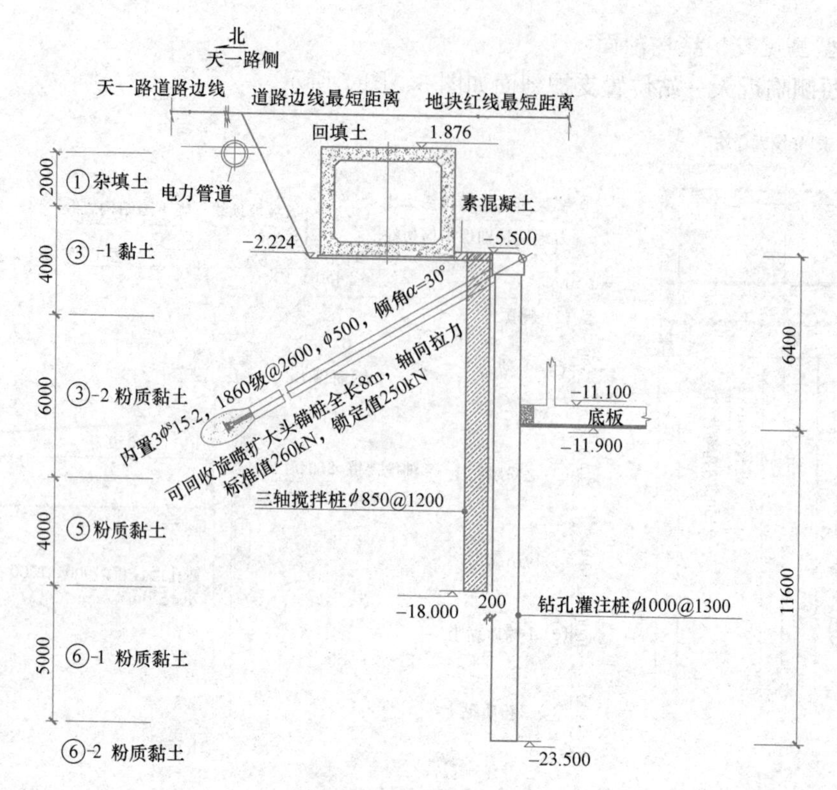

图 8 北侧位置典型剖面

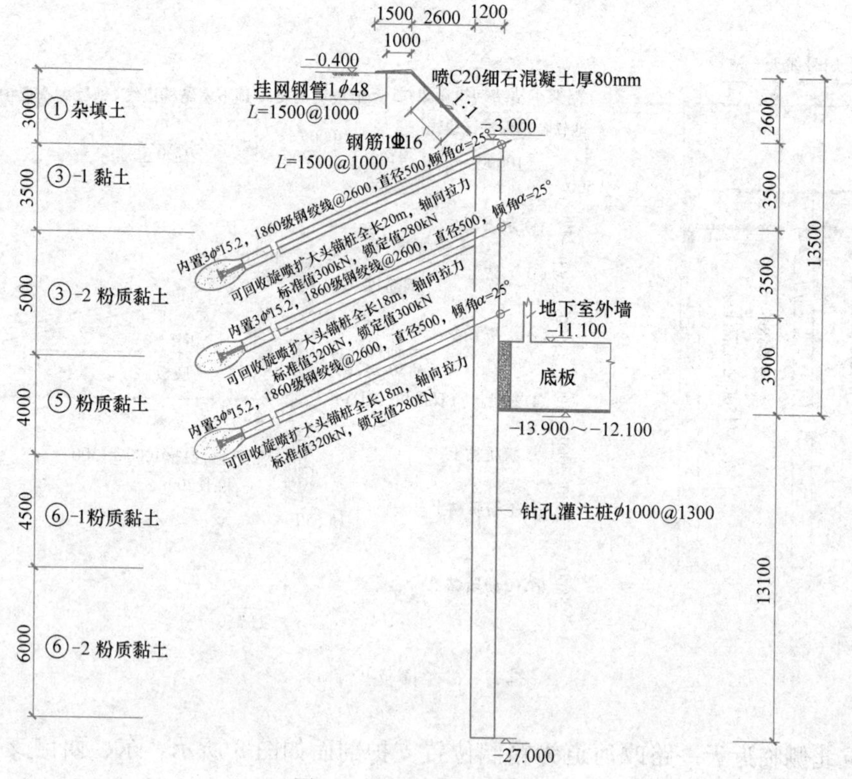

图 9 东侧位置典型剖面

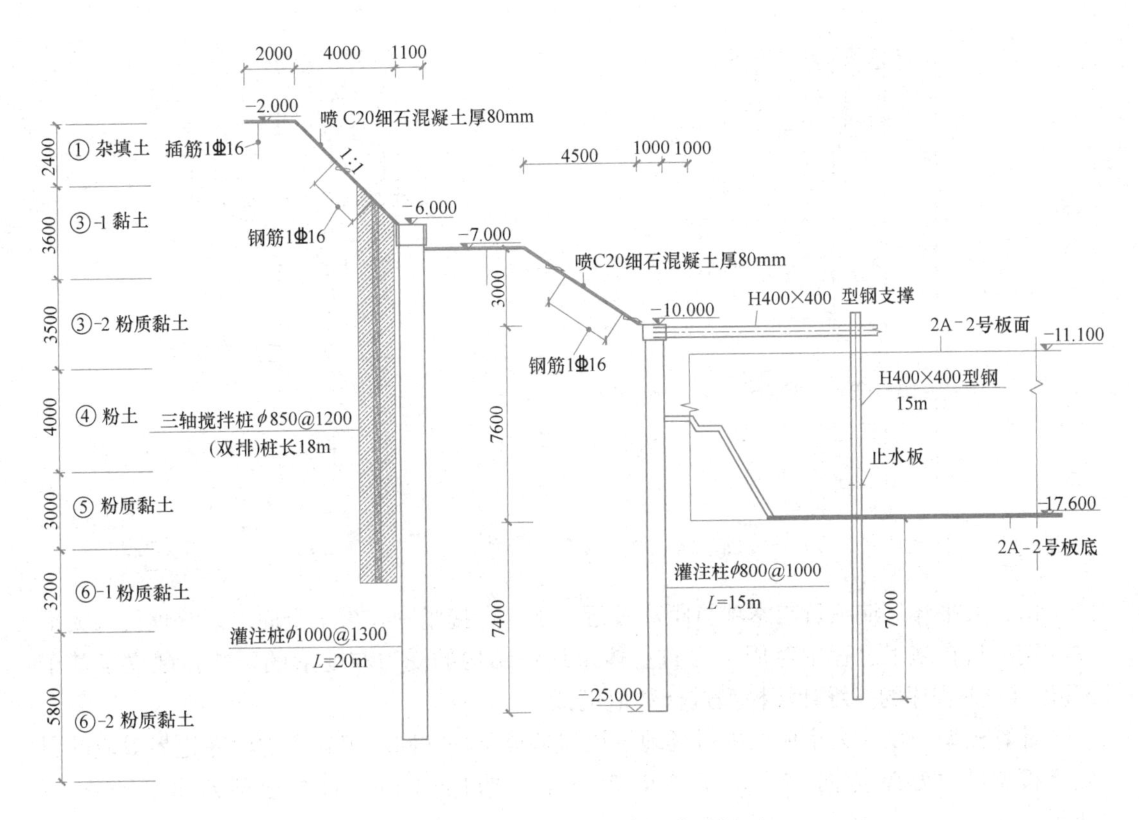

图 10 西侧位置临边坑中坑典型剖面

4. 地铁站天一站的保护

该项目对地铁安全保护区范围内的建筑断面建立有限元模型。模型中土体用硬化模型（Hardening-soil Model，简称 HS 模型）模拟，可以模拟包括软土和硬土在内的不同类型的土体行为；围护桩及工程桩采用板（Plate）单元模拟，且利用刚度等效的方法进行换算，支撑均采用锚锭（Anchor）单元模拟。计算结果分析如图 11～图 14 所示。

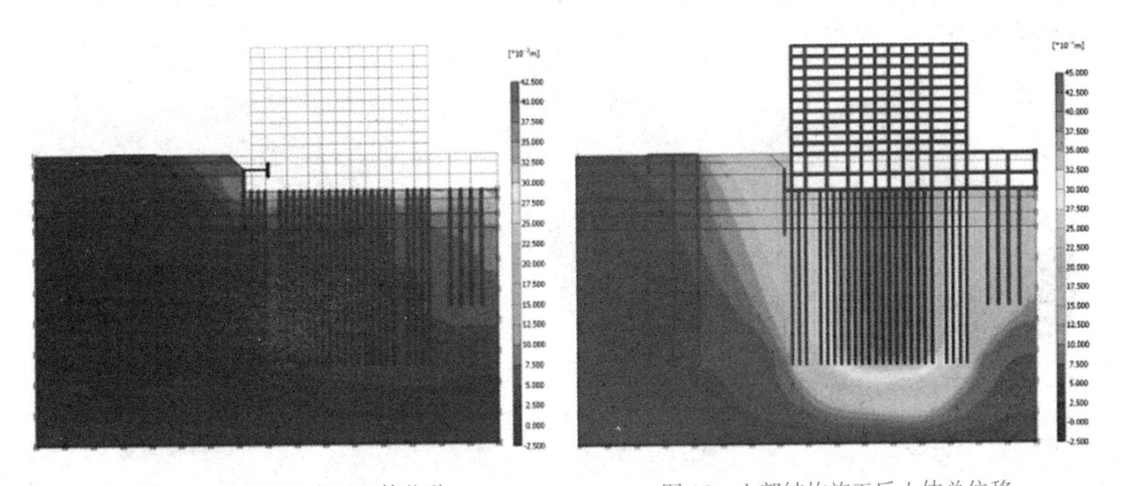

图 11 开挖至基底后土体位移

图 12 上部结构施工后土体总位移

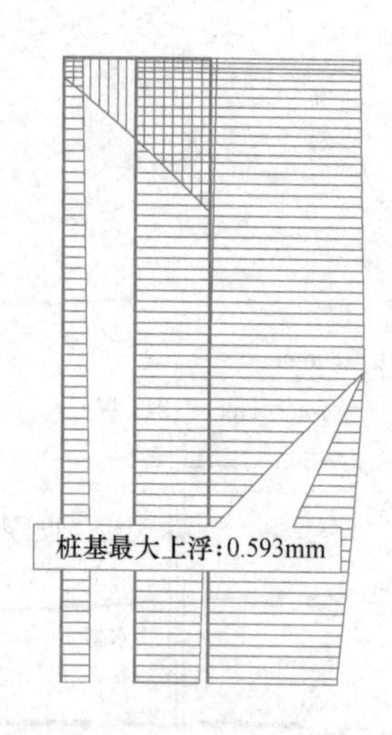

图13 开挖至基底后天一站基础竖向位移

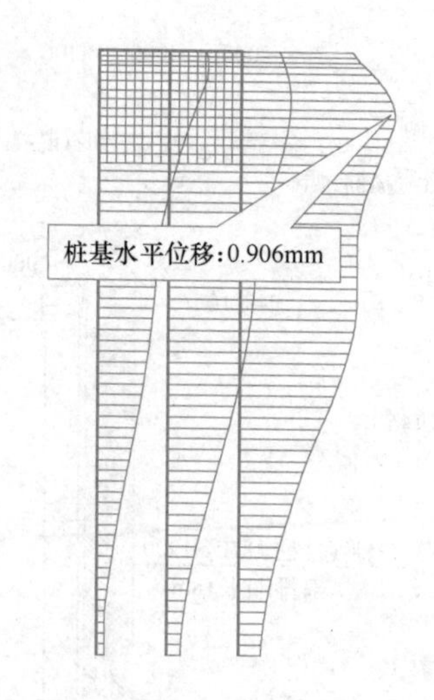

图14 开挖至基底后天一站基础水平位移

由于太平洋三期项目与本项目距离较近，工期衔接紧密，为了全面、系统地反映太平洋三期项目在施工过程中对周围岩石土体及地铁结构的受力与变形的影响，建立了基于Midas GTS程序的三维计算模型进行数值模拟。

计算模型的尺寸大小根据项目场地及周边环境条件共同决定，考虑消除边界效应的影响，模型尺寸为 X 方向 275m，Y 方向 365m，Z 方向 100m。计算模型如图 15～图 17 所示。

综合分析结果，可以得出以下主要结论：

（1）有限元分析得出太平洋三期项目施工后，地铁1号线天一站桩基最大竖向变形量为－2.59mm，最大水平变形量为5.36mm，天一站～刘潭站高架区间最大竖向变形量为－2.5mm，最大水平变形量为3.55mm，满足地铁结构变形控制指标。

（2）通过Midas GTS三维有限元分析，地铁结构受三期A地块项目施工影响较小，受二期地块项目基坑开挖及上部结构施工影响较大，地铁结构桩顶最大竖向位移为3.06mm，最大水平位移为3.75mm，最小变形曲率半径为65476m，满足地铁结构变形控制要求。

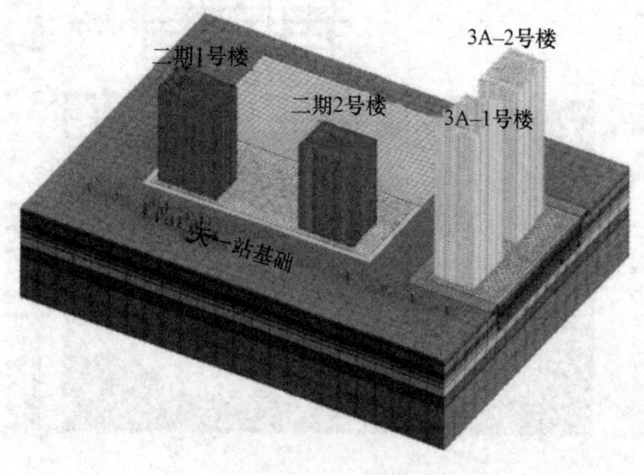

图15 网格模型

图16 基坑围护结构

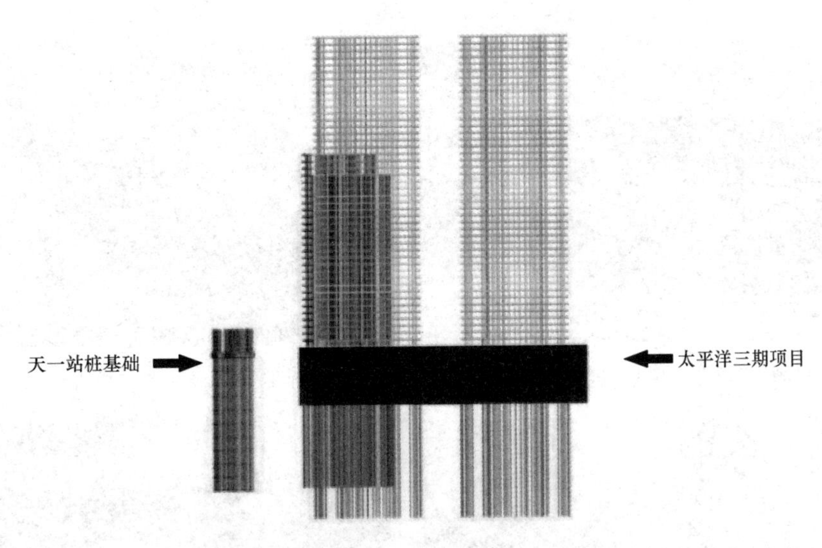

图 17 桩基结构与地铁结构相互关系

五、地上、地下水处理方案

根据前述地下水情况，分别采取不同处理方案，简述如下：

（1）由于基坑北侧临近河道，大部分改为箱涵，尤其是天一桥位置明水河道较宽，且与箱涵水系连通，场地内水文地质条件非常复杂，采用黏土压实回填围堰以挡水，且妥善做好填土内的潜水～滞水明排即设置排水系统、做好基坑周边地面截水——设置环向截水沟；

（2）基坑开挖侧壁有微承压含水层。设计采用三轴搅拌桩全封闭止水帷幕，在坑内采用管井疏干。要求基坑侧壁在粉土层采用桩间挂网，并对流水粉土制定了完备的应急预案，大大减少了流水粉土对周边环境和施工进度的影响。整个项目地下水控制效果良好。

六、基坑实施情况分析

1. 基坑施工过程概况

本基坑于 2018 年 9 月开始施工支护结构，2019 年 2 月初开挖到坑底。岩土工程理论还不完善，本工程支撑体系又极为复杂，因此信息化施工尤为重要。在整个工程的实施过程中，建立了监测、设计、施工三位一体化的施工体系，通过及时反馈监测信息，指导设计和施工。

监测结果均在设计允许范围内，未出现险情，工程进展顺利，有效地保护了基坑和周边建筑、道路的安全。

图 18～图 22 为基坑施工过程实况。

2. 基坑变形监测情况

本基坑为一级基坑，监测等级一级，周边环境保护等级一级，为及时掌握基坑支护结构及周边环境变化情况，建设单位委托第三方监测单位承担该工程的基坑监测工作。监测内容包括：（1）围护结构及支撑系统顶端水平位移观测；（2）锚索轴力观测；（3）周边建（构）筑物及道路沉降观测；（4）周边管线沉降观测；（5）坑外地下水位观测；（6）地铁站和轨道高架专项监测，如表 3 所示。

图 18 斜抛撑支护实况（西侧天一站附近）

图 19 北侧箱涵处桩拉锚支护实况

图 20 东侧和南侧桩拉锚支护实况

图 21 坑中坑钢支撑支护实况

图 22 角部混凝土水平撑和坑中坑混凝土水平撑支护实况（西南角）

地铁安全保护监测项目及控制指标 **表 3**

安全控制指标			安全控制允许值	运营线路安全保护区内监测指标(mm)		
				预警值	报警值	控制值
天一站～刘潭站高架区间	承台	结构水平位移	＜6mm	3	4.2	6
		结构竖向位移	＜10mm	5	8	10
	轨道	轨道横向高差	＜4mm	1.5	2.4	3
		轨向高差(矢度值)	＜4mm	1.5	2.4	3
		轨间距	＞－4mm	－1.5	－2.4	－3
			＜＋6mm	＋2.4	＋3.8	＋4.8

续表

安全控制指标			安全控制允许值	运营线路安全保护区内监测指标(mm)		
				预警值	报警值	控制值
车站主体结构	轨道	轨道横向高差	<4mm	1.5	2.4	3
		轨向高差(矢度值)	<4mm	1.5	2.4	3
		轨间距	>−4mm	−1.5	−2.4	−3
			<+6mm	+2.4	+3.8	+4.8
	结构	结构水平位移	<10mm	5	8	10
		结构竖向位移	<10mm	5	8	10

七、本基坑实践总结

(1) 地上、地下水处理安全可靠：基坑北侧紧靠河道，大部分后改为箱涵，尤其是天一桥位置明水河道较宽，且与箱涵水系连通，采用黏土压实回填围堰以挡水，设计中充分结合已掌握的水文地质资料，基坑四周均采用三轴搅拌桩止水帷幕，局部采用双轴搅拌桩，坑内管井疏干，安全可靠，可有效消除基坑地下水的安全隐患。

(2) 地铁站天一站的保护：基坑西侧采用混凝土水平撑及斜抛撑等内支撑的支护形式对地铁站及其高架作出了有效保护；采用 Plaxis2D 和 Midas GTS 有限元软件，对基坑和桩基施工对天一站及其高架桥的影响进行数值模拟和理论分析。各方面的技术支撑保障了地铁的安全运营和本项目的正常施工。

(3) 西侧坑中坑的支护处理：由于后期设计上的变更，在前期围护结构已施工完成的情况下，西侧高架边出现较深坑中坑，对坑中坑采用单独围护桩加水平撑支护措施，再次保障了西侧围护体系的安全。

(4) 复杂多变条件下紧邻基坑的地下管线保护效果良好：位于基坑北侧的天一路上分布有自来水管、污水管、雨水管、高压电缆、燃气、路灯等市政管线，锚杆施工应避开上述管线。

(5) 充分做到信息化施工：本基坑在施工过程中由于复杂的工程地质、场地条件，开挖过程中遇到诸多不可预料的情况，设计单位与监测单位、施工单位、监理单位、土建设计单位和业主协调一致，坚持信息化施工，确保了基坑和建筑物安全。

(6) 坚持贯彻绿色节约的设计方向：本次基坑围护设计过程，总体思路为坚持安全情况下做到绿色、节约。因此在总体思路上根据基坑侧壁不同的地质、环境条件确定不同的安全等级并采取不同的支护手段，做到“重点突出、有主有次”，以实现经济、安全的设计方向。在设计细节上，充分发挥施工经验，如桩长设计考虑钢筋模数减少截断数量，锚杆充分利用围护桩圈梁作为围檩，不满足设计要求情况下采用了加角撑等手段；对于深度较大的坑中坑，结合结构放坡采取自然开挖方法节约了支护成本。

实例30 古运河风貌带综合整治二期B区基坑工程

一、工程简介

本工程场地位于学前东路南侧、羊腰湾路东侧。本工程由2栋4层和1栋3层的商业用房及2层连体地下室组成，采用桩承台基础+防水板。地下室面积约为9206m²，地上总建筑面积约11000m²。基坑总面积约4560m²，围护总长度约300m，开挖深度为8.3m左右。项目总平面图如图1所示。

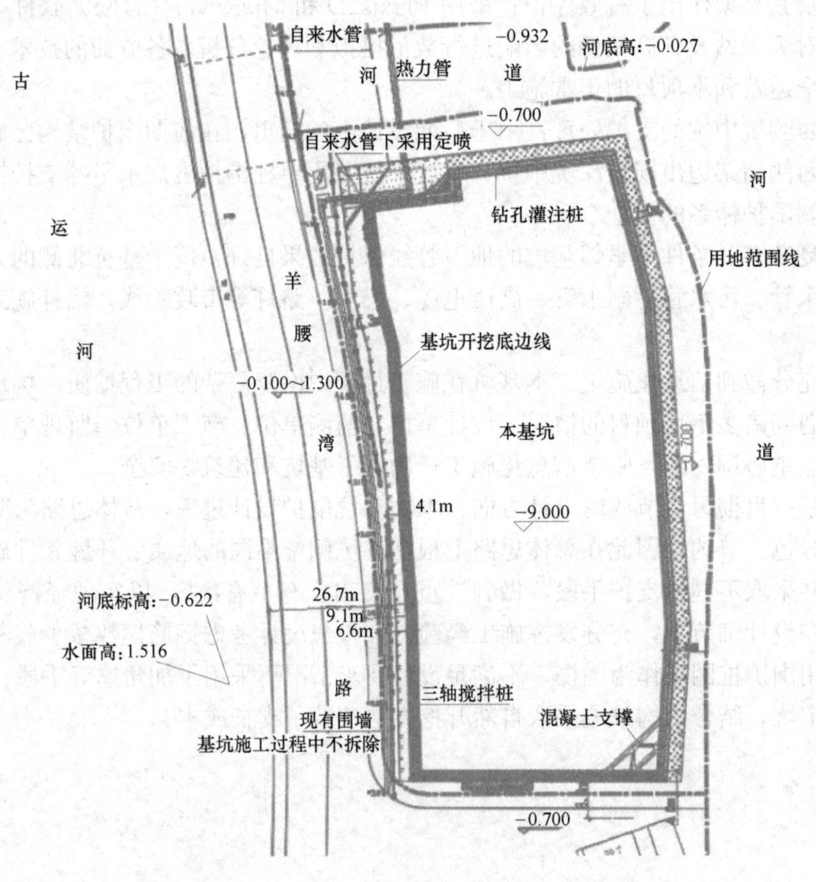

图1 项目总平面图

二、工程地质与水文地质概况

1. 工程地质简介

各土层的特征描述与工程特性评价如下：

①层杂填土：杂色，上部为建筑垃圾，下部以褐色的可塑状粉质黏土为主，松散状，含较多植物碎片。全场分布，工程地质特性较差。

②层粉质黏土：局部为黏土，褐黄色，可塑～硬塑状，夹较多铁锰氧化物及其结核，絮状结构。全场分布，属中压缩性土，工程地质特性较好。

③层粉质黏土夹粉土：灰黄～灰色，可塑～软塑状，絮状结构。全场分布，属中压缩性土，工程地质特性一般。

④层粉质黏土：局部为黏土，灰色，可塑～软塑状，絮状结构。全场分布，属中偏高压缩性土，工程地质特性较差。

⑤层粉质黏土夹粉土：局部为粉土，灰色，可塑～软塑状，絮状结构。全场分布，属中压缩性土，工程地质特性一般。

⑥层粉质黏土：局部为黏土，青灰～褐黄色，可塑～硬塑状，夹较多铁锰氧化物及其结核，絮状结构。全场分布，属中压缩性土，工程地质特性良好。

基坑开挖影响范围内典型地层剖面如图 2 所示。

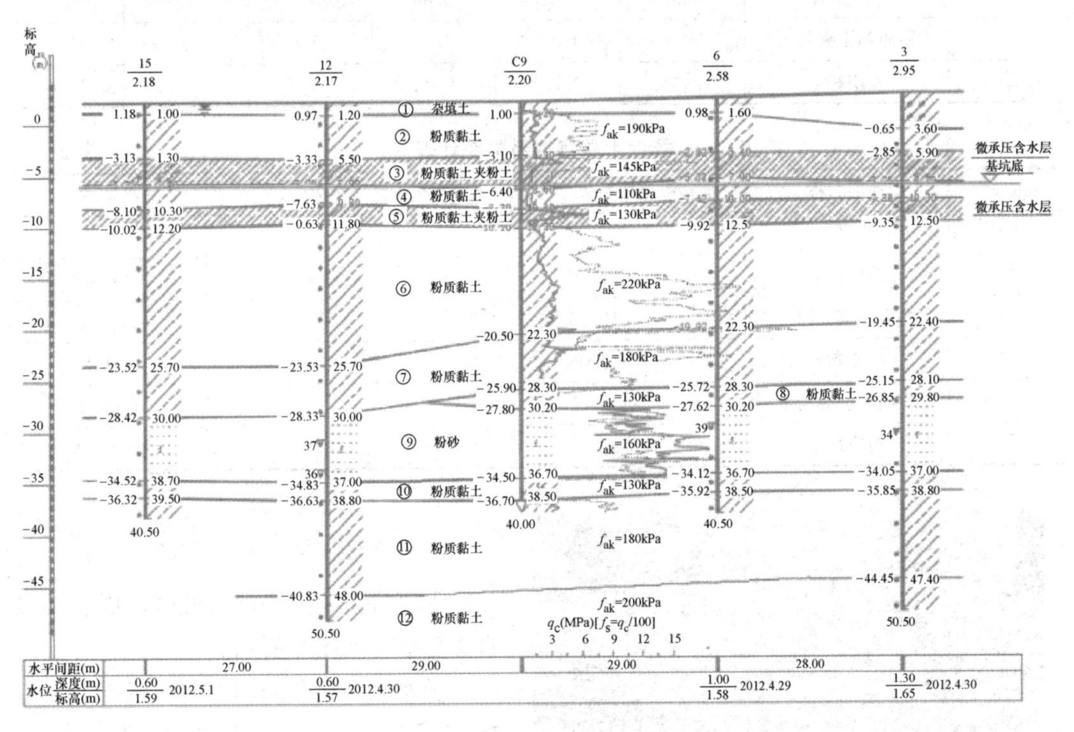

图 2 典型工程地质剖面图

2. 水文地质条件

（1）地表水

场区内北侧和东侧紧邻内河河道，西侧临近道路，道路紧邻古运河。

（2）地下水：潜水

场地浅部地下水类型属第四系松散层潜水，主要赋存于：①层杂填土，受地表水及大气降水补给，其水位随着季节及气候变化而上下浮动，年水位升降变化幅度约 1.00m；历史最高潜水水位为 2.50m，场区近 3～5 年最高潜水位为 2.20m。

（3）地下水：微承压水

赋存于③层粉质黏土夹粉土和⑤层粉质黏土夹粉土地下水属微承压水，补给来源主要为径向补给及上部少量越流补给，勘察期间采用套管隔断上部潜水，测得③层粉质黏土夹粉土中承压水水位标高 1.65m。

3. 岩土工程设计参数

根据岩土工程勘察报告，本项目主要地层岩土工程设计参数如表 1 和表 2 所示。

场地土层物理力学参数表 **表 1**

编号	地层名称	含水率	孔隙比	液性指数	重度	固结快剪(C_q)	
		w(%)	e_0	I_L	γ(kN/m^3)	c_k(kPa)	φ_k(°)
①	杂填土				18.4	(5.0)	(10.0)
②	粉质黏土	25.6	0.725	0.29	19.5	46	15
③	粉质黏土夹粉土	29.7	0.818	0.57	19.1	24	14.8
④	粉质黏土	36.9	1.017	0.86	18.2	20	7
⑤	粉质黏土夹粉土	30.9	0.872	0.76	18.6	8	15.2
⑥	粉质黏土	24.4	0.704	0.14	19.6	57	16.4

场地土层渗透系数统计表 **表 2**

编号	地层名称	垂直渗透系数 k_V(cm/s)	水平渗透系数 k_H(cm/s)	渗透性
①	杂填土			
②	粉质黏土	1.01E-06	2.49E-07	极微透水
③	粉质黏土夹粉土	9.41E-06	2.06E-07	微透水
④	粉质黏土	1.81E-06		微透水
⑤	粉质黏土夹粉土	2.44E-05		弱透水
⑥	粉质黏土	2.79E-07		极微透水

图 3 周边环境实况

三、基坑周边环境情况

本项目位于无锡市老城区，周边环境非常复杂，如图 3 所示。

场地北侧和东侧均为内河河道，河道宽约 5～28m，河水及地表水位在 1.400m 左右，河床最深 6.5m（水面以下），驳岸为直立式浆砌驳岸，驳岸底标高约为－3.300m。西侧为羊腰湾路，紧邻羊腰湾路西侧为古运河，南侧为本工程的C地块（其中C地块上原有建筑实习大楼局部6层区域已分布于基坑开挖范围内）。

本场地北侧及西侧分布有热力管线，需要重点保护。位于基坑西侧的羊腰湾路上分布有自来水管、污水管、雨水管、高压电缆、路灯等市政管线。

综上，基坑周边环境条件如下：

基坑东侧（图4）：地下室外边线距河道保护线最近距离约7.0m；

基坑南侧：南侧为C地块，原有建筑实习大楼局部6层区域已分布于基坑开挖范围内，地下室外边线距实习大楼7层区域约8.3m；

基坑西侧（图5）：地下室外边线距围墙4.1m，距用地红线6.6m，距羊腰湾路9.1m，距古运河约26.7m；

基坑北侧：地下室外边线距河道保护线最近距离约10.9m。

图4 场地东侧实况

图5 西侧热力管道实况

根据该基坑挖深、地质条件及环境条件，整个基坑支护系统侧壁安全等级取“一级”。

四、支护设计方案概述

（一）本基坑的特点及方案选型

本工程基坑开挖深度较深，本着基坑工程“安全、合理、经济、可行”的原则，并结合本工程的深度、面积、施工、造价和工期等综合因素，通过比较，最终确定整个基坑四周均采用钻孔灌注桩+2道拉锚组合支护的方案。

由于基坑开挖深度较深，且周边环境保护要求较高，在满足基坑工程安全的前提下，基坑围护结构设计全部采用本围护方式进行基坑工程施工，该形式有如下优点：①钻孔灌注桩受力性能可靠、工艺成熟，土体位移小；②锚索可大大加快施工速度、缩短工期、降低工程造价；③施工对周边环境影响小。围护桩拉锚是目前无锡地区开挖较深的基坑工程中较为常用的基坑围护形式，有着丰富、成熟的施工经验，施工质量可以得到很好的保证。

为了保证基坑工程施工的顺利进行和邻近建筑物的安全，本设计要求对基坑和周围环境进行监测，为基坑信息化施工提供依据，避免事故发生。

1. 地下水处理

场地微承压含水层③层和⑤层有透水性较强的粉土存在，横向补给稍大，渗透系数稍大。由于基坑周边水系发达，三面临近河道，为防止河水渗流及基坑出现突涌，基坑外均

采取 D850@600 三轴搅拌桩止水帷幕，止水帷幕进入隔水土层⑥层粉质黏土。

2. 热力管线的保护

热力管线位于基坑的北侧和西侧。北侧热力管线下方无法施工灌注桩及止水桩，为了保护热力管线，为防压密注浆引起地面隆起，确保热力管线下部留有一定空间，同时采用绕打灌注桩和局部三轴搅拌桩改为高压旋喷桩的方案。

3. 南侧建筑的保护

基坑南侧为保留 6～7 层建筑，东南角处地下室外边线距实习大楼 7 层区域约 8.3m，由于局部荷载过大，基坑东南角处增加角撑，以控制土体位移和围护结构变形。

4. 东侧河床底拉锚的处理

由于基坑东侧紧靠河道，为确保基坑安全，防止旋喷锚索钻孔与河底串通，第 1 道锚索需下调倾斜角度，确保河床与旋喷桩之间至少留有 2m 厚土，建议改旋喷为导管法施工。

（二）基坑支护结构平面布置

根据选型分析思路，基坑支护结构平面布置如图 6 所示。

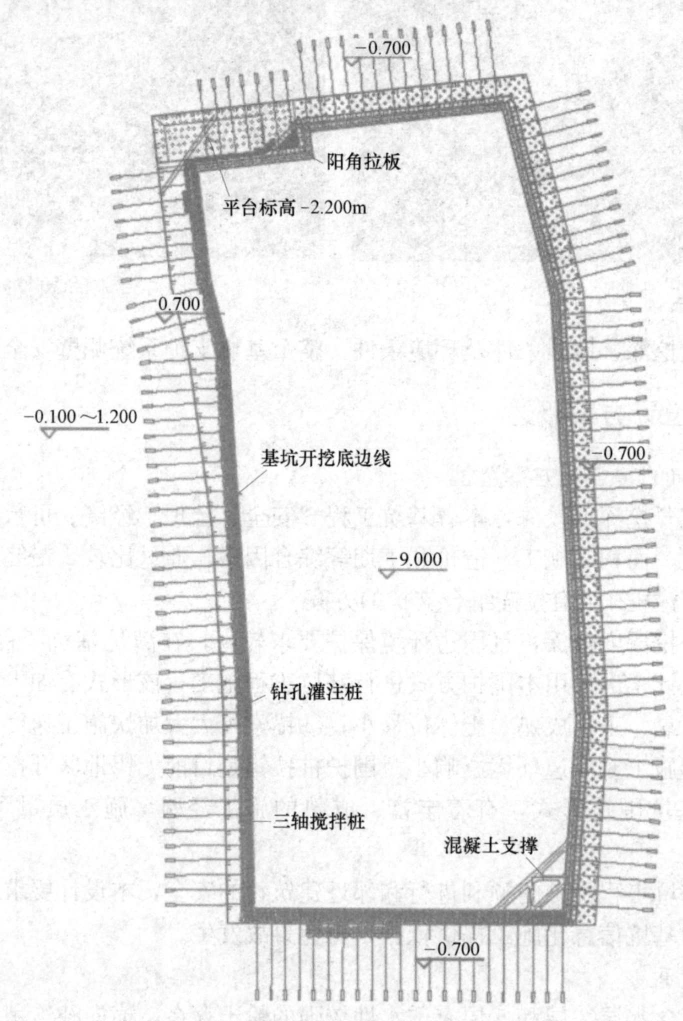

图 6 基坑支护结构平面图

(三) 典型基坑支护结构剖面

本基坑典型支护剖面如图 7 所示，对于东侧临近河道位置剖面如图 8 所示。

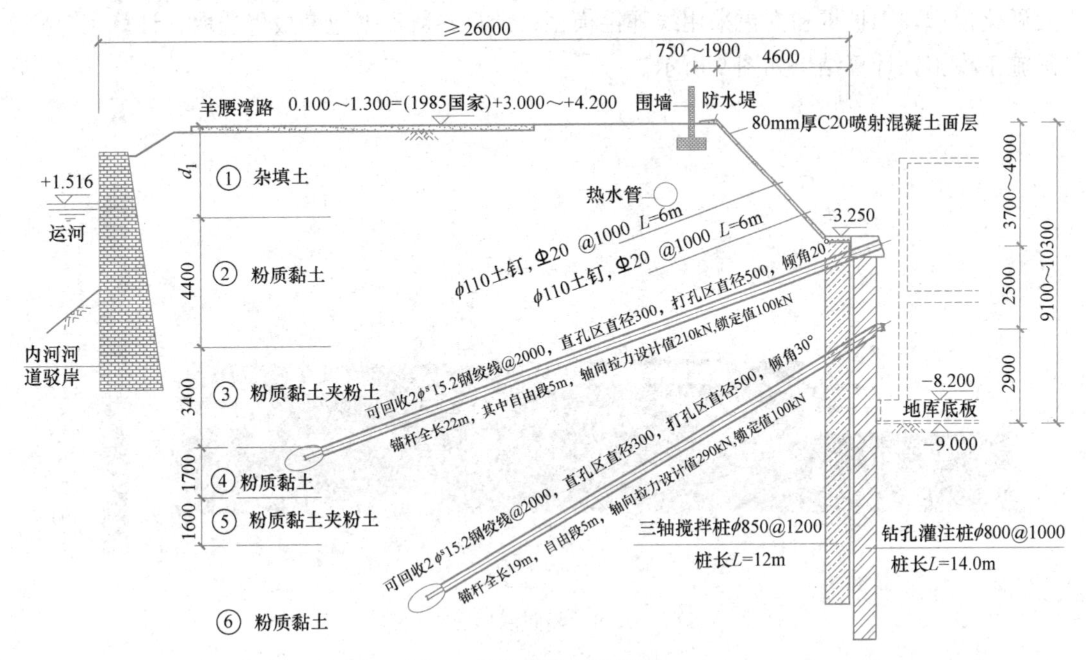

图 7 基坑典型支护剖面

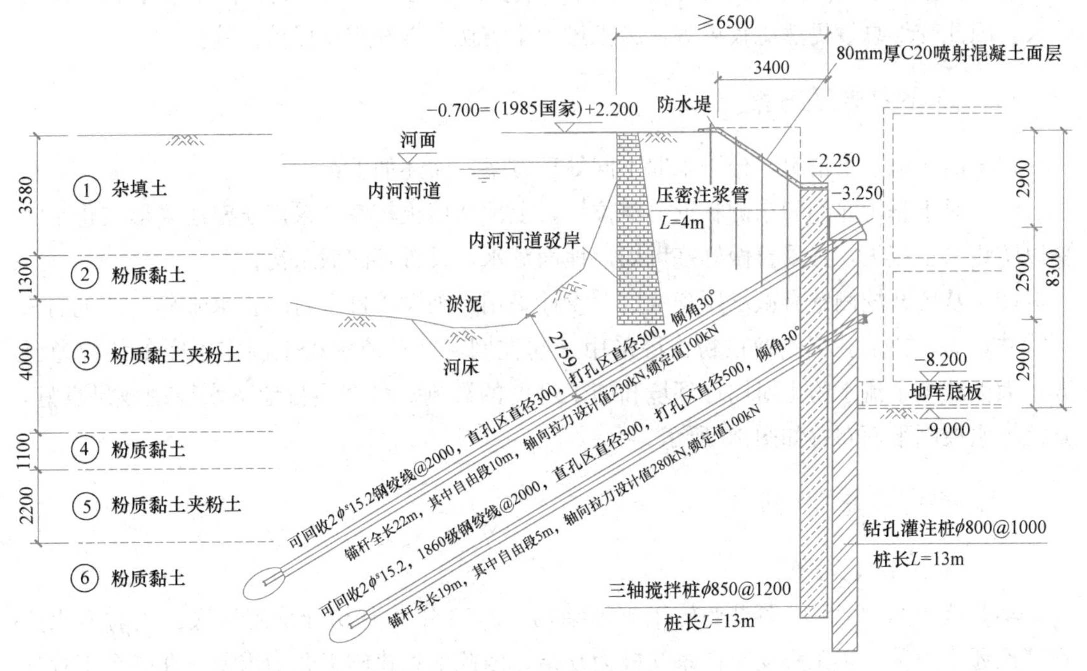

图 8 东侧位置典型剖面

(四) 南侧邻近保留建筑物分析

南侧保留建筑物 7 层，距离基坑最近 8.3m，处于基坑开挖强烈影响范围内，基坑开挖引起的沉降量不得大于 20mm。

为确保工程安全，采用有限元法对建筑物沉降进行分析计算，计算中对土体采用小应变硬化模型，围护桩和支撑采用线弹性模型；计算参数根据地勘报告选取，计算工况按实际施工模拟，计算结果如图 9 所示。

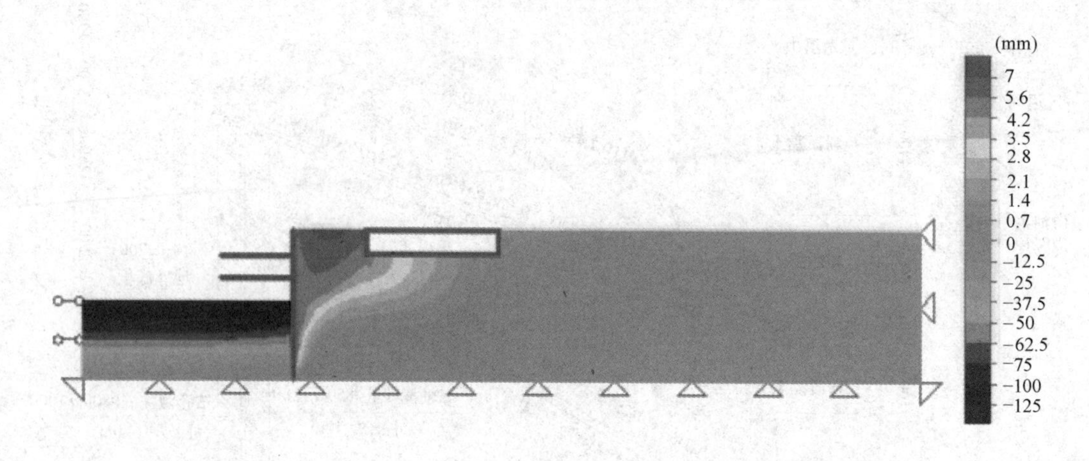

图 9　竖向变形云图

从计算结果来看，建筑物沉降为 4.5mm 左右，未超出许可限制，但是由于基坑深度较大，因此变形总量仍然比较可观，施工过程中需切实做好应急保护措施。

五、地下水处理方案

根据前述地下水情况，分别采取不同处理方案，简述如下：

(1) 对于基坑北侧和东侧临近河道位置，上部杂填土较厚，采用压密注浆形成止水帷幕以防止水土流失，且妥善做好基坑周边地面截水，设置环向截水沟；

(2) 基坑开挖侧壁有微承压含水层。设计采用三轴搅拌桩全封闭止水帷幕，在坑内采用管井疏干。要求基坑侧壁在粉土层采用桩间挂网，并对流水粉土制定了完备的应急预案，大大减少了流水粉土对周边环境和施工进度的影响。整个项目地下水控制效果良好，其地下水控制平面布置如图 10 所示。

六、基坑实施情况分析

1. 基坑施工过程概况

本基坑于 2012 年 10 月开始施工支护结构，2013 年 4 月初开挖到坑底。当时岩土工程理论还不完善，本工程支撑体系又极为复杂，因此信息化施工尤为重要。在整个工程的实施过程中，建立了监测、设计、施工三位一体化的施工体系，通过及时反馈监测信息，指导设计和施工。

监测结果均在设计允许范围内，未出现险情，工程进展顺利，有效地保护了基坑和周边建筑、道路的安全。图 11 为基坑开挖到底实况。

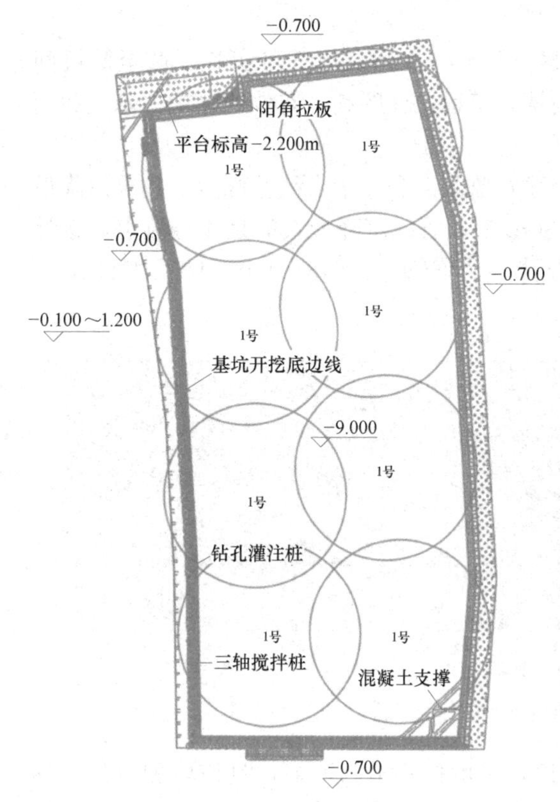

图 10　地下水控制平面布置图

图 11　基坑开挖到底实况

2. 基坑变形监测情况

（1）本基坑为一级基坑，监测等级一级，周边环境保护等级二级，为及时掌握基坑支护结构及周边环境变化情况，建设单位委托第三方监测单位承担该工程的基坑监测工作。监测内容为：

1）围护结构及支撑系统顶端水平位移观测；

2）锚索轴力观测；

3）周边建筑物及道路沉降观测；

4）周边管线沉降观测；

5）坑外地下水位观测。

（2）基坑监测范围为距离基坑开挖边线 20m 范围内的所有建构筑物，基坑监测测点间距不大于 15m。开始挖土前需测量初始值，并对周边影响范围内建筑裂缝情况进行调查取证。监测频率为：正常情况下在挖土阶段每 1～2 天测量 1 次，基坑底板浇筑完毕后每 2 天观测 1 次。异常情况下应 24h 连续观测。

（3）报警值要求如下：

1）支护桩：桩身水平位移速率≥5mm/d，位移总量≥0.5%挖深；

2）坑外水位日均下降速率超过 500mm/d，累计下降量达到 1000mm；

3）周边道路、建筑物沉降总量或者不均匀沉降量达到规范许可值的80%；

4）周边管道、构筑物（塔吊、电线杆等）沉降总量或者不均匀沉降量达到相应规范许可值的60%。

（4）监测单位应据此制定详细的监测方案，并经各方确认后方可实施。截至基坑回填，监测结果均在设计允许范围内，未出现险情，工程进展顺利，有效地保护了基坑和周边建筑、道路的安全。

1）周边建筑、管线沉降：共布设了17个建筑监测点和5个管线监测点。建筑沉降最大的是9号测点，累计沉降4.6mm（报警值30mm）；管线沉降最大的是4号测点，累计沉降15.69mm（报警值30mm）。选取部分代表性的测点（J5、J10、J15、G1、G3、G5），其时间-沉降曲线如图12所示。

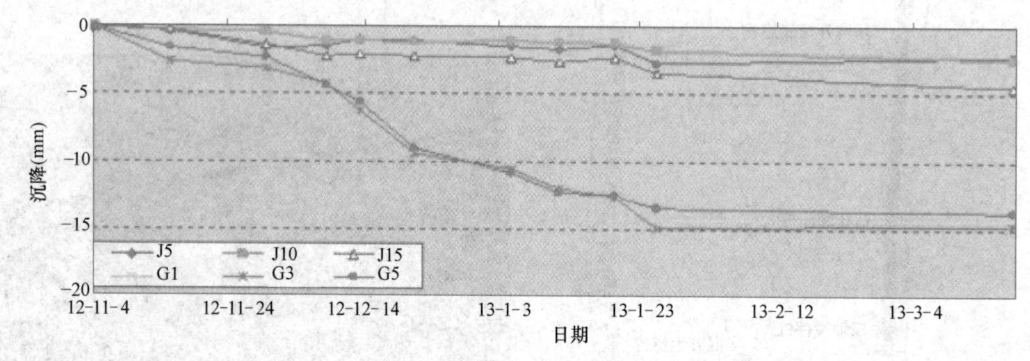

图12 代表性测点时间-沉降曲线图

2）由于基坑呈南北走向，且东侧紧邻河道，东侧位移最为明显，且该段测点的位移呈现出长边效应，位于基坑中部的4、5号测点位移量明显大于靠近基坑拐角的6、7号测点。

热力管线下的土被掏空后管线产生较明显的变形，1号测点累计沉降量达到36mm（报警值30mm），累计向基坑内侧偏移42mm（报警值30mm）。变化量较大的几个测点（Q4～Q7、RL1）时间-位移曲线如图13所示。

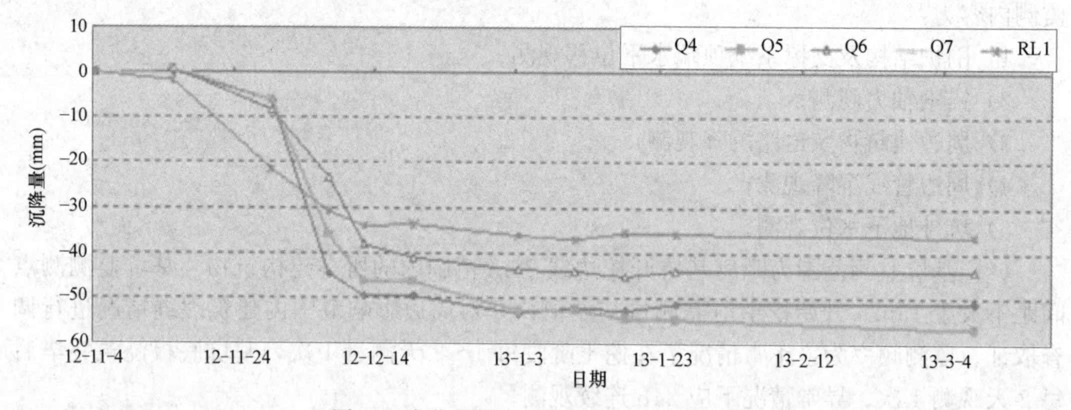

图13 变化量较大测点时间-位移曲线图

部分测点累计变化量超出报警值，主要是土方开挖过快和暴露时间过长所致，为此，对管线及时采取悬吊及底部回填土导管注浆等应急加固措施，变量均在可控范围以内，后期各点的变形在基坑底板浇筑完成后趋于稳定。

七、本基坑实践总结

(1) 地下水处理安全可靠：基坑东侧、北侧紧靠河道，且与西侧古运河相通，水系发达，场地内水文地质条件非常复杂，设计中充分结合已掌握的水文地质资料，采用三轴搅拌桩止水帷幕，局部采用高压旋喷桩，安全可靠，可有效消除基坑地下水的安全隐患。

(2) 杂填土处理比较成功：由于场地位于市区内，经反复城市建设，杂填土内成分复杂，厚度较大，为防止河水通过上部杂填土的渗流，采取压密注浆止水加固效果可靠；同时妥善做好杂填土内的潜水明排即设置排水系统、做好基坑周边地面截水——设置环向截水沟，确保本基坑在整个施工期间未发生任何险情。

(3) 先进的设计理念：本基坑在设计阶段结合当时研究成果，应用了可回收锚索技术以确保较大施工空间，并缩短了工期；由于基坑东侧紧靠河道，为确保基坑安全，防止旋喷锚索钻孔与河底串通，第 1 道锚索需下调倾斜角度，确保河床与旋喷桩之间至少留有 2m 厚土，采用了先进且安全的施工工艺。

(4) 复杂多变条件下紧邻基坑的既有建筑和管线保护效果良好：本基坑南侧为保留 6～7 层建筑，由于局部荷载过大，在基坑东南角处增加角撑，以控制土体位移和围护结构变形。另外在本场地北侧及西侧分布有热力管线，需要重点保护。位于基坑西侧的羊腰湾路上分布有自来水管、污水管、雨水管、高压电缆、路灯等市政管线，锚索施工均避开了上述管线。

(5) 充分做到信息化施工：本基坑在施工过程中由于复杂的工程地质、场地条件，开挖过程中遇到诸多不可预料情况，设计单位与监测单位、施工单位、监理单位、土建设计单位和业主协调一致，坚持信息化施工，确保了基坑和建筑物安全。

本基坑工程两面临河，一面临路，一侧有保留建筑，空间狭窄，在摸清河道、道路管线、建筑物基础的情况下，创造性地在河底采用锚索的支护方式，未采用内支撑，从而加快了施工速度，得到业主的高度评价。

实例31 首创隽府机械立体车库及活动用房基坑工程

一、工程简介

本工程场地位于首创隽府二期门口西侧，新明路北侧（图1）。本工程由1栋7层活动用房及3～4层整体地下室组成，其中地下室为机械立体车库，地下室面积约为14014.8m²，地上总建筑面积约101534m²。基坑总面积约3300m²，围护总长度约250m，开挖深度10.6～12.6m。

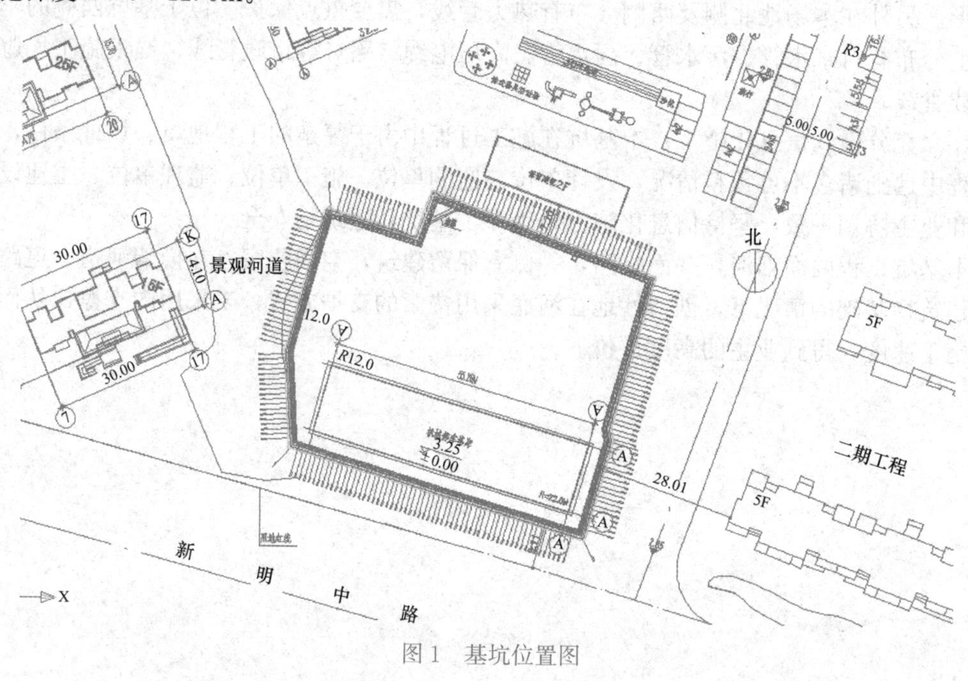

图1　基坑位置图

二、工程地质与水文地质概况

1. 工程地质简介

无锡市区位于扬子台褶带东端。地质构造总体组成一背斜——梅园背斜（也称马山—惠山背斜）。背斜轴在钱桥—梅园一线，向西南入太湖三山岛、拖山方向。境内断裂构造发育，断裂方向有北西向、北东向、北北东向以及东西向；断裂性质以扭性平移，兼具压或张性；断裂规模长，可达数十公里，断距大，可至 1km 以上。新构造运动表现为丘陵及岛状山体振荡上升，平原缓慢下降。场地在勘探深度内全为第四纪冲积层，属长江中下游冲积沉积，地貌单元为冲湖积平原。基坑开挖影响范围内典型地层剖面如图 2 所示。

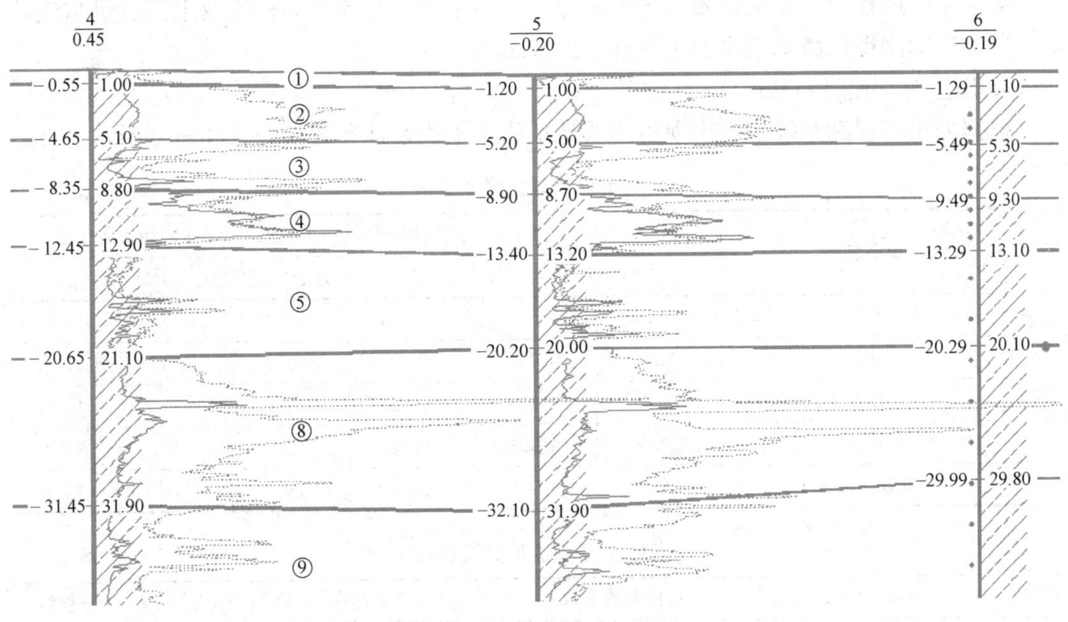

图 2　典型工程地质剖面图

各土层的特征描述与工程特性评价如下：

① 层杂填土：含大量碎石等建筑垃圾，下部为黄褐色的黏性土素填。

② 层黏土：局部为粉质黏土，灰黄色，含铁锰质结核，硬塑状，有光泽，无摇振反应，干强度高，韧性高。

③ 层粉质黏土：局部夹少量稍密状粉土，灰黄～灰色，可塑状，稍有光泽，摇振反应中等，干强度中等，韧性中等。

④ 层粉土：灰色，稍密状，含少量云母碎屑，摇振反应迅速，干强度低，韧性低。

⑤ 层粉质黏土夹粉土：灰色，粉质黏土软塑状，粉土呈稍密状，稍有光泽，摇振反应中等，干强度低，韧性低。

⑧ 层粉质黏土：灰色，可塑～硬塑状，有光泽，无摇振反应，干强度中等，韧性中等。

2. 地表水、地下水分布概况

（1）地表水

场区内西侧紧邻内河河道，水位在 1.00m 左右。

（2）地下水

场地勘探深度范围内主要含水层有：

1）上层滞水～潜水

经本次勘察揭示，场地浅部地下水类型属第四系松散层潜水，主要赋存于：①层杂填土，主要接受大气降水及地表渗漏补给，其水位随季节、气候变化而上下浮动，年变化幅度在1.0m左右。基坑抗浮设计水位可按3.05m考虑。勘察期间测得部分钻孔的孔隙潜水稳定水位标高一般在1.00m左右。

2）微承压水

赋存于④层粉土、⑤层粉质黏土夹粉土，补给来源主要为径向补给及上部少量越流补给。勘察期间测得该微承压水的水位在－2.50m左右。

3. 岩土工程设计参数

根据岩土工程勘察报告，本项目主要地层岩土工程设计参数如表1和表2所示。

场地土层物理力学参数表 **表1**

编号	地层名称	含水率	孔隙比	液性指数	重度	固结快剪(C_q)	
		w(%)	e_0	I_L	γ(kN/m^3)	c_k(kPa)	φ_k(°)
①	杂填土				18.0	5	10.0
②	黏土	24.6	0.723	0.20	19.2	49	17.4
③	粉质黏土	29.5	0.839	0.55	19.1	34	14.5
④	粉土	32.3	0.923	0.82	18.2	9	25.2
⑤	粉质黏土夹粉土	32.9	0.927	0.94	18.4	6	16.7

场地土层渗透系数统计表 **表2**

编号	地层名称	垂直渗透系数 k_V(cm/s)	水平渗透系数 k_H(cm/s)	渗透性
①	杂填土			
②	黏土	6.50E-07	6.00E-07	极微透水
③	粉质黏土	2.00E-06	2.50E-06	微透水
④	粉土	9.00E-04	9.00E-04	弱透水
⑤	粉质黏土夹粉土	5.00E-05	5.00E-05	弱透水

三、基坑周边环境情况

本项目位于已建好的无锡首创隽府二期小区内，周边环境非常复杂，如图3所示。

该场地西侧为小区景观河道及小区15层居民楼，场地南侧为新明路，场地东侧为小区大门口及小区内5层居民楼，场地北侧为1层变电所和2层建筑。

图3 本工程场地周边环境总图

另外位于基坑北侧的新明路上分布有自来水管、雨水管、高压电缆、路灯等市政管线。

综上，基坑周边环境条件如下：

基坑北侧（图4）：基坑开挖底边线距离变电所2～3m，距离2层建筑8～9m。

基坑东侧（图6）：基坑开挖底边线距离小区门口场地约3m，距离5层小区居民楼为40m。

基坑南侧（图 5）：基坑开挖底边线距离新明路边 21m。

基坑西侧（图 7）：基坑开挖底边线距离河道 1～2m，距离小区 15 层居民楼约 28m。

图 4　场地北侧实况（由东南向北看）

图 5　场地南侧实况（由北向南看）

图 6　场地东侧实况（由西向东看）

图 7　场地西侧实况（由东向西看）

根据该基坑挖深、地质条件及环境条件，整个基坑支护系统侧壁安全等级取“一级”。

四、支护设计方案概述

（一）本基坑的特点及方案选型

本工程基坑开挖深度较深，本着基坑工程“安全、合理、经济、可行”的原则，并结合本工程的深度、面积、施工、造价和工期等综合因素，通过比较，最终确定整个基坑四周均采用钻孔灌注桩＋3～4 道（西侧 1～2 道）拉锚组合支护的方案。该形式有如下优点：①钻孔灌注桩受力性能可靠、工艺成熟，土体位移小；②锚索可大大加快施工速度、缩短工期、降低工程造价；③施工对周边环境影响小。围护桩＋拉锚是目前无锡地区开挖较深的基坑工程中较为常用的基坑围护形式，有着丰富、成熟的施工经验，施工质量可以得到很好的保证。

为了保证基坑工程施工的顺利进行和邻近建筑物的安全，设计要求对基坑和周围环境进行监测，为基坑信息化施工提供依据，避免事故发生。

1. 地下水处理

场地微承压含水层④层和⑤层有透水性强的粉土存在，横向补给稍大，渗透系数稍大。由于基坑周边水系发达，西侧临近河道，为防止河水渗流及基坑出现突涌，基坑外均

采取 D850@600 三轴搅拌桩止水帷幕，止水帷幕进入隔水土层⑧层粉质黏土。

2. 地下雨水管线的保护

地下雨水管线位于基坑的南侧，即靠近新明路，该雨水管直通西侧河道，且基坑西南角的雨水管井埋深较大。为了保护雨水管线及管井，基坑南侧和西南角处最上面第 1 道锚杆标高降至－2.1m 和－4.8m，且倾角 20°，成功避开地下雨水管及管井。

3. 西北角处变电室及北侧建筑物的保护

基坑西北角处为保留 1 层变电室，北侧为 2 层会所，基坑西北角处采用双重高压旋喷桩替代三轴搅拌桩以加固止水，且增加 2 道混凝土角撑，以控制土体位移和围护结构变形。整个基坑北侧挖深达 12.6m，为保护边上建筑物，采用 4 道扩大头锚杆进行拉锚，以确保围护结构安全。

4. 西侧河床底拉锚的处理

由于基坑西侧紧靠河道，施工期间河水位处于汛期，为确保基坑安全，防止旋喷锚索钻孔与河底串通，上部采取 1∶1 大放坡，下部采取围护桩拉 1～2 道锚杆支护措施，且锚杆需下调倾斜角度，确保河床与旋喷桩之间至少留有 2m 厚土，并将旋喷改为导管法施工。

（二）基坑支护结构平面布置

根据选型分析思路，基坑支护结构平面布置如图 8 所示。

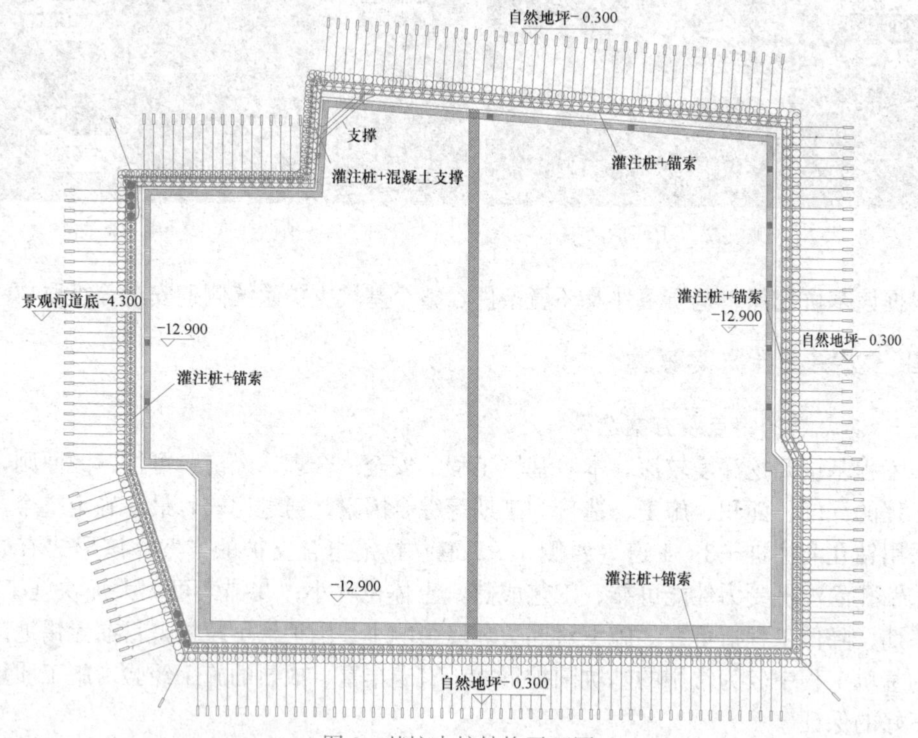

图 8 基坑支护结构平面图

（三）典型基坑支护结构剖面

本基坑典型支护剖面如图 9 所示，西侧临近河道位置剖面如图 10 所示。

（四）地下水处理方案

根据前述地下水情况，分别采取不同处理方案，简述如下：

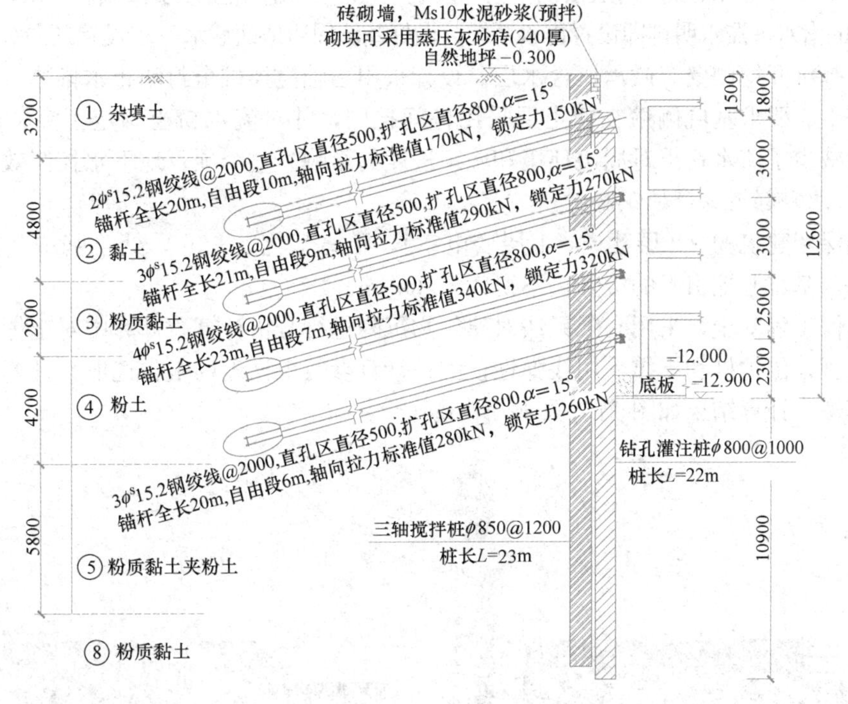

图9　基坑典型支护剖面

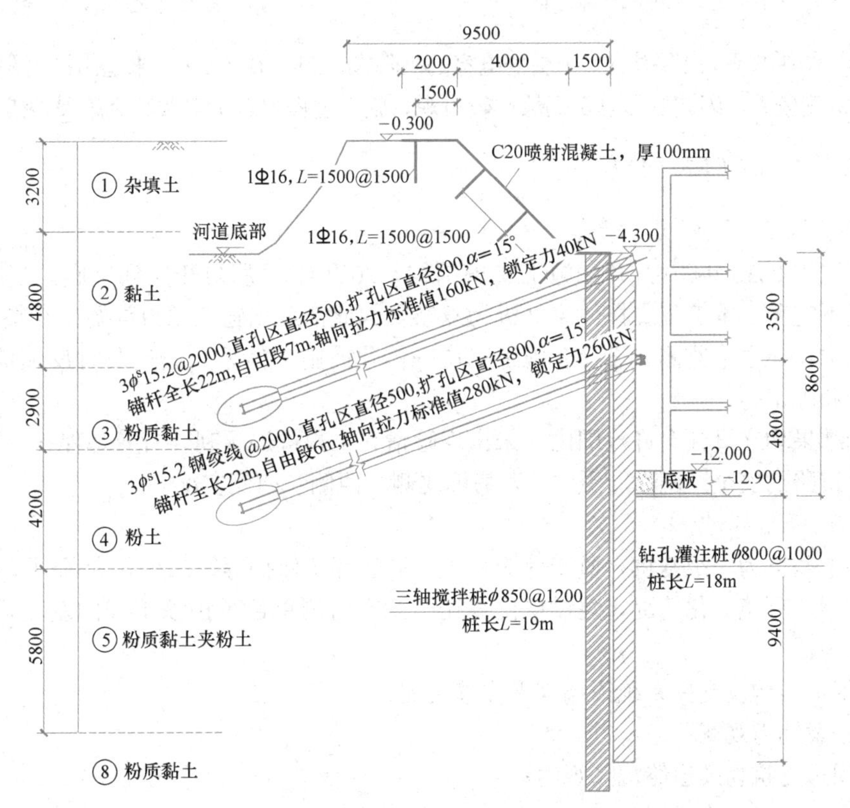

图10　西侧位置典型剖面

(1) 由于基坑西侧临近河道位置，上部杂填土较厚，采用黏土压实回填以挡水，且妥善做好填土内的潜水～滞水明排即设置排水系统、做好基坑周边地面截水——设置环向截水沟；

(2) 基坑开挖侧壁有微承压含水层。设计采用三轴搅拌桩全封闭止水帷幕，在坑内采用管井疏干。要求基坑侧壁在粉土层采用桩间挂网，并对流水粉土制定了完备的应急预案，大大减少了流水粉土对周边环境和施工进度的影响。整个项目地下水控制效果良好。

(五) 北侧邻近保留建筑物分析

北侧保留建筑物（2层建筑，1层变电室），距离基坑2～9m，处于基坑开挖强烈影响范围内，基坑开挖引起的沉降量不得大于20mm。

为确保工程安全，采用有限元法对建筑物沉降进行分析计算，计算中对土体采用小应变硬化模型，围护桩和支撑采用线弹性模型；计算参数根据地勘报告选取，计算工况按实际施工模拟，计算结果如图11、图12所示。

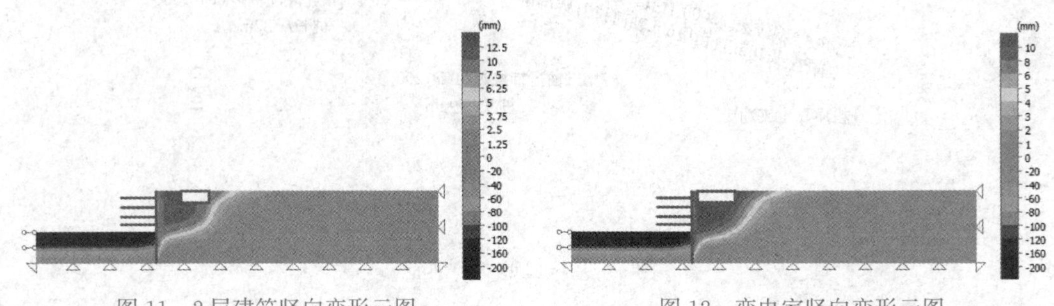

图11 2层建筑竖向变形云图　　图12 变电室竖向变形云图

从计算结果来看，2层建筑、1层变电室的沉降在11.5～12.6mm，未超出许可限制，但是由于基坑深度较大，因此变形总量仍然比较可观，施工过程中需切实做好应急保护措施。

五、基坑实施情况分析

1. 基坑施工过程概况

本基坑于2013年10月开始施工支护结构，2014年5月初开挖到坑底。当时岩土工程理论还不完善，本工程支撑体系又极为复杂，因此信息化施工尤为重要。在整个工程的实施过程中，建立了监测、设计、施工三位一体化的施工体系，通过及时反馈监测信息，指导设计和施工。

监测结果均在设计允许范围内，未出现险情，工程进展顺利，有效地保护了基坑和周边建筑、道路的安全。图13、图14为基坑北侧、西侧和南侧实况。

2. 基坑变形监测情况

(1) 本基坑为一级基坑，监测等级一级，周边环境保护等级二级，为及时掌握基坑支护结构及周边环境变化情况，建设单位委托第三方监测单位承担该工程的基坑监测工作。监测内容为：

1) 围护结构及支撑系统顶端水平位移观测；

2) 锚索轴力观测；

3) 周边建筑物及道路沉降观测；

4) 周边管线沉降观测；

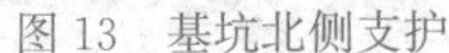

图 13　基坑北侧支护

图 14　基坑西侧及南侧支护

5）坑外地下水位观测。

（2）基坑监测范围为距离基坑开挖边线 20m 范围内的所有建构筑物，基坑监测测点间距不大于 15m。开始挖土前测量初始值，并对周边影响范围内建筑裂缝情况进行调查取证。监测频率为：正常情况下在挖土阶段每 1～2 天测量 1 次，基坑底板浇筑完毕后每 2 天观测 1 次。异常情况下应 24 小时连续观测。

（3）报警值要求如下：

1）支护桩：桩身水平位移速率≥5mm/d，位移总量≥0.5%挖深；

2）坑外水位下降速率超过 500mm/d，累计下降量达到 1000mm；

3）周边道路、建筑物沉降总量或者不均匀沉降量达到规范允许值的 80%；

4）周边管道、构筑物（塔式起重机、电线杆等）沉降总量或者不均匀沉降量达到相应规范允许值的 60%。

（4）监测单位制定详细的监测方案，并经各方确认后方可实施。截至基坑回填，监测结果均在设计允许范围内，未出现险情，工程进展顺利，有效地保护了基坑和周边建筑、道路的安全。

1）基坑圈梁水平位移共布设了 14 个监测点，其时间-水平位移曲线如图 15 所示。

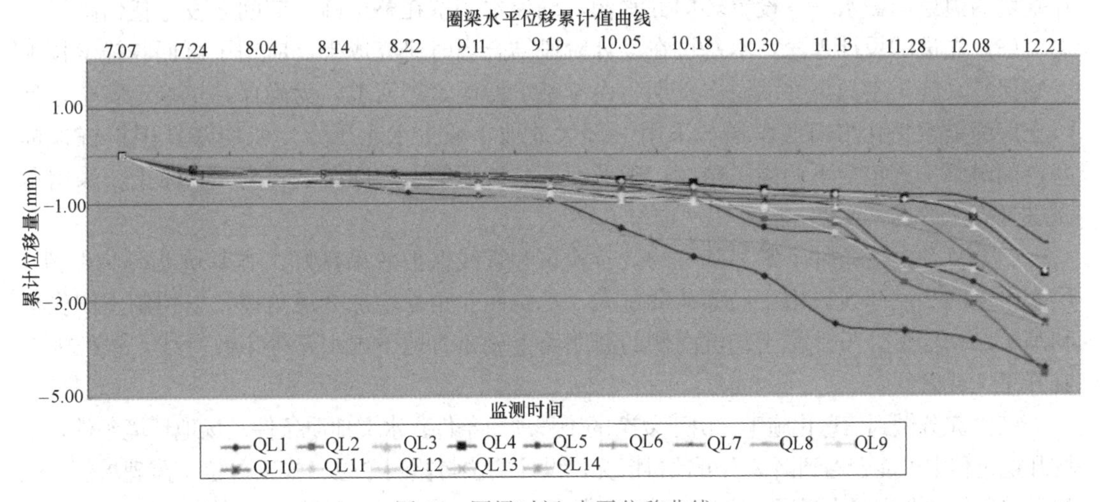

图 15　圈梁时间-水平位移曲线

本工程基坑桩顶水平位移较小，最大值为 4.57mm，满足设计要求，基坑围护整体安全。

2）基坑圈梁垂直位移共布设了 14 个监测点，其时间-沉降曲线如图 16 所示。

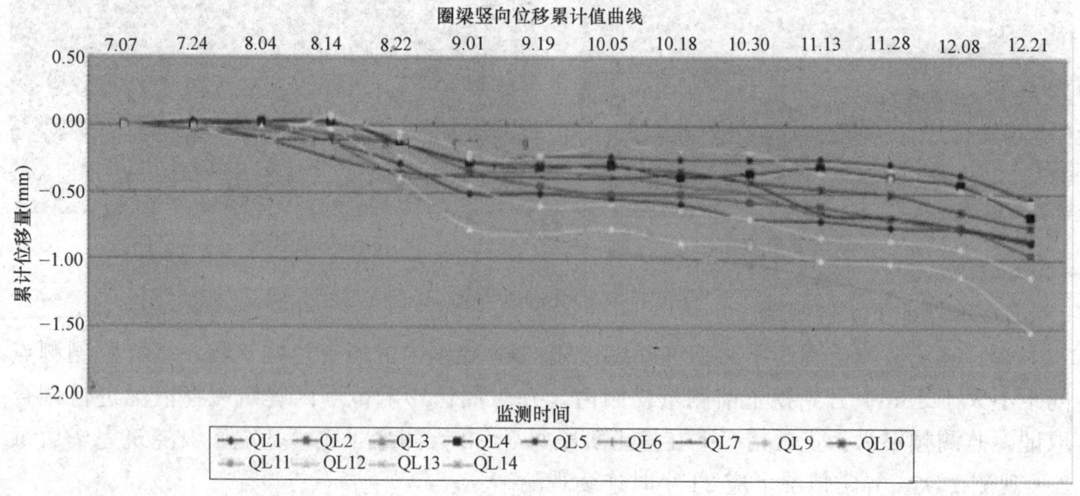

图 16 圈梁时间-沉降曲线

依据当时的《建筑基坑工程监测技术规范》GB 50497—2009，本工程基坑顶部垂直位移满足规范要求，基坑围护整体安全。

六、本基坑实践总结

（1）地下水处理安全可靠：基坑西侧紧靠河道，且为市政专用河道，水系发达，场地内水文地质条件非常复杂，设计中充分结合已掌握的水文地质资料，采用三轴搅拌桩止水帷幕，局部采用双重高压旋喷桩，安全可靠，有效消除基坑地下水的安全隐患。

（2）杂填土处理比较成功：本工程场地位于市区内，经反复城市建设，杂填土内成分复杂，厚度较大，为防止河水通过上部杂填土的渗流，基坑西侧采取黏土回填且压密夯实，预留土堤宽 6m 以上；同时妥善做好杂填土内的潜水～滞水明排即设置排水系统、做好基坑周边地面截水——设置环向截水沟，确保本基坑在整个施工期间未发生任何险情。

（3）先进的设计理念：本基坑在设计阶段结合当时研究成果，应用了可回收锚索技术以确保较大施工空间，并缩短了工期；由于基坑西侧紧靠河道，为确保基坑稳定安全，且防止旋喷锚索钻孔与河底串通，采用上部大放坡，减少水土压力，从而降低围护桩顶标高，同时第 1 道锚索下调倾斜角度，确保河床与旋喷锚索之间至少留有 2m 厚土，采用了先进且安全的施工工艺。

（4）复杂多变条件下紧邻基坑的既有建筑和管线保护效果良好：本基坑北侧为保留 1 层变电室和 2 层建筑，由于局部荷载过大，基坑西北角处增加 2 道角撑，以控制土体位移和围护结构变形。另外位于基坑南侧的新明路上分布有地下雨水管等市政管线，锚杆施工避开了上述管线。

（5）充分做到信息化施工：由于复杂的工程地质条件、水文地质条件、场地环境条件，基坑开挖过程中可能会遇到诸多不可预料情况，设计单位与监测单位、施工单位、监理单位、土建设计单位和业主紧密沟通、协调一致，坚持信息化施工，确保了基坑和建筑物安全。

实例32 春勤农贸市场及睦邻中心基坑支护工程

一、工程简介

本工程位于无锡市新吴区江溪街道景渎立交桥东北侧，北侧为春城家园一期安置房小区，南侧为金城东路高架，东侧为东亭南路及江南加油站。

本工程为春勤农贸市场及睦邻中心项目，其中农贸市场及市场办公楼地上层数为2～8层，地下2层，楼高为11.10～29.30m；睦邻中心地上为4～8层，地下2层，楼高为17.90～31.10m。

本项目基坑挖深为8.45～9.10m。另有若干电梯井、集水井等，普遍集水井深度为1.50～3.30m。开挖面积27000m^2，基坑周长850m。

二、周边环境条件

基坑周边环境如图1所示。

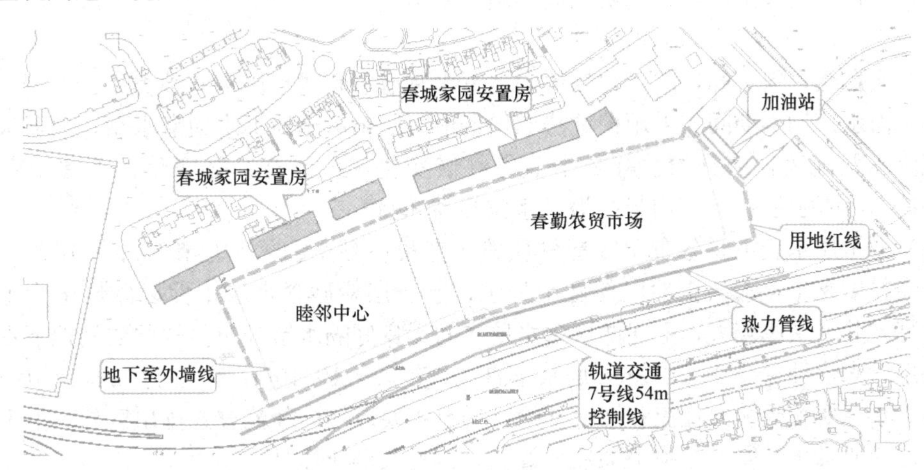

图1 基坑周边环境概况

(1) 基坑北侧：春城家园安置房小区（6～11层天然地基），地下室外墙线到小区最近距离为11.8m。

(2) 基坑西侧：空地，总包做办公场地，地下室外墙线到用地红线的距离约9.1m。

(3) 基坑南侧：金城东路高架，地下室外墙线到地铁54m控制线的距离为23.9m，靠近基坑侧有一条热力管线，到基坑围护边的最近距离为 3.5m。

(4) 基坑东侧：加油站，地下室外墙线到加油站的距离约 6.3m。

本工程基坑开挖深度为 8.45～9.10m，周边环境条件一般，由于基坑北侧和东侧有需要重点保护的安置房和加油站，因此，根据《建筑基坑支护技术规程》JGJ 120—2012，本次设计将基坑的北侧和东侧的安全等级定为一级，其他侧的安全等级定为二级。

三、工程地质与水文地质概况

1. 工程地质简介

场地位于无锡市新吴区江溪街道，场地属长江三角洲冲、洪积平原。

本项目基坑开挖影响范围之内的土层自上而下依次为：

① 层杂填土：杂色，松散，湿，以黏性土为主，上部含植物根茎及虫孔，下部含大量建筑垃圾。

②-1 层粉质黏土：青灰色，可塑，含氧化物结核。

② 层粉质黏土：灰黄色，硬塑，含铁锰质结核。

③ 层黏质粉土夹粉质黏土：黄灰色～灰黄色，很湿，中密，含云母碎屑夹粉质黏土薄层。

④-1 层粉砂：灰色，饱和，中密，主石英，含少量长石，次圆状，颗粒级配中，分选性良，局部夹少量砂质粉土。

④-2 层淤泥质粉质黏土：灰色，流塑，含腐殖物。

⑤-1 层粉质黏土：黄灰色～灰褐色，可塑～硬塑，含铁锰质结核及其氧化物。

⑤-2 层粉质黏土：灰黄色，硬塑，局部可塑，含铁锰质结核。

⑤-3 层粉质黏土夹黏质粉土：灰黄色～黄灰色，可塑，含氧化物结核，局部夹黏质粉土薄层及团块。

基坑开挖影响范围内典型地层剖面如图 2 所示。

2. 地下水分布概况

据本次勘察资料可知，本工程场地内地下水有潜水和微承压水两种类型：

(1) 潜水。勘察期间，采用挖坑法测得场地①层杂填土地下水为潜水型，地下水主要靠大气降水及地表径流补给，并随季节与气候变化，水位有升降变化，正常年变幅在 1.0m 左右，本场地 3～5 年内最高潜水水位标高 3.00m。

(2) 微承压水。主要分布于③层黏质粉土夹粉质黏土、④-1 层粉砂中，其中③层黏质粉土夹粉质黏土含水层土性以粉性土为主；④-1 层粉砂含水层土性以砂性土为主，富水性良好，并且层厚较大。上述两层含水层之间无良好隔水层分布，两层之间地下水水力联系良好，水位埋深小于 5.00m，底板埋深为 11.60～19.10m，厚度为 8.50～10.60m。该层地下水主要接受侧向径流和河水补给，排泄主要以侧向径流方式排出区外。上下隔水层为②层粉质黏土及④-2 层淤泥质粉质黏土，因此具弱承压性。

本次勘察采用套管止水法测得 J6、J33 号钻孔中③层黏质粉土夹粉质黏土、④-1 层粉砂中混合地下水稳定水位标高为 1.58m 及 2.00m。该层弱承压含水层正常年变幅在 1.00m 左右。

3. 岩土工程设计参数

根据岩土工程勘察报告，本项目主要地层岩土工程设计参数如表 1 和表 2 所示。

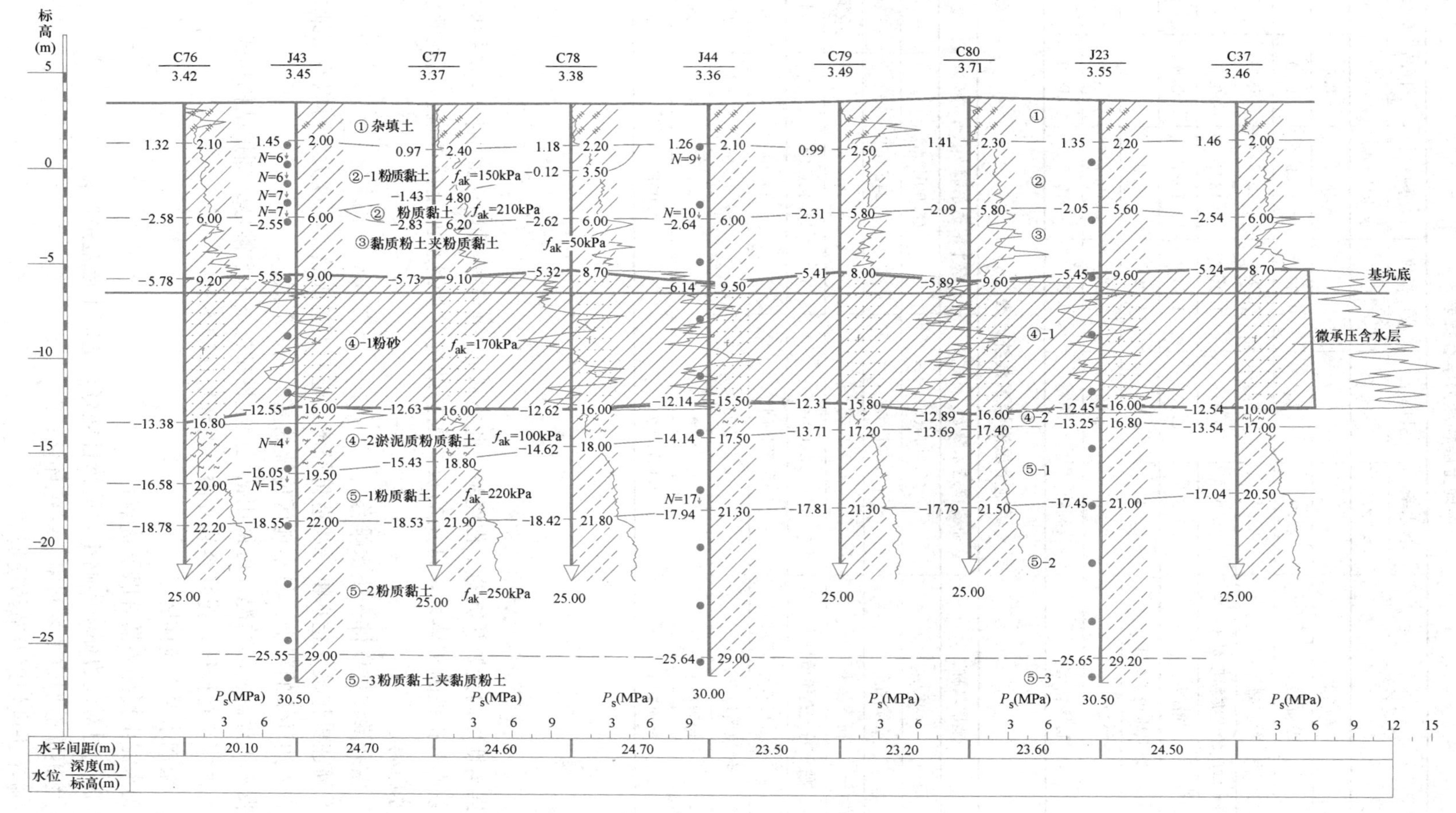

图2　典型工程地质剖面图

场地土层物理力学参数表　表1

编号	地层名称	含水率	孔隙比	液性指数	重度	固结快剪(C_q)	
		w(%)	e_0	I_L	γ(kN/m^3)	c_k(kPa)	φ_k(°)
①	杂填土				18.0	8.0	8.0
②-1	粉质黏土	24.9	0.706	0.26	18.9	28.0	15.9
②	粉质黏土	29.1	0.824	0.58	19.6	58.0	19.0
③	黏质粉土夹粉质黏土	28.9	0.813	1.04	18.9	9.0	19.4
④-1	粉砂	27.2	0.756	1.31	19.1	3.0	33.2
④-2	淤泥质粉质黏土	37.4	1.047	1.08	17.9	13.0	10.5
⑤-1	粉质黏土	24.6	0.695	0.26	19.7	54.0	18.7
⑤-2	粉质黏土	24.4	0.693	0.22	19.7	58.0	18.9

场地土层渗透系数统计表　表2

编号	地层名称	垂直渗透系数 k_V(cm/s)	水平渗透系数 k_H(cm/s)	渗透性
①	杂填土	(5.00E-05)	(6.00E-05)	
②-1	粉质黏土	6.50E-07	8.24E-07	微透水
②	粉质黏土	6.53E-06	8.06E-06	极微透水
③	黏质粉土夹粉质黏土	1.22E-04	1.44E-04	弱透水
④-1	粉砂	5.67E-04	6.35E-04	强透水
④-2	淤泥质粉质黏土	3.71E-06	5.34E-06	弱透水
⑤-1	粉质黏土	1.68E-07	2.04E-07	极微透水
⑤-2	粉质黏土	8.65E-08	1.05E-07	极微透水

四、支护设计方案

1. 支护设计方案选型分析

根据本地区同类型基坑的工程经验，此类基坑一般需要采用板式围护结构＋内支撑的围护体系或双排桩围护体系，常用的板式围护结构有型钢水泥土搅拌墙、钻孔灌注桩排桩＋止水帷幕。

（1）钻孔灌注桩排桩＋止水帷幕

钻孔灌注桩排桩＋止水帷幕法造价经济，施工工艺成熟，刚度大，可以有效地控制变形，保护周边环境的安全，是本地区传统的基坑围护形式。

根据本工程的实际情况，可采用钻孔灌注桩排桩＋止水帷幕的围护结构形式，但是灌注桩需要泥浆进行护壁，泥浆容易外溢，对环境保护不利。

（2）型钢水泥土搅拌墙

型钢水泥土搅拌墙具有以下优点：

1）施工时对周边环境影响小，防渗性能好，适应土层范围广；

2）型钢能够回收重复利用，绿色环保；

3）施工进度快以及节约投资。

根据本工程的实际条件、周边环境等，基于以上分析，本工程基坑施工周期较长，型钢租赁期较长且工法桩的刚度相对较弱，对变形控制不利，不建议采用。

因此，综合考虑开挖深度、周边环境，本工程竖向围护采用灌注桩＋三轴搅拌桩止水帷幕形式。

2. 支撑体系选型分析

板式支护体系作为柔性的支护结构通常要设置内支撑或拉锚结构。本工程地下室结构距离用地红线相对较近，如采用拉锚支护将超出红线，因此本次设计不考虑采用拉锚支护。根据本工程挖深、周边环境情况及工程经验，拟设1道内支撑，临时内支撑体系可选钢筋混凝土支撑或钢支撑。

（1）钢筋混凝土支撑优缺点

钢筋混凝土支撑能加强上口刚度，减少顶部位移，有利于周边环境的保护；同时，钢筋混凝土布置灵活，便于分块施工，减少工期；但钢筋混凝土自重大、施工工期较长，且支撑拆除也较钢支撑麻烦。

本工程基坑工期要求较紧，若采用混凝土支撑，则工期难以满足要求且造价较为昂贵，因此，本项目不建议采用。

（2）钢管支撑优缺点

钢管支撑最大的优点就是施工方便，安装速度快、拆除方便，无需养护，从而节约工期。但钢支撑刚度较钢筋混凝土支撑小，且对施工质量提出了更高的要求，要求施工单位必须保证整个支撑体系的焊缝质量，并确保其整体性和平直度。钢支撑通常适用于形状规则的基坑，且跨度不宜过大。

本工程基坑开挖深度较深，若采用钢管支撑，布置较密，不方便施工，且钢管支撑的刚度较小，对变形控制不利。因此，本项目不建议采用钢管支撑。

（3）装配式预应力鱼腹梁钢支撑的优缺点

装配式预应力鱼腹梁钢支撑是一种新型深基坑支护内支撑结构体系，它由鱼腹梁（高强低松弛的钢绞线作为上弦结构、H型钢作为受力梁）与长短不一的H型钢梁等组成，对撑、角撑、立柱、横梁、拉杆、三角键节点、预压顶紧装置等标准部件组合并施加预应力，形成平面预应力支撑系统与立面结构体系。与传统的钢支撑相比，它极大地提高了支撑系统的整体刚度和稳定性。主要优点包括：1）型钢回收率在95%以上，绿色环保；2）通过施加预应力可有效地控制基坑变形；3）通过预应力形成大空间，方便挖土；4）整体刚度大、稳定性高。主要缺点是对工艺的要求较高。

根据本工程的实际情况，采用装配式预应力鱼腹梁钢支撑，通过施加预应力，可解决钢支撑刚度小、对变形控制不利的问题，同时节约工期，既经济又环保，因此，本项目建议采用。

3. 基坑支护结构平面布置

根据支护方案选型分析思路，基坑支护结构平面布置图如图3所示。

4. 典型基坑支护结构剖面

本项目基坑典型支护剖面如图4所示。

竖向围护为ϕ800@1000/1050灌注桩＋ϕ850@1200三轴水泥土搅拌桩，灌注桩桩长为20.5m，插入深度12.9m，插入比1：1.4。

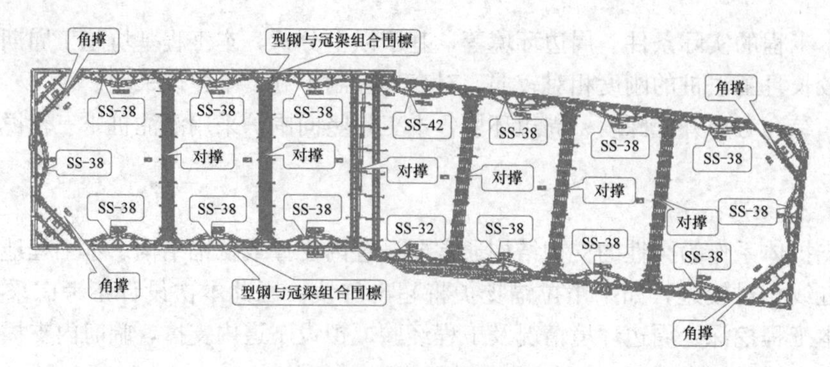

图 3　基坑支护结构平面图

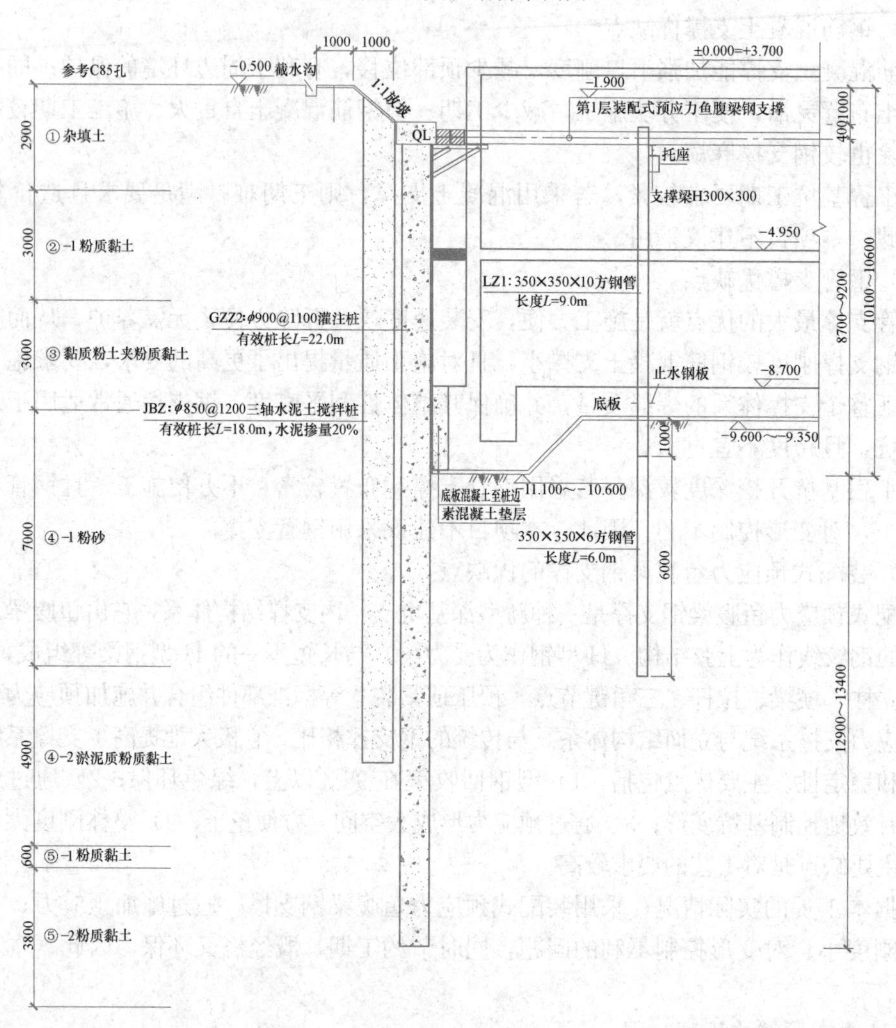

图 4　基坑典型支护剖面

水平支撑为 1 道装配式预应力鱼腹梁钢支撑。

5. 重点部位处理

（1）根据勘察报告显示，基坑东北侧处填土厚度 6.60m，且距离 15.6m 处为已建 2 层幼儿园。农贸市场为 1 层地下室，挑高 8.35m，无中楼板，此处无法进行中楼板换撑。

因此为控制基坑的变形和保证幼儿园的正常使用，采用 ϕ900@1100 灌注桩＋ϕ850@1200 三轴水泥土搅拌桩支护，增加斜抛撑换撑（图 5）。

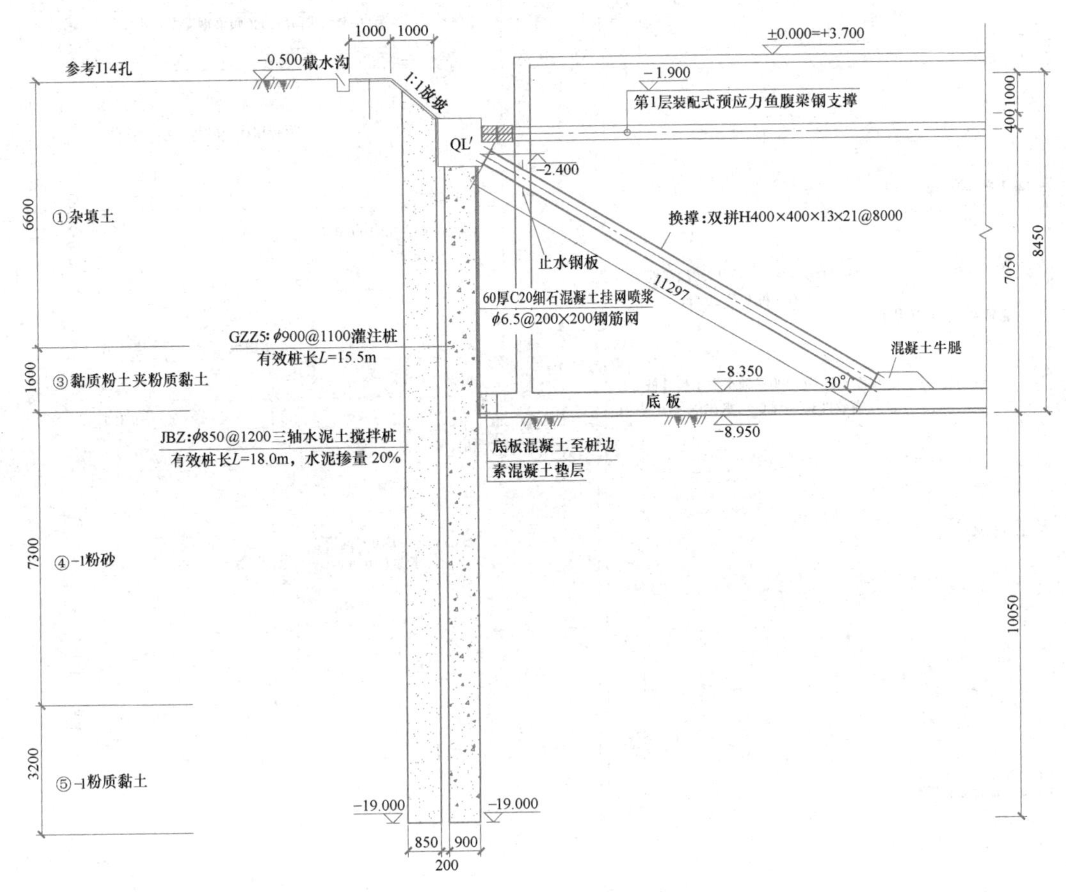

图 5 填土厚度较厚处剖面图

（2）临边的超挖坑中坑（超挖约 1.50m）位置，将此处的灌注桩加长，桩径加粗处理（图 6）。

6. 计算结果对比

围护墙变形、内力计算和各项稳定验算采用理正 7.0 软件进行计算，利用同济启明星深基坑支护分析与计算软件 FRWS 7.2 进行复核。

（1）计算条件和内容

土的 c、φ 值均采用勘察报告提供的指标。地面超载按实际情况考虑，周边无建筑物或场堆处，取 20kPa，地下水位按地表下 0.5m 取值。计算内容主要有：1）整体稳定性验算；2）坑底、墙底抗隆起验算；3）抗倾覆验算；4）围护结构变形与内力计算。

（2）结构平面计算

图 7 为支护结构 XY 总位移图，从图中可以看出，通过对装配式预应力鱼腹梁钢支撑施加预应力，可以将基坑最大位移控制在 18mm 之内。位移最大值为 17.6mm，位于基坑东北侧阴角位置处，满足基坑变形的要求。总的位移分布情况是：鱼腹梁中部位置处围檩的位移较小，鱼腹梁端部与角撑接头附近位移稍大。

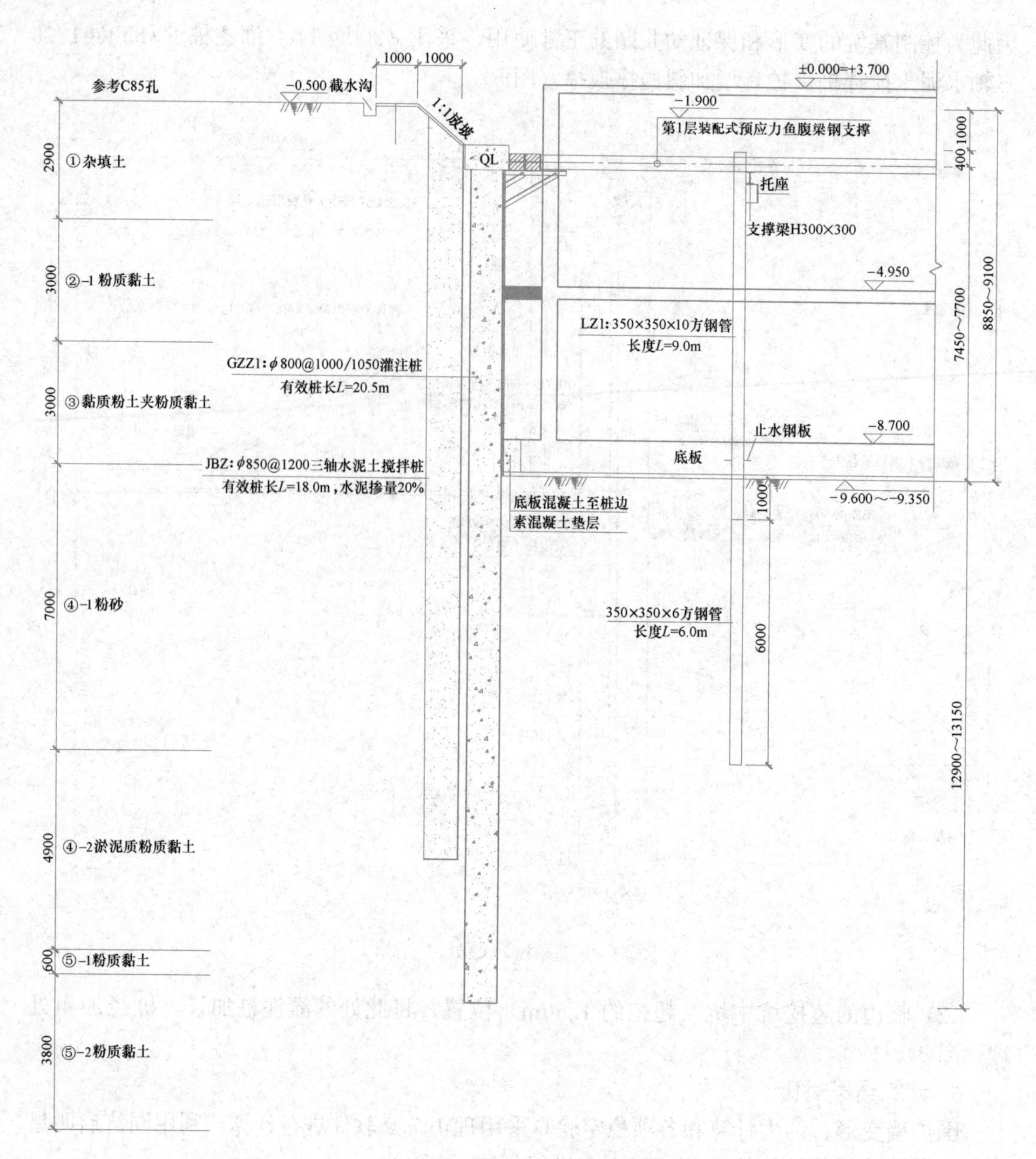

图 6 临边坑中坑支护断面图

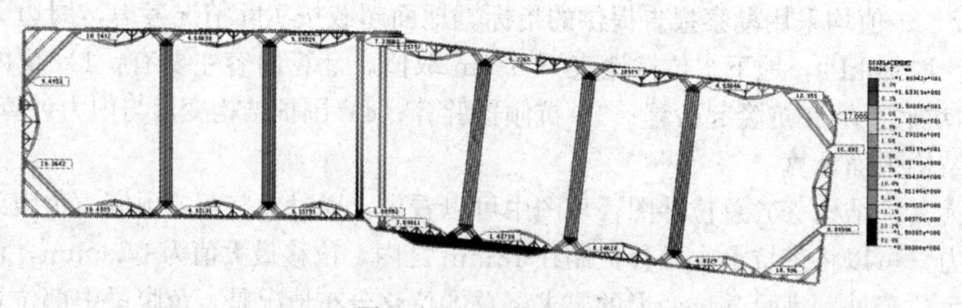

图 7 基坑整体位移图

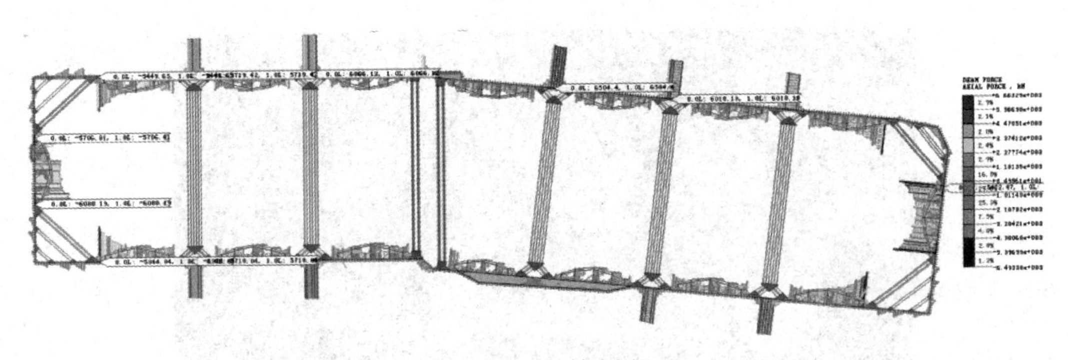

图 8 杆件轴力图

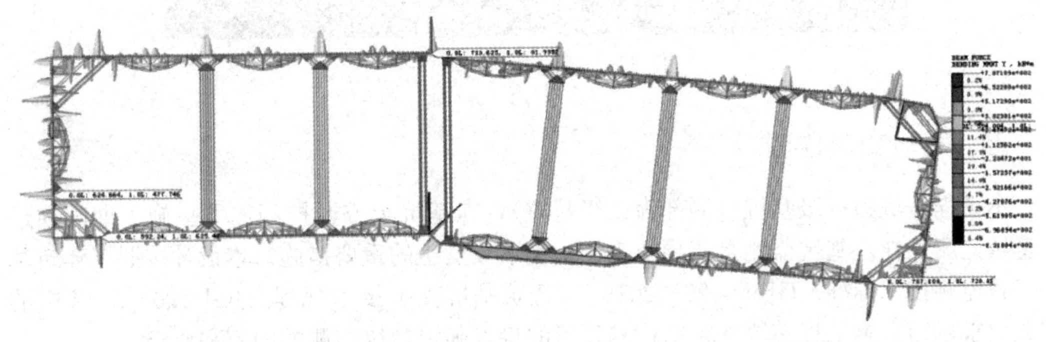

图 9 围檩弯矩图

根据组合应力最大的轴力（图 8）和弯矩（图 9）验算围檩强度（单元号 278）：

$$\frac{N}{A_n}+\frac{M}{W}=\frac{6663.3\times1.25}{58551}+\frac{388.4\times1.25}{14986216}=142.3\text{MPa}<295\text{MPa}$$，满足要求。

五、地下水处理方案

本工程基坑基底以下为粉砂层，厚度约 7.0m，属于承压含水层，该土层地下水含量较大，渗透性较强，鉴于项目周边存在现状建筑及地下管线，对沉降要求较高，因此设计采用三轴搅拌桩全封闭止水帷幕，在坑内采用管井疏干（图 10）。

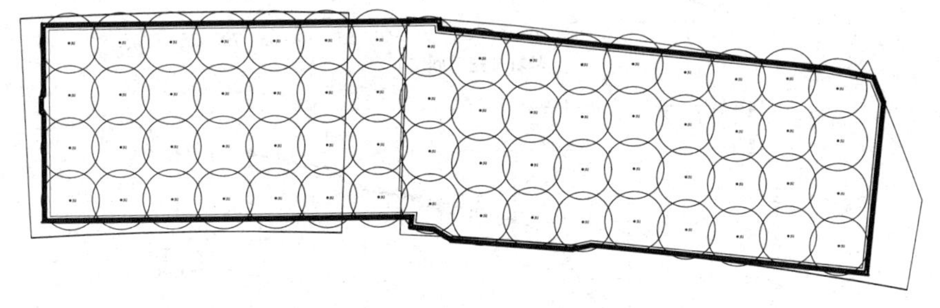

图 10 管井布置图

六、现场实际施工照片

图 11 为现场实况。

图 11 现场实际施工照片

七、基坑变形监测

本工程基坑为一级基坑（局部为二级基坑），在基坑土方开挖和地下室施工期间须进行基坑监测工作。基坑监测是指导施工、避免事故发生的重要措施。本设计按照《建筑基坑工程监测技术标准》GB 50497—2019、《建筑基坑支护技术规程》JGJ 120—2012 中的相关要求，结合本工程基坑支护结构和环境的特点确定基坑监测的内容和要求。

（1）圈梁水平位移、垂直位移

由图 12 可知，圈梁水平位移最大值为 22.3mm，垂直位移最大值为 13.4mm，变化速率及累计变化量均在规范要求范围内。

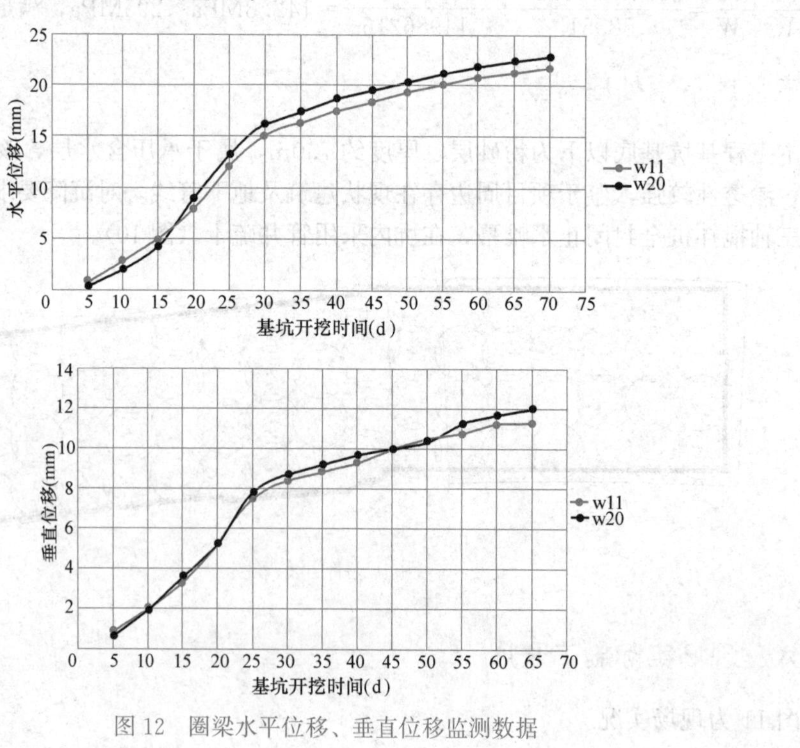

图 12 圈梁水平位移、垂直位移监测数据

（2）土体深层水平位移

由图13可知，土体深层水平位移最大值为26mm，变化速率及累计变化量均在规范要求范围内。

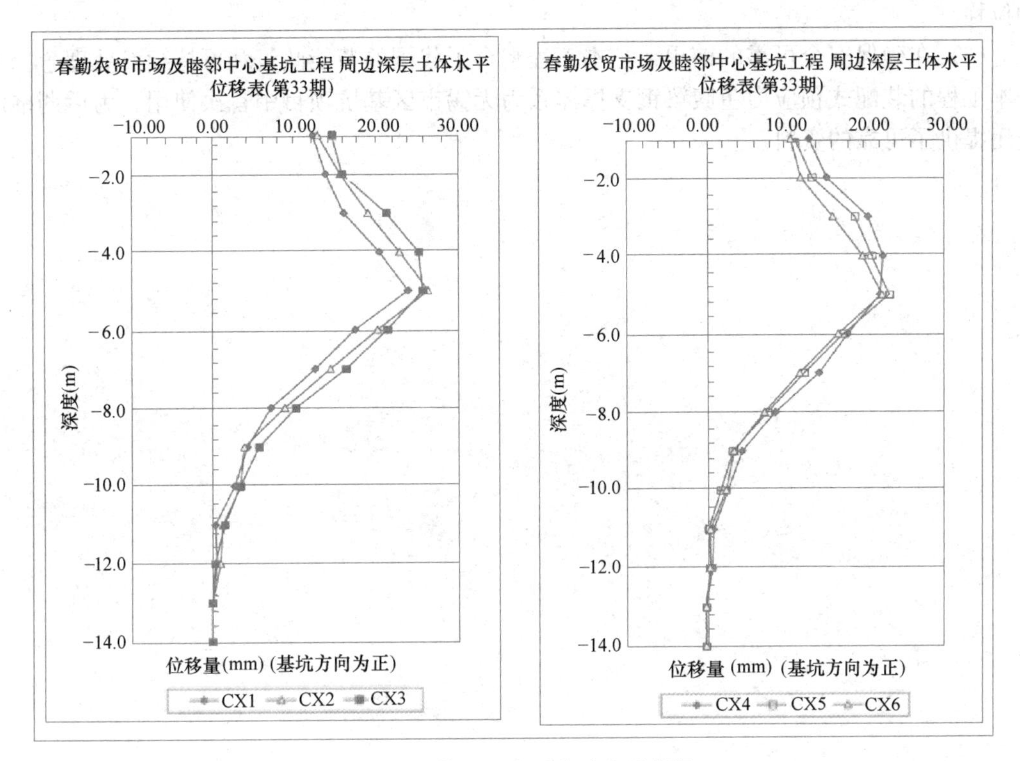

图13　土体深层水平位移监测数据

八、本基坑实践总结

本基坑支护设计工程主要有以下几个显著特点：

（1）本项目周边环境复杂，基坑周围遍布管线、道路及建构筑物，且与基坑边距离较近，采用灌注桩排桩+1道装配式预应力鱼腹梁钢支撑的支护形式较好地控制了基坑变形，对基坑周边影响较小。

（2）设计过程中进行了多方案的对比分析，为充分确保周边既有建筑物的安全，采用有限元软件对整个施工过程进行模拟计算，力求支护设计方案既安全可靠，又经济实用。实际施工情况表明，本项目支护结构运行良好，各项监测数据均在规范要求范围内，对周边建筑保护得力，北侧春城家园安置房及东侧加油站均正常工作，无任何不良反应及投诉。

（3）与传统钢筋混凝土内支撑相比，钢支撑施工成本降低10%以上；装配式预应力鱼腹梁钢支撑拆卸方便，施工现场作业人员可减少约70%，避免了劳动力资源过度消耗；鱼腹梁钢支撑体系使整个基坑开挖平面形成无支撑的面积达到基坑总面积的80%，出土效率大大提高，极大地方便了土方的开挖。

（4）装配式预应力鱼腹梁钢支撑通过标准节点、预应力和现场装配式施工组合施工，形成大刚度钢结构支撑体系，在符合绿色概念的同时，大大缩短了工期。

（5）装配式预应力鱼腹梁钢支撑构件均采用机械化加工预制，质量高，对撑、角撑和鱼腹梁钢绞线的预加应力可根据实际情况实时动态施加，合理且有效地控制了基坑的变形和位移。

（6）在确保安全可靠的前提下，本工程契合了我国的节能政策和可持续发展理念。另外本工程的装配式预应力鱼腹梁钢支撑体系为无锡市区基坑项目中首次使用，为后期推广使用提供了可靠的资料。

实例 33 原西郊宾馆拆迁地块基坑支护工程

一、工程简介

本工程位于无锡市滨湖区梁清路南侧，金色江南一期东侧，蠡溪公园北侧，泰康苑西侧。包括 4 幢 25～33 层住宅楼、2 幢 1 层商铺社区服务物业房、1 幢 2 层物业管理用房、2 个配套变电所及 1 个满铺的 2 层地下车库。总占地面积约 18348m^2。

本项目地理位置如图 1 所示。

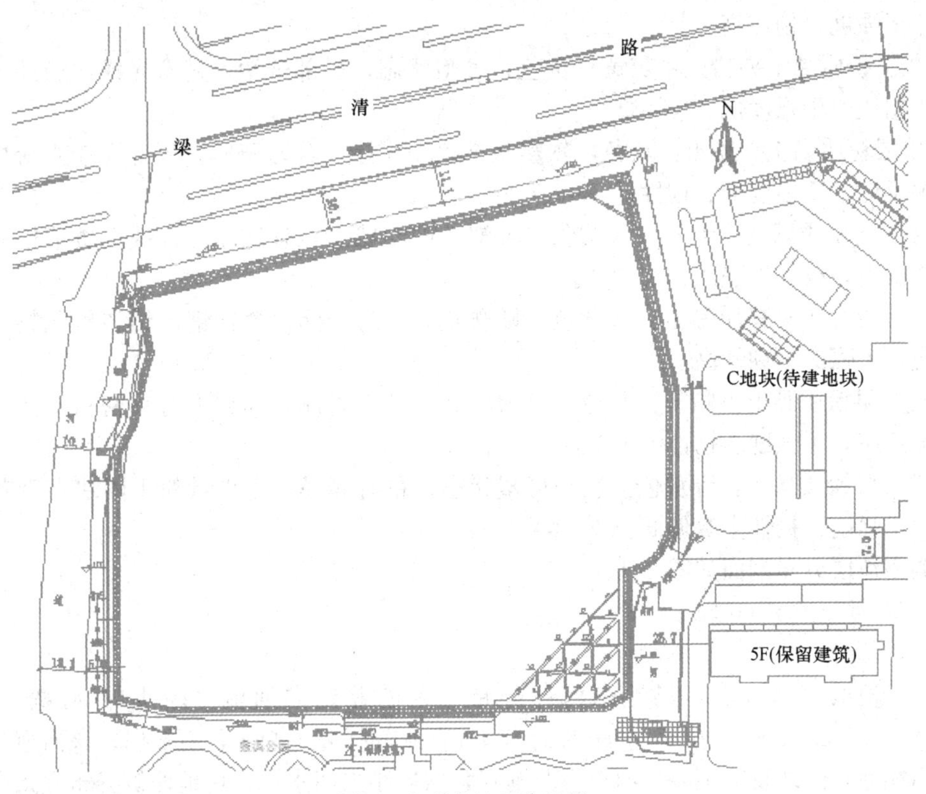

图 1　本项目地理位置图

本工程±0.00 为 4.05m。采用相对标高，自然地面相对标高为－1.00m（绝对高程 3.05m）。基坑开挖深度为 9.30～10.20m。

地下车库底板顶标高为－9.60m，底板厚度为600mm，垫层厚100mm，底板垫层底标高为－10.30m。

主楼底板顶标高为－9.60m，底板厚度为1500mm，垫层厚100mm，底板垫层底标高为－11.20m。

局部集水坑、电梯井超挖1.00～1.50m。

基坑坡顶线周长为525m，基坑总面积约17800m^2。

二、工程地质与水文地质概况

（一）工程地质简介

场地位于原西郊宾馆地块。地形有所起伏，地面标高一般在2.70～3.10m之间。该场地地貌单元属长江三角洲冲积平原。

基坑开挖深度范围内主要土层特征描述如下：

①-1层杂填土：灰～灰黄色，结构松散，主要成分为黏性土，表层局部夹杂大量植物根系、建筑垃圾及生活垃圾。

①-2层淤泥质粉质黏土：灰色，流塑，夹杂大量有机质，局部含建筑垃圾及生活垃圾。

② 层粉质黏土：灰黄色，可塑～硬塑状态，有光泽，含铁锰质结核氧化物，无摇振反应，干强度、韧性高。

③ 层粉质黏土夹粉土：灰黄～灰色，可塑状态，局部软塑，稍有光泽，局部夹有少量粉土团块，干强度低、韧性低。

④ 层粉质黏土夹粉土：灰色，软塑状态，无光泽，含腐殖质，局部夹粉土薄层，稍有摇振反应，干强度低、韧性低。

⑤-1层粉质黏土：青灰～灰黄色，可塑～硬塑状态，有光泽，含铁锰质结核氧化物夹青灰黏土条纹，干强度、韧性高。

⑤-2层黏土夹粉质黏土：灰黄色，硬塑状态，有光泽，含铁锰质结核氧化物，无摇振反应，干强度、韧性高。

⑤-3层粉质黏土夹粉土：灰色，可塑状态，稍有光泽，局部夹有稍密粉土薄层，稍有摇振反应，干强度、韧性中等偏低。

⑤-4层粉质黏土：青灰色，软～可塑状态，稍有光泽，含少量粉土团块夹青灰黏土条纹，干强度、韧性中等偏低。

典型地层分布剖面如图2所示。

（二）地下水分布概况

1. 地表水

本场地地表水发育，场地东南部分布一条南北走向河流（断头），河宽13.0～14.0m，河道深3.5～4.0m，水深1.3～1.8m，水面标高1.56m，石驳岸；该河道向南与梁清河相通，向北现已填塞，河口设节制闸泵站控制内河水位，场地西侧分布一条南北走向河流，河宽10.0～14.0m，河道深2.5～3.5m，水深1.3～1.7m，水面标高1.59m，石驳岸；该河道向南与梁清河相通，向北采用箱涵通过梁清路，河口设节制闸泵站控制内河水位。河床断面如图3所示。

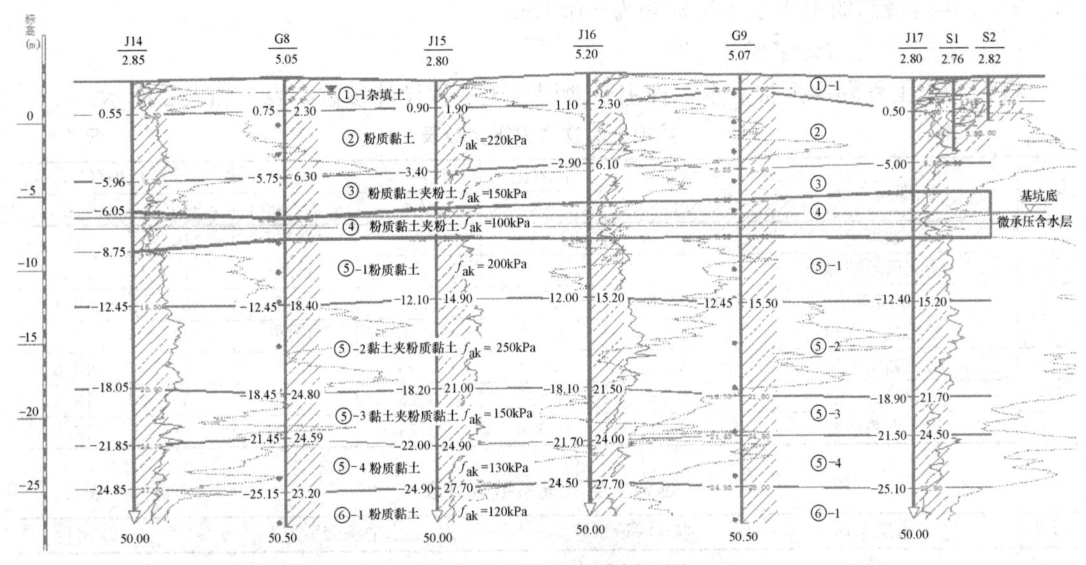

图2 典型工程地质剖面图

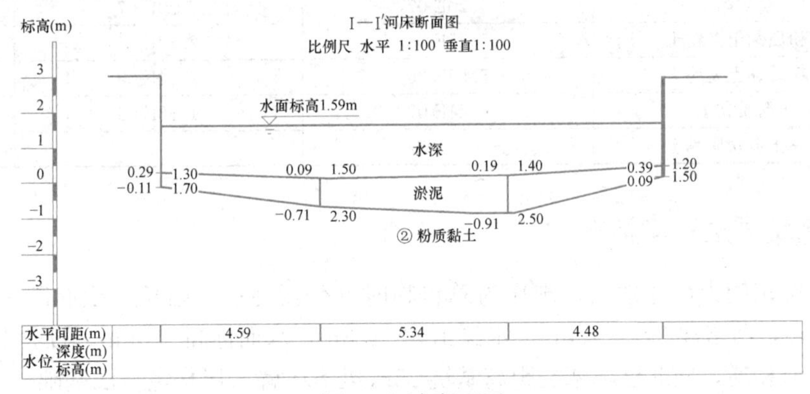

图3 河床断面图

2. 地下水

本工程场地在勘察深度范围内地下水主要为赋存于第四系全新统及上更新统中的浅层含水层、微承压含水层。现对基坑开挖影响较大的含水层分别评述如下。

（1）上层滞水

勘察期间，采用挖坑法测得场地①-1 层杂填土中地下水稳定水位。其地下水类型为上层滞水型，地下水主要靠大气降水及地表径流补给，并随季节与气候变化，水位有升降变化，正常年变幅在 1.0m 左右，本场地 3～5 年内最高上层滞水水位标高 2.60m。

（2）承压水

主要分布于③层粉质黏土夹粉土、④层粉质黏土夹粉土中，这两层含水层土性以黏性土为主，富水性一般，局部粉土层中含水量中等；该层地下水主要接受侧向径流和河水补给，排泄主要以侧向径流方式排出区外。上下隔水层为②层粉质黏土、⑤-1 层粉质黏土。

勘察测得③层粉质黏土夹粉土、④层粉质黏土夹粉土中混合地下水稳定水位标高分别为−0.75m、−0.67m、−0.50m、−0.98m。该层弱承压含水层正常年变幅在 1.00m 左右。3～5年内最高弱承压水水位标高为−0.10m。

（三）岩土工程设计参数

根据岩土工程勘察报告，本工程主要地层岩土工程设计参数如表1和表2所示。

场地土层物理力学参数表 **表1**

编号	地层名称	含水率	孔隙比	液性指数	重度	固结快剪(C_q)	
		w(%)	e_0	I_L	γ(kN/m^3)	c_k(kPa)	φ_k(°)
①-1	杂填土				15.0	(10)	(10)
①-2	淤泥质粉质黏土				15.0	(10)	(10)
②	粉质黏土	24.6	0.694	0.26	19.7	51	19.1
③	粉质黏土夹粉土	27.6	0.775	0.60	19.2	24	18.0
④	粉质黏土夹粉土	31.4	0.871	0.93	18.7	10	15.8
⑤-1	粉质黏土	24.6	0.689	0.26	19.8	49	18.8
⑤-2	黏土夹粉质黏土	24.1	0.679	0.23	19.8	63	18.8

场地土层渗透系数统计表 **表2**

编号	地层名称	垂直渗透系数k_V(cm/s)	水平渗透系数k_H(cm/s)	渗透性
①-1	杂填土	(5.00E-05)	(6.00E-05)	
①-2	淤泥质粉质黏土	(5.00E-05)	(6.00E-05)	微透水
②	粉质黏土	4.20E-07	7.30E-07	微透水
③	粉质黏土夹粉土	7.45E-05	2.12E-04	弱透水
④	粉质黏土夹粉土	5.55E-06	2.14E-05	弱透水
⑤-1	粉质黏土	6.24E-07	1.88E-06	极微透水
⑤-2	黏土夹粉质黏土			

三、基坑周边环境情况

（1）基坑东侧为待建地块，现作为总包临时办公场地；东南角为现有断头河，河宽13.0～14.0m，河道深3.5～4.0m，水深1.3～1.8m，水面标高1.56m，石驳岸；该河道向南与梁清河相通，向北已填塞。距离基坑25m处有1幢5层住宅，浅基础。

（2）基坑南侧为蠡溪公园，距离基坑5.6m处为公园连廊及2层的建筑。

（3）基坑西侧分布一条南北走向河流，河宽10.0～14.0m，河道深2.5～3.5m，水深1.3～1.7m，水面标高1.59m，石驳岸。基坑坡顶线距离河道4.80～8.50m。

（4）基坑北侧梁清路，坡顶线距离北侧220kV现状架空高压线约10.0m。梁清路分布较多雨水、污水、通信等管线。

总体而言，东西两侧分布河道，且河道距离基坑很近，北侧紧靠城市主要道路，路面下分布有多种市政管线，南侧又紧邻蠡溪公园。因此本基坑周边环境复杂，安全等级定为一级，重要性系数为1.1。

四、支护设计方案概述

（一）本基坑的特点及方案选型

1. 本工程特点

（1）基坑规模大：本工程开挖面积较大，总面积达17800m^2，基坑开挖深度深，普遍深度为9.30～10.20m，属深大型基坑。

（2）东西两侧分布河道，且河道距离基坑非常近，因此止水是本工程的重点。

（3）北侧紧靠城市主要道路，路面下分布有多种市政管线，对基坑开挖变形控制要求较高。

（4）南侧蠡溪公园为附近居民节假日悠闲场所，保护要求高。

（5）土质条件差：本场地原为鱼塘，后建西郊宾馆，西郊宾馆拆迁后场地下约有3.5m厚的杂填土；基坑东侧为填塞河道，呈南北走向，分布有①-2层淤泥质粉质黏土，该层土呈流塑状，工程性质极差，极易引起边坡坍塌。

2. 支护方案选型

基坑支护形式：东南角采用ϕ850@1050钻孔灌注桩+1道钢筋混凝土支撑支护；南侧采用双排ϕ850@1250钻孔灌注桩+2道旋喷锚索支护；西侧采用ϕ800@1000钻孔灌注桩+2道旋喷锚索支护；北侧和东侧采用放坡+双排ϕ800@1000钻孔灌注桩支护。

基坑止水形式：基坑采用1排ϕ850@1200三轴深搅拌桩止水帷幕进行止水。

基坑降水形式：基坑共布置37口管井进行降水，局部坑中坑增设轻型井点降水。

3. 重难点分析

（1）对河水的处理

基坑西侧及东南角紧邻河道，为防止河水渗透到基坑内，采用1排ϕ850@1200三轴深搅拌桩止水帷幕进行止水。东南角搅拌桩位置已靠近河边，三轴搅拌桩设备无法施工，因此在东南侧增加了木桩围堰，解决搅拌桩的施工问题。

（2）地质条件复杂

本场地原为鱼塘，后建西郊宾馆，西郊宾馆拆迁后场地下约有3.5m厚的杂填土，多为建筑垃圾及生活垃圾。对施工灌注桩及搅拌桩极为不利，因此现场采取上部杂填土换填后再施工。

（3）对周边建筑物的保护

南侧为蠡溪公园连廊及2层的建筑物，东南角为1幢5层浅基础住宅，变形要求高，因此以变形控制为主，计算时严格控制基坑变形不超过基坑深度的0.2%，通过减少变形，确保建筑物的安全。

（二）基坑支护结构平面布置

基坑支护结构平面布置如图4所示。

（三）典型基坑支护结构剖面

本基坑典型支护剖面如图5～图8所示。

（四）地下水处理方案

根据周边河道分布情况及土层情况，采用以下处理方案：

基坑四周采用1排ϕ850@1200三轴深搅拌桩止水帷幕进行止水，止水桩进入⑤-1层粉质黏土，形成全封闭的止水帷幕。基坑内侧布置37口管井进行降水，局部坑中坑增设轻型井点降水。既保证了基坑的正常开挖，又避免坑内降水等对周边建筑、市政道路的不良影响，整个项目施工运行良好。

（五）东南角建筑物变形分析

本项目东南侧建筑物距离基坑较近，此建筑物为特别保护建筑，采用有限元法模拟基坑开挖对建筑物的变形影响。

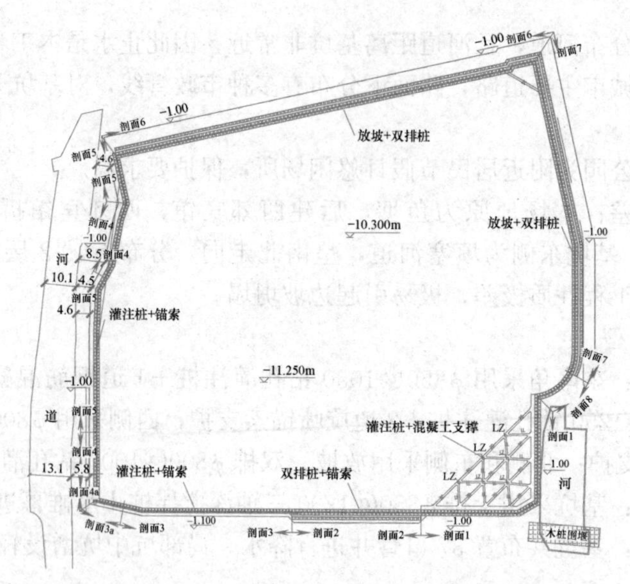

图 4　基坑支护结构平面图

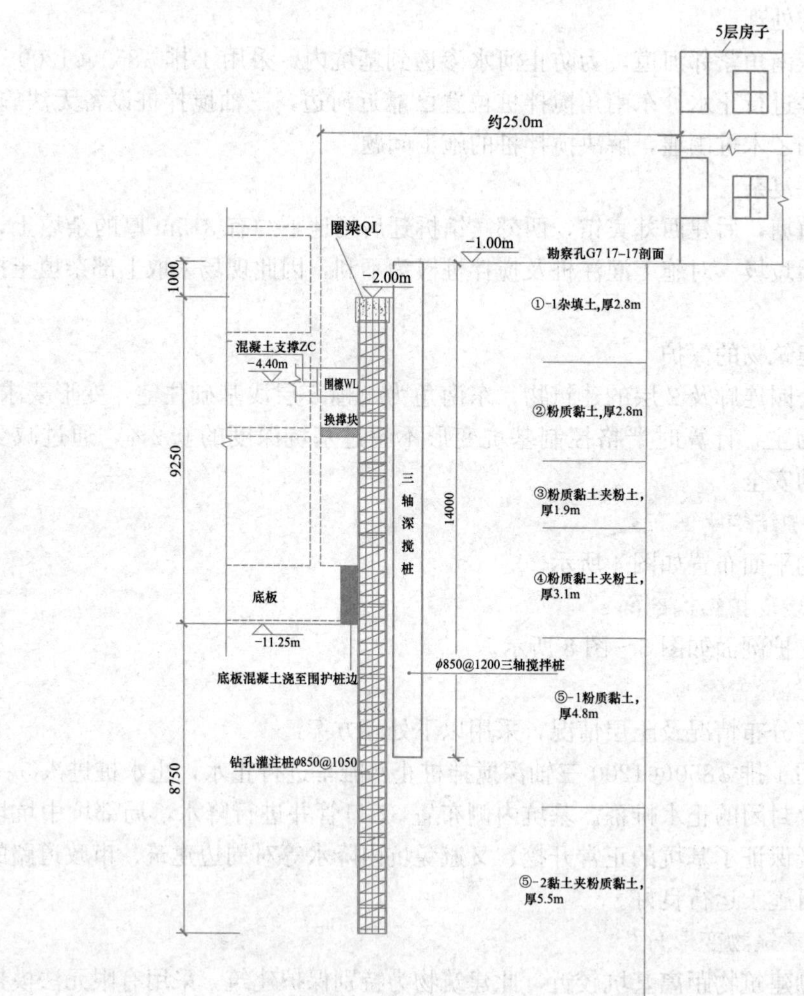

图 5　东南角灌注桩＋混凝土支撑支护

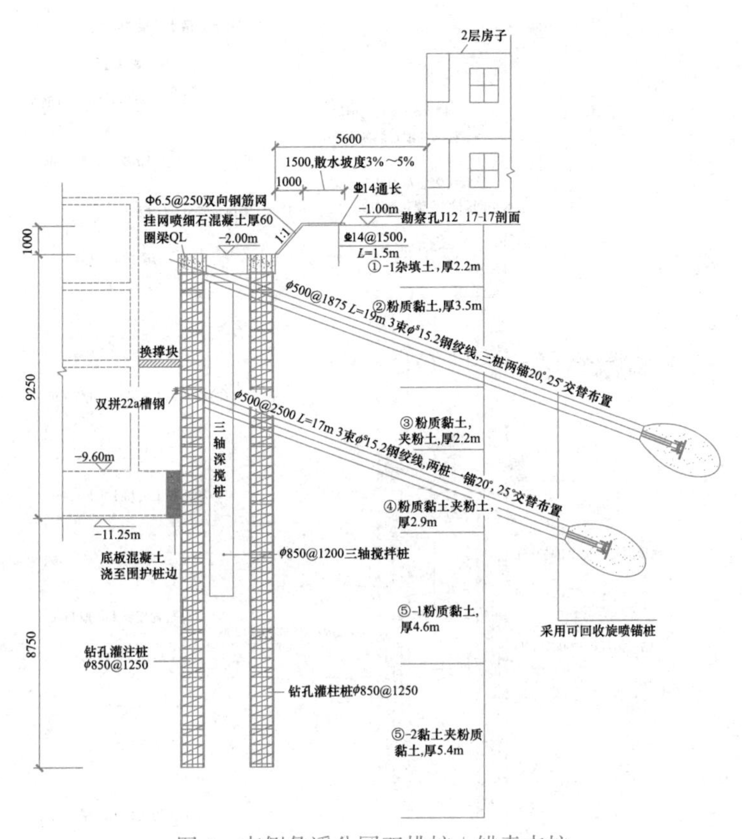

图6　南侧蠡溪公园双排桩＋锚索支护

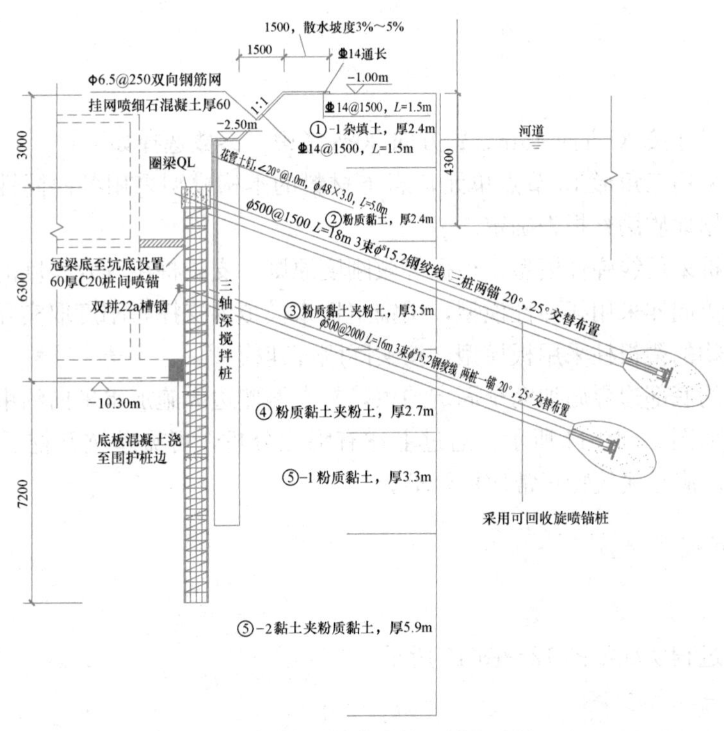

图7　西侧河道灌注桩＋锚索支护

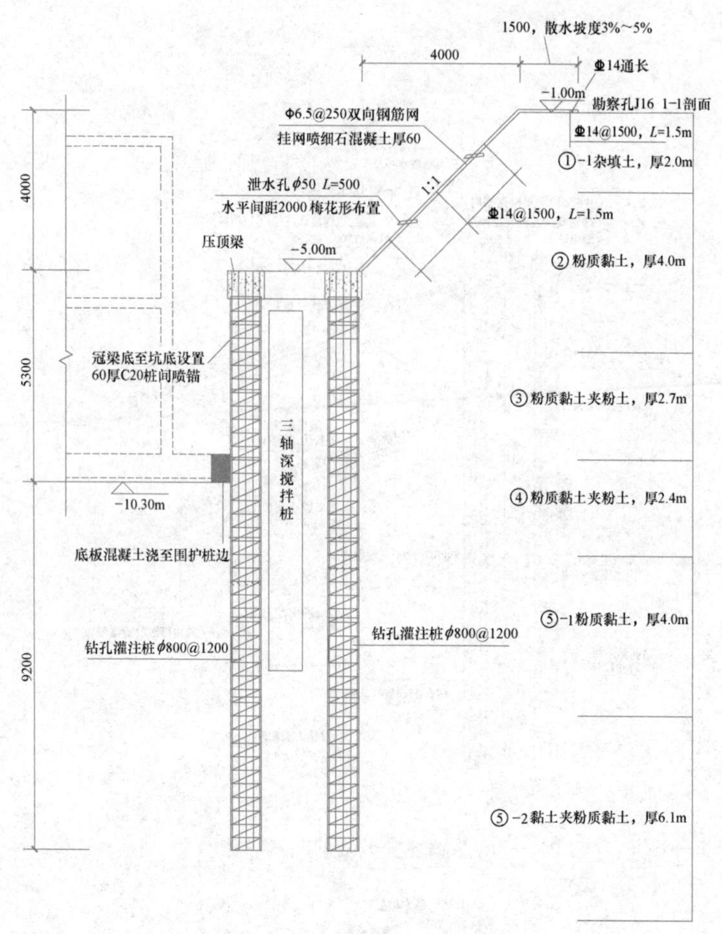

图 8 北侧/东侧双排桩支护

计算模型尺寸按 X 方向 45m、Y 方向 30m 考虑，参数选择如下：

(1) 计算采用三角形 15 节点单元，岩土材料的本构模型采用各向同性 HS 模型；其他具体参数根据地质勘察报告确定。

(2) 支护桩采用线弹性模型，根据等效刚度原则，支护桩用等效厚度的板来模拟。

(3) 内支撑同样采用线弹性模型，用锚定杆来模拟内支撑，刚度取实际支撑刚度；

(4) 建筑物的梁板柱采用板模型，按实际刚度建模。

计算模型的底部边界施加完全固定约束，左右两侧边界施加水平向约束。

模型结果如图 9～图 11 所示。通过上述有限元分析，可见基坑开挖后建筑物最大沉降为 2.55mm。满足建筑物正常使用要求。

五、基坑实施情况分析

1. 基坑施工过程概况

基坑开挖过程实况如图 12～图 15 所示。

2. 基坑变形监测内容

本工程基坑为一级基坑，基坑土方开挖和地下室施工期间须进行基坑监测工作。基坑监测是指导施工、避免事故发生的重要措施。本设计按照《建筑基坑工程监测技术标准》GB 50497—2019、《建筑基坑支护技术规程》JGJ 120—2012 中的相关要求，结合本工程基坑支护结构和环境的特点确定基坑监测的内容和要求。

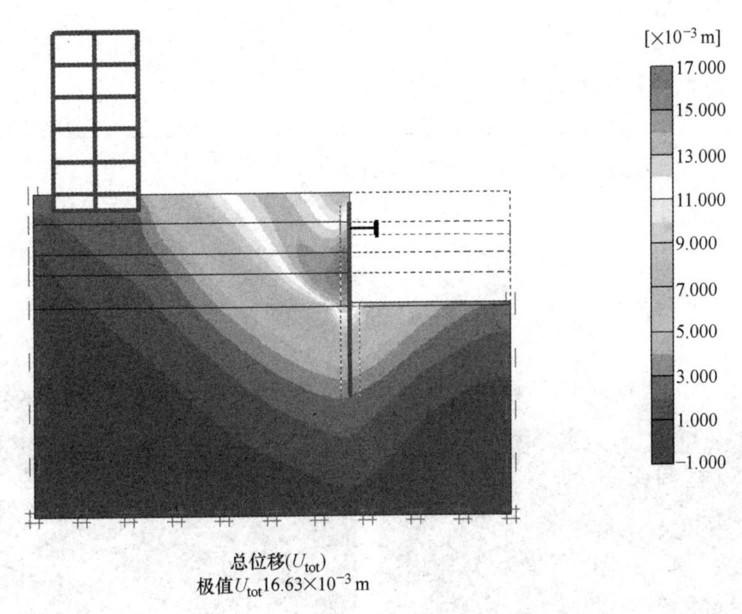

图 9 开挖到底水平位移云图

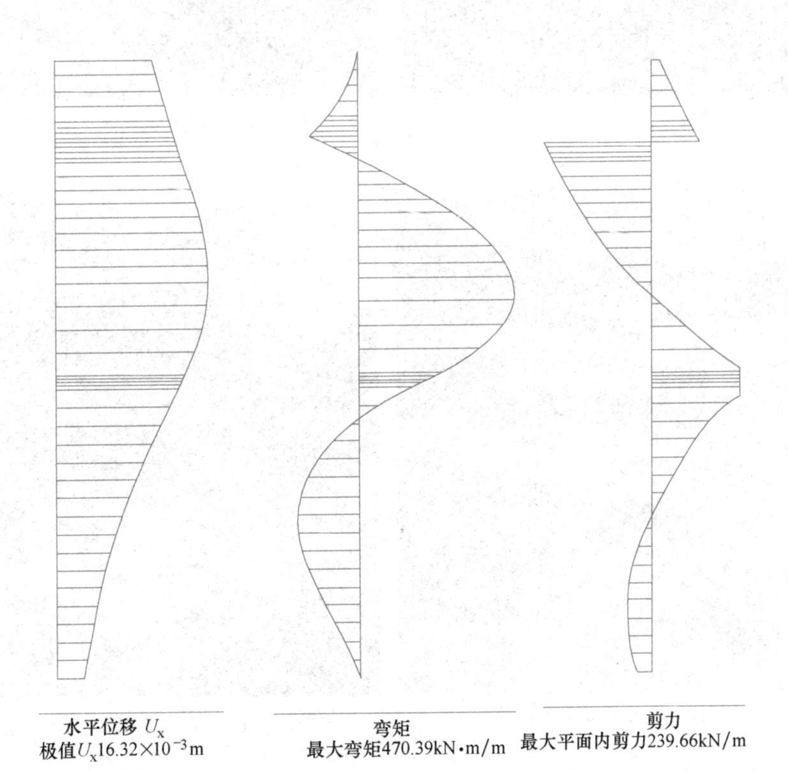

图 10 围护桩水平位移及内力图

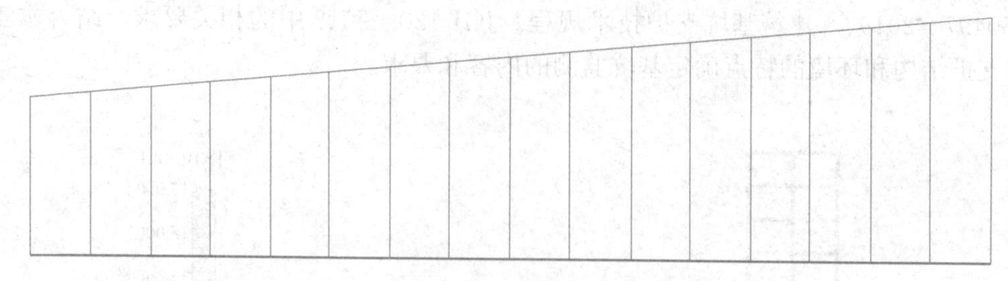

垂直位移(U_y)
极值U_y-2.55×10^{-3}m

图 11 建筑位移图

图 12 基坑西侧灌注桩开凿

图 13 基坑东南角混凝土支撑

图 14 基坑东南角开挖至底

图 15 基坑北侧开挖至底

监测成果包括圈梁水平位移、垂直位移，如图 16、图 17 所示。

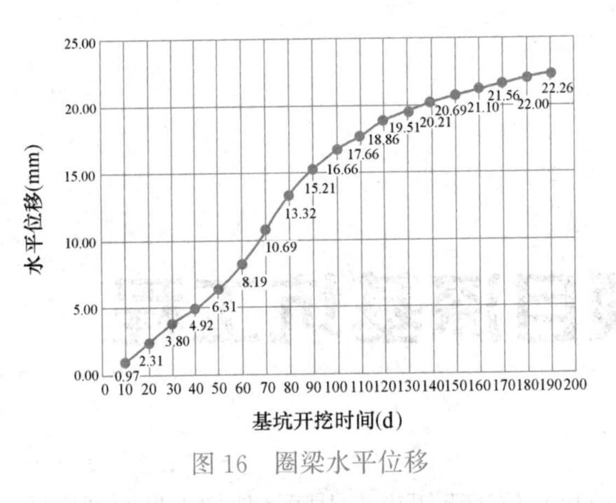

图 16　圈梁水平位移

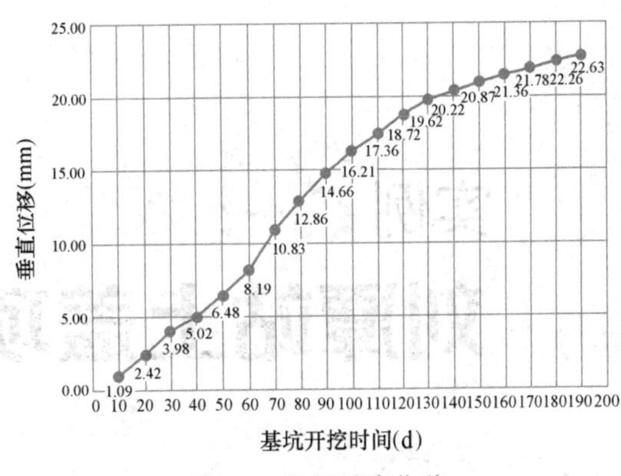

图 17　圈梁垂直位移

通过本工程的基坑监测实测数据，对比理论计算数据后易分析得出：基坑开挖至基底，桩顶水平最大位移为 22.26mm，桩顶垂直最大位移为 22.63mm；变化速率及累计变化量均在规范要求范围内。

六、本基坑实践总结

本基坑支护设计工程主要有以下几个显著特点：

（1）本工程位于无锡市滨湖区核心位置，北侧为城市主要干道梁清路，采用双排桩支护，很好地控制了变形，为以后双排桩的应用提供了宝贵的经验。

（2）基坑东南角紧邻河道，且有需要特别保护的建筑，采用木桩围堰解决搅拌桩的施工问题，保证基坑开挖期间河水不渗流至坑内；采用混凝土支撑控制基坑变形，使建筑物始终处于安全状态。

（3）本工程采用了多种支护形式，根据周边环境的不同，分别采用了灌注桩＋混凝土支撑、灌注桩＋锚索、双排灌注桩等形式，成功地将各种支护形式运用于一个基坑。

（4）采用三轴搅拌桩全封闭止水帷幕，结合坑内疏干井的措施对地下水进行处理，避免了坑内降水对周边环境的影响。

（5）由于设计时业主告知后期东侧紧邻基坑需修建地下箱涵，因此东侧采用上部大放坡＋双排桩的支护形式，双排桩的圈梁后期用作箱涵基础垫层，避免了后期开挖箱涵基础时大量的混凝土破除工作，节省了施工造价。

实例34 刘潭站上盖项目深基坑工程

一、工程简介

XDG-2011-58 号地块项目（刘潭站上盖项目）位于无锡市惠山区，地铁 1 号线刘潭站东侧，惠山大道西侧。该项目地上为 21 层办公楼，裙房 1～2 层为商业用房，地下设满铺 3 层地下车库。本工程总用地面积 68667m^2，地上建筑面积 50000m^2，地下建筑面积 18667m^2。

地下室开挖深度为 12.850～13.450m（不包括周边坑中坑），基坑周长约为 420m，基坑总面积约 7800m^2。

项目总平面图及实景如图 1 所示。

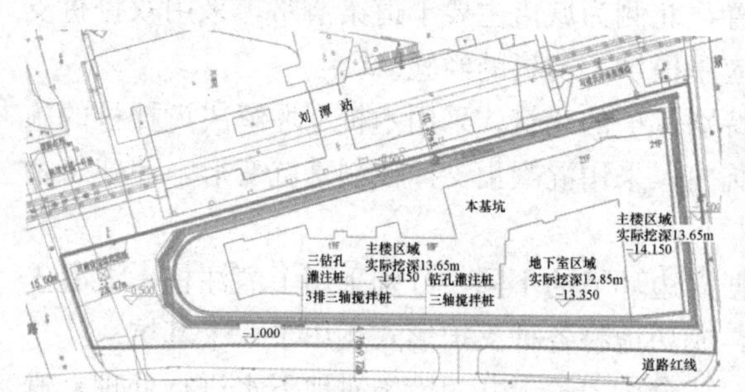

图 1　项目总平面图及实景图

二、工程地质与水文地质概况

1. 工程地质简介

本区地层属江南地层区江苏部分，场地位于太湖冲湖积平原区，地势平坦，地表水系发育，第四系覆盖层厚度较大，各土层水平向分布较稳定，基底地质构造与水文地质条件较复杂，人类工程活动对地质环境的扰动和作用强烈。地质环境条件复杂程度属中等地区。基坑开挖影响范围内典型地层剖面如图 2 所示。

各土层的特征描述与工程特性评价如下：

①-1 层杂填土：杂色，松散，由黏性土夹杂碎石、碎砖等建筑垃圾组成。为现代人工堆积而成。其中道路地段有约 0.30m 厚的混凝土路面及垫层。

第③工程地质层（$Q_{43}{}^{al}$）全新统上段，按工程性质可分为 3 个工程地质亚层：

③-1 层黏土：第四系全新统上段河湖相沉积物，灰黄～褐黄色，可塑～硬塑，含铁锰质结核，夹青灰色条纹。

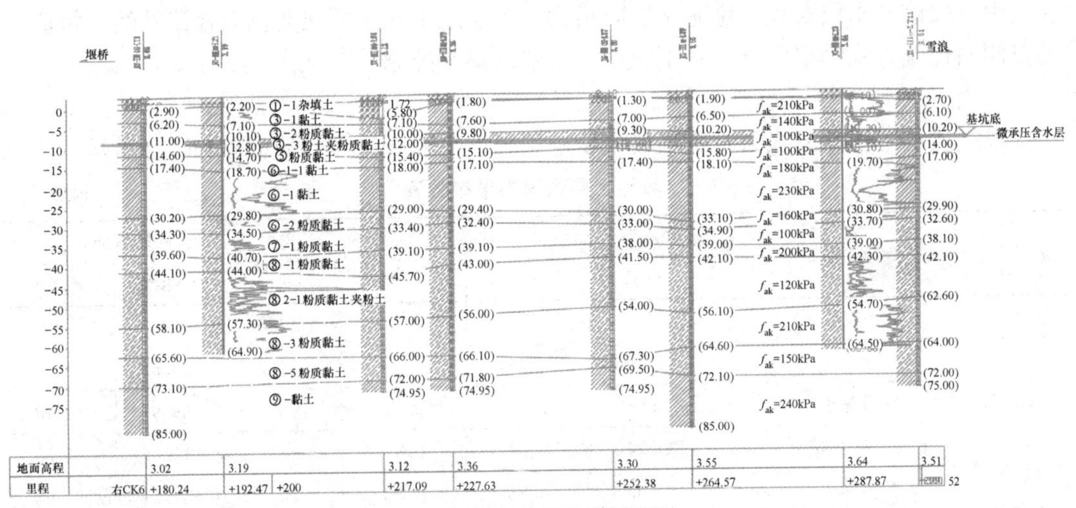

图 2 典型工程地质剖面图

③-2 层粉质黏土：第四系全新统上段河湖相沉积物，褐黄、灰黄色，可塑，局部略夹薄层粉土。

③-3 层粉土夹粉质黏土：第四系全新统上段河湖相沉积物，灰色，粉土为稍密～中密，湿～很湿，粉质黏土为软塑。

⑤ 层粉质黏土：第四系全新统下段滨海—浅海相沉积物，灰色，软塑，含腐殖物，局部略夹薄层粉土。

第⑥工程地质层（Q_{32}^{al}）上更新统上段，按工程性质可分为 3 个工程地质亚层：

⑥-1-1 层黏土：第四系上更新统上段河湖相沉积物，暗绿～灰黄色，可塑（局部硬塑），含铁锰质结核，局部相变为粉质黏土。

⑥-1 层黏土：第四系上更新统上段河湖相沉积物，灰黄色，硬塑（局部可塑），含铁锰质结核。

⑥-2 层粉质黏土：第四系上更新统上段河湖相沉积物，灰黄色，可塑（局部硬塑），含氧化铁斑点及铁锰质结核，局部略夹薄层粉土。

2. 地下水分布概况

根据地下水埋藏条件，可将地下水分为上层滞水及微承压水。

（1）上层滞水

上层滞水含水层主要由杂填土层组成，勘察区域内均有分布，杂填土层由黏性土夹碎石、砖块等建筑垃圾组成，由于其颗粒级配不均匀，固结时间短，往往存在架空现象而形成孔隙，成为地下水的赋存空间，其透水性不均匀。

勘察期间，上层滞水埋深在 1.20～2.10m，相应标高为 1.15～2.22m。无锡地区降雨主要集中在 6～9 月份，在此期间，地下水位一般最高，旱季在 12 月份至翌年 3 月份，在此期间地下水位一般最低，年水位变幅为 0.8m。

（2）微承压水

微承压水主要赋存于③-3 层粉土夹粉质黏土中，该层土性以粉性土为主，夹少量黏性土，富水性中等。根据设计资料，地下室结构底板大多位于该层中，局部位于⑤层粉质黏土中，故该含水层对地下室施工影响很大。该层地下水主要接受侧向径流补给，排泄主要以侧向径流方式排出区外，地下水位受季节性降水控制。

3. 岩土工程设计参数

根据岩土工程勘察报告，本项目主要地层岩土工程设计参数如表1和表2所示。

场地土层物理力学参数表 **表1**

编号	地层名称	含水率	孔隙比	液性指数	重度	固结快剪(C_q)	
		w(%)	e_0	I_L	γ(kN/m³)	c_k(kPa)	φ_k(°)
①-1	杂填土				19.0	15	10
③-1	黏土	24.59	0.73	0.21	18.7	69.52	14.63
③-2	粉质黏土	27.98	0.79	0.49	18.7	59.97	14.98
③-3	粉土夹粉质黏土	30.14	0.83	0.97	18.7	11.66	21.65
⑤	粉质黏土	32.09	0.88	0.83	20.2	37.11	10.94
⑥-1-1	黏土	26.32	0.74	0.34	20.0	61.97	15.22
⑥-2	黏土	26.86	0.76	0.41	20.0	61.74	15.17

场地土层渗透系数统计表 **表2**

编号	地层名称	垂直渗透系数 k_V(cm/s)	水平渗透系数 k_H(cm/s)	渗透性
①-1	杂填土			
③-1	黏土	3.00E-06	3.90E-06	微透水
③-2	粉质黏土	3.50E-05	3.70E-05	弱透水
③-3	粉土夹粉质黏土	1.10E-04	1.80E-04	中等透水
⑤	粉质黏土	3.12E-05	4.50E-05	弱透水
⑥-1-1	黏土	3.90E-06	4.70E-06	微透水
⑥-2	黏土	2.26E-06	3.08E-06	微透水

三、基坑周边环境情况

本项目周边环境复杂，卫星地图如图3所示。

图3 本项目地理位置图

各侧壁情况如下：

（1）场地东侧为惠山大道，地下室外墙距离用地红线8.5～9.5m，距离路边围挡约16m，围挡外人行道下有电力、电信及路灯等市政管线，慢车道下有雨水管，人行道内侧有10kV顺通线，高压线距离地下室约8m。

（2）场地南侧为市政道路，距离地下室约30m，西南角有一22kV塘双线，距离地下室约18m。

（3）场地西侧为地铁1号线刘潭站，地下室外墙距离用地红线约5m，刘潭站为地上站，高架轨道线距离地下室外墙18.65m，站房为地上3层地下1层，地下室距离站房地下室约8.5m，站房基底与地下室基底高差为4.1m。刘潭站起始里程为右CK6＋180.074，终点里程为右CK6＋300.074，车站中心里程为右CK6＋240.074，轨面标高16.23m。结构形式为3层高架侧式、钢筋混凝土框架结构，车站有效站台长度为120m，宽23.6m。拟采用钻孔灌注桩基础，桩径1.2m，设计桩长约55m。

（4）场地北侧为市政道路，地下室距离该侧用地红线约8m，距离现状砖墙围挡约7.5m，围墙外人行道上有雨水、给水等市政管线，距离地下室最近的给水管线约9m，距离雨水线约12m。

四、支护设计方案概述

（一）本基坑的特点及方案选型

1. 本基坑特点

（1）首个紧邻运营中地铁高架站的3层地下室深基坑，变形控制要求极高：本基坑西侧紧邻正在运营中的无锡地铁1号线高架站台及线路，支护结构距离车站不足6m，开挖深度为12.85～13.45m，无锡地铁1号线是纵贯本市南北的交通大动脉，发车频率高，人流量大，一旦基坑开挖扰动影响车站及线路正常使用，将产生严重不良社会影响，因此本基坑环境保护要求非常高。

（2）支护结构采取全排桩方案而非地下连续墙，经济效益显著；示范意义明显：本基坑由于紧邻既有车站，按照常规设计需采取地下连续墙支护；地下连续墙安全可靠但是造价很高，在综合分析地质条件及周边环境情况，全面排查风险源并采取大型有限元整体建模等手段反复研究后，认为采用排桩方案也是安全可控的，并可大大降低支护造价，实践证明基坑支护效果良好，为后续同类项目实施具有一定的示范意义。

（3）采取加强支护桩隔离措施有效减缓基坑回弹对高架车站隆起的影响。本基坑开挖深度较大，并且距离车站长边156m，基坑基底土质较差，基坑开挖后基底回弹量很大，由于西侧车站结构自重不大，初步有限元模拟表明如按常规支护桩设计车站结构将产生2cm以上隆起量；通过设计方案优化对比，采取加长支护桩并增大配筋及桩径后可有效减缓车站回弹量，为同类项目提供了较好参考价值。

（4）基坑设计方案采取非分仓手段加快了项目实施进度。根据常规同类基坑设计经验，对于本基坑需采取分仓支护技术，并且沿车站一侧采取应力伺服装置控制基坑变形，本项目结合无锡地层特点，大胆采取全基坑一次性开挖、刚度较大的混凝土对撑控制变形，具有相对经济、快速并且安全的优势，经济社会效益显著。

（5）场地内地下障碍物情况复杂，处理难度极大。本基坑西侧刘潭站基坑开挖采取大放坡支护，原回填土及喷锚均进入本基坑支护结构区域，并且其施工塔式起重机位置外放后完全影响本次支护结构施工，埋深达 8m；同时车站目前周边管线密布，地下情况非常复杂，需首先考虑清障。本次清障采取先期物探结合图纸定位，静压植桩法施工钢板桩支护，随挖随清动态调整，历时近 2 个月才完成支护桩位清障工作，在此期间车站结构运行正常。

（6）基坑侧壁分布③-3 层粉土夹粉质黏土流砂层，地下水止水及降排要求高：本基坑侧壁及基底位置分布③-3 层粉土夹粉质黏土，一旦发生流砂则地面沉降很大，为确保基坑及周边安全，本次针对性地要求在粉土夹粉质黏土层中控制搅拌桩施工速度，基坑坑底采取明排疏水与轻型井点相结合，有效解决了管井降水不能完全覆盖问题，效果良好。

2. 支护方案选择情况

（1）根据无锡地区轨道部门对地铁的保护要求，地铁 10m 特别保护区范围内基坑侧壁变形控制标准为 0.15%基坑挖深，地铁侧采取 ϕ1200@1350 大直径钻孔灌注桩，其余侧采取 ϕ900@1100 钻孔灌注桩。地铁侧止水采取单排 ϕ850@1200 三轴搅拌桩，南侧止水采取 3 排 ϕ850@600 三轴搅拌桩止水，其余位置止水采取 ϕ650@900 三轴搅拌桩。水平支点体系采用 3 道混凝土支撑，支撑竖向间距为 3.5～4.0m，支撑利用底板及楼板换撑。第 1 道支撑主梁截面取 600mm×600mm，围檩截面取 1200mm×700mm，第 2、3 道支撑主梁截面取 800mm×700mm，围檩截面取 1400mm×800mm。

（2）地铁侧基坑施工的特殊要求为：①该侧严格控制三轴搅拌桩提升及下沉速度，搅拌下沉速度不大于 0.5m/min，提升速度不大于 0.5m/min，防止产生负压力，对地铁结构造成不利影响。②拆撑采取分段拆除的方法，拆除过程中密切监测地铁结构的变形，待变形稳定再拆除下一段支撑。

（3）地下障碍物的处理及基坑加固：西侧三轴搅拌桩施工期间发现地下残留有废弃沉井及管道，埋深约 5m，影响钻孔桩及三轴搅拌桩施工，需进行清障。清障前在废弃沉井外侧先施工一排钢板桩，并在钢板桩与两侧已施工钻孔桩之间设置对撑控制变形，确保清障期间基坑侧壁的安全。开挖至障碍物底部后对其进行清除处理，清障完成后对三轴搅拌桩施工冷缝采取旋喷桩封闭，确保止水体系的封闭。

（4）基坑的流砂防治：基坑内部采用管井疏干降水，管井间距约 20m。局部较深坑中坑采取轻型井点降水。本工程基坑侧壁③层粉质黏土因局部夹粉土，处理不当易发生流砂及地面沉降，因此基坑的流砂防治非常重要，在工期紧迫情况下须综合考虑各种措施以确保工程进度。本工程一方面对搅拌桩施工参数提出更高要求，严格控制下沉及提升速度，确保了成桩质量及止水效果。另一方面对管井施工质量提出较高要求，并在基坑开挖过程中对管井的水位及水泵运行情况进行实时监测，确保降水的有效性。对较深坑中坑位置采取轻型井点预降水的措施，防止发生流砂及塌方。

（二）基坑支护结构平面布置

根据选型分析思路，基坑支护结构平面布置如图 4 所示。

（三）典型基坑支护结构剖面

本基坑典型支护剖面如图 5、图 6 所示。

（四）基坑开挖对刘潭站影响的有限元评估

为反映刘潭站综合体施工对地铁 1 号线高架区间影响，选取最靠近地铁 1 号线刘潭

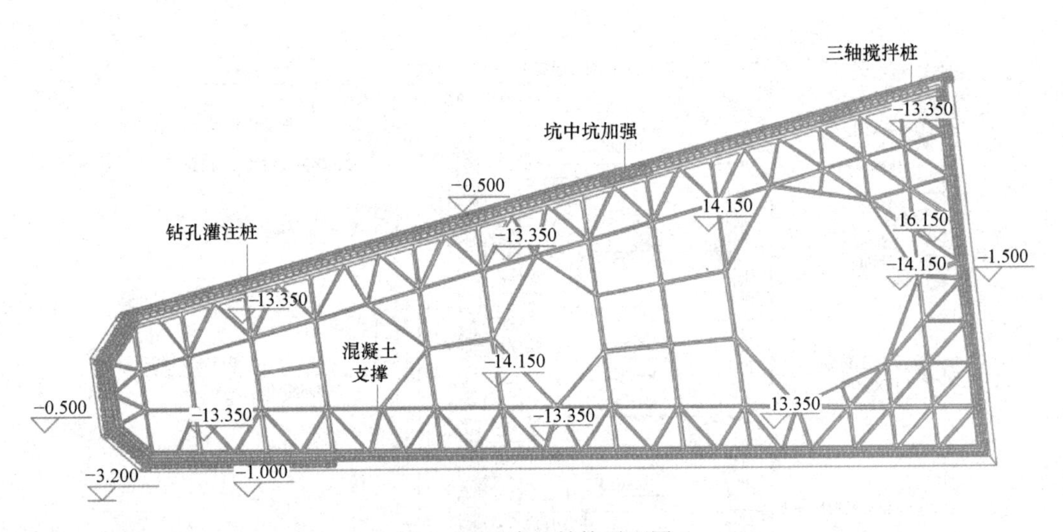

图4　基坑支护结构平面图

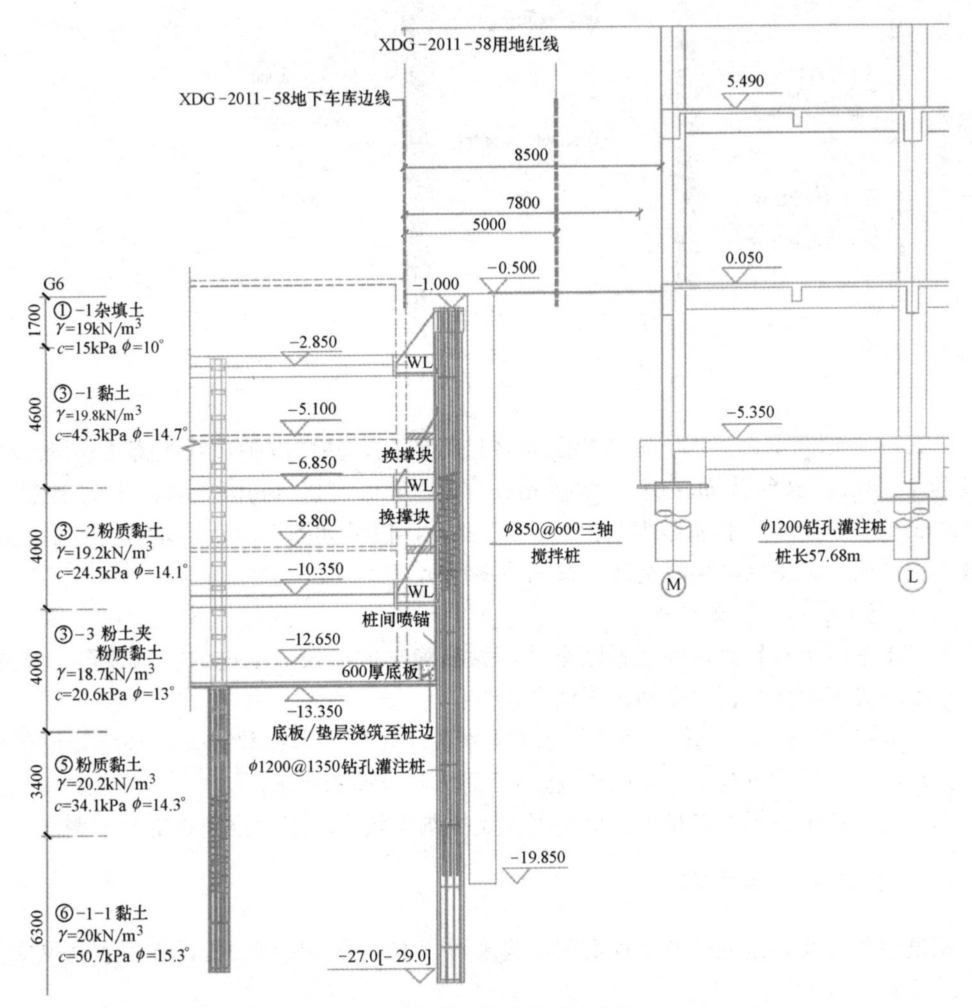

图5　基坑靠地铁位置支护剖面

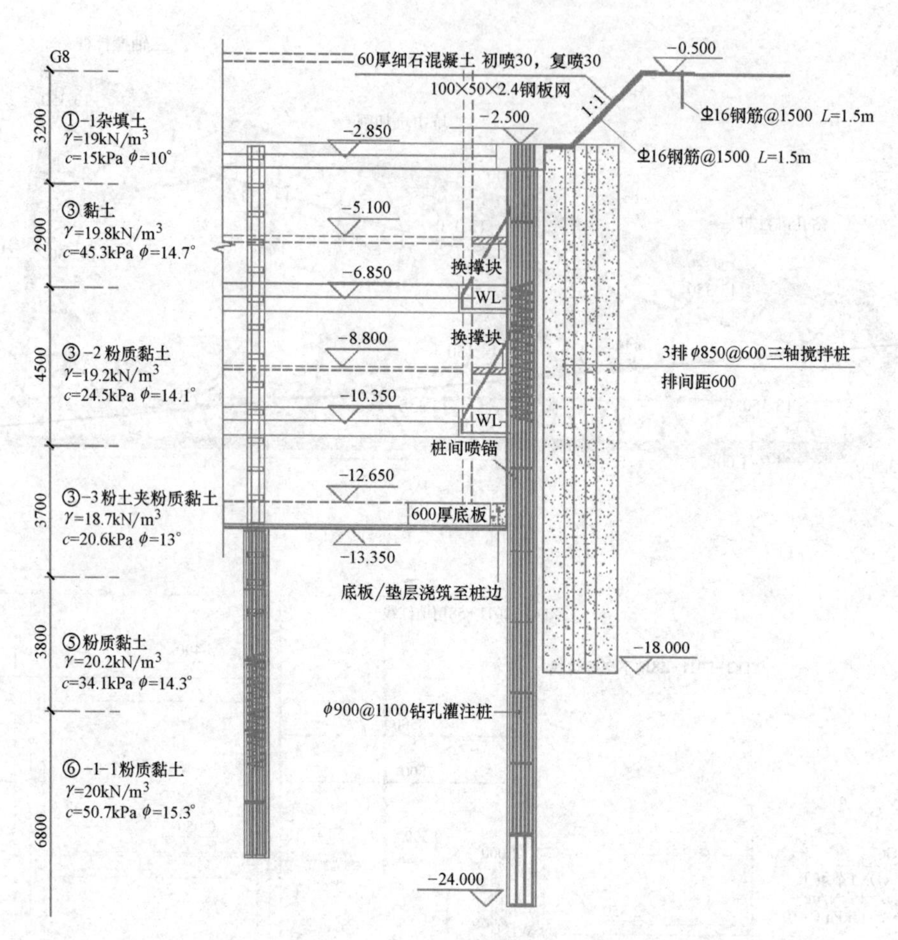

图6 基坑其余位置典型支护剖面

站——天一站 E36 承台侧基坑施工断面 B-B 进行研究，基坑围护边线距离 E36 承台最近距离为 14.6m，承台截面尺寸为 8500mm × 6500mm × 2500mm，承台下工程桩直径 1500mm，桩长 58m。计算模型尺寸为 80m×80m，模型如图 7 所示，基坑开挖后的地层位移如图 8 所示，地铁高架段基础位移如图 9 所示。

（五）基坑工程的整体分析

由于本基坑边长较大，并且紧贴车站，为准确掌握沿长边基坑的空间变形，对支撑-排桩进行三维有限元分析，得到计算结果如下：

从计算结果（图 10）看，由于采用对撑体系，并且支撑道数较多，基坑开挖到底后整体变形不大，最大仅为 11.26mm，远小于基坑变形控制要求。

基坑长边跨中变形相对稍大，但是因为支撑刚度较大，因此空间效应并不明显。

五、地下水处理方案

从勘察报告及附近地区的工程实践经验来看，本工程基坑围护设计地下水处理应注意以下几点：

（1）基坑上部杂填土由于无稳定补给来源，且厚度一般不大，水量有限，因此妥善做

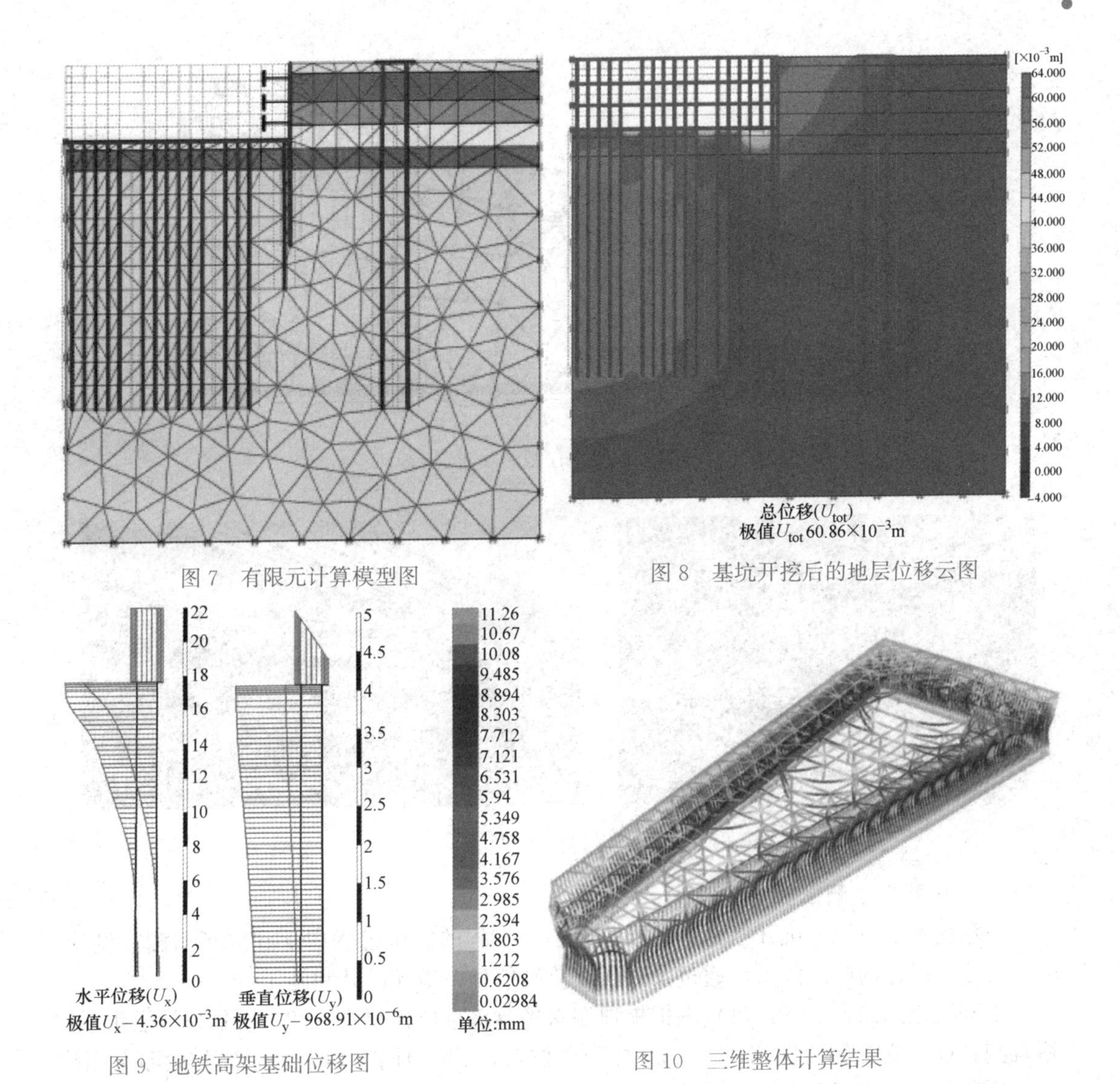

图7　有限元计算模型图

图8　基坑开挖后的地层位移云图

图9　地铁高架基础位移图

图10　三维整体计算结果

好填土内的潜水～滞水明排即设置排水系统、做好基坑周边地面截水——设置环向截水沟，同时做好地面硬化，一般问题不大；

（2）根据经验基坑坑底③层粉土夹有粉质黏土，局部含水量较高，如不采取降水措施，会出现流砂现象，影响地下结构施工和基坑安全，因此在3层机械停车库位置采取降水措施，其余大面积采用排水沟和疏干井处理即可，坑中坑位置以轻型井点作为备用降水措施。

由于基坑开挖深度较大，西侧有地铁站需要保护，③层粉土中夹有粉质黏土层，为防止流砂，采用三轴搅拌桩进行止水。

地下水控制平面布置如图11所示。

六、基坑实施情况分析

1. 基坑施工过程概况

本基坑于2016年11月开始施工支护结构，2017年7月基坑回填，历时8个月，施工期间总体进展顺利，无异常情况发生。基坑开挖到底实况如图12所示。

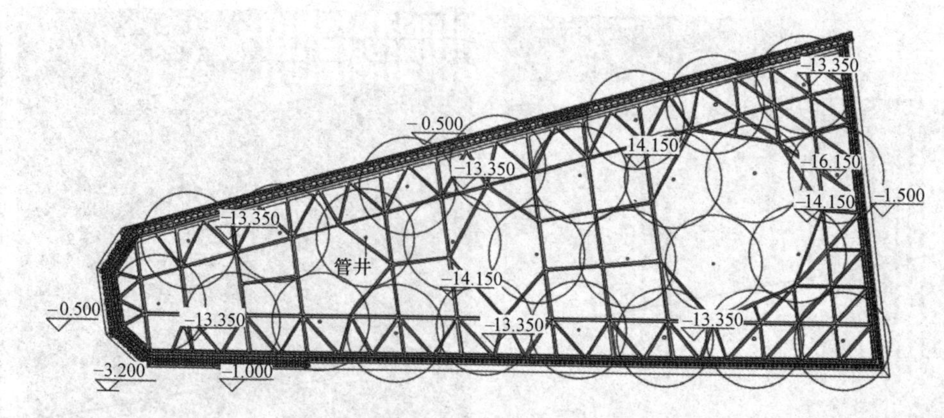

图 11 地下水控制平面布置图

图 12 基坑开挖到底实况

2. 基坑变形监测情况

信息化施工对深基坑开挖尤为重要，在整个工程的实施过程中，建立了监测、设计、施工三位一体化的施工体系，通过及时反馈监测信息，指导设计和施工。

本基坑监测内容如下：(1) 围护桩顶端水平及垂直位移观测；(2) 围护桩深层水平位移观测；(3) 支撑轴力监测；(4) 立柱竖向位移；(5) 地铁站房及轨道基础沉降观测；(6) 周边管线沉降观测；(7) 坑外地下水位观测。

监测结果（图 13、图 14）基本在设计允许范围内，未出现险情，工程进展顺利，有效地保护了地铁结构和周边道路、管线的安全。

七、本基坑实践总结

(1) 本项目为无锡市紧邻地铁高架站台首个深基坑，项目实施过程中，变形控制效果良好，未发生基坑失稳，成功保护了地铁结构的安全。无锡地区临近地铁的基坑较多，但临地铁高架站台的基坑数量非常少，本项目为此类工程基坑设计和施工积累了丰富的工程经验。

(2) 采用数值模拟软件、理正软件、BSC 软件联合设计，从多方面把控基坑的安全。本项目利用理正深基坑软件进行剖面计算，采用 BSC 软件进行支撑的平面有限元计算，同时利用数值模拟软件对各个工况下支护结构及地铁结构的位移、受力进行计算，全方位、多角度地确保地铁结构的安全。

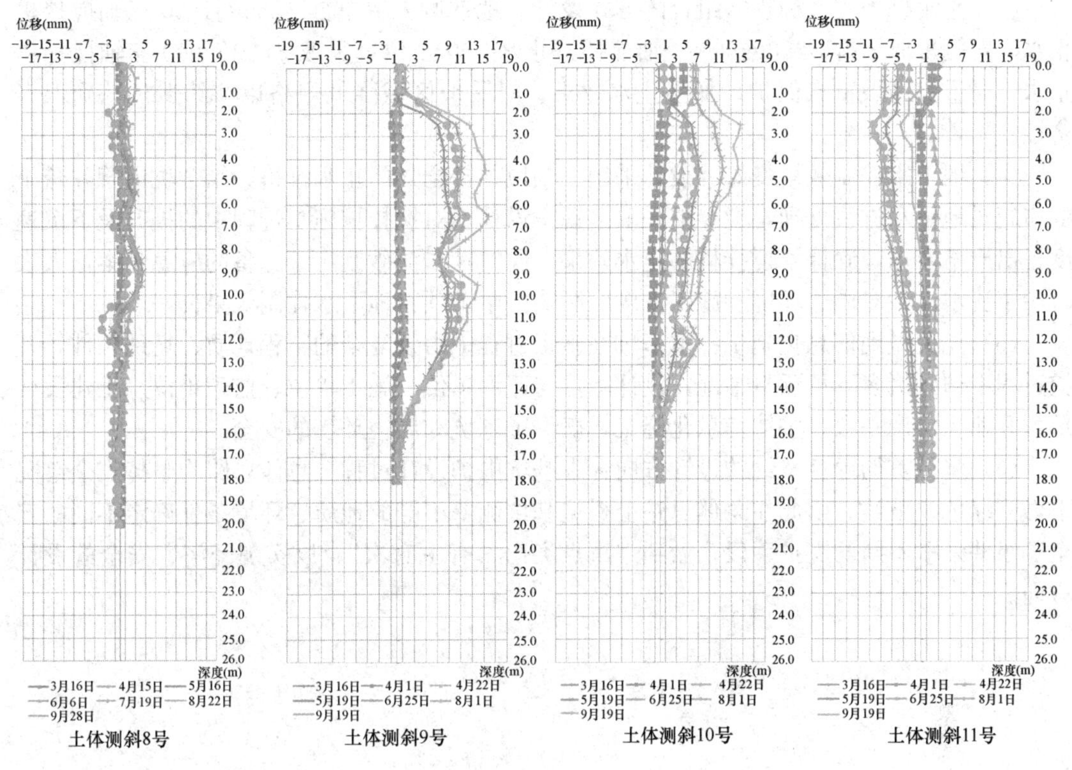

图 13　基坑开挖过程及开挖到底后桩身测斜曲线

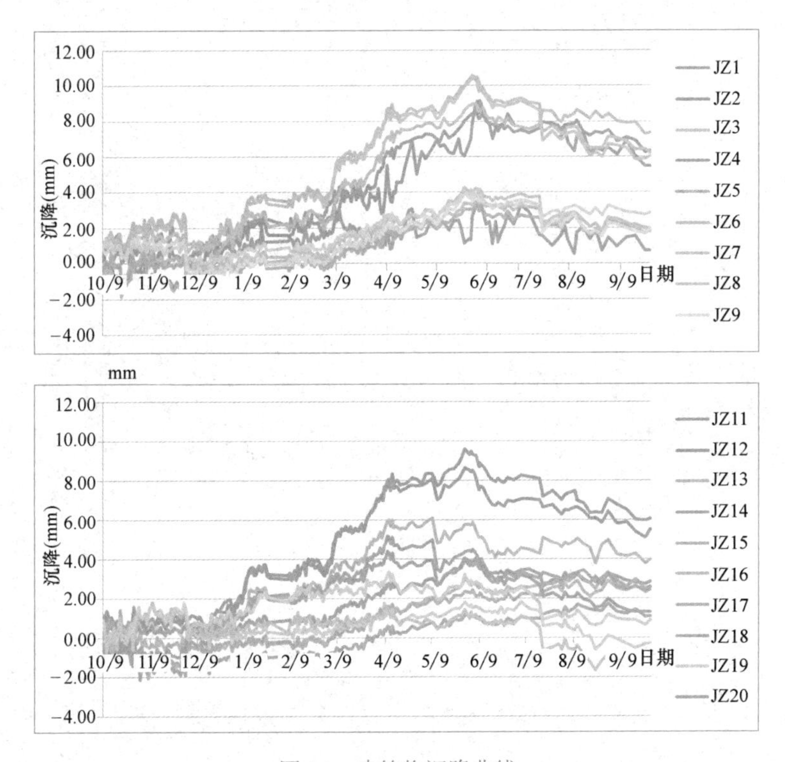

图 14　建筑物沉降曲线

（3）止水桩采用多种规格组合的方式设计，地铁侧采取单排 ϕ850@1200 三轴搅拌桩止水，南侧采取 3 排 ϕ850@600 三轴搅拌桩止水，其余位置采取 ϕ650@900 三轴搅拌桩止水。对重点区域重点保护，加强止水效果，对一般区域降低规格以节约造价，确保经济性。

（4）地下水控制效果良好：设计采用三轴搅拌桩全封闭止水帷幕，结合坑内管井疏干的措施对地下水进行处理，搅拌桩采取多规格设计，对搅拌桩施工过程中的提升及下沉速度提出严格要求，确保了搅拌桩的止水效果。同时针对流砂制定了完备的应急预案，大大减少了流水流砂对周边环境和施工进度的影响。整个项目地下水控制效果良好。

（5）充分做到信息化施工：本基坑在施工过程中由于复杂的工程地质、场地条件，开挖过程中遇到诸多不可预料情况，设计单位与监测单位、施工单位、监理单位、土建设计单位和业主协调一致，坚持信息化施工，确保了基坑和周边环境的安全。

（6）坚持贯彻绿色节约的设计方向：本基坑围护设计过程，总体思路为坚持安全情况下做到绿色、节约。因此在总体思路上根据基坑侧壁不同的地质、环境条件确定不同的安全等级并采取不同的支护手段，做到“重点突出、有主有次”，以实现经济、安全的设计方向。

实例35 绿地天空树南区深基坑工程

一、工程简介

绿地天空树为结合无锡轨道交通1号线雪浪地面停车场建设的TOD（Transit Oriented Development）立体城市住宅小区。小区总建筑面积60万m^2，旨在以人居为核心，集立体交通、立体生态、立体建筑、立体生活于一体。

场地内为已建轨道交通1号线雪浪地面停车场，已建停车场呈酒瓶形，南侧“瓶身”位置为地上2层，北侧“瓶颈”位置为地上1层。“瓶身”2层平台上为在建8层1～14号楼。场地东侧规划道路平湖路下为在建1号线南延线（盾构区间）及雪浪坪站（地下站）。整个项目用地围绕雪浪地面停车场，建成后将停车场隐入裙楼，形成与地块形状一致的统一地台。

本次进行基坑设计的南区白地位于整个地块东南角，已建雪浪停车场2层“瓶身”东侧，规划平湖路及在建轨道交通1号线西侧，在建轨道交通1号线雪浪坪站南侧，具区路北侧（图1、图2）。

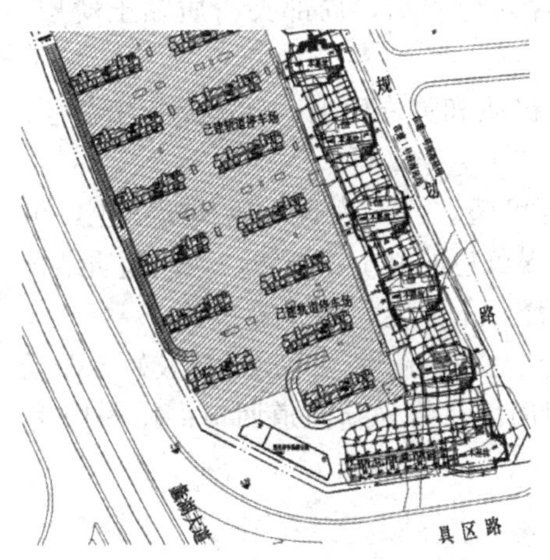

图1　项目总平面图

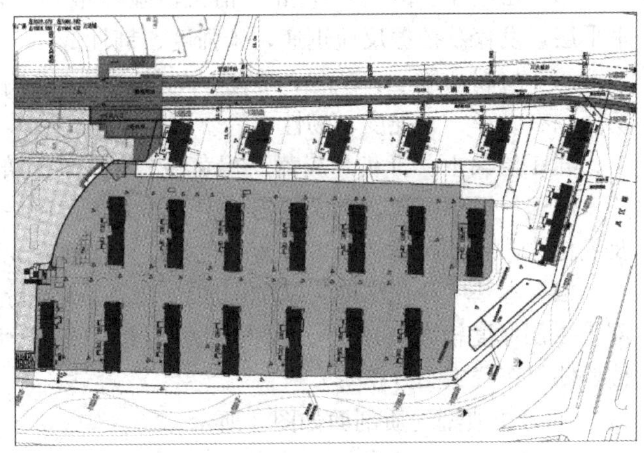

图2　15～20号楼与轨道关系平面图

南区白地建筑设于2层裙楼之上，设有6幢33+2层高层住宅，1幢11层小高层住宅。整个反L形2层裙楼与已建雪浪地面停车场通过天桥形成同一标高的整体。裙楼地上1层为商业及车库，2层为车库。仅在15～20号高层塔楼下设有地下室，为非机动车库及设备用房。已建雪浪地面停车场与本次建筑物±0.00均为2.63m。

15～20号高层塔楼基础采用1800mm筏板与700mm钻孔灌注桩。大部分位置板面标高为−4.60m，板底标高为−6.50m。无地下室的 2 层裙楼部分采用桩承台与 700mm 钻孔灌注桩，承台底标高−1.50m 左右。

15～19 号楼西侧消防通道，地面标高为 0.00。15 号楼北侧基坑外侧标高按 1.10m 考虑。东侧规划平湖路，现状为施工道路，地面标高为−0.50m。裙楼基础位置按统一卸土至−1.00m 考虑。实际裙房开挖较浅，不足 1m。塔楼深基坑开挖深度 6～7m。

本项目实际开挖 6 个塔楼基坑，单个高层塔楼基坑坡底线平面尺寸为 35m×25m，周长约为 120m，基坑平面面积约 650m^2。

二、工程地质与水文地质概况

1. 工程地质条件

根据《无锡雪浪坪地铁上盖项目（南区白地）岩土工程勘察报告》（以下简称《岩土工程勘察报告》），土层分布情况如下所示：

①-1 层杂填土：杂色、灰色、黄灰色，松散。上部为碎砖、水泥块、石块、碎瓦等建筑垃圾，局部地段有 10～20cm 的水泥地坪，下部以软塑的黏性土为主；局部以耕土为主，松散，浅部含植物根系，中下部以黏性土为主。

③-1 层黏土：褐黄色～灰黄色，可塑～硬塑。含铁锰质结核及其氧化物，夹蓝灰色条纹。切面有光泽，干强度、韧性高。

③-2-1 层粉土：灰黄色～灰色，中密～稍密，湿～很湿。局部层顶夹可塑灰黄色粉质黏土，含云母碎屑，夹粉质黏土和粉砂薄层。摇振反应迅速，干强度、韧性低。

③-3-1 层粉质黏土：灰色，软塑，局部可塑或流塑。含腐殖物和贝壳碎屑，夹粉土薄层。切面稍有光泽，干强度、韧性中等。

③-3 层粉土：灰色，中密～稍密，湿～很湿。含云母碎屑，局部夹粉质黏土薄层，水平层理发育。摇振反应迅速，干强度、韧性低。

⑤-1 层粉质黏土：灰色，软塑，局部流塑。含有机质和贝壳碎屑，局部夹粉土薄层。切面稍有光泽，干强度、韧性中等。

⑥-1 层黏土：青灰～灰黄～褐黄色，硬塑，局部可塑。浅部为青灰色粉质黏土，可塑～硬塑，局部可塑，含腐殖物；中下部为灰黄色～褐黄色的黏土，硬塑，含铁锰质结核及氧化物，局部含姜结石，夹蓝灰色条纹。切面有光泽，干强度、韧性高。

根据本基坑开挖深度，基坑坑底位于③-2-1 层粉土。基坑侧壁③-1 层土质较好，但局部①-1 层厚度较大（18 号、19 号、20 号楼中部暗河回填，将来新河道回填；15～19 号楼西侧停车楼施工开挖等）。

16 号楼典型地质剖面如图 3 所示。

2. 地下水分布概况

场地上部杂填土中的地下水，属上层滞水～潜水，主要接受大气降水及地表渗漏补给，其水位随季节、气候变化而上下浮动，正常年变幅在 0.8m 左右。一般说来旱季无水，雨季会有一定地下水。本次勘察测得水位标高在 1.76～2.97m。

③-2-1 层粉土和③-3 层粉土中的地下水，属微承压水，补给来源主要为横向补给及上部少量越流补给。测得的该层水位标高在 1.76～2.12m。本基坑大面积坑底进入该层承压含水层。

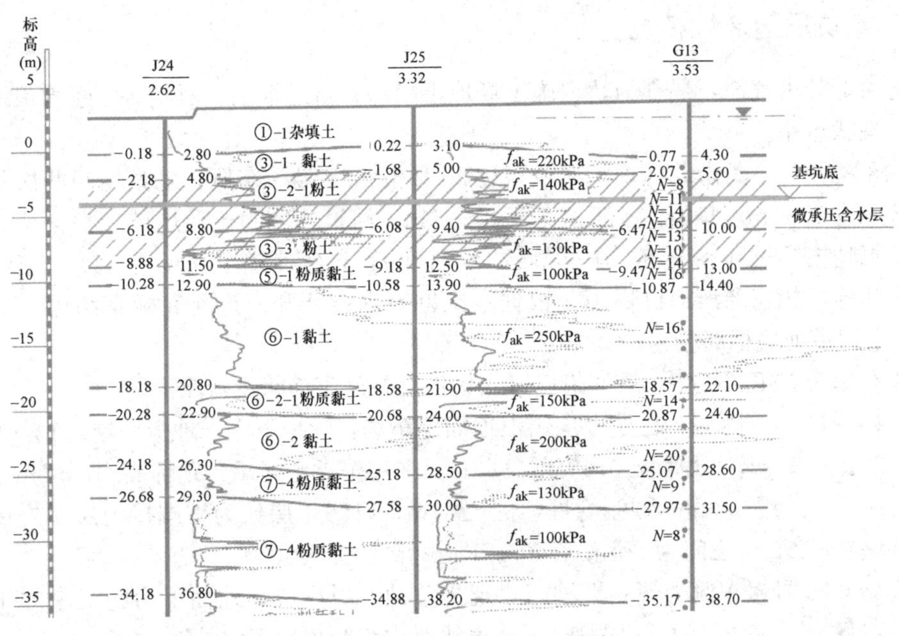

图3 典型地质剖面（16号楼）

3. 岩土工程设计参数

根据《岩土工程勘察报告》，本项目主要地层岩土工程设计参数如表1及表2所示。

场地土层物理力学参数表 **表1**

编号	地层名称	含水率	孔隙比	液性指数	重度	固结快剪(C_q)	
		w(%)	e_0	I_L	γ(kN/m^3)	c_k(kPa)	φ_k(°)
①-1	杂填土				16.0	8.0	8.0
③-1	黏土	25.9	0.729	0.21	19.5	58.9	17.4
③-2-1	粉土	31.3	0.869	1.38	18.6	14.1	26.6
③-3-1	粉质黏土	30.4	0.870	0.87	18.6	16.3	15.8
③-3	粉土	30.9	0.857	1.50	18.7	15.1	29.8
⑤-1	粉质黏土	34.4	0.962	1.19	16.0	8.0	8.0
⑥-1	黏土	25.3	0.707	0.16	19.7	63.2	18.6

场地土层渗透系数统计表 **表2**

编号	地层名称	垂直渗透系数 k_V(cm/s)	水平渗透系数 k_H(cm/s)	渗透性
①-1	杂填土			
③-1	黏土	2.73E-07	3.22E-07	极微透水
③-2-1	粉土	3.59E-05	6.03E-05	弱透水
③-3-1	粉质黏土	7.18E-06	7.81E-06	微透水
③-3	粉土	6.78E-05	1.22E-04	中等透水
⑤-1	粉质黏土	4.38E-06	4.26E-06	微透水
⑥-1	黏土	2.19E-07	5.74E-07	极微透水

三、基坑周边环境情况

场地大部分为荒地，局部为轨道施工场地。局部有新近堆土。西侧靠已建雪浪地面停车场为一现状道路。

场地东南侧有一条南北向现状河道穿过20号楼、21号楼东侧，勘察期间两次测得水面标高分别为1.44m、1.21m。河道宽度8～10m，河道两侧为土质岸坡。根据调查，该河道原从场地内穿过（18号东，19号西，21号东），近年改道至现位置，新河道两端仍与老河道相连，相应老河道已回填。根据本次勘察揭露新开河道河底标高约为－0.39～0.10m，老河道河底标高约为－1.65～－0.76m。

河道东岸为农田和村庄。该河道已进入场地，在施工前将进行改道。

(1) 15～19号楼西侧为已建2层雪浪地面停车场，无地下室，地上2层，1层为轨道停车场，2层为汽车库。地面±0.00为2.63m，采用桩承台，承台顶标高－2.60m，桩顶标高－3.80m。采用500mm预制管桩，桩长34m，以⑧-1层作为桩端持力层。外墙距离本基坑外墙9～15m。之间为一消防车道，车道标高约为±0.00。

(2) 15～20号楼东侧为规划平湖路，现为荒地、村庄等，地面下为施工中的1号线南延线雪浪坪—万达城区间（已洞通），轨道线路中线距离地下室外墙14m。

(3) 15号楼北侧为在建轨道1号线雪浪坪站基坑，西侧为2号风亭基坑，东侧为主体结构，地下室外墙距离2号风亭外墙仅5m。2号风亭基坑开挖深度约9m，采用800mm钻孔灌注桩＋850mm三轴搅拌桩＋1道混凝土支撑＋1道钢支撑。围护可使用净距仅1m左右。

雪浪坪站基坑正在施工，根据施工计划15号楼将在雪浪坪站施工完成后再进行施工。基坑施工前场地现，见如图4所示。

图4 基坑施工前场地现况

四、支护设计方案概述

1. 项目特点

(1) 基坑建筑结构特点：单个基坑面积小，深度较大。

(2) 场地周边条件：基坑周边条件复杂，3 侧均有已建、在建轨道设施。

(3) 土质情况：侧壁土质较好。但局部填土较厚。坑底进入粉土层。

(4) 地下水情况：基坑大面积已进入微承压含水层。

2. 基坑支护方案

场地西侧、北侧、东侧受轨道设施影响，距离较小，实际施工距离更小，变形控制要求高，总体思路采用围护桩加 1 道内支撑的方案。

大部分基坑在东西两侧有需要保护的建构筑物，而南北两侧为无地下室裙楼，故采用东西方向对撑，南北两侧放坡。支撑采用 450mm×450mm 格构式钢支撑。钢支撑安装方便、施工速度快，同时基坑尺寸较小，支撑跨度不大。16 号楼基坑围护平面如图 5 所示。

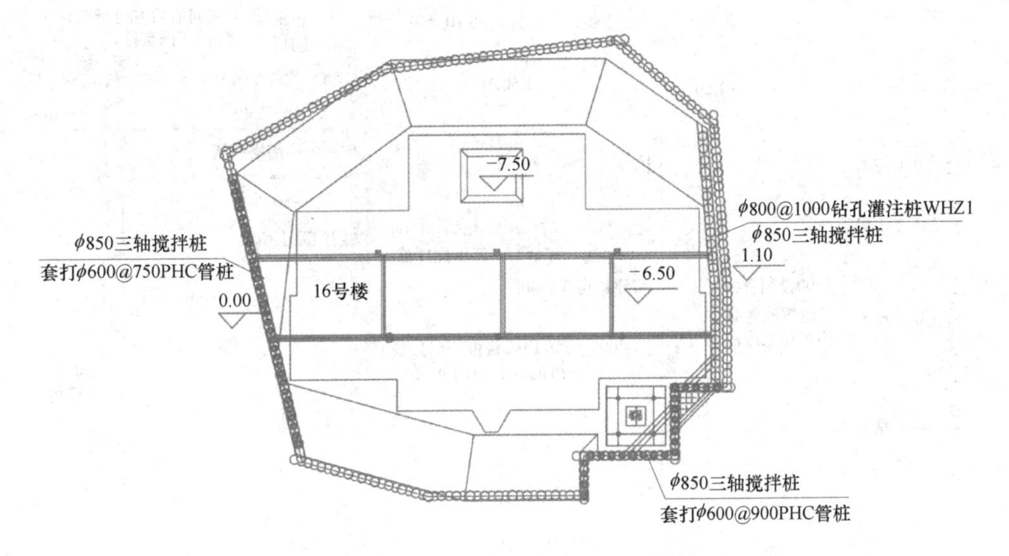

图 5 基坑围护典型平面图（16 号楼）

15～19 号楼西侧靠雪浪地面停车场，开挖深度 6.5m，填土较厚，采用围护桩+1 道支撑。由于施工距离狭小，采用 ϕ850 三轴搅拌桩内插 ϕ600@750 管桩。

15～20 号楼东侧靠在建轨道交通 1 号线盾构区间，开挖深度 6m，采用围护桩+1 道支撑，采用 ϕ800@1000 钻孔灌注桩。

15 号楼北侧距离在建轨道交通 1 号线南延线雪浪坪站，局部位置距离极小，开挖深度 7.6m，采用围护桩+1 道支撑，采用 ϕ900@1100 钻孔灌注桩，被动区加固。

15～20 号主楼其余位置大部分采用 1∶1 自然放坡。

3. 典型基坑支护结构剖面

15～18 号楼东、西侧支护结构剖面如图 6、图 7 所示。

4. 有限元模拟

为分析该项目的施工对地铁结构的影响，采用有限元法分析绿地天空树项目施工后其沉降位移场对地铁结构的影响。为了全面、系统地反映绿地天空树项目在施工过程中对周围岩土体及地铁结构的受力与变形的情况，采用 Midas GTS 建立了三维计算模型进行数值模拟（图 8、图 9）。数值模拟结果（图 10、图 11）满足轨道变形控制要求。

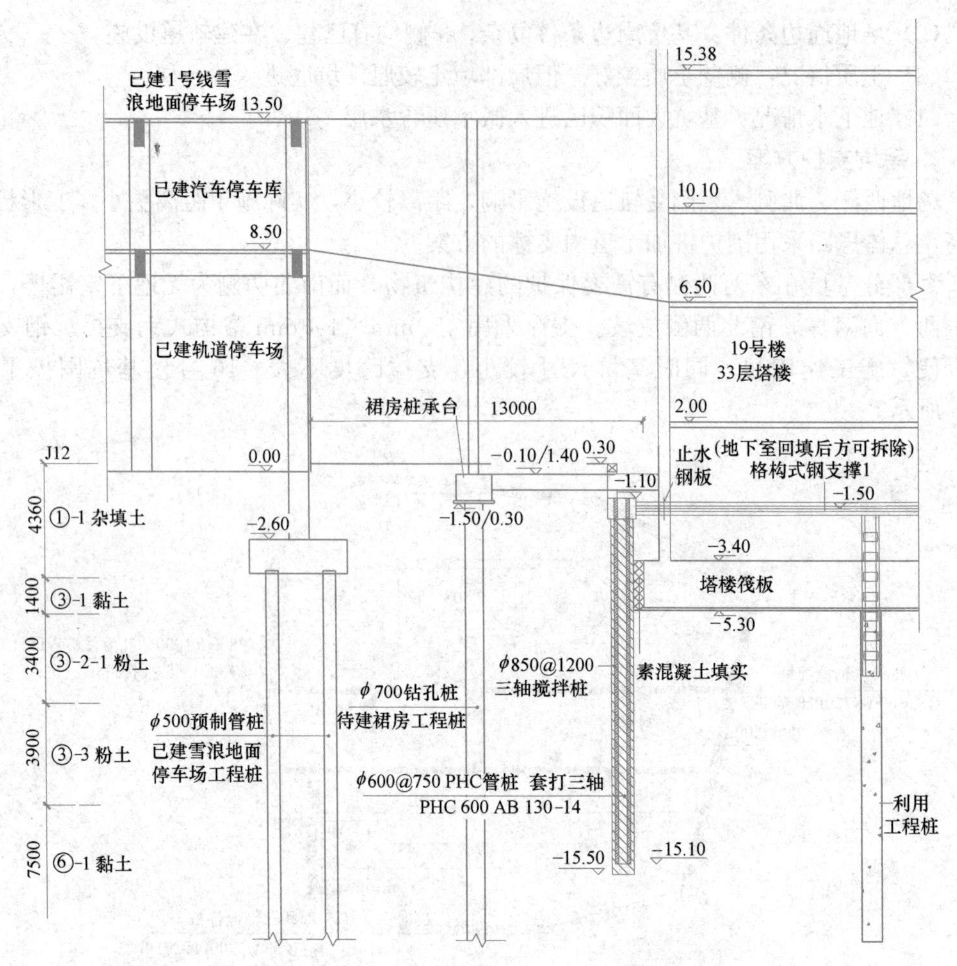

图 6 基坑支护结构典型剖面（15～18 号楼西侧）

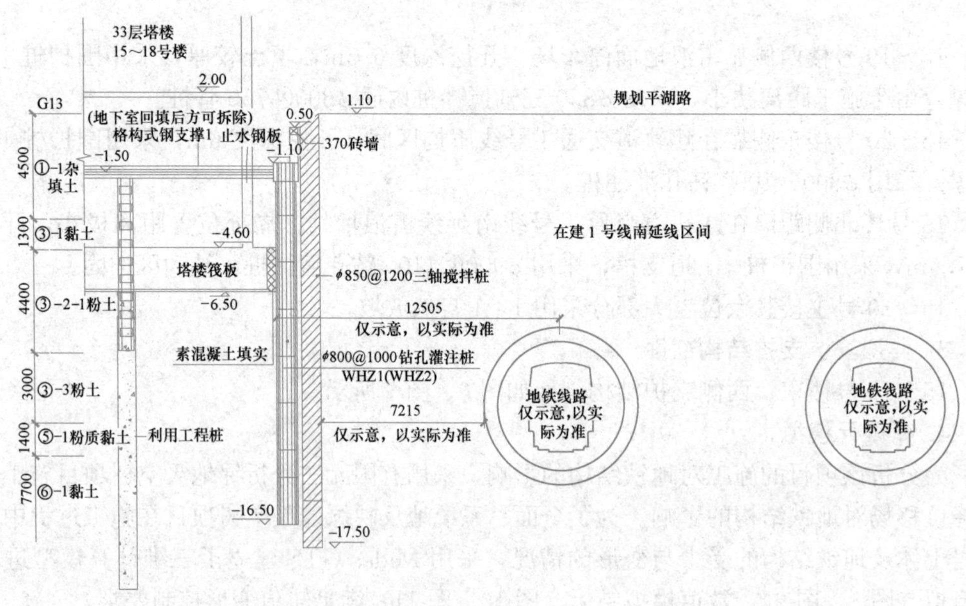

图 7 基坑支护结构典型剖面（15～18 号楼东侧）

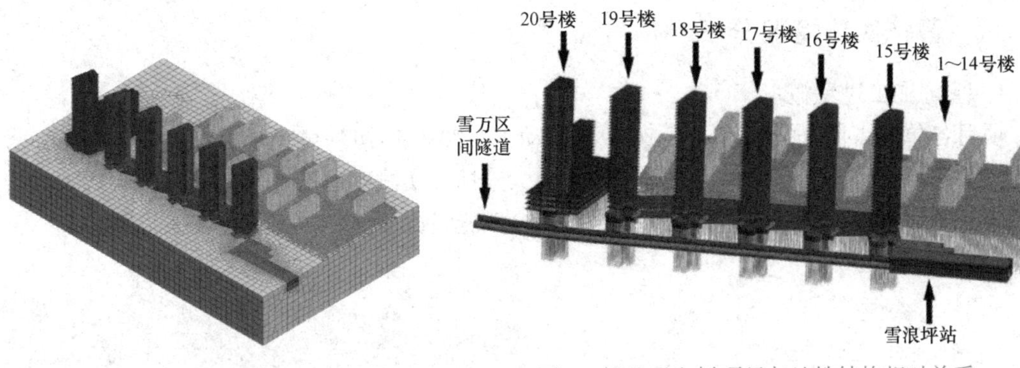

图 8 网格模型　　图 9 绿地天空树项目与地铁结构相对关系

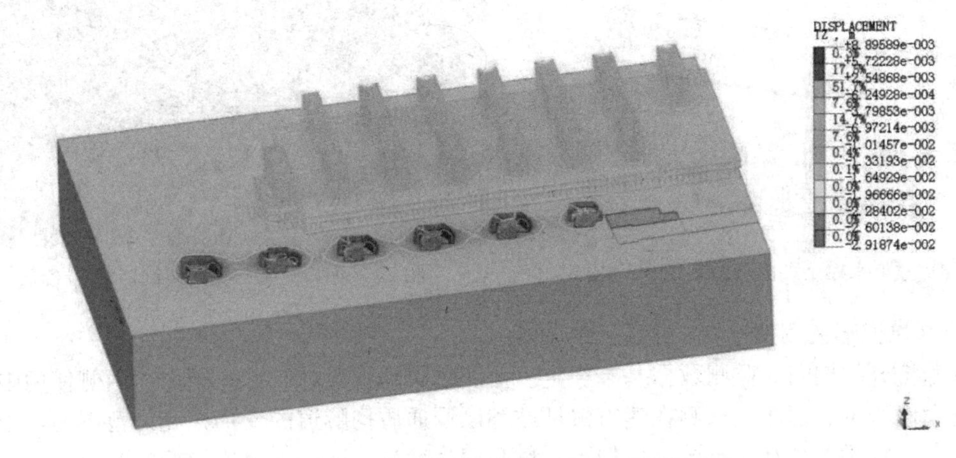

图 10 15～20 号楼基坑施工后地层沉降云图

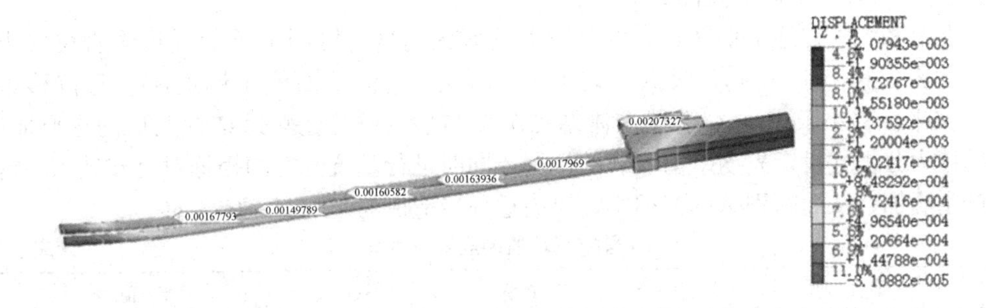

图 11 15～20 号楼基坑施工后地铁结构沉降云图

五、地下水处理方案

对每个主楼基坑采用全封闭止水帷幕，采用 ϕ850 三轴搅拌桩套打一周，桩底进入下部弱透水层⑥-1 层。15～19 号楼西侧结合围护结构采用 PCMW 工法三轴搅拌桩。15 号楼北侧三轴搅拌桩无法施工，采用桩间 2 排 ϕ800 高压旋喷桩，同时坑内采用被动区加固至⑥-1 层。

坑内采用管井降水，管井间距小于 20m，井底进入⑥-1 层。每幢主楼布置 6 口，单口控制面积约 110m^2。16 号楼地下水控制平面如图 12 所示。

六、基坑实施情况分析

1. 基坑施工过程概况

项目各单体塔楼分批施工，于2017年底动工，2019年初基坑全部回填。图13为16号楼基坑开挖至坑底实况。项目实施过程中无重大险情，实测变形均在规范许可范围内，周边轨道设施变形正常，雪浪地面停车场正常运行，实施情况良好。项目竣工实景见图14。

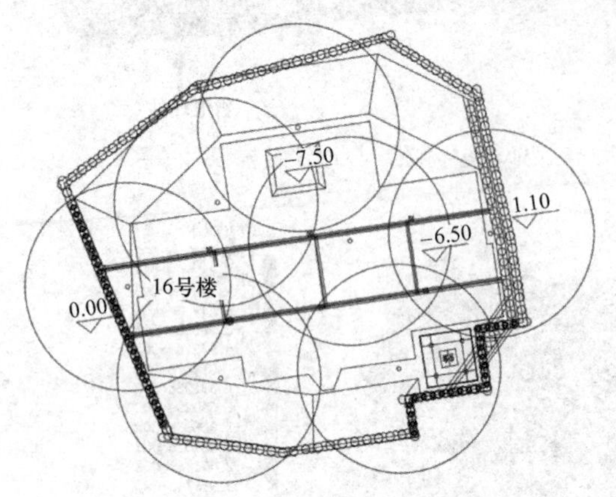

图12 地下水控制平面布置图（16号楼）

图13 基坑开挖至坑底实况（16号楼）

2. 基坑变形监测情况

在基坑开挖期间，监测数据基本稳定。监测结果均在设计允许范围内，西侧使用中的雪浪地面停车场、道床，东侧在建雪浪坪站和已洞通盾构隧道的变形在允许范围内，未出现险情，工程进展顺利，有效地保护了基坑和周边建筑、道路、轨道结构的安全。

典型16号楼基坑围护监测成果如表3所示。

在整个基坑工程施工期间，雪浪坪—万达城区间盾构区间上下行隧道垂直位移小于7mm，水平位移小于8mm，收敛变化－8～4mm。雪浪地面停车场道床垂直位移小于6mm，水平位移小于5mm。塔楼主体结构沉降亦是造成已建轨道结构变形的主要原因，由于塔楼为分批建设，先期结构加载的楼栋与同时进行基坑开挖的楼栋对已建轨道结构的影响产生叠加，从而甄别基坑工程实际对周边环境造成的影响有一定困难。

16号楼基坑监测成果一览表 **表3**

项目	最小值	最大值
围护桩桩顶沉降	3.87mm	4.77mm
围护桩桩顶水平位移	2.9mm	6.1mm
地表沉降	6.47mm	10.17mm
相邻已建雪浪地面停车场沉降	3.57mm	4.63mm
坑外水位变化	19.09cm	24.28cm
单孔深层最大水平位移	5.54mm	6.81mm

七、本基坑实践总结

随着轨道交通的发展，以公共交通作为向导进行土地开发（TOD，Transit Oriented

图 14 项目竣工实景

Development）的理念受到各方面的重视。但在我国，相较于轨道交通发展的蓬勃之势，TOD 项目的发展仅处在起步阶段，特别是真正实现土地集约利用的一体化建设的车站综合体或社区中心的项目并不多。

作为无锡首个利用轨道停车场的 TOD 项目，绿地天空树项目获得了成功，加强了土地集约利用，拉动了地区的整体更新，优化了城市结构，为后续项目的开发树立了标杆。

本基坑工程为整个项目中一个重要的环节。建筑结构条件不同于普通住宅小区，而周边环境更是复杂，加之对轨道保护的特殊要求，需要选择足够安全的基坑支护设计方案，同时又需要兼顾施工便利性与经济性。本项目通过精心设计施工，取得了较好的效果，达到了“安全、便捷、经济”的目标。

TOD 项目涉及不同功能建筑的叠加，基坑设计与施工难度大。即使是总体规划的综合开发项目，也会因为不同功能建筑建设周期不同造成时序错位和周边环境的复杂，使后续建设部分的基坑工程难度加大（如本项目）。而对于原独立建设的轨道车站或停车场的综合业态利用改造，其围护设计和施工更是困难重重。相关问题值得设计人员研究探讨。

实例 36

蠡湖香樟园 2-5 地块深基坑工程

一、工程简介

本工程位于无锡市滨湖区，太湖大道南侧，中南西路北侧，鸿桥路东侧。西北为伸入场地用地范围内的规划轨道交通 5 号线。该项目主要建筑物为 4 栋 44 层超高层住宅和 8 栋多层洋房，地下设 1～2 层大车库。用地面积 48099m^2。

1 层地下室开挖深度为 5.25m，2 层地下室开挖深度为 9.25～11.25m（不包括周边坑中坑），基坑周长约为 780m，基坑总面积约 34500m^2。

项目总平面图和拟建项目效果如图 1、图 2 所示。

图 1　项目总平面图

图 2　项目效果图

二、工程地质与水文地质概况

1. 工程地质简介

本工程场地在勘探深度内上部为第四纪冲积层，属长江中下游冲积层，下部为基岩，基岩年代根据区域地质资料初步推断在二叠系～白垩系。在 90m 深度内所揭露的岩土层，按其沉积环境、成因类型，以及土的工程地质性质，自上而下分为 11 个层次。

各土层的特征描述与工程特性评价如下：

① 层素填土：杂色，结构松散，成分较复杂，均匀性差。工程特性差。

②-1 层粉质黏土：黄色，硬塑状态，含铁锰质结核及高岭土条带，局部为黏土，土质较均匀，切面有光泽，韧性、干强度高。

②-2 层粉质黏土：黄褐色，可塑状态为主，局部粉性高，切面稍有光泽，韧性、干强度中等。

③-a 层粉土：灰色，饱和，稍密状态为主，含云母屑。摇振反应迅速，无光泽反应，韧性、干强度低。③-a 与③层呈相变关系，渐变过渡，粉性逐步变化。

③层粉质黏土：灰色，软塑～流塑状态为主，局部夹较多粉土，无光泽反应，干强度、韧性偏低。

④-1 层粉质黏土：灰绿～灰黄色，可塑（+）状态为主，层顶土体松散，该土层颗粒较细，切面有光泽，干强度高，韧性高。

④-2 层粉质黏土～黏土：灰黄色，硬塑状态为主，该土层颗粒较细，切面有光泽，干强度高，韧性高。

④-3 层粉质黏土：灰黄～青灰色，可塑状态为主，切面稍有光泽，韧性、干强度中等。

⑤-1a 层粉土～粉砂：灰色，饱和，中密状态为主，含云母屑。摇振反应迅速，局部含粉砂，无光泽反应，韧性、干强度低。

⑤-1 层粉质黏土：青灰色，可塑～软塑状态，切面稍有光泽，干强度中等，韧性中等。

⑤-2 层粉质黏土：灰色，软塑～流塑状态，局部为淤泥质粉质黏土，切面稍有光泽，干强度、韧性中等。

基坑开挖影响范围内典型地层剖面如图 3 所示。

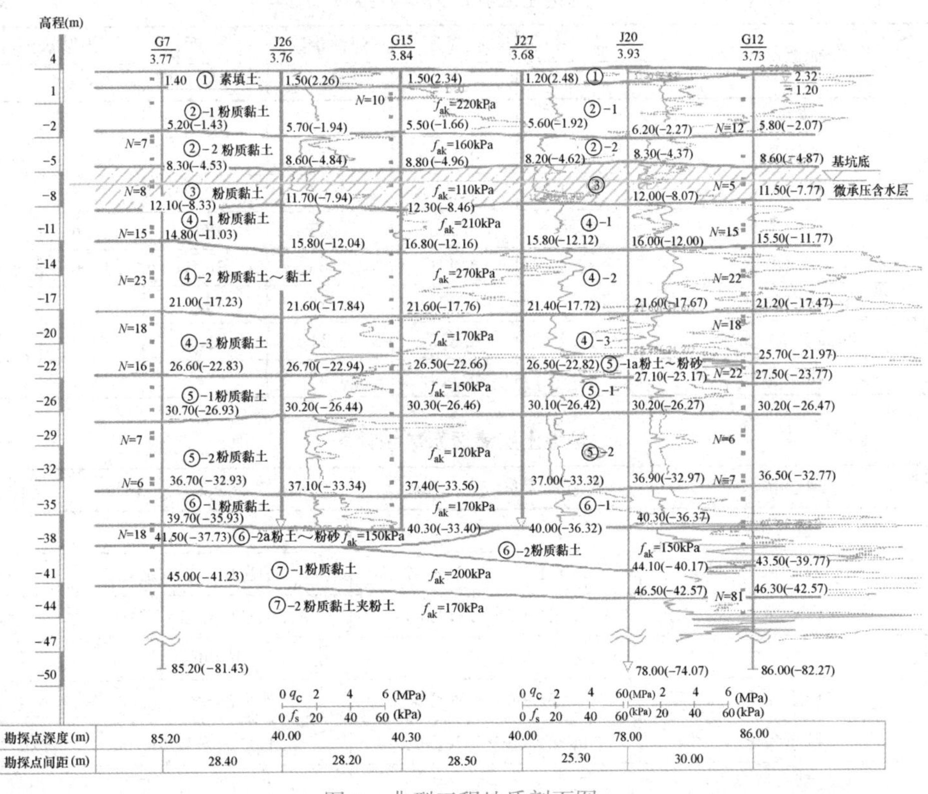

图 3　典型工程地质剖面图

2. 地下水分布概况

勘察期间测得在场地南侧丁昌桥浜水面标高为1.45m，水深2m左右，河道宽度20m左右。2-6地块勘察时于2012年8月测得水面标高为1.83m。根据资料，靠近地块侧驳岸采用浆砌块石重力式挡墙（驳岸顶标高为4.10m左右），远离地块侧驳岸采用悬臂钻孔灌注桩外挂贴面。

场地勘探深度范围内主要含水层有：

（1）场地上部表土中的地下水，属上层滞水～潜水，主要接受大气降水及地表渗漏补给，其水位随季节、气候变化而上下浮动，正常年变幅在0.8m左右。一般说来旱季无水，雨季会有一定地下水。本次勘察测得水面标高在2.90～3.44m。勘察期间测得场地内河道水位1.45m，该层潜水与河水有一定水力联系。

（2）②层粉质黏土、③层粉质黏土（局部粉性强）、③-a层粉土中的地下水，属微承压水，补给来源主要为横向补给及上部少量越流补给。其中③-a层粉土在场地南侧分布，对基坑开挖影响较大。野外勘察过程中，选择了部分钻孔，采用套管隔断上部素填土层，干钻至③-a层或③层静止12h后（第二天）测量水位，测得的该层水位标高在0.52～1.14m，该水位基本反映了该段微承压水稳定水位。

（3）本场地中下部⑤-1a、⑥-2a等层中的地下水均属承压水。上述层位上覆较厚粉质黏土和黏土层，对基坑开挖影响不大。

3. 岩土工程设计参数

根据岩土工程勘察报告，本项目主要地层岩土工程设计参数如表1及表2所示。

场地土层物理力学参数表 表1

编号	地层名称	含水率	孔隙比	液性指数	重度	固结快剪(C_q)	
		w(%)	e_0	I_L	γ(kN/m^3)	c_k(kPa)	φ_k(°)
①	素填土				16.0	8	8
②-1	粉质黏土	24.6	0.687	0.17	19.7	62.9	17.2
②-2	粉质黏土	30.1	0.837	0.64	19.0	31.5	14.5
③-a	粉土	31.2	0.875	1.07	18.6	16.6	17.8
③	粉质黏土	36.4	0.991	1.05	18.4	15.6	12.6
④-1	粉质黏土	25.6	0.724	0.28	19.5	57.4	16.5
④-2	粉质黏土～黏土	24.1	0.673	0.11	19.8	72.2	18.5
④-3	粉质黏土	27.6	0.774	0.43	19.2	44.7	14.9

场地土层渗透系数统计表 表2

编号	地层名称	垂直渗透系数k_V(cm/s)	水平渗透系数k_H(cm/s)	渗透性
①	素填土			
②-1	粉质黏土	7.15E-08～8.95E-07	1.01E-07～2.05E-06	微透水
②-2	粉质黏土	1.15E-07～1.15E-04	4.01E-07～2.95E-04	微透水
③-a	粉土	5.20E-06	8.20E-06	微透水
③	粉质黏土	4.75E-06～7.20E-05	7.20E-06～9.99E-05	弱透水
④-1	粉质黏土	9.20E-08～7.20E-05	2.15E-07～1.20E-04	极微透水
④-2	粉质黏土～黏土	5.95E-08～7.95E-08	7.95E-08～1.20E-07	极微透水

三、基坑周边环境情况

（1）场地北侧为太湖大道，地下室外墙距离用地红线约19m，距离太湖大道人行道约68m，红线至人行道边为宽约48m绿化带，绿化带靠人行道一侧地下有雨水、电信、电力等市政管线，靠地下室一侧未见地下管线，地下室距离用地红线5～10m，距离现状围墙8.5～12.0m。

（2）场地西侧为鸿桥路，该侧有从太湖大道拐向鸿桥路的轨道交通5号线，地下室距离轨道交通线最近约17m，该侧北段地下室为避让轨道线，距离用地红线较远，南段地下室距离用地红线及现状围墙约8m，用地红线与鸿桥路之间为宽约20m的绿化带，绿化带下有燃气管线，距离地下室最近约15m，人行道下有雨水、电力等市政管线。

（3）场地东侧为规划道路，目前为施工道路，地下室外墙距离目前道路边线最近处约11m。

（4）场地南侧为中南西路，地下室外墙距离人行道边广告围挡约30m，丁昌桥浜在场地中部位置从中南西路南侧向北经过中南西路后向东延伸。地下室外墙距离河道拐弯位置最近约9.5～12.0m，南侧有一高压电缆线沿现有桥梁通往场地拐向西侧，埋深6～7m。

四、支护设计方案概述

（一）本基坑的特点及方案选型

1. 基坑特点

（1）本基坑分一期和二期开发，一期为多层住宅下设满铺1层地下室、二期为高层住宅下设满铺2层地下室，一、二期交界位置结构设计为直立开挖。根据业主要求，施工工序为先一期后二期，基坑施工属于先浅后深，高差接近5m。

（2）一期与二期分界线极不规则，导致二期基坑轮廓非常复杂，多个阳角连续出现，对支护结构受力影响很大；同时一期建筑除地库有抗拔桩外主楼均为天然地基，二期开挖对其影响很大。

（3）二期开挖深度比较大，南侧距离丁昌桥浜不足8m，该河浜是蠡湖新城重要排洪通道，其驳岸采用混凝土悬臂挡墙，需重点控制变形进行保护。

（4）二期基坑西侧紧邻规划地铁线路，根据轨道交通结构安全保护部门意见西侧不能采用放坡或者锚索等常规支护手段，以免影响后期地铁施工。

2. 支护重点和难点

（1）一期住宅先行施工，与二期垂直高差接近5m并且位于软土区，高低差处基坑支护不仅需考虑二期施工还要确保一期建筑安全；

（2）南侧靠河道很近，基底位于河道下5～6m，河道基底接近软土粉质黏土，对河道驳岸的保护及防止河道渗水是本基坑重难点；

（3）西侧后期有规划地铁，对支护方案的选择有一定要求，需兼顾经济与后期地铁保护要求。

3. 本基坑支护方案

（1）1层地下室部分采用放坡开挖：北侧、西侧及南侧采用自然放坡开挖；东侧为保留施工道路，采用放坡土钉墙支护，充分发挥经济性；

（2）1、2层地下室交界位置施工顺序为先浅后深，因此1～2层地下室交界位置预先将管桩与一期抗拔桩同步施工作为支护桩，桩顶设置拉筋锚入先施工的1层地下室底板内，既保证了基坑安全又发挥了管桩经济性好的特点，体现了设计的统筹性；

（3）西南角既要考虑地铁保护也要考虑河道保护要求，且开挖深度较大，采用灌注桩＋1道混凝土角支撑支护，充分借助基坑形状实现了针对性设计；南侧则考虑河道保护，在一期底板预先施工牛腿，采用支撑对撑方案，减少了大量围护桩，具有刚度大、经济性好的特点；

（4）西侧北段：该侧场地空旷，因此采用上部卸土，下部钻孔灌注桩悬臂支护；

（5）止水与排水设计：本基坑经仔细研究地层，大胆采用高压旋喷桩进行止水；基坑内局部布置无砂管井降水，同时采用排水沟＋集水井疏干坑内明水，基坑降排水效果良好。

（二）基坑支护结构平面布置

根据选型分析思路，基坑支护结构平面布置如图4所示。

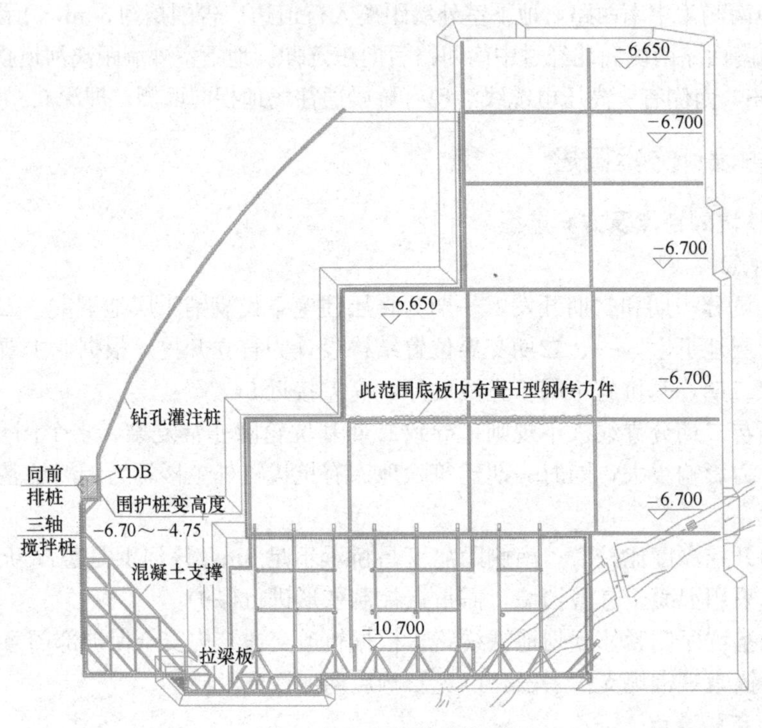

图4 基坑支护结构平面图

（三）典型基坑支护结构剖面

本基坑典型支护剖面如图5、图6所示。

（四）一、二期高低差处理方案

本基坑由于开发进度需要，首先施工一期多层建筑部分，然后再施工二期高层住宅区域。一期部分为1层地下室，二期为2层地下室，高低差5.2m，需直立开挖。

按照本地区常规支护方案，一期完成后施工二期深基坑，需采用钻孔灌注桩＋1道支撑，支撑设置于一期底板牛腿上，待中板完成后拆换支撑。本方案比较成熟可靠，但缺点是工期长，造价高。

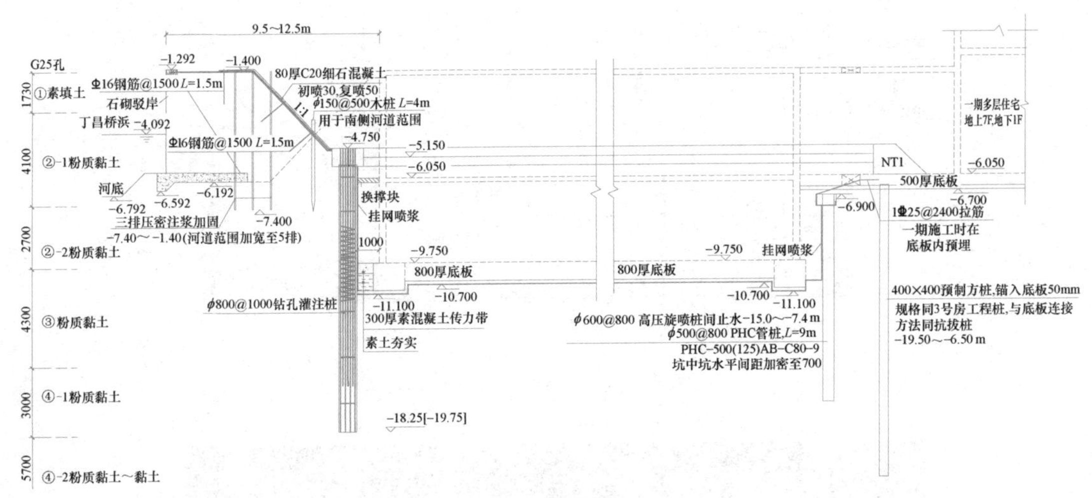

图5　基坑东侧典型支护剖面

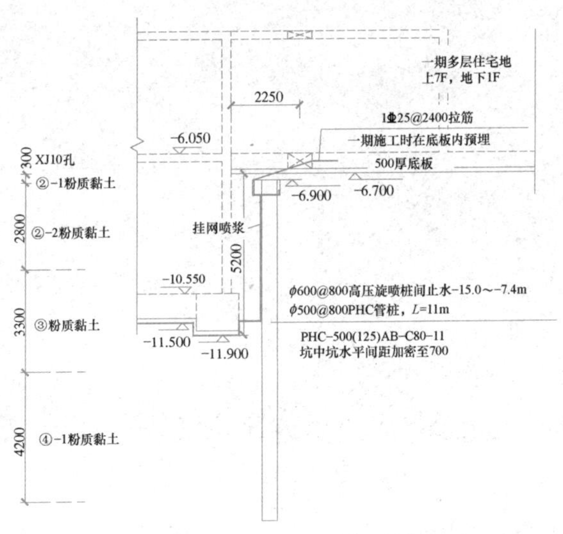

图6　基坑一般位置典型剖面

本次结合二期2层地下室不同部位特点，对一、二期高差部位进行了针对性设计。

(1) 关于支护桩：根据预先掌握的业主项目进度安排，提前在施工一期预制抗拔桩时同步施工高低差部分的支护桩，经计算采用PHC-500(125)AB-C80-9@800预应力管桩支护可满足变形控制要求，同时为防止支护桩对一期底板产生附加影响，其压顶梁低于一期底板200mm，上部用素土回填压实，如图6所示。

(2) 根据地勘报告分析，高低差部分桩间土以粉质黏土为主，其透水性不好，因此设计时大胆采用高压旋喷桩而非三轴搅拌桩进行桩间止水，随后高低差开挖时桩间采用细石混凝土挂网喷浆，此措施避免了一期施工时三轴搅拌桩机械再次进出场，加快了工期进度。

(3) 针对不同的部位，高低差支护桩支点系统采用不同的处理措施。在南侧沿河位置，考虑距离河道较近并且要保护河道驳岸，需采用支撑支护，此处基坑形状规则，跨度不大，因此采用在一期底板上设置混凝土牛腿形成对撑体系，位置如图7、图8所示。

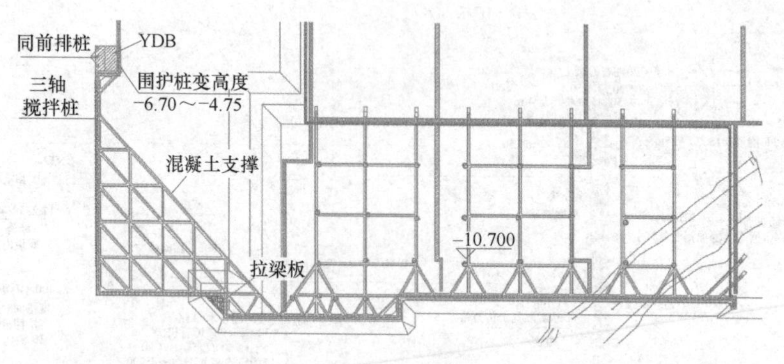

图 7 高低差对撑平面位置

图 8 对撑位置设计实况

对于一、二期其余高低差位置，设计采用混凝土压顶梁上预留钢筋，后期锚入一期底板方式作为支护桩变形控制措施，如图 9、图 10 所示。

图 9 一、二期高差处理实况

（五）基坑变形有限元分析

本基坑开挖深度 10.7m，采用 1 道支撑，对支护桩变形后地面沉降采用有限元法进行了模拟计算。

(1) 计算模型尺寸按 X 方向 100m、Y 方向 50m 考虑，参数选择如下：

1）土体本构模型选择 HS-small 模型，参数根据地勘报告确定；

2）排桩等效为连续墙，采用刚度等代法；

3）支撑刚度按实际支撑选择；

4）箱涵采用板模型，刚度按实际建模。

（2）计算方法采用增量法，首先施加建筑物荷载并采取位移置零模拟地层初始应力场，后续根据实际工况模拟开挖过程。考虑到软土变形较大，采用拉格朗日弧长法改进计算精度模拟网格大变形。

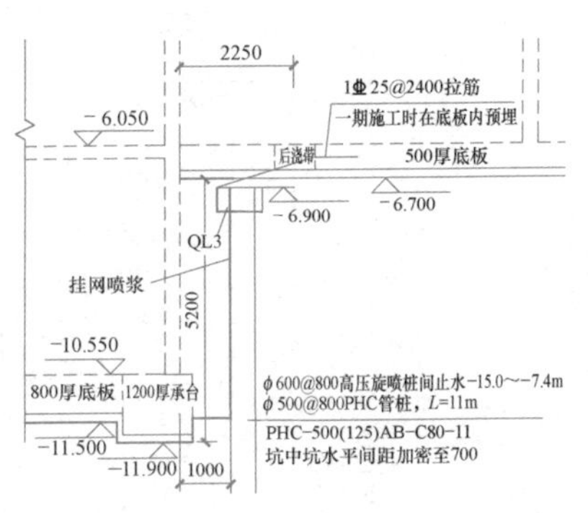

图 10　一、二期高低差设计处理做法

根据计算结果（图 11～图 13），本基坑 1 道支撑开挖到底地面沉降 13.52mm，小于设计 20mm 要求，基坑对周边环境影响是可控的。

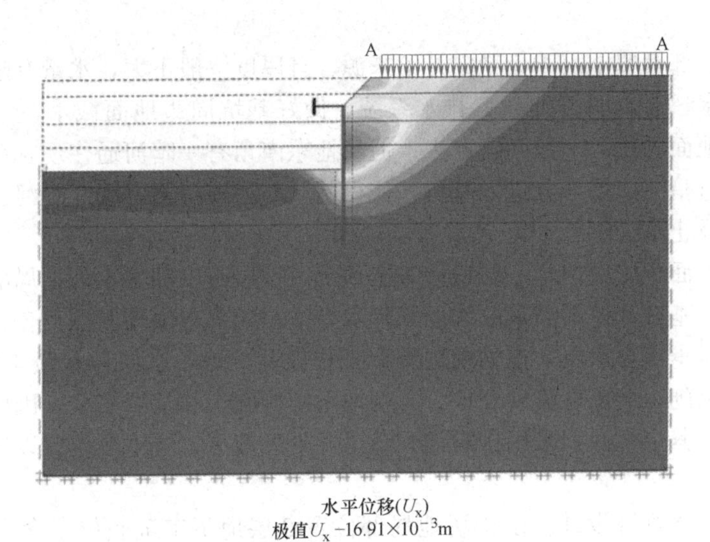

图 11　开挖到底水平位移云图

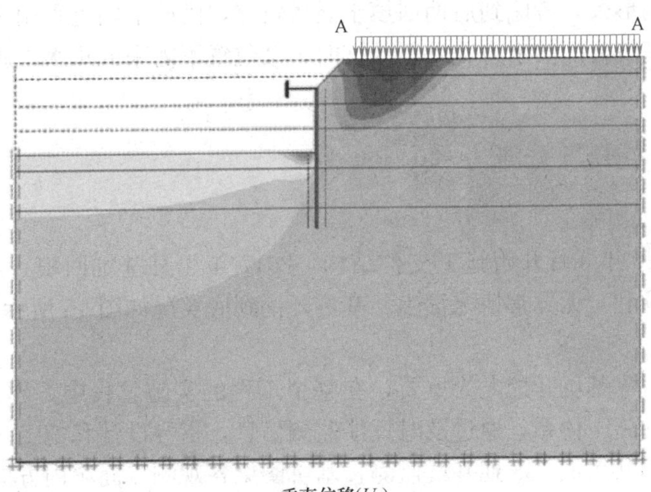

图 12　开挖到底竖向位移云图

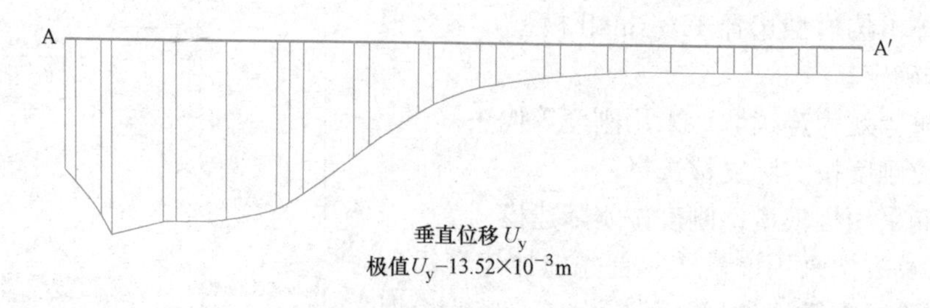

图 13 地面沉降图

五、地下水处理方案

从勘察报告及附近地区的工程实践经验来看，本工程基坑围护设计地下水处理应注意以下几点：

（1）基坑上部素填土由于无稳定补给来源，且厚度一般不大，水量有限，因此妥善做好填土内的潜水～滞水明排即设置排水系统、做好基坑周边地面截水——设置环向截水沟，同时做好地面硬化，一般问题不大；但场地东南角有一暗河通往现状河道，基坑开挖后河水可能通过暗河回填部分进入基坑，使得基坑与河道贯通，因此暗河位置需采用压密注浆进行加固及止水。

（2）基坑大面积坑底位于③层粉质黏土顶部，该层土以黏性土为主局部夹有粉土，含水量一般不大，基坑开挖不需采取大面积降水措施；局部东南角及西侧南段坑底位于③-a层粉土中，为微承压含水层，根据周边类似工程经验，该含水层含水量丰富，渗透性大，如不采取降水措施，会出现流砂现象，影响地下结构施工和基坑安全，因此在粉土层位置采取降水措施，其余大面积采用排水沟和疏干井处理即可，坑中坑位置以轻型井点作为备用降水措施。

（3）防水隔水帷幕设计。由于场地局部位置 2 层地下室坑底位于含水层中（基坑西侧），为防止流砂，采用高压旋喷桩进行止水；场地南侧紧靠河道，其驳岸为重力式挡墙，施工时采取放坡的形式，考虑到后期回填土质量较差，因此南侧也采用高压旋喷桩止水措施，切断河水与基坑之间的水力联系；开挖时其余位置不需采取止水措施。地下水控制平面布置如图 14 所示。

六、基坑实施情况分析

1. 基坑施工过程概况

本基坑于 2016 年 3 月开始施工支护结构，2017 年 4 月基坑回填，历时 13 个月，施工期间总体进展顺利，无异常情况发生。基坑开挖到底实况如图 15 所示。

2. 基坑变形监测情况

信息化施工对深基坑开挖尤为重要，在整个工程的实施过程中，建立了监测、设计、施工三位一体化的施工体系，通过及时反馈监测信息，指导设计和施工。

基坑施工期间共完成 188 期基坑监测，基坑圈梁各观测点向坑内方向最大水平位移为 10.24mm；边坡坡顶水平各观测点向坑内方向最大水平位移为 19.50mm，最大竖向位移为 13.45mm；立柱竖向位移隆起量最大为 3.89mm；深层土体向坑内方向最大位移为

16.32mm；驳岸最大水平位移为 4.22mm、驳岸最大竖向位移为 2.76mm；基坑水位最大变化量为 68cm，均未超出报警值。桩身测斜曲线如图 16 所示。

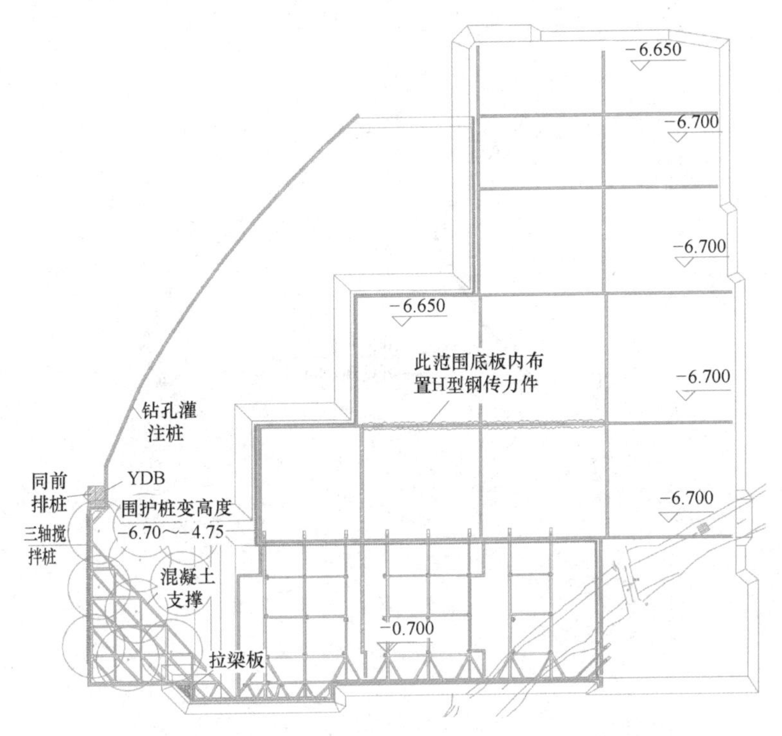

图 14　地下水控制平面布置图

图 15　基坑开挖到底实况

七、本基坑实践总结

本基坑支护，尤其在二期 2 层地下室开挖，由于预先在高低差位置采用管桩支护，并借助一期底板采取了牛腿、锚拉等措施，与常规灌注桩方案相比直接节省造价 400 余万元；并且由于合理设计一期先行施工，住宅可先行销售，更为建设单位节省了较大的财务成本。

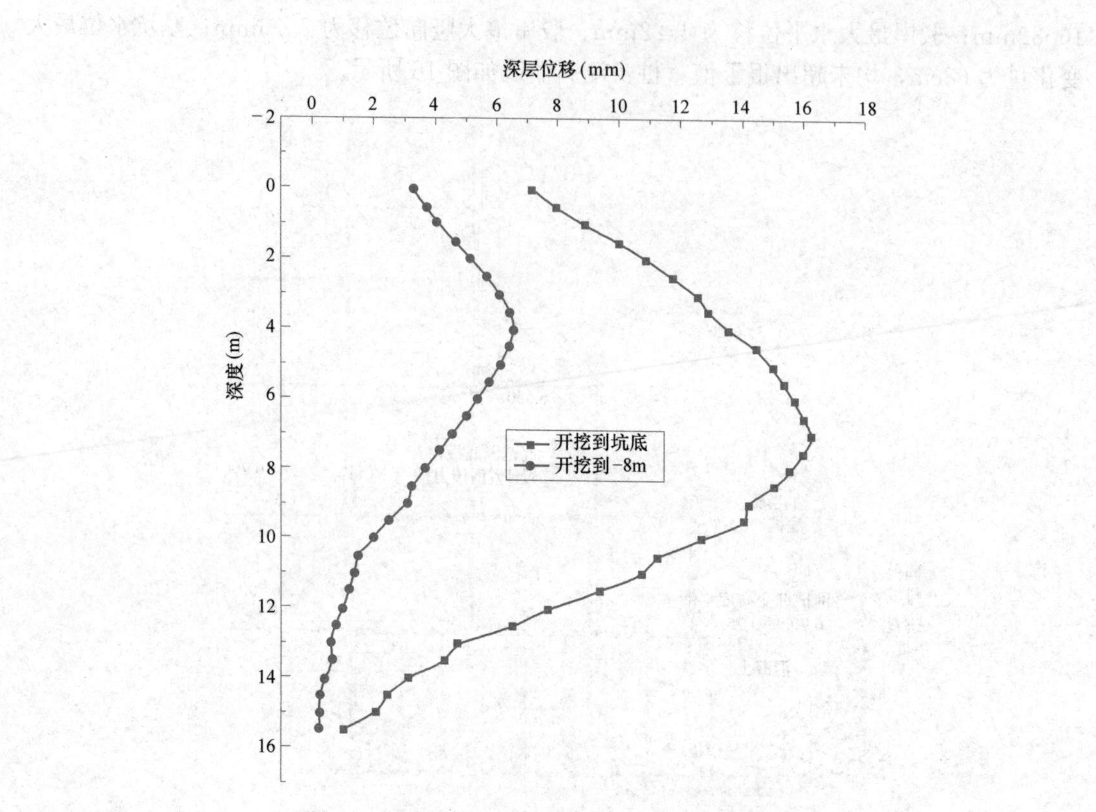

图 16 基坑开挖过程及开挖到底后桩身测斜曲线

实例37

国联金融大厦深基坑工程

一、工程简介

无锡国联金融大厦位于无锡市太湖新城，观山路以南、立信大道以东、立德大道以西。东为无锡市民中心，北为绿城玉兰花园，为太湖新城金融街区最北侧的标志性建筑。观山路下为轨道交通1号线，立德大道下为轨道交通4号线。

项目包括A栋33层超高层塔楼、B栋22层高层塔楼和3层裙楼，在红线范围内设满铺2层地下室，建筑功能为办公。本工程室内地面标高±0.00为4.25m。1层楼板相对标高约为－0.05m，地下1层楼板相对标高约为－5.45m，地下2层底板顶标高约为－9.70m。本项目可建设用地面积约38271.5m^2，总建筑面积约22万m^2，其中地上约16万m^2，地下约6万m^2。

基坑形状基本呈矩形，基坑尺寸约为240m×130m，总周长约730m，基坑总面积约3.2万m^2。基坑实际普遍开挖深度为10m。

本项目建筑平面图如图1所示。

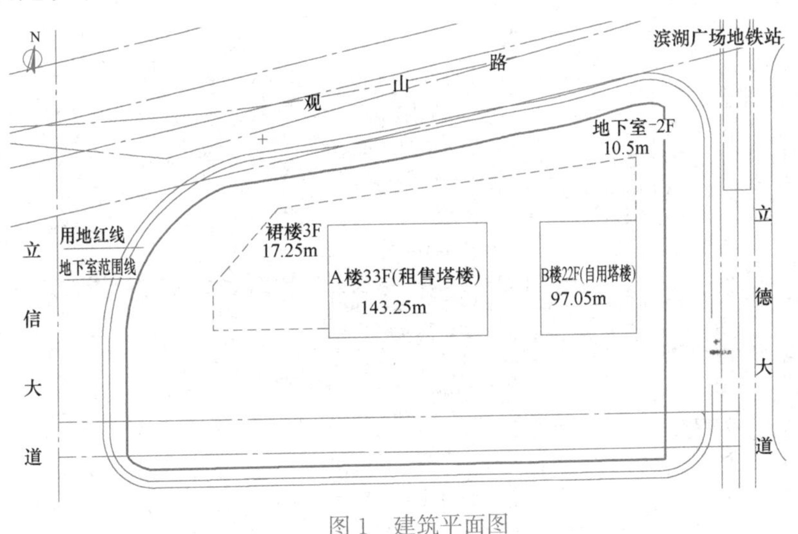

图1　建筑平面图

二、工程地质与水文地质概况

1. 工程地质条件

根据岩土工程勘察报告，场地的工程地质与水文地质情况如下：

场地为荒地，勘察时长满杂草，地面高程最大为 4.77m，最小为 3.32m，地表相对高差为 1.45m，整个场地比较平整，地貌单元属冲湖积平原。

场地在勘探深度内的地基土由黏性土和粉土组成，主要为第四纪更新世及早、中更新世的沉积土层，属第四纪冲积、淤积层。

场地在基坑开挖深度范围内主要土层特征描述如下：

① 层表土：耕土为主，杂色，含少量植物根茎，结构松散。不经处理不能直接作为基础持力层。

②-1 层黏土：黄色～灰黄色，可塑状态，颗粒稍粗，含少量灰色泥质斑块，切面有光泽，无摇振反应，韧性中等，干强度中等。

②-2 层粉质黏土：黄色～灰黄色，可塑状态，颗粒稍粗，含少量铁锰质成分和灰色条纹，切面有光泽，无摇振反应，韧性高，干强度高。

③ 层粉土夹粉质黏土：灰黄色，湿～很湿，松散～稍密状态，切面无光泽，摇振反应迅速，韧性较低，干强度较低。

④-1 层粉质黏土：灰色，流塑状态，颗粒稍粗，局部夹薄层粉土粉砂，切面无光泽，摇振反应中等，韧性低，干强度低。

④-2 层粉土夹粉砂：灰色，很湿，中密状态，含云母碎屑，颗粒稍粗。

⑤-1 层粉质黏土：绿灰～灰黄色，可塑～硬塑状态，颗粒较细，含少量铁锰质结核，切面有光泽，无摇振反应，韧性高，干强度高。

⑤-2 层粉质黏土：灰黄色，硬塑状态，颗粒较细，含少量铁锰质结核，切面稍有光泽，无摇振反应，韧性高，干强度高。

图 2 为基坑北侧边线工程地质剖面图。

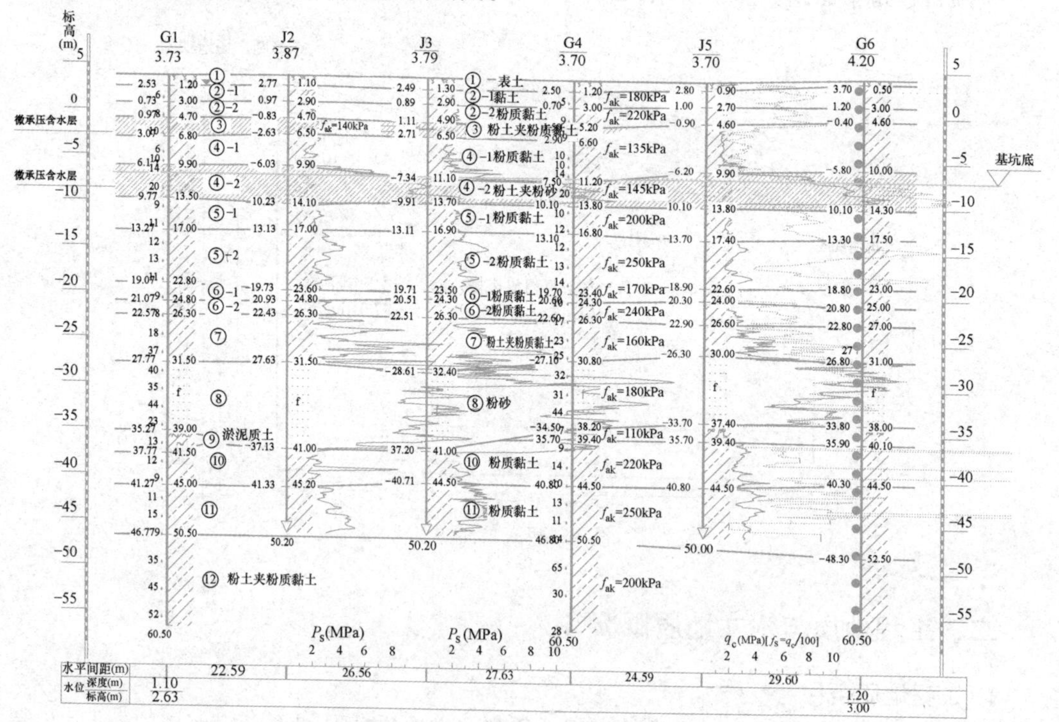

图 2　基坑北侧边线工程地质剖面图

本基坑大范围开挖深度为－6.15m，即位于④-1层底部，④-2层顶部。

2. 地下水分布概况

根据勘察报告，场地勘探深度范围内主要含水层有：

（1）上部表土中的地下水，属上层滞水～潜水，主要接受大气降水及地表渗漏补给，其水位随季节、气候变化而上下浮动。年变化幅度1.0m左右。

勘察期间在场地内未测得初见水位，测得上层滞水稳定水位为2.38～3.67m，根据经验，一般在旱季施工时可不考虑该层地下水的影响，而在雨期施工则需考虑大气降水及周围河流的补给。

（2）③层粉土夹粉质黏土和④-2层粉土夹粉砂中地下水为微承压水，补给来源主要为横向补给及上部少量越流补给，勘察测得微承压水位为－0.10～0.00m。

3. 岩土工程设计参数

根据岩土工程勘察报告，本项目主要地层岩土工程设计参数如表1及表2所示。

场地土层物理力学参数表　　**表1**

编号	地层名称	含水率	孔隙比	液性指数	重度	固结快剪(C_q)	
		w(%)	e_0	I_L	γ(kN/m^3)	c_k(kPa)	φ_k(°)
①	表土				18.5	5.0	8.0
②-1	黏土	25.9	0.764	0.28	19.1	45.0	13.4
②-2	粉质黏土	24.8	0.743	0.20	19.2	43.0	12.9
③	粉土夹粉质黏土	29.0	0.851	0.83	18.5	17.0	21.1
④-1	粉质黏土	30.1	0.873	0.91	18.5	11.0	21.5
④-2	粉土夹粉砂	30.0	0.871	1.11	18.5	3.0	31.2
⑤-1	粉质黏土	24.2	0.775	0.22	18.9	43.0	16.3
⑤-2	粉质黏土	25.2	0.734	0.20	19.3	53.0	16.3

场地土层渗透系数统计表　　**表2**

编号	地层名称	垂直渗透系数k_V(cm/s)	水平渗透系数k_H(cm/s)	渗透性
①	表土			
②-1	黏土	3.69E-07	4.10E-07	极微透水
②-2	粉质黏土	1.57E-06	1.76E-06	微透水
③	粉土夹粉质黏土	1.46E-04	2.44E-04	中等透水
④-1	粉质黏土	7.89E-05	1.71E-04	中等透水
④-2	粉土夹粉砂	2.33E-04	5.18E-04	中等透水
⑤-1	粉质黏土	5.59E-05		弱透水
⑤-2	粉质黏土	5.11E-07		极微透水

三、基坑周边环境情况

本基坑设计施工阶段场地环境及周边建筑情况如下：

（1）场地东侧为立德大道，距离20m；西侧为立信大道，距离为14m；北侧为观山路，距离为 14m；南侧比较空旷，但是有规划道路以及规划与商务街区连接的地下通道。

（2）场地北侧观山路下为规划轨道交通 1 号线，基坑边线距离轨道交通南侧控制线 7～14m，距离轨道交通南侧中心线 32～39m。

场地东侧立德大道下为规划轨道交通 4 号线，基坑边线距离轨道交通西侧控制线 0m，距离轨道交通西侧中心线 24m。

（3）在观山路、立德大道和立信大道交叉路口之间设有轨道交通市民中心站，该站正在建设中，为 1、4 号线换乘车站。1 号线市民中心站为地下 2 层岛式站，该站前方衔接金匮公园站，后方为文化宫站。4 号线车站为地下 3 层岛式站。该站南侧有规划与商务街区相连通的地下空间，并设有多个通道与国联金融大厦地下室连接。本项目距离北侧无锡轨道交通 1 号线市民中心站地铁车站主体围护结构边约 35m，距离东侧 4 号线市民中心站地铁车站主体围护结构边约 20m。

（4）建筑周边基坑开挖影响范围内无居民住宅等建筑。

四、支护设计方案概述

1. 方案选型总体思路

本项目总体场地条件稍好，无重要建构筑物需要保护，因此变形控制要求相对较低，设计应以强度控制为主，以节约造价。

但是基坑周边后期规划地下工程较多，尤其是北侧、东侧有地下轨道交通以及站点分布，之间也有通道相连。应慎防基坑支护结构严重影响后期地下空间开发规划而引起争议。因此锚杆等超出红线的支护形式如果未经相关部门同意不得使用。基坑周边条件各不相同，差异较大，受地铁等规划制约。

此外由于本基坑面积广，周长长，采用内支撑混凝土用量巨大，且要布置大量立柱及立柱桩，造价很高，挖土和拆撑换撑也严重耽误工期，因此建议不予采用。

采用悬臂支护无水平向支护体系。对于 10m 基坑，如采用单排围护桩则风险极大且嵌固深度大，要求桩体刚度大故并不经济。而采用双排钻孔灌注桩门式刚架结构，其变形控制远较单排桩要好，并有以下优点：

（1）坑内不存在挖土影响，不受楼板高度影响，无需换撑，节省了工期，克服了内支撑的缺点；

（2）对坑外轨道交通 1 号线、轨道交通 4 号线、市民中心站无影响，围护结构并不超出可建设用地红线，满足轨道部门要求，克服粉土粉砂中锚杆施工质量差的缺点；

（3）钻孔灌注桩施工可结合工程桩施工，桩基施工与冠梁施工工艺均成熟简单，施工布置灵活，对周边环境影响小，施工进度快，桩身刚度大，安全性高；

（4）双排桩形成门式超静定结构，在复杂施工受力条件下能自动调节自身内力，安全有保证；

（5）造价不高。

但从某种角度来说双排桩仍是一个悬臂结构，一般变形仍较内支撑支护结构大，但是场地周围较空旷，没有需要保护的建筑，距离周围道路均较远，对变形不敏感。距离地铁车站最近 20m，约为 2 倍的基坑开挖深度。一般变形能满足要求。

故在北侧观山路、东侧立德大道采用双排钻孔灌注桩，桩顶标高降低 4.95m 采用土钉墙支护，降低悬臂长度以提高安全性并降低造价。双排桩桩径 0.85m，桩距 1.8m，前后排间距 2.55m（3d），顶部采用长 3.55m、厚度 0.8m 的整浇冠梁连接，两排桩梅花错开，形成门式刚架，桩长进入坑底 6.8m，嵌固入⑤-1 层粉质黏土 3m 左右，如图 3、图 4 所示。

而无规划地铁的西侧立信大道以及南侧则采用常规钻孔灌注桩＋锚杆方案。

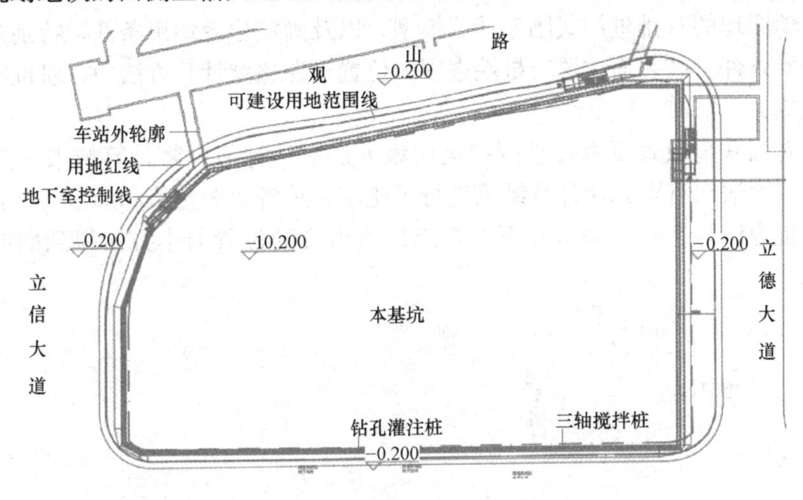

图 3　基坑围护设计平面图

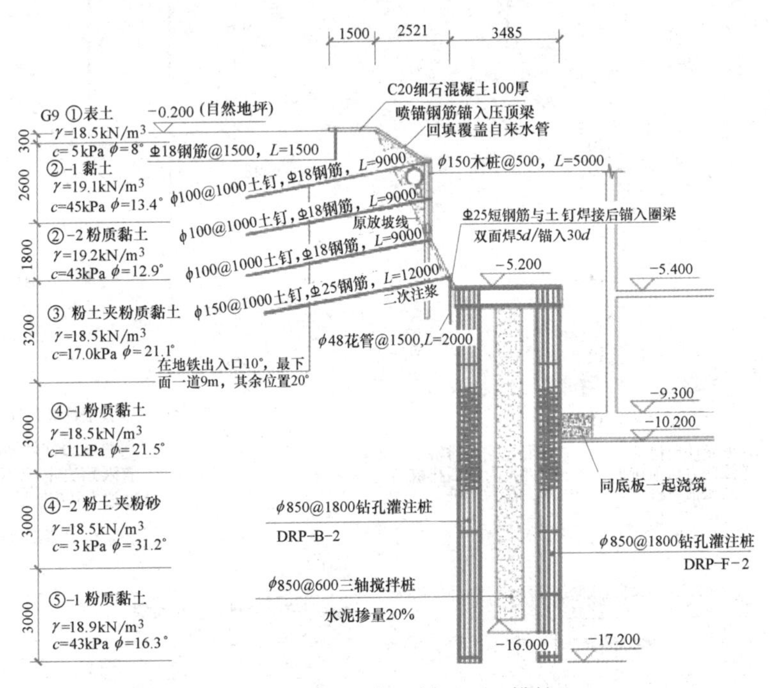

图 4　基坑围护典型剖面（双排桩）

2. 一种双排桩的计算方法

该项目为双排桩在无锡地区的首次运用。借此笔者根据前人相关工程实践经验与理论研究，针对深度 10m 左右的基坑，提出一类适用于无锡地质条件的、兼顾安全与经济的双排桩支护形式选型。即上部 5m 采用放坡或土钉墙，而下部采用双排桩，桩底嵌固入第

2 硬土层一定深度。

同时针对现有各种计算方法的优缺点，从理论与实用两个角度出发，在前人已有研究成果的基础上归纳总结出一种基于极限平衡法、具有实用性与可靠性、可运用于无锡地区的双排桩选型的实用计算方法。对已有计算模型与参数选择进行合理化选用及改进，建立基于结构力学原理的双排桩门式刚架计算模型，以及确定边界约束条件，特别是确定其在无锡标准地层条件下破裂面位置、桩端嵌固端位置。在整体计算方法中，对抗倾覆计算提出应考虑抗拔力。

设计时对国联金融大厦双排桩围护运用该方法进行计算，将计算结果（图 5～图 8）分别与弹性抗力法与有限元法计算结果进行了比较，三者弯矩数值和形态的计算结果基本一致。弹性抗力法与有限元法桩身下部弯矩极值出现的位置与本方法得到的嵌固端位置一致。

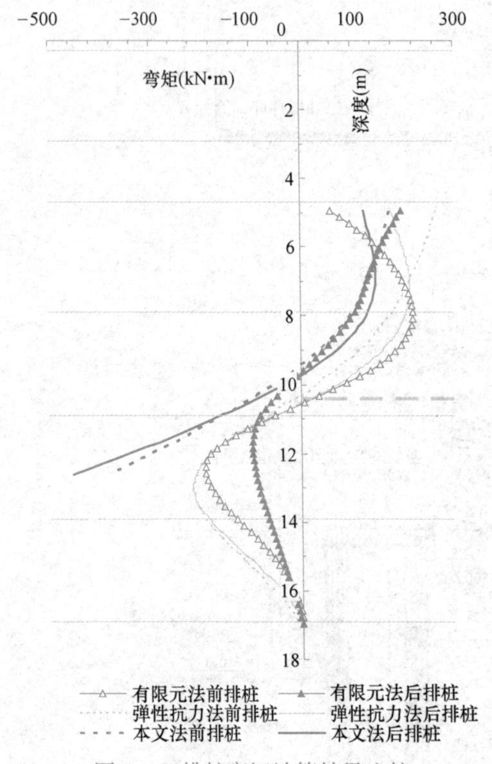

图 5 双排桩弯矩计算结果比较

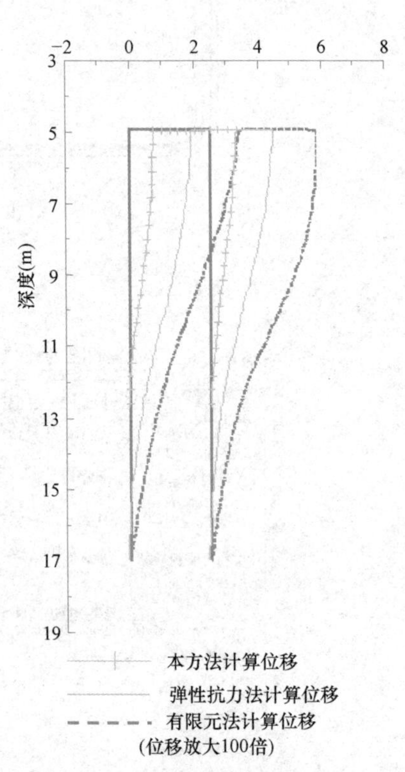

图 6 双排桩位移计算结果比较

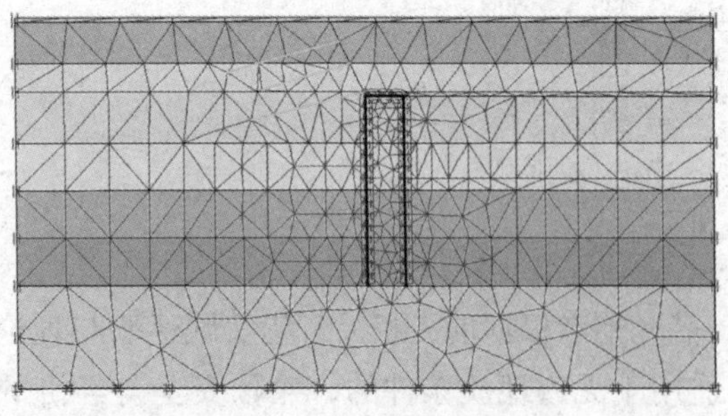

图 7 有限元单元划分

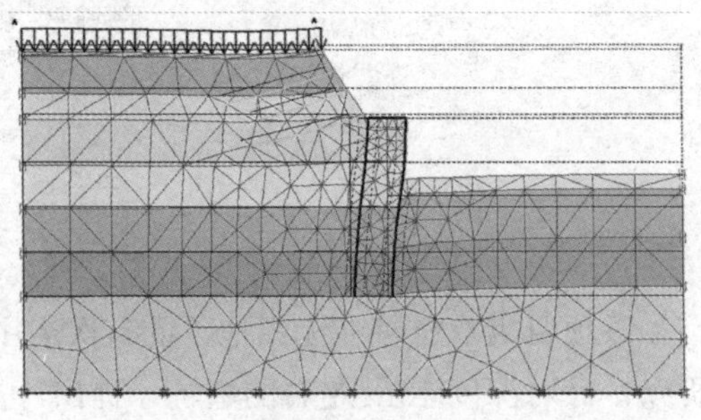

图 8 有限元计算结果（位移）

此后该计算方法在无锡地区多个基坑项目中得到了实践验证。

五、地下水处理方案

基坑止水采用单排 ϕ850 三轴搅拌桩，在双排桩位置布置在前后两排桩之间，一方面防止桩间土体掉入基坑，另一方面可同时加固桩间土体，增大悬臂墙的抗弯刚度，并有利于前后排桩之间力的有效传递。三轴搅拌桩进入下部相对隔水层⑤-1 层。地下水控制平面如图 9 所示。

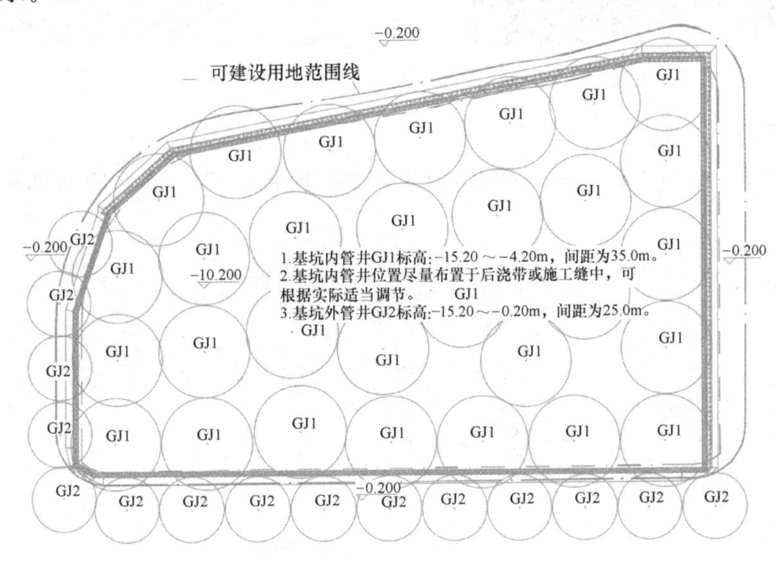

图 9　地下水控制平面布置图

六、基坑实施情况分析

1. 基坑施工过程概况

整个项目基坑施工期为 2009 年 3 月～2009 年 8 月，基坑开挖至坑底后，在坑底施工地源热泵系统，使基坑暴露时间很长，整个施工期经受住了雨季的考验，获得了良好的效果。施工过程实况如图 10～图 13 所示。

图 10　施工冠梁

图 11　冠梁施工完成

图 12 分层开挖

图 13 开挖至坑底

2. 基坑变形监测情况

2009 年 3 月～2009 年 8 月期间北侧的双排桩顶各监测点位移曲线如图 14～图 16 所示。

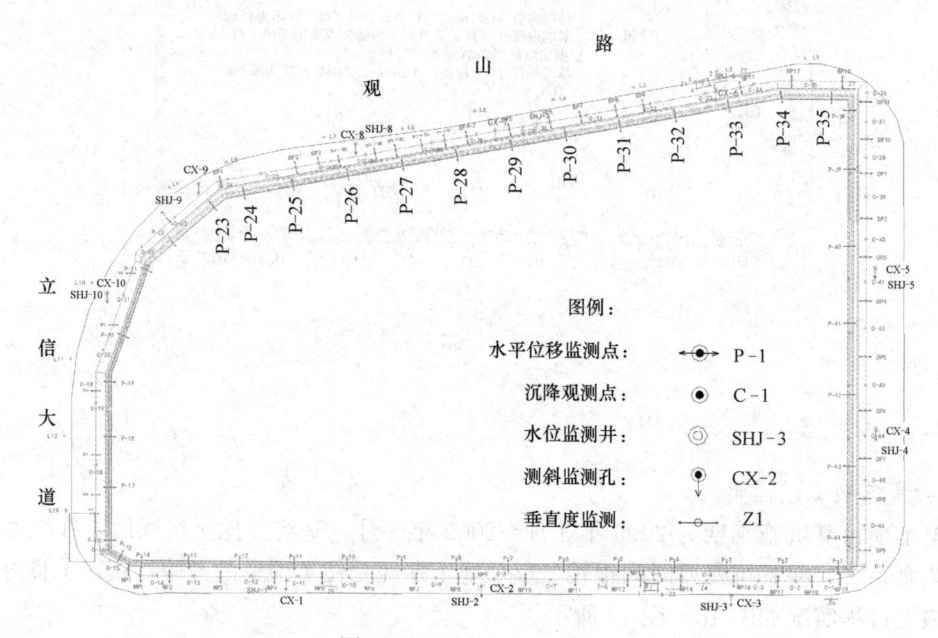

图 14 监测点平面布置图

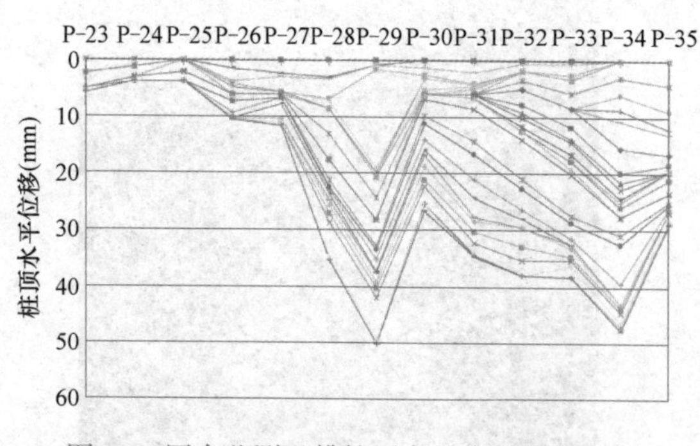

图 15 历次监测双排桩顶水平位移变化曲线

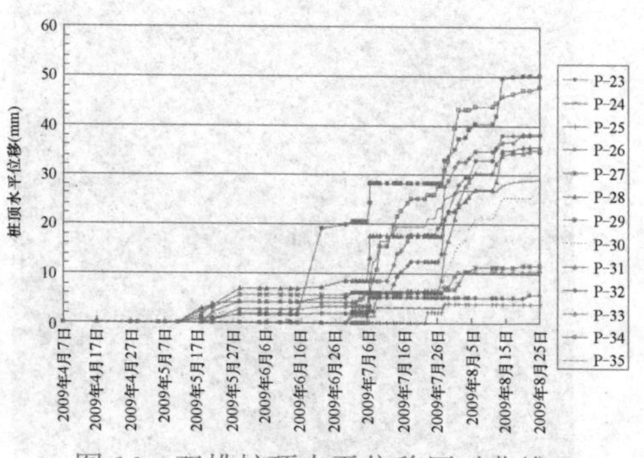

图 16 双排桩顶水平位移历时曲线

根据北侧双排桩桩顶位移监测数据，P-23～P-35 共 13 个监测点平均位移为 35mm 左右。中部最大位移达到 50mm，一般为 35mm，而两侧相对较小，长达 200m 的基坑边线空间效应明显。中部位移 35mm 与有限元法计算结果 34mm 较为吻合。而西北角最大位移不足 10mm，这可能是由于在此处双排桩自成拱而减少了位移。

七、本基坑实践总结

1 层地下室基坑由于土质较好，有足够空间采用双排桩支护时，也能采用土钉墙或单排悬臂桩。因此一般情况下采用双排桩进行支护优点并不突出。3 层地下室由于深度较大，已超出了常规悬臂双排桩的支护范围。

而无锡地区近年来出现了大量 2 层地下室基坑，特别是对于大体量的 2 层地下室，选用双排桩作为支护形式有其特有的优势。相比双排桩，采用锚杆时，其长度超出红线、不可回收、粉土适用性差、实际施工总体可靠性低。另一方面双排桩克服了内支撑造价高、占用坑内空间、工期长的缺点。

国联金融大厦项目为双排桩在无锡地区 2 层地下室基坑的首次大规模运用，通过该项目的实践总结提出一种针对无锡地区地质情况、应用深度 10m 左右的双排桩支护形式：对上部第 2 硬土层范围采用土钉墙或放坡支护，下部采用双排桩支护。双排桩冠梁顶标高根据地质情况与周边条件确定，一般可选用地面下 4～5m，这样充分利用了上部性质较好、自立高度高的第 1 硬土层，使下部双排桩的悬臂高度减小为 5～6m，可减小围护结构的受力、控制围护结构的位移，获得较好的效益。双排桩桩底进入硬塑状态的第 2 硬土层，可保证围护桩底部嵌固，提高支护体系的整体稳定性。在前后排桩间设置止水帷幕，止水帷幕进入第 2 硬土层，同时起到止水与有利于前后排桩间受力传递的作用。

同时在本项目设计过程中针对现有各种双排桩计算方法的优缺点，从理论与实用两个角度出发，笔者提出一种具有实用性与可靠性的双排桩计算方法，该方法以极限平衡法为理论基础，对已有计算模型与参数选择进行合理化选用及改进，建立在无锡标准地层条件下基于结构力学原理的双排桩门式刚架计算模型，以及边界约束条件的确定方法。目前在无锡地区已有多个工程采用了上述计算方法进行双排桩基坑围护选型与设计，部分项目已竣工，达到了预期的效果，获得了社会与经济效益。

无论是计算结果还是监测成果均显示，任何一个基坑工程都是一个完整的三维立体结构，具有空间效应。本项目是对 200m 边长基坑一次性开挖的实践，显示双排桩结构空间效应影响较大。当周边环境变形要求苛刻同时基坑尺寸较大时，应注意采取减少变形的措施，如在双排桩结构中加设锚索或内支撑。

实例38 欧风新天地A地块深基坑工程

一、工程简介

本项目位于无锡市青石路南侧，望宾路与霞美路之间，项目规划用地面积约 2.6 万 m^2，总建筑面积约 9.6 万 m^2。项目主要由 2 幢 21 层商务办公楼及 3～5 层商业用房组成，整个场地下设 2 层地库，高层建筑下地库与商业用房下地库结构连成一体。

基坑开挖深度为 10.10～11.30m，基坑开挖面积约 17000m^2，基坑坡顶线周长约 600m。项目总平面图如图 1 所示。

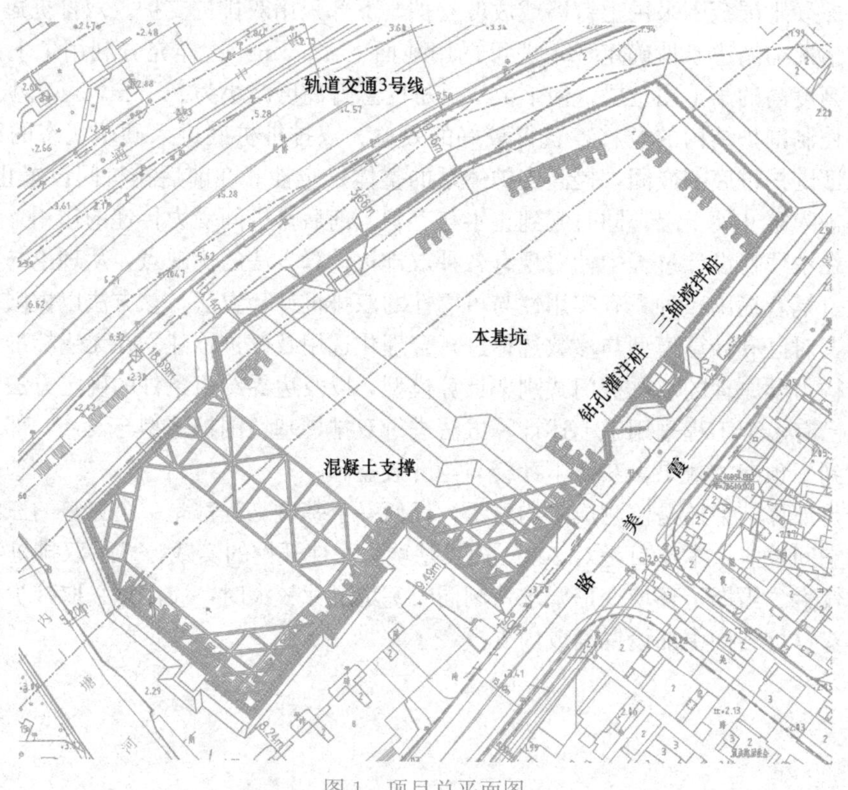

图 1　项目总平面图

二、工程地质与水文地质概况

1. 工程地质简介

本工程场地为建筑物拆除场地。场地南侧为一东西向河道（勘察期间，测得水面标高

1.36m，水深1.5m，淤泥厚度2.0m)，驳岸由浆砌块石构筑，勘察期间，岸坡稳定，无坍塌现象。地貌类型为太湖流域湖积冲积平原地貌形态。基坑开挖影响范围内典型地层剖面如图2所示。

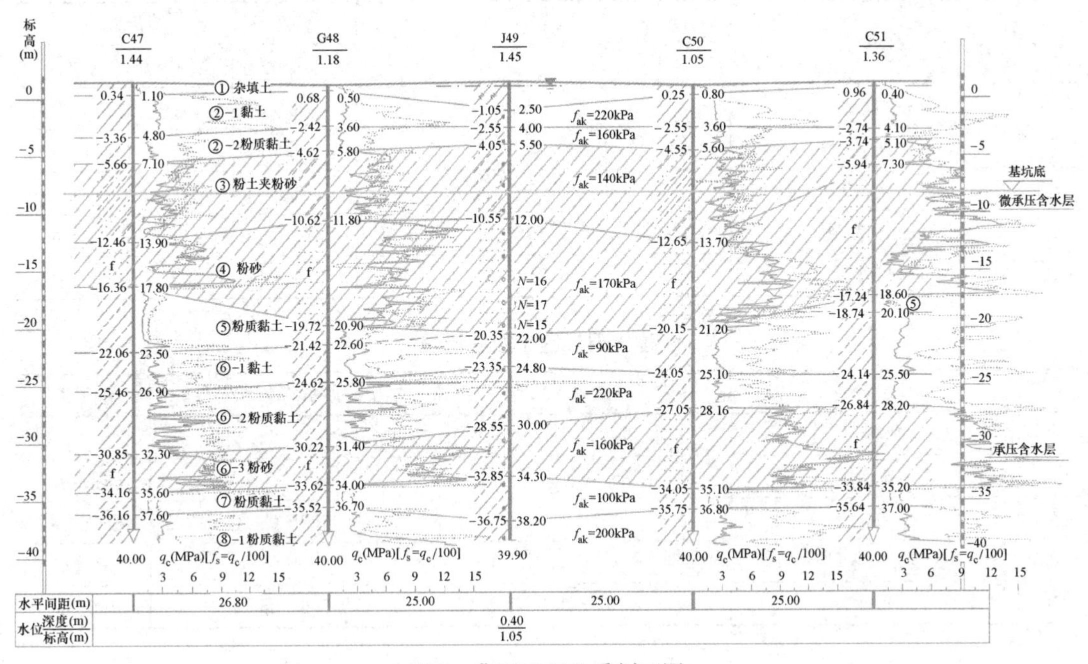

图2 典型工程地质剖面图

各土层的特征描述与工程特性评价如下：

① 层杂填土：杂色，由黏性土夹杂建筑垃圾组成，全场地分布。

②-1 层黏土：灰黄色，可塑～硬塑，含铁锰质结核，全场地分布。

②-2 层粉质黏土：灰黄色，可塑，全场地分布。

③ 层粉土夹粉砂：灰黄、灰色，稍密～中密，湿～很湿，局部夹薄层粉质黏土。全场地分布。

④ 层粉砂：灰色，中密，饱和，含云母碎屑，局部略夹薄层粉质黏土，全场地分布。

⑤ 层粉质黏土：灰色，软塑，局部夹薄层粉土，场地零星分布。

⑥-1 层黏土：灰黄色，可塑～硬塑，含铁锰质结核，全场地分布。

⑥-2 层粉质黏土：灰黄色，可塑，局部夹薄层粉土，全场地分布。

⑥-3 层粉砂：灰色，中密～密实，饱和，含云母碎屑，全场地分布。

2. 地下水分布概况

场地浅层地下水属上层滞水，主要赋存于杂填土层中，主要受大气降水的入渗补给，通过蒸发排泄，动态特征表现为气候调节型。勘察期间测得上层滞水初见水位标高一般为1.50m左右，稳定水位标高一般为1.40m左右，年变化幅度为1.0m，根据多年观测资料，本地区历史最高地下水位为2.0m，近3～5年最高地下水位为1.80m。

微承压水主要赋存于第③层粉土夹粉砂、④层粉砂中，承压水主要赋存于⑥-3层粉砂中，主要接受径流及越流补给，常年水位变化不大。勘察期间测得第③层粉土夹粉砂微承压水位为－0.50m左右。

3. 岩土工程设计参数

根据岩土工程勘察报告，本项目主要地层岩土工程设计参数如表 1 及表 2 所示。

场地土层物理力学参数表 **表 1**

编号	地层名称	含水率	孔隙比	液性指数	重度	固结快剪(C_q)	
		w(%)	e_0	I_L	γ(kN/m^3)	c_k(kPa)	φ_k(°)
①	杂填土				18.0	10.0	5.0
②-1	黏土	25.0	0.712	0.26	19.6	50.0	14.4
②-2	粉质黏土	27.1	0.759	0.43	19.3	37.0	14.4
③	粉土夹粉砂	29.8	0.854	1.00	18.6	11.0	20.6
④	粉砂	29.6	0.847		18.6	1.0	25.9

场地土层渗透系数统计表 **表 2**

编号	地层名称	垂直渗透系数 k_V(cm/s)	水平渗透系数 k_H(cm/s)	渗透性
①	杂填土			
②-1	黏土	5.0E-05	6.0E-05	弱透水
②-2	粉质黏土	1.1E-07	3.2E-07	极微透水
③	粉土夹粉砂	2.3E-06	4.1E-06	微透水
④	粉砂	5.2E-05	7.6E-05	弱透水

三、基坑周边环境情况

本项目位于无锡老城区，周边分布有河道、桥梁、民宅及市政道路，环境非常复杂，卫星地图如图 3 所示。

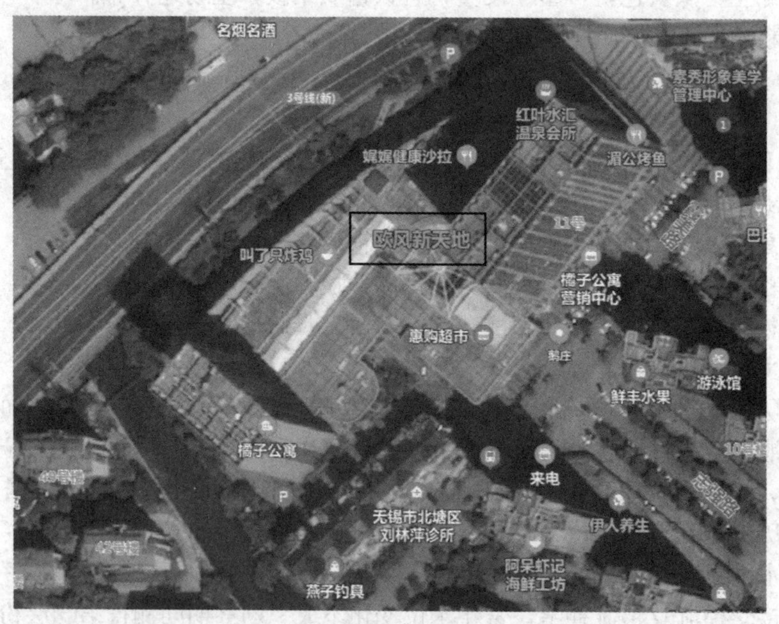

图 3 项目地理位置图

基坑周边环境情况具体描述如下：

（1）场地东北侧为一片活动板房，该侧活动板房位于基坑范围内，开挖前拆除，对基坑影响不大。

（2）场地西北侧为望宾路，路面有各种车辆通行，该道路横跨内塘河，在路基与桥梁连接的引桥下面分布有1层的商铺和住房。该道路距离本工程地下室外墙线最近约23m，基坑开挖对其影响不大，基坑降水会有一定影响。

（3）场地西侧为内塘河，沿河岸分布有热力管道，热力管道由河对岸横跨河道连通，并沿河岸向西北方向而去。内塘河河岸距离本工程地下室外墙线最近约18m。

（4）场地南侧为8层保留建筑（图4），为居民居住用房，1层设有商铺，靠基坑侧沿建筑物走向为一条小区巷道，巷道上分布有各类市政管线，该建筑西侧有一条煤气管道由河对岸延伸过来进入该小区。该建筑距离本工程地下室外墙线最近约12m。

根据调查，该住宅为天然地基，底框结构，基础埋深2m，以②-1层黏土为持力层，建造年代逾十数年，是本次保护的重点。

图4　保留8层住宅实况

（5）基坑南侧东段为霞美路，霞美路上分布有雨水、污水等市政管线，该道路为附近小区居民出入主要通道。场地内有一道围墙与霞美路隔开，围墙内有两个箱变，围墙距离本工程地下室外墙线最近约14m。

总体而言，本基坑西北侧、东北侧场地较大，东南侧北段与霞美路之间距离有限，可利用场地不大，西南角存在8层保留建筑物，为本基坑重点保护对象，围护设计需结合周边场地条件，将变形与强度控制相结合，以节约工程造价。

四、支护设计方案概述

（一）本基坑的特点及方案选型

1. 本基坑的特点

（1）面积约17000m^2，周长600m，开挖深度10.10～11.30m，属于深大基坑。基坑长边约200m，基坑开挖空间效应明显，支护设计应防止边坡中部变形过大。

（2）基坑周边存在市政道路、建筑物等需要保护的对象，特别是西南角存在8层保留建筑物，该建筑物荷载大，为天然地基并且位于基坑阳角位置，极易受基坑开挖影响发生倾斜、变形进而开裂，为本基坑重点保护对象。

(3) 基坑开挖范围内土质为无锡市区典型地层，基坑中部土质较好，但基坑下部存在粉土、粉砂层，本基坑坑底即位于微承压含水层中，并且厚度较大，基坑的止降水措施非常关键，一旦开挖过程中发生流砂或者渗漏，可能会导致外侧地面下沉、建筑开裂、河道渗漏等严重后果。

2. 支护方案选型

基坑支护方案结合周边环境条件的差异，分段采用不同的支护形式，简要介绍如下：

(1) 基坑东侧

该侧周边场地较为空旷，距离道路较远，且基坑周边一定范围内无重要建构筑物需要保护，但是在后期有规划轨道交通出口，为避免影响其施工，对该侧采用上部 1∶1、下部 1∶1.2、中间设 4m 平台的二级自然放坡支护形式。

(2) 基坑北侧东段

该侧周边场地较为空旷，距离道路较远，且基坑周边一定范围内无重要建构筑物需要保护，但须考虑施工道路超载，对该侧采用上部 1∶1、下部 1∶1.2、中间设 2m 平台的二级土钉墙支护形式。

(3) 基坑北侧西段、西侧、南侧西段

该区域为整个基坑风险最大区域，其中北侧西段为望宾路跨河桥梁，西侧为内塘河，南侧西段为 8 层保留住宅，天然地基，需采用刚性桩挡土直立开挖。经对比 SMW 工法、钻孔灌注桩、地下连续墙等常用手段，最终确定采用钻孔灌注桩挡土。同时考虑到锚桩在河道下及粉砂土中施工的风险，采用 1 道混凝土支撑支护。

在保留建筑位置考虑到坑底土质较差，采用被动区加固处理。

(4) 基坑南侧东段沿霞美路侧

该侧无放坡场地，故采用钻孔灌注桩支护，同时采用 2 道旋喷锚桩控制围护桩变形。

(5) 地下水处理

基坑采用三轴搅拌桩全封闭止水，坑内采用管井降水，主楼电梯基坑采用轻型井点辅助降水形式。

(二) 基坑支护结构平面布置

根据选型分析思路，基坑支护结构平面布置如图 5 所示。

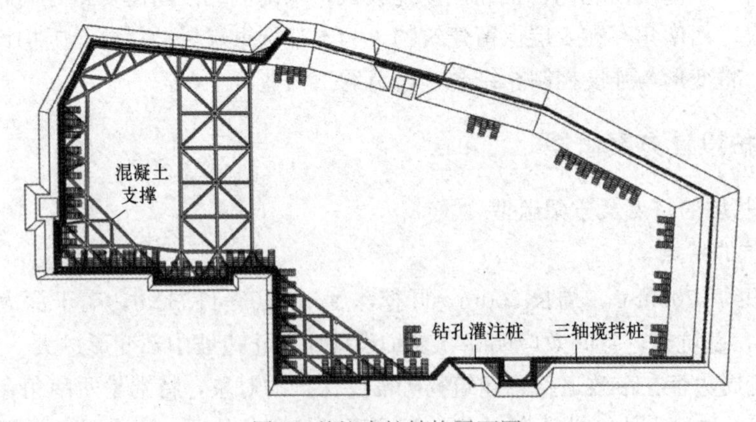

图 5 基坑支护结构平面图

(三) 典型基坑支护结构剖面

本基坑典型支护剖面如图 6～图 8 所示。

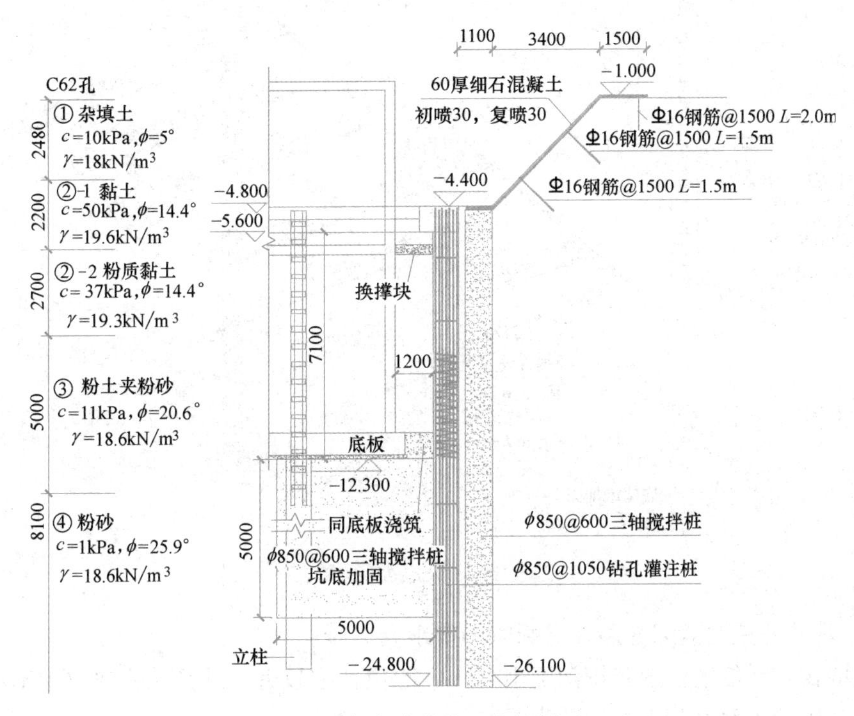

图 6　保留建筑位置支护剖面

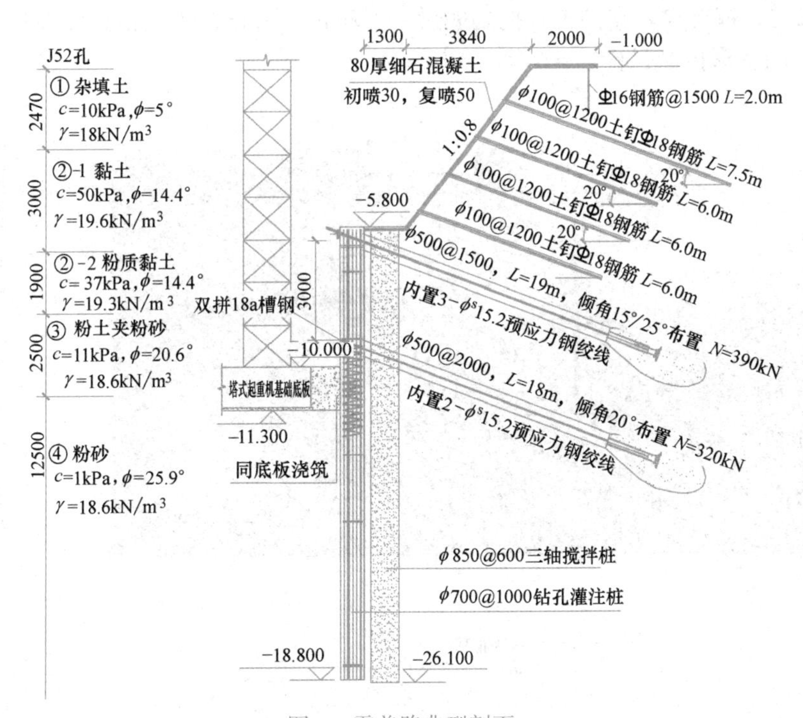

图 7　霞美路典型剖面

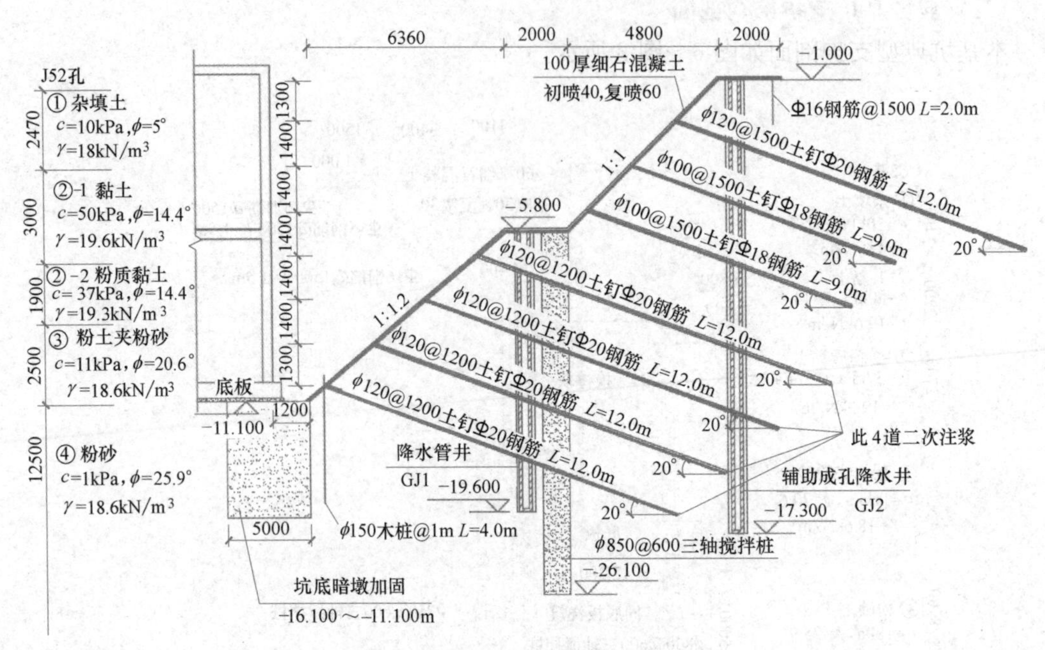

图8 二级放坡剖面

（四）基坑开挖对紧邻8层住宅影响的有限元分析

本基坑在8层住宅位置开挖深度10.5m，距离住宅较近，并且该住宅位于基坑阳角位置，因此基坑开挖对其变形控制要求很高。

采用有限元法进行计算分析，经试算，采用1道支撑基坑变形较大，如图9所示。可见如果仅采用一道支撑，支护桩开挖到底后变形超过50mm，建筑物沉降超过30mm，远大于20mm的变形控制目标。

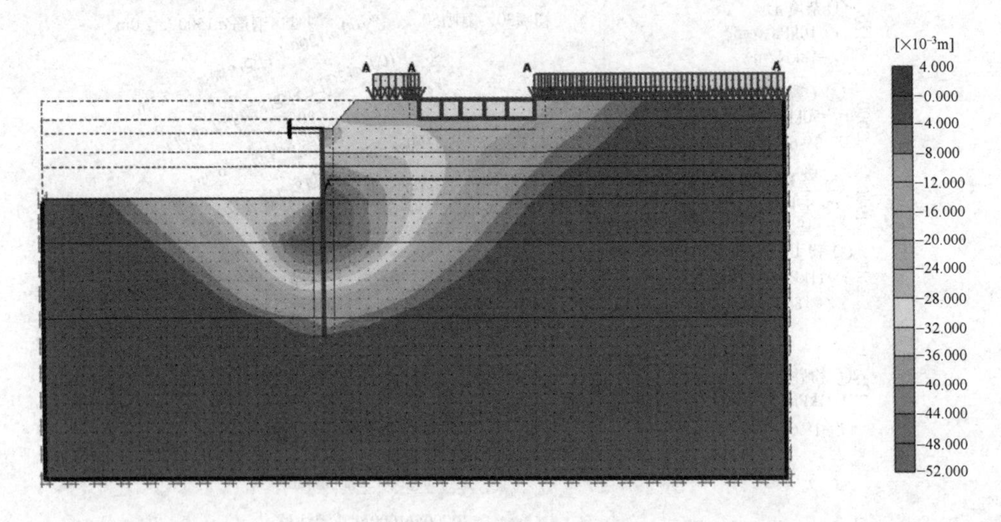

水平位移(U_x)
极值U_x -51.95×10^{-3}m

图9 常规1道支撑支护方案

通过有限元计算分析，初步判断仅有 1 道支撑，基坑开挖后风险较大，需进行支护加强。常规的加强措施包括增加 1 道支撑或者坑底被动区加固。

经综合分析，如采用 2 道支撑，支撑间净距不大，会导致土方开挖难度较大，进而导致基坑暴露时间加长，存在一定的安全隐患；如采用被动区加固，则基坑施工速度大大加快。因此确定采用被动区加固方案。

被动区加固采用三轴搅拌桩以确保施工质量，三轴搅拌桩和钻孔灌注桩之间采用旋喷桩补强，加固宽度 5m，深度 5m，经计算加固后变形控制效果良好。

从图 10～图 13 可见加固后基坑最大水平位移 15mm 左右，沉降 20mm，建筑物沉降不到 9mm，变形控制效果良好，证明被动区加固方案是可行的。

根据最终监测成果，建筑物开挖到底后沉降量不超过 10mm，开挖后无开裂变形等现象，实现了基坑支护目标。

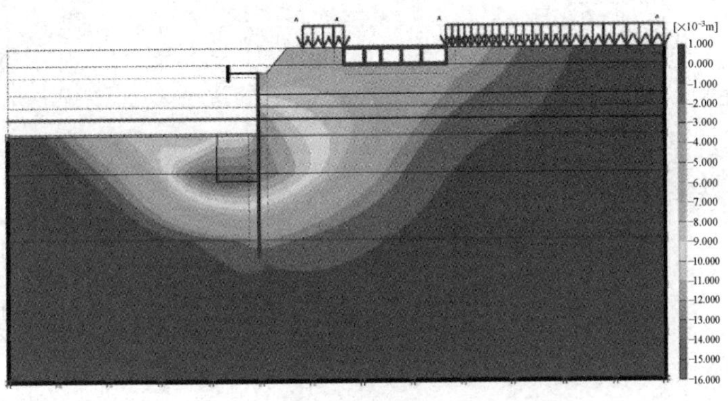

图 10 基坑开挖后地层水平位移云图

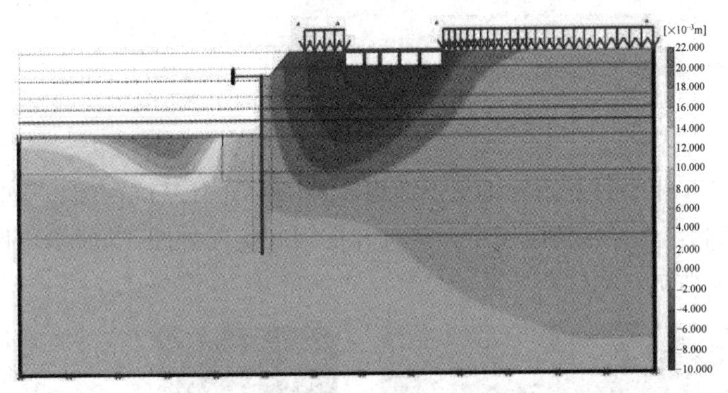

图 11 基坑开挖后地层竖向位移云图

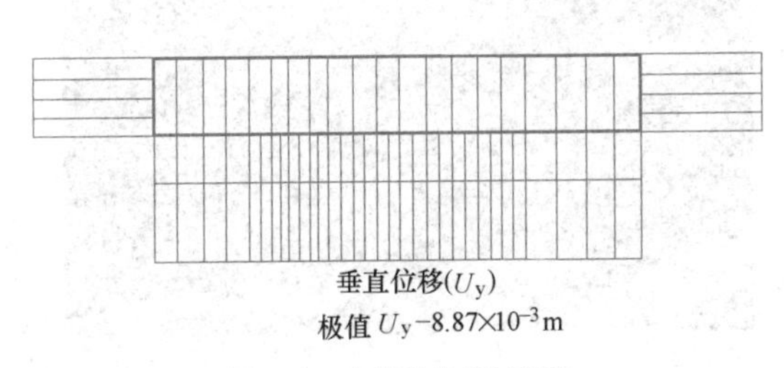

图 12 建筑物沉降情况

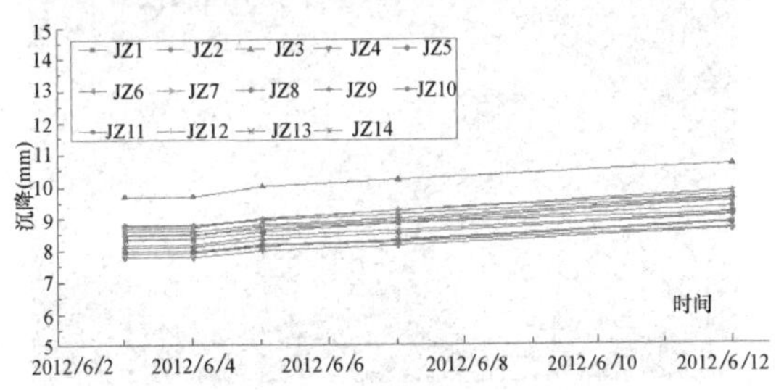

图 13 开挖到底后建筑物沉降趋势

五、地下水处理方案

基坑坑底位于微承压含水层中，该含水层厚度大，含水量大，透水性好，对基坑开挖影响较大，一旦发生流砂对地下结构的施工和工期均有较大影响，因此基坑采用 ϕ850@1200 三轴搅拌桩止水，基坑内部采用无砂管井降水（图 14）。

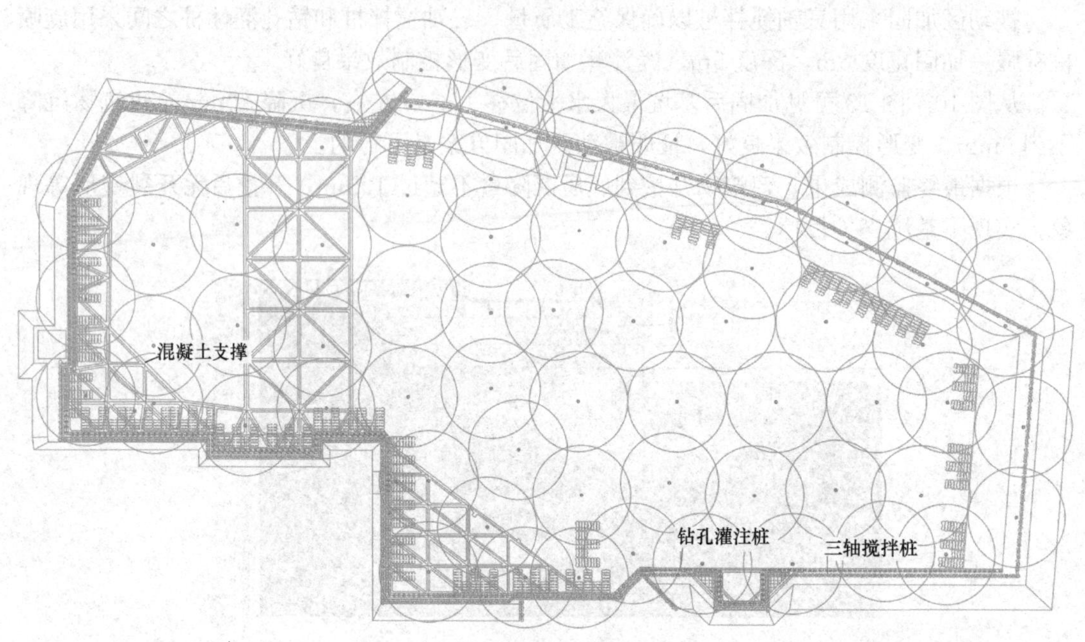

图 14 地下水控制平面布置图

六、基坑实施情况分析

1. 基坑施工过程概况

本基坑于 2011 年 9 月开始施工支护结构，2012 年 6 月基坑回填，历时 9 个月，施工期间总体进展顺利，无异常情况发生。基坑开挖到底实况如图 15 所示，保留建筑北侧和西侧支撑如图 16 所示。

图 15 基坑开挖到底实况

图 16　保留建筑北侧对撑+西侧角撑开挖实况

2. 基坑变形监测情况

在基坑开挖期间对周边环境进行了全面监测。8 层保留住宅作为监测重点，对其进行了沉降、地下水位、地层测斜等规范要求的监测项目，建筑物沉降观测点共设 14 个，周围地层、水层水平位移测斜孔共 3 个，坑外水位观测孔 2 个，整个监测时间历时约 6 个月。监测表明建筑物最大沉降为 10.69mm（图 17），发生在建筑物中段附近，也就是基坑中段，建筑物差异沉降量很小，变形均在规范许可范围内。地层测斜数据也表明地层最大水平位移 14mm 左右（图 18），变形控制满足规范要求。

	第109期		
日期	2012-6-12		
点号	本次沉降量(mm)	累计沉降量(mm)	沉降速率(mm/d)
JZ1	0.04	9.14	0.04
JZ2	0.10	9.33	0.10
JZ3	0.08	10.69	0.08
JZ4	0.05	8.64	0.05
JZ5	0.06	9.05	0.06
JZ6	0.11	9.61	0.11
JZ7	0.07	8.67	0.07
JZ8	0.08	8.81	0.08
JZ9	0.13	9.82	0.13
JZ10	0.09	9.56	0.09
JZ11	0.12	9.51	0.12
JZ12	0.08	9.71	0.08
JZ13	0.11	8.86	0.11
JZ14	0.10	9.08	0.10

图 17　保留建筑物沉降观测结果

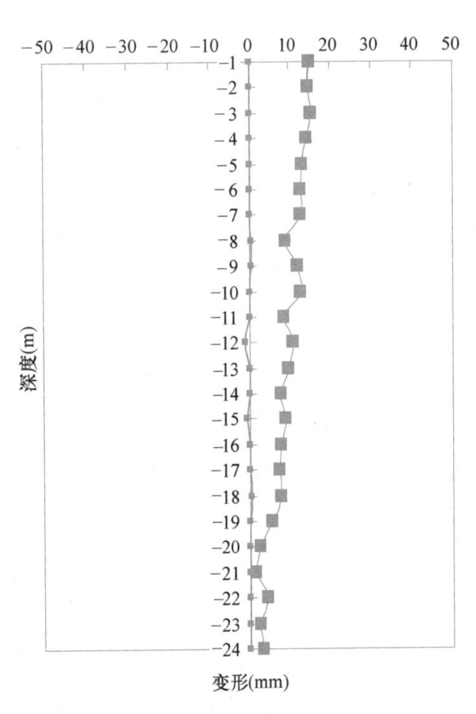

图 18　地层水平位移观测结果

七、本基坑实践总结

本基坑支护设计工程主要有以下几个显著特点：

(1) 整个基坑包含了钻孔灌注桩＋混凝土支撑、钻孔灌注桩＋锚杆两种直立支护形式，为支撑、锚杆混合体系基坑支护积累了宝贵经验。

(2) 在无锡地区将放坡开挖支护用于深厚粉土、粉砂层的深基坑，在放坡平台设置管井降水，有效解决了流砂的问题，保证了边坡安全，为围护设计积累了宝贵经验。

(3) 充分做到信息化施工：本基坑在施工过程中由于复杂的工程地质、场地条件，开挖过程中遇到诸多不可预料情况，设计单位与监测单位、施工单位、监理单位、土建设计单位和业主协调一致，坚持信息化施工，确保了基坑和建筑物安全。

(4) 坚持贯彻绿色节约的设计方向：本次基坑围护设计过程，总体思路为坚持安全情况下做到绿色、节约。因此在总体思路上根据基坑侧壁不同的地质、环境条件确定不同的安全等级并采取不同的支护手段，做到“重点突出、有主有次”，以实现经济、安全的设计方向。在设计细节上，充分发挥施工经验，如桩长设计考虑钢筋模数减少截断数量；对于深度较大的坑中坑，结合结构放坡采取自然开挖节约了支护成本。

本项目西北侧、东北侧采用放坡开挖，造价经济，相比传统内支撑方案节约造价约60％。放坡开挖使基坑内获得了较大的施工空间，加快了工期，取得了显著经济效益。

参 考 文 献

[1] 中华人民共和国住房和城乡建设部. 建筑地基基础设计规范 GB 50007—2011 [S]. 北京：中国建筑工业出版社，2011.

[2] 中华人民共和国建设部. 岩土工程勘察规范（2009 年版）GB 50021—2001 [S]. 北京：中国建筑工业出版社，2009.

[3] 中华人民共和国住房和城乡建设部. 建筑地基基础工程施工规范 GB 51004—2015 [S]. 北京：中国计划出版社，2015.

[4] 中华人民共和国住房和城乡建设部. 水力发电工程地质勘察规范 GB 50287—2016 [S]. 北京：中国计划出版社，2015.

[5] 中华人民共和国住房和城乡建设部. 建筑桩基技术规范 JGJ 94—2008 [S]. 北京：中国建筑工业出版社，2008.

[6] 中华人民共和国住房和城乡建设部. 建筑基坑支护技术规程 JGJ 120—2012 [S]. 北京：中国建筑工业出版社，2012.

[7] 江苏省住房和城乡建设厅. 岩土工程勘察规范 DGJ 32/TJ 208—2016 [S]，南京：江苏凤凰科学技术出版社，2016.

[8] 叶观宝. 地基处理（第四版）[M]. 北京：中国建筑工业出版社，2020.

[9] 刘松玉. 土力学（第五版）[M]. 北京：中国建筑工业出版社，2020.

[10] 朱炳寅. 建筑结构设计问答及分析（第三版）[M]. 北京：中国建筑工业出版社，2017.

[11] 朱炳寅，娄宇，杨琦. 建筑地基基础设计方法及实例分析（第二版）[M]. 北京：中国建筑工业出版社，2019.

[12] 姜晨光. 无锡城市地质 [M]. 南京：河海大学出版社，2014.

[13] 杨光华. 深基坑支护结构的实用计算方法及其应用 [M]. 北京：地质出版社，2014.

[14] 龚晓南，沈小克. 岩土工程地下水控制理论、技术及工程实践 [M]. 北京：中国建筑工业出版社，2020.

[15] 袁烽，[德] 阿希姆·门格斯. 建筑机器人——技术、工艺与方法 [M]. 北京：中国建筑工业出版社，2019.

[16] 龚剑，房霆宸. 数字化施工 [M]. 北京：中国建筑工业出版社，2019.

[17] 杨林德，朱合华，丁文其，等. 岩土工程问题安全性的预报与控制 [M]. 北京：科学出版社，2009.

[18] 王后裕，陈上明，言志信. 地下工程动态设计原理 [M]. 北京：化学工业出版社，2008.

[19] 陈克济. 地铁工程施工技术 [M]. 北京：中国铁道出版社，2014.

[20] 余地华，汪浩. 武汉地区深基坑工程支护设计与施工典型案例 [M]. 北京：中国建筑工业出版社，2019.

[21] 吴仕元，林鹏，黄上进. 潮汕地区深基坑工程案例精析 [M]. 北京：中国建筑工业出版社，2018.

[22] 王洋，韩建强，黄俊光. 基坑工程设计方案技术论证与应急抢险应用研究 [M]. 北京：中国建筑工业出版社，2018.

[23] 郑刚，刘瑞光. 软土地区基坑工程支护设计实例 [M]. 北京：中国建筑工业出版社，2011.

[24] 龚晓南. 基坑工程案例 7 [M]. 北京：中国建筑工业出版社，2018.

[25] 孔恒，宋克志. 城市地下工程邻近施工关键技术与应用 [M]. 北京：人民交通出版社，2013.

[26] 白云，胡向东，肖晓春. 国内外重大地下工程事故与修复技术（第二版）[M]. 北京：中国建筑工业出版社，2019.